矿渣基生态水泥

Slag Base Series Eco-cement

林宗寿 著

中国建材工业出版社

图书在版编目（CIP）数据

矿渣基生态水泥/林宗寿著 . --北京：中国建材
工业出版社，2018.5（2019.10 重印）
ISBN 978-7-5160-2195-8

Ⅰ.①矿…　Ⅱ.①林…　Ⅲ.①矿渣水泥　Ⅳ.
①TQ172.71

中国版本图书馆 CIP 数据核字（2018）第 058582 号

内 容 简 介

本书从硅酸盐水泥水化硬化机理出发，提出了矿渣基生态水泥的水化硬化模型。根据此模型，以矿渣为基本原料，通过与钢渣、磷石膏、脱硫石膏、废弃混凝土等其他工业废渣或少量硅酸盐水泥熟料复合，制备出了几种具有较好性能的新型生态水泥新品种，以替代通用硅酸盐水泥作为建筑材料使用，不但可消纳大量工业废弃物，而且符合国家节能、减排、降耗的经济发展方向，对资源的合理化利用和我国水泥工业的可持续发展均具有重要意义。

本书所介绍的矿渣基生态水泥品种中，既有适用于现有水泥厂的技术改造，以节能减排、降低成本为目的的生态水泥新品种，如：分别粉磨矿渣水泥、矿渣少熟料水泥、石灰石钢渣矿渣水泥、废弃混凝土钢渣矿渣水泥等。也有适用于制品厂、小粉磨站等企业，以大量消纳工业废弃物为目的的生态水泥新品种，如：过硫磷石膏矿渣水泥、过硫脱硫石膏矿渣水泥、石灰石石膏矿渣水泥、废弃混凝土石膏矿渣水泥、矿山充填材料等。许多技术细节均为首次公开，既有较高的经济价值，也有一定的理论意义。

本书可供从事水泥和制品的生产、科研、设计单位，以及需要处理固废的工矿企业工程技术人员阅读参考，也可作为高等学校无机非金属材料工程、硅酸盐工程专业的教学和参考用书。

矿渣基生态水泥

林宗寿　著

出版发行：中国建材工业出版社
地　　址：北京市海淀区三里河路 1 号
邮　　编：100044
经　　销：全国各地新华书店
印　　刷：北京雁林吉兆印刷有限公司
开　　本：787mm×1092mm　1/16
印　　张：33.25
字　　数：820 千字
版　　次：2018 年 5 月第 1 版
印　　次：2019 年 10 月第 2 次
定　　价：158.00 元

本社网址：www. jccbs. com　　微信公众号：zgjcgycbs
本书如出现印装质量问题，由我社市场营销部负责调换。联系电话：（010）88386906

前　　言

我国是世界上最大的水泥生产与消费国。水泥工业消耗了大量的能源和资源，同时排放出了大量的颗粒污染物和 CO_2，NO_x 等废气，这些颗粒污染物和废气加剧了温室效应和雾霾的产生，如果这种情况不改善，资源、能源和环境都将无法承受。同时，随着经济的发展、人口的增加，城市化进程的加快，固体废弃物产量日益增多，种类日益复杂，包括土壤污染、堆场安全等，已经引起了诸多社会问题和环境问题。

如果能把处理固体废弃物与水泥生产相结合，一方面可以解决固体废弃物（固废）综合利用问题，另一方面对于减少我国粉尘、氮氧化物、三氧化硫、二氧化碳等的排放量，阻止大面积雾霾天气的形成，减少土地污染、提高土地利用率，将具有极其重要的现实意义。因此，研究以固体废弃物为主要原料的生态水泥新品种，对于固体废弃物的综合利用、水泥工业的节能减排，具有十分重大的意义。

生态水泥就是利用各种废弃物，包括各种工业废弃物、废渣以及城市生活垃圾等作为原、燃材料，在生产和使用过程中，相对而言具有较好生态环境协调性的水泥。研发生态水泥，将使水泥工业成为具有环境净化功能的产业，变污染产业为绿色产业，造福于人类。

所谓矿渣基生态水泥，就是以矿渣为主要成分的一类生态水泥的总称。

本书汇聚了作者三十多年来的科学研究成果，从硅酸盐水泥水化硬化机理出发，提出了矿渣基生态水泥的水化硬化模型。根据此模型，以矿渣为基本原料，通过与钢渣、磷石膏、脱硫石膏、废弃混凝土等其他工业废渣或少量硅酸盐水泥熟料复合，制备出了几种具有较好性能的新型生态水泥新品种，以替代通用硅酸盐水泥作为建筑材料使用，不但可消纳大量工业废弃物，而且符合国家节能、减排、降耗的经济发展方向，对资源的合理化利用和我国水泥工业的可持续发展均具有重要意义。

本书所介绍的矿渣基生态水泥品种中，既有适用于现有水泥厂的技术改造，以节能减排、降低成本为目的生态水泥新品种，如：分别粉磨矿渣水泥、矿渣少熟料水泥、石灰石钢渣矿渣水泥、废弃混凝土钢渣矿渣水泥等。也有适用于制品厂、小粉磨站等企业，以大量消纳工业废弃物为目的的生态水泥新品种，如：过硫磷石膏矿渣水泥、过硫脱硫石膏矿渣水泥、石灰石石膏矿渣水泥、废弃混凝土石膏矿渣水泥、矿山充填材料等。许多技术细节均为首次公开，既有较高的经济价值，也有一定的理论意义。

本书可供从事水泥和制品的生产、科研、设计单位，以及需要处理固废的工矿企业工程技术人员阅读参考，也可作为高等学校无机非金属材料工程、硅酸盐工程专业的教学和参考用书。

必须指出的是，由于水泥与混凝土科学本身还处于发展之中，在理论上还很不完善，读者要分辨地阅读本书所介绍的一些理论观点，并且在实践中检验它、发展它。还要提到的是，本书试验所得到的一些数据，都是在不同原料、不同条件下取得的，在书中引用这些数据是为了说明某些原理和规律。希望读者在实际工作中，不要生搬书中的数据，而是要根据实际情况运用书中阐明的基本原理和规律，并且通过进一步的试验来解决生产实际问题。请读者注意，水泥与混凝土科学的原理和规律是通过试验建立的，而把这些原理和规律运用到某一具体的生产实践，还要通过试验，认识这一特点是十分重要的。

作者对在本书出版和科研过程中，参与部分科学试验及提供了支持的人员表示感谢：福建三明水泥厂黄玉国；吉林交通水泥厂张国泰；云南昆钢水泥厂李唯；山西交城卦山水泥有限公司吕恩元；云南宜良蓬莱水泥厂苏继富；华新水泥股份公司李叶青、卢九松、肖汉英、曹中海；武汉理工大学黄赟、水中和、赵前、万惠文、陈伟、李福洲、刘金军；研究生张育才、武秋月、师华东、殷晓川、徐军、龙安、严冲、王浩杰、贝格杜（BEGUEDOU ESSOSSINAM）、杜保辉、韩亚、徐巍、杨杰、丁沙、陆建鑫、田素芳、陈飞翔、曾潇、方周；武汉亿胜科技有限公司欧小弟、李大志、万齐才、马章奇、陈世杰；中国建筑材料科学研究总院刘晨、郑旭、王昕、王旭方、刘云；清华大学金峰、安雪晖、周虎、黄绵松、韩国轩、柳春娜；湖北省黄麦岭磷化工有限公司张富荣、唐有运、高晔；湖北省大悟县新富源水泥制品有限公司付全良等。特别感谢我的夫人刘顺妮教授，在科研和成果产业化过程中的参与和支持。此外，对中国建材工业出版社的杨娜编辑，为提高本书质量付出的艰辛劳动，表示感谢。同时，也感谢广大读者对本书的支持和爱护。

限于作者的水平和条件，书中难免有疏漏、不当甚至是错误之处，恳请广大师生和读者提出宝贵意见，以便订正。

林宗寿

2018 年 2 月于武汉

目　录

1　绪　　论

水泥是最主要的一种建筑材料，广泛应用于工业建筑、民用建筑、交通、水利、农林、国防、海港、城乡建筑和宇航工业、核工业以及其他新型工业的建设等领域。不仅仅是因为水泥用量巨大，更重要的是因为水泥工业为经济的发展提供了前期的物质基础，进而推动了人类文明的进程。尽管水泥工业扮演着如此重要的角色，然而无论是从能源、资源消耗还是从环境保护等方面来考虑，水泥从生产、使用到废弃的过程都可以说是一个不断消耗和破坏人类生存空间的过程。因此，为了既满足国民经济建设对优质建筑材料的需求，又实现水泥工业的可持续发展，保护生态环境和维护人体健康，研究和发展生态水泥势在必行。

1.1　我国水泥工业的发展概况

我国水泥工业近二十多年来有了很大发展，经济运行质量明显提高，科技进步加快，结构调整取得了很大进展。据中国水泥协会统计，截止到 2015 年底，我国新型干法水泥生产线累计 1764 条，设计熟料产能达 18.1 亿 t，实际年熟料产能达到 20 亿 t。单线产能正向大型化发展，全国落后水泥产能正加速淘汰。我国水泥工业技术与装备已形成系列化、大型化并向生态化迈进。中国企业在世界水泥装备和工程承包市场创立了国际驰名品牌，占有近一半的市场份额，在国际市场竞争中充分展现了优势和强大。从 1985 年起我国水泥产量一直稳居世界第一（图 1-1），2016 年我国水泥总产量已达 24 亿 t，占世界水泥总产量的 60％以上。

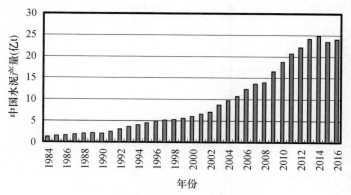

图 1-1　我国近 20 年水泥总产量

我国水泥工业虽然发展速度惊人，但总体上与国外先进水平相比仍存在一定差距，表现为行业整体经营粗放，资源、能源消耗高，综合利用水平低；结构不合理，产品档次低，落后生产能力还比较大，企业数量多、规模小，产业集中度低等[1]。

2014 年我国水泥总产量是 24.76 亿 t，近两年来由于水泥需求有所下降，因此水泥总产量也有所降低。目前，我国水泥工业已成为产能过剩产业，传统水泥企业已开始探索转型升级的途径。由于水泥工业具有利用废弃物为再生资源和能源的特点，所以水泥工业不但可以为人类社会提供基础原材料，还可以对环境保护做出较大贡献。水泥工业将逐步演变为环保产业的一员，在可预见的未来，新型绿色环保的生态水泥工艺技术、专用设备以及产品开发，将会得到发展。

1.2　我国水泥工业的污染物排放情况

我国是世界上最大的水泥生产与消费国。在资源消耗方面，用作水泥原料的石灰岩资源消耗量约占其总资源消耗量的 $1/4 \sim 1/3$[2]；在能源消耗方面，用于水泥生产的煤炭占全国煤炭总需求量的 10% 以上，用于水泥生产的电力消耗约占全国生产总耗电量的 5%[3]；在污染物排放方面，水泥工业颗粒物排放量占全国排放量的 15%～20%，NO_x 排放量占全国排放量的 8%～10%，SO_2 排放量占全国排放量的 3%～4%，水泥工业是重点污染行业之一[4-6]。

全球气候变暖越来越引起人们的关注，变暖的主要原因是地球上 CO_2 排放量的增加。水泥工业的主要燃料是煤，而燃煤产生的 CO_2 是主要的温室气体。另外，水泥又是以 CaO 为主要成分的建筑材料，由于 $CaCO_3$ 的分解，会产生比燃料燃烧更多的 CO_2。目前，水泥生产工艺是"两磨一烧"，每生产 1t 水泥要耗电 80～90kW·h，耗标煤 110kg 左右，排放 CO_2 温室气体 0.4～0.9t。水泥工业的 CO_2 排放量通常占人类活动碳排放量的 5%～10%，在我国则占到 15% 左右；水泥工业是我国碳排放量的主要来源之一，因此，降低水泥工业 CO_2 排放量是我国节能减排的重点[7-10]。

以我国典型的新型干法水泥生产工艺为例[11]，每生产 1t 水泥产品要处理超过 20t 的物料，废气排放量超过 $1 \times 10^4 m^3$。废气排放量大的工艺有熟料烧成、冷却，生料粉磨、烘干等，排放量合计为 10798m³，其中，水泥窑高温废气排放量为 4550m³，用于烘干的废气排放量为 4087m³，常温废气排放量为 2161m³。

水泥工业除水泥窑外，其他工序除尘普遍使用袋式除尘器，除尘效率通常超过 99.5%。通过袋式除尘器排放的颗粒物主要是细颗粒物，其中 PM2.5 的浓度超过 50%[12]。由于雾霾主要是由 PM2.5 累积造成的，只有控制废气量的排放，有效减少环境空气中的 PM2.5，才能保障空气质量的稳定达标。

2013 年 12 月 27 日，GB 491—2013《水泥工业大气污染物排放标准》（第三次修订）正式发布，现有企业从 2015 年 7 月 1 日起全面执行该标准，要求水泥窑颗粒物排放浓度从 50mg/m³ 降到 30mg/m³。即使所有水泥厂均达到了颗粒物排放标准，以 2016 年全国水泥产量 24 亿 t 计算，最保守估计我国水泥工业每年排放的 PM2.5 颗粒物也超过了 38.88 万 t。图 1-2 为 2001—2012 年我国

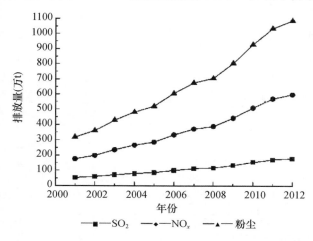

图 1-2　2001—2012 年我国水泥行业大气污染物排放量

水泥生产中粉尘、SO_2 和 NO_x 的排放量[13]。可见，我国水泥行业排放的粉尘、SO_2 和 NO_x 分别由 2001 年的 318.0 万 t、53.0 万 t 和 175.0 万 t 增至 2012 年的 1085 万 t、179 万 t 和 597 万 t，分别增加了 2.41 倍、2.38 倍和 2.41 倍。

　　水泥生产消耗大量的能源和资源，同时排放出大量 CO_2 和 NO_x 等废气，这些废气加剧了温室效应及酸雨的产生，如果这种情况不改善，资源、能源和环境都将无法承受，所以我们应该用较少量的高性能水泥达到大量低质水泥的使用效果，使水泥熟料产量降低，生产能耗下降，减少资源消耗，减轻环境负荷。另一方面，当今水泥工业具有能吸收各种废弃物的作用，所以要以现代科学为基础，以创新技术为依据，改变传统的思维方式，加大消化吸收各种废弃物的作用，要尽可能使用再生资源和能源，使水泥工业成为具有环境净化功能的产业，这样水泥工业才能持续发展。

1.3　我国固体废弃物概况

1.3.1　固体废弃物的定义及分类

　　《中华人民共和国固体废弃物污染防治法》（中华人民共和国主席令［2004］第 31 号）第八十八条对固体废物做了定义：是指在生产、生活和其他活动中产生的丧失原有利用价值或者虽未丧失利用价值但被抛弃或者放弃的固态、半固态和置于容器中的气态的物品、物质以及法律、行政法规规定纳入固体废物管理的物品、物质。固体废弃物分为工业固体废弃物、生活垃圾和危险废弃物三类。工业固体废弃物是指在工业生产活动中产生的固体废弃物，包括各种废渣、污泥、粉尘等。随着经济的发展、人口的增加，城市化进程急剧加快，固体废弃物产量日益增多，种类日益复杂，固体废弃物已经引起了诸多社会问题和环境问题。它不仅造成严重的环境污染，而且直接影响到社会稳定和经济的发展。

1.3.2　固体废弃物的危害特性

　　固体废弃物对环境的污染主要体现在以下几个方面[14]：

　　（1）对水域的污染

　　在雨水的作用下，固体废弃物渗沥液透过土壤渗入地下水中，造成地下水污染。如果将固体废弃物倒入河流、湖泊、海洋，会引起大批水生生物中毒死亡，从而造成更严重的污染。

　　（2）对土壤的污染

　　固体废弃物的存放不仅占用大量的土地，其渗沥液中所含的有毒物质会改变土壤结构和土质，杀死土壤中的微生物，破坏土壤的生态平衡，使土壤遭到污染。一些病菌通过农作物的富集由食物链进入人体，从而危害人体健康。

　　（3）对大气的污染

　　固体废弃物堆放过程中，某些有机物在一定温度和湿度下发生分解，产生有害气体，造成对大气的污染。有些微粒状的废物会随风飘扬，扩散到大气中，造成空气污染，污损建筑物及花果树木，影响人体健康。

1.3.3　我国固体废弃物的排放量

　　随着我国经济的发展与工业化水平的提高，工业固体废弃物的产量也呈现出迅速增加的态势。我国已堆积以及每年新产生的大量工业固废不仅侵占了宝贵的土地资源，而且给土壤水体和大气带来了不同程度的污染。同时由于工业固废中拥有大量的可利用资源，简单地将其堆积也将造成巨大的资源浪费。据 2016 年 9 月 19 日中国产业信息网消息，我国工业固废年产量从 2005 年的 13.6 亿 t，增加到 2014 年的 32.9 亿 t（图 1-3），年平均增长率达 9.28%，其中危险废物年平均增长率达 12.08%。在所有工业固体废弃物中，一般工业废物产生量为 32.56 亿 t，占全部工业废物产生量的 98.90%，综合利用量 20.4 亿 t，贮存量 4.5 亿 t，处置量 8.0 亿 t，倾倒丢弃量 59.4 万 t，全国一般工业固体废物综合利用率为 62.1%。全国工业危险废物产生量为 3633.5 万 t，占全部工业废物产生量的 1.10%，综合利用量 2061.8 万 t，贮存量 690.6 万 t，处置量 929.0 万 t，全国工业危险废物综合利用处置率为 81.2%。2015 年我国工业危险废弃物产生量达到 4220 万 t，同比增长 16.13%。

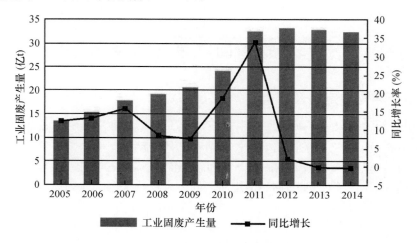

图 1-3   2005—2014 年我国工业固体废弃物产生量

固体废弃物在自然环境大多难以降解，而对其进行填埋或焚烧又会给环境带来更严重的污染。因此，能否对固体废弃物进行有效处理将对社会经济的可持续发展有着重要影响。近年来，固体废弃物逐渐应用于水泥行业，主要用工业固体废弃物如钢渣、矿渣、磷石膏、脱硫石膏、电石渣等替代水泥原料，用城市生活垃圾如可燃性生活垃圾、地下污泥等替代燃料，不仅可以达到水泥厂节能减排的目的，还可以解决固体废弃物污染环境、危害人类身体健康等问题。

1.4   生态水泥的定义与意义

1.4.1   生态水泥的定义

关于生态水泥的定义，目前还没有统一的说法，参考众多学者的意见[15-18]，作者给出如下定义：

生态水泥（Eco-cement）就是利用各种废弃物，包括各种工业废弃物、废渣以及城市生活垃圾等作为原、燃材料，在生产和使用过程中，相对而言具有较好生态环境协调性的水泥。

"生态水泥"是"生态"和"水泥"的复合语，从狭义上讲，生态水泥是指利用各种废弃物、城市垃圾及下水道污泥等作为主要原、燃材料，经过煅烧或粉磨形成的水硬性胶凝材料，因此生态水泥应具有通用水泥的基本功能；而从广义上讲，生态水泥不是一个单独的水泥品种，而是对水泥"健康、环保、安全"属性的评价，包括对原料采集、生产过程、施工过程、使用过程和废弃物处置五大环节的分项评价和综合评价，因此生态水泥应有一个评价体系和评价指标（目前还未建立）。生态水泥要求具有较好的环境协调性，但较好的环境协调性是相对于一般水泥而言的，随着人类文明程度的提高，其环境协调性指标应不断提高。

生态水泥可归纳出以下五方面的基本特征：

（1）其生产所用的原、燃材料，应尽可能少用天然资源，大量使用尾矿、废渣、垃圾、废液等废弃物。

（2）生产和使用过程中，应有利于保护和改造自然环境、治理环境污染。

（3）可使废弃物再生资源化并可回收利用。

（4）产品设计应以改善生活环境、提高生活质量为宗旨，即产品不仅不危及人体健康，而且应有益于人体健康。产品应具有多功能化，如阻燃、防火、调温、调湿、消声、防射线等。

（5）应具有良好的使用性能，应能满足各种建设的需要。生态水泥从材料设计、制备、应用，直至废弃物处理，全过程都应与生态环境相协调，都应以促进社会和经济的可持续发展为目标。

（6）生态水泥应建立一个环境协调性评价体系和评价指标，而且该评价指标是相对的，不是固定不变的，随着人类文明程度的提高，其环境协调性指标应不断提高。

所谓矿渣基生态水泥，就是以矿渣为主要组分的一类生态水泥的总称。例如：过硫磷石膏矿渣水泥[19]，由矿渣、磷石膏、钢渣或少量熟料粉磨而成。以矿渣为主要成分，通常矿渣掺量为 44%～53%，磷石膏掺量为 45%～50%，钢渣掺量为 0%～2%，熟料掺量为 2%～4%。

1.4.2 生态水泥的意义

生态水泥或水泥工业生态化有着丰富的内涵和外延，其实质是摒弃人类以无限消耗自然资源、污染环境为代价的发展，代之以人、社会和自然的和谐、友好的可持续发展。当人类社会的工业系统向着"生态工业"转变时，生态设计工程将成为某一区域生态工业链的一环或成为社会层面循环经济体系的重要组成部分。为了使水泥工业可持续发展，必须实现水泥工业生态化。水泥工业实现生态化是社会的一项系统工程，一定要在全国环保及有关行业部门的参与下进行。生态水泥的意义是深远的，必将得到全社会的关心和支持。

提高水泥工业生态化水平的方法主要有两方面内容，一方面是提高环境效率，减少环境负荷；另一方面是生产环境协调性较好的水泥产品。前者包括减少天然原料的使用量和温室气体 CO_2 的排出量，采用节能工艺与设备并大力回收余热，采用清洁生产，不向环境释放粉尘和其他有毒有害物，采用工业废弃物、工业副产物、城市垃圾和污泥等作为替代原料或替代燃料等内容。后者包括产品要符合工业标准、使用寿命长、无毒无害，减少生产中的能耗和提高产品质量，通过粉体改性生产功能型产品等。

"循环经济"一词已成为我国经济发展中关注的热点，清洁生产、生态设计等循环经济的新概念也逐步被人们所接受。水泥生产工艺可以使用工业废弃物、城市垃圾等作为再生资源和能源，具有与环境友好的相容性，所以说水泥工业生态化必然成为循环经济的组成部分，必将在循环经济中起着重要作用。

(1) 节能。尽可能少用不可再生的天然能源，提高能源利用效率，延长现有能源的使用年限。

(2) 节省资源。尽可能少用不可再生的天然资源，充分利用废弃物、劣质原料等替代优质的自然资源，提高资源利用效率。

(3) 保护环境。尽可能降低 CO_2，SO_2，NO_x 和其他废弃物的排放量。

(4) 提高产品质量。包括强度、功能、耐久性和寿命。

(5) 促进水泥工业与其他建材、建筑相关循环产业的形成。开发和利用再生技术，把传统的建材或建筑废弃物重新变成资源。

1.5   生态水泥发展状况

1.5.1   国外生态水泥发展状况

国外自 20 世纪 70 年代初，开始着手研究用可燃性废料作为替代燃料应用于水泥生产。首次试验是 1974 年在加拿大的 Lawrence 水泥厂进行的试验，试验表明含聚氯苯基等化工废料在回转窑中焚烧是安全的[20,21]。随后美国的 Peerless，Lonestar，Alpha等十多家水泥厂先后也进行了试验。目前美国的大部分水泥厂都使用液体可燃性废料，替代量达到 25%～65%[22]。但从废料市场、工厂经济效益及新技术的发展情况看，正逐步趋向于使用污泥及固体废料，而且技术逐渐成熟、应用普遍。欧洲联合会自 1994 年开始在回转窑中焚烧危险废弃物[23]，此外瑞典 Nordic 水泥公司所属的Euroc废弃物回收治理公司有一条大型生产线，回收加工各种废油和化学溶剂，用作水泥窑二次燃料；Nordic 公司已在 Slite 水泥厂采用了废橡胶、废塑料为二次燃料，替代部分煤粉[15,24]。利用废弃物作为水泥窑的二次燃料有很多益处，包括节约不可再生燃料，减少由于煤燃烧所产生的 CO_2、SO_x、NO_x 和甲烷等的排放，减少了废弃物的处置费用，同时也给水泥厂带来了经济效益[25,26]。与现行的焚烧炉回收二次能源等方法相比，各方面的专家，特别是环保专家都十分青睐于水泥工业，对其寄予很大希望。1996 年瑞士建立的 HCBRekingen 水泥厂是世界上第一个具有利用、处置废弃物的环境管理系统的水泥厂，并得到 ISO14001 国际标准的认证[27,28]。日本在 1973 年世界石油危机后狠抓节能，通过大量推广窑外预分解，余热发电，以废油、废轮胎为燃料和扩大高炉水渣、粉煤灰在混合材中的利用等措施，使 1990 年的水泥能耗比 1973 年降低了 40%，达到了国际领先水平。同时为了对环保、减排 CO_2 和为可持续发展做出贡献，日本重点扩大了对各种废物的综合利用，废物利用比由 1990 年的 25% 上升到 1999 年的 35%[29]。

20 世纪 80 年代中期，欧洲和日本因土地资源紧缺，一直在寻求一种可以大幅减量城市垃圾的技术方式，促使垃圾焚烧发电厂应运而生。当时日本经济发展如日中天，拥有大量资金，他们以为垃圾发电是解决垃圾处置问题的最佳途径。于是两年内日本在全国新建了两千多台垃圾焚烧炉，将全国每年约五千多万吨的生活垃圾减量为约350 万 t 的垃圾飞灰，然后将其深度防渗填埋，同时每年还能回收电量约 175 亿度。到 20 世纪 90 年代中期，日本一处垃圾飞灰填埋场发生了泄漏事故，渗漏液中高浓度的氯苯、汞等重金属污染物对地下水和土壤造成严重污染，从而促使日本各界反省检讨，开始寻求可以消纳垃圾飞灰的办法。否则每年

350万t高毒飞灰深埋仍须不断增加占地，随着时间的累积将加大渗漏风险，所以必须尽快解决这一隐患。经过3年的紧急研究试验，日本终于设法将垃圾飞灰采用繁杂的浸洗、烘干、均化等工序，去除其中绝大部分有毒成分后，最后还是回到水泥窑用作黏土质原料予以消纳掉。因为这套浸洗系统很复杂，浸洗液还须再处理，运转费用高，因而消纳垃圾飞灰生产出的水泥，其基建投资和生产成本约为正常水泥厂的2~3倍。而且这种水泥的各项性能指标并不能完全符合日本现行OPC水泥JIS-R-5210国家标准，只能属于另外一种类型的水泥，日本就将这种水泥命名为"生态水泥"。2002—2004年，日本工业标准委员会相继颁布了生态水泥标准JIS-R-5214，生态水泥用于预拌混凝土的标准JIS-A-5308，以及生态水泥用于预浇注混凝土制品的标准JIS-A-5364，还有生态水泥厂的各种污染物排放标准等一系列有关规范与法规[30]。

日本第一座生态水泥厂于2001年4月在千叶县投产，每年消纳垃圾飞灰残渣6.2万t和工业废弃物3万t，生态水泥最大产能11万t。至2006年相继又新建了4座生态水泥厂，每年消纳垃圾飞灰残渣总量约45万t，生态水泥总产能75万t。因成本太高，事实上并不能解决面临的问题。所以2006年以后日本不再新建生态水泥厂，开始逐步关闭一些垃圾焚烧发电厂，把相应数量的垃圾转移到水泥厂去焚烧消纳干净[30]。因此，高长明[30]向全社会和政府呼吁，日本的这个教训我们应该引以为戒，利用水泥窑协同处置各种可燃废弃物（包括城市垃圾和市政污泥等）是经济安全高效的技术途径之一，甚至可能是我国当今最佳选择方案之一。

1.5.2　国内生态水泥发展状况

国内利用各种工业废弃物作为水泥生产代用原料已有近百年的历史。如上海水泥厂，自1929年开始成功地用黄浦江泥来代替黏土成分，直至今日仍在使用；1930年该厂成功地将本厂自备电站锅炉煤渣用于原料配料，既解决了炉渣出路，又开创了利用炉渣先河；1953年又成为首家成功试用电厂粉煤灰的厂家[29]。现今国内绝大多数的粉煤灰、矿渣、硫铁渣和脱硫石膏等废弃物都是由水泥工业利用的，水泥工业已经成为利废大户，随着水泥技术的不断发展，作为水泥代用原料的范围也将越来越大。目前，我国大宗固体废弃物除尾矿、磷石膏、钢渣受技术、经济等条件的限制利用量较小外，其他废弃物基本实现了由"以储为主"向"以用为主"的转变。2009年，我国25%的水泥原料来自大宗固体废弃物，利废新型墙材产量占墙体材料总量的50%，综合利用固体废弃物达2×10^8t，减少占用土地约30万亩[34]。

2015年5月，中国人民大学国家发展与战略研究院发布的《中国城市生活垃圾管理状况评估研究报告》显示，近年来中国人均生活垃圾日清运量平均为1.12kg，年产生活垃圾410kg左右，按2014年末全国城镇人口测算，全年产生的生活垃圾量达到3.07亿t左右，全国六百多座主要城市年产生活垃圾约1.6亿t。"十三五"城镇化将快速发展，城镇人口规模将快速增长，城市生活垃圾产生总量也将不断增加。

新型干法水泥回转窑协同处置城市生活垃圾的优势主要表现在如下方面：

1）高温处置。水泥窑内烟气和物料温度最高分别达到1750℃和1450℃，在高温下，垃圾中的有毒有害成分彻底分解，一般焚毁去除率达到99.99%。

2）停留时间长。根据一般统计数据，物料从窑尾到窑头总的停留时间在35min左右，气体在大于950℃以上的停留时间在12s以上，高于1300℃以上的停留时间大于3s，更有利于垃圾的燃烧和分解。

3）湍流度高。水泥窑内高温气体与物料流动方向相反，湍流强烈，有利于气固相的混合、传热、传质、分解、化合、扩散。

4）强烈的碱性气氛。生产水泥采用的原料成分的中间产物是 CaO，且以悬浮态均匀分布在系统中，加上颗粒分布细、浓度高，极具吸附性，这就决定了烧成系统内的碱性固相氛围，完全有效地抑制酸性物质的排放，使得 SO_2 和 Cl^- 等化学成分化合成盐类固定下来，减少或避免了焚烧处理后产生"二噁英"的现象。

5）减量化彻底，没有废渣排放。在水泥工业的生产过程中，只有生料和经过煅烧工艺所生产的熟料，没有一般焚烧炉焚烧产生炉渣的问题；且整个系统是在负压下操作运行，烟气和粉尘几乎无外漏问题。

6）焚烧状态易于稳定。水泥回转窑是一个热惯性很大、十分稳定的燃烧系统。它是由回转窑金属筒体、窑内砌筑的耐火砖以及在烧成带形成的结皮和待煅烧物料组成。不仅质量巨大，而且由于耐火材料具有隔热性能，这样就不易因为垃圾投入量和性质的变化而造成大的温度波动，系统易于稳定。

7）固化重金属离子。利用水泥工业回转窑煅烧工艺处理垃圾，可以将垃圾中的绝大部分重金属离子固化在熟料矿物中，避免其再度渗透和扩散污染水质和土壤。

8）减少全社会的废气排放量。由于垃圾在回转窑中焚烧要放出一定的热量，因而可作为矿物质燃料的代替物，这就减少了水泥工业对矿物质燃料（煤、天然气等）的需要量，垃圾一部分作为燃料，另一部分作为水泥生产的原料。这种把垃圾加到回转窑内与传统的矿物质燃料混烧的方式产生的烟气量，与单独的水泥生产和焚烧垃圾所产生的废气相比，排放量要大为减少，远远小于两部分之和，废气中 CO_2、SO_2、Cl^- 的排放量均明显减少。

9）废气处理性能好。水泥工业烧成系统和废气处理系统，使燃烧后产生的废气，经过较长的路径和良好的增湿活化、冷却收尘系统，返回原料制备系统重新利用。

10）投资小，有着良好的经济效益。利用水泥回转窑处理垃圾，只需要增加垃圾预处理与焚烧设备，无需增加废气处理设备，这就大大降低了投资。虽然为了满足水泥产品的质量与生产要求，还要在工艺设备和测量设施上投入资金，对系统进行必要的改造，以适应垃圾作为替代原燃料带来的技术和环保问题。但其投资与新建专用焚烧厂相比，仍可节约大量的资金投入。

11）在可控制的条件下，水泥窑系统焚烧城市生活垃圾不会对水泥产品质量和生产过程带来影响。城市生活垃圾中的有机物主要为碳、氢、氧等元素，在水泥窑系统的高温环境中可分解，城市生活垃圾中的无机物主要为水泥原料需要的硅、铝、铁、钙，是水泥原料的组分，因此不会对水泥的产品质量构成影响。

目前德国、瑞士、法国、日本等发达国家利用水泥窑处置城市生活垃圾已经有三十多年历史，积累了丰富的经验。国内几家研究机构和水泥企业也开展了相关技术研发，华新水泥股份有限公司、安徽海螺水泥股份有限公司、中国中材国际工程股份有限公司、合肥水泥工业设计研究院、中信重工机械股份有限公司分别开发出了城市生活垃圾水泥窑协同处置的成套技术[31]。

城市污泥是一种含粗蛋白高达20％（占污泥有机物的1/3）的亲水胶团，污泥中70％为细菌菌体胶团，干化则硬结。它以好氧颗粒物为主体，同时包括混入生活污水或工矿废水中的泥沙、纤维、动植物残体等固体颗粒物及被吸附的有机物、金属、病菌、虫卵等物质的综合体。污泥的成分及来源均比较复杂，其中含有大量的氮、磷、钾等多种营养元素和有机质可利用成分，也可能含有有毒、有害（二噁英）、难降解的有机物（多氯联苯等）、重金属

（铜、铬、砷、汞、镉等）、病原菌及寄生虫（卵）等物质。因此，大量未经处理的污泥任意堆放和排放，会对环境造成新的二次污染和生态环境破坏，污染土壤、水源甚至食物链[32]。

水泥窑的窑内火焰温度可达 1800℃，在回转窑中物料温度一般在 1350～1450℃ 之间，甚至更高，燃烧气体在高于 800℃ 时停留时间大于 8s，高于 1100℃ 时停留时间大于 3s。在水泥熟料煅烧的过程中，有机物几乎全部分解，极少或不会产生二噁英和呋喃。窑内物料呈高湍流化状态，因此窑内的污泥中有害有机物可充分燃烧，焚烧率可达 99.99％，即使是稳定的有机物（如二噁英等）也能被完全分解。回转窑内的耐火砖、原料、窑皮及熟料均为碱性，可吸收 SO_2，从而抑制其排放。可燃废弃物及污泥中带入的重金属，大部分被固化在熟料矿物的晶体结构中，或水泥的水化产物中，形成不溶解的矿物质，在水泥砂浆体或混凝土结构中的浸析率＜1.5％。水泥窑废气中排放的重金属一般都少于窑系统摄入量的 5％，其排放浓度远低于欧盟指令规定的标准。另外还有一部分固态重金属则会附着在收尘器所捕集的窑灰中，工厂根据其中碱氯硫和重金属含量的不同可酌量地将窑灰返回生料均化库或窑喂料中，或者适量地掺入水泥作混合材。污泥中的有机成分和无机成分都能得到充分利用，资源化效率高。污泥中含有部分有机质（55％以上）和可燃成分，它们在水泥窑中煅烧时会产生热量；污泥的低位热值是 11000kJ/kg 左右，在热值意义上相当于贫煤。贫煤含 55％灰分和 10％～15％挥发分，并具有热值 10000～12500kJ/kg。水泥生产量大，需要的污泥量多；水泥厂地域分布广，有利于污泥就地消纳，节省运输费用；水泥窑的热容量大，工艺稳定，处理污泥方便，见效快。由于水泥窑炉的特殊性，利用水泥窑炉处置城市污泥，不仅能够有效地控制污染物的扩散，满足环境保护要求，还可做到资源的有效利用。我国的华新水泥宜昌有限公司、北京琉璃河水泥厂、广州越堡水泥厂、北京水泥厂等均已成功将城市污泥应用于水泥生产[33]。

1.5.3　生态水泥的发展趋势与任务

水泥是建筑材料的最大分支，每年要消耗大量的石灰石、黏土、石膏、煤等原、燃材料。实践证明，以大量消耗资源、粗放经营为特征的传统水泥工业发展模式已经难以适应时代的发展要求，必须代之以资源节约、污染低、质量效益高、科技先导型的可持续发展的生态水泥工业模式。生态水泥工业发展的核心在于，它把保护环境作为自身的内在要素，纳入其发展过程之中，而不是留给社会承担或留给专门的环境部门去处理，这是与传统水泥工业发展模式的显著区别。

生产制备生态水泥，通常可采用以下两种技术途径：

一是降低能源消耗，改进生产设备和生产工艺。即在通用硅酸盐水泥体系及其矿物组成范围内，通过调控原材料的易烧性和易磨性，改进生产工艺及装备水平，降低水泥生产过程的能源消耗。

二是减少或不使用硅酸盐水泥熟料，代之以各种工业废弃物，以降低水泥生产过程中的 CO_2 排放量，同时消纳各种废弃物。即突破现有硅酸盐水泥熟料矿物体系及其矿物组成范围的限制，降低水泥中的熟料掺量或引入其他工业废弃物组分，研发新型的生态水泥体系。

目前，水泥行业在第一种途径上已取得了良好进展，系列节能减排技术得到大规模普及利用，在现有技术条件下，依靠工艺技术及装备水平改造，进一步实现节能减排的难度已经很大，而生态水泥品种的研发成为了当今水泥材料科学领域的热点。

利用矿渣、钢渣、磷石膏等工业废弃物替代硅酸盐水泥熟料作为主要原料生产水泥，不仅可解决传统"两磨一烧"水泥生产工艺造成的一系列资源浪费和环境污染等问题，而且还可有效降低水泥的生产成本，在环保和经济效益方面都比普通硅酸盐水泥更具优势。

  本书的任务就是，以矿渣为基本原料，通过与钢渣、磷石膏、脱硫石膏等其他工业废渣或少量硅酸盐水泥熟料复合，制备出几种具有较好性能的新型生态水泥新品种，以替代通用硅酸盐水泥作为建筑材料使用，不但可消纳大量工业废弃物，而且符合国家提出的节能、减排、降耗的经济发展方向，对资源的合理化利用和我国水泥工业的可持续发展均具有重要意义。

参考文献

［1］韩仲琦．水泥工业生态化的意义和作用［J］．颗粒学前沿问题研讨会——暨第九届全国颗粒制备与处理研讨会．2009，10：328-332.

［2］ATMACA A，KANOGLU M．Reducing energy consumption of a raw mill in cement industry［J］．Energy，2012，42（1）：261-269.

［3］黄东方，徐健．水泥矿山资源综合利用与可持续发展［J］．矿山装备，2012（7）：52-56.

［4］国家统计局．2012年中国统计年鉴［M］．北京：中国统计出版社，2012.

［5］DAI F，CHEN Y．The research to sustainable development of Chinese cement industry［C］2011 2nd International Conference on Artificial Intelligence，Management Science and Electronic Commerce．Zhengzhou：Institute of Electrical and Electronics Engineers，2011：5255-5258.

［6］WANG Y L，ZHU Q H，GENG Y．Trajectory and driving factors for GHG emission in the Chinese cement industry［J］．Journal of Cleaner Production，2013，53（4）：252-260.

［7］G．David Streets，JiangKejun，Hue Xiulian et al．Recent reductions in China's greenhouse gas emissions［J］．Science，2001，294（11）：1835-1836.

［8］H．G．Van Oss，A．C．Padovani．Cement manufacture and the environment，Part II：Environmental challenges and opportunities［J］，Journal of Industrial Ecology，2003，7（1）：93-126.

［9］陈罕立，王金南．关于我国 NO_x 排放总量控制的探讨［J］．环境科学研究，2005，18（5）：107-110.

［10］王永红，薛志钢，柴发合，等．我国水泥工业大气污染物排放量估算［J］．环境科学研究，2005，21（2）：207-212.

［11］王红梅，刘宇，王凡，等．我国水泥工业废气量减排与污染物减排潜力分析［J］．环境工程技术学报，2015，5（3）：241-246.

［12］毛志伟，蔡林芬，朱小芳．针对水泥工业超细颗粒物（PM2.5）治理的技术探讨［J］．中国水泥，2013（9）：64-65.

［13］徐东耀，周昊，刘伟，等．我国水泥行业大气污染物排放特征［J］．环境工程，2015（06）：76-79.

［14］侯小洁．我国固体废弃物处理现状及对策［J］．中国高新技术企业，2014（1）：79-81.

［15］施惠生，袁玲．生态水泥的研究与进展［J］．建筑材料学报，2003（2）：166-172.

［16］刘方舒，方民宪，杨承斌．生态水泥的研究进展［J］．材料导报，2012（26）：335-337.

［17］施惠生，袁玲．发展生态水泥保护生态环境．环境保护，2009（9）：39-41.

［18］王立久，赵湘慧．生态水泥的研究进展［J］．房材与应用，2002（4）：19-21.

［19］林宗寿，黄赟，水中和，等．过硫磷石膏矿渣水泥与混凝土［M］．武汉：武汉理工大学出版社，2015：114.

［20］Uchikawa H，Obana H．Ecocement-fromtier of recycling of urban composite wastes［J］．Word Cement，1995（11）：33-40.

［21］冯乃谦，邢锋．生态水泥及应用［J］．混凝土与水泥制品，2000（6）：18-21.

［22］Neubauer J，PöⅡmann H．Alinite-chemical composition，solid solution and hydration behaviour［J］．Cement and Concrete Research，1994，24（8）：1413-1422.

［23］Herve de Ladebat，Lemarchand D．Waste management solution［J］．World cement．2000（3）：11-16.

［24］Forgey J．Reusing waste materials［J］．World cement，2000（5）：18-21.

［25］Schneider M．etal．Umweltrelevanz des Einsatzes von Sekundärstoffen bei der Zementherstellung［J］．Zement-Kalk-Gips，1997，50（1）：10-19.

[26] Hunlich H. Gedanken zum einsate moderner zementöften für die abfallensorgung [J]. ZKG, 1996, 49（10）: 562-574.

[27] Schneider M Umweltrelevanz des einsatzes von sekundarstoffen bei der zementherstellung [J]. ZKG, 1997, 50（1）: 10-19.

[28] Benna Tanna. Waste Not Want Not [J]. World Cement, 2000 (11): 51-54.

[29] 刘新年, 郭宏伟, 高档妮. 国内外生态水泥产业发展沿革及趋势 [J]. 陕西科技大学学报, 2005 (1): 87-90.

[30] 高长明. 揭秘日本生态水泥之由来 [J]. 水泥工程, 2013 (4): 1-2.

[31] 王宝明, 姜玉. 水泥窑协同处置城市生活垃圾技术及其在我国的应用现状 [J]. 水泥工程, 2014 (4): 74-78.

[32] 齐砚勇. 水泥窑协同处置污泥技术 [J]. 四川水泥, 2012 (2): 48-52.

[33] 刘姚君. 水泥窑协同处置污泥政策及发展分析 [J]. 水泥, 2014 (7): 4-6.

[34] 国家发展改革委环资司. 推进大宗固体废物综合利用促进资源循环利用产业发展 [J]. 中国资源综合利用, 2010, 8 (5): 18.

2　矿渣基生态水泥制备基本理论

自 1824 年水泥诞生并实际应用以来，水泥工业历经多次变革，工艺和设备不断改进，品种和产量不断扩大，管理与质量不断提高。人类最早是利用间歇式土窑（后发展成土立窑）煅烧水泥熟料，首批水泥大规模使用的实例是 1825—1843 年修建的泰晤士河隧道工程。1877 年回转窑烧制水泥熟料获得专利权，继而出现了单筒冷却机、立式磨以及单仓钢球磨等，从而有效地提高了水泥产量和质量。1905 年湿法回转窑出现；1910 年土立窑得到了改进，实现了立窑机械化连续生产；1928 年德国的立列波博士和波利休斯公司在对立窑、回转窑的综合分析研究后创造了带回转炉篦子的回转窑，为了纪念发明者与创造公司，取名为"立波尔窑"。1950 年悬浮预热器窑的发明与应用使熟料热耗大幅度降低，与此同时，熟料的冷却设备也有了很大的发展，其他的水泥制造设备也不断更新换代。20 世纪 60 年代初，日本将德国的悬浮预热器窑技术引进后，于 1971 年开发了水泥窑外分解技术，从而揭开了现代水泥工业的新篇章，并且很快地在世界范围内出现了各具特点的预分解窑，形成了新型干法水泥生产技术。随着原料预均化、生料均化、高功能破碎与粉磨、环境保护技术和 X 射线荧光分析等在线检测方法的配套发展、逐步完善，加上电子计算机和自动化控制仪表等技术的广泛应用，使新型干法水泥生产的熟料质量明显提高，能耗明显下降，生产规模不断扩大[1]。但是，至今为止水泥工业还没有改变"两磨一烧"的基本生产工艺，生态水泥理论的发展有望取消生料磨和窑，将"两磨一烧"变成"一磨"。

2.1　通用水泥生产工艺流程

近十年来，随着新型干法水泥生产工艺的进一步优化，环境负荷进一步降低，并且成功研发降解利用各种替代原料、燃料及废弃物技术，我国水泥工业正在以新型干法生产为支柱，向生态水泥产业转型。图 2-1 为水泥窑外分解干法生产的工艺流程示意图。

图 2-1 中，石灰石进厂后，经过破碎成为碎石，进入石灰石预均化堆场预均化后进入原料库。砂岩经汽车运输进厂，经破碎机破碎后进入原料库。铁粉经汽车运输进厂，直接进入原料库。石灰石、砂岩和铁粉按规定的配比经过配料计量后进入生料磨粉磨制成生料粉。粉磨后的生料粉进入生料均化库。均化后的生料经喂料计量后进入预热器、分解炉和回转窑进行熟料煅烧。烧成后的熟料进入冷却机冷却。经冷却后的熟料进入熟料库。石膏经汽车运输进厂，经破碎后入石膏库。粉煤灰经汽车运输进厂后直接入粉煤灰库。熟料经辊压机挤压后与石膏和粉煤灰一起按一定的比例进入水泥磨粉磨制成水泥。制成的水泥入水泥库储存，然后经包装出厂，或者汽车散装出厂，或者经装船机由散装水泥船出厂。煤进厂后入煤堆场进行均化，然后由煤磨粉磨制备成煤粉，供回转窑窑头和窑尾分解炉煅烧之用。煤磨烘干所需

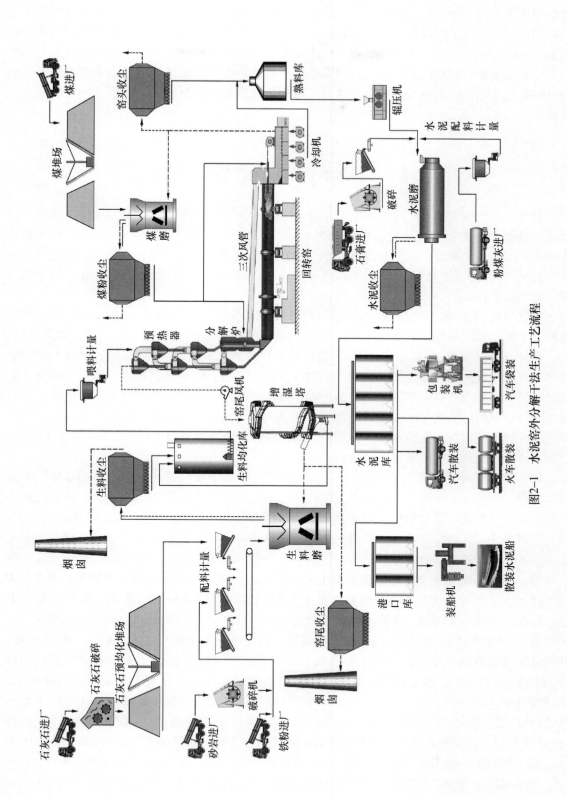

图2-1　水泥窑外分解干法生产工艺流程

的热气体来自冷却机。窑尾预热器出来的高温废气经增湿塔降温后，一部分供生料磨烘干生料所用，然后经收尘后排放，另一部分直接经收尘器收尘后排放。冷却机冷却熟料后产生的高温气体，一部分作为二次风直接入窑帮助窑头煤粉燃烧；另一部分经三次风管输送到窑尾分解炉帮助煤粉的燃烧；多余的气体供煤磨烘干或经窑头收尘系统排出。对采用余热发电的预分解窑烧成系统，部分冷却机热气体和窑尾预热器废气，供余热锅炉产生蒸汽后，经除尘排放。

2.2　通用水泥的凝结硬化机理

目前，通用水泥的生产工艺基本上都是"两磨一烧"，即生料磨、窑和水泥磨。每生产 1t 水泥要耗电 $80 \sim 90 kW \cdot h$，耗标准煤 110kg 左右，排放 CO_2 温室气体 $0.4 \sim 0.9t$。如果能将水泥生产工艺由"两磨一烧"变成"一磨"，即只需水泥磨就可直接生产水泥，其节能减排的效果将极其显著。欲达到此目标，必须首先搞清楚，通用水泥为什么能凝结硬化，即通用水泥的凝结硬化机理。

水泥为什么会凝结硬化，水泥硬化浆体结构的形成和发展，众多学者进行了不少的研究，并提出了许多观点和理论[1]：

1887 年雷霞特利（H. Lechatelier）提出结晶理论。他认为水泥之所以能产生胶凝作用，是由于水化生成的晶体互相交叉穿插，联结成整体的缘故。按照这种理论，水泥的水化、硬化过程是：水泥中各熟料矿物首先溶解于水，与水反应，生成的水化产物由于溶解度小于反应物，所以就结晶沉淀出来。随后熟料矿物继续溶解，水化产物不断沉淀，如此溶解-沉淀不断进行。也就是认为水泥的水化和普通化学反应一样，是通过液相进行的，即所谓溶解-沉淀过程，再由水化产物的结晶交联而凝结、硬化。

1892 年，米哈艾利斯（W. Michaelis）又提出了胶体理论。他认为水泥水化后生成大量胶体物质，再由于干燥或未水化的水泥颗粒继续水化产生"内吸作用"而失水，从而使胶体凝聚变硬。将水泥水化反应作为固相反应的一种类型，与上述溶解-沉淀反应最主要的差别，就是不需要经过矿物溶解于水的阶段，而是固相直接与水反应生成水化产物，即所谓局部化学反应。然后，通过水分的扩散作用，使反应界面由颗粒表面向内延伸，继续进行水化。所以认为，凝结、硬化是胶体凝聚成刚性凝胶的过程。

接着，拜依柯夫（A. A. БойКОВ）将上述两种理论加以发展，把水泥的硬化分为：溶解、胶化和结晶三个时期。在此基础上，列宾捷尔（П. А. Ребиндер）等又提出水泥的凝结、硬化是一个凝聚-结晶三维网状结构的发展过程。而凝结是凝聚结构占主导的一个特定阶段，硬化过程则表明强得多的晶体结构的发展。以后，各方面陆续提出了不少论点，例如鲍格（R. H. Bogue）认为，细微粒子所具有的巨大表面能，是使粒子相互强烈粘附的主要原因。按照塞切夫（M. M. ычев）的见解，则认为浆体结构的形成分为两个阶段，初次结构主要是基于静电和电磁性质的粘附接触，而二次结构才是价键性质的结晶并接。泰麦斯（F. D. Tamas）等则提出水泥的水化硬化是熟料矿物中 $[SiO_4]^{4-}$ 四面体之间形成硅氧键 Si-O-Si，从而不断聚合的过程，硅酸盐阴离子的聚合反应是浆体结构形成的一个重要因素。

水泥水化硬化理论虽然还存在不少争议，但随着近代测试技术的发展，使人们的认识有了很大进展。现在比较统一的意见是：水泥的水化反应在开始主要为化学反应所控制；当水泥颗粒四周形成较为完整的水化物膜层后，反应历程又受到离子通过水化产物层时扩散速率的影响。随着水化产物层的不断增厚，离子的扩散速率即成为水化历程动力学行为的决定性因素。在所生成的水化产物中，有许多是属于胶体尺寸的晶体。随着水化反应的不断进行，各种水化产物逐渐填满原来由水所占据的空间，固体粒子逐渐接近。由于钙矾石针状、棒状晶体的相互搭接，特别是大量箔片状、纤维状 C-S-H 的交叉攀附，从而使原先分散的水泥颗粒以及水化产物联结起来，构成一个三度空间牢固结合、密实的整体（图 2-2），从而使水泥得到凝结硬化。

以上众多学者研究结果表明：水泥之所以能够凝结硬化，产生强度，主要是由于水泥中的矿物（C_3S、C_2S、C_3A、C_4AF、$CaSO_4$ 等）可以与水进行化学反应，产生了一系列水化产物，如 C-S-H、钙矾石、$Ca(OH)_2$、水化铝酸钙等。这些水化产物相互搭接，并不断占据水的空间，使水泥石不断致密，从而产生了强度。

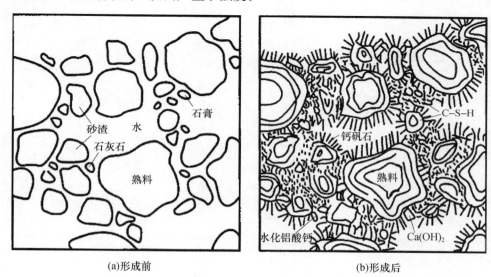

(a)形成前　　　　　　　　　　(b)形成后

图 2-2　硬化水泥浆体形成前后示意图

2.3　矿渣基生态水泥水化硬化模型

根据以上通用水泥凝结硬化理论，我们不难得出以下结论：

一种或几种物质组合后，只要能够与水发生化学反应，产生稳定的水化产物，同时能够不断占据原来水的空间，并使体系达到一定致密度的物质，无需煅烧，即可直接粉磨制造水泥。

按此结论，可从根本上改变现有水泥"两磨一烧"的生产方式，只需"一磨"即可生产水泥，不仅可节省大量能耗，还可大幅度减少 CO_2 等废气的排放。这便是制备矿渣基生态水泥的基本理论，按此基本理论并选择一些具有特殊性质的固体废弃物，便可制备出许多矿渣基生态水泥。

例如[2-8]，将磷石膏、矿渣、石灰石、钢渣、熟料磨成细粉，即可制备出一种矿渣基生态水泥——过硫磷石膏矿渣水泥。该水泥加水搅拌后，磷石膏立即从表面开始溶解，使液相中

的 Ca^{2+} 离子和 SO_4^{2-} 离子浓度不断上升，很快达到饱和；同时，碱性激发剂（熟料或钢渣）也开始水化，熟料中的铝相 C_3A 和铁相 C_4AF 与溶于液相中的 Ca^{2+} 离子和 SO_4^{2-} 离子水化形成钙矾石，熟料中 C_3S 和 C_2S 水化形成 C-S-H 凝胶并放出 Ca^{2+} 离子，掺有钢渣时钢渣也发生水解放出 Ca^{2+} 离子；矿渣在 Ca^{2+} 离子和 SO_4^{2-} 离子的双重激发作用下，开始水解，形成 C-S-H 凝胶和钙矾石；随着水化反应的不断进行，各种水化产物逐渐填满原来由水所占据的空间，固体粒子逐渐接近。由于钙矾石针状、棒状晶体的相互搭接，特别是大量箔片状、纤维状 C-S-H 的交叉攀附，从而使原先分散的固体颗粒以及水化产物联结起来，构成了一个三维空间牢固结合、密实的整体，从而使水泥石越来越密实，强度不断提高；剩余的磷石膏被厚厚的水化产物层严密包裹，不再继续溶解，从而使过硫磷石膏矿渣水泥具有了很好的水硬性。其硬化浆体结构的形成，如图 2-3 所示。

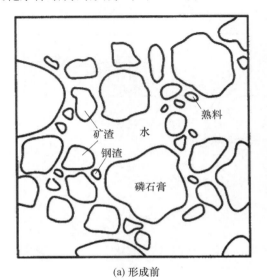 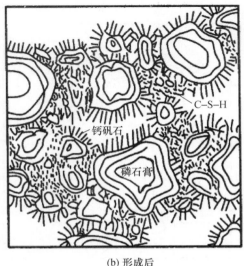

(a) 形成前　　　　　　　　　　　　　　　　(b) 形成后

图 2-3　过硫磷石膏矿渣水泥硬化浆体结构形成示意图

　　如果在过硫磷石膏矿渣水泥中，减少磷石膏的掺量，增加钢渣和石灰石的掺量，即可制备出石灰石石膏矿渣水泥。其组成范围大致为（质量比）：矿渣 45%，钢渣 9%，石灰石 31%，石膏 15%。该水泥的水化硬化模型，如图 2-4 所示。

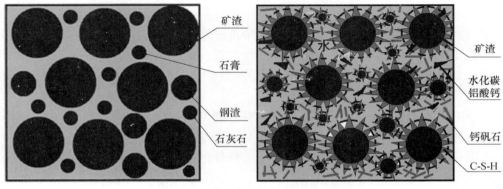

图 2-4　石灰石石膏矿渣水泥水化硬化模型

如果在石灰石石膏矿渣水泥中，用废弃混凝土代替石灰石，由于废弃混凝土中含有石灰石、水化硅酸钙 C-S-H，水化铝酸钙、钙矾石、氢氧化钙等水化产物，还含有少量未水化的水泥颗粒，这些水化产物和未水化的水泥颗粒，同样会与矿渣中的氧化钙、氧化铝、二氧化硅等反应，形成一系列水化产物，又可变成了废弃混凝土石膏矿渣水泥，如图 2-5 所示。因此，根据矿渣基生态水泥的制备理论，可以开发出一系列新型生态水泥。

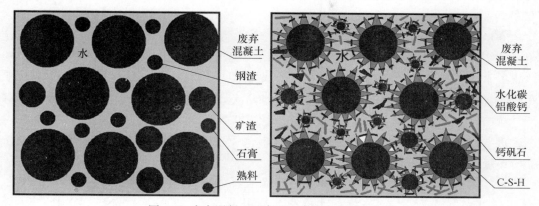

图 2-5 废弃混凝土石膏矿渣水泥水化硬化模型

参考文献

[1] 林宗寿. 水泥工艺学（第二版）[M]. 武汉：武汉理工大学出版社，2017.

[2] 林宗寿，黄赟. 磷石膏基免煅烧水泥的开发研究 [J]. 武汉理工大学学报，2009，31（4）：53-55.

[3] 林宗寿，黄赟. 碱度对磷石膏基免煅烧水泥性能的影响 [J]. 武汉理工大学学报，2009，31（4）：132-135.

[4] 林宗寿，黄赟，水中和，等. 过硫磷石膏矿渣水泥与混凝土 [M]. 武汉：武汉理工大学出版社，2015：114.

[5] 黄赟. 过硫磷石膏矿渣水泥的开发研究 [D]. 武汉：武汉理工大学，2010.

[6] 殷小川. 过硫磷石膏矿渣水泥组成及性能的研究 [D]. 武汉：武汉理工大学，2011.

[7] 师华东. 过硫磷石膏矿渣水泥及制品的开发研究 [D]. 武汉：武汉理工大学，2012.

[8] 王浩杰. 提高过硫磷石膏矿渣水泥早期强度研究 [D]. 武汉：武汉理工大学，2012.

3　分别粉磨矿渣水泥

矿渣水泥的分别粉磨技术是作者早期研发和大力推广的实用技术之一。早在 20 世纪 80 年代末，作者在研究粉磨细度对水泥强度的影响时，就发现矿渣水泥与粉煤灰水泥不同，随着水泥粉磨细度的提高，矿渣水泥的强度提高特别显著，提高的幅度远远大于粉煤灰水泥。究其原因，作者分析与矿渣的特性有关。如将矿渣磨细，即可大幅度提高其活性，从而可大幅度增加矿渣在水泥中的掺量，提高水泥的产量。为此，1991 年 11 月，作者运用 XRD、SEM、DSC、压汞仪等近代测试手段及常规物理力学检验方法，对分别粉磨的矿渣水泥进行了深入研究。

试验结果表明：矿渣水泥分别粉磨，可显著提高水泥的早期和后期强度，可使水泥 3d 抗压强度增加 6.7MPa，抗折强度提高 3.9MPa；7d 抗压强度增加 15.0MPa，抗折强度提高 5.4MPa；28d 抗压强度增加 8.5MPa，抗折强度提高 4.2MPa；并可有效抑制碱集料反应，提高抗氯离子渗透和抗硫酸盐侵蚀能力；压汞试验显示，水泥石的致密度显著提高。这为水泥厂生产高强高掺量矿渣水泥，大幅度提高水泥产量，找到了一条捷径。

20 世纪 90 年代初，随着我国经济建设的起飞，水泥需求量急增，水泥厂急需能大幅度提高水泥产量的实用技术。水泥中掺入矿渣通常使强度降低，凝结硬化变慢，但采用矿渣和熟料分别粉磨后，可使矿渣获得超高活性。在矿渣掺量高达 60%～70% 的情况下，仍可稳定生产 32.5 等级以上矿渣水泥。水泥厂只需增设水泥磨及烘干设备，就可使水泥产量增加 1～2 倍，大大降低了水泥成本，节省了扩建投资，提高了产品质量。

1992 年，作者将矿渣水泥分别粉磨技术称为矿渣活化技术，先后在福建三明水泥厂和吉林交通水泥厂进行了中试。1992 年 9 月 29 日，申请了"高强高掺量矿渣水泥制造方法"的发明专利（发明人为林宗寿、刘顺妮），1995 年 6 月 25 日获得发明专利权，专利号为 92110927.X。1993 年 11 月通过了国家建材局组织的技术鉴定，并开始在全国大面积推广应用。1995 年 8 月获得了湖北省科技进步一等奖，1995 年 9 月获得了全国当代专利、科技成果转让博览会金奖，1996 年获国家自然资源综合利用优秀成果奖。此后，分别粉磨矿渣水泥技术在全国大面积推广应用，并进一步发展成将单独粉磨的矿渣粉直接应用于混凝土的技术。

3.1　分别粉磨配制水泥的概念与优势

3.1.1　矿渣与熟料的易磨性

资料[1]报道，常温下矿渣、熟料和石灰石易磨性相差较大，其邦德指数分别为：熟料 17.25kW·h，矿渣 22.2kW·h，石灰石 10.5kW·h，矿渣的邦德指数比熟料高 28.7%，说明常温下矿渣比熟料难磨。D. Rose 等人[2]采用蔡氏（Zeisel）易磨性试验方法对矿渣和熟料的易磨性进行了比较研究，得出熟料易磨性的平均值（以单位能耗计）比粒状高炉矿渣低大约 30%。

  土耳其的 M. Oner 在试验室中对矿渣和熟料的邦德易磨性进行了测定，同时对不同比例的熟料和矿渣的混合样的易磨性也进行了测定[2]。测定结果图 3-1 所示，可见矿渣的易磨性（以单位产量计）低于熟料，也就是说，矿渣更难以粉磨。在试验结论中更能引起人们兴趣的是，当对含有不同矿渣掺量的混合料进行粉磨时，混合料的易磨性数值通常被认为是单组分物料易磨性数值的加权平均值。如果真是这种情况，那么混合料的易磨性数值应该是图 3-1 中绘制的点画线所示。然而，这种情况并没有发生，混合料的易磨性数值始终低于这条加权平均值直线，也就是说混合料的易磨性要差于将它们分别粉磨之后的加权值。

  有观点认为[2]，易磨性不同的物料，在相同的条件下粉磨后表现出具有不同的颗粒分布，易磨性好的物料容易产生较宽的颗粒分布，而易磨性差的物料容易产生较窄的颗粒分布。所以当把熟料和矿渣分别粉磨到相同的比表面积时，其颗粒分布就会有较大的差别。矿渣的易磨性比熟料差，将矿渣和熟料分别粉磨至相同的比表面积，则难磨的矿渣将比相对好磨的熟料具有更窄的颗粒

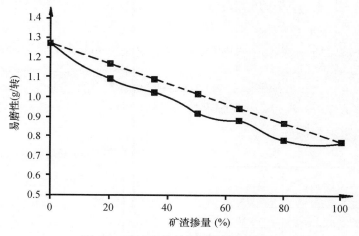

图 3-1　矿渣和熟料的邦德易磨性试验

分布。如果将矿渣和熟料一起粉磨，那么由于矿渣比熟料难磨，水泥中的熟料成分更容易聚集到细颗粒区，而矿渣则容易聚集到粗颗粒区。

3.1.2　分别粉磨配制水泥的概念

  传统的混合粉磨工艺是将熟料、石膏和混合材计量后配合成混合料，经输送设备直接喂入球磨机进行粉磨，经选粉机分选后进入成品库。分别粉磨工艺是将熟料、石膏和石灰石按一定比例混合后单独在一台磨机内（通常用球磨）粉磨成熟料石膏石灰石粉，将矿渣单独在矿渣磨（球磨或立磨）中粉磨成矿渣粉，然后将两者经配比计量后通过混料机混匀进入成品库。

  分别粉磨工艺的核心是解决混合粉磨中熟料与矿渣易磨性差异大的问题。因为在同样比表面积控制指标下，粉磨后的矿渣粒径会比熟料粒径粗，矿渣的活性不能得到充分发挥，而欲要发挥矿渣活性，需要提高矿渣的比表面积，又会造成熟料的过粉磨现象，不仅影响水泥性能，而且增加粉磨电耗，使生产成本上升，企业竞争力下降。因此，分别粉磨是将矿渣粉磨得比熟料还细，即矿渣粉的比表面积大于熟料粉的比表面积，配制成水泥后水泥中熟料粉的颗粒组成以 $3 \sim 30 \mu m$ 为主，$10 \mu m$ 以下的颗粒以矿渣粉为主，使其各自的性能在水泥中得到充分发挥，达到增加矿渣用量、减少熟料消耗、降低生产成本、改善生态环境的目的。

3.1.3 混合粉磨与分别粉磨的对比试验

为了研究混合粉磨和分别粉磨对水泥强度的影响，取武汉市洪山水泥厂的立窑熟料和天然二水石膏，并取湖北鄂州钢铁厂的矿渣，其化学成分见表3-1。

表 3-1 原料的化学成分（%）

原料	Loss	SiO_2	Al_2O_3	Fe_2O_3	CaO	MgO	SO_3	CaF_2
熟料	1.87	20.04	5.24	3.83	66.31	0.29	1.50	0.75
矿渣	0.00	35.70	11.90	2.38	44.30	3.50	0.05	0.00
石膏	20.17	7.34	1.97	0.61	30.24	0.56	38.58	0.00

将表3-1中的矿渣于105～110℃烘干后，测得矿渣的密度为2.88g/cm³，熟料的密度为3.05g/cm³，石膏的密度为2.62g/cm³。然后在试验室用 ϕ500mm×500mm 小磨分别进行"混合粉磨"和"分别粉磨"试验。混合粉磨试验的水泥比表面积为380～400m²/kg；分别粉磨试验熟料粉的比表面积为344m²/kg，矿渣粉的比表面积为515m²/kg，石膏破碎后单独粉磨至0.08mm 筛筛余5%。各原料的比表面积测定按当时的标准 GB 207—63《水泥比表面积测定方法》进行，水泥强度按当时的标准 GB 177—85《水泥胶砂强度检验方法》进行检验，试验结果见表3-2。

表 3-2 混合粉磨和分别粉磨水泥强度对比

对比项目	水泥配比（%）			抗折强度（MPa）			抗压强度（MPa）		
	熟料	矿渣	石膏	3d	7d	28d	3d	7d	28d
混合粉磨	60.0	35.0	5.0	6.6	7.8	8.6	23.9	30.7	42.2
	70.5	25.0	4.5	5.7	8.0	8.9	26.6	35.3	53.6
分别粉磨	24.5	70.0	5.5	6.5	10.1	10.8	21.3	31.2	45.0
	45.3	50.0	4.7	5.5	8.1	9.1	24.1	35.2	56.4

由表3-2可以看出：在矿渣水泥强度相差不大的情况下，分别粉磨矿渣水泥中的矿渣掺量远高于混合粉磨的矿渣水泥。因此，矿渣水泥采用分别粉磨工艺，可显著提高矿渣水泥中的矿渣掺量。这样一来，水泥厂只需增加水泥的粉磨能力，就可轻而易举地实现水泥产量翻一翻。

3.1.4 分别粉磨配制矿渣水泥的优势

分别粉磨配制矿渣水泥的生产工艺，虽然说在工艺设备上比混合粉磨生产工艺复杂，对人员素质、技术要求和管理难度也较大，但由于具有较大经济技术优势而得到了广泛的推广和采用。田力等[3]总结了如下几点优势。

3.1.4.1 实现合理的颗粒级配

水泥的质量不仅与其化学组成和矿物组成有关，而且与其颗粒粒径和分布组成有关。采用不同的粉磨工艺和选粉方式，即使比表面积相同，水泥的强度也会有所差别，其原因在于颗粒级配不同。

水泥颗粒级配对性能的影响在国内外已经进行了长期的分析和研究，并取得了基本结论。对于高等级普通硅酸盐水泥来说，水泥最佳性能的颗粒级配为3～32μm，颗粒总量需>65%，

<3μm 的细颗粒不可超过 10%，>65μm 和<1μm 的颗粒越少越好，最好没有，这样对水泥强度的发挥最好。在水泥生产中不同组分易磨性差异很大的情况下，要实现水泥中熟料、混合材等各组分的最佳颗粒分布，以达到熟料活性的最大利用和混合材活性潜能的充分挖掘，分别粉磨应是最佳的选择。采用分别粉磨配制水泥生产工艺对矿渣和熟料用不同的比表面积控制进行分别粉磨，可以使矿渣磨得更细。这样，一方面可以提高矿渣的反应活性；另一方面矿渣磨细后可以改善水泥的颗粒分布，加大细颗粒矿渣在水泥石中的填充作用，增加了水泥颗粒的原始堆积密度，实现水泥各组分的最佳颗粒分布，使熟料的强度得以充分利用，使矿渣优良的潜在水硬活性得以充分发挥，显著提高水泥强度。

3.1.4.2　增加混合材的掺加量

矿渣具有较高的潜在活性，将矿渣磨细到最佳细度，就可以提高矿渣的掺加量，减少熟料的消耗量。但要把矿渣的潜在活性完全发挥出来，就需要依靠物理作用把矿渣磨到最佳的细度。采用混合粉磨工艺时，由于矿渣易磨性较熟料差，必然会产生选择性粉磨，使成品中两组分的颗粒分布不均，例如：水泥比表面积控制在 350m^2/kg 时，水泥中的矿渣得不到充分粉磨，平均粒度偏大，未磨细的低活性矿渣其潜在活性得不到充分发挥，限制了水泥中矿渣掺量的提高，造成熟料消耗上升。而采用分别粉磨配制水泥生产工艺，对矿渣进行单独粉磨至最佳细度，使其比表面积增大，活性增高，强度增加。用这种高活性的矿渣粉与熟料粉配制生产水泥产品，可使矿渣的活性发挥到最大，在保证产品品质指标的前提下，增加矿渣粉的掺加量，降低熟料消耗，增加企业经济效益。

3.1.4.3　降低粉磨系统的电耗

在采用混合粉磨工艺时，在同样比表面积的情况下，由于熟料和矿渣的易磨性差异，容易产生易磨物料过粉磨，难磨物料磨不细，混合粉磨后的矿渣粒径会比熟料粒径粗，当水泥的比表面积达到 350m^2/kg 时，矿渣的比表面积仅有 230～280m^2/kg；如果矿渣活性充分发挥出来，达到理想的细度（比表面积需达到 400～480m^2/kg），又会造成熟料的过粉磨现象，不仅使水泥使用性能变差，而且直接影响粉磨系统的台时产量，使粉磨工序电耗上升，成本增加。采用熟料和矿渣分别粉磨，可以使熟料的粉磨细度因难磨组分减少而更易于控制和提高，从工艺上减轻了矿渣难磨特性对粉磨的影响，达到提高粉磨效率、降低粉磨电耗的目的。

3.1.4.4　提高水泥的后期强度

根据矿渣粉活性试验可知，矿渣粉早期强度较低，而后期强度增进率较快，这是加入矿渣的水泥强度发展的一般规律。随着比表面积的提高，其活性指数（强度比）相应明显提高。当矿渣粉比表面积达到 400m^2/kg 时，28d 活性指数达 95%，与水泥基本相当；而当矿渣粉比表面积达到或超过 420m^2/kg 以上时，其 28d 活性指数达 100% 以上，高于水泥熟料一般比表面积（350m^2/kg）的活性，因此矿渣粉细磨比熟料粉细磨更有利于强度的增长，当水泥粉磨到一定细度时，掺加矿渣粉后的水泥强度会超过纯硅酸盐水泥的强度，为企业生产高强度水泥创造了条件。

3.1.4.5　灵活组织多品种生产

采用分别粉磨配制生产水泥，水泥品种转换的成本相对较低。在水泥储库允许的情况下，可以灵活多变地组织生产多品种水泥，改变过程迅速便捷，既可以生产普通水泥，又可以生产满足客户特殊需求的水泥。如根据矿渣粉掺加量增加后，水泥凝结时间延长，特别是掺加量大于40%后凝结时间明显延长的特性，不用加缓凝剂即可生产用于道路建设的缓凝水泥或其他对凝结时间有特殊要求的工程。根据试验研究，随着水泥中矿渣粉掺量的增加，当掺量大于30%以后，水泥水化热明显降低；当掺量达到70%时，水化热仅为硅酸盐水泥的59%，可满足低热矿渣水泥的生产要求。

3.1.4.6　改善水泥的使用性能

水泥中熟料颗粒的大小与水化和硬化过程有着直接的联系，不同粒径的水泥熟料颗粒的水化速度及程度差异很大。在采用混合粉磨工艺生产的水泥成品中，由于<3μm的熟料细颗粒较多，大量的熟料细颗粒将在很短的时间内水化，产生早期水化热增加以及需水量增大、减水剂相溶性降低等一系列弊端，对水泥的使用性能产生一定的影响。采用分别粉磨工艺，将矿渣粉磨到一定的细度（比表面积≥400m²/kg）后，使其玻璃体晶体结构被破坏，促使矿渣的活性得到充分发挥。这些活性组分水化时，在碱性溶液的激发下，进一步生成水化硅酸钙等水硬性物质，配制成水泥后，不仅有利于水泥后期强度增进率的提高，而且可以提高混凝土的早、后期强度和抗渗性、抗冻性等，改善混凝土的性能。分别粉磨的矿渣微粉，还可用于配制高性能的混凝土，调整水泥初期的水化过程，使混凝土的和易性、泵送性、密实性和耐久性得到改善。

3.2　分别粉磨矿渣水泥的性能

3.2.1　强度

影响分别粉磨矿渣水泥强度的因素较多，有矿渣比表面积、矿渣的活性大小、石膏品位以及石膏掺量、熟料掺量以及石灰石掺量等，但最主要的影响因素是矿渣的比表面积大小。在分别粉磨生产矿渣水泥时，应将矿渣的比表面积作为最主要的控制参数，高度重视，当矿渣比表面积合适时，矿渣掺量多少对矿渣水泥强度的影响不是很大。在生产中要想提高水泥强度，通常只需增加矿渣比表面积即可。由于矿渣掺量很高，与普通硅酸盐水泥相比，分别粉磨矿渣水泥3d强度偏低，7d强度相当，28d强度偏高。温度对分别粉磨矿渣水泥的强度有显著的影响，低温下分别矿渣水泥的早期强度很低，所以分别粉磨矿渣水泥通常是不适应于冬季（气温小于5℃）施工。如果要进行冬季施工，应采用适当的措施，如采用蓄热法或其他保温措施进行施工。

3.2.1.1　矿渣比表面积及掺量的影响

为了研究矿渣粉比表面积对矿渣水泥强度的影响，将表3-1中的矿渣于105~110℃烘干后，测得矿渣的密度为2.88g/cm³，熟料的密度为3.05g/cm³，石膏的密度为2.62g/cm³。然后将矿渣置于试验室标准磨中粉磨得到三种不同比表面积的矿渣粉：1号矿渣312cm²/kg，2号矿渣515m²/kg，3号矿渣883m²/kg。熟料破碎后单独粉磨至比表面积为344m²/kg，石膏破碎后单独粉磨至0.08mm筛筛余5%。各原料的比表面积测定按当时的标准GB 207—63《水泥比表面积测定方法》进行。按表3-3的配比配制成水泥，然后按当时的标准GB 177—85《水泥胶砂强度检验方法》进行强度检验，按当时的标准GB 1346—77《水泥标准稠度用水量、凝结时间、安定性检验方法》检测水泥的凝结时间和安定性，所得结果见表3-3。

表 3-3 水泥配比及性能检验结果

编号	熟料（%）	石膏（%）	1号矿渣（%）	2号矿渣（%）	3号矿渣（%）	标准稠度（%）	初凝（h：min）	终凝（h：min）	安定性	抗折强度（MPa）			抗压强度（MPa）		
										3d	7d	28d	3d	7d	28d
A2	86.9	3.1	10.0	—	—	25.6	4：36	6：20	合格	5.8	6.7	8.5	25.7	31.8	46.3
B2	76.5	3.5	20.0	—	—	25.5	4：35	6：19	合格	5.7	6.6	8.5	24.6	31.9	46.2
C2	66.1	3.9	30.0	—	—	25.0	4：32	6：18	合格	5.4	6.6	8.5	22.0	31.2	45.2
D2	55.7	4.3	40.0	—	—	24.0	4：31	6：17	合格	5.1	6.5	8.0	20.2	29.0	45.1
E2	45.3	4.7	50.0	—	—	23.5	4：36	6：15	合格	4.5	6.6	7.9	18.9	28.9	45.8
F2	34.9	5.1	60.0	—	—	23.0	4：43	6：14	合格	4.7	6.9	9.0	17.8	28.3	45.2
G2	24.5	5.5	70.0	—	—	23.0	4：46	6：16	合格	4.8	7.2	9.4	17.2	27.5	43.2
A3	86.9	3.1	—	10.0	—	26.5	4：30	6：00	合格	5.8	6.8	8.1	27.4	33.8	48.8
B3	76.5	3.5	—	20.0	—	26.2	4：37	6：03	合格	5.9	7.1	8.4	26.1	34.2	51.2
C3	66.1	3.9	—	30.0	—	25.8	4：38	6：05	合格	5.7	7.5	8.6	24.7	34.8	53.1
D3	55.7	4.3	—	40.0	—	25.3	4：38	6：07	合格	5.6	7.6	8.7	24.2	34.8	54.8
E3	45.3	4.7	—	50.0	—	25.2	4：44	6：10	合格	5.5	8.1	9.1	24.1	35.2	56.4
F3	34.9	5.1	—	60.0	—	25.0	4：49	6：15	合格	6.2	9.3	10.3	23.1	33.2	52.3
G3	24.5	5.5	—	70.0	—	25.0	4：50	6：16	合格	6.5	10.1	10.8	21.3	31.2	45.0
A4	86.9	3.1	—	—	10.0	25.5	4：18	6：02	合格	6.3	7.6	8.4	30.1	35.3	51.0
B4	76.5	3.5	—	—	20.0	25.8	4：19	6：20	合格	6.6	8.0	8.9	30.3	37.1	53.0
C4	66.1	3.9	—	—	30.0	26.5	4：22	6：25	合格	7.0	8.7	9.4	30.7	39.5	55.3
D4	55.7	4.3	—	—	40.0	27.0	4：26	6：33	合格	7.3	9.3	10.9	32.5	45.6	59.3
E4	45.3	4.7	—	—	50.0	27.1	4：15	6：23	合格	8.4	11.0	12.0	35.2	50.4	63.4
F4	34.9	5.1	—	—	60.0	27.2	4：10	6：18	合格	9.6	12.1	12.8	33.1	47.6	61.0
G4	24.5	5.5	—	—	70.0	27.2	4：08	6：12	合格	8.6	12.2	13.0	30.3	43.0	57.0

注：水泥中的 SO_3 含量均为 2.5% 左右。

　　根据表 3-3 的数据，可得出矿渣比表面积及掺量对矿渣水泥强度的影响，如图 3-2～图 3-10 所示。可见，分别粉磨的矿渣比表面积大小对矿渣水泥强度有显著的影响，提高矿渣的比表面积，可显著提高矿渣水泥各龄期的抗折强度和抗压强度。并且，随着水泥中矿渣掺量的提高，这种影响越加显著。

　　由图 3-8 可见，矿渣粉的比表面积较小（312m²/kg）时，随着矿渣掺量的增加，矿渣水泥 3d 抗折强度和抗压强度均下降，7d、28d 抗折强度和抗压强度变化不大。

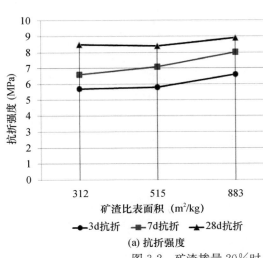

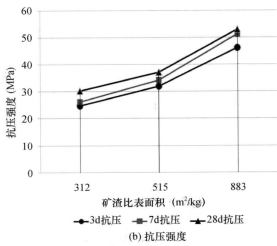

(a) 抗折强度   (b) 抗压强度

图 3-2 矿渣掺量 20％时，矿渣比表面积对水泥强度的影响

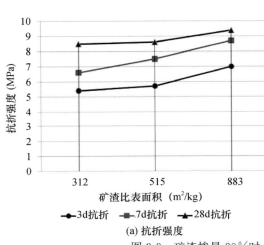

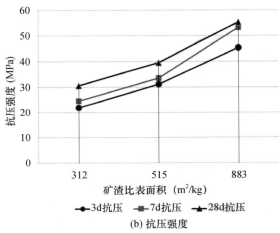

(a) 抗折强度   (b) 抗压强度

图 3-3 矿渣掺量 30％时，矿渣比表面积对水泥强度的影响

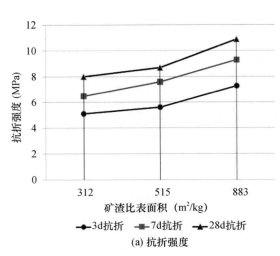

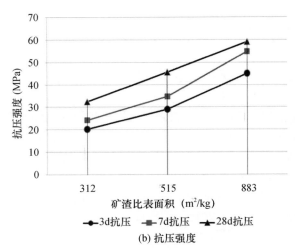

(a) 抗折强度   (b) 抗压强度

图 3-4 矿渣掺量 40％时，矿渣比表面积对水泥强度的影响

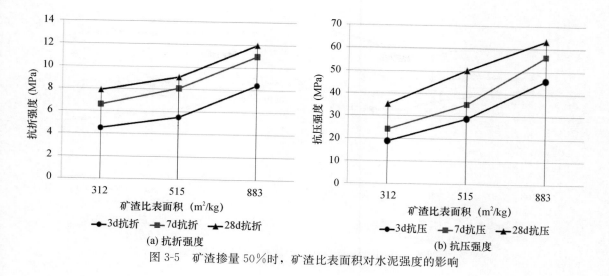

图 3-5 矿渣掺量 50％时，矿渣比表面积对水泥强度的影响

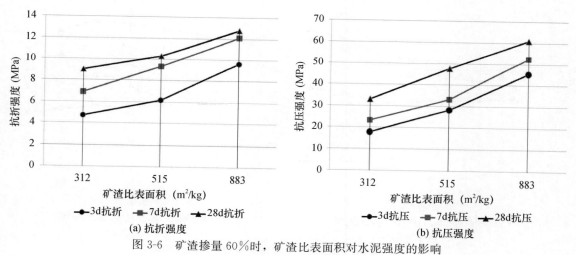

图 3-6 矿渣掺量 60％时，矿渣比表面积对水泥强度的影响

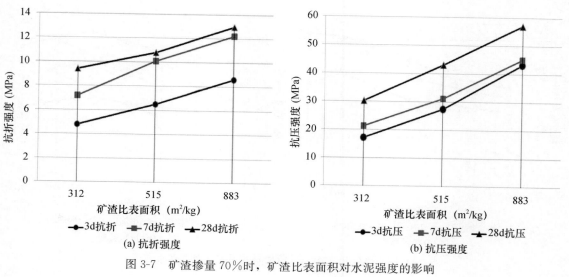

图 3-7 矿渣掺量 70％时，矿渣比表面积对水泥强度的影响

(a) 抗折强度

(b) 抗压强度

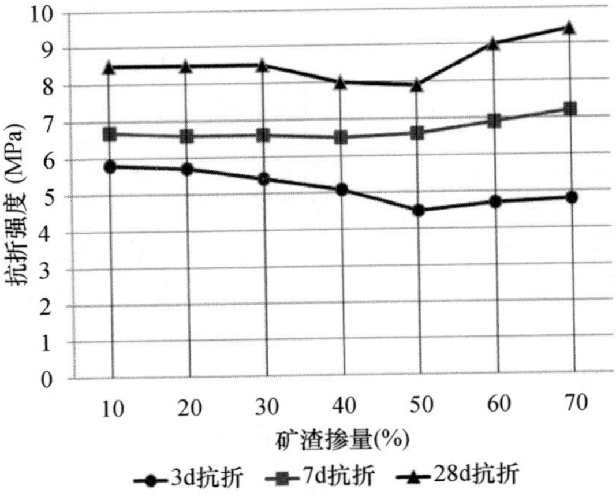

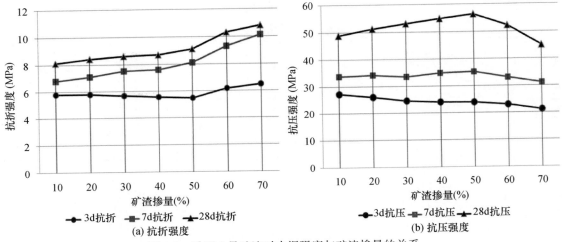

图 3-8　采用 1 号矿渣时水泥强度与矿渣掺量的关系

(a) 抗折强度

(b) 抗压强度

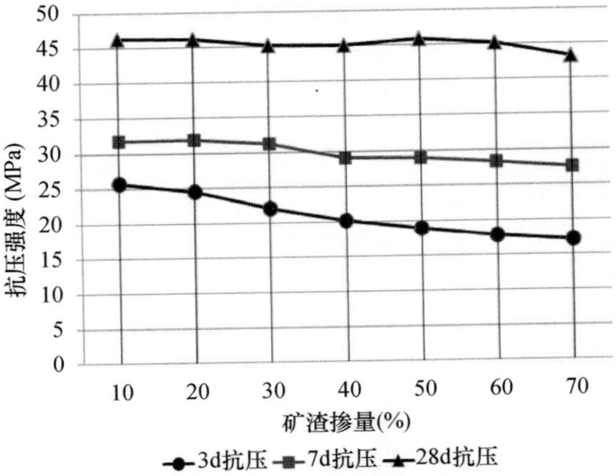

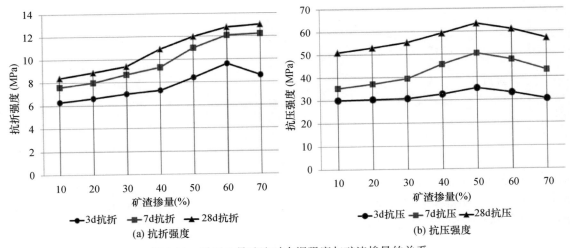

图 3-9　采用 2 号矿渣时水泥强度与矿渣掺量的关系

(a) 抗折强度

(b) 抗压强度

图 3-10　采用 3 号矿渣时水泥强度与矿渣掺量的关系

由图 3-9 可见，矿渣粉的比表面积达到 $515m^2/kg$ 时，矿渣水泥除了 3d 抗压强度稍有下降外，3d 抗折强度和 7d 抗压强度基本不变，7d、28d 抗折强度均有较大幅度的提高，而 28d 抗压强度随着矿渣掺量的提高而提高，并在矿渣掺量为 50% 时达到了最大值，随后明显下降。

由图 3-10 可见，当矿渣粉的比表面积达到 $883m^2/kg$ 时，所有龄期的抗折强度和抗压强度均随着矿渣掺量的提高而提高。除了 3d 抗压强度维持基本不变外，其他各龄期的抗折强度和抗压强度提高的幅度都特别显著。当矿渣掺量为 50% 时，各龄期的抗压强度均达到最大值。

以上数据是作者 20 世纪 90 年代初期的试验数据，所用的水泥检验方法及产品质量标准都已过时，为了能够更好地指导目前的水泥生产，采用侯新凯等[4]的试验数据，来进一步说明矿渣粉比表面积和掺量对矿渣水泥强度的影响。

1. 试验原料及制备

熟料取自山西水泥厂，由预分解窑生产；矿渣取自山西长治钢铁公司，质量系数为 1.81，碱度系数为 0.86；石膏来源于山西长治地区石膏矿；各原料的化学成分见表 3-4。

表 3-4　原料的化学成分（%）

原料	烧失量	SiO_2	Al_2O_3	Fe_2O_3	CaO	MgO	MnO	TiO_2	SO_3	K_2O	Na_2O
熟料	1.01	21.99	5.89	3.66	64.40	1.26	—	0.25	0.12	0.62	0.42
矿渣	0.30	33.00	16.30	2.60	34.51	8.00	0.70	0.60	0.60	0.90	1.70
石膏	22.53	4.33	0.91	0.72	29.72	3.04	—	0.06	37.84		

上述三种试验原料经破碎达到以下设定粒度（过筛），熟料和石膏粒度小于 8mm，矿渣粒度小于 2.5mm，然后准确称取单一物料 5kg，在 $\phi500mm \times 500mm$ 的标准试验磨内粉磨制成 1 种熟料粉、6 种矿渣粉和 1 种石膏粉，共 8 种粉料用于配制水泥。8 种粉料的比表面积见表 3-5。

表 3-5　原料单独粉磨后的比表面积

原料	熟料	矿渣						石膏
编号	C	F1	F2	F3	F4	F5	F6	G
比表面积（m^2/kg）	333	351	408	468	526	559	648	327

2. 试验方法

将表 3-5 的熟料粉和石膏粉（4%）配成硅酸盐水泥，又用熟料粉、矿渣粉（10%～70%，间隔 10%）和 4% 石膏粉以设定的比例配制成矿渣水泥，根据矿渣硅酸盐水泥当时的标准 GB 1344—1999 和硅酸盐水泥当时的标准 GB 175—1999 水泥性能的检验方法，分别测定试验样和对比样的 3d、7d、28d 抗折、抗压强度，同时测定水泥的标准稠度用水量和凝结时间。试样比表面积按当时的标准 GB 8074—1987（勃氏法）进行；水泥标准稠度用水量、凝结时间、安定性检验按当时的标准 GB/T 1346—1989 进行；水泥胶砂强度检验按当时的标准 GB/T 17671—1999 进行。

3. 试验结果和分析

（1）抗折强度

以矿渣粉掺量为横坐标，硅酸盐水泥和42种矿渣水泥的3d、7d、28d抗折强度值为纵坐标，试验结果如图3-11～图3-13。

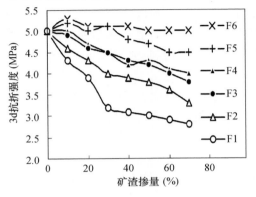

图 3-11   3d 抗折强度与矿渣比表面积
及掺量关系

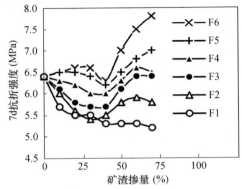

图 3-12   7d 抗折强度与矿渣比表面积
及掺量关系

由图 3-11 可见，6 条曲线基本上是以矿渣粉比表面积大小从高到低依次分布，即矿渣粉比表面积越大，矿渣水泥的强度越高。随着矿渣粉掺量增加，6 条曲线分散范围加大，矿渣水泥早期强度的差异显著化。当矿渣粉比表面积小于 $408m^2/kg$ 时（如 F1、F2 对应矿粉的比表面积是 $351m^2/kg$、$408m^2/kg$），矿渣掺量增加会导致矿渣水泥早期强度急剧降低。当矿渣粉的比表面积在 $468\sim526m^2/kg$ 之间时（如 F3、F4），随着矿渣掺量的提高，两条曲线几乎缠绕在一起，说明此时的矿渣水泥 3d 抗折强度受矿渣比表面积的影响不大。当矿渣粉的比表面积为 $559m^2/kg$、$648m^2/kg$ 时，提高矿渣的掺量，矿渣水泥的 3d 抗折强度几乎不降低。

由图 3-12 可见，矿渣水泥的 7d 抗折强度与 3d 抗折强度曲线类似，强度值在相同矿粉掺量下随矿粉比表面积提高而提高。当矿渣粉比表面积小于 $408m^2/kg$ 时（如 F1、F2 对应矿粉的比表面积是 $351m^2/kg$、$408m^2/kg$），矿渣掺量增加也会导致矿渣水泥 7d 抗折强度降低。但当矿渣粉的比表面积为 $559m^2/kg$、$648m^2/kg$ 时，提高矿渣的掺量，矿渣水泥的 7d 抗折强度值基本上都高于硅酸盐水泥。

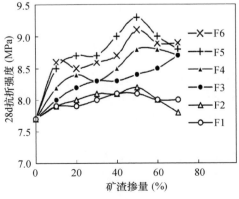

图 3-13   28d 抗折强度与矿渣比表面积
及掺量关系

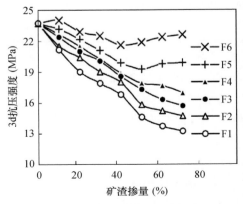

图 3-14   3d 抗压强度与矿渣比表面积
及掺量关系

由图 3-13 可见，矿渣水泥的 28d 抗折强度有别于 3d、7d 抗折强度的特征是：所有矿渣水泥的 28d 抗折强度都比硅酸盐水泥高。即使矿渣粉比表面积小于 408m²/kg（如 F1、F2），随着矿渣掺量的提高，矿渣水泥的 28d 抗折强度也基本上不下降。当矿渣粉的比表面积大于 408m²/kg 后，随着矿渣掺量的提高，矿渣水泥的 28d 抗折强度显著增加。

（2）抗压强度

以矿渣粉掺量为横坐标，硅酸盐水泥和 42 种矿渣水泥的 3d、7d、28d 抗压强度值为纵坐标，试验结果如图 3-14～图 3-16 所示。

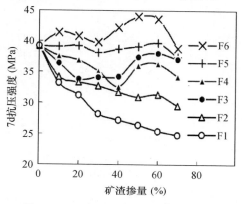

图 3-15　7d 抗压强度与矿渣比表面积
及掺量关系

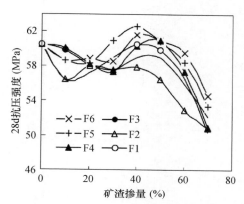

图 3-16　28d 抗压强度与矿渣比表面积
及掺量关系

由图 3-14 可见，3d 强度 F1～F4 四条曲线线性度较好，F5、F6 两条线出现拐点。图3-15 中 7d 强度 F1、F2 两条曲线的线性度较好，F3～F6 四条曲线出现了较多的转折点，这些特点表明抗压强度对矿渣粉掺量呈现出复杂的函数关系。其实这些现象背后隐含着矿渣水泥水化特征与其强度的深层次关联性。水泥石在养护初期，孔隙率较大，水化产物的形成，可以显著地增加水泥石中水化产物的比率，改变其结构的密实性。在此期间水化程度是决定水泥强度的主导因素，水化产物数量的变化会对强度产生明显的影响。图 3-14 是水泥养护 3d 龄期的强度，此时水化产物较少，水泥组分的水化程度是影响水泥强度主要因素。矿渣粉颗粒是在熟料组分水化产物 Ca(OH)₂ 的激发下水化的，粗矿渣粉的水化活性低，矿渣粉掺量增加矿渣水泥的水化程度降低，故图中四条曲线是强度对矿渣粉掺量线性度高的单调减函数；F5、F6 两种矿渣粉的细度较高，在一定的碱度条件下由于矿渣粉的颗粒小水化活性高，增加矿渣粉掺量反而可能使得胶凝组分的水化程度增加，故在图 3-14 中矿渣粉掺量为 50% 处出现了拐点。

由图 3-15 可见，当矿渣粉比表面积大于 559m²/kg（F5、F6）时，矿渣水泥的 7d 抗压强度接近或高于硅酸盐水泥，并随着矿渣掺量的增加而略有提高。

由图 3-16 可见，6 条曲线分散程度较低，各种比表面积的矿渣粉产生的 28d 抗压强度差异不大。矿渣掺量小于 50% 时，提高矿渣掺量，矿渣水泥的 28d 抗压强度变化不大。当矿渣掺量大于 50% 后，提高矿渣掺量，矿渣水泥的 28d 抗压强度才开始有所降低。也就是说，提高矿渣粉的比表面积对改善矿渣水泥 28d 抗压强度的作用不大。

3.2.1.2　熟料比表面积的影响

为了研究熟料粉比表面积对矿渣水泥强度的影响，将表 3-1 中的矿渣置于试验室标准磨中粉磨至比表面积 515m²/kg，石膏破碎后单独粉磨至 0.08mm 筛筛余 5%，熟料破碎后单独粉磨成 4 种比表面积：344m²/kg、365m²/kg、387m²/kg 和 410m²/kg。各原料的比表面积测定按当时的标准 GB 207—63《水泥比表面积测定方法》进行。按熟料粉 24.5%，矿渣粉 70.0%，石膏粉 5.5% 的配比配制成水泥质量比，然后按当时的标准 GB 177—85《水泥胶砂强度检验方法》进行强度检验，所得结果如图 3-17 所示。

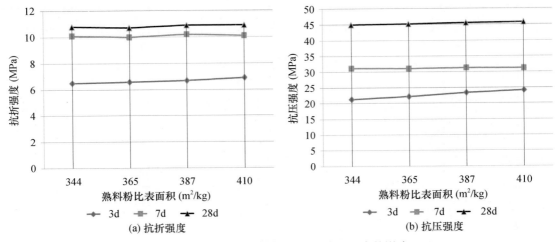

图 3-17　熟料粉比表面积对矿渣水泥强度的影响

由图 3-17 可见，采用分别粉磨工艺生产矿渣水泥时，当熟料的比表面积大于 344m²/kg 后，再增加熟料粉比表面积对矿渣水泥的强度影响很小。除了矿渣水泥 3d 强度有所提高外，28d 强度几乎没有提高。

3.2.1.3　石膏掺量的影响

采用分别粉磨工艺生产矿渣水泥，所用的石膏应符合 GB/T 5483《石膏和硬石膏》中规定的 G 类或 M 类二级（含）以上的石膏或混合石膏。当采用工业副产石膏时，应经过试验确认对水泥凝结时间、强度等性能无害。在矿渣水泥配比中，石膏掺量多少对水泥凝结时间的长短影响不大，但适宜的石膏掺量，有利于提高水泥强度。影响石膏最佳掺量的因素较多，如石膏品位、矿渣掺量、熟料成分、矿渣成分等。因此，确定最佳石膏掺量的可靠方法是强度和有关性能的试验，当无法进行试验或试验来不及时，也可由式（3-1）大致估算：

$$W = 0.002468AX + 0.001022BY + 0.2615 \tag{3-1}$$

式中　W——矿渣水泥中石膏的适宜掺加量（SO_3%）；

A——矿渣水泥中熟料和石膏的掺加量之和（质量%）；

X——熟料中的 C_3A 含量（%）；

B——矿渣水泥中矿渣的掺加量（%）；

Y——矿渣中 Al_2O_3 的含量（%）。

某水泥粉磨站采用两台球磨机分别粉磨工艺生产矿渣水泥。熟料为购进的预分解窑熟料，SO_3 含量为 0.50%；石膏采用天然二水石膏，SO_3 含量为 38.61%；矿渣为附近钢铁厂的高炉水淬矿渣，质量系数为 1.71。矿渣单独在一台球磨机中粉磨，熟料和石膏在另一台球磨机中粉磨。为了确定最佳石膏掺量，取生产矿渣磨的出磨矿渣粉，测定比表面积为 406m²/kg。熟料破碎后单独在试验室小磨中粉磨至比表面积为 365m²/kg。石膏破碎后也单独在试验室小磨中粉磨至比表面积为 589m²/kg。

按表 3-6 的配比配制成矿渣水泥后，进行水泥的物理力学性能检测。水泥标准稠度用水量、凝结时间、安定性检验按 GB/T 1346—2011 进行；水泥胶砂强度检验按 GB/T 17671—1999 进行，试验结果见表 3-6。矿渣水泥各龄期强度与水泥中 SO_3 含量的关系，如图 3-18 所示。

表 3-6　某厂石膏最佳掺量试验

编号	配比（%）			水泥中 SO_3（%）	标准稠度（%）	初凝（h：min）	终凝（h：min）	安定性	抗折强度（MPa）			抗压强度（MPa）		
	熟料	石膏	矿渣						3d	7d	28d	3d	7d	28d
A1	48.03	1.97	50.00	1.0	25.5	3：05	5：15	合格	4	6.1	8.2	13.4	24.5	37.2
A2	46.72	3.28	50.00	1.5	25.3	3：15	5：21	合格	4.3	6.4	8.4	14.2	25.3	37.8
A3	45.41	4.59	50.00	2.0	25.9	3：31	5：32	合格	4.7	6.8	8.7	15.3	26.2	38.6
A4	44.10	5.91	50.00	2.5	25.7	3：45	5：45	合格	5.2	7.2	9.1	16.5	27.1	39.3
A5	42.78	7.22	50.00	3.0	25.8	3：54	5：29	合格	5.8	7.9	9.8	17.9	28.4	40.2
A6	41.47	8.53	50.00	3.5	25.5	3：43	5：55	合格	5.5	7.6	9.5	17.0	27.3	39.5
A7	40.16	9.84	50.00	4.0	25.3	3：55	6：02	合格	5.1	7.0	9.1	16.4	26.1	38.2

由表 3-6 和图 3-18 可知，石膏掺量多少对矿渣水泥的凝结时间影响不大，所有试样的安定性均合格。随着石膏掺量的提高，矿渣水泥各龄期强度先增加，后再下降，在石膏掺量为 7.22%（水泥中 SO_3 为 3.0%）时，各矿渣水泥各龄期强度均达到了最大值，所以可以确定最佳石膏掺量为 7.22%，生产时可控制矿渣水泥的 SO_3 含量在 3.0%±0.2% 范围为宜。

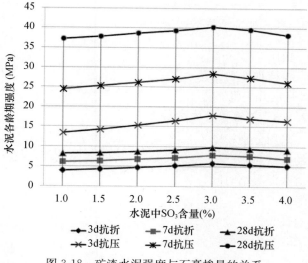

图 3-18　矿渣水泥强度与石膏掺量的关系

3.2.1.4　石灰石掺量的影响

国家标准 GB 175—2007《通用硅酸盐水泥》规定，矿渣水泥中允许用不超过水泥质量 8% 的石灰石（石灰石中的 Al_2O_3 含量应不大于 2.5%）代替矿渣。在分别粉磨矿渣水泥的生产中，通常用不超过水泥质量 10% 的石灰石替代等量的矿渣后，与不掺石灰石的矿渣水泥相比，矿渣水泥的 3d、7d 抗压强度可以提高 15% 左右，各龄期抗折强度平均提高 10% 左右；混凝土和易性、低温自然养护强度、抗冻性、耐磨性、400℃胶砂耐热性一般有所改善；28d 抗压强度、标准稠度用水量、抗硫酸盐侵蚀性、抗碳酸侵蚀性、凝结时间、抗动负荷能力、干缩率、水化热和抗渗性等基本不变；由于石灰石价格便宜，易磨性好，因此应当在分别矿渣水泥中掺加不超过 8% 的石灰石作为混合材使用，有利于改善矿渣水泥的性能和降低水泥的生产成本。

将华新水泥股份公司黄石有限公司的熟料，破碎后在试验室小磨中单独粉磨至比表面积 $358m^2/kg$。

将武汉钢铁公司的矿渣烘干后，单独粉磨至比表面积 $406m^2/kg$。

将湖北应城二水石膏单独粉磨至比表面积 $630m^2/kg$。

将华新水泥股份公司黄石有限公司的石灰石，破碎后在试验室小磨中单独粉磨至比表面积 $568m^2/kg$。

按表 3-7 的配比配制成矿渣水泥，并进行物理力学性能检验。水泥标准稠度用水量、凝结时间、安定性检验按 GB/T 1346—2011 进行；水泥胶砂强度检验按 GB/T 17671—1999 进行，试验结果见表 3-7。可见，矿渣水泥中掺入少量石灰石（≤8%），可以提高矿渣水泥的早期强度，但掺量较大时，水泥 28d 抗压强度会有所下降。

表 3-7　石灰石掺量对矿渣水泥性能的影响

编号	配比（%）				标准稠度（%）	初凝（h：min）	终凝（h：min）	抗折强度（MPa）			抗压强度（MPa）		
	熟料	石膏	矿渣	石灰石				3d	7d	28d	3d	7d	28d
B1	38.0	7.0	55.0	0	26.0	3：46	5：15	4.6	6.5	8.6	14.2	26.3	37.6
B2	38.0	7.0	52.0	3.0	25.9	3：54	5：33	5.0	7.0	9.5	16.0	30.2	38.7
B3	38.0	7.0	50.0	5.0	25.3	3：52	5：27	5.1	7.1	9.4	16.3	30.4	38.0
B4	38.0	7.0	47.0	8.0	25.6	3：32	5：19	5.2	7.0	9.4	16.6	30.7	37.6
B5	38.0	7.0	45.0	10.0	25.8	3：28	5：03	5.1	6.8	9.0	16.3	30.2	36.5
B6	38.0	7.0	40.0	15.0	25.3	3：16	4：42	5.1	6.7	8.8	16.4	29.9	35.7

3.2.1.5　矿渣活性的影响

在分别粉磨制备矿渣水泥的生产实践中，深刻体会到矿渣活性大小对矿渣水泥强度的巨大影响。在生产相同强度等级的矿渣水泥时，使用活性好的矿渣，其所需要的矿渣比表面积可以小一些，矿渣磨产量就高，生产和控制相对容易得多。而使用活性不太好的矿渣时，就要求有较高的矿渣粉比表面积，不仅磨机产量低、电耗高，而且生产控制也相对困难。特别需要注意的是，新建分别粉磨矿渣水泥厂或老厂改造前，务必要对矿渣的活性进行检验，在试验室小磨中分别粉磨几个不同比表面积的矿渣粉并与熟料粉和石膏粉配制成矿渣水泥，然后进行水泥强度检验。以此判定该矿渣的活性是否满足生产的要求，同时也为实际生产提供控制的参数。

矿渣的活性主要取决于它的化学成分和成粒质量。从化学成分来说，其质量以 CaO、MgO、Al_2O_3 百分含量之和与 SiO_2、MnO、TiO_2 百分含量之和的比来表示，所得比值称之为"质量系数"，见公式（3-2），质量系数越大，矿渣活性也就越大。

$$质量系数 = \frac{CaO + MgO + Al_2O_3}{SiO_2 + MnO + TiO_2} \tag{3-2}$$

矿渣按质量系数、化学成分、体积密度和粒度分为合格品和优等品。其质量系数和化学成分应符合表 3-8 的要求；松散体积密度和粒度应符合表 3-9 的要求；矿渣中不得混有外来夹杂物，如含铁尘泥，未经充分淬冷的矿渣等。

表 3-8　矿渣质量系数和化学成分的要求

技术指标 \ 等级	合格品	优等品
质量系数 $\frac{CaO + MgO + Al_2O_3}{SiO_2 + MnO + TiO_2}$，不小于	1.20	1.60
二氧化钛（TiO_2）含量（%），不大于	10.0	2.0
氧化亚锰（MnO）含量（%），不大于	4.0　15.0（冶炼锰铁时）	2.0
氟化物含量（以 F 计）（%），不大于	2.0	2.0
硫化物含量（以 S 计）（%），不大于	3.0	2.0

表 3-9　矿渣松散体积密度和粒度的要求

技术指标 \ 等级	合格品	优等品
松散体积密度（kg/L），不大于	1.20	1.00
最大粒度（mm），不大于	100	50
大于 10mm 颗粒含量（以质量计）（%），不大于	8	3

周胜波等[5]研究了矿渣活性与矿渣水泥强度的关系，其主要试验结果如下：

熟料取自陕西秦岭水泥厂，石膏取自太原石膏矿。石膏和熟料的化学成分见表 3-10。矿渣取自长治钢铁集团公司（简称为 C）、太原钢铁公司（简称为 T）、海鑫集团（简称为 H）和酒泉钢铁公司（简称为 J），矿渣的化学成分见表 3-11。

表 3-10　熟料和石膏的化学成分（%）

项目	烧失量	SiO_2	Al_2O_3	Fe_2O_3	CaO	MgO	SO_3	合计
熟料	0.43	21.73	5.73	3.63	64.65	2.24	0.54	98.95
石膏	21.53	4.12	1.60	0.34	29.80	1.48	40.65	99.52

表 3-11　矿渣的化学成分（%）

矿渣	SiO_2	Al_2O_3	Fe_2O_3	CaO	MgO	Na_2O	K_2O	MnO	TiO_2	SO_3	合计	质量系数
C	31.29	15.17	2.15	36.51	6.61	0.52	0.44	0.27	0.61	1.26	94.83	1.81
T	32.75	10.00	8.89	37.71	7.20	0.30	0.44	0.14	0.82	1.28	99.53	1.63
H	33.72	16.14	3.48	36.36	6.02	0.30	0.44	0.75	0.82	1.20	99.23	1.66
J	35.39	12.10	0.93	38.90	7.54	0.21	0.94	1.89	1.27	0.43	99.60	1.52

将表 3-10 和表 3-11 中的熟料、石膏和 4 种矿渣全部单独粉磨后，按熟料：矿渣：石膏＝46：50：4 的比例配制成 4 种矿渣水泥，按 GB/T 17671—1999 国家标准检验矿渣水泥的胶砂强度，所得结果见表 3-12。

表 3-12　矿渣质量系数与矿渣水泥强度

矿渣	质量系数	抗折强度（MPa）			抗压强度（MPa）		
		3d	7d	28d	3d	7d	28d
C	1.81	3.6	6.1	8.1	21.4	36.0	51.0
T	1.63	4.5	6.6	9.1	21.7	34.6	56.9
H	1.66	3.8	5.8	8.4	20.7	32.6	56.3
J	1.52	3.8	4.9	7.8	16.2	27.1	46.5

由表 3-12 可见，长钢 C、太钢 T 和海鑫 H 的矿渣均属于优质矿渣，质量系数大于 1.6，而酒钢 J 矿渣品质稍微差了一些，属于合格品。特别是太钢 T 矿渣水淬特别好，玻璃体含量很高，经 XRD 检测主要矿物为玻璃体，占 94% 以上，高于其他几种矿渣，远高于酒钢 J 矿渣，而且酒钢 J 矿渣还含有少量的钙铝黄长石。因此，从矿渣水淬成粒质量上看，太钢 T 矿渣和海鑫 H 矿渣好于长钢 C 矿渣和酒钢 J 矿渣，再结合 4 种矿渣的质量系数，所以在进行强度检验时，就反映出太钢 T 和海鑫 H 矿渣强度最高，其次是长钢 C 矿渣，最差是酒钢 J 矿渣。

由此可见，矿渣活性大小对分别粉磨矿渣水泥的质量有重大影响，矿渣活性好坏除了与其质量系数有关外，还受矿渣水淬质量（即玻璃体含量大小）的影响。要确定一种矿渣活性的好坏，最可靠的方法还是进行强度试验。

3.2.2　凝结时间

采用分别粉磨技术生产的矿渣水泥，由于矿渣掺量较高，熟料掺量较少，由熟料带入到水泥中的铝酸三钙的量已不足以控制水泥的凝结时间。水泥的凝结还必须依赖于来自熟料的硅酸三钙的水化。因此，石膏掺量的多少对矿渣水泥的凝结时间影响已很小。矿渣水泥凝结时间的快慢，除了受熟料中的铝酸三钙含量高低影响外，主要还取决于熟料中硅酸三钙本身水化速度的快慢。

采用回转窑熟料和不加萤石矿化剂的立窑熟料生产的矿渣水泥，矿渣掺量在 50％ 的情况下，一般均可得到正常的凝结时间，初凝时间在 2～3h，终凝时间在 4～5h。但是，对掺有氟硫矿化剂的立窑熟料而言，如果熟料氟硫比过大，即熟料中氟化钙含量过高，三氧化硫含量过低，或者熟料煅烧温度过高，同时熟料中氧化镁含量偏高（≥3％），将会使矿渣水泥凝结时间变长，有时初凝时间长达 5～6h，终凝时间长达 7～8h，而且随着矿渣掺量的提高，凝结时间还会进一步变长。

这主要是由于熟料煅烧时，氟化钙容易固溶到硅酸三钙中，使硅酸三钙的水化速度变慢，从而延长了水泥的凝结时间。煅烧温度越高，三氧化硫含量越低，氧化镁含量越高，则氟化钙固溶量越大，水泥的凝结时间也就越长。

如果单独检验这种熟料的凝结时间，由于没有掺矿渣，熟料中铝酸三钙含量相对较高，只要这部分铝酸三钙的水化就足以令其凝结，所以检测熟料凝结时间时，往往比较短，是正常的凝结时间。但是，一旦这种熟料配制成矿渣水泥，矿渣水泥的凝结时间就变得很长。如果碰到这种情况，还必须从熟料本身入手，先解决熟料的问题，否则矿渣水泥的凝结时间是无法缩短的，除非矿渣水泥中矿渣掺量很少。某些水泥厂家，熟料凝结时间很快，但矿渣掺量较高时，水泥的凝结时间就延长，其原因就在于此。

解决的方法是减少生料中萤石的掺量，并适当增加生料中石膏的掺量，使氟硫比降低，同时提高熟料的铝率，并适当降低熟料的煅烧温度，尽可能控制熟料中的氧化镁含量小于 3％，即可显著缩短矿渣水泥的凝结时间。

当使用预分解窑熟料时，为了了解矿渣比表面积和掺量对矿渣水泥凝结时间的影响，侯新凯等[4] 将已分别粉磨的表 3-5 的熟料粉、矿渣粉和石膏粉，配制得到一批矿渣水泥，测定其凝结时间，结果如图 3-19 所示。

分析图 3-19 中（加 Z 表示终凝时间）水泥的凝结时间，可以得到如下结论：

（1）矿粉细度粗、掺量低时，它的初凝时间比硅酸盐水泥还略短。但是，矿渣粉掺

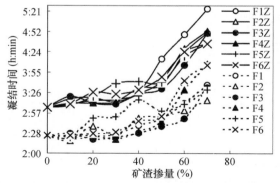

图 3-19　水泥凝结时间与矿渣比表面积和掺量的关系

量在 50％ 内，矿渣水泥的初、终凝时间比硅酸盐水泥延长量小。对 6 种矿渣粉、掺量在 50％ 内的 30 种矿渣水泥进行统计，平均初凝时间是 2∶35（h∶min），仅比硅酸盐水泥长 10min；平均终凝时间是 3∶25（h∶min），比硅酸盐水泥长 20min。

（2）水泥的初、终凝时间之差是指浆体从开始失去流动性到完全失去流动性所用时间，是反映水泥的水化硬化速度又一技术指标。对 6 种矿粉、掺量在 50% 内的 30 种矿渣水泥进行统计，平均终初凝时间之差是 49min，比硅酸盐水泥试验样的初、终凝时间差长 9min。通过比较可以看出高比表面积矿渣粉配制的矿渣水泥初、终凝时间差较小，硬化速度较快。

（3）当矿渣掺量大于 50% 时，水泥无论是初凝时间，还是终凝时间都是随着矿渣粉掺量增加以较大的梯度增加。尽管高比表面积矿渣粉配制的矿渣水泥早凝、早强性能好，但是它的主要矿物成分——玻璃体不能直接水化，依赖于熟料水化的产物所产生的碱性环境才能水化。矿渣粉掺量大于 50% 时，熟料组分含量少，产生的碱性水化产物不足以使矿渣粉充分水化，水泥的凝结时间延长，这一点高比表面积矿渣粉和其他矿渣粉表现是一致的。

由此可见，对于预分解窑熟料配制的矿渣水泥，当矿渣掺量在 50% 以下时，其凝结时间与普通硅酸盐水泥相差不大，当矿渣掺量超过 50% 后，矿渣水泥的凝结时间将会显著延长。

3.2.3 水化热

水泥水化时都会放出一定的热量，在冬季施工中，水化热的产生能提高水泥浆体温度，有利于水泥正常水化，加快施工进度。但在大体积混凝土工程中，水泥水化放出的热量聚集在混凝土内部不易散失，使其内部温度升高，导致混凝土结构内外温差较大而产生应力，致使混凝土结构不均匀膨胀而产生裂缝，给工程带来严重的危害。所以，水泥水化热是大体积混凝土工程一个重要的使用性能，如何降低水化热，是提高大体积混凝土质量的重要问题之一。

众所周知，矿渣可以显著降低水泥的水化热，采用分别粉磨工艺生产的矿渣水泥，由于矿渣掺量高，熟料掺量少，水化热较低。以下引用范莲花[6]的试验数据，来说明分别粉磨矿渣水泥中矿渣粉的掺量对水泥水化热的影响。

将熟料和石膏共同粉磨而成的硅酸盐水泥与单独粉磨的矿渣粉（比表面积为 449m^2/kg），按表 3-13 的配比制备成矿渣水泥。按照 GB 2022—1980《水泥水化热试验方法》（直接法），在热量计周围温度不变条件下，直接测定热量计内水泥胶砂温度的变化，计算热量计内积蓄和散失热量的总和，从而求得水泥水化 3d、7d 的水化热，试验结果见表 3-13。

表 3-13　矿渣水泥的配比及水化热试验结果

编号	硅酸盐水泥（%）	矿渣粉（%）	最高温升（℃）	达到最高温升的时间（h）	3d 水化热（J/g）	7d 水化热（J/g）
T1	100	0	34.2	13	243.6	278.1
T2	60	40	33.3	15	219.7	259.9
T3	40	60	32.4	18	182.2	199.5

由表 3-13 可得出如下结论：

（1）水泥的最高温升随矿渣粉掺量的增加而降低，不掺矿渣粉的硅酸盐水泥为 34.2℃，而当分别用 40% 和 60% 的矿渣粉等量取代硅酸盐水泥后，T2、T3 最高温升分别降至 33.3℃ 和 32.4℃。

（2）随着矿渣掺量的增加，水泥 3d 水化热从 243.6J/g 降到了 182.2J/g；水泥 7d 水化热从 278.1J/g 降到了 199.5J/g。水化热降低的速率随矿渣掺量的增加而加快。掺入 40% 的矿渣粉，3d 水化热可降低 9.8%，7d 水化热可降低 6.5%；掺入 60% 的矿渣粉，3d 水化热可降低 25.2%，7d 水化热可降低 28.3%，所以，掺入矿渣粉，不仅可以有效降低水泥的早期水化热，而且还可降低 7d 龄期的水化热。

（3）硅酸盐水泥掺入矿渣粉后，达到最高水化放热温度的时间明显延迟。即 T1 为 13h 就达到了最高温升 34.2℃，T2 为 15h 达到了最高温升 33.3℃，T3 为 18h 达到了最高温升 32.4℃。掺入 40％和 60％矿渣后，分别比硅酸盐水泥延长了 2h 和 5h。

综上所述，采用分别粉磨工艺生产的矿渣水泥，由于矿渣掺量较高，水泥的水化热较小，所以特别适应于要求水化热低的大体积混凝土，或在夏季温度高的环境中使用，却不太适应于冬季使用。

3.2.4 抗渗性能

抗渗性是指硬化水泥石或混凝土抵抗各种有害介质渗透的能力。绝大多数有害的流动水、溶液、气体等介质，都是从水泥石或混凝土中的孔隙和裂缝中渗入的，所以提高抗渗性是改善耐久性的一个有效途径。对于一些特殊工程如水工混凝土、储油罐、压力管、水塔等，对抗渗性有着更为严格的要求，因此抗渗性是水泥的一个重要的使用性能。

提高混凝土的抗渗性，除混凝土本身具有极低的渗透性以外，从实际意义上来说，避免混凝土结构出现裂纹和裂缝是更为重要的。混凝土体系可理解为连续级配的颗粒堆积体系，粗集料间隙由细集料填充，细集料间隙由水泥颗粒填充，水泥颗粒之间的间隙，则需更细的颗粒来填充。分别粉磨矿渣水泥中矿渣粉的最可几粒径在 $10\mu m$ 左右，可起到填充水泥颗粒间隙的微集料作用，随着矿渣掺量的增加，矿渣水泥的抗渗能力增强。以下引用卫芯艳[7]的试验数据，来说明矿渣粉掺量对水泥混凝土抗渗性能的影响。

1. 试验原料

硅酸盐水泥：采用山西长治市瑞盛水泥厂的熟料，磨细至比表面积为 $333m^2/kg$，掺入 4％的磨细石膏配制而成，物理性能见表 3-14。

表 3-14　硅酸盐水泥的物理性能

熟料（％）	石膏（％）	标准稠度（％）	初凝（h:min）	终凝（h:min）	抗折强度（MPa）		抗压强度（MPa）	
					3d	28d	3d	28d
96	4	124.5	2:25	3:05	5.0	7.7	25.7	60.5

矿渣：取自山西长治钢铁公司的高炉水淬矿渣，单独粉磨至比表面积为 $513m^2/kg$，备用。

砂子：细度模数为 2.36，属中砂。按照 JGJ 52—2006《普通混凝土用砂、石质量及检验方法标准》测定其粒度分布及其物理性能，均符合标准要求。

石子：按照 JGJ 52—2006《普通混凝土用砂、石质量及检验方法标准》测定其最大粒度为 31.5mm，密度 $2740kg/m^3$，容积密度 $1.481kg/m^3$。

减水剂：减水剂为 SNF-GN，减水率约为 20％，推荐掺量为 0.5％。

2. 试验方法

基准混凝土按 JGJ 55—2011《普通混凝土配合比设计规程》配制出 C40 混凝土，然后将矿渣粉以不同比例取代硅酸盐水泥再配制成几个不同配比的 C40 混凝土，以研究矿渣粉对混凝土抗渗性能的影响。矿渣掺量不同时混凝土试体的渗水深度见表 3-15 和图 3-20 所示。

表 3-15　矿渣掺量不同时混凝土试体的渗水深度

矿渣掺量（％）	0	10	30	50	70
渗水深度（mm）	16.79	13.94	13.90	13.64	12.33

从表 3-15 及图 3-20 可以看出：当矿渣掺量提高后，混凝土的渗水深度大大降低。由硅酸盐水泥混凝土的渗水深度由 16.79mm 降到矿渣粉掺量 70% 时的 12.33mm，混凝土的渗水深度降低了 21%。因此，以矿渣粉等量代替硅酸盐水泥可以明显地改善混凝土的密实性。随着矿渣粉掺量的增加，混凝土的渗水深度逐渐减小。矿渣粉掺量从 0～10%，渗水深度急剧下降；掺量为10%～50%，渗水深度变化很小，即矿渣的掺入对混凝土渗透性影响很小；当矿渣粉掺量在70% 时，混凝土的渗水深度又有较大的下降。

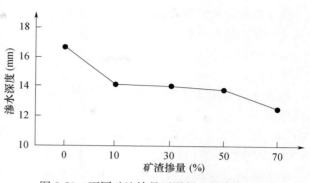

图 3-20　不同矿渣掺量下混凝土的渗水深度

3. 结果分析

混凝土的渗透是水或离子通过连通的毛细孔迁移的过程，减少连通的毛细孔数量、减少孔径和增加孔隙弯曲度都可以降低渗透性，矿渣对减少混凝土的渗透性的作用主要有以下几点：

（1）活性效应。水泥在水化时析出的 $Ca(OH)_2$ 能与矿渣粉中所含的活性氧化硅或氧化铝结合，生成低碱度的水化产物，从而降低其在硬化水泥浆体中的浓度和其在水中的溶析速度。同时，还能使水化铝酸盐的浓度降低。又因加入矿渣粉后，浆体的密实度较高，反应生成的水化产物填充和分割混凝土中的大孔，使孔隙细化，抗渗性变好。

（2）形态效应。矿渣粉磨至比表面积为 $500m^2/kg$ 左右时，表面已相当光滑，因此减小了内部摩擦阻力，能改善混凝土拌合物的和易性，使之易于浇注密实。如果保持流动性不变，就可以减少用水量，降低水灰比，也就减少了水泥浆体硬化后水分消耗和蒸发留下的空隙，也就提高了混凝土的抗渗性。

（3）界面效应。集料和水泥浆体之间的界面是混凝土结构中的薄弱环节。加入矿渣能减小硬化水泥浆体和集料界面间的过渡区域的宽度，干扰过渡区域中氢氧化钙晶体的取向性，提高界面的强度和密实性。

综上所述，要提高水泥抗渗性，除了提高矿渣水泥中的矿渣粉掺量外，还应尽可能地降低水灰比，尽量减小大孔，尤其是连通孔的尺寸和比例。在实际施工中，由于条件比试验室更为复杂，因此除考虑上述措施以外，还应选用适当的集料，加强振捣，采取适宜的养护制度等，从而提高抗渗性。

3.2.5　抗氯离子渗透

混凝土中的钢筋在碱性条件下，由于表面有一层钝化膜，能够自我保护，进而不被锈蚀。但是，当混凝土中的碱度降低的时候，钝化膜就会变得不稳定，腐蚀微电池就会形成，进而产生钢筋锈蚀。如果钢筋所处环境中存在着氯离子，那么氯离子就会吸附在钝化膜上面，降低混凝土的局部碱性，进而损坏钝化膜；同时氯离子能够降低混凝土的电阻，加速钢筋的电化学腐蚀速度；此外，氯离子能够产生电化学腐蚀当中的阳极去极化作用，最终加快电化学腐蚀速度。因此，混凝土抗氯离子渗透性能是衡量混凝土耐久性的最重要的指标之一。

为了研究分别粉磨矿渣水泥中矿渣粉比表面积及掺量对水泥抗氯离子渗透性能的影响，采用表 3-1 的原料，熟料破碎后单独粉磨至比表面积为 344m²/kg，石膏破碎后单独粉磨至 0.08mm 筛筛余 5%，矿渣烘干后单独粉磨至两种比表面积 312m²/kg（1 号矿渣）和 515m²/kg（2 号矿渣）。

按表 3-16 的配比配制成水泥，然后按当时的标准 GB 1346—77《水泥标准稠度用水量、凝结时间、安定性检验方法》检测水泥的标准稠度和凝结时间。按当时的标准 GB 177—85《水泥胶砂强度检验方法》进行强度检验。然后将标准养护至 28d 的水泥砂浆试块（40mm×40mm×160mm）取出，晾干后留出不光滑的一面，其余各面都涂上沥青，以防止氯离子从其他端面渗透。涂好后放入相当于海水 5 倍浓度的氯化钠溶液中，溶液浓度为 150g/L（用食盐代替氯化钠）。

表 3-16　水泥配比及氯离子渗透深度检验结果

编号	熟料（%）	石膏（%）	1 号矿渣（%）	2 号矿渣（%）	标准稠度（%）	初凝（h：min）	终凝（h：min）	抗折强度（MPa）		抗压强度（MPa）		Cl⁻渗透深度（mm）		
								3d	28d	3d	28d	1 月	2 月	3 月
A0	97.3	2.7	—	—	25.8	3：46	5：58	5.7	8.4	28.0	49.7	6.3	7.2	10.9
B2	76.5	3.5	20.0	—	25.5	4：35	6：19	5.7	8.5	24.6	46.2	4.3	6.1	8.5
D2	55.7	4.3	40.0	—	24.0	4：31	6：17	5.1	8.0	20.2	45.1	3.2	5.1	6.0
F2	34.9	5.1	60.0	—	23.0	4：43	6：14	4.7	9.0	17.8	45.2	2.1	3.3	4.0
B3	76.5	3.5	—	20.0	26.2	4：37	6：03	5.8	8.4	26.1	51.2	3.5	5.0	6.0
D3	55.7	4.3	—	40.0	25.3	4：38	6：07	5.6	8.7	24.2	54.8	2.0	3.2	4.0
F3	34.9	5.1	—	60.0	25.0	4：49	6：15	6.2	10.3	23.1	52.3	1.0	1.5	2.0

在氯化钠溶液中浸泡 1 月、2 月、3 月后，分别取出试样，将试样四面擦干，沿横断面方向折断，每个试样都要折成 3 段。用 1% 的 AgNO₃ 溶液（含 3% 的 HNO₃）滴在其断面上，可以观察到断面上立即出现 AgCl 白色沉淀，白色沉淀反应的深度即为氯离子的渗透深度，检测结果如表 3-16 和图 3-21～图 3-23 所示。

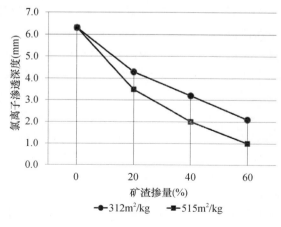

图 3-21　氯离子渗透 1 月的深度

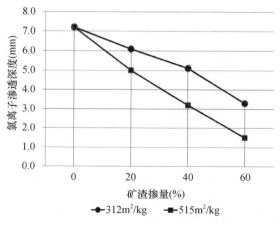

图 3-22　氯离子渗透 2 月的深度

由图 3-21～图 3-23 可见，随着水泥中矿渣掺量的提高，水泥试块的氯离子渗透深度显著下降。不掺矿渣的硅酸盐水泥 3 月氯离子渗透深度是 10.9mm，而掺 60％矿渣粉（矿渣比表面积 515m²/kg）的矿渣水泥的 3 月氯离子渗透深度仅为 2.0mm，只有硅酸盐水泥渗透深度的 18.35％。

此外，由图 3-23 还可以看出，提高矿渣粉的比表面积，水泥试块的氯离子渗透深度还可进一步下降。矿渣粉比表面积为 312m²/kg、掺量为 60％的矿渣水

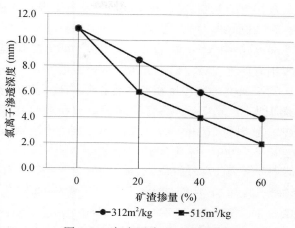

图 3-23　氯离子渗透 3 月的深度

泥的 3 月氯离子渗透深度为 4.0mm，而矿渣粉比表面积为 515m²/kg、掺量同为 60％的矿渣水泥的 3 月氯离子渗透深度为 2.0mm，渗透深度减少一半。

综上所述，分别粉磨矿渣水泥随着矿渣掺量和矿渣比表面积的提高，矿渣水泥的抗氯离子渗透能力显著提高。这主要是由于矿渣粉取代部分水泥熟料后，导致水泥水化后氢氧化钙含量减少，也减少了水泥石中易受介质侵蚀的成分；同时微细矿渣粉粒子的填充以及矿渣粉二次水化过程产生的 C-S-H，进一步密实了水泥石的结构，增强了水泥石耐各种侵蚀的能力。

3.2.6　抗冻性能

抗冻性也是硬化水泥浆体的一项重要使用性能。通用硅酸盐水泥在寒冷的地区使用时，其耐久性主要取决于抵抗冻融循环的能力。据研究，寒冷地区的冻融循环对混凝土尤其是港口混凝土的破坏作用是相当严重的。

水在结冰时，体积约增加 9％。硬化水泥浆体中的水结冰时会使毛细孔壁承受一定的膨胀应力，当应力超过浆体结构的抗拉强度时，就会使水泥石内产生微细裂缝等不可逆变化，在冰融化后，不能完全复原，再次冻结时，又会将原来的裂缝膨胀得更大，如此反复的冻融循环，裂缝越来越大，最后导致严重的破坏。因此，水泥的抗冻性一般是以试块能经受 −15℃和 20℃的循环冻融而抗压强度损失率小于 25％时的最高冻融循环次数来表示，如 200 次或 300 次冻融循环等。次数越多，说明抗冻性越好。

我们知道，硬化浆体中水的存在形式有化合水、吸附水（包括凝胶水和毛细水）、自由水三种。其中化合水不会结冰，凝胶水由于凝胶孔极小，只能在极低温度下（如−78℃）才能结冰。在自然条件的低温下，只有毛细孔内的水和自由水才会结冰，而毛细水由于溶有 Ca(OH)₂ 和碱形成盐溶液，并非纯水，其冰点至少在−1℃以下。同时，还受到表面张力作用，使冰点更低。另外，毛细孔径越小，冰点就越低。如 10nm 孔径中水到−5℃时结冰，而 3.5nm 孔径的水要到−20℃才结冰。但就一般混凝土而言，在−30℃时，毛细孔水能够完全结冰。所以在寒冷地区。混凝土常会受冻而开裂。

大量实践证明，水泥的抗冻性与水泥的矿物组成、强度、水灰比、孔结构等因素有密切关系。一般增加熟料中的 C₃S 含量或适当提高水泥石中石膏掺入量，可以改善其抗冻性。在其他条件相同的情况下，水泥的强度越高，浆体结构抵抗结冰时产生的膨胀应力的能力就越强，其抗冻性就越好。据研究，将水灰比控制在 0.4 以下时，硬化浆体的抗冻性是相当高的，

而水灰比大于 0.55 时，其抗冻性将显著下降，这是因为水灰比较大，硬化浆体内毛细孔数量多，孔的尺寸也增大，导致抗冻性下降。

另外，在低温下施工时，采用适当的养护保温措施，防止过早受冻，或在混凝土中掺加引气剂，使水泥石内形成大量分散极细的气孔，也是提高抗冻性的重要途径。

为了研究分别粉磨矿渣水泥的抗冻性，采用表 3-17 的原料，熟料破碎后单独粉磨至比表面积为 363m²/kg，石膏破碎后单独粉磨至比表面积为 578m²/kg，矿渣烘干后单独粉磨至比表面积为 403m²/kg。按表 3-18 的配比配制成水泥（水泥中 SO_3 约为 2.5%），按 GB/T 17671—1999《水泥胶砂强度试验方法》（ISO 法）成型两组 40mm×40mm×160mm 胶砂试体，一组按标准进行强度试验，另一组在标准条件下养护 28d，再−15～20℃快速冻融 50 个循环后进行试验。以两者强度的变化衡量水泥抗冻融性的好坏，试验结果见表 3-18。

表 3-17　原材料的化学成分（%）

项目	烧失量	SiO₂	Al₂O₃	Fe₂O₃	CaO	MgO	SO₃	合计
熟料	0.67	22.04	5.24	3.83	66.01	0.99	0.59	99.37
矿渣	0	35.3	11.7	2.42	42.56	6.78	0.06	98.82
石膏	21.09	4.65	1.9	0.67	30.94	1.06	38.87	99.18

表 3-18　水泥配比与抗冻试验结果

编号	水泥配比（%）			标准养护抗压强度（MPa）			冻融 50 循环抗压强度（MPa）	强度下降率（%）
	熟料	矿渣	石膏	3d	7d	28d		
D0	95.0	0	5.0	30.3	39.8	56.3	46.0	18.29
D1	74.7	20	5.3	27.9	38.7	56.4	45.8	18.79
D2	59.5	35	5.5	24.5	35.4	55.3	42.5	23.15
D3	44.3	50	5.7	20.2	30.8	52.1	34.7	33.40
D4	29.1	65	5.9	15.8	25.3	47.2	25.2	46.61

由表 3-18 可见：随着水泥中矿渣粉掺量的增加，冻融后硬化水泥试体的抗压强度下降百分数在 18.29%～46.61% 之间。矿渣粉掺量小于 35% 时，试体抗冻性变化不大，当矿渣粉掺量大于 35% 后，试体抗冻性下降很快，说明分别粉磨高矿渣掺量的矿渣水泥抗冻性不如硅酸盐水泥好。

3.2.7　抗硫酸盐侵蚀性能

硫酸盐侵蚀是指介质溶液中的硫酸盐与水泥石组分反应形成钙矾石而产生结晶压力，造成膨胀开裂，破坏硬化水泥浆体结构的现象。

硫酸盐对水泥石结构的侵蚀主要是由于硫酸钠、硫酸钾等能与硬化水泥浆体中的 $Ca(OH)_2$ 反应生成 $CaSO_4 \cdot 2H_2O$，如下式：

$$Ca(OH)_2 + Na_2SO_4 \cdot 10H_2O = CaSO_4 \cdot 2H_2O + 2NaOH + 8H_2O$$

上述反应使固相体积增大了 114%，在水泥石内产生很大的结晶压力，从而引起水泥石开裂以至毁坏。但上述形成的 $CaSO_4 \cdot 2H_2O$ 必须在溶液中 SO_4^{2-} 离子浓度足够大（达 2020

～2100mg/L 以上）时，才能析出晶体。当溶液中 SO_4^{2-} ＜1000mg/L 时，由于石膏的溶解度较大，$CaSO_4 \cdot 2H_2O$ 晶体不能析出。但生成的 $CaSO_4 \cdot 2H_2O$ 会继续与浆体结构中的水化铝酸钙反应生成钙矾石，反应式如下：

$$4CaO \cdot Al_2O_3 \cdot 13H_2O + 3\ (CaSO_4 \cdot 2H_2O)\ + 14H_2O$$
$$= 3CO \cdot Al_2O_3 \cdot 3CaSO_4 \cdot 32H_2O + Ca(OH)_2$$

由于钙矾石的溶解度很小，在 SO_4^{2-} 离子较低时就能析出晶体，使固相体积膨胀 94％，同样会使水泥石结构胀裂毁坏。所以，在硫酸盐浓度较低的情况下（250～1500mg/L）产生的是硫铝酸盐侵蚀。当其浓度达到一定值时，就转变为石膏侵蚀或硫铝酸钙与石膏混合侵蚀。

除 $BaSO_4$ 以外，绝大部分硫酸盐对硬化水泥浆体都有显著的侵蚀作用。在一般的河水和湖水中，硫酸盐含量不多，通常＜60mg/L，但在海水中 SO_4^{2-} 的含量常达 2500～2700mg/L，有的地下水流经含有石膏、芒硝（Na_2SO_4）或其他富含硫酸盐成分的岩石夹层时，将部分硫酸盐溶入水中，也会提高水中 SO_4^{2-} 离子浓度而引起侵蚀。

为了研究分别粉磨矿渣水泥的抗硫酸盐侵蚀性能，采用表 3-17 的原料，熟料破碎后单独粉磨至比表面积为 363m²/kg，石膏破碎后单独粉磨至比表面积为 578m²/kg，矿渣烘干后单独粉磨成两种比表面积为 320m²/kg（1 号矿渣）和 478m²/kg（2 号矿渣）。

按表 3-19 的配比配制成水泥，然后按 GB/T 749—2008《水泥抗硫酸盐侵蚀试验方法》中的浸泡抗蚀性能试验方法进行。采用三条截面为 10mm×10mm×60mm 的棱柱试体，标准砂使用符合 GB/T 17671—1999 规定的粒度范围在 0.5～1.0mm 的中级砂。水泥与标准砂的质量比为 1：2.5，水灰比为 0.5。硫酸盐侵蚀溶液采用化学纯无水硫酸钠试剂配制浓度为 3％（质量分数）的硫酸盐溶液，温度为 20℃±1℃。

试样加压成型并在 20℃养护箱养护 24h±2h 后脱模，放入 50℃湿热养护箱中装有 50℃±1℃水的容器中养护 7d 取出。分成两组，每组 9 条。一组放入 20℃养护箱中装有 20℃±1℃水的容器中继续养护，另一组放入 20℃养护箱中装有 20℃±1℃硫酸盐侵蚀溶液的容器中浸泡。试体在容器中浸泡时，每条试体需有 200mL 的侵蚀溶液，液面至少高出试体顶面 10mm。为避免侵蚀溶液蒸发，容器加盖。试体在浸泡过程中，每天一次用硫酸（1＋5）滴定硫酸盐侵蚀溶液，以中和试体在溶液中放出的 $Ca(OH)_2$，边滴定加搅拌使侵蚀溶液的 pH 保持在 7.0 左右。两组试体养护 28d 后取出。

抗蚀系数按式（3-3）计算：

$$K = \frac{R_\text{液}}{R_\text{水}} \tag{3-3}$$

式中　K——抗蚀系数；

$R_\text{液}$——试体在侵蚀溶液中浸泡 28d 抗折强度（MPa）；

$R_\text{水}$——试体在 20℃水中养护同龄期抗折强度（MPa）。

试验结果见表 3-19 和图 3-24 所示。可见，分别粉磨矿渣水泥的抗硫酸盐侵蚀性能比硅酸盐水泥好。随着矿渣掺量的提高，水泥抗蚀系数不断提高。在矿渣掺量相同时，矿渣比表面积提高，水泥的抗蚀系数也显著提高。

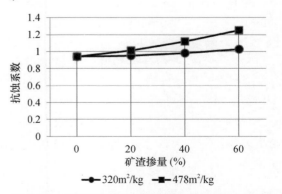

图 3-24　水泥抗硫酸盐侵蚀性能与矿渣掺量的关系

表 3-19　水泥配比及抗硫酸盐性能试验结果

	编号	L0	L1	L2	L3	L4	L5	L6
水泥配比（%）	熟料	95.0	75.0	55.0	35.0	75.0	55.0	35.0
	1号矿渣	0	20.0	40.0	60.0	—	—	—
	2号矿渣	0	—	—	—	20.0	40.0	60.0
	石膏	5.0	5.0	5.0	5.0	5.0	5.0	5.0
抗蚀系数		0.94	0.95	0.98	1.03	1.01	1.12	1.25

3.2.8　抗碱集料反应性能

水泥虽属碱性物质，一般能够抵抗碱类的侵蚀，但当水泥浆体结构中碱含量较高，而配制混凝土的集料（即砂、石等集料）中含有活性物质时，水泥结构经过一定时间后会出现明显的膨胀开裂，甚至剥落溃散等破坏现象，称为碱集料反应。

碱集料反应主要是由于水泥中碱含量较高（$R_2O > 0.6\%$），而同时集料中又含有活性 SiO_2 时，碱就会与集料中的活性 SiO_2 反应，形成碱性硅酸盐凝胶。反应式如下：

$$活性\ SiO_2 + 2mNaOH = mNa_2O \cdot SiO_2 \cdot nH_2O$$

上式反应生成的碱性硅酸盐凝胶有相当强的吸水能力，在积聚水分的过程中产生膨胀而将硬化浆体结构胀裂破坏。

一般情况下，碱集料反应通常很慢，要经过相当长的时间后才会明显出现。据斯坦顿（T. E. Stanton）研究，影响碱集料反应的因素很多，主要与水泥中含碱量、活性集料含量及粒径、水含量等有关。为了研究分别粉磨矿渣水泥的抗碱集料反应性能，采用表 3-17 的原料，熟料破碎后单独粉磨至比表面积为 $363m^2/kg$，石膏破碎后单独粉磨至比表面积为 $578m^2/kg$，矿渣烘干后单独粉磨成两种比表面积为 $320m^2/kg$（1 号矿渣）和 $478m^2/kg$（2 号矿渣）。

因玻璃砂含有大量的活性 SiO_2，所以本试验采用玻璃砂作活性集料。将玻璃破碎后，按表 3-20 的级配配制成玻璃砂。

表 3-20　玻璃砂的级配

筛孔尺寸（mm）	4.75～2.36	2.36～1.18	1.18～0.60	0.60～0.30	0.30～0.15
分级质量百分比（%）	10	25	25	25	15

根据 TB/T 2922.5—2002《铁路混凝土用骨料碱活性试验方法快速砂浆棒法》，采用 25mm×25mm×280mm 胶砂试件。按表 3-21 的配比配制成水泥，水泥与玻璃砂的质量比为 1∶2.25，水灰比为 0.47，一组 3 个试件共需水泥 400g，玻璃砂 900g，水 188mL。用胶砂搅拌机搅拌均匀后，在预先装好钉头的试模中成型；成型后立即放入 20℃湿气养护箱中养护 48h 后脱模；将试件放入 38℃±2℃恒温箱中升温，达到恒温后养护 4h；取出试件，立即用比长仪（量程为 275～300mm，精度 0.01mm）测其原始长度 L_0。然后将试件放入盛有养护 NaOH 碱溶液（1mol/L）的密封容器中，并将容器放入（38±2）℃的养护箱内进行碱溶液环境下养护；分别养护 30d、60d 和 90d 后取出试件，用比长仪测量其长度变化。试件膨胀率按式（3-4）计算：

$$\beta = \frac{L_1 - L_0}{L - 2B} \times 100\% \tag{3-4}$$

式中 β——为试件膨胀率（%）；

L_1——为试件在第 t（d）时测定的长度（mm）；

L_0——为试件的原始长度（mm）；

L——为试样模具长度（mm）；

B——为一端测头埋入试件的长度（mm）。

表 3-21 水泥配比及抗碱集料反应性能试验结果

编号	水泥配比（%）				水泥的膨胀率（%）		
	熟料	1号矿渣	2号矿渣	石膏	30d	60d	90d
J0	95.0	0	—	5.0	0.065	0.081	0.096
J1	75.0	20	—	5.0	0.048	0.060	0.064
J2	55.0	40	—	5.0	0.033	0.043	0.046
J3	35.0	60	—	5.0	0.026	0.031	0.031
J4	75.0	—	20	5.0	0.041	0.055	0.058
J5	55.0	—	40	5.0	0.018	0.030	0.034
J6	35.0	—	60	5.0	0.001	0.010	0.013

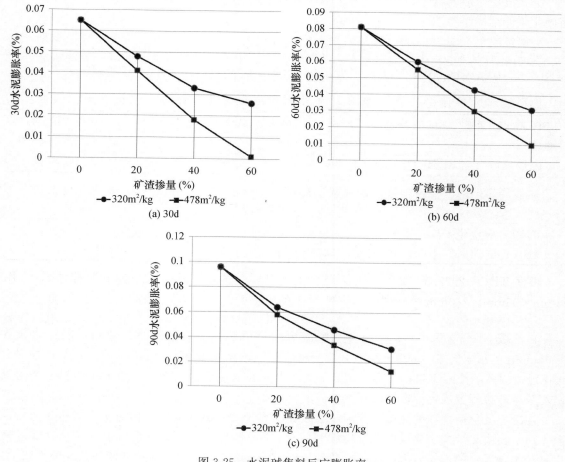

图 3-25 水泥碱集料反应膨胀率

试验结果如表 3-21 和图 3-25 所示。可见，分别粉磨矿渣水泥与硅酸盐水泥相比，抗碱集料反应性能显著提高，随着矿渣水泥中矿渣掺量的提高，水泥各龄期的膨胀率显著降低，抗碱集料反应性能显著提高。此外，还可看出，矿渣粉的比表面积越大，矿渣水泥的抗碱集料反应的性能将进一步增加。

3.2.9　抗碳化性能

一般情况下，水泥混凝土是碱性材料，可使钢筋处于钝化状态，不易锈蚀，但由于大气中的 CO_2 渗入到水泥混凝土中产生碳化作用，导致水泥混凝土碱度降低，使钢筋失去钝化保护，可能引起钢筋锈蚀并导致混凝土保护层胀裂，影响结构安全，降低耐久性。

分别粉磨矿渣水泥，由于矿渣掺量高，大量矿渣粉掺加到水泥中后，一方面会导致高钙熟料矿物的水化产物减少，并降低水泥石孔隙中液相的碱度；另一方面，由于矿渣粉的二次水化反应，会降低水泥石连通孔的孔隙率，有效地改善水泥石的孔结构。在这两种不同效应的作用下，矿渣水泥的抗碳化性能更为复杂。因此，有必要对分别粉磨大掺量矿渣水泥的抗碳化性能进行研究。

由于水泥混凝土抗碳化性能不仅受水泥组成的影响，还受混凝土配合比、水灰比、致密度以及孔结构等的影响，为了能更好地符合实际工程情况，引用资料[8]的数据，来说明矿渣水泥抗碳化性能。

（1）试验原料

水泥：中国水泥厂生产的海螺 P·Ⅱ 42.5 等级的硅酸盐水泥，由 90.5％熟料、4.5％石膏和 5.0％矿渣粉磨制得，比表面积为 $350m^2/kg$，水泥熟料和矿渣的化学组成见表 3-22。

表 3-22　原材料的化学成分（％）

原料	烧失量	SiO_2	Al_2O_3	Fe_2O_3	CaO	MgO	SO_3	Na_2O	K_2O	合计
熟料	0.26	21.74	5.06	3.56	66.6	0.88	0.81	0.05	0.55	99.51
矿渣	—	31.39	9.8	1.89	37.9	13.09	0.21	—	—	94.28

矿渣粉：由南京梅山钢铁厂矿渣粉磨制得，比表面积为 $450m^2/kg$，碱度系数 1.62，质量系数 1.94。

石膏：南京化工厂提供的磷石膏，SO_3 含量为 44.2％。

砂：普通河砂，中砂，颗粒级配Ⅲ区，细度模数 2.5。

石子：石灰岩碎石，最大粒径 20mm。

减水剂：FDN 高效减水剂。

（2）试验方法

试验按 GB/T 50081—2002《普通混凝土力学性能试验方法标准》进行，制作边长为 100mm 的立方体试件，每组三块，并测定坍落度。在标准条件下（温度 $20℃±2℃$，相对湿度 95％以上），养护到 28d 龄期，取出将试件表面及承压面擦干净，在压力试验机上测得其破坏荷载，按规范规定计算并取其立方体抗压强度。

混凝土碳化耐久性的测试或评定一般以标准养护 28d 龄期为准，但对于大掺量矿渣粉混凝土而言，由于二次水化反应慢且持续时间长，28d 龄期混凝土的性能不能完全反映实际使用过程中混凝土的性能，因此养护龄期延长到 60d，此时的混凝土成熟度较高、孔隙率较低，所测得的耐久性相对较好。故混凝土的抗碳化试验于养护 60d 后进行。

混凝土的抗碳化试验参照 GB/T 50082—2009《普通混凝土长期性能和耐久性能试验方法》中的"碳化试验"规定进行。采用全自动碳化试验箱，自动调节二氧化碳浓度及温湿度。试验所用试件为 100mm×100mm×400mm 的棱柱体。成型标准养护 60d 后在 60℃ 温度下烘 48h，然后用熔化的石蜡封成型面和与其相对的面及两个端面，只留下两个侧面。

在二氧化碳浓度为 20%±3%，温度 20℃±5℃，相对湿度 70%±5% 的环境中碳化，并于碳化 3d、7d、14d、28d 后取出试件，从一端用劈裂法破型（每次切除的厚度约为试件宽度的一半），破型后试件的劈裂面用石蜡封好，放入箱中继续碳化，直至下一试验龄期。切除所得的试件部分用 1% 的酚酞酒精溶液测定其碳化深度。试验结果如表 3-23 和图 3-26 所示。

表 3-23　混凝土配合比及碳化深度

编号	混凝土配比（kg/m³）					减水剂（%）	磷石膏（%）	W/B	矿渣粉掺量（%）	抗压强度（MPa）	碳化深度（mm）			
	水泥	矿渣粉	水	砂子	石子						3d	7d	14d	28d
C0	415.0	0	220	671	1095	0	0	0.53	0	40.2	0.3	0.6	0.8	3.0
C5	207.5	207.5	220	671	1095	0	2.0	0.53	50.0	41.2	3.0	6.0	9.0	11.0
C7	124.5	290.5	220	671	1095	0	2.0	0.53	70.0	38.3	9.0	9.5	12.5	19.5
S0	415.0	0	175	671	1095	0.5	0	0.42	0	54.9	0.2	0.4	0.6	2.0
S5	207.5	207.5	175	671	1095	0.5	2.0	0.42	50.0	58.0	1.0	4.0	5.0	7.5
S7	124.5	290.5	175	671	1095	0.5	2.0	0.42	70.0	48.2	4.0	6.5	8.0	13.5

注：减水剂和磷石膏的掺量均为占水泥及矿渣粉的质量百分数。

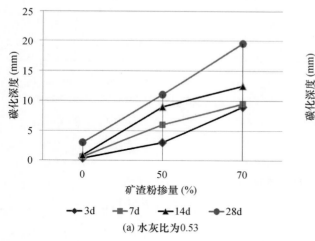
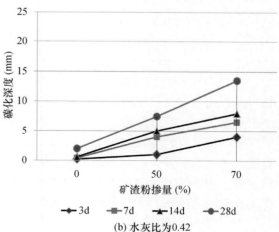

图 3-26　不同水灰比混凝土碳化深度与矿渣粉掺量的关系

由表 3-23 及图 3-26 可以看出：矿渣水泥配制的混凝土碳化深度均比硅酸盐水泥混凝土的碳化深度深。且随着矿渣掺量及龄期的增加，碳化深度逐渐增大。矿渣水泥的抗碳化性能比硅酸盐水泥差，且随着矿渣掺量的提高，其抗碳化性能进一步劣化。此外，对比图 3-26（a）、（b）左右两个图可以发现，通过减水剂减少混凝土的水灰比，也可显著提高混凝土的抗碳化性能。因此，在使用高掺量矿渣水泥时，应注意采取高效减水剂以减少混凝土的水灰比，提高混凝土的致密度，达到提高混凝土抗碳化性能的目的。

3.2.10 泌水性能

在试验室做试验，或是在工地上配制砂浆或混凝土时，常会发现不同品种的水泥有不同现象，有的水泥在凝结过程中会析出一部分拌合水。这种析出的水往往会覆盖在试体或构筑物表面上或从模板底部渗出来，水泥这种析出水分的性能称为泌水性。

水泥砂浆泌水对制造均质混凝土是有害的，因为从混凝土中泌出的水常会聚集在浇灌面层，这样就使这一层混凝土与下次浇灌的混凝土层之间产生出含水较高的间层。这无疑将妨碍混凝土层与层间的结合，因而破坏了混凝土的均质性。分层现象不仅会在混凝土各浇灌面的表面上发生，也会在混凝土内部发生。因为从水泥砂浆中析出来的水分，还常会聚集在粗集料及钢筋下面，这样不仅会使混凝土和钢筋握裹力大为减弱，而且还会因这些水分的蒸发而遗留下许多微小的孔隙，因而降低了混凝土强度和抗渗性。

水泥的泌水性，通常与水泥的熟料组成、水泥颗粒级配、混合材种类与掺量等因素有关。为了研究分别粉磨矿渣水泥的泌水性能，采用表 3-24 的原料，熟料破碎后单独粉磨至比表面积为 $355m^2/kg$，石膏和石灰石按 $1:1$ 的比例混合粉磨至比表面积为 $561m^2/kg$，矿渣烘干后单独粉磨成几种不同的比表面积。

表 3-24　原材料的化学成分（%）

原料	烧失量	SiO₂	Al₂O₃	Fe₂O₃	CaO	MgO	MnO	TiO₂	SO₃	Na₂O	K₂O	合计
熟料	0.58	21.76	4.56	3.37	65.27	1.93	0.06	0.34	0.97	0.25	0.65	99.74
矿渣	—	34.64	11.87	0.55	39.04	7.56	0.31	2.34	2.61	0.34	0.49	99.75
石膏	3.43	3.23	0.15	0.08	40.02	1.58	—	—	51.27	—	0.05	99.81
石灰石	40.91	4.10	1.24	0.30	51.36	0.72	0.03	0.24	0.25	0.06	0.51	99.72

按表 3-25 的配比配制成水泥后，称取水泥 450g、标准砂 1350g、水 225mL，于砂浆搅拌机中搅拌均匀制成水泥砂浆进行泌水率测定。水泥砂浆泌水率的试验步骤如下：

称取 1000mL 量筒质量（M_{1S}），将欲测定的水泥砂浆倒入量筒中，并称取量筒和砂浆的总质量（M_{2S}）。用保鲜膜覆盖量筒口，以避免砂浆中水分的蒸发。然后将量筒置于水平、没有震动的台面上静置，记录静置开始时间。自静置时间算起 30min 后，每隔 5min 读取并记录浆体体积，直至读数不再变化为止，此时为泌水终止时间。将泌出水倒入 25mL 量筒中，称量并记录泌出水的质量（W_{bS}）。水泥砂浆的泌水率 B_{WS} 按公式（3-5）计算：

$$B_{WS} = \frac{W_{bS}(W_{WS}+450+1350)}{(M_{2S}-M_{1S})W_{WS}} \times 100\%$$ （3-5）

式中　B_{WS}——水泥砂浆的泌水率（%）；

$\quad\quad M_{1S}$——1000mL 量筒质量（g）；

$\quad\quad M_{2S}$——量筒和砂浆的总质量（g）；

$\quad\quad W_{bS}$——泌出水的质量（g）；

$\quad\quad W_{WS}$——制备水泥砂浆时的加水量（mL）。

表 3-25　原料比表面积和配比对水泥砂浆泌水率的影响

编号	比表面积（m²/kg）			水泥配比（%）			水泥砂浆泌水率（%）
	熟料粉	矿渣粉	石膏石灰石粉	熟料粉	矿渣粉	石膏石灰石粉	
M0	355	409	561	90	0	10	1.49
M1	355	409	561	70	20	10	1.85
M2	355	409	561	50	40	10	2.22
M3	355	409	561	30	60	10	4.00
M4	355	352	561	30	60	10	7.90
M5	355	453	561	30	60	10	3.00
M6	355	515	561	30	60	10	2.50

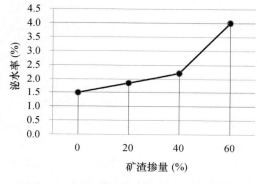

图 3-27　水泥砂浆泌水率与矿渣掺量的关系

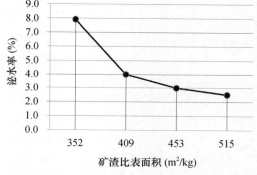

图 3-28　水泥砂浆泌水率与矿渣比表面积的关系

　　试验结果如表 3-25 和图 3-27、图 3-28 所示，可见通常情况下矿渣水泥的泌水率大于硅酸盐水泥，并随着矿渣粉掺量的提高，水泥的泌水率增加。矿渣粉掺量小于 40% 时，水泥的泌水率变化不大；当矿渣粉掺量大于 40% 时，水泥的泌水率随矿渣粉掺量的增加而显著增加。矿渣水泥中矿渣粉的比表面积提高，可显著降低矿渣水泥砂浆的泌水率。从 352m²/kg 到 409m²/kg 阶段，随着矿渣粉比表面积的提高，矿渣水泥砂浆泌水率下降特别显著。409m²/kg 以后，再提高矿渣比表面积，矿渣水泥砂浆泌水率降低的幅度减缓。

　　取 409m²/kg 比表面积的矿渣粉 60%，熟料粉 30%，石膏石灰石粉 10% 配制成矿渣水泥。称取 450g 水泥，加入 1350g 标准砂，按表 3-26 中的水灰比加入水，然后置于砂浆搅拌机中搅拌均匀，测定水泥砂浆的泌水率，结果如表 3-26 和图 3-29 所示。可见，水灰比对水泥砂浆的泌水率也有影响，随着水灰比的增加，水泥砂浆的泌水率提高。

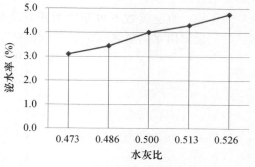

图 3-29　水泥砂浆泌水率与水灰比的关系

表 3-26　水灰比对水泥砂浆泌水率的影响

编号	水泥配比（%）			水泥砂浆配比（g）			水灰比	水泥砂浆泌水率（%）
	熟料粉	矿渣粉	石灰石石膏粉	水泥	标准砂	水		
M7	30	60	10	450	1350	212.9	0.473	3.11
M8	30	60	10	450	1350	218.7	0.486	3.44
M9	30	60	10	450	1350	225.0	0.500	4.00
M10	30	60	10	450	1350	230.9	0.513	4.29
M11	30	60	10	450	1350	236.7	0.526	4.74

综上所述，矿渣水泥的泌水性总体上不如硅酸盐水泥好，欲降低矿渣水泥的泌水率，应增加矿渣粉的比表面积，适当控制矿渣粉的掺量或降低水泥砂浆的水灰比。

3.2.11　体积变化性能

硅酸盐水泥在水化过程中由于生成了各种水化产物以及反应前后湿度、温度等外界条件的改变，硬化浆体必然会发生一系列的体积变化。这些变化，尤其是剧烈而不均匀的体积变化，将会严重地影响到水泥浆体的物理、力学及耐久性能。因此，硬化水泥浆体的体积变化，也是一项非常重要的性能指标。

水泥浆体在硬化过程中产生的体积变化可分为：化学减缩、湿胀干缩和碳化收缩。

水泥在水化硬化过程中，无水的熟料矿物转变为水化产物，固相体积大大增加，而水泥浆体的总体积却在不断缩小，由于这种体积减缩是化学反应所致，故称化学减缩。

硬化水泥浆体的体积随其水量而变化。浆体结构含水量增加时，其中凝胶粒子由于分子吸附作用而分开，导致体积膨胀，如果含水量减少，则会使体积收缩。湿胀和干缩大部分是可逆的。干燥与失水有关，但二者并没有线性关系。关于干燥引起收缩的确切原因，目前尚有不同看法，一般认为与毛细孔张力、表面张力、拆散压力以及层间水的变化等因素有关。

在一定的相对湿度下，硬化水泥浆体中的水化产物如 $Ca(OH)_2$、C-S-H 等会与空气中的 CO_2 作用，生成 $CaCO_3$ 和 H_2O，造成硬化浆体的体积减小，出现不可逆的收缩现象，称为碳化收缩。

为了了解分别粉磨矿渣水泥的体积变化性能，引用卫蕊艳[7]的研究结果进行说明。

（1）试验原料

硅酸盐水泥：采用山西长治市瑞盛水泥厂的熟料，磨细至比表面积为 $333m^2/kg$，掺入 4% 的磨细石膏配制而成，物理性能见表 3-14。

矿渣：取自山西长治钢铁公司的高炉水淬矿渣，单独粉磨至比表面积为 $513m^2/kg$，备用。

砂子：细度模数为 2.36，属中砂。

石子：最大粒度为 31.5mm，密度 $2740kg/m^3$，容积密度 $1.481kg/m^3$。

减水剂：减水剂为 SNF-GN，减水率约为 20%，推荐掺量为 0.5%。

（2）试验方法

试验首先采用以上原料配制出 C40 混凝土，然后将比表面积为 $513m^2/kg$ 的矿渣粉以不同比例取代 C40 混凝土中的硅酸盐水泥，研究矿渣粉对混凝土干缩性能的影响。其中，混凝土的收缩试验是以混凝土标准养护 3d 时的长度为初始长度，测定水泥继续水化中的混凝土试体变形及其在湿度 60%±5% 环境中的干燥收缩的综合结果。

（3）试验结果与分析

试验结果如表 3-27 和图 3-30 所示。

表 3-27　混凝土试件的收缩率（%）

龄期（d）	矿渣粉掺量（%）				
	0	10	30	50	70
1	0.149	0.081	0.068	0.068	0.023
3	0.120	0.029	0.018	−0.001	−0.012
7	0.109	−0.002	−0.010	−0.009	−0.023
14	0.130	0.060	0.045	0.044	0.017
28	0.190	0.104	0.076	0.076	0.053
45	0.192	0.109	0.077	0.077	0.054
60	0.193	0.110	0.079	0.078	0.056

由表 3-27 及图 3-30 可以看出：水泥中的矿渣粉掺量提高后，混凝土的收缩率明显减少。而且矿渣粉掺量越多，收缩率减小越多，也就是说，分别粉磨的矿渣水泥的干缩性能比硅酸盐好；在水化早期，纯硅酸盐水泥混凝土急剧收缩。当掺入矿渣粉取代硅酸盐水泥后，1d 测定龄期的混凝土随矿渣掺量的增加，收缩逐渐减小。到 3d 龄期时，混凝土试体在 1d 的基础上都有不同程度的膨胀，当掺量增至 50%～70% 时，混凝土试件 3d 的收缩率为负值，即略有膨胀。到 7d 龄期时，各混凝土试体在 3d 的基础上继续膨胀，除了纯硅酸盐水泥混凝土外，

混凝土试件的收缩率均为负值，也是略有膨胀。因此，混凝土试体在早期是以水化效应为主，干缩为辅，试件尺寸变形的综合效果表现为微小膨胀；在 14d 龄期，各混凝土试件都出现收缩。相对于初始长度，混凝土试件的收缩变形随着矿渣粉掺量的增加而减小。到 28d 龄期，各混凝土试件继续收缩。但 45d 龄期以上，各混凝土试件的长度基本趋于稳定，即变化量很小。

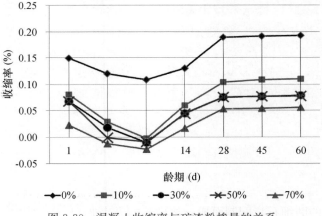

图 3-30　混凝土收缩率与矿渣粉掺量的关系

以上试验所研究混凝土试件的收缩，是在恒温恒湿条件下混凝土中水泥化学减缩和湿胀干缩的综合结果。由于硅酸盐水泥水化较快，造成掺硅酸盐水泥的混凝土收缩率较大；而矿渣水泥中，首先是硅酸盐水泥的水化，矿渣在早期只起了分散作用，相应地使收缩率减小，等到矿渣粉开始水化时，混凝土已具备了抵抗自收缩的强度和刚度，因此收缩率仍然小于硅酸盐水泥的混凝土。

3.2.12　抗裂性能

水泥基材料裂缝一直是建筑物及构筑物的一大弊病，水泥砂浆或混凝土浇筑早期都会不同程度地出现一些微小的裂缝，若随着时间的流逝而不管的话，微小裂缝又会逐渐形成更大的裂缝。裂缝不仅破坏了建筑物及构筑物的完整性，更是直接威胁到了建筑物及构筑物的安

全性。比如海洋工程所使用的混凝土如果出现裂缝，海水会直接浸入混凝土内部，海水中的各种成分会直接侵蚀混凝土，扩大裂缝的深度与宽度，形成贯穿裂缝和深层裂缝，最终导致不可挽回的损失。当建筑物开始出现裂缝时，由于天气、气候原因，水分会从裂缝处渗进混凝土的内部，一方面水分渗透会让混凝土内部的钢筋生锈，从而影响其强度；另一方面，水分里面的各种离子侵蚀也会让混凝土的耐久性降低。

水泥混凝土从新拌到凝结硬化的整个过程都存在着收缩现象，水泥混凝土收缩是指硬化过程中混凝土的体积会发生变化的情况。而收缩是导致水泥混凝土开裂的主要原因，特别是混凝土当中存在钢筋、集料等约束，混凝土内部如果出现拉应力超过了混凝土承受的极限时，裂缝就会出现。水泥混凝土材料开裂有两个必不可少的条件，第一是要有收缩变形；第二是要有约束条件，如果仅仅只是有收缩变形是不会导致开裂的。如果仅仅单方面地研究约束条件或者收缩变形对水泥混凝土材料裂缝的影响，是不可能得出一个可信的结果的，必须将两者结合起来。约束条件的存在对收缩变形有着重要影响，收缩变形反过来又影响着约束条件，所以必须把两者紧密结合在一起研究。

由于测量水泥干缩率时，大多都是将试块养护 1d 后测量原始长度，然后再检测各养护龄期的干缩率大小。而在实际施工中，许多水泥混凝土都是在浇筑 1d 之内就已出现裂缝。因此，水泥体积变化性能不等于水泥的抗裂性能，水泥干缩量小，也不等于该水泥抗裂性能就好。水泥混凝土开裂的根本原因是由水泥引起的，为此，作者[9]设计了一套模具，并提出了一种检测水泥抗裂性能的试验方法（见附录 1），同时研究了分别粉磨矿渣水泥的抗裂性能。

3.2.12.1 混合粉磨比表面积对开裂度的影响

将表 3-24 中的原料，按熟料 40%，矿渣 45%，石灰石 8%，石膏 7% 的质量比例，每磨 5kg，分别在 ϕ 500mm×500mm 试验室小磨内混合粉磨不同时间，得到 4 种混合粉磨的矿渣水泥，测定其密度为 2.99g/cm³，比表面积分别为：305m²/kg、341m²/kg、379m²/kg 和 420m²/kg。按附录 1 "水泥抗裂性能检验方法"分别检测水泥的开裂度，结果如表 3-28 和图 3-31 所示。

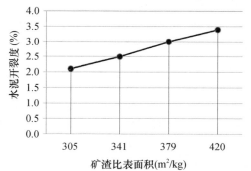

图 3-31 混合粉磨矿渣水泥比表面积与开裂度的关系

表 3-28 混合粉磨矿渣水泥的开裂度

编号	水泥比表面积 (m²/kg)	加水量 (%)	流动度 (mm)	开裂度（mm）				
				1	2	3	4	平均
F1	305	36.4	100	2.2	1.8	2.1	2.4	2.1
F2	341	38.0	106	2.5	2.5	2.6	2.4	2.5
F3	379	38.8	100	3.0	3.2	2.9	2.9	3.0
F4	420	39.8	105	3.4	3.5	3.4	3.3	3.4

由图 3-31 可见，随着混合粉磨矿渣水泥的比表面积的提高，水泥开裂度也不断提高。说明增加混合粉磨矿渣水泥的粉磨比表面积，会使水泥抗开裂性能下降，也就是说水泥磨得越细，越容易开裂。

3.2.12.2 分别粉磨比表面积对开裂度的影响

将表 3-24 中的熟料破碎后过 3mm 筛，每磨 5kg，密度为 $3.17g/cm^3$，单独粉磨成 $375m^2/kg$、$405m^2/kg$、$445m^2/kg$ 和 $480m^2/kg$，4 种不同比表面积的熟料粉。

将表 3-24 中的矿渣烘干后，每磨 5kg，密度为 $2.89g/cm^3$，单独粉磨成 $400m^2/kg$、$425m^2/kg$、$455m^2/kg$ 和 $495m^2/kg$，4 种不同比表面积的矿渣粉。

将表 3-24 中的石灰石破碎后过 3mm 筛，每磨 5kg，密度为 $2.72g/cm^3$，单独粉磨成 $450m^2/kg$、$515m^2/kg$、$579m^2/kg$ 和 $644m^2/kg$，4 种不同比表面积的石灰石粉。

将表 3-24 中的石膏破碎后过 3mm 筛，每磨 5kg，密度为 $2.86g/cm^3$，单独粉磨成 $467m^2/kg$、$524m^2/kg$、$572m^2/kg$ 和 $675m^2/kg$，4 种不同比表面积的石膏粉。

将以上各种原料粉，按表 3-29 的配比配制成矿渣水泥，然后进行开裂度测定，结果如表 3-29 和图 3-32～图 3-35 所示。

表 3-29 分别粉磨矿渣水泥各原料比表面积对开裂度的影响

编号	熟料粉（%）				矿渣粉（%）				石灰石粉（%）				石膏粉（%）				开裂度
比表面积（m²/kg）	375	405	445	480	400	425	455	495	450	515	579	644	467	524	572	675	(mm)
K1	40	—	—	—	—	44	—	—	8	—	—	—	8	—	—	—	3.5
K2	—	40	—	—	—	44	—	—	8	—	—	—	8	—	—	—	3.6
K3	—	—	40	—	—	44	—	—	8	—	—	—	8	—	—	—	3.7
K4	—	—	—	40	—	44	—	—	8	—	—	—	8	—	—	—	3.8
K5	—	40	—	—	44	—	—	—	8	—	—	—	8	—	—	—	3.6
K6	—	40	—	—	—	44	—	—	8	—	—	—	8	—	—	—	3.5
K7	—	40	—	—	—	—	44	—	8	—	—	—	8	—	—	—	3.7
K8	—	40	—	—	—	—	—	44	8	—	—	—	8	—	—	—	3.9
K9	—	40	—	—	—	44	—	—	8	—	—	—	8	—	—	—	3.5
K10	—	40	—	—	—	44	—	—	—	8	—	—	8	—	—	—	3.5
K11	—	40	—	—	—	44	—	—	—	—	8	—	8	—	—	—	3.7
K12	—	40	—	—	—	44	—	—	—	—	—	8	8	—	—	—	3.8
K13	—	40	—	—	—	44	—	—	8	—	—	—	—	8	—	—	3.2
K14	—	40	—	—	—	44	—	—	8	—	—	—	8	—	—	—	3.3
K15	—	40	—	—	—	44	—	—	8	—	—	—	—	—	8	—	3.6
K16	—	40	—	—	—	44	—	—	8	—	—	—	—	—	—	8	3.9

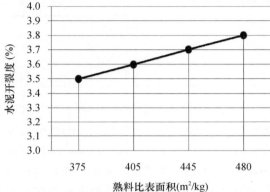

图 3-32 熟料粉比表面积对开裂度的影响

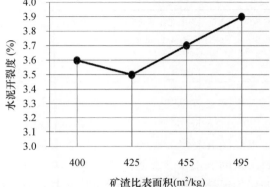

图 3-33 矿渣粉比表面积对开裂度的影响

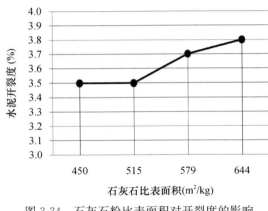
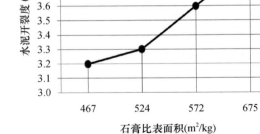

图 3-34 石灰石粉比表面积对开裂度的影响　　　　图 3-35 石膏粉比表面积对开裂度的影响

由图 3-32～图 3-35 可见，随着各原料粉磨比表面积的提高，矿渣水泥的开裂度均有不同程度的提高。也就是说分别粉磨矿渣水泥的各种原料粉磨得越细，所配制的水泥就越容易开裂。但对比熟料、矿渣、石灰石和石膏，石膏粉磨比表面积的影响似乎更为显著一点。由于石灰石和石膏粉磨比表面积对矿渣水泥强度影响较小，为了提高矿渣水泥的抗开裂性能，石膏和石灰石的粉磨比表面积不应过大。这样就可以使分别粉磨矿渣水泥获得比混合粉磨矿渣水泥更好的抗开裂性能。

3.2.12.3　分别粉磨矿渣水泥配比对开裂度的影响

将表 3-24 中的熟料单独粉磨成比表面积为 374m²/kg，矿渣单独粉磨成比表面积为 379m²/kg，石灰石单独粉磨成比表面积为 402m²/kg，石膏单独粉磨成比表面积为 561m²/kg。然后按表 3-30 的配比配制成矿渣水泥，进行开裂度的检测，所得结果见表 3-30。

表 3-30　分别粉磨矿渣水泥配比对开裂度的影响

编号	水泥配比（%）				水灰比（%）	流动度（mm）	开裂度（mm）				
	熟料	硬石膏	矿渣	石灰石			1	2	3	4	平均
C1	65	5	30	—	37.3	96	2.3	2.1	2.2	2.3	2.2
C2	55	5	40	—	36.7	99	2.6	2.4	2.0	1.9	2.2
C3	45	5	50	—	36.2	100	2.3	2.1	2.4	2.3	2.3
C4	35	5	60	—	35.7	97	2.8	2.5	2.1	2.0	2.4
C6	41	4	50	5	35.8	99	2.0	1.9	1.9	2.5	2.1
C7	40	5	50	5	35.7	98	2.4	2.3	2.0	1.9	2.2
C8	39	6	50	5	35.5	99	2.2	1.9	2.0	2.2	2.1
C9	38	7	50	5	35.3	96	2.6	2.6	2.2	2.0	2.4

由表 3-30 可见，在石膏掺量 5% 不变的条件下，熟料掺量从 65% 下降到 35%，矿渣掺量从 30% 增加到 60%，所配制的矿渣硅酸盐水泥虽然需水量（水灰比）有所减小，但矿渣硅酸盐水泥的开裂度变化不大。当矿渣掺量 50% 不变，石膏掺量从 4% 变化到 7% 时，矿渣硅酸盐水泥的需水量（水灰比）几乎不变，水泥开裂度变化也不大。对比 C3 和 C7 两个试样可见，C7 试样用 5% 的石灰石取代熟料，所配制的矿渣硅酸盐水泥的需水量（水灰比）和开裂度也几乎不变。因此，可以认为分别粉磨矿渣水泥的组分配比对水泥开裂度影响不大。

3.2.13 抗起砂性能

所谓水泥起砂是指：在水泥施工后，水泥砂浆或混凝土表面层强度较低，经受不住轻微的外力摩擦，出现扬灰、砂粒脱落的现象。

水泥起砂除了对建筑物外观和质量造成影响之外，还极易引起用户的不满，以及对工程质量的怀疑，对工程的验收和交付会产生较大影响。往往会引起水泥生产厂家、施工单位及用户之间的责任纠纷，损害水泥生产厂家的声誉，进而影响其水泥产品的销售。

通常，经过正确设计、按规范施工的水泥混凝土、水泥砂浆表面是不会出现起砂问题的，但是由于受不合格材料及施工操作不当等多种因素的影响，导致了起砂问题的产生。其中也有一部分是由于水泥质量问题导致的。在实际施工中，在相同的施工条件下，确实有的水泥容易起砂，而有的水泥不容易起砂。不同品种水泥，其抗起砂性能不同，矿渣硅酸盐水泥是用户反映出现起砂问题比较多的水泥品种之一。因此，有必要研究分别粉磨矿渣水泥的抗起砂性能及其影响因素。

但由于水泥抗起砂性能还没有有效的检测方法和生产控制指标，水泥国家标准中也没有水泥起砂的相关规定，所以作者发明了一种水泥起砂性能的检测装置及检测方法[10-12]，并对分别粉磨矿渣水泥的抗起砂性能进行了研究。

水泥抗起砂性能试验仪器，采用武汉亿胜科技有限公司生产的 WGD-I 型水泥抗裂抗起砂性能测定仪，水泥抗起砂性能检测方法见附录1。

3.2.13.1 混合粉磨矿渣水泥细度的影响

将表 3-31 的原料破碎并烘干后，按表 3-32 的配合比，每磨 5kg，在试验室标准磨中混合粉磨成不同比表面积的矿渣水泥。分别按 GB/T 8074—2008《水泥比表面积测定方法（勃氏法）》，GB/T 1346—2011《水泥标准稠度用水量、凝结时间、安定性检验方法》，GB/T 17671—1999《水泥胶砂强度检验方法（ISO 法）》，检验各矿渣水泥的比表面积、标准稠度、凝结时间、安定性和胶砂强度，并按附录1的水泥抗起砂性能检验方法检验各矿渣水泥的抗起砂性能，所得结果如表 3-32 和图 3-36 所示。

表 3-31　原料的化学成分（%）

原料	来源	烧失量	SiO_2	Al_2O_3	Fe_2O_3	CaO	MgO	K_2O	Na_2O	SO_3	合计
熟料	华新黄石	1.25	20.69	4.67	3.53	65.13	1.82	0.65	0.20	1.13	99.07
矿渣粉	武汉武钢	−0.30	32.65	16.05	0.46	35.87	8.74	0.57	0.00	0.04	94.08
石灰石	新疆天宇	37.20	10.53	3.25	1.15	45.20	1.63	0.51	0.06	0.17	99.70
硬石膏	四川仁寿	3.97	1.06	0.21	0.12	41.56	1.36	0.04	0.00	51.45	99.77

表 3-32　混合粉磨矿渣水泥比表面积和起砂量等性能关系

编号	比表面积 (m^2/kg)	标稠 (%)	初凝 (min)	终凝 (min)	安定性	起砂量 (kg/m^2) 脱水	起砂量 (kg/m^2) 浸水	1d (MPa) 抗折	1d (MPa) 抗压	3d (MPa) 抗折	3d (MPa) 抗压	28d (MPa) 抗折	28d (MPa) 抗压
C1	293.4	25.3	235	295	合格	1.23	1.04	1.1	3.3	2.9	9.9	7.6	40.0
C2	329.2	25.7	197	261	合格	1.07	1.01	1.3	3.8	3.2	11.1	7.6	40.9
C3	365.0	25.8	195	265	合格	0.76	0.78	1.5	4.4	3.8	13.8	7.2	48.0
C4	403.0	26.0	196	263	合格	0.52	0.58	2.1	6.3	4.4	15.6	8.6	50.1

注：水泥配比：熟料 55%，矿渣 40%，石膏 5%。

由图 3-36 可见，混合粉磨的矿渣硅酸盐水泥的脱水和浸水起砂量，均随着粉磨比表面积的增大而显著减小。脱水起砂量由比表面积 293m²/kg 时的 1.23kg/m² 减小到比表面积 403m²/kg 时的 0.52kg/m²；浸水起砂量由比表面积 293m²/kg 时的 1.04kg/m² 减小到比表面积 403m²/kg 时的 0.58kg/m²。因此，欲提高混合粉磨矿渣硅酸盐水泥的抗起砂性能，宜增大矿渣硅酸盐水泥的粉磨比表面积。

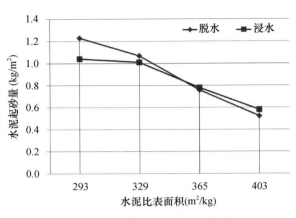

图 3-36　混合粉磨矿渣水泥比表面积与起砂量的关系

3.2.13.2　分别粉磨各原料细度的影响

将表 3-31 中的熟料破碎后过 3mm 筛，每磨 5kg，密度为 3.18g/cm³，单独粉磨成 298.4m²/kg、432.6m²/kg 和 513.3m²/kg，3 种不同比表面积的熟料粉。

将表 3-31 中的矿渣烘干后，每磨 5kg，密度为 2.90g/cm³，单独粉磨成 423.3m²/kg、485.7m²/kg 和 535.0m²/kg，3 种不同比表面积的矿渣粉。

将表 3-31 中的石灰石破碎后并通过 3mm 筛，每磨 5kg，密度为 2.71g/cm³，单独粉磨成 325.0m²/kg、440.1m²/kg 和 487.4m²/kg，3 种不同比表面积的石灰石粉。

将表 3-31 中的石膏破碎后并通过 3mm 筛，每磨 5kg，密度为 2.96g/cm³，单独粉磨成 303.6m²/kg、398.5m²/kg 和 469.2m²/kg，3 种不同比表面积的石膏粉。

将以上各种原料粉，按表 3-33 的配比配制成矿渣水泥，然后进行抗起砂性能检测，结果如表 3-33 和图 3-37～图 3-40 所示。

表 3-33　分别粉磨各原料细度对矿渣水泥起砂性能的影响

编号	熟料粉（%）			矿渣粉（%）			石灰石粉（%）			石膏粉（%）			脱水起砂量
比表面积（m²/kg）	298	433	513	423	486	535	325	440	487	304	399	469	（kg/m²）
Z20	40	—	—	—	50	—	—	5	—	—	5	—	0.89
Z21	—	40	—	—	50	—	—	5	—	—	5	—	0.43
Z22	—	—	40	—	50	—	—	5	—	—	5	—	0.15
Z23	—	40	—	50	—	—	—	5	—	—	5	—	0.55
Z21	—	40	—	—	50	—	—	5	—	—	5	—	0.43
Z24	—	40	—	—	—	50	—	5	—	—	5	—	0.37
Z25	—	40	—	—	50	—	5	—	—	—	5	—	0.73
Z21	—	40	—	—	50	—	—	5	—	—	5	—	0.43
Z26	—	40	—	—	50	—	—	—	5	—	5	—	0.41
Z27	—	40	—	—	50	—	—	5	—	5	—	—	0.93
Z21	—	40	—	—	50	—	—	5	—	—	5	—	0.43
Z28	—	40	—	—	50	—	—	5	—	—	—	5	0.23

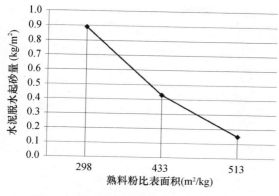

图 3-37　熟料粉比表面积对起砂量的影响

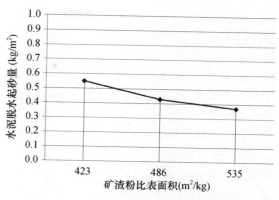

图 3-38　矿渣粉比表面积对起砂量的影响

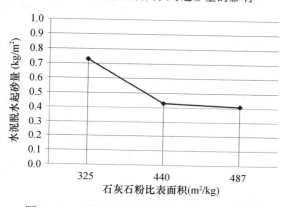

图 3-39　石灰石粉比表面积对起砂量的影响

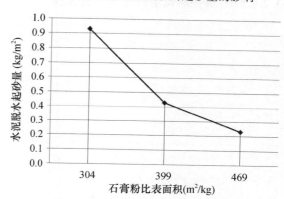

图 3-40　石膏粉比表面积对起砂量的影响

由图 3-37～图 3-40 可见，提高分别粉磨所有原料的比表面积，均可不同程度地降低矿渣水泥的起砂量。熟料粉的比表面积对矿渣水泥的脱水起砂量影响特别显著，当熟料粉比表面积从 $298m^2/kg$ 提高到 $433m^2/kg$ 时，矿渣水泥的脱水起砂量从 $0.89kg/m^2$ 降到了 $0.43kg/m^2$。矿渣粉的比表面积达到 $423m^2/kg$ 后，再继续提高比表面积，矿渣水泥的脱水起砂量降低幅度不再显著。石灰石粉比表面积从 $325m^2/kg$ 提高到 $440m^2/kg$ 时，矿渣水泥的脱水起砂量显著下降，但继续提高石灰石粉的比表面积，则矿渣水泥的脱水起砂量基本上不再变化。石膏粉的比表面积对矿渣水泥的脱水起砂量影响也特别显著，石膏粉比表面积从 $304m^2/kg$ 提高到 $469m^2/kg$ 时，矿渣水泥的脱水起砂量从 $0.93kg/m^2$ 降到了 $0.23kg/m^2$。

综上所述，分别粉磨矿渣硅酸盐水泥是由熟料粉、矿渣粉、石膏粉和石灰石粉混合而成。其中，石膏和石灰石易于粉磨，熟料次之，矿渣最难以粉磨。随着粉磨时间的延长，石灰石和石膏的比表面积比较容易增长，而矿渣的比表面积则比较难以增长。由于熟料和石膏的比表面积对矿渣水泥抗起砂性能影响较大，当矿渣粉的比表面积已经达到 $420m^2/kg$ 时，如果还想继续提高分别粉磨矿渣水泥的抗起砂性能，此时宜提高熟料和石膏的比表面积。

3.2.13.3　分别粉磨矿渣水泥配比的影响

1. 分别粉磨矿渣水泥组分对脱水起砂量的影响

将表 3-31 中的熟料单独粉磨成比表面积 $371.8m^2/kg$，矿渣单独粉磨成比表面积 $429.5m^2/kg$，石灰石单独粉磨成比表面积 $410.1m^2/kg$，石膏单独粉磨成比表面积 $347.8m^2/kg$。然后按表 3-34 的配比配制成矿渣水泥，分别按 GB/T 8074—2008《水泥比表面积测定方法

（勃氏法）》、GB/T 1346—2011《水泥标准稠度用水量、凝结时间、安定性检验方法》、GB/T 17671—1999《水泥胶砂强度检验方法（ISO法）》，检验各矿渣水泥的比表面积、标准稠度、凝结时间、安定性和胶砂强度，并上述的水泥抗起砂性能检验方法检验各矿渣水泥的脱水起砂量，所得结果如表 3-34、图 3-41 和图 3-42 所示。

表 3-34　分别粉磨矿渣水泥配比及抗起砂等性能检测结果

编号	水泥配比（%）				标准稠度（%）	初凝（min）	终凝（min）	安定性（mm）	1d 强度（MPa）		3d 强度（MPa）		28d 强度（MPa）		脱水起砂量（kg/m²）
	熟料	石膏	矿渣	石灰石					抗折	抗压	抗折	抗压	抗折	抗压	
S1	70	5	25	—	26.3	162	228	1.0	3.4	12.4	6.0	26.1	8.8	55.2	0.27
S2	60	5	35		26.2	155	230	0.5	3.6	12.1	5.9	25.5	9.7	57.5	0.30
S3	50	5	45		26.3	154	232	0.5	3.0	10.3	5.5	21.9	9.9	52.6	0.33
S4	40	5	55		26.2	207	287	0	2.7	8.5	5.4	19.2	9.9	52.7	0.35
S5	30	5	65		26.2	225	302	0	2.0	6.7	4.9	19.4	9.1	47.7	0.36
S6	41	4	50	5	25.7	192	237	0	3.3	10.1	5.8	22.0	12.3	50.5	0.40
S7	40	5	50		26.0	185	249	0	4.0	11.9	6.4	24.0	11.8	51.5	0.39
S8	39	6	50		26.1	178	233	0	2.2	8.0	6.5	24.9	11.9	49.2	0.38
S9	38	7	50		26.0	176	234	0	3.8	12.7	7.0	25.9	12.2	40.6	0.34

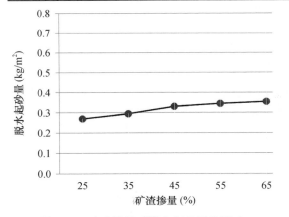

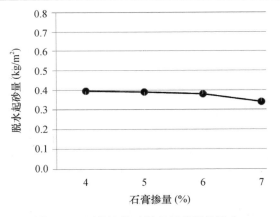

图 3-41　矿渣掺量对脱水起砂量的影响　　图 3-42　石膏掺量对脱水起砂量的影响

由图 3-41 可见，在石膏掺量 5% 不变的情况下，随着熟料含量由 70% 降至 30%，矿渣掺量由 25% 提高到 65%，矿渣硅酸盐水泥的脱水起砂量不断增大，由 0.27kg/m² 增大到了 0.36kg/m²。这表明，在分别粉磨的矿渣硅酸盐水泥中，随矿渣掺量的不断增加，其脱水起砂量也不断增大，抗起砂性能不断降低。

由图 3-42 可见，在矿渣 50% 和石灰石 5% 掺量不变的情况下，增加石膏掺量，相应降低熟料掺量，矿渣水泥的脱水起砂量从石膏掺量 4% 时的 0.40kg/m² 缓慢下降到石膏掺量 7% 时的 0.34kg/m²，说明石膏掺量对矿渣水泥的抗起砂性能影响不大。提高分别粉磨矿渣水泥中的石膏掺量，可以稍微提高水泥抗起砂性能。

由表 3-34 可见，S6～S9 矿渣硅酸盐水泥试样中，矿渣和石灰石掺量相同、熟料和石膏掺量不同，与 S1～S5 试样相比，配比中增加了 5% 的石灰石作为非活性混合材。S7 与 S4 相比，熟料和石膏掺量相同，矿渣掺量由 55% 降低到 50%，石灰石掺量由 0 增加到 5%，起砂量由 0.35kg/m² 微增到 0.39kg/m²。可见，用 5% 石灰石替代矿渣生产矿渣水泥，会使矿渣水泥的抗起砂性能稍有下降。

2. 分别粉磨矿渣水泥组分对浸水起砂量的影响

将表 3-31 中的熟料单独粉磨成比表面积为 371.8m²/kg，矿渣单独粉磨成比表面积为 429.5m²/kg，石灰石单独粉磨成比表面积为 410.1m²/kg，石膏单独粉磨成比表面积为 347.8m²/kg。然后按表 3-35 的配比配制成矿渣水泥，分别按 GB/T 8074—2008《水泥比表面积测定方法（勃氏法）》、GB/T 17671—1999《水泥胶砂强度检验方法（ISO 法）》，检验各矿渣水泥的比表面积和胶砂强度，并按附录 1 的水泥抗起砂性能检验方法检验各矿渣水泥的浸水起砂量，所得结果如表 3-35 和图 3-43～图 3-45 所示。

表 3-35　矿渣硅酸盐水泥配比和性能

| 编号 | 水泥配比（%） | | | | 1d（MPa） | | 3d（MPa） | | 28d（MPa） | | 浸水起砂量 (kg/m²) |
	熟料	矿渣	石灰石	石膏	抗折	抗压	抗折	抗压	抗折	抗压	
G5	45	50	0	5	1.4	4.2	4.4	17.8	10.3	44.4	0.72
G6	35	60	0	5	1.3	4.2	5.1	19.4	9.8	45.8	0.84
G7	25	70	0	5	1.1	3.5	5.6	21.6	9.6	43.4	1.00
G8	35	56	4	5	1.7	7.5	4.4	19.4	11.3	44.1	0.85
G9	35	52	8	5	1.6	7.6	4.0	20.9	9.9	38.8	0.86
G10	36	52	8	4	1.8	7.7	4.2	19.8	10.7	37.5	0.81
G11	34	52	8	6	1.3	6.8	4.2	21.4	10.6	40.0	1.02

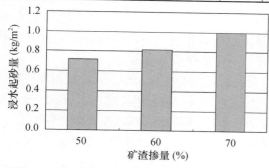

图 3-43　矿渣掺量对矿渣水泥浸水起砂量的影响

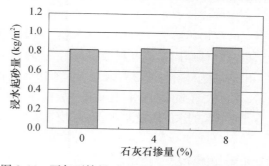

图 3-44　石灰石掺量对矿渣水泥浸水起砂量的影响

由图 3-43～图 3-45 可见，在矿渣硅酸盐水泥中，随着矿渣掺量的增加，熟料掺量的减少，在石膏掺量不变的条件下，水泥浸水起砂量增加；在熟料掺量 35%，石膏掺量 5% 的条件下，石灰石掺量在 0～8% 之间的变化对矿渣硅酸盐水泥浸水起砂量影响不大；在矿渣掺量 52%，石灰石掺量 8% 的条件下，增加石膏掺量，矿渣硅酸盐水泥的浸水起砂量稍有增加。

因此，对矿渣硅酸盐水泥而言，欲减少水泥浸水起砂量，应适当减少水泥中矿渣和石膏的掺量，增加熟料的掺量。

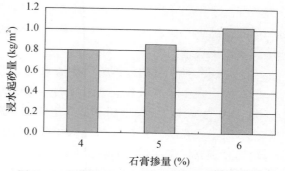

图 3-45　石膏掺量对矿渣水泥浸水起砂量的影响

3.3 分别粉磨矿渣水泥生产工艺技术

3.3.1 粉磨工艺

分别粉磨矿渣水泥的粉磨工艺与一般水泥的粉磨工艺有所不同，要求矿渣（或掺少量石灰石）必须单独粉磨。一般要求水泥厂要具备两台以上的水泥磨，粉磨矿渣的磨机产能要比粉磨熟料和石膏的磨机产能大2～3倍。具体的粉磨工艺如图3-46所示。

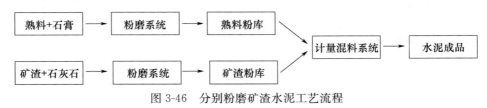

图3-46　分别粉磨矿渣水泥工艺流程

熟料和石膏（或加少量石灰石）置于一台磨机（熟料磨）内粉磨。矿渣（或加少量石灰石）置于其他几台磨（矿渣磨）内粉磨，两者单独粉磨后再以一定的比例相混合。混合可以在磨尾直接进行，也可将单独分别粉磨的熟料粉（含有石膏或石灰石）和矿渣粉（或含有石灰石）分别入库，再在库底以一定比例混合。或者将熟料和石膏粉磨后单独入库，再以一定的比例喂入出磨矿渣（或含石灰石）的螺旋输送机中。

采用库底混合工艺时，由于矿渣粉容易在库底结拱造成下料较困难，故在矿渣库底应安装高压吹气破拱装置，以防下料不稳。喂料设备必须要有带报警功能的微机计量装置，在料库结拱或其他原因造成断料或少料时，能自动报警，避免出现质量事故。

出磨的熟料粉（或含石膏）和矿渣粉（或含石灰石）经混合配成水泥后，应经搅拌机搅拌均匀，然后再经多库搭配和机械倒库后，方可包装出厂。这样可以避免因矿渣比表面积波动或配比不准而引起的水泥质量波动造成的质量事故。严禁未经多库搭配和倒库的水泥直接包装出厂。

熟料（或加石膏、石灰石）粉磨可以采用开路球磨系统，也可以采用立磨粉磨系统，但最好是采用闭路球磨系统。

矿渣（或加石灰石）粉磨可以采用立磨，也可采用球磨。采用球磨时，以开路管磨系统较为经济。采用闭路磨时，由于出磨矿渣粉颗粒直径较均齐，选粉的意义不是很大，对矿渣粉产量的提高也不显著。但是，如果矿渣（或加石灰石）磨采用闭路球磨时，选粉机务必要选用高效转子式选粉机。

以下介绍几种常见的分别粉磨矿渣水泥工艺流程。

（1）辊压机＋球磨机和立磨组成的分别粉磨工艺流程

图3-47为辊压机＋球磨机和立磨组成的分别粉磨矿渣水泥工艺流程。辊压机＋球磨机联合粉磨（或半终粉磨）系统粉磨熟料和石膏（或加石灰石），立磨系统粉磨矿渣，其特点是两个系统比较独立，辊压机＋球磨机粉磨系统既可以生产熟料粉，也可以直接生产水泥成品。在生产水泥时，通过调配库将熟料、石膏和混合材进行配料后进入粉磨系统进行粉磨，水泥成品可以通过输送系统直接送入水泥成品库。

辊压机＋球磨机粉磨熟料粉，既可利用辊压机电耗低的优点，又可利用球磨机粉磨的熟

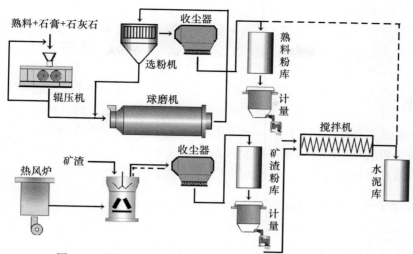

图 3-47　辊压机＋球磨机和立磨组成的分别粉磨工艺流程

料粉需水量小、强度高、外加剂适应性好的优点。

采用立磨粉磨矿渣具有生产工艺简单、节电效果明显、对矿渣入磨水分的适应性好等特点，烘干、粉磨、选粉均在磨内完成。在粉磨系统中设置有热风炉提供热风将矿渣在磨内烘干，不用单独设置离线烘干设备，且物料的烘干效果好。立磨在操作时为了稳定料层，设计有喷水装置，用立磨粉磨水分在 8%～15% 的湿矿渣可以减少粉磨时的喷水量，如果在操作上能够稳定料层，可以不用喷水，降低生产成本。但立磨粉磨矿渣粉，在矿渣粉比表面积相同的条件下，矿渣的活性不如球磨机粉磨的矿渣粉活性高。

（2）球磨机分别粉磨工艺流程

在图 3-48 所示的球磨机分别粉磨系统中，矿渣（或加少量石灰石）磨为一级管磨开路流程，熟料（加石膏）磨为普通球磨机加高效选粉机一级闭路流程。采用一台球磨机对熟料和石膏进行粉磨，另一台管磨机（长径比 3～7 的球磨机）对矿渣进行粉磨，然后分别送入熟料粉库和矿渣粉库，根据水泥品种需求进行配制生产。管磨机粉磨矿渣时入磨矿渣水分需控制在 2.0% 以下，因此矿渣入磨前要有烘干设备进行烘干。

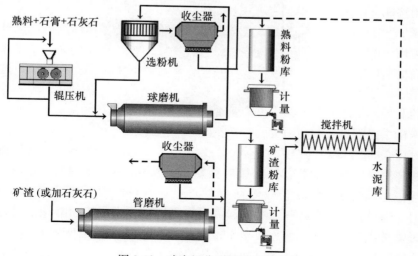

图 3-48　球磨机分别粉磨工艺流程

球磨机分别粉磨生产工艺简单，生产组织灵活，可以获得较高的矿渣粉磨比表面积，使矿渣粉的活性得以充分发挥，有利于水泥强度的提高，缺点是矿渣磨台时产量低、粉磨电耗高。采用球磨机系统生产矿渣粉，在相同工艺装备条件下，当比表面积控制在 $400m^2/kg$ 时，比粉磨水泥时的产量下降 40%～50%。通常在矿渣中加入 5%～8%的石灰石，可以提高矿渣磨的产量，而对矿渣粉的活性影响不大。但不宜在矿渣磨中加入石膏，由于矿渣磨一仓中往往水分较大，石膏会与矿渣粉反应，生成水化硫铝酸钙，造成矿渣磨内堵塞、糊磨等。

此外，采用管磨机粉磨矿渣粉时，还需要对管磨机内部作必要的调整和改造，如调整研磨体级配，减小平均球径；适当提高研磨体装载量；缩小隔仓板和出磨回转筛算缝宽度；选择适合粉磨矿渣的衬板等。

3.3.2　矿渣管磨机的隔仓板改造

熟料球磨机隔仓板无需改造，与通常粉磨普通硅酸盐水泥的球磨机相同，以下主要介绍矿渣管磨机的隔仓板改造技术。

用管磨机粉磨矿渣粉，由于矿渣粉流动性特别好，在磨内流动很快，很容易造成矿渣在磨内的停留时间缩短，磨内矿渣料位很低，不仅使大量研磨体粉磨不到物料，还会使磨内温度升高，造成研磨体研磨效率大大下降，使矿渣磨不细，出磨矿渣粉比表面积小，磨机产量低。此外，为了提高矿渣的研磨效率，矿渣管磨后面两仓通常都是采用直径较小的研磨体。

因此，用管磨机粉磨矿渣时，为了控制矿渣在磨内的流速，同时也为了防止研磨体串仓，管磨机的隔仓板和磨尾算板的算缝都应改小（5mm 左右）。

作者在用管磨机粉磨矿渣的生产实践中，曾进行过多种多样的改造，最终认为较为成功的是用耐磨圆钢并排焊接制成隔仓板的方案最好。

下面以 $\phi 4.2m \times 13.5m$ 矿渣磨为例，说明管磨机隔仓板的改造技术。

矿渣磨以开路管磨为佳，磨内通常分为三仓，隔仓板采用 $\phi 60mm$ 圆钢焊接，材质可选用 40Cr 合金钢。每扇隔仓板大致需要 4.78t、总长度约为 214m 的圆钢。制作隔仓板时，先在平地画一个 $\phi 4190mm$ 的圆，然后截取相应长度的圆钢，用长 66mm×宽 60mm×厚 5mm

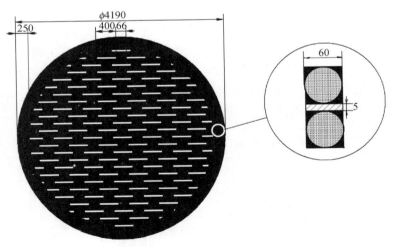

图 3-49　矿渣磨第一仓隔仓板结构示意图

的钢板，垫在圆钢之间进行焊接。管磨机内径是 4200mm，隔仓板直径做成 4190mm，是为了防止隔仓板受热膨胀导致隔仓板弯曲变形。隔仓板的算缝应相互交错，每条算缝长 400mm，宽 5mm。隔仓板焊接缝，每条长 66mm，宽 60mm，厚 5mm。由于磨门宽度有限，焊接隔仓板时，先将隔仓板焊接成几块，最后再拿到管磨内焊接成隔仓板，如图 3-49 和图 3-50所示。

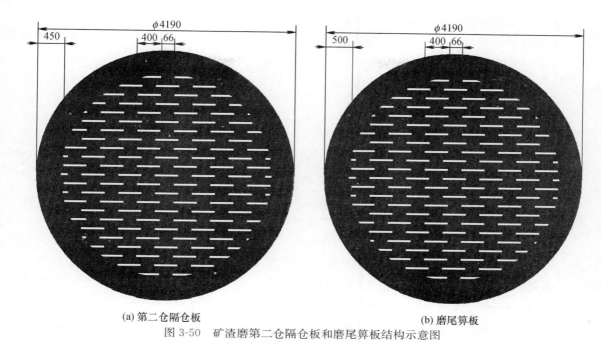

图 3-50　矿渣磨第二仓隔仓板和磨尾算板结构示意图

在制作隔仓板和算板时，要特别注意隔仓板和算板的最低开孔距离（第一条算缝距磨壁的距离）。由于矿渣在磨内流动性很好，流动很快，如果隔仓板和算板的最低开孔距离很小，就必然会造成磨内矿渣料位过低，降低粉磨效率，从而降低磨机产量。所以应适当增加隔仓板和磨尾算板的最低开孔距离，以控制物料的流速，增加磨内料位，增加磨机产量。但隔仓板和磨尾算板的最低开孔距离提得太大，又将影响磨机通风。所以通常将最低开孔距离定为隔仓板半径的 12%～24%（250～500mm）。

由于矿渣在粉磨过程中温度逐渐提高，因此矿渣管磨内各仓的温度差别较大，往往一仓温度较低，而三仓温度很高。由于矿渣在磨内粉磨过程中水分不断蒸发，各仓矿渣粉的水分含量常常差别很大，因此矿渣在磨内各仓的流动速度也有较大区别。往往是一仓流速较慢，容易饱磨，而三仓流速较快，容易空磨。所以，各仓隔仓板和磨尾算板的最低开孔距离应有所不同，前仓应小些，而后仓应大些。此外，各仓隔仓板最低开孔距离还应考虑矿渣粉产品的比表面积要求、入磨矿渣的水分大小、研磨体填充率、磨机通风量等因素。总之，欲降低矿渣通过隔仓板的速度，就应提高最低开孔距离；反之应降低最低开孔距离。

此外，由于用圆钢焊接的隔仓板的使用寿命较短（通常不到 1 年），为了提高一仓隔仓板的使用寿命，一仓隔仓板也可以使用通常钢铸的单层隔仓板，无需改造。

3.3.3　矿渣管磨机的衬板

熟料球磨机的衬板与通常粉磨普通硅酸盐水泥的球磨机相同，以下主要介绍矿渣管磨机常用的衬板。

由于矿渣颗粒小，易碎难磨，矿渣管磨机内的研磨体运动形式应以研磨为主，没有必要像熟料球磨机那样抛起冲击物料。所以，矿渣管磨机第一仓宜采用平衬板或不带阶梯的沟槽衬板。这样可以降低带球高度，降低电耗，同时增加研磨体与衬板之间的滑动，提高研磨能力。此外，由于平衬板没有阶梯衬板那样的尖角内槽，在矿渣水分大时，不容易嵌料，所以可以减少矿渣管磨机一仓的糊磨堵塞现象。

矿渣管磨机第二仓和第三仓，可采用小波纹衬板或平衬板。

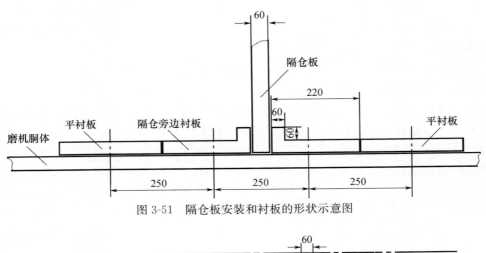

图 3-51　隔仓板安装和衬板的形状示意图

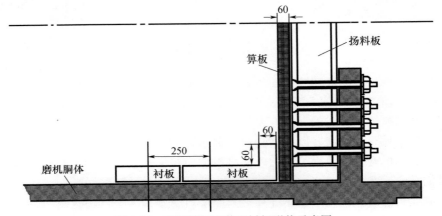

图 3-52　磨尾算板安装和衬板形状示意图

为了防止研磨体串仓，隔仓板两边的衬板应制成特殊的 L 形状，如图 3-51 所示。最后一圈靠近磨尾算板的衬板也应采用类似的特殊的 L 形状，如图 3-52 所示。磨内两扇隔仓板和磨尾算板由水泥厂自制，厚度是 60mm，磨尾出料用的扬料板可由设备厂家提供，结构和尺寸不变。磨尾最后一块 L 形状衬板的长度与磨机总长度有关，尺寸应特别定制。

隔仓板安装时，在隔仓的安装位置留下一个环槽，将预先焊好的小块隔仓板嵌入槽内，然后焊接成整扇隔仓板。为了防止隔仓板受热变形，隔仓板与衬板之间不要焊接。

3.3.4　球磨机研磨体级配

无论是熟料还是矿渣，在球磨机内磨成细粉都是通过研磨体的冲击和研磨作用的结果，因此，研磨体级配（各种直径研磨体的装载量）设计的好坏对磨机产质量影响很大。要设计好磨机研磨体级配，必须充分考虑研磨体总装载量、各仓填充率、平均球径、物料水分、物料流动性、物料粒度、隔仓板形式、隔仓板算缝大小、各仓长度、粉磨流程等因素，一般按以下步骤进行。

3.3.4.1　球磨机各仓长度分配

熟料球磨机各仓的长度通常与粉磨普通硅酸盐水泥的球磨机相同，以下主要介绍矿渣管磨机各仓的长度分配。

矿渣管磨机通常要求分为三仓，第一仓长度为磨机总长度的20％左右；第二仓长度为磨机总长度的20％～24％；剩余长度作为第三仓。每个仓至少要求有一个磨门，第三仓较长时，可以设置两个仓门。各仓门应均匀分布在各仓中间位置，不可在隔仓板位置有仓门，否则必须封闭，重新加工设置磨门。

对于采用两仓的矿渣管磨机，第一仓长度为磨机总长度的27％～30％。

3.3.4.2 确定研磨体的填充率

磨机内研磨体填充的容积与磨机有效容积的比例百分数称为研磨体的填充率（用 ϕ 表示）。填充率设计越高，磨机的装载量就会越高。要提高磨机的产量，应尽可能提高磨机的装载量。但，磨机装载量不能无限提高，磨机装载量太高，磨机电机的电流会很高，有可能会烧毁电机或威胁磨机机械设备的安全。另外，若研磨体装载太多，磨机内研磨体活动空间太小，会影响粉磨效率，降低产量。磨机研磨体填充率设计应充分考虑磨机的机械设备的承受能力以及磨机电机的承受能力。矿渣磨和熟料磨的填充率通常在32％～42％之间。

在确定了磨机的总装载量后，紧接着就是要确定各仓的填充率，也就是要确定每个仓的装载量。每个仓的填充率的确定要考虑的因素较多，主要有物料水分、物料流动性、物料粒度、隔仓板形式、隔仓板箅缝大小、各仓长度、粉磨流程等因素。这主要靠经验和观察确定，但可以掌握一个原则：磨机各仓研磨能力的平衡。如果磨机各仓研磨能力达到平衡了，那么在此装载量的条件下，磨机也就达到最大产量了。确定磨机各仓研磨体是否达到了平衡，常用方法有听磨音、检查球料比、绘制筛余曲线法。

（1）听磨音。就是听磨机的声音，这里不做赘述。

（2）检查料球比。一般球磨机的球料比（研磨体和物料的质量比）以6.0左右为宜。突然停磨进行观察，如两仓开路磨，第一仓钢球应露出料面半个球左右，二仓（和三仓）物料应以刚盖过钢锻面为宜。

（3）绘制筛余曲线法。在磨机正常喂料运转的情况下，把磨机和喂料机同时突然停止，从磨头开始，每隔一定距离取样，但紧挨隔仓板前后两处也要取样。然后用0.20mm和0.08mm方孔筛筛析筛余，将筛余作为纵坐标、各点距离为横坐标绘点并连成曲线。正常磨机的曲线变化应是：在一仓入料端有倾斜度较大的下降，在末端接近出磨时应趋于水平。

例如，有个粉磨熟料粉的磨机在正常生产时紧急停磨，不空物料打开磨门观察发现，一仓钢球露出料面半个球，二仓有10cm厚的料层。这说明该磨机二仓研磨能力不足，一仓能力浪费，因为在这种情况下，二仓料层太厚，必然会跑粗，磨工必定会降低喂料量直到磨机第二仓球料比合适为止，也就是说降低二仓料层厚度，使细度合格。但此时，磨机第一仓的料球比已不合适，球一定过多，料太少，磨机运转时，球与球空打，造成浪费，磨机产量必定不高。如果此时把一仓倒出一部分球，二仓加相同重量的球锻，虽然研磨体总装载量没有提高，但第二仓球锻增加了，第一仓减的只是多余的不做功的球，磨机产量必定会增加。这就是磨机研磨能力不平衡调整到平衡后，产量提高的基本原理。

设计磨机各仓填充率，还要考虑磨机的流程，一般来说对于有选粉机的闭路磨机，磨机内研磨体的球面通常采用逐仓降低的装法，前后两仓球面相差25～50mm，这样可增加物料在磨内的流速；没有带选粉机的开路管磨机，研磨体的球面常采用逐仓升高的办法，以控制成品细度。

磨机各仓的填充率还受隔仓板形式和箅缝大小的影响，隔仓板形式和箅缝大小决定物料通过隔仓板的速度，从而影响到磨机内各仓的物料料位的高低。显然，高料位必须用高的填充率，料位低，当然也就不需要那么高的填充率了。此外，物料水分含量、物料流动性质、物料粒度大小都会影响到物料在磨内的流动速度，从而造成磨内各仓料位高低不同，因此，磨机各仓的研磨体填充率也要作相应的调整。

3.3.4.3 研磨体平均球径及最大球径的确定

选择研磨体的平均球径和最大球径，需要考虑入磨物料的粒度、水分、硬度、易磨性、产品细度、磨机衬板形式、磨机直径、粉磨流程等因素，通常是根据经验选取。

值得注意的是，决定矿渣磨内最大球径和平均球径大小，主要是考虑物料水分和物料流动性的影响，如果物料水分太高或者物料流动性太差，那么经常会造成一仓磨口附近料位提高，出现饱磨，甚至倒料，磨机产量不高。此时，应提高研磨体的最大球径和平均球径，从而提高物料的流速，可显著提高磨机的产量。

确定了钢球最大球径、平均球径后即可试凑各种直径球的比例，通常在球仓采用3~6种不同尺寸的钢球，每一仓各级钢球的比例，一般是中间大两头小。如果物料的硬度和粒度大，可增加大球百分比，反之可增加小球百分比。一般情况下前后两仓钢球的尺寸应交叉一级，即前一仓最小尺寸钢球是下一仓最大尺寸钢球。

熟料磨往往由于入磨粒度较大，流动性不好，而提高平均球径，相同磨机规格，平均球径高于矿渣磨。

闭路磨由于有回粉入磨，降低了入磨物料的平均粒度，因此第一仓平均球径可比同规格开路磨小些，一般相差10mm。

3.3.4.4 研磨体级配计算

研磨体的级配按式（3-6）计算：

$$A = \frac{BD^2 LG\phi\pi}{40000} \tag{3-6}$$

式中 A——某直径球锻的重量（t）；

B——某直径球锻占该仓所有球锻的重量比例（%）；

D——该仓磨机有效直径（m）；

L——该仓磨机有效长度（m）；

G——研磨体堆积密度（t/m³）；

ϕ——填充率（%）。

3.3.4.5 研磨体的补充

磨机运转一定时间后，由于钢球的磨损，研磨体级配会产生变化，应经常统计生产数据或根据磨机电机电流大小及时补充研磨体，必要时筛选不合格的研磨体。

统计数据来自以下几个方面：单位时间消耗量；磨机产量、单位产量和研磨体消耗量；电动机电流指示负荷变化；研磨体平面降低高度；筛余曲线分析等。补球时可通过量仓计算出现有的研磨体装载量，然后根据设计的装载量决定补球量，通常都是补最大球径的球，但如果一次性补太多的球时，需要补充一定量次大直径的球。

磨机进行补球时，首先空出磨内物料，然后测量磨机补球仓的有效内径 D，再通过磨机中心测量从研磨体面到顶部衬板的垂直距离 H，计算 H/D，根据表3-36的 H/D 数值查得该仓的实际填充率 ϕ，再根据式（3-6）计算得知该仓的实际装载量，与该仓设计装载量对比，即可计算出该仓需要补充的钢球质量。

表 3-36　球磨机 H/D 数值与填充率（φ）的关系

H/D	0.72	0.71	0.70	0.69	0.68	0.67	0.66	0.65
φ（%）	22.9	24.1	25.2	26.4	27.6	28.8	30.0	31.2
H/D	0.64	0.63	0.62	0.61	0.60	0.59	0.58	0.57
φ（%）	32.4	33.7	34.9	36.2	37.35	38.60	39.86	41.17

3.3.4.6　熟料磨研磨体级配计算示例

例 [1]：某 $\phi 4.2m \times 13m$ 两仓闭路熟料磨，一仓有效直径 4.1m，有效长度 4.5m，二仓有效直径 4.1m，有效长度 8m；主电机功率 3500kW，磨机设计总装载量为 240t；磨前带有闭路辊压机作为预粉磨，入磨物料最大颗粒为 5mm 左右，要求产品熟料粉的比表面积为 350m²/kg 左右，请设计各仓研磨体级配方案。

（1）确定研磨体的填充率与装载量

根据磨机设计总装载量，可估算出磨机两个仓的平均填充率为 31.98%。

$$\phi = \frac{400Z}{D^2 LG\pi} = \frac{400 \times 240}{4.1^2 \times 12.5 \times 4.55 \times 3.14} \times 100\% = 31.98\%$$

式中　Z——磨机设计总装载量（t）；

　　　D——磨机各仓平均有效直径（m）；

　　　L——磨机各仓合计有效长度（m）；

　　　G——研磨体堆积密度（t/m³）；通常为 4.5~4.7t/m³。

　　　φ——填充率（%）。

由于磨机是闭路流程，而且产品的比表面积要求不是很高，根据经验确定一仓填充率为 33.2%，二仓填充率为 31.3%，研磨体堆积密度为 4.55t/m³。

（2）研磨体平均球径及最大球径的确定

由于入磨物料最大颗粒直径为 5mm 左右，根据经验，一仓最大球径取 60mm，采用 $\phi 60mm$、$\phi 50mm$、$\phi 40mm$、$\phi 30mm$ 四种钢球级配，平均球径为 43mm 左右；二仓最大球径取 30mm，采用 $\phi 30mm$、$\phi 20mm$、$\phi 15mm$ 三种钢球级配，平均球径为 21mm 左右。各仓各种直径钢球的质量比例试凑计算结果，见表 3-37。

表 3-37　熟料磨各仓平均球径试凑计算结果

磨机	一仓					二仓			
球径（mm）	60	50	40	30	平均球径	30	20	15	平均球径
比例（%）	15	25	35	25	43.0mm	25	40	35	20.8mm

注：平均球径为质量加权平均球径。

（3）研磨体级配计算

各仓研磨体的级配可按式（3-6）计算，结果见表 3-38。

表 3-38　熟料磨各仓研磨体级配计算结果

磨机	一仓					二仓				总装载量
球径（mm）	60	50	40	30	小计	30	20	15	小计	（t）
质量（t）	13.46	22.44	31.41	22.44	89.74	37.59	60.14	52.62	150.34	240.08

（4）研磨体的补充

磨机运转一定时间后，由于钢球的磨损，磨机主电机电流下降，决定进行补球。在基本空出磨内物料的情况下，测量磨机一仓的有效内径 D 为 4.1m，再通过磨机中心测量从研磨体面到顶部衬板的垂直距离 H 为 2.665m，计算 H/D 得 0.65，根据表 3-36 的 H/D 值查得填充率 ϕ 为 31.2%，根据式（3-6）计算得知磨机一仓的实际装载量为 84.32t，由于磨机一仓设计装载量为 89.74t，所以需要补充 ϕ60mm 的钢球 5.42t。

同理，在基本空出磨内物料的情况下，测量磨机二仓的有效内径 D 为 4.1m，再通过磨机中心测量从研磨体面到顶部衬板的垂直距离 H 为 2.706m，计算 H/D 得 0.66，根据表 3-36 的 H/D 值查得填充率 ϕ 为 30.0%，根据式（3-6）计算得知磨机二仓的实际装载量为 144.08t，由于磨机二仓设计装载量为 150.34t，所以需要补充 ϕ30mm 的钢球 6.26t。

3.3.4.7　矿渣磨研磨体级配计算示例

由于矿渣管磨机通常没有预粉磨设备，入磨物料水分波动较大，一仓往往容易饱磨。所以，矿渣管磨机第一仓研磨体的平均球径往往较大，通常可采用 ϕ80mm（7%）、ϕ70mm（15%）、ϕ60mm（29%）、ϕ50mm（49%）钢球；第二仓的研磨体级配通常采用 ϕ18mm×18mm（48%）、ϕ16mm×16mm（52%）小钢锻；第三仓的研磨体级配可采用 ϕ14mm×14mm（58%）、ϕ12mm×12mm（42%）小钢锻。

矿渣管磨机如果采用两仓，第一仓研磨体的级配可采用 ϕ70mm（15%）、ϕ60mm（28%）、ϕ50mm（32%）、ϕ40mm（25%）钢球。第二仓的研磨体级配通常可采用 ϕ18mm×18mm（10%）、ϕ16mm×16mm（17%）、ϕ14mm×14mm（23%）、ϕ12mm×12mm（50%）小钢锻。

在磨机电机电流和各设备机械强度允许的情况下，应尽量提高研磨体的装载量。采用三仓的矿渣管磨机，通常一仓的填充率为 29%～34%；二仓为 31%～36%；三仓为 33%～38%。对于两仓磨机，通常一仓和二仓的填充率相同，均为 33%～38%。

例〔2〕：某 ϕ4.2mm×13.5m 开路三仓矿渣管磨机，一仓有效直径 4.1m，有效长度 3.5m；二仓有效直径 4.1m，有效长度 3.0m；三仓有效直径 4.1m，有效长度 6.7m。主电机功率 3500kW，磨机设计总装载量为 240t。要求矿渣粉产品的比表面积为 450m²/kg 左右，请设计各仓研磨体级配方案。

（1）确定研磨体的填充率与装载量

根据磨机设计总装载量，可估算出磨机三个仓的平均填充率为 30.28%。

$$\varphi = \frac{100Z}{D^2 LG\pi} = \frac{400 \times 240}{4.1^2 \times 13.2 \times 4.55 \times 3.14} \times 100\% = 30.28\%$$

式中　Z——磨机设计总装载量（t）；

D——磨机各仓平均有效直径（m）；

L——磨机各仓合计有效长度（m）；

G——研磨体堆积密度（t/m³），通常为 4.5～4.7t/m³。

φ——填充率（%）。

由于磨机的总装载量通常都可以超过设计装载量，为了提高磨机的产量，根据实际生产经验，将一仓的填充率定为 30.59%，二仓填充率定为 31.59%，三仓的填充率定为 32.59%，研磨体堆积密度为 4.55t/m³。

（2）研磨体平均球径及最大球径的确定

由于是三仓开路管磨，第一仓的平均球径通常都比较大，再考虑矿渣水分波动较大，为了避免一仓经常性的饱磨，故将一仓最大球径取 80mm，采用 ϕ 80mm、ϕ 70mm、ϕ 60mm、ϕ 50mm 四种钢球级配，平均球径为 57.98mm 左右；二仓采用 ϕ 18mm×18mm 和 ϕ 16mm×16mm 两种钢锻，当量球径为 19.34mm 左右。三仓采用 ϕ 14mm×14mm 和 ϕ 12mm×12mm 两种钢锻，当量球径为 14.80mm 左右。各仓各种直径钢球的质量比例试凑计算结果，见表3-39。

表 3-39　矿渣磨各仓平均球径试凑计算

磨机	一仓					二仓			三仓		
球径（mm）	80	70	60	50	平均球径	18×18	16×16	当量球径	14×14	12×12	当量球径
比例（%）	6.7	15.4	28.8	49.1	57.98mm	45	55	19.34mm	48	52	14.80mm

注：平均球径为质量加权平均球径。

（3）研磨体级配计算

各仓研磨体的级配可按式（3-6）计算，结果见表3-40，计算总装载量为260t，超过了磨机设计总装载量20t，根据生产经验，通常可以安全运转，而且磨机电流不会超过磨机主电机的额定电流。

表 3-40　矿渣磨各仓研磨体级配计算结果

磨机	一仓					二仓			三仓			总装载量（t）
球径（mm）	80	70	60	50	小计	18×18	16×16	小计	14×14	12×12	小计	
重量（t）	4.44	10.14	19.02	32.33	65.93	26.35	32.21	58.56	65.04	70.46	135.50	260

（4）研磨体的补充

磨机运转一定时间后，由于钢球的磨损，磨机主电机电流下降，可进行补球。在基本空出磨内物料的情况下，测量磨机一仓的有效内径 D 为 4.1m，再通过磨机中心测量从研磨体面到顶部衬板的垂直距离 H 为 2.72m，计算 H/D 得 0.663，根据表 3-36 的 H/D 并运用内插法查得填充率 φ 为 29.57%，根据式（3-6）计算得知磨机一仓的实际装载量为 63.73t，由于磨机一仓设计装载量为 65.93t，所以需要补充 ϕ 80mm 的钢球 2.20t。

同理，在基本空出磨内物料的情况下，测量磨机二仓的有效内径 D 为 4.1m，再通过磨机中心测量从研磨体面到顶部衬板的垂直距离 H 为 2.70m，计算 H/D 得 0.659，根据表3-36 的 H/D 并运用内插法查得填充率 φ 为 30.16%，根据式（3-6）计算得知磨机二仓的实际装载量为 55.90t，由于磨机二仓设计装载量为 58.56t，所以需要补充 ϕ 18mm×18mm 的钢锻 2.66t。

同理，在基本空出磨内物料的情况下，测量磨机三仓的有效内径 D 为 4.1m，再通过磨机中心测量从研磨体面到顶部衬板的垂直距离 H 为 2.68m，计算 H/D 得 0.654，根据表3-36 的 H/D 并运用内插法查得填充率 φ 为 30.75%，根据式（3-6）计算得知磨机三仓的实际装载量为 127.83t，由于磨机二仓设计装载量为 135.50t，所以需要补充 ϕ 14mm×14mm 的钢锻 7.67t。

3.3.4.8　磨机级配计算软件

磨机在水泥工业中占有相当重要的位置，每生产 1t 水泥，需要粉磨的各种物料就有 3t 之多；在水泥厂的总电耗中，磨机的电耗约占 65%～70%；它们的生产成本占水泥总成本的

35%左右；磨机的钢铁消耗占总钢铁消耗的55%以上；磨机及其附属设备的维修工作量约占全厂的60%。生料磨和煤磨的成品质量直接决定和影响着窑的各项技术参数和熟料质量；水泥磨则是控制水泥质量最后也是最关键的一环，在一定程度上，粉磨质量可以弥补熟料质量的缺陷，保证出厂水泥的合格率。

因此，磨机在水泥厂中占有相当重要的地位，磨机产、质量的高低不仅影响水泥的产、质量，而且直接影响水泥厂的经济效益。在磨机流程、规格和物料性质固定以后，磨机的产质量好坏就主要决定于磨机的研磨体级配，搞好磨机的研磨体级配是提高水泥厂经济效益的前提，其重要性显而易见。欲搞好磨机研磨体的级配，需要考虑许多因素，如磨机的各仓长度、隔仓板及箅板箅缝大小、球锻装载量、入磨物料粒度、入磨物料水分、各仓填充率、各仓球锻平均直径、磨机循环负荷率、选粉效率等。人工计算，需要相当高的技术和经验。

近年来，随着计算机技术的飞速发展，计算机的应用已经渗透到了社会的各个领域，特别是在工业上，计算机对系统的分析、控制和管理显得尤为重要。为了普遍提高水泥厂磨机工艺技术员的技术水平，作者总结了上百家水泥厂磨机工艺技术员的工作经验，结合武汉理工大学长期的试验室研究成果，并针对水泥厂普遍存在的一些问题，于2001年研发了"水泥厂球磨机专家系统"，并经历了多次软件升级更新。

"水泥厂球磨机专家系统"是适用于所有水泥厂的球磨机级配计算软件，可自动综合磨机规格、物料种类、粉磨流程、助磨剂使用情况、隔仓板状况、物料粒度和水分等因素，自动给出磨机各仓的最佳研磨体级配，即使是不懂磨机级配计算的人员，也可熟练地进行磨机研磨体级配计算，使磨机产质量得以提高。下面利用"水泥厂球磨机专家系统"进行例［2］的级配计算。

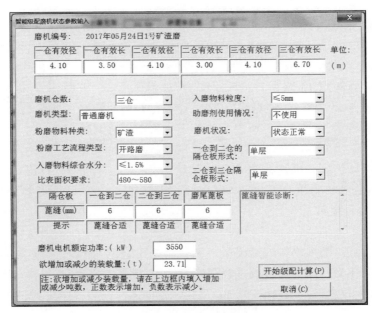

图 3-53　输入磨机参数

（1）输入磨机参数

打开"水泥厂球磨机专家系统"软件后，按提示在各个下拉式菜单中选择或输入磨机的各种参数，如图3-53所示。

（2）计算研磨体级配

输入各种磨机参数后，按【开始级配计算】按钮，即可得到如下的计算结果，如图 3-54 所示。

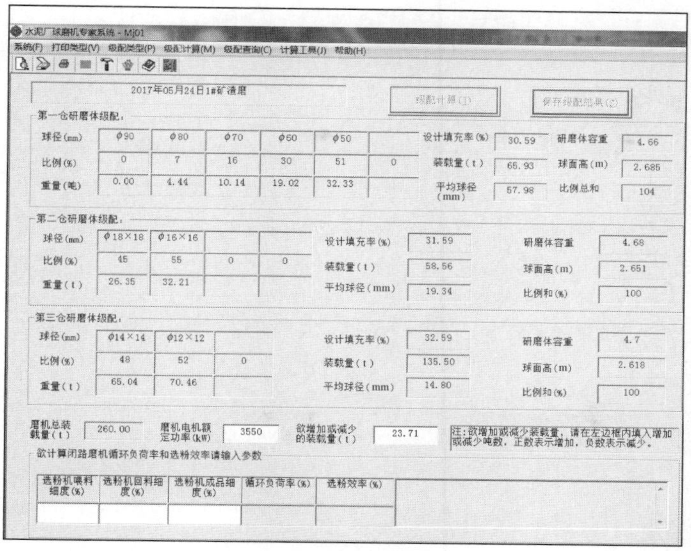

图 3-54　级配计算

（3）打印结果

在【打印类型】下拉式菜单中选择【打印级配】，即可打印出如图 3-55 所示的级配计算结果。

1号 矿渣磨球锻智能级配

第一仓

1. 磨机参数

武汉亿胜科技有限公司

有效直径(m)	有效长度(m)	研磨体容重	装载量(t)	设计充率(%)	平均球径(mm)	设计球面高(m)	实测球面高(m)	
4.100	3.500	4.66	65.93	30.59	57.98	2.685		

研磨体级配

球径(mm)	$\phi90$	$\phi80$	$\phi70$	$\phi60$	$\phi50$		合计(t)
重量(吨)	0.00	4.44	10.14	19.02	32.33		65.93

第二仓		有效直径(m)	4.100	有效长度(m)	3.000	设计球面高(m)	2.651	
球径(mm)	$\phi18\times18$	$\phi16\times16$		装载量(t)	设计填充率(%)	平均球径(mm)	实测球面高(m)	
重量(t)	26.35	32.21		58.56	31.59	19.34		

第三仓		有效直径(m)	4.100	有效长度(m)	6.700			
锻径(mm)	$\phi14\times14$	$\phi12\times12$		装载量(t)	设计填充率(%)	平均锻径(mm)	设计锻面高(m)	实测锻面高(m)
重量(t)	65.04	70.46		135.50	32.59	14.80	2.618	

总装载量：260.00 t

2017年05月24日

图 3-55　打印级配计算结果

（4）补球计算

磨机生产一段时间后，由于研磨体的磨损，需要进行补球，打开"水泥厂球磨机专家系统"后，按提示选择相应编号的磨机，在【级配计算】下拉式菜单中选择【磨机补球】，即可进入补球计算程序，按提示输入"实际球面高"的数据后，再按【计算】按钮，即可得到如图 3-56 所示的补球计算结果。

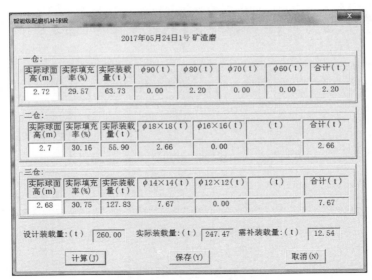

图 3-56　磨机补球计算

3.3.5　磨内喷雾水

球磨机内，由于大量的研磨体之间、研磨体与衬板之间的冲击和摩擦，会产生大量的热量，使磨内温度升高。磨机内温度太高，会带来以下几点不利的影响：

（1）容易引起石膏脱水成半水石膏甚至产生部分无水石膏，使水泥产生假凝，影响水泥质量，而且易使入库水泥结块。

（2）严重影响水泥的储存、包装和运输等工序。使包装纸袋发脆，增大破损率，工人劳动环境恶化。

（3）对磨机机械本身也不利，如轴承温度升高，润滑作用降低，还会使筒体产生一定的热应力，引起衬板螺栓折断。甚至磨机不能连续运行，危及设备安全。

（4）易使水泥因静电吸引而聚结，严重的会粘附到研磨体和衬板上，产生包球包锻，降低粉磨效率，降低磨机产量。

（5）使入选粉机物料温度增高，选粉机的内壁及风叶等处的粘附加大，物料颗粒间的静电引力更强，影响到撒料后的物料分散性，直接降低选粉效率，加大粉磨系统循环负荷率，降低水泥磨台时产量。

（6）水泥温度高，会影响水泥的施工性能，产生快凝、混凝土坍落度损失大，甚至易使水泥混凝土产生温差应力，造成混凝土开裂等危害。

（7）磨内温度高，会加快磨内物料水分蒸发。特别是矿渣粉，当含水量低时，流动性特别好，而且大量漂浮于空中，使研磨体研磨不到，会造成粉磨效率大大下降。同时，由于从磨头到磨尾各仓温度不一致，通常是磨头温度低，磨尾温度高，会加大矿渣粉在各仓流速的差别，造成各仓料位高低差距加大，加剧了各仓研磨体研磨能力的不平衡，使磨机产量大幅度下降。

在球磨机内喷入适量雾化水，可显著降低磨内的温度，是一种比较理想的磨内降温手段。

对于水泥磨而言，通过向水泥磨内喷入雾化的水，使其迅速汽化，不会造成水泥的水化而降低水泥的强度。喷入的雾化水吸收磨内热量后，由磨内的通风带出磨外，特别是当磨内处在高温状态，通过向磨机尾仓的高温区喷入雾化的水，其效果立竿见影，可保证出磨水泥温度控制在 95℃ 以下，防止水泥中石膏的脱水，提高水泥与外加剂的相容性，并可显著提高磨机的产量。

物料在磨内粉磨，由于磨机的转动和研磨体的带动，许多物料均呈悬浮状态，特别是矿渣磨更是如此。这些悬浮于磨内的物料，研磨体很难磨到，在磨内通风的影响下，很容易被带出磨外，造成磨内物料流速过快，物料在磨内得不到充分的粉磨，使产品的比表面积达不到要求。如果，此时向磨内喷入雾化水，可让一些悬浮于磨内的物料沉降，可有效提高磨机的粉磨效率，阻止物料过快流动，使物料在磨内得到充分粉磨，显著提高产品的比表面积和磨机产量。

对于矿渣磨，采用磨内喷雾水系统，通常可提高产量 10%～50%。通过调节喷雾水量大小和磨机通风量，可轻易地控制出磨矿渣粉的比表面积，最高可达 650m²/kg。相反，如不采用磨内喷雾水系统，用管磨机粉磨矿渣粉，比表面积很难达到 450m²/kg 以上。

作者在长期从事矿渣粉磨的生产实践中，深刻领会磨内喷雾水的意义和作用，并于 2007 年研发了如图 3-57 所示的磨内喷雾水系统。主要是利用高压空气和水在喷枪头部处充分混合，从而实现向磨内喷出雾化水的目的。由于雾化水滴的直径小，汽化很快，不仅降温效果好，而且还不会引起水泥的水化，可有效防止水泥强度的下降。

喷枪的结构如图 3-58 所示，高压水从中心内管喷入，高压空气从外套管中通过，并在喷枪头部处与高压水相遇，将水雾化后喷入磨内。改变喷口的直径，可以调节喷枪的适宜流量，喷枪选型时应根据磨机产量选择合适的喷枪型号。磨机规格不同，所需要的磨头的长度也不同，订货时应根据磨尾算板到磨尾出料端的距离选择。此喷枪只适应于边缘传动的球磨机，对于中心传动的球磨机，还需要一个安装在中心传动轴上的转换接头，也有厂家专门生产。

由于磨尾算板到磨机出料端罩门的距离很长，通常可达 4～5m，所以需要一个支撑喷头的保护管，同时为了保护喷枪头部不被研磨体磨损，也需要一个耐磨头进行保护，如图 3-59 所示。为了防止喷枪口处溅水引起结料或堵塞算板，安装喷枪套管时，应将耐磨头伸入磨内几厘米，以便研磨体可以将结料及时清除。

图 3-57 磨内喷雾水系统

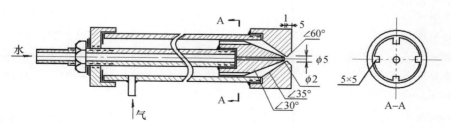

图 3-58 喷枪结构示意图

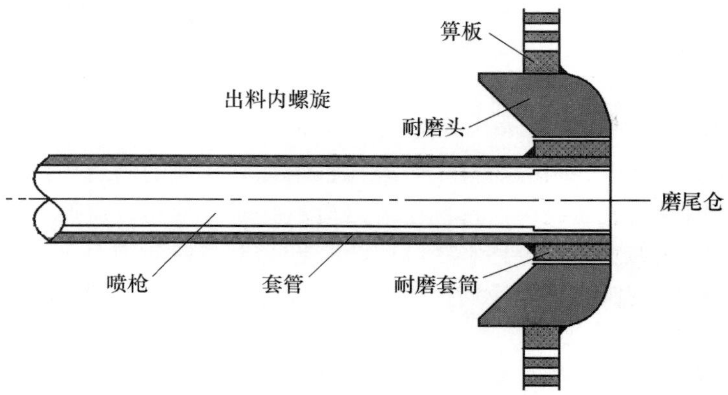

图 3-59　支撑喷枪的套筒及耐磨头

采用磨内喷雾水降温系统是降低磨内温度的最有效方法，可显著降低出磨物料的温度。但许多厂家心有余悸，担心出现意外事故。在实际生产中，也经常由于磨内喷雾水系统设计不完善，造成生产事故。因此，磨内喷雾水降温系统的关键技术是如何确保安全可靠。为确保万无一失，通常要求磨内喷雾水降温系统应具备如下安全保护措施：

（1）应采用高压空气雾化防堵喷头，通过高压空气将水雾化，同时将雾化水带入磨内。

（2）应采用变频控制高压水泵，可无级调整喷水量及计量装置；或可通过检测入收尘器的废气温度，并根据该温度自动调整喷水量，实现出磨物料温度的自动控制，防止收尘器结露和管道堵塞。

（3）水泵控制系统与磨机电机应联动，停磨时，可自动停止喷水，避免因人为疏忽造成事故。

（4）通过检测高压空气的气压，只要发现气压异常或断气，则自动停止喷水，以保证入磨水的雾化效果。

（5）应有断水保护功能，发现停水时，可自动关停水泵，同时往喷枪水路中喷入高压空气，清除喷枪中的余水，防止喷头堵塞。

（6）应有设定最高喷水量的功能，避免喷水量过多，增加磨内物料的含水量而影响水泥性能或导致粉磨状态恶化。

（7）应有工况异常保护功能，只要发现任何异常情况，即可自动停止喷水，确保万无一失。

3.3.6　矿渣筛选

矿渣入磨前应进行筛选，筛除杂物、铁渣、熔块等大块杂物。如矿渣中含较多的熔块而无法筛除时，则应加大一仓的平均球径，加些 $\phi 70mm$ 和 $\phi 80mm$ 的大钢球。通常矿渣中都含有铁渣和铁粒子，这会给磨机产量带来严重的影响。而且铁渣和铁粒还会堵塞隔仓板的算逢，使磨机无法出料而影响生产。同时含有铁渣的水泥使用后，在水泥石表面由于铁渣的氧化生锈，体积膨胀，容易在水泥混凝土表面形成一个个小洞，从而也给水泥的质量带来一定的影响。因此，必须清除矿渣中的铁渣和铁粒。

清除矿渣的铁渣和铁粒，通常的做法是在矿渣入磨前的输送皮带上安装电磁铁，在矿渣烘干后的输送过程中安装除铁设备。可用电磁滚筒代替皮带输送机上的主动轮或被动轮，能将矿渣中的铁渣、铁粒等自动分离出来，也可选用其他专用的除铁设备。出磨的矿渣粉中也经常会混入一些磨损了的小钢锻，可设置沉渣槽或专用除铁设备进行清除。

3.3.7 矿渣球磨的操作

磨机操作对提高磨机产量和产品质量十分重要，相同的磨机，操作好坏，可以有很大的区别，操作工应重视磨机的操作和掌握磨机的操作技术。熟料磨的操作方法与通常的水泥磨一样，此处不再介绍。矿渣磨的操作方法有其特点，基本的操作原则是：磨机各仓磨声正常，不发闷，也不能太响；磨机各仓研磨能力平衡，不能有某个仓磨音特别大或特别响；出磨矿渣粉的比表面积能达到指标要求，磨机产量高。以下进行详细介绍。

（1）开路矿渣球磨机的操作

对于开路矿渣球磨机的操作，除了听磨音外，还需要特别注意矿渣水分。如磨机一仓磨音很大，出磨矿渣比表面积又偏低，此时应首先观察矿渣水分。如水分较小，说明矿渣比表面积低是由于矿渣水分较低，物料流动速度太快造成。此时不应该减少喂料量，只需在磨头加适量水即可。如果矿渣水分合适，一仓磨音发闷，说明比表面积低是由于喂料量过多，研磨能力不足造成，此时应减少喂料量，以提高比表面积。有时，由于一仓饱磨，隔仓板被糊住，物料通过困难，一仓显示磨音发闷，但一旦糊在隔仓板的物料被打掉，物料会快速冲到二仓以及冲到磨尾，也会造成短时间的跑粗现象。

如果磨机尾仓磨音较大，磨内较空，而出磨的矿渣粉比表面积又较小，达不到指标要求，说明磨内物料流速较快，应该增加尾仓喷水量，以提高出磨矿渣的比表面积。

如果磨机尾仓磨音发闷，而出磨的矿渣粉比表面积也较小，此时往往是由于磨尾仓饱磨造成，应立即减少喂料量。

如果磨机尾仓磨音发闷，而出磨的矿渣粉比表面积较大，高过了指标要求，此时往往是由于磨机尾仓喷水较多或磨机通风量过小，使得矿渣流速太慢造成，应减少喷水量或增加磨机通风量。

矿渣磨的通风量的控制也很关键，通常增加磨内通风量，会使矿渣比表面积下降，但磨内通风量太小，又容易造成磨机饱磨，使产量下降。适宜的磨内通风量，通常是使磨头保持微负压时的通风量。

如果出磨矿渣粉的比表面积特别高，此时多半是由于入磨矿渣水分过大，使一仓饱磨，隔仓板糊死过料困难，使得二仓很空没有多少物料所造成。此时应检查矿渣水分是否太高，一仓有否饱磨。如果水分过高，一仓极易饱磨，只有降低矿渣水分，才可提高产量，降低比表面积。此时不可盲目增加喂料，否则一仓将出现严重饱磨，以致无法正常生产。

一般情况下，矿渣磨正常运转时，磨机一仓、二仓磨音均较脆，三仓可以听到钢锻的摩擦声，入磨矿渣水分控制在 $1.0\%\sim2.0\%$ 之间。

（2）闭路矿渣球磨机的操作

对于闭路矿渣球磨机的操作，主要应注意磨音和回粗量。正常生产时，磨音发脆，回粗量适中。如果回粗量增大，此时是出现饱磨的前兆，应及时减少喂料量，否则不用多长时间，磨机就会出现饱磨，矿渣粉的比表面积将大幅度下降。如果回粗量减少，则应增加喂料量，否则磨机磨音会增大，产量低。

闭路磨的矿渣粉的比表面积主要受选粉机和矿渣水分的控制，要想增减比表面积，可通过调整选粉机和控制矿渣水分来达到。有时喂料量减少，矿渣粉的比表面积反而下降，回粗量大大减少，产量降低，这主要是由于入磨矿渣水分过小或磨尾喷水量过少造成，此时可提高入磨矿渣水分或增加磨尾喷水量。通常闭路磨由于通风较好，矿渣水分可高一些（2%～3%）。提高水分，同时降低喂料量可有效提高矿渣比表面积。如喂料量过大或矿渣水分过高时，磨机回粗量将逐渐增加，磨内物料逐渐增多，直至饱磨。这期间会出现比表面积短暂上升的现象，但不久由于饱磨，研磨效率下降，矿渣粉的比表面积将大幅度下降。因此，在任何情况下，都必须保证磨机有较脆的磨音，才可得到合格的矿渣粉比表面积。如磨机长时间在半饱磨状态下运行，虽然产量可能不低，但矿渣粉的比表面积将较低。

对于闭路磨，当选粉机和研磨体级配及矿渣水分固定后，均有一个最佳喂料量，在最佳喂料量时，产量最高，比表面积最大。最佳喂料量可以通过逐步增加喂料量的方法寻找。只要在1～2h内不使磨机出现饱磨，就可以增加一点喂料量，直到达到某一喂料量并运转2～3h后才出现饱磨，说明此喂料量已达极限。比此喂料量稍低一点，通常可作为最佳喂料量。

3.3.8 矿渣立磨的操作

分别粉磨生产矿渣水泥技术首先是在球磨上推广应用的，但随着该技术的日益成熟和经济效益的日益显现，矿渣粉被应用到了商品混凝土搅拌站，从而促进了生产规模更大、电耗更低的立磨粉磨矿渣粉技术的出现。以下参考众多厂家[13-17]的生产经验，介绍立磨粉磨矿渣粉的生产操作方法。

3.3.8.1 立磨的正常操作

1. 稳定料床

保持稳定的料床，这是立磨稳定运行的基础，正常运转的关键。料床不稳时入磨的湿矿渣会被大量地挤出而无法进行粉磨。料层厚度可通过调节挡料圈高度来调整，合适的高度以及它们与磨机产量之间的对应关系，应在调试阶段首先找出。料层太厚粉磨效率降低，料层太薄将引起振动，增加磨耗及成本。如辊压加大，则产生的细粉多，料层将变薄；辊压减小，磨盘物料变粗，相应返回的物料多，粉磨效率降低，料层变厚。磨内风量降低或选粉机转速增加，都会增加内部循环，料层增厚；磨内风量增加或减小选粉机转速，减小内部循环，料层减薄。应根据实际情况进行调整。正常运行时，经磨辊压实后的料床厚度不宜小于25～40mm。启磨投料时，应采用相对少料、大风、小辊压的操作方式，以铺平料床使磨机稳定运行。如果投料时料床不稳定，磨机将无法正常运行。

2. 粉磨压力的控制

粉磨压力是影响磨机产量、粉磨效率和磨机功率的主要因素。立磨是对料床施以高压，与磨盘间的挤压而粉碎物料的。压力增加，辊磨能力增加，产量增加。为了保护减速机，立磨有一个压力的最大值，达到此值后不再变化。由于粉磨矿渣料床一般较稳定，压力控制较稳定，但压力的增加随之而来的是功率的增加，导致单位能耗的增加，辊套及磨盘磨损的增加，因此适宜的辊压应该要产量、质量和能耗三者兼顾。该值决定于矿渣的易磨性、含铁量、喂料量及比表面积的要求。在试生产时要找出合适的粉磨压力以及负压，合理的风速、风量可以形成良好的内部循环，使磨盘上的物料层适当、稳定，粉磨效率高。当遇到入磨物料不稳定或其他非正常情况时，要适当降低粉磨压力以保证磨机在正常振动值范围内运行。

3. 风量及风速的控制

立磨主要靠气流带动物料循环。一定的风量和风速是使磨机形成一个合理的内循环的首要条件，才能使磨机稳定运行。在立磨运行中风量过小时，碾磨完的细粉不能及时带出，使磨盘上料层变厚，回料增多，主电机电流增大，造成磨机振动、饱磨跳停等现象。反之，风量过大，料层将会变薄，磨辊波动大，影响磨机稳定运行，也使成品合格率下降。风量过大还会造成除尘器阻力过大，造成负荷过大，影响除尘器正常收尘效果。因此，磨机的风量和风速要与磨机给料量相匹配，在生产中应保持磨内的风量和风速的稳定，在调节时变量不应过大，2%的变量调节为宜。调节风量和风速时首先要考虑磨机负荷的稳定，要使磨机的振动值达到最小，回料要少。在实际操作中可根据收尘风机的转速与风机入口风门、磨机电流、压差、给料量、入磨和出磨负压的情况来调整。一般通过调节收尘风机的转速和风门来达到一个合理的风速，通过循环风门的开度来调节一个最佳的风量。要注意的是加料时应及时加风，减料时应及时减风，否则就有可能引起压差异常变化，磨机电流不稳，造成磨机振动、跳停等异常现象出现。

4. 压差的控制

正常工况下磨床压差应是稳定的，这标志着入磨物料量和出磨物料量达到了动态平衡，循环负荷稳定。一旦这个平衡被破坏，循环负荷发生变化，压差将随之变化。如果压差的变化不能及时有效地控制，必然会给运行过程带来不良后果，主要有以下几种情况：

（1）压差降低表明入磨物料量少于出磨物料量，循环负荷降低，料床厚度逐渐变薄，薄到极限时会发生振动而停磨。

（2）压差不断增高表明入磨物料量大于出磨物料量，循环负荷不断增加，最终会导致料床不稳定或吐渣严重，造成饱磨而振动停车。压差增高的原因是入磨物料量大于出磨物料量，一般不是因为无节制地加料而造成的，而是因为各个工艺环节不合理，造成出磨物料量减少。出磨物料应是细度合格的产品。如果料床粉碎效果差，必然会造成出磨物料量减少，循环量增多；如果粉碎效果很好，但选粉效率低，也同样会造成出磨物料减少。

立磨主要靠气流带动物料循环。合理的压差可以形成良好的内部循环，使盘上的物料层厚度适宜、稳定，粉磨效率高。在磨机运行时，除了磨机电流、料层厚度、振动幅度等参数，压差更能反映磨内循环负荷的状况。影响磨机压差的因素很多，如喂料量、系统风量、研磨压力、选粉机转速等。凡是影响磨机平稳运行的因素，几乎都可以在压差上反映出来。所以在磨机运行稳定前，这些变量都可能成为磨机操作的调整对象，操作员可根据实际情况作相应调整，直到工况稳定。

虽然压差的影响因素多，但为了简化操作和减少成品质量影响，在磨机正常运转中，主要采取调整喂料量来控制压差，一般不轻易改变研磨压力和选粉机转速这两个变量。研磨压力随产量要求预先设定好，而选粉机转速随产品细度而定。至于系统风量，也不是调节压差的最佳方式，只有在特殊情况下，才同时调整喂料量、系统风量、研磨压力和选粉机转速，使磨机平稳运行。

5. 磨机出口温度的控制

磨机出口温度一般控制在 $100 \sim 105$℃。控制偏高时（>105℃），选粉机电流、主电动机电流和立磨压差都会在正常控制范围之内，而回料量会偏大；反之控制低于 95℃，选粉机电流和主电动机电流都会超出正常控制范围，达到额定电流，影响设备的安全运转，而回料量会偏低。立磨一般喂料量（指台时产量，不含回料量，下同）都超过设计能力，为了保护设备，一般都控制高些，但这样会造成回料量比出口温度控制在 95℃时要大些，所以要找出一个平衡点，既不让选粉机电流一直处于额定电流（防止选粉机跳停），还要使回料量控制在一定的范围内。为了避免磨内温度过高造成密封装置过早老化失效或损坏，主辊的回油温度必须控制在 75℃以下。

6. 磨内喷水的控制

向磨内喷水是使矿渣在磨盘上形成一个稳定料层，使矿渣的刚性和韧性增加，磨内喷水的原则是宁少不多，以料层稳定为主，通常磨盘上矿渣层的水分含量在 15% 左右为最佳。在磨机运转中，如出现压差变大，磨机电流下降，分离器电流上升，料层变薄，出口温度上升，磨辊开始振动时，说明磨盘上物料过干，料层无法保持，应加大磨内喷水。如果压差变小，磨机电流上升，磨辊浮动大，出口温度下降时，说明料层过厚，应降低喷水量，以保证料层稳定来保持磨机的稳定运行。在实际操作中可根据料层厚度、出磨温度及随时观察入磨矿渣水分来调节磨内喷水量以稳定料层，使磨机稳定运行。

7. 成品细度与选粉机转速的控制

影响产品细度的主要因素是选粉机的转速和该处的风速。在选粉机转速不变时，风速越大，产品细度越粗，而风速不变时，选粉机转速越快，产品颗粒在该处获得的离心力越大，能通过的颗粒直径越小，产品细度越细。通常状况下，出磨风量是稳定的，该处的风速也变化不大。因此控制选粉机转速是控制产品细度的主要手段，可以通过手动改变选粉机转速来调节细度。但转速的增加或降低，只能逐步进行，每次增加或减少 1% 的设定值，每次调整间隔至少 15～30min，观察效果之后再决定是否需要继续调整。否则，如频繁调节，可能出现调节量过大，引起内外循环之间的平衡被打破，导致磨机振动加剧甚至振停。

3.3.8.2 异常情况处理

1. 磨机振动

立磨正常运行时是很平稳的，噪声不超过 90dB，但如调整得不好，会引起振动，振幅超标就会自动停车。因此，调试阶段主要遇到的问题就是振动。引起立磨振动的主要原因有：

（1）金属进入

金属进入磨盘会引起立磨振动，为防金属进入，可安装除铁器和金属探测器。

（2）没形成料垫层

磨盘上没有形成料垫层，磨辊和磨盘的衬板直接接触会引起振动。形不成料垫的主要原因有：

①喂料量。立磨的喂料量必须适应立磨的能力，每当喂料量低于立磨的产量，料层会逐渐变薄，当料层薄到一定程度时，在拉紧力和本身自重的作用下，会出现间断的辊盘直接接触撞击的机会，引起振动。

②物料硬度低，易碎性好。在物料易碎性好、硬度低、拉紧力较高的情况下，即使有一定的料层厚度，在瞬间也有可能被压空，从而引起振动。

③挡料圈低。当物料易磨、易碎，挡料环较低，很难保证平稳的料层厚度，因此，物料易磨应适当提高挡料环。

④饱磨振动。磨内物料沉降后几乎把磨辊埋上，称为饱磨。产生饱磨的原因有：喂料量过大，使磨内的循环负荷增大；分离器转速过快，使磨内的循环负荷增加；循环负荷大，使产生的粉料量过多，超过了通过磨内气体的携带能力；磨内通风量不足，系统大量漏风或调整不合适。

2. 吐渣

正常情况下，立磨喷口环的风速较大（50m/s 左右），这个风速既可将物料吹起，又允许夹杂在物料中的金属和大密度的杂石从喷口环处跌落经刮板清出磨外，所以有少量的杂物排出是正常的，这个过程称为吐渣。但如果吐渣量明显增大则需要及时加以调节，稳定工况。造成大量吐渣的原因主要是喷口环处风速过低。而造成喷口环处风速低的主要原因有：

（1）系统通风量失调。由于系统风量低或系统争风等造成入磨风量降低，导致系统通风大幅度下降，喷口环处风速降低，从而造成大量吐渣。

（2）系统漏风严重。虽然风机和气体流量计处风量没有减少，但由于磨机和出磨管道、旋风筒、收尘器等大量漏风，造成喷口环处风速降低，使吐渣严重。

（3）喷口环通风面积过大。这种现象通常发生在物料易磨性差的磨上，由于易磨性差，保持同样的台时能力所选的立磨规格较大，产量没有增加，通风量不需同步增大，但喷口环面积增大了。如果没有及时降低通风面积，则会造成喷口环的风速较低而吐渣较多。

（4）磨内密封装置损坏。磨机的磨盘座与下架体间，三个拉架杆也有上、下两道密封装置，如果这些地方密封损坏，漏风严重，将会影响喷口环的风速，造成吐渣加重。

（5）磨盘与喷口环处的间隙增大。该处间隙一般为 5～8mm，如果用以调整间隙的铁件磨损或脱落，则会使这个间隙增大，热风从这个间隙通过，从而降低喷口环处的风速而造成吐渣量增加。

3. 配料断料

配料断料会造成立磨出口温度过高，引起主风机跳停。操作时，当发现矿渣秤显示的流量异常或监视器中看到了有断料的现象，应立即通知热风炉停机，关闭热风阀，100%打开冷风阀，打开磨内喷水至100%，减慢配料皮带的运转速度使之延长断料入磨的时间，以便降低出口温度<95℃。还可以适当降低主风机转速，以便减小磨内热空气流动速度，减慢温度上升的速度。但幅度不能降得太大，否则会因通风量突然变小造成回料量猛增以致料皮带满料和提升机超负荷堵塞跳道。

4. 喂料量不足

当主电动机、选粉机电流偏低，磨机压差偏低，偶尔会出现主辊压低位的现象，说明喂料量不足，应适当增加喂料量。如果喂料量显示正常，应对喂料计量装置进行检查标定，看是否有问题。若不是计量故障，则注意应是矿渣水分偏高，显示的数量高，实际干基物料少，水分多。特别是刚进厂的矿渣水分有时会很高，特别是下雨天矿渣水分更大。

3.4 球磨和立磨矿渣粉的性能差异

立磨具有占地面积少、噪声小、产量高、可操作性强及集烘干、粉磨、选粉于一身等诸多优点，现在大型水泥企业都优先选用立磨用于粉磨矿渣粉。据资料[14]介绍：在矿渣粉比表面积相同的前提下，采用立磨比球磨可节省电耗50%以上，立磨耐磨材料的消耗比球磨系统低130倍以上，而且立磨采用边烘干、边粉磨的技术，减少了烘干机的设备和土建投资，简化了工艺流程，降低了燃料消耗。但在矿渣粉比表面积相同条件下，立磨矿渣粉活性系数要比球磨矿渣粉低。掺入球磨矿渣粉的矿渣水泥胶砂流动度和活性指数均优于立磨矿渣粉。文献[18]认为，欲使立磨矿渣粉和球磨矿渣二者的强度性能相当，则立磨矿渣粉的比表面积需提高 $100m^2/kg$ 左右。

3.4.1 试样制备与试验方法

熟料取自云南某预分解窑水泥厂；矿渣来自昆明某钢铁厂高炉水淬矿渣，其质量系数为1.60，碱性系数为0.94；石膏取自云南建水石膏矿，各原料的化学成分见表3-41。

表 3-41 原料的化学成分 (%)

原料	烧失量	SiO_2	Al_2O_3	Fe_2O_3	CaO	MgO	SO_3	TiO_2	MnO
矿渣	0.81	35.33	13.67	0.69	37.79	8.10	0.02	1.14	0.79
熟料	0.3	21.63	5.23	3.06	66.71	0.47	0.14	—	—
石膏	22.65	1.23	0.29	0.08	31.76	3.4	39.39	—	—
熟料率值		KH	0.94	SM	2.6	IM	1.7	f-CaO	0.59

立磨矿渣粉取自云南某水泥厂的立磨 (F.L.SOK33-4) 矿渣粉生产线, 选取比表面积分别为 354m²/kg (代号 L350)、400m²/kg (代号 L400)、458m²/kg (代号 L450) 的三种矿渣粉。同时在该生产线原料堆场取同批次矿渣, 用试验室小磨磨细至相同比表面积, 制备球磨矿渣粉, 比表面积分别为 347m²/kg (代号 Q350)、408m²/kg (代号 Q400)、455m²/kg (代号 Q450)。试验用基准水泥 (熟料 95%, 石膏 5%) 用试验室小磨磨制, 比表面积为 360m²/kg, 编号为 C, 其物理性能见表 3-42。矿渣粉按质量百分比分别为 20%、30%、40%、50% 与基准水泥混合后, 用 Y10115 型混样机混合 15min 制成矿渣水泥, 物理性能见表 3-42。

表 3-42 不同矿渣粉对矿渣水泥物理性能的影响

矿渣粉种类	矿渣粉掺量 (%)	代号	标准稠度 (%)	凝结时间 (h:min)		抗折强度 (MPa)		抗压强度 (MPa)	
				初凝	终凝	3d	28d	3d	28d
基准水泥	0	C	23.3	1:31	2:54	6.2	9.4	33.1	66.9
Q350	20	CQ32	24.2	2:08	3:17	5.5	9.3	26.7	61.8
	30	CQ33	24.8	2:25	3:35	4.9	9.5	23.0	58.9
	40	CQ34	24.8	2:28	4:06	4.3	9.7	19.0	55.9
	50	CQ35	25.2	3:01	4:41	3.7	8.6	15.1	50.5
L350	20	CL32	25.0	2:33	4:03	5.4	8.9	25.4	59.3
	30	CL33	25.2	2:37	4:00	4.2	9.1	19.9	53.6
	40	CL34	25.4	2:47	4:10	3.7	8.1	15.6	50.9
	50	CL35	25.8	3:25	4:50	3.0	7.8	12.5	46.0
Q400	20	CQ42	24.2	2:08	3:31	5.7	9.7	27.5	63.0
	30	CQ43	24.4	2:25	3:42	5.1	9.8	23.5	60.0
	40	CQ44	24.6	2:37	4:03	4.2	9.8	18.4	56.9
	50	CQ45	25.2	3:14	5:07	3.7	9.8	15.5	53.2
L400	20	CL42	25.2	2:39	3:55	5.5	9.7	26.2	61.0
	30	CL43	25.4	2:36	4:06	4.6	9.4	21.8	58.3
	40	CL44	25.8	3:05	4:13	4.0	9.3	17.0	54.7
	50	CL45	26.2	3:04	5:01	3.4	9.4	13.2	50.8
Q450	20	CQ52	24.4	2:13	3:33	5.6	9.9	27.2	62.7
	30	CQ53	24.4	2:25	3:46	5.6	10.1	24.0	62.2
	40	CQ54	24.8	2:38	4:18	4.9	10.1	20.2	60.4
	50	CQ55	25.2	2:50	4:40	3.9	9.6	15.4	53.6

续表

矿渣粉种类	矿渣粉掺量（%）	代号	标准稠度（%）	凝结时间（h：min）		抗折强度（MPa）		抗压强度（MPa）	
				初凝	终凝	3d	28d	3d	28d
L450	20	CL52	25.6	2：49	4：17	5.4	9.6	25.7	61.0
	30	CL53	25.8	2：49	4：10	4.7	9.4	21.2	58.1
	40	CL54	26.0	2：46	4：21	4.2	9.4	17.2	56.0
	50	CL55	26.2	3：07	4：38	3.5	9.4	14.3	51.1

比表面积按 GB/T 8074—2008《水泥比表面积测定方法（勃氏法）》进行；水泥标准稠度用水量、凝结时间、安定性按 GB/T 1346—2011《水泥标准稠度用水量、凝结时间、安定性检验方法》进行；水泥胶砂强度按 GB/T 17617—1999《水泥胶砂强度检验方法（ISO）》进行；水泥胶砂流动度按 GB/T 2419—2016《水泥胶砂流动度测定方法》进行；水泥和矿渣粉粒度分布采用珠海欧美克 LS—C（I）型激光粒度分析仪分析测定。

3.4.2 颗粒形貌的差异

矿渣粉的颗粒形貌是决定其微集料效应的重要因素。同时有理由认为，颗粒形貌也会对水泥胶砂流动性产生影响。矿渣粉的颗粒形貌不仅取决于矿渣的结构，而且与其加工技术有关。对矿渣粉颗粒形貌的研究，有助于深化对矿渣粉微集料效应的认识与研究。

分别选择 Q350、L350、Q450 和 L450 试样，用扫描电镜观察，SEM 照片如图 3-60～图 3-65 所示。

可以看出，球磨矿粉和立磨矿渣粉均为不规则的砾石状，较粗颗粒棱角分明（图 3-60、图 3-61），立磨矿渣粉可见少量片状颗粒（图 3-61）。比表面积为 450m²/kg 左右的球磨矿渣粉整体圆形度好于其他样品（图 3-62、图 3-64）。颗粒长短径相近，少见片状、针状颗粒。图 3-64 显示的约 1～5μm 的颗粒，棱角已不明显。表明在球磨机中随粉磨时间的延长，矿渣粉与研磨体、衬板及矿渣粉之间相互研磨，细颗粒边棱易被磨剥，边棱数增加，圆度有增大的趋势。而比表面积为 450m²/kg 左右的立式磨矿渣粉仍可见清晰的棱角（图 3-65）。同一放大倍数下观察，相对较小的颗粒比大颗粒的形状规则，圆度比大颗粒要好（图 3-60～图 3-63）。

图 3-60　Q350 的 SEM 照片　1000×

图 3-61　L350 的 SEM 照片　1000×

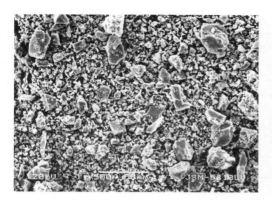

图 3-62 Q450 的 SEM 照片 500×

图 3-63 L450 的 SEM 照片 500×

图 3-64 Q450 的 SEM 照片 5000×

图 3-65 L450 的 SEM 照片 5000×

此外，SEM 照片显示，粒径约 $1\mu m$ 及以下的小颗粒一般都粘附于稍大尺寸颗粒的表面（图 3-60～图 3-65），或小颗粒呈团絮状粘附（图 3-65），这可能是由于静电吸附造成的。

总体来说，球磨矿渣粉和立磨矿渣粉颗粒形貌差别并不十分显著。王昕等[19]用图像分析仪分析球磨和立磨矿渣粉的圆度系数，数据显示，球磨矿渣粉的圆度系数介于 0.68～0.69 之间，立磨矿渣粉的圆度系数介于 0.67～0.68 之间。可见球磨矿渣粉的圆度比立磨矿渣粉稍好一些，但区别并不很大。

3.4.3 颗粒级配的差异

将表 3-42 中的基准水泥和矿渣粉，用珠海欧美克 LS－C（I）型激光粒度分析仪分析测定粒度分布，结果见表 3-43。

表 3-43 显示，比表面积为 $350m^2/kg$ 和 $400m^2/kg$ 左右的样品，球磨机生产的矿渣粉 $21\mu m$ 以下各粒级细颗粒的含量比相同比表面积的立磨产品要多，$21\mu m$ 以上则球磨矿渣粉的粗颗粒含量比相同比表面积的立磨产品要多（累计通过率小）。比表面积 $450m^2/kg$ 左右的样品则以 $13\mu m$ 为分界。

粒度分析仪同时给出了矿渣粉粒度微分分布曲线，为便于比较，将各试样粒度微分分布绘制于同一图上，如图 3-66 所示。可见球磨矿渣粉 $1～5\mu m$ 颗粒含量比相同比表面积的立磨矿渣粉略多；而立磨矿渣粉 $10～40\mu m$ 颗粒含量则明显多于相同比表面积的球磨矿渣粉。

表 3-43　基准水泥和矿渣粉的累计通过率（%）

粒径（μm）＼代号	C	Q350	L350	Q400	L400	Q450	L450
1.00	1.40	2.83	2.78	3.77	2.79	3.58	3.60
2.00	5.46	8.60	7.91	11.50	8.83	11.39	11.26
3.00	11.01	13.50	12.24	19.13	14.03	20.01	17.69
4.00	15.88	17.33	15.83	24.72	18.69	25.97	23.41
5.19	20.72	21.33	19.61	30.13	23.53	31.58	29.09
6.07	23.51	23.62	21.80	33.30	26.35	34.88	32.23
7.09	26.08	26.04	23.75	36.33	29.06	38.09	35.22
8.00	27.92	27.87	25.26	38.49	31.22	40.37	37.55
9.69	30.86	30.86	28.27	41.78	35.24	43.79	41.81
11.33	33.71	33.63	31.56	44.75	39.25	46.84	45.99
13.24	37.23	36.91	35.43	48.30	43.88	50.55	50.91
16.00	42.23	41.55	40.67	53.23	50.26	55.84	57.70
21.14	50.64	49.53	50.09	60.98	60.88	64.24	68.70
24.72	56.15	54.57	56.21	65.55	67.17	69.17	74.94
28.89	62.55	59.99	62.84	70.38	73.63	74.45	81.34
32.00	66.99	63.70	67.35	73.66	77.76	77.98	85.36
39.50	76.10	71.36	76.11	80.03	85.33	84.68	92.39
46.10	82.87	77.20	82.11	84.68	90.00	89.22	96.23
53.90	89.19	82.78	87.45	89.14	93.76	93.32	98.66
63.00	94.62	88.09	92.24	93.31	96.23	96.83	99.79
80.00	98.91	94.91	97.42	97.78	98.10	99.50	99.97

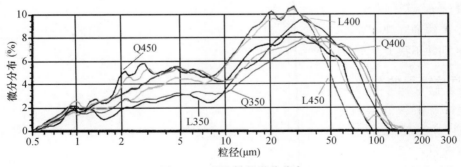

图 3-66　矿渣粉的微分分布

　　由图 3-66 可见，随着矿渣粉的比表面积的增大，立磨矿渣粉的大颗粒含量迅速减少，颗粒分布范围变窄；球磨矿渣粉的比表面积由 350m²/kg 增大到 400m²/kg 时，50μm 以上粗颗粒含量的变化并不明显，比表面积增大至 450m²/kg 时粗颗粒含量减少，颗粒分布范围变窄。同时，随着比表面积增大，球磨矿渣粉的最可几粒径逐渐减小，而立磨矿渣粉最可几粒径的变化则不如球磨矿渣粉明显。

通常粉体颗粒群的粒度分布常用 Rosin－Rammler－Bennett（RRB）分布来表达：

$$R_{(d)} = 100e^{-(\frac{d}{d_e})^n} \tag{3-7}$$

式中　$R_{(d)}$——筛孔为 d 的累计筛余量（%）；

　　　d_e——筛余为 $100/e$ 时的粒径，称为特征粒径或当量粒径（μm）；

　　　d——筛孔尺寸（μm）；

　　　n——指数，称为均匀性系数。

对方程（3-7）取二次对数便得一直线方程：

$$\ln\ln\frac{100}{R_{(d)}} = n\ln d - n\ln d_e \tag{3-8}$$

当 $d = d_e$ 时，

$$R_{(d)} = \frac{100}{e} = 36.8\% \tag{3-9}$$

由式（3-8）可知，任一筛孔尺寸 d 的筛余量与特征粒径 d_e 和均匀性系数 n 有关。d_e 是筛余为 $100/e$（即 36.8%）时的粒径，称为特征粒径或当量粒径。d_e 越小，表明颗粒越细；反之则越粗。n 值为曲线直线化后的斜率，称为均匀性系数，n 值越大，粉体颗粒分布范围越窄，颗粒分布越均匀；反之，n 值越小，颗粒分布范围越宽，颗粒分布越不均匀。

为了描述不同矿渣粉的粒度分布情况，在 $\ln d - \ln\ln(100/R)$ 坐标系中，用 Origin 软件对表 3-43 数据进行 RRB 拟合，如图 3-67 所示，拟合参数列于表 3-44。从 RRB 分布图来看，无论球磨矿渣粉还是立磨矿渣粉，粒度分布均符合 RRB 分布，相关系数接近于 1（表 3-44），可用 RRB 模型对其粒度分布进行评价。

对物料粒度分布的原始数据进行处理和分析，可得出一些具有代表性的颗粒粒径来表征整个颗粒群的粗细程度，如 d_{10}、d_{50}（中位径）、d_{90} 和 d_e 等，分别对应于累计通过量为 10%、50%、90%、36.8% 时的粒径。激光粒度分析仪一般都直接给出了 d_{10}、d_{50}、d_{90} 等参数，通过 RRB 拟合可得 d_e。基准水泥和矿渣粉粒度分布的特征粒径见表 3-44。

由表 3-44 可以看出，随比表面积的增大，矿渣粉中位径 d_{50} 和特征粒径 d_e 变小，细颗粒含量增加；比表面积相同时，立磨和球磨生产的矿粉 d_{50} 基本一致，d_e 也比较接近，反映出这两个参数能较好地表征矿渣粉的粗细程度。中位径 d_{50} 与比表面积有较好的相关性，能较好地表征粉体的粗细程度。d_{50} 越小，则比表面积越大，粉体越细。由 RRB 拟合得到的特征粒径 d_e 与比表面积也有较好的相关性，d_e 越小，则比表面积越大，粉体越细。

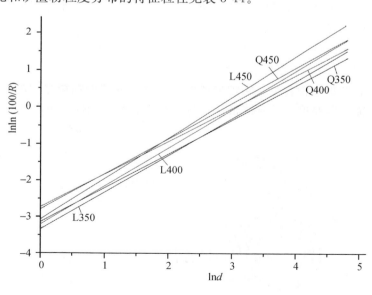

图 3-67　矿渣粉 RRB 分布

表 3-44 基准水泥和矿渣粉粒度分布的特征参数

	编号 参数	C	Q350	L350	Q400	L400	Q450	L450
	d_{10}	2.81	2.25	2.48	1.84	2.22	1.86	1.82
	d_{25}	6.61	6.63	7.85	4.05	5.63	3.82	4.29
	d_{50}	20.73	21.64	21.09	14.18	15.88	12.97	12.89
	d_{75}	38.50	43.43	38.38	33.44	29.89	29.35	24.75
	d_{90}	55.06	67.11	58.38	55.60	46.13	47.50	36.48
	d_{97}	69.77	88.35	78.02	75.89	67.72	63.76	48.15
RRB 拟合 参数	均匀性系数 n	1.1166	0.9299	1.0088	0.8963	1.0499	0.9594	1.1130
	特征粒径 d_e	25.18	28.82	26.93	20.62	20.98	18.05	15.67
	相关系数 R	0.9859	0.9924	0.9950	0.9876	0.9958	0.9870	0.9921

由矿渣粉 RRB 分布图（图 3-67）和表 3-44 所列数据可以看出，随着比表面积增大，立磨矿渣粉均匀性系数 n 增大，颗粒分布范围变窄，颗粒分布趋于均匀；球磨矿渣粉也有类似的趋势，但变化趋势和幅度不如立磨矿渣粉明显。

总之，在矿渣粉比表面积相同的条件下，球磨矿渣粉的颗粒分布较宽，微粉含量相对较高；立磨矿渣粉颗粒分布相对较窄，微粉含量相对较少。

3.4.4 水泥需水量的差异

水泥与水拌合后，水首先要充满颗粒之间的空隙，并将颗粒润湿，包围在其表面形成一层水膜，使颗粒之间容易产生相对滑动，使砂浆有足够的流动性。

图 3-68 是用二维方式表示的充填于颗粒之间三角空隙区内的水以及包围于水泥颗粒表面的水膜。1985 年德国水泥工业研究所发表的一个试验报告指出，若假设水泥颗粒为圆球形，不考虑表面不光滑特性和早期反应活性，根据标准稠度用水量和勃氏比表面积计算的颗粒表面的水膜厚度平均为 $0.22\mu m$。试验还得出，一般颗粒越大为获得足够流动性所需的水膜厚度也越大。颗粒分布越窄，RRB 均匀性系数 n 值越大所需水膜厚度越大。水泥 n 值由 0.7 增大到 1.20，则水膜厚度由 $0.11\mu m$ 增大到 $0.36\mu m$，用水量也相应增大。因此调整水泥颗粒分布、增加细粉含量、实现最佳堆积密度，可减少颗粒之间的三角空隙区，减少填充水，降低所需水膜厚度，达到降低用水量、提高砂浆流动性、提高混凝土强度和密实性的目的[20]。

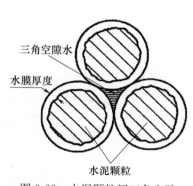

图 3-68 水泥颗粒间三角空隙水及颗粒外围的水膜厚度

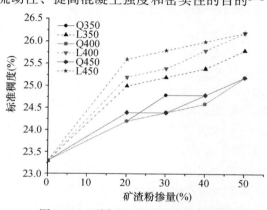

图 3-69 不同矿渣粉掺量对水泥标准稠度用水量的影响

水泥的需水量可用标准稠度用水量表示，将表 3-42 的数据整理后，不难得到如图 3-69 所示的不同矿渣粉掺量对水泥标准稠度用水量的影响。可见，球磨矿渣粉所配制的矿渣水泥的标准稠度明显低于立磨矿渣粉所配制的矿渣水泥。

矿渣粉的掺入，水泥标准稠度用水量均有不同程度的增加。掺入 20% 矿渣粉，特别是立磨矿渣粉，水泥标准稠度用水量即有明显增加，此后随矿渣粉掺量的继续增加，增幅变小。可以发现，标准稠度用水量与矿渣粉均匀性系数 n 的变化规律相同。矿渣粉掺量相同时，立磨矿渣粉随比表面积增大，均匀性系数 n 增大，所配制的水泥标准稠度用水量增大；而对球磨矿渣粉而言，比表面积为 $350m^2/kg$ 和 $450m^2/kg$ 的球磨矿渣粉均匀性系数 n 相近，在各掺量下用水量基本相当，$400m^2/kg$ 的矿渣粉均匀性系数 n 最小，粒度分布范围宽，其标准稠度用水量也最小。

立磨矿渣粉的均匀性系数 n 均比球磨矿渣粉大，所配制的矿渣水泥标准稠度用水量均比球磨矿渣粉大。甚至比表面积为 $350m^2/kg$ 的立磨矿渣粉标准稠度用水量也比 $450m^2/kg$ 球磨矿渣粉大。当然，颗粒的形貌也可能对需水量产生影响，中国建筑材料科学研究院就水泥颗粒形貌对水泥性能的影响研究表明[21]，水泥颗粒圆度系数由 0.65 提高到 0.73 时，水泥需水量减少，水泥胶砂流动度增大 25%，相同流动度下，W/C 可减少 8%。立磨矿渣粉的球形度不如球磨矿渣粉，也可能是造成需水量增大的原因之一。

3.4.5 水泥凝结时间的差异

水泥浆体的凝结时间，对于建筑工程的施工具有十分重要的意义。若初凝时间太短，往往来不及进行施工，水泥浆体就已变硬，过长则容易造成混凝土的离析与泌水；而终凝时间若太长，一定时间内不能产生足够的强度，则影响施工的进度。因此，应有足够的时间来保证混凝土砂浆的搅拌、输送、浇注、成型等操作的顺利完成。同时又尽可能加快脱模及施工进度，以保证工程的进展要求。

水泥凝结时间长短主要取决于两个因素：一是水化产物的多少，水化产物越多，越容易相互搭接形成结构，则凝结时间越短；二是颗粒之间的空隙，空隙越大，标准稠度用水量越大，需要更多的水化产物来相互搭接形成一定的结构，凝结时间就越长。

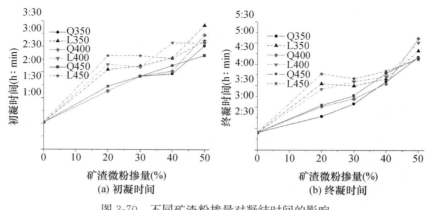

图 3-70 不同矿渣粉掺量对凝结时间的影响

不同矿渣粉对水泥凝结时间的影响如图 3-70 所示。可见，水泥掺入矿渣粉后，初凝时间和终凝时间均明显延长。凝结时间随矿渣粉掺入量变化的趋势与标准稠度用水量的变化趋势十分相似，掺入 20% 的矿渣粉，凝结时间明显延长，特别是掺入立磨矿渣粉后初凝时间延长了 68%~85%，此后随矿渣粉掺量的继续增加，增幅变小。同一比表面积的立磨矿渣粉掺量由 20% 增加至 40%，初凝和终凝时间几乎不变；球磨矿渣粉随掺量的增加，凝结时间则基本呈线性增加。

在矿渣粉掺量相同的情况下，通常掺立磨矿渣粉水泥的凝结时间比掺球磨矿渣粉长。

3.4.6 水泥强度的差异

将表 3-42 中的不同比表面积的球磨矿渣粉和立磨矿渣粉的掺量对水泥强度的影响数据绘制成图，如图 3-71~图 3-73 所示。

由图 3-71~图 3-73 可见，在矿渣粉比表面积和掺量相同的条件下，掺立磨矿渣粉的水泥所有龄期的抗折强度、抗压强度均比掺球磨矿渣粉的水泥低。其中，比表面积为 350m²/kg、450m²/kg 的立磨矿粉 28d 抗压强度比相同比表面积的球磨矿渣粉低 4~5MPa。

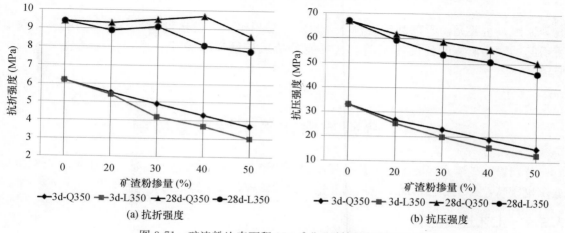

(a) 抗折强度　　　　　　　　　(b) 抗压强度

图 3-71　矿渣粉比表面积 350m²/kg 时掺量与强度关系

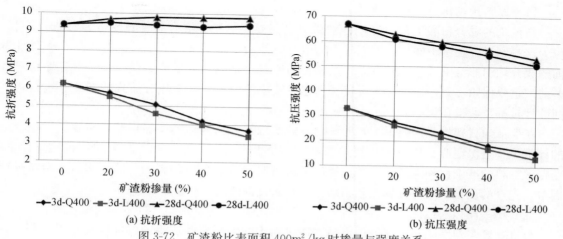

(a) 抗折强度　　　　　　　　　(b) 抗压强度

图 3-72　矿渣粉比表面积 400m²/kg 时掺量与强度关系

综上所述，球磨矿渣粉与立磨矿渣粉相比，在比表面积和矿渣掺量相同的情况下，球磨矿渣粉所配制的水泥的需水量较立磨矿渣粉低、水泥凝结时间较短、各龄期强度较高。

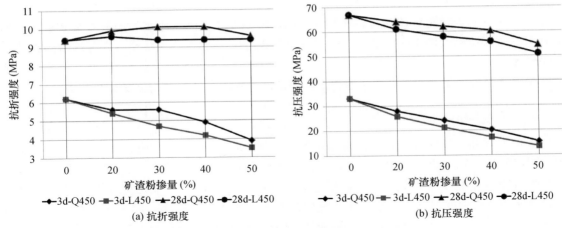

(a) 抗折强度　　　　　　　　　　　　(b) 抗压强度

图 3-73　矿渣粉比表面积 450m²/kg 时掺量与强度关系

究其原因，主要是由于球磨矿渣粉与立磨矿渣粉相比，微粉含量较多，颗粒级配分布较宽所引起。微粉矿渣的活性特别高，这可能是造成球磨矿渣粉比立磨矿渣粉活性高的根本原因。

3.5　分别粉磨矿渣水泥质量控制

分别粉磨矿渣水泥的生产工艺过程比混合粉磨复杂，技术要求高，对员工的技术和素质要求也较高，必须加强产品质量控制和生产过程管理，以免造成质量事故。

3.5.1　工艺过程控制

王学敏等[22]对搞好分别粉磨工艺过程控制，提出了如下几点建议：

（1）原料预均化与计量准确

与传统的混合粉磨工艺一样，分别粉磨也需要将熟料、混合材、石膏等原料进行均化，因为这些原料存在由不同生产厂家或不同生产时间所带来的成分波动，因此这些在入磨计量前的成分均匀非常重要。这样就需要足够大的原材料堆场和计量前的储库，是保证原材料入磨前的重要保障。有些厂为减少投资费用建设较小的原料堆场或用开放式的漏斗仓进行入磨前的计量都是非常错误的。

在保证原材料均化的情况下，计量设备的准确率和高效运转率显得非常重要。选用合适的计量设备是保证产品质量的重要手段，尤其是生产过程中，复杂工况下的物料动态计量，要保证物料的准确性和连续性。在选择计量设备时应综合分析物料的粒度、水分、给料量等因素，先进的设备必须与现场工艺相结合，并非设备越先进计量越准确。

（2）比表面积的达标

分别粉磨与混磨工艺相比的优点是，通过对不同物料粉磨成不同的细度和比表面积，来实现不同物料性能的充分发挥和各种能耗的最低投入。各种物料的细度和比表面积低于标准，会影响产品质量；高于标准会增加能耗，从而增加生产成本。物料比表面积要结合物料易磨性、单位产品电耗、当地电价、最终产品质量等因素来确定。

（3）混料设备节能高效

水泥混料机是分别粉磨工艺中的关键设备，它对分别粉磨后的水泥质量至关重要。目前尚有不少厂家漠视混料机的价值，认为有无混料机作用不大，分别粉磨后的各物料经过输送和提升设备后会自然均匀，殊不知没有混料机的做法不仅不能多掺混合材，而且极容易造成质量事故。在水泥生产中混料机虽不是主机设备，但均化效果与水泥质量息息相关。

分别粉磨中的主要混料设备是机械混料机，在《水泥产品生产许可证验收细则》中明确规定粉磨工艺的水泥生产企业必须有双轴的机械搅拌机。目前市场主要有单轴、双轴的机械混合机，还有气力与机械复合式双轴混料机。

混料机在分别粉磨工艺中的安装位置也非常重要。它不是随便安装在粉磨后的某一区段，在以往有些厂把混料机安装在包装仓之前而省去入库均化的程序是非常危险的。

通常的做法是把混料机装在熟料磨或混合材磨的磨尾，这样出磨的物料会在第一时间进行混合搅拌，当然两磨不在一起可在主磨附近安装辅料储罐，该辅料通过计量后与主料一起进入混料机，通过混合的合格成品再进入成品储库，如果分别粉磨后的物料不能在交汇后第一时间进行充分混合，很可能出现类似于"泾渭分明"一样的一种混合物料，即混合物料的颗粒在微观意义上不均匀，从而影响成品的质量。

（4）均化储库是出厂前的最后一道保证

同混合粉磨一样，出厂前的均化储库是保证质量的重要一环，之前存在的不足可通过库内均化或多库间搭配来弥补或加强，因此忽视均化库的作用是非常错误的，在生产中应坚决杜绝单库包装，散装水泥应杜绝未进行均化的库侧包装。

（5）严格管理不容懈怠

严格的生产管理是质量保证的根本，分别粉磨的每个环节都离不开严格的生产管理，从原料进厂、均化、配料、粉磨、混合再均化的每一环节，如疏于管理，都可能造成质量事故，给企业社会带来不应有的经济损失。

3.5.2 生产控制指标

（1）细度和比表面积

矿渣粉比表面积的控制指标，应根据矿渣的活性大小、矿渣掺量多少、产品质量要求、粉磨工艺流程与设备，以及电耗和电价等因素综合考虑决定。球磨系统通常控制矿渣比表面积在 $370\sim420m^2/kg$。立磨系统通常控制矿渣比表面积在 $400\sim450m^2/kg$。生产控制时矿渣粉只需控制比表面积而不必控制筛余。

通常控制比表面积比控制筛余量准确和科学，但熟料粉中经常掺有石膏、石灰石或沸石均，由于石膏、石灰石、沸石粉磨时比表面积均较高，如果控制熟料粉的比表面积，由于沸石、石膏和石灰石掺量、水分等因素的变化，会引起熟料粉比表面积较大的变化，因此通常熟料粉不控制比表面积，只控制筛余量。通常开路球磨机的熟料粉控制 0.08mm 筛筛余量小于 7%，闭路球磨机熟料粉控制 0.08mm 筛筛余量小于 2%。采用高效选粉机时，由于熟料粉中大颗粒很少，熟料粉的剩余量可以控制得更低一些，或改用 0.045mm 的标准筛控制。

（2）入磨矿渣水分

对于球磨粉磨系统，入磨矿渣水分存在一个最佳值，其大小与磨机尺寸、隔仓板孔隙率、磨机通风情况和研磨体平均球径、第一仓填充率大小等因素有关。通常矿渣水分宜控制在 1%～3% 之间，最佳值应根据各厂具体情况通过生产实践确定（通常在 1.5%～2.0%）。水分过低（小于 1%），物料流速过快，磨机产量和矿渣粉比表面积都难以提高。水分过高（大于 3%），在磨机一仓平均球径和填充率较小时，就有可能造成磨机一仓饱磨，甚至磨机出现堵塞、磨头反料从而影响生产。

对于球磨系统，入磨矿渣水分的高低往往决定了矿渣磨机的产量和出磨矿渣的比表面积大小。要想同时得到较高磨机产量和较好的矿渣比表面积，首先必须稳定矿渣水分，使矿渣水分达到最佳值。因此，必须在矿渣磨磨头安装一个备用水龙头，以便在矿渣较干时淋水加湿，以稳定矿渣水分。

对于立磨系统，虽然矿渣水分大小对矿渣粉比表面积以及磨机产量的影响没有那么显著，但也会影响到生产工艺参数的稳定，以及烘干的热耗，因此刚进厂的矿渣由于水分往往很大（有时大于 30%），应该堆放几天空出水分后，再用于生产。保持入磨矿渣水分的稳定，是稳定生产各工艺参数的前提。

（3）矿渣掺量及其测定方法

分别粉磨矿渣水泥中的矿渣掺量可在很大范围内变化（30%～70%），除 3d 强度外，对水泥 7d 和 28d 强度影响不大，通常掺量控制在 50%～60%。

分别粉磨矿渣水泥中的矿渣掺量的测定方法，可按 GB/T 12960—2007《水泥组分的定量测定》国家标准进行。但此方法测定速度较慢，不便用于日常生产控制，只能用于出厂水泥的检验。日常矿渣掺量的控制可用以下的简便方法进行。

控制组每 1h 测定一次熟料磨和综合水泥样（熟料粉和矿渣粉混合后的水泥样）的三氧化硫含量。即可按式（3-10）计算矿渣掺量：

$$矿渣掺量 = \frac{熟料粉\ SO_3 - 水泥\ SO_3}{熟料粉\ SO_3 - 矿渣\ SO_3} \times 100\% \qquad (3\text{-}10)$$

有时为了降低水泥成本，在熟料磨中还加少量石灰石或沸石之类的混合材；或者由于磨机不配套，矿渣磨能力不足，在熟料磨中有时也加有少量的矿渣以提高水泥中矿渣掺量。此时混合材的总掺量可用式（3-11）计算：

$$Y = \frac{S_1 - S}{S_1 - S_2}(100 - X) + X \qquad (3\text{-}11)$$

式中　Y——水泥中混合材总掺量（%）；

　　　S——水泥中 SO_3 含量（%）；

　　　S_1——熟料粉中 SO_3 含量（%）；

　　　S_2——矿渣粉中 SO_3 含量（%）；

　　　X——熟料磨中混合材掺量（%）。

矿渣粉 SO_3 含量变化不大，通过测定几次后，取其平均值即可固定不变，每次代入计算即可。为了提高测定准确度，样品必须连续取样。连续取样所得样品取回后必须用 0.2mm 筛子过筛几遍以期达到充分均化。熟料磨中的混合材掺量经磨头标定后取其平均值即可当作常数代入计算。

（4）石膏及水泥 SO_3 含量

石膏对分别粉磨矿渣水泥性能有较大的影响，在前面章节中已作了基本的介绍。石膏可以使用天然二水石膏，也可使用天然硬石膏。为了提高水泥的性能，石膏中的三氧化硫含量应大于 35%。

分别粉磨矿渣水泥中，通常存在一个最佳石膏掺量，而且影响因素较多，如石膏品位、矿渣掺量、熟料成分、矿渣成分等，一般需要通过试验来确定。但在大多数情况下，提高分别粉磨矿渣水泥中的石膏掺量，往往有利于提高水泥的强度，所以三氧化硫含量通常都是偏高控制，一般控制在 2.5%～3.5% 之间。

当使用工业副产石膏，如脱硫石膏、磷石膏、氟石膏等时，应特别注意这些石膏对水泥性能的影响。

湿法脱硫石膏对水泥性能影响不是很大，但干法脱硫石膏由于存在大量游离石灰等有害物质，不可直接使用，否则会对水泥性能产生巨大的影响。使用湿法脱硫石膏的最大问题是脱硫石膏中水分太大。与熟料一起粉磨，由于水分太大会加速熟料的风化，降低熟料的强度，有时还会堵塞管道等设备，所以一定要控制入磨脱硫石膏的水分，不可过高。

在分别粉磨工艺中，石膏是与熟料一起混合粉磨的，矿渣单独粉磨，而且矿渣掺量又高，所以熟料石膏粉中的石膏含量一般可达 10%～18%。为了使入熟料磨物料的综合水分小于1%，相对应脱硫石膏的含水量就应小于 10%～5.5%，所以，通常都要求对脱硫石膏进行烘干。烘干脱硫石膏要特别注意温度不可过高，因为脱硫石膏温度超过 80℃ 就容易脱水成半水石膏，对水泥的需水量、流动度、凝结时间等会造成很大的影响。

由于磷石膏中含有磷、氟、选矿剂、硫酸等有害物质，会使水泥的凝结时间延长，特别是新鲜（刚从生产线出来）磷石膏影响更大，应特别注意。所以应使用在磷石膏堆场天然堆存 1 年以上的磷石膏，或者经过改性的磷石膏。

氟石膏虽然含水量较少，但常常含有半水石膏，对水泥的凝结时间和需水量有较大影响。常常使水泥的凝结时间变得不正常，需水量增大，水泥与外加剂的相容性变差。严重时，会造成混凝土几天不凝固，没有强度。所以，氟石膏进厂后应在堆场堆放一段时间，让半水石膏水化成二水石膏后再使用。

（5）水泥包装袋长度

由于分别粉磨矿渣水泥中矿渣掺量的增加，水泥的密度和堆积密度都有不同程度的下降。所以，水泥包装袋的长度应比原水泥袋长 2～3cm，以保证水泥的袋重合格率。

3.5.3　异常情况处理

3.5.3.1　水泥颜色发白

分别粉磨矿渣水泥，由于矿渣掺量较高，水泥在还未加水使用前，通常颜色较淡（与普通水泥相比）。但是，水泥加水使用后，随着养护龄期的增长，水泥石的颜色将不断加深，最终变成墨绿色，与普通水泥或硅酸盐水泥相比，其颜色不但要深些，而且还要美观些。

但是，也有许多用户反映水泥使用后，颜色比较淡，通常是使用在粉刷墙壁之类的工程中。发生此现象主要是由于水泥在使用后，养护不好，迅速脱水造成。施工时墙体浇水不足，施工后又不浇水养护，造成水泥石早期缺水干养，这便会造成水泥石颜色发白。有时在同一墙上，某些部位水分较多，而某些部位水分又较少，这将会造成墙面颜色深浅不一，即所谓的"花脸"现象。要克服上述现象，关键是在水泥石养护期间，注意防止脱水，加强浇水养护即可。

3.5.3.2　水泥质量事故

采用分别粉磨生产矿渣水泥，虽然极少发生水泥质量事故，但也不能排除出现水泥质量事故的可能。发生水泥质量事故，主要有以下几个原因：

（1）矿渣比表面积波动太大，造成水泥强度波动很大，此时水泥如无多库搭配或均化措施，由于化验室取的是平均样，就有可能出现少数几包水泥强度特别低，达不到质量要求，从而出现质量事故。

（2）熟料粉断料，特别是采用库底混合时，由于熟料粉库结拱造成断料，如配料秤没有报警装置又不能自动停机，就有可能造成水泥中全是矿渣而无熟料，或者熟料粉很少，从而造成质量事故。

（3）水泥包装混乱，用 42.5 等级的袋子包装 32.5 等级的水泥，或用普通水泥的袋子包装矿渣水泥，使用户将 32.5 等级水泥当成了 42.5 等级水泥使用，或将矿渣水泥当成普通水泥用，从而造成混凝土达不到设计强度等级，出现质量事故。

3.5.3.3　水泥强度低

分别粉磨矿渣水泥的强度，主要取决于矿渣粉的比表面积，其次才是熟料强度和熟料掺量。如发现水泥的强度不高，首先应提高矿渣粉的比表面积。只要矿渣粉比表面积达到要求，即使熟料强度不高，也可生产出高强度等级的矿渣水泥。比如熟料 28d 抗压强度只有46MPa，只要矿渣粉比表面积能达到 $400m^2/kg$ 以上，即使矿渣掺量高达 60%，所生产的矿渣水泥的 28d 强度仍可达到 47MPa 以上，水泥的强度可高于熟料的强度。

其次，分别粉磨矿渣水泥的强度还与矿渣的活性有关，矿渣活性好坏对矿渣水泥强度影响很大。矿渣活性主要受矿渣成分和水淬质量的影响，不同厂家的矿渣，相同厂家不同高炉的矿渣，相同高炉而不同时段的矿渣，其活性大小有时也会有很大的区别。所以，进厂矿渣需要进行均化，以免影响水泥的质量或造成水泥质量的波动。

3.5.3.4　用户反映混凝土脱模时间长

分别粉磨矿渣水泥与普通硅酸盐水泥相比，在性能上有一定的区别。矿渣水泥早期强度较低，但后期强度较高，相反普通水泥早期强度较高，而后期强度较低。而且温度对矿渣水泥的早期强度影响较大，在低温施工时，矿渣水泥早期强度降低的幅度比普通水泥大。厂家在刚转产分别粉磨的矿渣水泥后，用户在使用时就有可能会反映水泥凝结时间长，脱模时间延长等缺点。特别是冬季气温较低时，反映更加强烈。如何提高分别粉磨矿渣水泥的早期强度，主要有以下几条措施：

（1）提高矿渣粉的比表面积

提高矿渣粉的比表面积，可显著提高水泥的早期强度和后期强度。

（2）调整石膏掺量

适宜石膏掺量可显著提高分别粉磨矿渣水泥的强度，一般情况下提高石膏掺量均可提高水泥的早期强度。分别粉磨矿渣水泥通常后期强度都很高，因此欲提高水泥的早期强度，通常可提高石膏的掺量。一般宜控制水泥中的三氧化硫含量在 2.5%～3.5% 之间，但也有个别厂家例外，不过使用高品位的石膏对水泥的强度都将有利。

（3）使用高活性矿渣

矿渣的活性大小对水泥的早期强度也有较大的影响，矿渣质量系数越高，水泥早期强度也越高。矿渣玻璃体含量越高，水泥强度也越好。应彻底筛除矿渣中的黑大块，尽量采用质量系数大于 1.6 的高活性矿渣，控制矿渣中氧化锰含量不大于 1%。

（4）适当提高熟料掺量

在矿渣比表面积较大时，熟料掺量多少对分别粉磨矿渣水泥的后期强度影响不大，对水泥早期强度稍有影响，但在矿渣比表面积不大时，熟料掺量对水泥的早期强度有较大的影响。分别粉磨矿渣水泥中熟料掺量越多，早期强度越高。欲提高水泥的早期强度，应先采用前三条措施，最后才考虑降低矿渣掺量，提高熟料掺量。通常可将矿渣掺量控制在 50%～60% 之间。

3.5.3.5 一切正常的水泥强度低

有极个别厂家，有时会发生一切情况正常，水泥强度却很低，甚至出不了厂的奇怪现象。矿渣比表面积很高，熟料强度也很高，水泥三氧化硫含量正常，水泥细度也合适，似乎什么都正常，就是水泥强度不高。此时，不妨仔细检查一下矿渣比表面积测定是否有错，U 形管中的水位是否过高，仪器常数标定是否正确。在生产实践中，作者已发现有两个厂家由于矿渣比表面积测定结果高于实际值，造成生产时矿渣实际比表面积很低，而严重影响水泥的强度，以至水泥不能出厂。

3.5.3.6 矿渣比表面积低

有些厂家为了省钱或图省事，球磨机生产矿渣粉时不按要求进行磨机改造，不采用小研磨体，而是利用原来混合粉磨普通水泥时的大研磨体以及原来研磨体级配粉磨矿渣粉，造成矿渣粉磨细度过粗、产量低，矿渣比表面积无法达到要求，也严重影响了水泥强度。因此，必须按要求使用小研磨体和进行磨机改造。此外，矿渣粉比表面积低还有如下几个原因：

（1）球磨机研磨体串仓、漏锻

对于粉磨矿渣的球磨机，由于采用了小研磨体，原有隔仓板和算板的算缝一般都过大，因此本技术通常要求更换隔仓板和算板。而部分厂家为了省钱或省事，不更换隔仓板和算板，而是在原有的隔仓板和算板上加焊。由于加焊时焊缝极不规则，有的大有的小，或者隔仓板中心孔与隔仓板之间有漏缝以及每块隔仓板之间有漏缝等，都会造成研磨体串仓或研磨体从磨内掉出，给生产带来极大麻烦。

球磨机在生产过程中，如发现矿渣粉磨比表面积变小，同时磨机电流下降，磨头内螺旋中空轴内有球锻响声，就应考虑研磨体是否串仓。

对于三仓磨也经常发现第三仓的研磨体串至第二仓，造成第二仓填充率太高第三仓过低，从而影响产量和矿渣比表面积。如果没有其他什么原因，而比表面积却下降较多，不妨打开磨门检查一下有否串仓。

相反，有些厂家球磨机隔仓板或算板的算缝焊得太小，几乎全部焊死，使得物料很难通过，从而影响磨机产量。在生产过程中，如发现喂料量小但矿渣比表面积很大，而喂料量稍大时就出现饱磨，就应考虑隔仓板算缝是否焊得太小或算缝被小铁渣堵塞。

（2）物料太干或磨尾喷水太少

球磨机生产矿渣粉时，矿渣水分对矿渣比表面积的影响很大，水分太大，容易发生堵塞、糊磨，而水分太少，会使矿渣粉流动性增大，使矿渣在磨内的停留时间变短，从而使矿渣粉比表面积下降。

（3）风速过快

球磨机粉磨矿渣粉时，磨内风速应控制在一定范围内，风速太快，会使矿渣粉在磨内的停留时间缩短，从而影响矿渣粉的比表面积。通常是通过磨尾收尘器风机的转速，来控制球磨机内的通风量和风速。由于从磨尾喷入的雾化水汽化后，会产生大量的水蒸气，会使风速加大，所以适宜的收尘器风机转速，通常是使磨头出现微负压，不往外冒灰，但也不能让太多空气进入磨内。否则，由于水蒸气和磨头进入的空气的叠加，往往会使磨机三仓的实际风速过大，从而使矿渣比表面积变小。

3.5.3.7 矿渣球磨机产量低

矿渣球磨机产量低，主要有以下几个原因：

（1）研磨体装载量小

对于球磨机而言，研磨体装载量越高，磨机产量越高。由于矿渣球磨机使用的是小研磨体，对磨机的冲击力减少，因此矿渣球磨机通常可以采用较高的填充率。但，球磨机填充率增大，通常会增大磨机电机的电流，因此通常使用进相机以降低磨机的电流。有些厂家由于没有进相机而使磨机填充率提不高，从而影响了磨机产量。

（2）矿渣水分过大

也有部分厂家，由于矿渣水分偏大（大于2.0%），再加上磨机一仓又淋水冷却，一仓内磨温较低，水分难以蒸发，经常发生一仓饱磨，磨头经常出现吐料。虽然出磨矿渣粉的比表面积很高，但一仓由于饱磨喂不进去料，造成产量低。此时，应该控制入磨矿渣的水分，同时增大一仓的平均球径，缓解一仓的饱磨，从而提高磨机产量。

（3）磨机操作不当

磨工操作矿渣球磨机应有高度的责任心，时时观察入磨矿渣的颗粒、水分的变化，及时调整磨机的喂料量、通风量和磨尾的喷水量。尽量不让磨机出现饱磨、空磨等不正常现象，维持磨机的平稳运行。在磨机的运行过程中，如果长时间出现饱磨或空磨，必然会影响到磨机的产量，使磨机产量下降。

（4）矿渣易磨性差

矿渣易磨性对磨机产量有较大的影响，矿渣易磨性差，会使磨机产量明显下降。

（5）研磨体级配不合理

球磨机的研磨体级配好坏，对磨机产量有很大的影响。研磨体级配不好，特别是三个仓填充率设计不好，会使磨机各仓研磨能力不平衡，致使磨机研磨体研磨能力浪费，从而造成磨机产量下降。

比如，有些厂家为了解决一仓饱磨问题，错误地降低二仓（或三仓）的填充率，以期增加物料流速，造成二仓（或三仓）填充率大大低于一仓。结果由于二仓（或三仓）研磨能力不足，非但产量不高，还造成比表面积降低。遇到这种情况，应提高二仓（或三仓）填充率，使三个仓的填充率相等，并适当提高一仓的平均球径，即可提高磨机的产量。

此外，磨机研磨体串仓、漏锻、研磨体磨损没及时补充造成填充率下降，矿渣比表面积指标定得太高（大于$420m^2/kg$），磨内铁渣子太多等，也会造成磨机产量降低。

3.5.3.8 磨机糊磨堵塞

部分厂家由于矿渣烘干机能力不足或其他管理上的原因，造成矿渣水分过大（大于5%），此时，如果磨机通风不良就极易造成磨机堵塞，影响生产。

解决磨机糊磨堵塞的最好办法是降低矿渣水分，但如果无法办到，则应提高一仓的填充率和平均球径。一仓的填充率可提到41%～42%，二仓和三仓可降到36%～38%。同时提高一仓的平均球径，增加$\phi 80mm$甚至$\phi 90mm$的钢球，剔除$\phi 40mm$甚至$\phi 50mm$的钢球。这样，可以增加一仓研磨体的冲击力，加快物料的流速，以缓解一仓的饱磨现象。

也有部分厂家采用工业副产石膏，水分较高，有时高达12%以上，与熟料一起粉磨时极易造成糊磨，严重影响磨机产量和细度，此时应将石膏烘干或改用天然石膏。

3.5.3.9 矿渣比表面积时大时小

部分厂家对矿渣烘干机水分控制不严或不重视，有时造成矿渣水分过低（小于1.0%），或者由于工艺上的原因造成矿渣时干时湿。当矿渣水分小于 1.0% 时，矿渣磨就极易跑粗，矿渣比表面积显著降低。即使矿渣磨机产量降得再低，矿渣比表面积也达不到要求。严重影响水泥强度和磨机产量。此时应严格控制出烘干机的矿渣的水分（1.5%～2.5%）。此外还必须在矿渣磨头安装一个备用水龙头。在矿渣较干时加水增湿。加水量可按式（3-12）计算：

$$W = \frac{W_1 - W_2}{6} \times T \tag{3-12}$$

式中　W——磨头加水量（kg/min）；

　　　W_1——矿渣实际水分含量（%）；

　　　W_2——矿渣最佳水分含量（%）；

　　　T——磨机台时产量（t/h）。

否则，不但矿渣比表面积达不到要求，影响水泥质量；而且还降低矿渣磨产量。当矿渣磨较空，磨音较大时，矿渣比表面积还达不到要求，此时说明矿渣水分太低，应立即在磨头加水，不必减料，矿渣比表面积即可提高。当然水也不可加得太多，否则容易堵磨。

3.5.3.10　熟料磨包球包锻

入磨熟料温度太高或者磨机胴体不淋水，或者磨机胴体结垢太厚冷却不良，往往会造成磨内温度太高，产生静电，引起包球包锻，使熟料粉细度变粗，磨音发闷，产量下降。此时应尽量降低入磨熟料温度，清除磨机胴体上的结垢，加强磨内通风。如熟料温度无法降低时，可在熟料磨尾喷入少量雾水，可显著降低磨内温度，有效防止包球包锻产生。对于已经产生了包球包锻的磨机，可在磨头加入一部分矿渣进行洗磨，待磨音恢复正常后再恢复生产。也可以在熟料磨使用助磨剂，可有效防止包球包锻，提高磨机产量。熟料磨使用助磨剂后，出磨熟料粉的 0.08mm 筛筛余量会下降，但比表面积也会下降，有可能会使熟料粉的强度降低。

3.5.3.11　球磨机产量渐渐降低

由于矿渣对研磨体的磨损量较大，而且有些厂家又采用不耐磨的普通球锻，使研磨体的磨损更快，如不及时给予补充，就会造成磨机产量降低。通常矿渣球磨机第一仓每隔 5～10d 需要补一次球，每次补加该仓球量的 1%～2%，一般补充最大的钢球。第二仓和第三仓每隔 10～15d 补充一次，一般也是补充最大的钢锻。补球锻时最好先将磨中的物料空干净、量仓并计算出所需的补充球锻量后，再进行补充。待积累足够的经验后，便可按吨熟料和吨矿渣球锻耗以及生产量进行补充。

必须注意：不管哪一种磨机，经过一段时间运转后都应该测定球面的中心净高 H，以检查补球的误差，然后进行适当的调整。运转一定周期后，应当彻底清仓。一方面除去不合格的研磨体及其残骸，另一方面可检查各种规格的研磨体数量，观察是否符合原配球方案，并算出准确的球锻耗。

有时由于第二仓到第三仓的隔仓板堵塞，造成第二仓饱磨，第二仓物料料位升高，料球比失调，第二仓粉磨效率下降，也会降低磨机产量。由于第一仓声音较大，很难判断第二仓是否饱磨，因此应经常停磨打开磨门观察并清除算缝中的小铁渣。

3.5.3.12　熟料磨跑粗

部分厂家熟料磨隔仓板的算缝太大（大于 12mm），一仓和二仓的长度比例失调，一仓过长，二仓过短。一仓长度有时高达 40%（占磨机总长度的百分数）以上，这样就容易造成熟料磨跑粗，产量低。

也有的厂家，隔仓板算缝比磨尾算板的算缝大得多，造成一仓到二仓的物料流速过快，而二仓流速又不快，使得二仓经常出现饱磨，而且容易包锻。一仓磨音很大，二仓磨音很小，通过调整两仓研磨体填充率也见效不大，磨机不仅产量低，而且细度粗。这时，应及时更换隔仓板，减小隔仓板的箅缝（7mm），同时缩短一仓的长度，充分发挥一仓的能力，减小二仓的压力，使两仓趋于平衡，可有效解决熟料跑粗问题。

入磨熟料温度过高，磨内通风不良，磨机胴体无淋水或结垢太厚，造成冷却不良，也会由于磨内温度过高造成包锻，从而引起跑粗。此时，应降低熟料入磨温度，磨尾喷入少量雾化水，同时加强胴体冷却，即可解决问题。

此外，部分厂家采用所谓的"高产磨"（尾仓采用小钢锻的开路4仓球磨）粉磨熟料。由于物料中不再掺矿渣，物料流动速度慢得多，再加上三仓和四仓特别是四仓用的是 $\phi 14mm \times 14mm$、$\phi 12mm \times 12mm$ 左右的小钢锻，物料流速特慢，造成料位升得很高，料锻比太大，锻与锻之间总隔着一层较厚的物料缓冲层，使之无法磨细，从而造成磨机跑粗，降低产量。虽说可降低四仓的料位，但由于物料在四仓粉磨时间过长，产生静电造成包锻，还是照样跑粗。因此三仓和四仓采用小锻时，往往会造成熟料磨产量低，细度粗。熟料磨第三仓最好用 $\phi 30mm \times 35mm$、$\phi 35mm \times 40mm$ 锻各一半，第四仓最好用 $\phi 20mm \times 25mm$、$\phi 25mm \times 30mm$ 锻各一半，然后将一至四仓的填充率调平衡即可解决问题。

3.5.3.13 熟料磨磨头反料、磨尾吐豆

熟料磨一仓、二仓填充率严重失调，一仓填充率大大高于二仓。有的一仓填充率高达40%以上，熟料喂料困难，从磨头漏出，出现反料现象。如果此时隔仓板箅缝又偏大，二仓填充率过低，一仓的大颗粒熟料很容易串至二仓，而二仓又无法将其破碎，便从磨尾吐出，造成磨尾吐豆现象。解决方法是增加二仓填充率，降低一仓填充率，使二仓填充率高于一仓或与一仓相同，必要时再焊小隔仓板箅缝。

3.5.3.14 矿渣磨磨头反料

矿渣含水分过大，造成隔仓板堵塞糊磨，使一仓饱磨，从而造成磨头反料。此外，一仓的填充率过高（大于43%），即使矿渣水分不大，有时也会造成磨头反料。此时，通常表现为矿渣比表面积较高，磨机产量低，喂料困难，一喂多就从磨头反出。此现象往往是由于矿渣水分太大，同时一仓填充率又提得过高造成。

此外，磨头喂料器的下料点伸入磨内太短，特别是采用失重秤喂料时，由于是间歇式喂料，当一大股物料喂在磨头内螺旋时，内螺旋往往输送来不及就会从磨头反料。此时应将磨头喂料器的下料点再往磨内伸入一点即可解决问题。

3.5.3.15 隔仓板箅缝堵塞

隔仓板箅缝堵塞，往往会影响物料流动，影响磨机通风，造成磨机产量下降。隔仓板箅缝堵塞主要有两个原因：一是矿渣中铁渣太多，容易卡在箅缝里，造成箅缝堵塞，这可通过安装除铁装置解决。另一个原因是箅缝形状不合适，箅缝的喇叭口角度太小，容易夹小锻。此时，应加大喇叭口角度（80°～90°为宜），降低喇叭口深度。

此外，隔仓板箅缝采用同心圆排列，可减轻夹锻堵塞现象。隔仓板箅缝铸造表面毛刺太多，有时也容易造成夹锻堵塞。采用不带喇叭口的直通式箅缝，也可减轻隔仓板夹锻堵塞现象。最好采用本书推荐的圆钢并排焊接的隔仓板，可有效避免夹锻堵塞现象的出现。

3.5.3.16 用矿渣磨粉磨熟料后产量下降

矿渣球磨机的研磨体级配不适应于粉磨熟料，部分厂家在熟料磨停机后或其他原因，用

矿渣球磨机粉磨熟料。由于矿渣球磨机破碎能力不足，就会在磨内的二仓和三仓中留有很多熟料粒子研磨不掉，填充在研磨体孔隙中，不仅降低了磨机产量，也影响了产品细度。当此磨机重新粉磨矿渣时，就会发现矿渣粉比表面积大大降低，产量和质量都远不如前。因此，通常要求不得将矿渣球磨用于粉磨熟料，实在必要时，必须将研磨体级配重新调整后才可以粉磨。

参考文献

[1] 徐冕. 温度对熟料、矿渣等易磨性的影响 [J]. 建材工业信息，1987 (3)：3.

[2] 姚丕强. 分别粉磨对矿渣水泥颗粒分布及性能的影响 [J]. 水泥技术，2006 (4)：28-33.

[3] 田力，杨国春. 水泥分别粉磨工艺的技术经济评价 [J]. 新世纪水泥导报，2015 (3)：11-16.

[4] 侯新凯，徐德龙，曹红红，等. 高活性矿渣粉对矿渣水泥性能的效应 [J]. 西安建筑科技大学学报（自然科学版），2006，38 (1)：9-16.

[5] 周胜波，李庚飞，侯新凯，等. 探讨高炉矿渣活性与矿渣水泥强度的关系 [J]. 新世纪水泥导报，2007 (5)：24-26.

[6] 范莲花. 矿渣微粉掺合料对混凝土性能的影响 [D]. 西安：西安建筑科技大学，2007：52-53.

[7] 卫蕊艳. 矿渣微粉对混凝土耐久性的影响 [J]. 新世纪水泥导报，2005 (2)：26-28.

[8] 丁红霞，刘森忠，陈烨，等. 大掺量矿渣粉混凝土抗碳化性能的研究 [J]. 科学技术与工程，2013 (13)：1068-1071.

[9] 林宗寿，杨逸博. 水泥抗裂性能检验方法研究 [J]. 武汉理工大学学报，2016 (7)：1-7.

[10] 林宗寿，杜保辉. 一种水泥起砂性能的检测装置及检测方法，发明专利号：CN201410059030.x，2016 年 9 月 21 日授权。

[11] 杜保辉，林宗寿. 水泥起砂检验方法研究 [J]. 新世纪水泥导报，2014 (4)：20-24.

[12] 林宗寿. 水泥起砂成因与对策 [M]. 北京：中国建材工业出版社，2016.

[13] 李强平，韩显平，王军. LM56.2+2C/S 立磨分别粉磨熟料和矿渣的应用 [J]. 水泥. 2005 (10)：24-26.

[14] 刘锡武，崔宁，陈万法，等. 浅谈立磨矿渣微粉技术 [J]. 科技资讯，2011 (17)：96.

[15] 周剑锋. 浅谈 MLK 矿渣立磨操作经验 [J]. 中国水泥，2009 (7)：59-60.

[16] 郭华琛. CRM5304 立磨操作及磨机参数控制 [J]. 中国水泥，2011 (9)：58-59.

[17] 孙刚. ATOX-50 立磨操作参数控制 [J]. 水泥技术，2011 (6)：93-95.

[18] 赵旭光，李长成，文梓芸，等. 高炉矿渣粉体的颗粒形貌研究 [J]. 建筑材料学报，2005，8 (5)：558-561.

[19] 王昕，白显明，等. 水泥颗粒形貌对其性能影响的研究（上、下）[J]. 水泥. 2003 (3)：34-36，2003 (4)：34-37.

[20] 乔龄山. 水泥的最佳颗粒分布及其评价方法 [J]. 水泥，2001 (8)：2-5.

[21] 姚燕，王文义. 我国水泥标准同国际接轨后改进产品质量的分析 [J]. 建材发展导向，2003 (2)：17-24.

[22] 王学敏，张静麦. 如何保障分别粉磨工艺水泥产品质量 [J]. 2013 中国水泥技术年会暨第十五届全国水泥技术交流大会论文集：236-237

4 矿渣少熟料水泥

所谓少熟料水泥，就是水泥组分中熟料含量相对较少的水泥。矿渣少熟料水泥就是以矿渣为主要组分的少熟料水泥。

矿渣少熟料水泥，因为其组分通常都超出矿渣硅酸盐水泥国家标准规定的范围，因此有别于矿渣硅酸盐水泥。通常，由于少熟料水泥中的熟料含量比较少，混合材含量很高，所以传统的少熟料水泥强度通常都比较低，一般不能用于结构工程。但是，矿渣少熟料水泥由于采取了特殊的粉磨工艺措施，使得其强度得到了提高，达到了正常熟料含量水泥的强度等级，如 32.5、42.5 或 52.5 等级，而且其他性能也能满足通用硅酸盐水泥的标准，因此矿渣少熟料水泥有望用于结构工程。

生产少熟料水泥一般有三种途径：一是降低水泥的强度等级，换得水泥中熟料掺量的减少；二是选择多种活性高、性能互补的混合材并进行优化配合，达到提高混合材掺量、降低水泥中熟料掺量的目的；三是高度激发各种工业废渣的活性，从而大幅度提高其在水泥中的掺量，降低水泥熟料的掺量。

工业废渣活性激发措施通常可分为机械活化、化学活化、热力活化三种方法。考虑到水泥厂的经济效益和水泥生产工艺的简便易行，同时为了避免外加剂对水泥性能的危害和影响，本技术主要从优化水泥粉磨工艺角度出发，通过混合材的选择和配合比的优化，大幅度提高混合材的活性，从而提高水泥的强度，达到生产矿渣少熟料水泥的目标。

分别粉磨矿渣水泥技术，使矿渣水泥中的矿渣掺量得到大幅度增加。所产的矿渣水泥除 3d 强度偏低外，其后期和长期强度都较高，而且水泥的一些性能也得到了明显的改善。目前该技术已经在全国大面积推广，成了矿渣水泥生产的首选技术。那么，还能否进一步提高矿渣掺量，或者说进一步降低熟料掺量呢？关键在于矿渣水泥的 3d 强度，如果能进一步提高矿渣水泥的 3d 强度，就有望进一步降低水泥中的熟料掺量。

作者自 20 世纪 90 年代初期研发成功分别粉磨技术后，经过十几年技术推广服务，逐渐意识到分别粉磨还不是最佳的粉磨方式。矿渣单独粉磨，熟料与石膏（或加石灰石）一起混合粉磨，然后二者再混合成矿渣水泥，虽然矿渣由于单独粉磨，活性得到了提高，但由于矿渣水泥是熟料先水化，水化产生氢氧化钙后再与矿渣作用形成水化产物，使得矿渣水泥的水化速度较慢，早期强度较低。欲提高矿渣水泥的早期强度，应该促进部分熟料的水化速度，才能从总体上提高矿渣水泥的水化速度，从而提高了矿渣水泥的早期强度。

如果将少量熟料与矿渣一起混合粉磨，由于熟料易磨性比矿渣好，同时由于矿渣的助磨作用，必定会产生部分熟料微粉。由于熟料微粉水化很快，自然就促进了矿渣水泥的水化速度，从而提高了矿渣水泥的早期强度。因此 2008 年前后，作者提出了优化粉磨的工艺设想，经过试验研究取得了成功。生产 32.5 等级水泥，熟料掺量仅要 15% 左右；生产 42.5 等级水泥，熟料掺量仅需 25% 左右，水泥生产成本又得到了大幅度的下降。

2010 年起，先后在云南、江西、山西等地的水泥厂进行了实际生产，取得了较好的效果。

矿渣少熟料水泥是在优化水泥粉磨工艺、优选混合材种类和配合比、提高混合材活性的基础上，大幅度提高混合材料掺量，尽可能少用能耗大、污染严重的硅酸盐水泥熟料，采用先进的粉磨技术工艺制得的环保效益和生态效益良好的胶凝材料。从某种意义上讲，矿渣少熟料水泥可以看做是一种环保性能良好的矿渣基生态水泥，是一项具有环保意义和经济价值的实用技术。

4.1　不同粉磨工艺对比试验

矿渣少熟料水泥的关键在于优化了粉磨工艺，众所周知，采用不同的粉磨工艺，可以使熟料和矿渣形成不同的粒径分布，从而影响水泥的性能。为了对比不同粉磨工艺对矿渣水泥性能的影响，选用表 4-1 所示的原料，在 ϕ 500mm×500mm 试验室小磨上，进行严格的对比试验。试验中，所有水泥试样的实际组成均为：熟料 15%，矿渣 74%，石灰石 8%，石膏 3%，水泥中 SO_3 含量均为 3.62%。小磨的研磨体级配固定不变，实测小磨的功率为 1.47kW，每次粉磨的物料质量均为 5kg，严格按要求粉磨到所需的比表面积，如超出范围则舍弃不用，并准确记录粉磨时间。

比表面积按 GB/T 8074—2008《水泥比表面积测定方法（勃氏法）》进行；密度按 GB/T 208—2014《水泥密度测定方法》进行；水泥标准稠度、凝结时间按 GB/T 1346—2011《水泥标准稠度用水量、凝结时间、安定性检验方法》进行；水泥胶砂强度按 GB/T 17671—1999《水泥胶砂强度检验方法（ISO）》进行。

表 4-1　原料的化学成分（%）

原料	烧失量	SiO₂	Al₂O₃	Fe₂O₃	CaO	MgO	MnO	TiO₂	SO₃	Na₂O	K₂O	合计
熟料	0.58	21.76	4.56	3.37	65.27	1.93	0.06	0.34	0.97	0.25	0.65	99.74
矿渣	—	34.64	11.87	0.55	39.04	7.56	0.31	2.34	2.61	0.34	0.49	99.75
石膏	3.43	3.23	0.15	0.08	40.02	1.58	—	—	51.27	—	0.05	99.81
钢渣	2.32	13.82	2.31	23.97	43.10	6.31	3.94	0.95	0.30	—	0.02	97.04
石灰石	40.91	4.10	1.24	0.30	51.36	0.72	0.02	0.24	0.25	0.06	0.51	99.71

4.1.1　优化粉磨

所谓优化粉磨，就是将一部分熟料与矿渣一起混合粉磨，另一部分熟料（加少量矿渣助磨）单独粉磨，然后与单独粉磨后的钢渣粉、石膏（或加石灰石）粉、石灰石粉等混合配制成水泥。由于矿渣的助磨作用，使一小部分熟料磨得很细，优化了矿渣水泥的颗粒分布，从而促进了水泥的水化，提高了矿渣水泥的早期强度，因此称为优化粉磨。

400 熟料矿渣：将表 4-1 中的熟料破碎通过 3mm 筛，并把矿渣烘干后，按熟料：矿渣 ＝ 15：74 的比例（质量比），称取 5kg，混合粉磨 47min 后取出，测定密度为 2.96g/cm³，比表面积为 401m²/kg，物料粉磨电耗为 0.230kW·h/kg。

450 熟料矿渣：将表 4-1 中的熟料破碎通过 3mm 筛，并把矿渣烘干后，按熟料：矿渣 ＝ 15：74 的比例（质量比），称取 5kg，混合粉磨 58min 后取出，测定密度为 2.96g/cm³，比表面积为 451.8m²/kg，物料粉磨电耗为 0.284kW·h/kg。

500 熟料矿渣：将表 4-1 中的熟料破碎通过 3mm 筛，并把矿渣烘干后，按熟料∶矿渣＝15∶74 的比例（质量比），称取 5kg，混合粉磨 72min 后取出，测定密度为 2.96g/cm³，比表面积为 501.3m²/kg，物料粉磨电耗为 0.353kW·h/kg。

石灰石石膏：将表 4-1 的石膏和石灰石破碎后通过 3mm 筛，按石灰石∶石膏＝8∶3 的比例，每磨 5kg，混合粉磨 15.8min 后取出，测定密度为 2.76g/cm³，比表面积为 568m²/kg，物料粉磨电耗为 0.077kW·h/kg。

将以上粉磨后的半成品，按表 4-2 的配比混合配制成矿渣少熟料水泥，进行水泥性能检验并计算其粉磨电耗，结果见表 4-2。

表 4-2　优化粉磨矿渣少熟料水泥的配比与性能

编号	400 熟料矿渣（%）	450 熟料矿渣（%）	500 熟料矿渣（%）	石灰石石膏（%）	水泥比表面积（m²/kg）	粉磨电耗（kW·h/kg）	标稠（%）	初凝（h∶min）	终凝（h∶min）	3d (MPa) 抗折	3d (MPa) 抗压	28d (MPa) 抗折	28d (MPa) 抗压
D1	89	—	—	11	419.4	0.213	26.9	4∶02	4∶59	3.4	10.4	8.9	35.4
D2	—	89	—	11	464.6	0.261	27.1	3∶41	4∶17	4.3	13.0	9.6	37.1
D3	—	—	89	11	508.6	0.323	27.2	3∶15	3∶56	5.0	15.1	9.7	41.4

4.1.2　分别粉磨

矿渣：将表 4-1 中的矿渣烘干后，称取 5kg，单独粉磨 51.5min 后取出，测定密度为 2.91g/cm³，比表面积为 401.2m²/kg，物料粉磨电耗为 0.252kW·h/kg。

471 熟料石膏石灰石：将破碎并通过 3mm 筛后的表 4-1 中的熟料、石膏和石灰石，按熟料∶石膏∶石灰石＝15∶3∶8 的比例（质量比），称取 5kg，混合粉磨 20.7min，测定密度为 3.01g/cm³，比表面积为 471m²/kg，物料粉磨电耗为 0.101kW·h/kg。

656 熟料石膏石灰石：将破碎并通过 3mm 筛后的表 4-1 中的熟料、石膏和石灰石，按熟料∶石膏∶石灰石＝15∶3∶8 的比例（质量比），称取 5kg，混合粉磨 34min，测定密度为 3.01g/cm³，比表面积为 656m²/kg，物料粉磨电耗为 0.167kW·h/kg。

793 熟料石膏石灰石：将破碎并通过 3mm 筛后的表 4-1 中的熟料、石膏和石灰石，按熟料∶石膏∶石灰石＝15∶3∶8 的比例（质量比），称取 5kg，混合粉磨 51min，测定密度为 3.01g/cm³，比表面积为 793m²/kg，物料粉磨电耗为 0.250kW·h/kg。

将以上粉磨后的半成品，按表 4-3 的配比混合配制成矿渣少熟料水泥，进行水泥性能检验并计算其粉磨电耗，结果见表 4-3。

表 4-3　分别粉磨矿渣少熟料水泥的配比与性能

编号	矿渣（%） 比表面积（m²/kg） 401.2	熟料石膏石灰石（%） 比表面积（m²/kg） 471	656	793	水泥比表面积（m²/kg）	粉磨电耗（kW·h/kg）	标稠（%）	初凝（h∶min）	终凝（h∶min）	3d (MPa) 抗折	3d (MPa) 抗压	28d (MPa) 抗折	28d (MPa) 抗压
D4	74	26	—	—	419.3	0.213	26.4	4∶13	5∶21	2.9	10.1	8.2	32.1
D5	74	—	26	—	467.4	0.230	26.4	3∶15	4∶11	3.2	10.6	8.6	34.9
D6	74	—	—	26	503.1	0.261	26.7	2∶52	3∶50	3.5	11.8	8.9	35.5

4.1.3 混合粉磨

将表4-1的熟料、石膏和石灰石破碎并通过3mm筛，将矿渣烘干后，按熟料15％、矿渣74％、石膏3％、石灰石8％的比例，分别混合粉磨不同时间制成D7、D8、D9三个水泥试样，其密度均为2.94g/cm³。D7测定比表面积为421m²/kg，粉磨时间为42min，粉磨电耗为0.206kW·h/kg。D8试样测定比表面积为464m²/kg，粉磨时间为51min，粉磨电耗为0.250kW·h/kg。D9试样测定比表面积为504m²/kg，粉磨时间为61min，粉磨电耗为0.299kW·h/kg。分别进行水泥性能检验，结果见表4-4。

表4-4 混合粉磨矿渣少熟料水泥的配比与性能

编号	熟料（％）	矿渣（％）	石膏（％）	石灰石（％）	水泥比表面积（m²/kg）	粉磨电耗（kW·h/kg）	标稠（％）	初凝（h∶min）	终凝（h∶min）	3d（MPa）		28d（MPa）	
										抗折	抗压	抗折	抗压
D7	15	74	3	8	421	0.206	26.0	3∶38	4∶26	2.7	9.0	8.1	31.9
D8	15	74	3	8	464	0.250	26.2	3∶34	4∶34	3.0	10.2	8.2	33.4
D9	15	74	3	8	504	0.299	26.4	3∶22	4∶16	3.2	11.4	8.3	34.5

由表4-2～表4-4可见，优化粉磨的D1试样、分别粉磨的D4试样和混合粉磨的D7试样，水泥比表面积基本相同（420m²/kg左右），但水泥强度最高的试样为优化粉磨的D1试样（3d为3.4/10.4MPa，28d为8.9/35.4MPa），其次为分别粉磨的D4试样（3d为2.9/10.1MPa，28d为8.2/32.1MPa），强度最低的为混合粉磨的D7试样（3d为2.7/9.0MPa，28d为8.1/31.9MPa）。

同样，优化粉磨的D2试样、分别粉磨的D5试样和混合粉磨的D8试样，水泥比表面积基本相同（465m²/kg左右），但水泥强度最高的试样为优化粉磨的D2试样（3d为4.3/13.0MPa，28d为9.6/37.1MPa），其次为分别粉磨的D5试样（3d为3.2/10.6MPa，28d为8.6/34.9MPa），强度最低的为混合粉磨的D8试样（3d为3.0/10.2MPa，28d为8.2/33.4MPa）。

同样，优化粉磨的D3试样、分别粉磨的D6试样和混合粉磨的D9试样，水泥比表面积也基本相同（505m²/kg左右），但水泥强度最高的试样仍然为优化粉磨的D3试样（3d为5.0/15.1MPa，28d为9.7/41.4MPa），其次为分别粉磨的D6试样（3d为3.5/11.8MPa，28d为8.9/35.5MPa），强度最低的仍然为混合粉磨的D9试样（3d为3.2/11.4MPa，28d为8.3/34.5MPa）。

从表4-2～表4-4还可见，优化粉磨的D1试样、分别粉磨的D4试样和混合粉磨的D7试样，水泥粉磨电耗基本相同（0.213kW·h/kg左右），而水泥强度最高的试样为优化粉磨的D1试样，其次为分别粉磨的D4试样，强度最低的为混合粉磨的D7试样。对比优化粉磨的D2试样与分别粉磨的D6试样，粉磨电耗均为0.261kW·h/kg，而D2试样强度高于分别粉磨的D6试样。

由此可见，在水泥比表面积基本相同的条件下，采用优化粉磨工艺的矿渣少熟料水泥强度最高，其次是采用分别粉磨工艺的水泥，强度最低的是采用混合粉磨工艺的水泥。同样，在水泥粉磨电耗基本相同的条件下，采用优化粉磨水泥的强度也高于采用分别粉磨和混合粉磨的水泥。

4.2 粉磨细度对矿渣少熟料水泥性能的影响

采用优化粉磨工艺的矿渣水泥，需要将一部分熟料与矿渣一起混合粉磨，以获得一定量的熟料微粉，促进水泥的早期水化，从而提高水泥的早期强度。为了研究各种半成品粉磨细度对水泥性能的影响，选取相应的原料，在 $\phi 500mm \times 500mm$ 试验室小磨中，按优化粉磨工艺的要求，粉磨制备成不同细度的半成品，然后再按一定比例混合配制成水泥，最后进行水泥性能试验。

比表面积按 GB/T 8074—2008《水泥比表面积测定方法（勃氏法）》进行；密度按 GB/T 208—2014《水泥密度测定方法》进行；水泥标准稠度、凝结时间按 GB/T 1346—2011《水泥标准稠度用水量、凝结时间、安定性检验方法》进行；水泥胶砂强度按 GB/T 17671—1999《水泥胶砂强度检验方法（ISO）》进行。

4.2.1 矿渣熟料粉的影响

4.2.1.1 掺钢渣时矿渣熟料粉细度的影响

采用优化粉磨工艺时，最关键的是矿渣熟料粉的粉磨细度，而且由于矿渣少熟料水泥中熟料含量很少，水泥碱度较低，为了提高水泥的碱度，通常使用钢渣取代部分熟料，因此有必要研究掺钢渣的条件下，矿渣熟料的细度对水泥性能的影响。

表 4-5　原料的化学成分（%）

原料	产地	烧失量	SiO₂	Al₂O₃	Fe₂O₃	CaO	MgO	SO₃	合计
矿渣	江西新余钢铁厂	−1.62	33.64	13.49	1.35	39.43	8.54	0.12	94.95
钢渣	江西新余钢铁厂	2.32	15.00	4.77	20.85	40.54	9.78	0.20	93.46
石膏	江西	15.08	7.50	2.12	0.90	29.77	2.22	39.32	96.91
熟料	江西新余	1.04	21.38	5.38	3.38	64.37	1.97	0.27	97.79

选取表 4-5 的原料，按如下方法进行粉磨：

1701 熟料矿渣：将熟料破碎后过 3mm 筛，矿渣经 110℃烘干后，按熟料：矿渣＝17：1 的比例（质量比），混合在 $\phi 500mm \times 500mm$ 试验室磨内粉磨，每磨 5kg，粉磨 40min，测得密度为 $3.16g/cm^3$，比表面积为 $455.2m^2/kg$。

4509 矿渣熟料：将矿渣烘干后与破碎后的熟料，按 45：9 的比例，每磨 5kg，分别混合粉磨 70min、90min 和 110min，得到三种不同比表面积的矿渣熟料粉，测得的比表面积分别为 $490.3m^2/kg$、$517.1m^2/kg$ 和 $537.1m^2/kg$。

钢渣粉：将钢渣破碎烘干后，每磨 7kg，单独粉磨 40min，测得密度为 $3.43g/cm^3$，比表面积为 $350.6m^2/kg$。

石膏粉：将石膏破碎后，每磨 5kg，粉磨 20min，测得密度为 $2.56g/cm^3$，比表面积为 $600.1m^2/kg$。

将以上粉磨后的半成品，按表 4-6 的配合比混合制成水泥，经检验水泥的性能如表 4-6 和图 4-1 所示，各水泥试样的实际组成见表 4-7。

表 4-6 水泥配比与性能

编号	1701熟料矿渣（%）	4509矿渣熟料（%）			钢渣（%）	石膏（%）	标稠（%）	初凝（h：min）	终凝（h：min）	安定性	3d（MPa）		28d（MPa）	
		70min	90min	110min							抗折	抗压	抗折	抗压
X1	7.39	54.11	—	—	30	8.50	26.8	3：37	4：07	合格	4.2	12.5	9.0	36.4
X2	7.39	—	54.11	—	30	8.50	26.3	3：18	3：55	合格	4.4	14.1	9.2	37.0
X3	7.39	—	—	54.11	30	8.50	26.1	3：11	3：51	合格	4.8	15.3	9.5	39.3
X4	18.96	—	—	72.54		8.50	26.5	3：02	3：46	合格	6.4	22.7	10.9	49.1

表 4-7 各水泥试样的实际组成

编号	矿渣（%）	熟料（%）	钢渣（%）	石膏（%）	水泥比表面积（m²/kg）	水泥中SO₃（%）
X1	45.50	16.00	30.00	8.50	455.1	3.50
X2	45.50	16.00	30.00	8.50	469.6	3.50
X3	45.50	16.00	30.00	8.50	480.5	3.50
X4	61.50	30.00		8.50	526.9	3.50

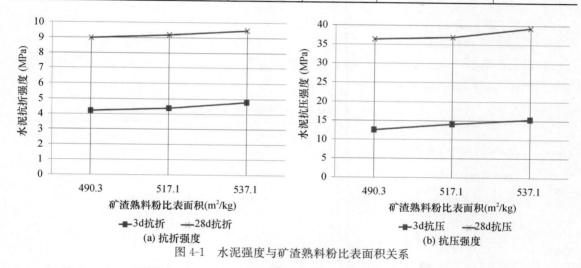

图 4-1 水泥强度与矿渣熟料粉比表面积关系

由表 4-6、表 4-7 及图 4-1 可见，矿渣熟料粉的比表面积对水泥强度有较大的影响，随着矿渣熟料粉比表面积的增大，水泥各龄期的强度均提高。但矿渣熟料粉的比表面积对水泥的凝结时间影响不大，随着矿渣熟料粉比表面积的提高，水泥凝结时间只稍微有点缩短。在钢渣掺量 30%、熟料掺量为 16% 的情况下，当矿渣熟料粉的比表面积达到 490m²/kg 以上时，所配制水泥的强度可以达到 32.5 等级。当钢渣掺量为 0，熟料掺量为 30% 时（如 X4 试样），所配制的水泥强度可以达到 42.5 等级。

4.2.1.2 矿渣熟料粉中的矿渣熟料比的影响

上述试验中的 1701 熟料矿渣粉，是在熟料中掺入少量矿渣一起混合粉磨而成，主要是为了防止纯熟料糊磨，而掺入少量矿渣起助磨作用。优化粉磨工艺关键点在于矿渣中掺入少量熟料一起混合粉磨成矿渣熟料粉，然后配制成少熟料水泥。少熟料水泥中的熟料含量通常较少，为了节省水泥电耗，没有必要将所有的熟料都与矿渣一起混合粉磨，只需部分熟料与矿渣一起混合粉磨即可。因此，有必要探讨矿渣熟料粉中的矿渣熟料比的变化对水泥强度的影响规律。

将表 4-8 的原料，按如下的方法进行粉磨：

1701 熟料矿渣：将熟料破碎后过 3mm 筛，矿渣经 110℃烘干后，按熟料∶矿渣＝17∶1 的比例（质量比，下同），混合在 φ500mm×500mm 试验室磨内粉磨，每磨 5kg，粉磨 40min，测得密度为 3.16g/cm³，比表面积为 455.2m²/kg。

4309 矿渣熟料：将矿渣烘干后与破碎后的熟料，按 43∶9 的比例，每磨 5kg，混合粉磨 90min，测得矿渣熟料粉的密度为 2.96g/cm³，比表面积为 517m²/kg。

4312 矿渣熟料：将矿渣烘干后与破碎后的熟料，按 43∶12 的比例，每磨 5kg，混合粉磨 90min，测得矿渣熟料粉的密度为 2.97g/cm³，比表面积为 510.8m²/kg。

4315 矿渣熟料：将矿渣烘干后与破碎后的熟料，按 43∶15 的比例，每磨 5kg，混合粉磨 90min，测得矿渣熟料粉的密度为 2.98g/cm³，比表面积为 518.2m²/kg。

4318 矿渣熟料：将矿渣烘干后与破碎后的熟料，按 43∶18 的比例，每磨 5kg，混合粉磨 90min，测得矿渣熟料粉的密度为 2.99g/cm³，比表面积为 517.2m²/kg。

钢渣粉：将钢渣破碎烘干后，每磨 7kg，单独粉磨 40min，测得密度为 3.43g/cm³，比表面积为 350.6m²/kg。

石膏粉：将石膏破碎后，每磨 5kg，粉磨 20min，测得密度为 2.56g/cm³，比表面积为 600.1m²/kg。

将以上粉磨后的半成品，按表 4-8 的配合比混合制成水泥，经检验水泥的强度见表 4-8，各水泥试样的实际组成见表 4-9。

表 4-8　矿渣熟料比对水泥强度的影响

编号	1701 熟料矿渣 (%)	4309 矿渣熟料 (%)	4312 矿渣熟料 (%)	4315 矿渣熟料 (%)	4318 矿渣熟料 (%)	钢渣 (%)	石膏 (%)	3d (MPa) 抗折	3d (MPa) 抗压	28d (MPa) 抗折	28d (MPa) 抗压
X5	9.73	51.77	—	—	—	30.00	8.50	4.7	16.3	8.8	37.2
X6	6.52	—	54.98	—	—	30.00	8.50	4.4	16.1	8.4	36.6
X7	3.28	—	—	58.22	—	30.00	8.50	4.4	16.3	8.7	37.7
X8	0	—	—	—	61.50	30.00	8.50	4.4	16.1	8.2	39.1
X9	9.24	—	—	82.26	—	—	8.50	6.3	24.5	10.8	48.0
X10	13.62	—	—	77.88	—	—	8.50	6.0	25.0	10.2	47.3
X11	17.99	—	—	73.51	—	—	8.50	6.2	24.8	9.9	49.3

表 4-9　各水泥试样的实际组成

编号	矿渣（%）	熟料（%）	钢渣（%）	石膏（%）	水泥比表面积（m²/kg）	水泥 SO₃（%）
X5	43.35	18.15	30	8.5	468.1	3.50
X6	43.35	18.15	30	8.5	466.7	3.50
X7	43.35	18.15	30	8.5	472.8	3.50
X8	43.35	18.15	30	8.5	474.3	3.50
X9	61.50	30.00	0	8.5	519.3	3.50
X10	58.50	33.00	0	8.5	516.6	3.50
X11	55.50	36.00	0	8.5	513.8	3.51

　　由表 4-8 可见，X5～X8 试样的强度值均达到了 32.5 等级，每个试样中的熟料掺量均为 18.15%，X5 试样是将大致一半的熟料单独粉磨成熟料粉（1701 熟料矿渣粉），其余熟料与矿渣一起混合粉磨成矿渣熟料粉。而 X8 试样是将所有熟料全部与矿渣一起混合粉磨成矿渣熟料粉。其余试样是介于两者之间。在水泥比表面积和钢渣掺量均大致相同的情况下，这几个试样各龄期的强度基本上都差别不大，说明在实际生产中，少熟料水泥中的熟料没必要全部与矿渣一起混合粉磨，只需一部分与矿渣一起混合粉磨即可。X9～X11 试样的强度值均达到了 42.5 等级，水泥中钢渣掺量为 0，熟料掺量提高到了 30%～36%。

　　因此，在生产上比较方便的做法是：将一部分熟料单独粉磨成熟料粉（含少量助磨矿渣），钢渣和石膏单独粉磨成钢渣粉和石膏粉，然后将另一部分的熟料与矿渣混合粉磨成矿渣熟料粉，最后就可以比较方便地根据需要将这些半成品混合配制成 32.5 或 42.5 等级的水泥。

4.2.1.3　无钢渣时矿渣熟料粉细度的影响

　　根据 GB 175—2007《通用硅酸盐水泥》标准要求，矿渣硅酸盐水泥中是不允许掺加钢渣的，而且熟料和石膏掺量合计不可小于 30%，矿渣掺量不可大于 70%。因此，有必要研究无钢渣条件下矿渣熟料粉的粉磨细度对水泥的性能影响。

　　采用表 4-10 的原料，进行了如下的试验。

表 4-10　原料的化学成分（%）

原料	产地	烧失量	SiO$_2$	Al$_2$O$_3$	Fe$_2$O$_3$	CaO	MgO	K$_2$O	Na$_2$O	SO$_3$	TiO$_2$	Mn$_2$O$_3$	合计
熟料	华新株洲	0.23	21.32	4.94	4.00	65.02	1.28	0.59	0.06	0.45	—	—	97.66
矿渣	湖南湘钢	−1.22	31.21	15.7	1.07	37.11	9.19	0.51	0.00	0.04	0.73	0.33	95.90
石膏	湖南湘潭	6.23	0.79	0.18	0.2	35.78	1.18	0.04	0.00	56.90	—	—	97.02

　　将表 4-10 的原料按下面的方法进行粉磨，然后按表 4-11 的配比混合配制成矿渣水泥，其中各试样的组成均为：熟料 24.0%，矿渣 70.0%，石膏 6.0%，试验结果见表 4-11。

　　矿渣熟料：将破碎后的熟料和烘干后的矿渣，按熟料：矿渣＝24：70 的比例（质量比），每次称取 5kg，在 ϕ500mm×500mm 试验室小磨内，分别混合粉磨成四种不同比表面积的矿渣熟料粉，测定密度为 2.99g/cm^3，比表面积分别为 365.5m^2/kg、464.1m^2/kg、555.7m^2/kg、657.7m^2/kg。

　　石膏：将石膏破碎后，每磨 5kg，粉磨 17min，测得密度为 2.74g/cm^3，比表面积为 407.8m^2/kg。

表 4-11　矿渣水泥配比及性能

编号	365.5 矿渣熟料（%）	464.1 矿渣熟料（%）	555.7 矿渣熟料（%）	657.7 矿渣熟料（%）	石膏（%）	标稠 %	初凝（h：min）	终凝（h：min）	安定性	3d 抗折	3d 抗压	28d 抗折	28d 抗压
L1	94	—	—	—	6	24.0	4：14	5：23	合格	4.3	13.7	10.5	40.5
L2	—	94	—	—	6	24.2	3：52	4：55	合格	5.7	18.7	11.4	48.6
L3	—	—	94	—	6	24.4	3：38	4：41	合格	6.3	25.4	11.5	54.8
L4	—	—	—	94	6	24.6	3：23	4：13	合格	7.2	31.6	12.2	56.7

　　由表 4-11 和图 4-2 可见，随着矿渣熟料粉比表面积的提高，矿渣水泥的凝结时间有所缩短，水泥各龄期强度显著增加。L1 试样达到了 32.5 强度等级，L2 试样达到了 42.5 强度等级，L3 和 L4 试样达到了 52.5 强度等级指标要求。

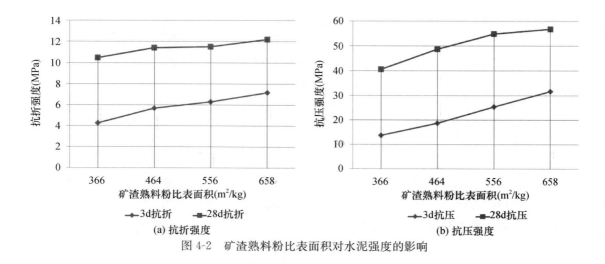

(a) 抗折强度　　　　　　　　　(b) 抗压强度

图 4-2　矿渣熟料粉比表面积对水泥强度的影响

4.2.2　石膏石灰石粉的影响

为了降低水泥成本和提高水泥的早期强度，矿渣水泥中通常需要掺加少量石灰石作为混合材。采用优化粉磨工艺时，为了简化工艺过程，一般是将石灰石与石膏一起混合粉磨成石膏石灰石粉，然后用于水泥的配料。前面试验已经证实矿渣熟料粉的比表面积对水泥的强度有很大的影响，为了研究石膏石灰石粉（即石膏与石灰石混合粉磨后得到的粉体）粉磨细度对水泥性能的影响，选取表 4-12 的原料，在 $\phi 500mm \times 500mm$ 试验室小磨中，按优化粉磨工艺的要求，粉磨制备成各种半成品，然后再按一定比例混合配制成水泥，最后进行水泥性能试验。

表 4-12　原料的化学成分（%）

原料	产地	烧失量	SiO$_2$	Al$_2$O$_3$	Fe$_2$O$_3$	CaO	MgO	K$_2$O	Na$_2$O	SO$_3$	TiO$_2$	Mn$_2$O$_3$	合计
熟料	华新株洲	0.23	21.32	4.94	4.00	65.02	1.28	0.59	0.06	0.45	—	—	97.66
矿渣	湖南湘钢	−1.22	31.21	15.7	1.07	37.11	9.19	0.51	0.00	0.04	0.73	0.33	95.90
石膏	湖南湘潭	6.23	0.79	0.18	0.2	35.78	1.18	0.04	0.00	56.90	—	—	97.02
石灰石	湖北咸宁	40.91	4.10	1.24	0.30	51.36	0.72	0.51	0.06	0.25	0.24	0.03	99.72
钢渣	湖南湘钢	2.12	9.41	0.98	26.35	41.49	7.47	0.00	0.00	0.12	0.74	3.73	92.41

将表 4-12 的原料按下面的方法进行粉磨，然后按表 4-13 的配比混合配制成矿渣水泥，其中各试样的组成均为：熟料 15.0%，矿渣 44.0%，钢渣 30%，石膏 6.0%，石灰石 5%，试验结果见表 4-13。

4415 矿渣熟料：将破碎后的熟料和烘干后的矿渣，按熟料：矿渣＝15：44 的比例（质量比），称取 5kg，在 $\phi 500mm \times 500mm$ 试验室小磨内，混合粉磨成矿渣熟料粉，测定密度为 $2.95g/cm^3$，比表面积为 $452.9m^2/kg$。

65 石膏石灰石：将石膏和石灰石分别破碎后，按石膏：石灰石＝6：5 的比例（质量比），每磨 5kg，在 $\phi 500mm \times 500mm$ 试验室小磨内，分别混合粉磨成四种不同比表面积的石膏石灰石粉，测定密度为 $2.80g/cm^3$，比表面积分别为 $377m^2/kg$、$463m^2/kg$、$566m^2/kg$、$645m^2/kg$。

钢渣：将钢渣破碎烘干后，单独粉磨成钢渣粉，测定密度为 $3.50g/cm^3$，比表面积为 $395.1m^2/kg$。

表 4-13　石膏石灰石细度对水泥性能影响

编号	4415矿渣熟料(%)	钢渣(%)	65石膏石灰石(%)	石膏石灰石比表面积(m²/kg)	标稠(%)	初凝(h：min)	终凝(h：min)	安定性	3d(MPa)		7d(MPa)		28d(MPa)	
									抗折	抗压	抗折	抗压	抗折	抗压
H1	59.0	30.0	11.0	377	25.8	4：13	5：59	合格	4.9	15.2	7.6	29.9	9.0	40.1
H2	59.0	30.0	11.0	463	25.6	3：51	5：28	合格	5.1	16.1	7.4	28.7	9.0	37.4
H3	59.0	30.0	11.0	566	25.1	3：30	4：47	合格	5.3	17.5	6.9	27.4	8.7	39.9
H4	59.0	30.0	11.0	645	25.8	3：24	4：56	合格	5.3	18.1	7.3	29.8	8.7	40.9

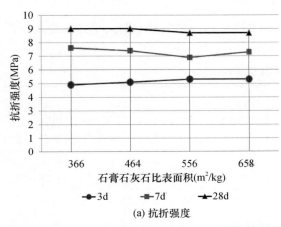

(a) 抗折强度

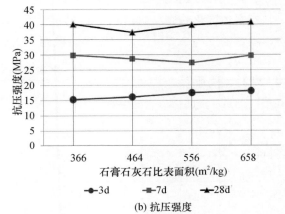

(b) 抗压强度

图 4-3　石膏石灰石粉细度对水泥强度的影响

由表 4-13、图 4-3 和图 4-4 可见，石膏石灰石粉的比表面积大小，除对水泥的 3d 强度和凝结时间有所影响外，对水泥的 7d 和 28d 强度影响很小。随着石膏石灰石粉比表面积的提高，水泥的 3d 强度有所增加，凝结时间有所缩短，但水泥 7d 和 28d 强度变化不大。石膏石灰石粉比表面积从 377m²/kg 提高到 566m²/kg 时，对水泥凝结时间的影响比较显著；当比表面积大于 566m²/kg 后，继续提高石膏石灰石粉的比表面积，水泥凝结时间的变化不大。

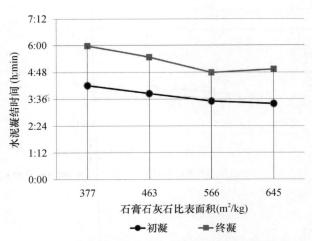

图 4-4　石膏石灰石粉细度对水泥凝结时间的影响

4.2.3　钢渣粉的影响

钢渣作为炼钢生产的副产品，排放量大，综合利用难度大，也是世界各国重点治理的工业废弃物之一。为了降低水泥成本和有效利用钢渣，同时也为了满足 GB 13590—2006《钢渣硅酸盐水泥》标准要求，利用优化粉磨工艺生产钢渣硅酸盐水泥，有必要研究钢渣粉的粉磨细度对水泥性能的影响。选取表 4-12 的原料，在 ϕ 500mm×500mm 试验室小磨中，按优化粉磨工艺的要求，粉磨制备成各种半成品，然后按表 4-14 的配比混合配制成水泥，其中各试样的组成均为：熟料 15.0%，矿渣 49.0%，钢渣 30%，石膏 6.0%，最后进行水泥性能试验，试验结果见表 4-14。

钢渣粉：将钢渣烘干、破碎、除铁后，每磨 5kg，在 ϕ 500mm×500mm 试验室小磨内，分别单独粉磨 20min、30min、40min、50min，得到四种不同比表面积的钢渣粉，测定密度为 3.50g/cm³，比表面积分别为 310m²/kg、410m²/kg、521m²/kg、620m²/kg。

4915 矿渣熟料：将破碎后的熟料和烘干后的矿渣，按熟料：矿渣=15:49 的比例（质量比），称取 5kg，在 ϕ 500mm×500mm 试验室小磨内，混合粉磨成矿渣熟料粉，测定密度为 2.95g/cm³，比表面积为 450.5m²/kg。

石膏粉：将石膏破碎后，每磨 5kg，在 ϕ 500mm×500mm 试验室小磨内单独粉磨成石膏粉，测定密度为 2.83g/cm³，比表面积为 382m²/kg。

表 4-14　钢渣粉细度对水泥性能的影响

编号	20min 钢渣粉 (%)	30min 钢渣粉 (%)	40min 钢渣粉 (%)	50min 钢渣粉 (%)	矿渣熟料 (%)	石膏粉 (%)	标稠 (%)	初凝 (h:min)	终凝 (h:min)	安定性	3d 抗折	3d 抗压	28d 抗折	28d 抗压
N1	30.00	—	—	—	64.00	6.00	25.3	3:39	5:34	合格	4.3	14.8	10.2	38.1
N2	—	30.00	—	—	64.00	6.00	25.1	3:25	5:35	合格	4.8	16.3	10.0	38.4
N3	—	—	30.00	—	64.00	6.00	25.8	3:02	5:42	合格	5.4	18.1	10.8	42.0
N4	—	—	—	30.00	64.00	6.00	25.6	3:18	5:37	合格	5.3	19.6	9.8	42.4

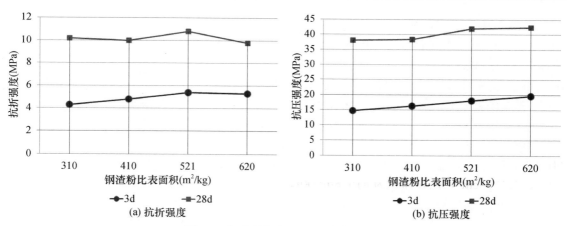

图 4-5　钢渣粉细度对水泥强度的影响

由表 4-14 和图 4-5 可见，钢渣粉的比表面积大小，除对水泥的抗压强度有所影响外，对水泥的抗折强度影响很小。随着钢渣粉比表面积的提高，水泥的抗压强度有所增加，凝结时间几乎不变，但水泥的抗折强度变化不大。钢渣的易磨性很差，GB/T 20491—2006《用于水泥和混凝土中的钢渣粉》标准中要求钢渣粉的比表面积不小于 400m²/kg，为了节省电耗，矿渣少熟料水泥中的钢渣粉比表面积宜控制为比 400m²/kg 稍高一点即可。继续提高钢渣粉的比表面积，电耗将显著增加，而水泥的性能并不会有较大的改变。

4.3 矿渣少熟料水泥组分配比的优化

通用硅酸盐水泥的生产过程中，水泥组分配比是控制水泥质量的主要手段之一，其对水泥性能具有至关重要的影响。采用优化粉磨工艺的矿渣少熟料水泥也一样，组分配比的影响极其巨大。为了研究各原料配比对水泥性能的影响，选取相应的原料，在 $\phi 500mm \times 500mm$ 试验室小磨中，按优化粉磨工艺的要求，粉磨制备成不同细度的半成品，然后再按一定比例混合配制成水泥，最后进行水泥性能试验。

比表面积按 GB/T 8074—2008《水泥比表面积测定方法（勃氏法）》进行；密度按 GB/T 208—2014《水泥密度测定方法》进行；水泥标准稠度、凝结时间按 GB/T 1346—2011《水泥标准稠度用水量、凝结时间、安定性检验方法》进行；水泥胶砂强度按 GB/T 17617—1999《水泥胶砂强度检验方法（ISO）》进行。

4.3.1 熟料掺量的影响

众所周知，熟料掺量的大小对水泥的强度等性能的影响很大。少熟料水泥的特征就是水泥中的熟料含量较少，因此采用优化粉磨工艺生产矿渣少熟料水泥，首先必须研究熟料掺量对水泥性能的影响规律。

表 4-15 原料的化学成分（%）

原料	产地	烧失量	SiO$_2$	Al$_2$O$_3$	Fe$_2$O$_3$	CaO	MgO	SO$_3$	合计
矿渣	湖北武钢	−0.17	33.97	17.03	2.13	36.09	8.17	0.04	97.22
钢渣	湖北武钢	2.05	16.63	7.00	18.90	38.50	9.42	2.54	95.04
石膏	湖北武汉	3.43	3.23	0.15	0.08	40.02	1.58	51.27	99.76
熟料	湖北黄石	0.41	22.30	5.04	3.36	65.60	2.32	0.27	99.30
石灰石	湖北武汉	40.91	4.10	1.24	0.30	51.36	0.72	—	98.63

采用表 4-15 的原料，按如下方法进行粉磨：

1701 熟料矿渣粉：将熟料破碎后过 3mm 筛，矿渣经 110℃烘干后，按熟料∶矿渣＝17∶1 的比例（质量比），混合在 $\phi 500mm \times 500mm$ 试验室磨内粉磨，每磨 5kg，粉磨 40min，测得密度为 3.16g/cm^3，比表面积为 415.8m^2/kg。

3908 矿渣熟料粉：将矿渣烘干后与破碎后的熟料，按 39∶8 的比例，每磨 5kg，混合粉磨 70min 得到矿渣熟料粉，测得密度为 2.89g/cm^3，比表面积为 509m^2/kg。

钢渣粉：将钢渣破碎并烘干后，每磨 5kg，单独粉磨 70min 得到钢渣粉，测定密度为 3.1g/cm^3，比表面积为 448m^2/kg。

石膏石灰石粉：将石膏和石灰石破碎后，按石膏∶石灰石＝1∶1 的比例（质量比），混合粉磨 30min 得到石膏石灰石粉，测定密度为 2.66g/cm^3，比表面积为 760m^2/kg。

将以上粉磨后的半成品，按表 4-16 的配合比混合制成水泥，经检验水泥的物理力学性能如表 4-16、图 4-6 和图 4-7 所示，各水泥试样的实际组成见表 4-17。

表 4-16　熟料掺量对水泥性能的影响

编号	3908 矿渣 熟料 (%)	1701 熟料 矿渣 (%)	钢渣 (%)	石膏 石灰 石 (%)	标准 稠度 (%)	初凝 (h：min)	终凝 (h：min)	安定性	1d (MPa)		3d (MPa)		7d (MPa)		28d (MPa)	
									抗折	抗压	抗折	抗压	抗折	抗压	抗折	抗压
H56	49	4	37	10	26.0	2：35	3：38	合格	0.9	2.3	3.9	12.8	7.0	22.1	8.5	33.0
H57	48	6	36	10	25.6	2：23	3：38	合格	0.9	2.4	4.0	13.4	7.0	23.0	8.5	34.4
H58	47	8	35	10	25.1	2：08	3：18	合格	0.8	2.3	4.0	13.6	6.8	23.7	8.8	34.2
H59	46	10	34	10	25.3	2：00	3：22	合格	1.1	3.0	4.2	14.0	7.0	24.0	9.2	35.5
H60	45	12	33	10	25.1	2：07	3：19	合格	1.6	4.2	4.4	15.1	7.2	24.3	9.5	36.8

表 4-17　水泥实际组成（%）

编号	熟料	矿渣	钢渣	石灰石	石膏	水泥中 SO_3
H56	12.12	40.88	37.00	5.00	5.00	3.55
H57	13.84	40.16	36.00	5.00	5.00	3.53
H58	15.56	39.44	35.00	5.00	5.00	3.51
H59	17.27	38.73	34.00	5.00	5.00	3.49
H60	18.99	38.01	33.00	5.00	5.00	3.47

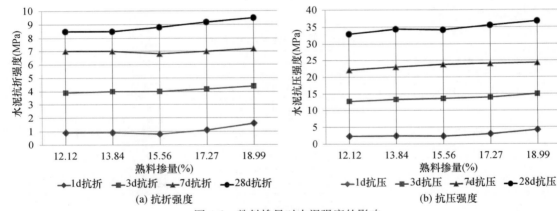

(a) 抗折强度　　　　　　(b) 抗压强度

图 4-6　熟料掺量对水泥强度的影响

由表 4-16 和图 4-6 可见，熟料掺量对矿渣少熟料水泥的强度有一定的影响，但影响幅度不是很大。随着熟料掺量的增加，从 12.12% 至 18.99%，水泥各龄期的强度均有所增长，3d 抗压强度从 12.8MPa 增加到了 15.1MPa；28d 抗压强度从 33.0MPa 增加到了 38.8MPa。

从图 4-7 也可以看出，熟料掺量对水泥凝结时间的影响也不是很大，熟料掺量从 12.12% 增加到 15.56%

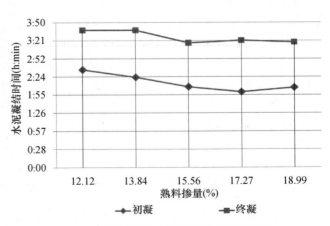

图 4-7　熟料掺量对水泥凝结时间的影响

时，水泥初凝时间从 2h35min 缩短到了 2h8min，继续增加熟料掺量，水泥凝结时间基本上不再变化。

4.3.2 石膏掺量的影响

采用优化粉磨工艺生产矿渣少熟料水泥，所用的石膏应符合 GB/T 5483 中规定的 G 类或 M 类二级（含）以上的石膏或混合石膏。当采用工业副产石膏时，应经过试验确认对水泥凝结时间、强度等性能无害。在矿渣少熟料水泥的配比中，石膏掺量对水泥凝结时间的长短影响不大，但适宜的石膏掺量，有利于提高水泥的强度。为了研究石膏掺量对矿渣少熟料水泥性能的影响，采用表 4-15 中的原料，按优化粉磨工艺的要求，进行如下试验。

1701 熟料矿渣粉：将熟料破碎后过 3mm 筛，矿渣经 110℃烘干后，按熟料：矿渣＝17：1 的比例（质量比），混合在 ϕ500mm×500mm 试验室磨内粉磨，每磨 5kg，粉磨 40min，测得密度为 3.16g/cm³，比表面积为 415.8m²/kg。

3908 矿渣熟料粉：将矿渣烘干后与破碎后的熟料，按 39：8 的比例（质量比），每磨 5kg，混合粉磨 70min 得到矿渣熟料粉，测得密度为 2.89g/cm³，比表面积为 509m²/kg。

钢渣粉：将钢渣破碎并烘干后，每磨 5kg，单独粉磨 70min 得到钢渣粉，测定密度为 3.1g/cm³，比表面积为 448m²/kg。

石膏粉：将石膏破碎后，单独粉磨 30min 得到石膏粉，测定密度为 2.62g/cm³，比表面积为 560m²/kg。

石灰石粉：将石灰石破碎后，单独粉磨 30min 得到石灰石粉，测定密度为 2.70g/cm³，比表面积为 660m²/kg。

将以上粉磨后的半成品，按表 4-18 的配合比混合制成水泥，经检验水泥的物理力学性能如表 4-18、图 4-8 和图 4-9 所示，各水泥试样的实际组成见表 4-19。

表 4-18　石膏掺量对水泥性能的影响

编号	3908 矿渣熟料（%）	1701 熟料矿渣（%）	石膏（%）	石灰石（%）	钢渣（%）	标准稠度（%）	初凝（h：min）	终凝（h：min）	安定性	1d (MPa)		3d (MPa)		7d (MPa)		28d (MPa)	
										抗折	抗压	抗折	抗压	抗折	抗压	抗折	抗压
H20	45.14	9.86	3.00	8.00	34.00	25.0	2：10	4：01	合格	1.1	2.5	3.8	12.6	5.4	22.5	9.2	36.1
H21	45.14	9.86	4.00	8.00	33.00	25.0	2：14	4：15	合格	1.1	2.6	4.2	14.2	6.4	23.8	9.8	38.0
H22	45.14	9.86	5.00	8.00	32.00	25.0	2：15	4：25	合格	1.0	2.4	4.4	16.0	7.2	24.2	9.7	37.5
H23	45.14	9.86	6.00	8.00	31.00	25.0	2：13	4：40	合格	0.8	1.8	5.1	18.7	7.2	25.0	9.6	36.2
H24	45.14	9.86	7.00	8.00	30.00	24.6	2：07	4：12	合格	0.8	1.6	3.8	12.9	7.3	24.4	9.5	35.4

表 4-19　水泥实际组成（%）

编号	熟料	矿渣	钢渣	石灰石	石膏	水泥中 SO₃
H20	17.00	38.00	34.00	8.00	3.00	2.46
H21	17.00	38.00	33.00	8.00	4.00	2.95
H22	17.00	38.00	32.00	8.00	5.00	3.44
H23	17.00	38.00	31.00	8.00	6.00	3.92
H24	17.00	38.00	30.00	8.00	7.00	4.41

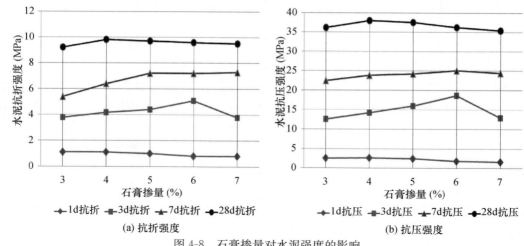

图 4-8　石膏掺量对水泥强度的影响

由表 4-18 和图 4-8 可见，石膏掺量对矿渣少熟料水泥各龄期的强度都有一定的影响，水泥各龄期的强度均有一个最佳的石膏掺量。石膏掺量为 6％（水泥 SO_3 含量为 3.92％）时，3d 和 7d 强度均最高；而石膏掺量为 4％（水泥 SO_3 含量为 2.95％）时，28d 强度最高。

从图 4-9 也可以看出，石膏掺量对水泥凝结时间的影响不是很大，石膏掺量从 3％（水泥 SO_3 含量为 2.46％）增加到 6％（水泥 SO_3 含量为 3.92％）时，水泥初凝时间基本上不变，终凝时间有所延长。而石膏掺量大于 6％后，初凝时间和终凝时间均有所缩短。

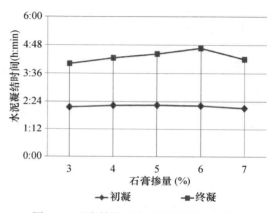

图 4-9　石膏掺量对水泥凝结时间的影响

综合以上试验结果，石膏掺量以 5％（水泥 SO_3 含量为 3.44％）左右为佳。但需要特别指出的是，影响石膏最佳掺量的因素较多，如石膏品位、矿渣掺量、熟料成分、矿渣成分等。各厂原料和工艺条件不同，石膏最佳掺量也会有所不同，因此，各厂应根据自身的情况，通过试验确定最佳石膏掺量。

4.3.3　石灰石掺量的影响

在矿渣硅酸盐水泥中掺入不超过水泥质量 8％的石灰石代替矿渣，通常可以提高水泥早期强度并可改善水泥的一些性能。由于石灰石价格便宜，易磨性好，有利于降低水泥的生产成本，因此矿渣硅酸盐水泥中通常都掺有少量石灰石，矿渣少熟料水泥也不例外。为了研究石灰石掺量对矿渣少熟料水泥性能的影响，使用表 4-18 中 3908 矿渣熟料等半成品，按进行表 4-20 的配合比配制成水泥，然后进行水泥性能检验，结果如表 4-20 和图 4-10 所示。

由表 4-21 和图 4-10 可见，石灰石掺量对矿渣少熟料水泥各龄期的强度都有一定的影响，随着水泥中石灰石掺量的提高，水泥 1d、3d 和 7d 强度均有所增加。石灰石掺量为 5％时，水泥 28d 强度达到最大值，继续增加石灰石掺量，水泥 28d 强度将显著下降。

从图 4-11 也可以看出，石灰石掺量对水泥凝结时间的影响不是很大，石灰石掺量从 0 增加到10%时，水泥初凝时间基本上不变，终凝时间有所延长。而石灰石掺量大于10%后，初凝时间还是基本不变，但终凝时间有所缩短。

综合以上试验结果，矿渣少熟料水泥中的石灰石掺量宜控制在5%～10%之间为佳。

表 4-20　石灰石掺量对水泥性能的影响

编号	3908 矿渣熟料（%）	1701 熟料矿渣（%）	石膏（%）	石灰石（%）	钢渣（%）	标准稠度（%）	初凝（h：min）	终凝（h：min）	安定性	1d（MPa）		3d（MPa）		7d（MPa）		28d（MPa）	
										抗折	抗压	抗折	抗压	抗折	抗压	抗折	抗压
H25	45.14	9.86	5	0	40	24.4	2：00	4：12	合格	0.6	2.2	4.0	13.7	7.4	22.6	9.5	37.2
H26	45.14	9.86	5	5	35	24.4	2：11	4：23	合格	0.6	2.4	4.2	14.1	7.3	23.4	10.4	37.3
H27	45.14	9.86	5	10	30	24.4	2：09	4：31	合格	0.7	2.6	4.4	14.7	7.3	24.5	9.9	36.1
H28	45.14	9.86	5	15	25	25.0	2：04	4：20	合格	0.7	2.8	4.4	15.4	7.3	25.2	9.5	34.8
H29	45.14	9.86	5	20	20	24.6	2：06	4：10	合格	0.7	2.9	4.4	16.1	7.4	26.6	9.1	32.9

表 4-21　水泥实际组成（%）

编号	熟料	矿渣	钢渣	石灰石	石膏	水泥中 SO$_3$
H25	17.00	38.00	40.00	0	5.00	3.64
H26	17.00	38.00	35.00	5.00	5.00	3.51
H27	17.00	38.00	30.00	10.00	5.00	3.39
H28	17.00	38.00	25.00	15.00	5.00	3.26
H29	17.00	38.00	20.00	20.00	5.00	3.13

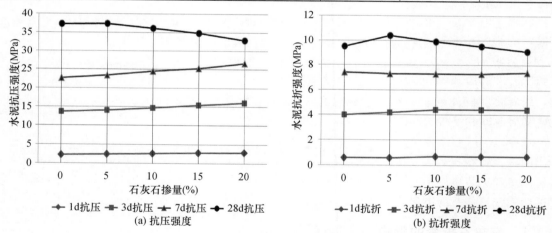

图 4-10　石灰石掺量对水泥强度的影响

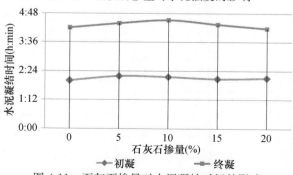

图 4-11　石灰石掺量对水泥凝结时间的影响

4.3.4 钢渣掺量的影响

钢渣是炼钢工业中用石灰石作为熔剂提取生铁中的 SiO_2、Al_2O_3 等杂质后而形成的废渣。由于钢渣中含有 C_2S、C_3S 等水硬性矿物以及铝硅玻璃体,因而具有一定的胶凝性能。钢渣碱度较高,并含有少量 f-CaO,在矿渣少熟料水泥中掺入少量钢渣,有时可以弥补因熟料掺量少而造成的水泥碱度下降的缺陷。因此,有必要研究钢渣掺量对矿渣少熟料水泥性能的影响规律。

4.3.4.1 42.5 等级水泥的适宜钢渣掺量

选取表 4-22 的原料,在 $\phi500mm×500mm$ 试验室小磨中,按优化粉磨工艺的要求,进行如下试验。

表 4-22   原料的化学成分 (%)

原料	产地	烧失量	SiO_2	Al_2O_3	Fe_2O_3	CaO	MgO	SO_3	合计
矿渣	江苏南钢	−0.17	33.97	17.03	2.13	36.09	8.17	0.04	97.22
钢渣	湖北武钢	2.05	16.63	7.00	18.90	38.50	9.42	2.54	95.04
石膏	江苏南京	3.50	3.29	0.15	0.08	40.82	1.61	49.59	99.05
熟料	湖北黄石	0.41	22.30	5.04	3.36	65.60	2.32	0.27	99.30

1701 熟料矿渣:将熟料破碎后过 3mm 筛,矿渣经 110℃烘干后,按熟料:矿渣=17:1 的比例(质量比),混合在 $\phi500mm×500mm$ 试验室磨内粉磨,每磨 5kg,粉磨 40min,测得密度为 $3.13g/cm^3$,比表面积为 $421.9m^2/kg$。

4509 矿渣熟料:将矿渣烘干后与破碎后的熟料,按 45:9 的比例,每磨 5kg,混合粉磨 80min 得到矿渣熟料粉,测得密度为 $3.06g/cm^3$,比表面积为 $507.1m^2/kg$。

钢渣粉:将钢渣破碎并烘干后,每磨 5kg,单独粉磨 70min 得到钢渣粉,测定密度为 $3.1g/cm^3$,比表面积为 $448m^2/kg$。

石膏粉:将石膏破碎后,单独粉磨 20min 得到石膏粉,测定密度为 $2.86g/cm^3$,比表面积为 $599.2m^2/kg$。

表 4-23   钢渣掺量对水泥性能的影响

编号	1701 熟料矿渣 (%)	4509 矿渣熟料 (%)	钢渣 (%)	石膏 (%)	标准稠度 (%)	初凝 (h:min)	终凝 (h:min)	安定性	3d (MPa) 抗折	3d (MPa) 抗压	28d (MPa) 抗折	28d (MPa) 抗压
N11	18.53	74.97	0.00	6.50	26.8	3:32	4:40	合格	7.3	25.4	10.6	49.2
N12	19.39	70.11	4.00	6.50	27.0	3:30	4:45	合格	7.0	25.3	10.3	48.8
N13	20.25	65.25	8.00	6.50	26.8	3:35	4:51	合格	6.8	24.2	10.5	48.5
N14	21.11	60.39	12.00	6.50	26.9	3:41	4:55	合格	6.4	23.9	9.7	45.6

表 4-24   水泥实际组成 (%)

编号	熟料	矿渣	钢渣	石膏	水泥中 SO_3
N11	30.00	63.50	0	6.50	3.33
N12	30.00	59.50	4.00	6.50	3.43
N13	30.00	55.50	8.00	6.50	3.53
N14	30.00	51.50	12.00	6.50	3.63

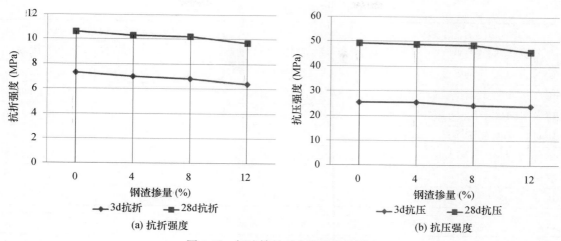

图 4-12　钢渣掺量对水泥强度的影响

　　由表 4-23、表 4-24 和图 4-12 可见，钢渣掺量对矿渣少熟料水泥各龄期的强度都有较大的影响，随着水泥钢渣掺量的提高，水泥 3d 和 28d 强度均有所下降。钢渣掺量≤8％时，水泥各龄期的强度下降不明显，当钢渣掺量大于 8％后，水泥 28d 强度将显著降低。从表 4-23 也可以看出，钢渣掺量对水泥凝结时间的影响不是很大，钢渣掺量从 0 增加到 12％时，水泥初凝和终凝时间均变化不大。因此，矿渣少熟料水泥中的钢渣掺量宜控制在≤8％为宜。

　　以上所有试样均达到了矿渣硅酸盐水泥 42.5 强度等级的性能指标，说明选择活性较好的矿渣，同时适当提高矿渣熟料粉的比表面积，即可生产出 42.5 强度等级的矿渣少熟料水泥。

4.3.4.2　32.5 等级水泥的适宜钢渣掺量

　　选取表 4-25 的原料，在 ϕ500mm×500mm 试验室小磨中，按优化粉磨工艺的要求，进行如下试验。

表 4-25　原料的化学成分（％）

原料	产地	烧失量	SiO_2	Al_2O_3	Fe_2O_3	CaO	MgO	SO_3	合计
矿渣	山西文水	−1.02	37.56	12.50	1.58	40.14	6.15	0.08	96.99
钢渣	山西太原	2.52	20.70	3.25	16.68	42.20	12.35	0.20	97.90
石膏	山西文水	25.08	0.28	0.30	0.34	31.67	3.76	37.01	98.44
熟料	山西文水	2.25	21.08	5.53	3.38	63.34	3.18	0.23	98.99
石灰石	湖北武汉	40.91	4.10	1.24	0.30	51.36	0.72	—	98.63

　　6620 矿渣熟料：将矿渣烘干后与破碎后的熟料，按 66∶20 的比例（质量比），每磨 5kg，混合粉磨 60min 得到矿渣熟料粉，测得密度为 2.96g/cm³，比表面积为 488.5m²/kg。

　　钢渣粉：将钢渣破碎并烘干后，每磨 5kg，单独粉磨 40min 得到钢渣粉，测定密度为 3.4g/cm³，比表面积为 478m²/kg。

　　石膏石灰石粉：将石膏和石灰石破碎后，按石膏∶石灰石＝9∶5 的比例（质量比）混合粉磨，每磨 5kg，粉磨 20min，测定密度为 2.56g/cm³，比表面积为 593.6m²/kg。

表 4-26　钢渣掺量对水泥性能的影响

编号	6620 矿渣熟料（%）	石膏石灰石（%）	钢渣（%）	标准稠度（%）	初凝（h：min）	终凝（h：min）	安定性	3d（MPa）		28d（MPa）	
								抗折	抗压	抗折	抗压
B0	86	14	0	26.4	3：30	4：45	合格	4.0	17.8	9.0	45.8
B1	81	14	5	26.2	3：32	4：49	合格	4.2	17.0	8.7	43.6
B2	76	14	10	26.8	3：35	4：55	合格	4.3	16.0	8.3	40.2
B3	71	14	15	26.7	3：42	5：10	合格	4.0	15.9	7.9	37.8
B4	66	14	20	26.9	3：39	5：13	合格	3.6	14.7	7.5	34.8
B5	61	14	25	26.3	3：45	5：21	合格	3.4	14.3	6.5	32.6
B6	56	14	30	26.2	3：49	5：15	合格	3.3	13.8	5.8	30.2

表 4-27　水泥实际组成（%）

编号	熟料	矿渣	石膏	石灰石	钢渣	水泥中 SO₃
B0	20.00	66.00	9.00	5.00	0	3.40
B1	18.84	62.16	9.00	5.00	5.00	3.41
B2	17.67	58.33	9.00	5.00	10.00	3.41
B3	16.51	54.49	9.00	5.00	15.00	3.42
B4	15.35	50.65	9.00	5.00	20.00	3.43
B5	14.19	46.81	9.00	5.00	25.00	3.43
B6	13.02	42.98	9.00	5.00	30.00	3.44

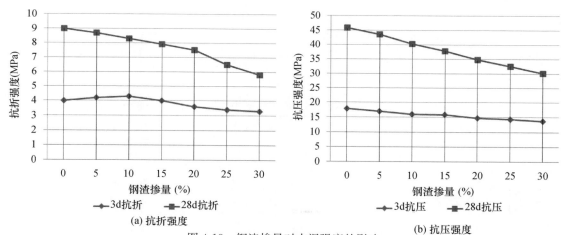

图 4-13　钢渣掺量对水泥强度的影响

　　由表 4-26、表 4-27 和图 4-13 可见，钢渣掺量对矿渣少熟料水泥各龄期的强度具有很大的影响，随着水泥钢渣掺量的提高，水泥 3d 和 28d 强度均显著降低。当钢渣掺量≤15％时，水泥各龄期的强度数据可以满足生产 32.5 等级矿渣硅酸盐的强度指标要求。从表 4-26 也可以看出，钢渣掺量对水泥凝结时间的影响不是很大，钢渣掺量从 0 增加到 30％时，水泥初凝和终凝时间有所增长，但变化不大。因此，32.5 等级的矿渣少熟料水泥中的适宜钢渣掺量，应综合矿渣活性大小以及矿渣熟料粉的比表面积，根据水泥强度高低来确定。水泥强度高，可适当增加钢渣掺量，水泥强度低，应适当减少钢渣掺量，通常生产上控制钢渣掺量≤15％为宜。

4.4　矿渣少熟料水泥的水化

掺大量混合材的少熟料水泥的水化，通常都是加水后，水泥中的熟料先水化，水化产生氢氧化钙后，氢氧化钙再与混合材反应形成一系列水化产物。为了了解矿渣少熟料水泥的水化硬化过程及其特点，进行如下试验。

4.4.1　原料与矿渣少熟料水泥的制备

采用表 4-15 的原料，将矿渣和钢渣单独粉磨至比表面积 $420m^2/kg$ 左右，进行 X 射线衍射，结果如图 4-14 和图 4-15 所示。可见，矿渣基本上是玻璃体，而钢渣中含有 C_3S、C_2S、$Ca(OH)_2$、$CaCO_3$ 矿物以及方镁石（MgO）等晶体。

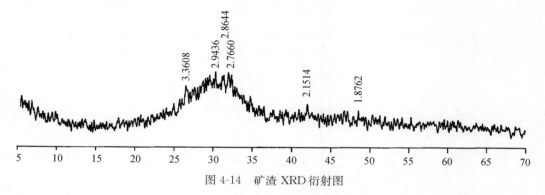

图 4-14　矿渣 XRD 衍射图

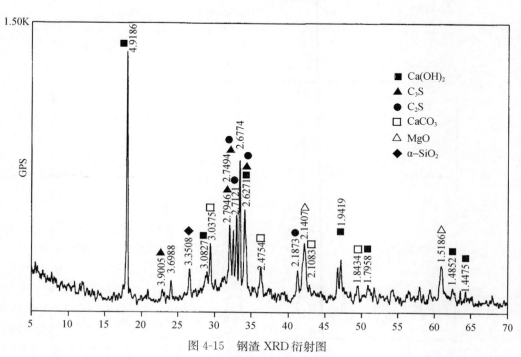

图 4-15　钢渣 XRD 衍射图

将表 4-15 的原料按优化粉磨工艺要求,将矿渣烘干后与破碎后的熟料,按 60∶17 的比例,混合粉磨得到矿渣熟料粉,测得比表面积为 483.7m²/kg。将石膏和石灰石破碎后,按石膏∶石灰石＝5∶10 的比例混合粉磨,测定比表面积为 578.5m²/kg。钢渣破碎并烘干后,单独粉磨得到钢渣粉,测定比表面积为 421.3m²/kg。将矿渣熟料粉 77%、石膏石灰石粉 15%、钢渣粉 8%,混合配制成矿渣少熟料水泥。水泥的实际组成为:熟料 17%,矿渣 60%,石膏 5%,石灰石 10%,钢渣 8%。

4.4.2 水化产物的 XRD 衍射

将矿渣少熟料水泥加 27% 的水搅拌成水泥净浆,20℃下密封养护至规定龄期后,取出进行 X 射线衍射,结果如图 4-16 和图 4-17 所示。

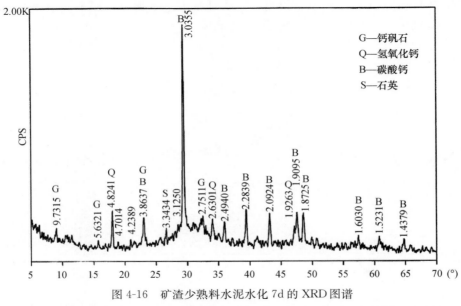

图 4-16 矿渣少熟料水泥水化 7d 的 XRD 图谱

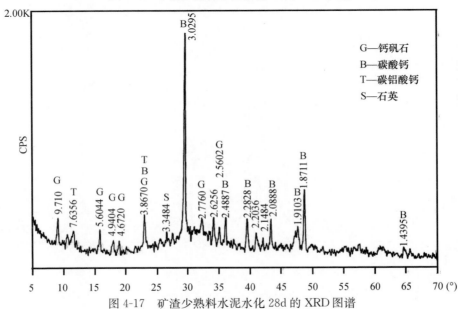

图 4-17 矿渣少熟料水泥水化 28d 的 XRD 图谱

　　由图 4-16 可以看出，矿渣少熟料水泥水化 7d 时，出现了钙矾石衍射峰（9.72°、5.60°、3.87°、2.77°、2.56°）、氢氧化钙衍射峰（4.90°、2.627°、1.925°），同时有碳酸钙衍射峰（3.859°、3.034°、2.830°、2.495°、2.285°、2.095°、1.913°、1.815°、1.626°、1.604°、1.525°、1.505°、1.440°、1.420°）存在。而试样中石膏残余衍射峰则不明显。

　　由图 4-17 可见，矿渣少熟料水泥水化 28d 衍射图中钙矾石衍射主峰（9.72°）明显增高，说明矿渣少熟料水泥水化后期仍有钙矾石晶体产生。

4.4.3　水化产物的 SEM 分析

　　运用电子显微镜，对矿渣少熟料水泥水化 7d 及 28d 试样进行微观型貌分析，结果如图 4-18 所示。可见，矿渣少熟料水泥水化 7d 试样，水泥颗粒表面和孔洞中已生长出一些纤维状以及絮状 C-S-H 凝胶和大量针状的 AFt 晶体。水化 28d 的 SEM 图可以看出，水化产物中以团絮状、细粒状无定形的 C-S-H 凝胶和针状、柳叶状及短柱状 AFt 为主。随着水化时间延长，各水化产物不断增多，大量水化产物相互交织、填充形成密实的网络结构，浆体的致密度提高。

(a) 水化7d　　　　　　　　　　　(b) 水化28d

图 4-18　矿渣少熟料水泥水化产物的 SEM 照片

4.4.4　矿渣少熟料水泥水化过程及特点

　　（1）矿渣少熟料水泥的水化过程

　　矿渣少熟料水泥加水拌合后，首先是熟料的水化。熟料中的矿物 C_3A 迅速与石膏作用，生成针状晶体钙矾石（AFt），C_3S 水化成 C-S-H、$Ca(OH)_2$，同时还有水化硫铁酸钙等产物，这些水化物的性质与纯硅酸盐水泥水化时的产物是相同的[1]。

　　由于 $Ca(OH)_2$ 的形成及石膏的存在，矿渣的潜在水硬性得到激发。$Ca(OH)_2$ 作为碱性激发剂，它解离矿渣玻璃体结构，使玻璃体中的 Ca^{2+}、AlO_4^{5-}、Al^{3+}、SiO_4^{4-} 离子进入溶液，造成矿渣的分散和溶解；同时 $Ca(OH)_2$ 与矿渣中的活性 SiO_2、Al_2O_3 作用生成水化硅酸钙和水化铝酸钙。$Ca(OH)_2$ 与石膏的共同作用，矿渣中的活性 Al_2O_3 按如下过程进行反应形成水化硫铝酸钙：

$$Al_2O_3 + 3Ca(OH)_2 + 3(CaSO_4 \cdot 2H_2O) + 23H_2O \longrightarrow 3CaO \cdot Al_2O_3 \cdot 3CaSO_4 \cdot 32H_2O$$

　　除此之外，还可生成水化硫铁酸钙、水化铝硅酸钙（C_2ASH_8）、水化石榴子石等。

　　由于矿渣少熟料水泥中熟料的相对含量减小，并且有相当多的 $Ca(OH)_2$ 又与矿渣活性组分作用，所以与硅酸盐水泥相比，水化产物的碱度一般较低，$Ca(OH)_2$ 含量较少，而钙矾石含量则较多。

（2）矿渣少熟料水泥的硬化特性

应该说与矿渣硅酸盐水泥一样，矿渣少熟料水泥在水化的同时也在进行着硬化过程。拌水水化后，首先是熟料矿物的先期水化产物逐渐填充由水所占据的空间，水泥颗粒粒子逐渐接近；由于钙矾石这种针状、棒状晶体的相互搭接，特别是大量箔片状、纤维状 C-S-H 的交叉攀附，从而使原先分散的水泥颗粒以及水化产物连结起来，构成一个三维空间牢固结合、密实的整体。但是，由于矿渣少熟料水泥中水泥熟料矿物相对地减少了，而矿渣的潜在活性早期尚未得到充分激发与发挥，水化产物相对较少，因而矿渣少熟料水泥的早期硬化较慢，所表现出来的是水泥的 3d、7d 强度偏低。

矿渣少熟料水泥中的石灰石在水化过程中起微集料的作用，能分散熟料颗粒，加速水泥早期水化，促进水化硅酸钙的形成，因而也促进了水泥早期强度的增长[2]。石灰石一方面促使熟料中 C_3S 水化加速，水泥中 $Ca(OH)_2$ 浓度迅速增加，为矿渣的水化提供适宜的碱度条件。另一方面矿渣颗粒内的活性 Al_2O_3、CaO 及熟料中 C_3A 等矿物不断溶解到液相中，它们与液相中的硫酸根离子反应生成水化硫铝酸钙，随后它们会和碳酸根离子反应生成水化碳铝酸钙。这些水化硫铝酸钙和水化碳铝酸钙填充在空隙中，相互搭接在一起，使水泥石致密提高。同时石灰石颗粒还可以吸附水泥中的 Ca^{2+} 离子，并以石灰石颗粒为异相晶核，在其表面生成 C-S-H 凝胶；且熟料及矿渣本身也发生水化作用，生成相应的 C-S-H 凝胶、钙矾石等水化产物。C-S-H 凝胶粘接在石灰石颗粒表面，水化硫铝酸钙和水化碳铝酸钙填充在空隙中，这些水化产物互相交织，使水泥石不断密实，强度不断提高。最终，大量未水化的剩余的石灰石颗粒被各种水化产物所包裹，同时也起着骨架的填充作用。因此，矿渣少熟料水泥中加入少量石灰石可以提高水泥早期强度。

随着水化不断进行，矿渣的潜在活性得以激发与发挥，虽然 $Ca(OH)_2$ 在不断减少，但新的水化硅酸钙、水化铝酸钙以及钙矾石大量形成，水泥颗粒与水化产物间的连结逐渐紧密，结合逐渐趋于牢固，硬化体孔隙率逐渐变低，平均孔径变小，强度不断增长。

4.5 矿渣少熟料水泥的性能

矿渣少熟料水泥熟料掺量少，环境协调性好，生产成本低，强度性能也不差，无疑是比较理想的水泥品种，但是，还尚无足够的试验数据，特别是长期耐久性数据证明其能像通用硅酸盐水泥那样实现普遍推广应用。众所周知，凡是使用于建筑结构工程上的水泥，都必须具有良好的长期耐久性。为了能使矿渣少熟料水泥得到普遍推广应用，有必要对矿渣少熟料水泥的性能特别是长期耐久性能进行深入的研究。但值得注意的是，世界上还没有哪种水泥是十全十美的。水泥的性能是多方面的，不同品种的水泥有不同的性能。不同的工程，不同的用途，应使用不同性能的水泥，这也是我们需要了解水泥各种性能的关键所在。

4.5.1 长期强度

选取表 4-16 中的 H58 试样，该试样实际组成为：熟料 15.56%，矿渣 39.44%，钢渣 35%，石膏 5%，石灰石 5%。水泥凝结时间正常，初凝 2h8min，终凝 3h18min；3d 抗压强度 13.6MPa，28d 抗压强度 34.2MPa，虽能满足 32.5 等级的要求，但富余强度不够，用于检验长期耐久性能，更能说明问题。

将 H58 试样按 GB/T 17617—1999《水泥胶砂强度检验方法（ISO）》成型后，分成两组，一组在标准 20℃水中养护至规定的龄期测定长期强度；另一组置于屋顶露天自然养护至规定龄期后测定强度，结果如表 4-28 和图 4-19 所示。

表 4-28 矿渣少熟料水泥长期强度

编号	28d（MPa）		90d（MPa）		180d（MPa）		270d（MPa）		360d（MPa）	
	抗折	抗压	抗折	抗压	抗折	抗压	抗折	抗压	抗折	抗压
标准养护	8.8	34.2	11.5	42.3	11.8	48.0	11.9	49.1	12.0	49.8
露天养护	8.8	34.2	7.2	41.6	8.2	49.8	11.1	51.0	11.5	51.4

注：试样成型日期为 2009 年 12 月 28 日；露天养护 90d 是指 20℃水中养护 28d 后，再露天养护 62d，合计 90d，其余类推。

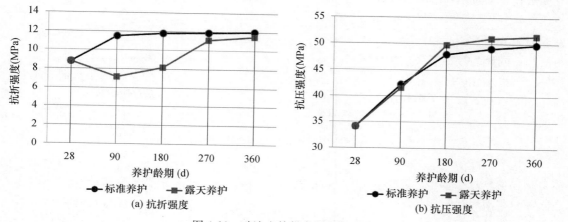

图 4-19 矿渣少熟料水泥长期强度

由表 4-28 和图 4-19 可见，矿渣少熟料水泥抗折强度在水中养护 28d 以后，继续在水中养护的试样均可不断上升，但 90d 后增长幅度逐渐减小，趋于稳定。而在露天养护的试样，90d 和 180d 两个龄期有明显的下降（可能是碳化造成），270d 后又得以上升，360d 后与水中养护的试样相差不大。矿渣少熟料水泥的抗压强度，水中养护和露天养护的强度发展规律两者相差不大，均随着龄期的增长，抗压强度不断上升，但在 180d 后，增长幅度均减少，趋于稳定。

综上所述，矿渣少熟料水泥的 28d 抗压强度只有 1 年强度的 68.4%左右；28d 抗折强度只有 1 年抗折强度的 76.5%左右，28d 以后抗折和抗压强度均还有较大的增长空间。因此，可以认为矿渣少熟料水泥具有较好的长期强度。

4.5.2 抗风化性能

将表 4-16 中的 H58 试样，分装在 3 个水泥留样筒内，每个筒装 3kg，然后敞开筒盖置于室内放置规定的时间后，将试样混合均匀并按 GB/T 17617—1999《水泥胶砂强度检验方法（ISO）》进行强度试验。观察试样的外观，发现放置 3 个月后的试样，表面水泥出现结团，其余试样正常。水泥性能试验结果如表 4-29 和图 4-20 所示。

表 4-29　矿渣少熟料水泥抗风化试验

编号	存放条件及试验时间	标稠（%）	初凝（h：min）	终凝（h：min）	安定性	1d（MPa）		3d（MPa）		7d（MPa）		28d（MPa）	
						抗折	抗压	抗折	抗压	抗折	抗压	抗折	抗压
H58	粉磨制成后立即试验	25.1	2：08	3：18	合格	0.8	2.3	4.0	13.6	6.8	23.7	8.8	34.2
H581	敞开筒盖室内放置1月	25.0	2：25	3：36	合格	1.0	2.5	4.2	13.4	6.8	23.6	9.5	35.6
H582	敞开筒盖室内放置2月	24.8	2：48	3：51	合格	0.8	2.1	3.6	10.6	6.5	22.8	8.9	36.1
H583	敞开筒盖室内放置3月	24.6	2：56	4：16	合格	0.5	1.2	2.9	7.8	6.2	21.9	8.2	36.5

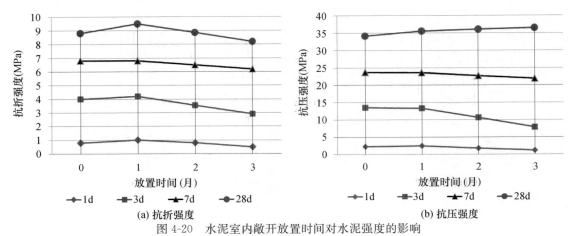

图 4-20　水泥室内敞开放置时间对水泥强度的影响

由表 4-29 和图 4-20 可见，将矿渣少熟料水泥敞开筒盖置于室内放置 1 个月后，其各龄期的强度基本不变或有所增长；放置 2 个月后，1d、3d 和 7d 强度有所下降，但 28d 强度还有所增加；放置 3 个月后，1d、3d 和 7d 强度出现比较明显的降低，而 28d 抗压强度还是有所增加；矿渣少熟料水泥具有较好的抗风化性能。此外，从表 4-29 还可看出，随着放置时间的延长，水泥的凝结时间均有所延长。

4.5.3　水化热

水泥水化热是大体积混凝土工程一个重要的使用性能，如何降低水化热，是提高大体积混凝土质量的重要措施之一。在矿渣硅酸盐水泥中，熟料的水化热比矿渣大得多，所以提高矿渣掺量可以显著降低水泥的水化热。由于矿渣少熟料水泥中矿渣掺量高，熟料掺量少，通常水化热较低。

将表 4-16 中的 H58 试样，按照 GB/T 12959—2008《水泥水化热测定方法》，检测 1d、3d、7d 的水化热，试验结果见表 4-30。

表 4-30　矿渣少熟料水泥的水化热

编号	标准稠度（%）	水化热（kJ/kg）		
		1d	3d	7d
H58	25.1	105	151	162

GB 200—2003《中热硅酸盐水泥、低热硅酸盐水泥、低热矿渣硅酸盐水泥》国家标准规定的各龄期水化热指标见表 4-31。对比表 4-30 和表 4-31 数据，可以发现矿渣少熟料水泥的水化热比低热矿渣水泥的水化热指标还低得多。

表 4-31　水泥强度等级的各龄期水化热

品种	强度等级	水化热（kJ/kg）	
		3d	7d
中热水泥	42.5	251	293
低热水泥	42.5	230	260
低热矿渣水泥	32.5	197	230

4.5.4　压蒸安定性

　　水泥加水硬化后体积变化的均匀性称为水泥安定性，即在水泥加水以后，逐渐水化硬化，水泥硬化浆体能保持一定形状，不开裂、不变形、不溃散的性质。一般来说，除了膨胀水泥这一类水泥在凝结硬化过程中体积稍有膨胀外，大多数水泥在此过程中体积稍有收缩，但这些膨胀和收缩都是硬化之前完成的，因此水泥石（包括砂浆和混凝土）的体积变化均匀，即安定性良好。如果水泥中某些成分的化学反应不在硬化前完成而在硬化后发生，并伴随有体积变化，这时便会使已经硬化的水泥石内部产生有害的内应力，如果这种内应力大到足以使水泥石的强度明显降低，甚至溃裂导致水泥制品破坏时，即是水泥安定性不良。

　　导致水泥安定性不良，一般是由于熟料中的游离氧化钙、结晶氧化镁或水泥中掺入石膏过多等原因所造成。其中，f-CaO 是一种最常见、影响也最严重的因素。死烧状态的 f-CaO 水化速度很慢，在硬化的水泥石中继续与水生成六方板状的 $Ca(OH)_2$ 晶体，体积增大近一倍，产生膨胀应力，以致破坏水泥石。其次是结晶氧化镁，即方镁石，它的水化速度更慢，水化生成 $Mg(OH)_2$ 时体积膨胀 148%。但急冷的熟料中的方镁石结晶细小，对安定性影响不大。第三是水泥中 SO_3 含量过高，即石膏掺入量过多，多余的 SO_3 在水泥硬化后继续与水和 C_3A 形成钙矾石，体积膨胀，产生膨胀应力而影响水泥的安定性。

　　不同原因引起的水泥安定性不良，必须采用不同的试验方法检验。f-CaO 由于水化相对较快，只需加热到 100℃ 即可在短时间内判断是否会引起水泥的安定性不良，所以采用沸煮法检验。方镁石由于水化很慢，即使加热到 100℃ 也不能判断，必须采用高温高压（215.7℃，2.0MPa）持续养护 3h 才能得出结论。当普通硅酸盐水泥、矿渣硅酸盐水泥、火山灰硅酸盐水泥、粉煤灰硅酸盐水泥的压蒸膨胀率不大于 0.50%，硅酸盐水泥压蒸膨胀率不大于 0.80% 时，为压蒸安定性合格，反之为不合格。对于 SO_3 所引起的安定性不良，大量的试验表明只要控制水泥中的 SO_3 含量不大于 3.5%（矿渣水泥 4.0%），水泥就不会由于 SO_3 而出现安定性不良。

　　矿渣少熟料水泥由于熟料掺量很少，矿渣掺量很高，熟料带入的 f-CaO 量很少，虽然钢渣中含有一定量的 f-CaO，但现在的钢渣大多都是经过"热闷法"处理，大部分 f-CaO 得到了消解，因此危害也不大。因此，矿渣少熟料水泥用沸煮法检测出来的安定性均很好，到目前为止还未发现沸煮安定性不合格的矿渣少熟料水泥试样。至于 SO_3 所引起的安定性不良，由于控制了矿渣少熟料水泥中的 $SO_3 \leqslant 4\%$，因此也未发生过 SO_3 所引起的安定性不良现象。

　　由钢渣、水泥熟料、适量矿渣和石膏而构成的钢渣硅酸盐水泥，GB 13590—2006《钢渣硅酸盐水泥》国家标准对安定性的要求为：当钢渣中氧化镁含量大于 13% 时，压蒸安定性必须合格。由于矿渣少熟料水泥中经常掺有钢渣，因此有必要进行压蒸安定性检验。

　　将表 4-16 中的 H58 试样，按照 GB/T 750—1992《水泥压蒸安定性试验方法》进行检测，得到的压蒸膨胀率为 0.03%，远小于 0.5% 的指标要求，所以 H58 试样的压蒸安定性合格。

4.5.5 抗冻性能

水泥的抗冻性与水泥石强度和孔结构关系密切，水泥石的强度越高，浆体结构抵抗结冰时产生的膨胀应力的能力就越强，其抗冻性就越好。例如，将水灰比控制在 0.4 以下时，硬化浆体的抗冻性就相当高，而水灰比大于 0.55 时，其抗冻性将显著下降，这是因为水灰比较大，硬化浆体内毛细孔数量多，孔的尺寸也增大，导致抗冻性下降。因此，水泥的抗冻性与水泥的使用方法有关，但为了了解矿渣少熟料水泥的抗冻性能，采用对比试验进行研究。

采用表 4-32 的原料，在 ϕ 500mm×500mm 试验室小磨中，按优化粉磨工艺的要求，进行如下试验。

1501 熟料矿渣：将熟料破碎成细粉并通过 1mm 筛，按熟料：矿渣＝15：1 的比例，每磨 5kg，混合粉磨 70min 得到熟料矿渣粉，测定密度为 3.16g/cm³，比表面积为 448m²/kg。

4608 矿渣熟料：将矿渣烘干后，与破碎后的熟料，按矿渣：熟料＝46：8 的比例，混合粉磨 90min 得到矿渣熟料粉，测定密度为 2.95g/cm³，比表面积为 530m²/kg。

钢渣：将钢渣破碎烘干后，单独粉磨 50min 得到钢渣粉，测定密度为 3.05g/cm³，比表面积为 598m²/kg。

石膏：将石膏破碎后，单独粉磨 25min 得到石膏粉，测定密度为 2.38g/cm³，比表面积为 689m²/kg。

将以上粉磨后的半成品，按表 4-33 的配合比混合制成水泥，同时为了进行对比试验，在市场上购买了几种商品水泥，再加上表 4-16 中的 H58 试样，一同进行对比试验，各水泥试样的实际组成见表 4-34，水泥的物理力学性能检验结果见表 4-33。

表 4-32　原料的化学成分（%）

原料	产地	烧失量	SiO₂	Al₂O₃	Fe₂O₃	CaO	MgO	SO₃	合计
矿渣	云南昆钢	−0.83	34.62	14.57	0.64	40.94	6.75	1.44	98.13
钢渣	云南昆钢	8.92	20.87	6.63	19.27	35.26	3.48	0.28	94.71
石膏	云南昆明	25.27	0.64	0.44	0.16	32.95	4.01	34.5	97.97
熟料	云南昆明	0.83	22.01	5.03	3.49	65.28	2.29	0.17	99.10

表 4-33　水泥试样的配比和性能

编号	1501 熟料矿渣（%）	4608 矿渣熟料（%）	钢渣（%）	石膏（%）	标准稠度（%）	初凝（h：min）	终凝（h：min）	安定性	1d（MPa）抗折	1d（MPa）抗压	3d（MPa）抗折	3d（MPa）抗压	28d（MPa）抗折	28d（MPa）抗压
K12	8	54	30	8	26.4	2：25	4：27	合格	0.6	3.2	3.9	18.5	9.4	43.8
H58	配比见表 4-16				25.1	2：08	3：18	合格	0.8	2.3	4.0	13.6	8.8	34.2
HX	HXYX 水泥厂生产的 P·C32.5				26.7	2：13	4：02	合格	2.0	7.4	4.0	17.1	7.9	37.5
HF	ZYHF 水泥厂生产的 P·S·B32.5				26.3	3：23	4：55	合格	0.9	3.0	2.1	8.7	5.8	22.0
GQ	HBGQ 水泥厂生产的 P.S.A32.5				26.5	2：20	3：40	合格	1.7	5.8	4.1	16.8	8.0	50.5
GH	WHGH 水泥厂生产的 P·C32.5				27.5	2：42	4：12	合格	0.9	4.2	4.6	14.2	9.4	44.2

表 4-34　水泥实际组成（%）

编号	熟料	矿渣	钢渣	石灰石	石膏	水泥中 SO$_3$
K12	15.50	46.50	30.00	0	8.00	3.54
H58	15.56	39.44	35.00	5.00	5.00	3.51
HX	HXYX 水泥厂生产的 P·C 32.5					2.70
HF	ZYHF 水泥厂生产的 P·S·B 32.5					3.10
GQ	HBGQ 水泥厂生产的 P·S·A 32.5					2.89
GH	WHGH 水泥厂生产的 P·C 32.5					2.96

　　将表 4-33 的水泥试样，根据 GB/T 17671—1999《水泥胶砂强度试验方法》（ISO 法），并按水泥胶砂流动度达到 180mm±5mm 的用水量，成型一批 40mm×40mm×160mm 胶砂试体，标准养护 28d 后，分为两组，一组继续标准养护，另一组进行冻融试验。采用慢冻法，将养护了 28d 的试体从水中取出，用布擦去表面的水，称重。然后放入冰箱冷冻室中，试块之间要有间距，应架空。冷冻室温度控制在 -20～-15℃，早晨放入冰箱，冷冻 12h 后取出放入 20℃ 的温水中解冻 12h，每天冻融循环 1 次，共冻融 25 次后取出称重并计算失重率，测定强度，对比试样一直标准养护至相同龄期一起破型测定，进行强度对比，试验结果见表 4-35。

表 4-35　水泥试样冻融试验结果

编号	试块	原重（g）	冻后重（g）	失重率（%）	平均（%）	标准养护 53d 强度		标养 28d 冻融 25 次后强度	
						抗折（MPa）	抗压（MPa）	抗折（MPa）	抗压（MPa）
K12	1	585.9	585.6	-0.05	-0.10	10.0	46.3	6.4 (0.64)	44.5 (0.96)
	2	587.8	587.0	-0.14					
	3	581.5	580.8	-0.12					
H58	1	588.3	594.7	1.09	1.07	10.3	44.0	2.8 (0.27)	28.6 (0.65)
	2	589.1	595.6	1.10					
	3	594.1	600.1	1.01					
HX	1	592.8	594.9	0.35	0.29	9.1	42.2	3.5 (0.38)	30.5 (0.72)
	2	590.2	591.4	0.20					
	3	588.7	590.5	0.31					
HF	1	588.2	590.1	0.32	0.26	6.5	24.4	1.6 (0.25)	15.3 (0.63)
	2	581.3	582.6	0.22					
	3	582.0	583.4	0.24					
GC	1	580.5	579.7	-0.14	-0.15	9.0	53.9	7.8 (0.87)	53.2 (0.99)
	2	595.6	595.1	-0.08					
	3	592.7	591.3	-0.24					
GH	1	588.8	592.2	0.58	0.57	11.3	46.8	1.6 (0.14)	29.6 (0.63)
	2	588.6	591.6	0.51					
	3	592.9	596.6	0.62					

注：括号中的数据为冻融后的强度与冻融前强度的比值。

由表 4-35 可见，水泥试样冻融后的强度损失与水泥的强度有关。水泥强度越高，冻融后的强度损失越小。从试验结果看，本试验中的矿渣少熟料水泥的抗冻性能相差较大，强度较高的 K12 试样，经 25 次循环冻融后的强度损失较小，而强度较低的 H58 试样经 25 次冻融循环后，强度损失很大。总体上看，32.5 等级的矿渣少熟料水泥的抗冻性能与 32.5 等级复合硅酸盐水泥的抗冻性能相差不大。

4.5.6 抗硫酸盐性能

绝大部分硫酸盐对于通用硅酸盐水泥的硬化浆体都有显著的侵蚀作用，只有硫酸钡除外。在一般的河水和湖水中，硫酸盐含量不多，但在海水中 SO_4^{2-} 离子的含量常达 $2500\sim2700mg/L$。有些地下水，流经含有石膏、芒硝或其他硫酸盐成分的岩石夹层后，部分硫酸盐溶入水中，也会引起一些工程的明显侵蚀。这主要是由于硫酸钠、硫酸钾等多种硫酸盐都能与浆体所含的氢氧化钙作用生成硫酸钙，再和水化铝酸钙反应，生成钙矾石，从而使固相体积增加很多，分别为 124% 和 94%，产生相当大的结晶压力，造成膨胀开裂以至毁坏。

为了研究矿渣少熟料水泥的抗硫酸盐侵蚀性能，采用表 4-16 的 H58 试样及表 4-33 中 WHGH 水泥厂生产的 P·C 32.5 水泥（编号为 GH）进行对比试验。

按 GB/T 749—2008《水泥抗硫酸盐侵蚀试验方法》中的浸泡抗蚀性能试验方法进行。采用三条截面为 $10mm\times10mm\times60mm$ 的棱柱试体，标准砂使用符合 GB/T 17671—1999 规定的粒度范围在 $0.5\sim1.0mm$ 的中级砂。水泥与标准砂的质量比为 1∶2.5，水灰比为 0.5。硫酸盐侵蚀溶液采用化学纯无水硫酸钠试剂配制浓度为 3%（质量分数）的硫酸盐溶液，温度为 $20℃\pm1℃$。

试样加压成型并在 $20℃$ 养护箱养护 $24h\pm2h$ 后脱模，放入 $50℃$ 湿热养护箱中装有 $50℃\pm1℃$ 水的容器中养护 $7d$ 取出。分成两组，每组 9 条。一组放入 $20℃$ 养护箱中装有 $20℃\pm1℃$ 水的容器中继续养护，另一组放入 $20℃$ 养护箱中装有 $20℃\pm1℃$ 硫酸盐侵蚀溶液的容器中浸泡。试体在容器中浸泡时，每条试体需有 $200mL$ 的侵蚀溶液，液面至少高出试体顶面 $10mm$。为避免侵蚀溶液蒸发，容器加盖。试体在浸泡过程中，每天一次用硫酸 (1+5) 滴定硫酸盐侵蚀溶液，以中和试体在溶液中放出的 $Ca(OH)_2$，边滴定加搅拌使侵蚀溶液的 pH 保持在 7.0 左右。两组试体养护到规定的龄期后取出测定抗折强度，以试体在侵蚀溶液中抗折强度与在 $20℃$ 水中养护同龄期抗折强度的比值，表示其抗蚀系数。试验结果如表 4-36 和图 4-21 所示。可见，矿渣少熟料水泥 H58 试样的抗蚀系数高于复合硅酸盐水泥 GH 试样，说明矿渣少熟料水泥的抗硫酸盐侵蚀性能比复合硅酸盐水泥好。

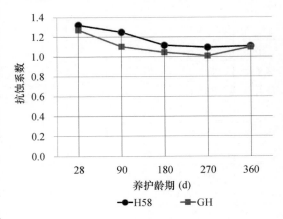

图 4-21 水泥抗蚀系数对比试验

表 4-36　矿渣少熟料水泥抗硫酸盐性能试验

编号	养护条件	28d	90d	180d	270d	360d
H58	清水中抗折强度（MPa）	9.3	9.7	10.4	10.8	11.1
	Na_2SO_4 溶液中抗折强度（MPa）	12.3	12.1	11.6	11.8	12.3
	抗蚀系数	1.32	1.25	1.12	1.09	1.11
GH	清水中抗折强度（MPa）	9.6	10.9	11.4	12.2	11.2
	Na_2SO_4 溶液中抗折强度（MPa）	12.2	12.0	11.9	12.3	12.3
	抗蚀系数	1.27	1.10	1.04	1.01	1.10

4.5.7　体积变化性能

水泥混凝土普遍存在湿胀干缩现象，也就是通常所说的水泥混凝土的体积变化。水泥混凝土所处的外部环境湿度低于内部湿度，引起内部水分蒸发所造成的因失水而导致体积收缩称为干缩。相反，就会引起水泥混凝土的体积膨胀，称为湿胀。湿胀干缩是引起水泥混凝土开裂的最主要原因之一，干缩裂缝导致水泥混凝土耐久性下降，有时甚至导致结构破坏。而混凝土的湿胀干缩主要是由水泥浆体引起的，水泥体积变化性能的研究是一个较早引起人们关注的焦点问题。

水泥的干缩究其根源都是由水泥石结构失水引起的。在干燥环境下，水分从混凝土表面蒸发，首先是粗孔和大毛细孔中的自由水，这些水分散失并不会引起混凝土很大体积变形；接着是小毛细孔和胶粒间孔的吸附水，这些水分散失会引起较大程度的体积变形，最后当强结晶水和结构水这些结合水散失时，混凝土结构开始破化。

影响水泥石体积变化的因素主要为外部环境条件、水泥的组成及水泥颗粒级配等因素。为了研究矿渣少熟料水泥的干缩性能，选择表 4-26 中的矿渣少熟料水泥（B3 试样）和表 4-33 中的 P·C32.5 复合硅酸盐水泥（GH 试样）进行对比试验。

4.5.7.1　水泥砂浆干缩湿胀对比

试验按 JC/T 603—2004《水泥胶砂干缩试验方法》进行测定。胶砂试件胶砂比 1∶2，加水量按胶砂流动度达到 130～140mm 控制。试件成型采用三联试模，试件尺寸为 25mm×25mm×280mm。试件成型后放入温度为（20±3）℃，相对湿度为 90% 的养护室中养护。自加水时算起养护 24h 脱模，然后将试件置于 20℃水中养护 2d。取出试件，将试件表面擦拭干净并测量初始长度 L_0。然后移入恒温恒湿控制箱中养护，温度控制在（20±3）℃，相对湿度控制在 50% 左右。从测量初始长度时算起，空气中养护到规定龄期后测量试件的长度 L_t。当空气中养护 28d 后，将试样浸入（20±2）℃左右的水中养护，养护至规定龄期后测量浸水后试样的长度 L_t。水泥试样的长度变化率按式（4-1）计算，试验结果见表 4-37 和表 4-38。将表 4-37 和表 4-38 的数据合并绘制成一张图，如图 4-22 所示。

$$S_t = \frac{(L_1 - L_0) \times 100}{250} \tag{4-1}$$

式中　S_t——试样长度变化率（%）；

　　　L_0——初始测量长度（mm）；

　　　L_t——某龄期的测量长度（mm）；

　　　250——试体有效长度（mm）。

表 4-37　水泥砂浆试样空气中养护时的长度变化率（%）

编号	0d	2d	4d	6d	8d	10d	12d	14d	16d	18d	20d	22d	24d	26d	28d
B3	0	−0.04	−0.05	−0.055	−0.058	−0.06	−0.06	−0.06	−0.061	−0.061	−0.062	−0.063	−0.066	−0.066	−0.068
GH	0	−0.029	−0.056	−0.067	−0.075	−0.079	−0.081	−0.083	−0.086	−0.089	−0.092	−0.092	−0.094	−0.094	−0.095

表 4-38　水泥砂浆试样水中养护时的长度变化率（%）

编号	0d	2d	4d	6d	8d	10d	12d	14d	16d	18d	20d	22d	24d	26d	28d
B3	−0.068	−0.035	−0.035	−0.035	−0.035	−0.035	−0.034	−0.034	−0.034	−0.034	−0.034	−0.034	−0.034	−0.034	−0.033
GH	−0.095	−0.045	−0.044	−0.042	−0.042	−0.042	−0.042	−0.04	−0.04	−0.04	−0.04	−0.04	−0.04	−0.04	−0.039

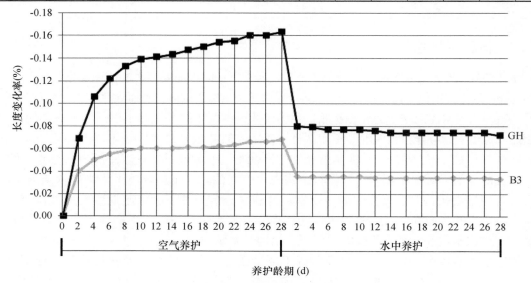

图 4-22　水泥砂浆试样干湿长度变化率

由图 4-22 可见，两个水泥试样的干缩和湿胀的规律相同，都是在空气中养护时长度收缩，当浸水养护后试样长度快速变长，收缩率快速减少。对比 B3 和 GH 两个试样，成型后开始空气养护时，长度急剧收缩，空气养护 10d 后，收缩率开始变得缓慢，但 GH（P·C 32.5 水泥）的收缩率比 B3（矿渣少熟料水泥）大得多。浸水养护以后，两个试样都急剧膨胀，收缩率减少一半左右，2d 后试样长度就基本上趋于稳定，但同样 GH 试样膨胀的长度比 B3 试样大得多。由图可以清楚地看出，GH 试样干缩湿胀的幅度比 B3 试样大得多，也就是说矿渣少熟料水泥的干缩湿胀性能比复合硅酸盐水泥好。

4.5.7.2　水泥净浆干缩湿胀对比

分别称取 B3 和 GH 两个试样 900g，加水 270mL，在净浆搅拌机中搅拌均匀后，用 25mm×25mm×280mm 的试模成型。试件成型后放入温度为（20±3）℃，相对湿度为 90% 的养护室中养护。自加水时算起养护 24h 脱模，然后将试件置于 20℃ 水中养护 2d。取出试件，将试件表面擦拭干净并测量初始长度 L_0。然后移入恒温恒湿控制箱中养护，温度控制在（20±3）℃，相对湿度控制在 50% 左右。从测量初始长度时算起，空气中养护到规定龄期后测量试件的长度 L_t。当空气中养护 28d 后，将试样浸入（20±2）℃ 左右的水中养护，养护至规定龄期后测量浸水后试样的长度 L_t。水泥试样的长度变化率按式（4-1）计算，试验结果如表 4-39 和表 4-40 所示。将表 4-39 和表 4-40 的数据合并绘制成一张图，如图 4-23 所示。

表 4-39　水泥净浆试样空气中养护时的长度变化率（%）

编号	0d	2d	4d	6d	8d	10d	12d	14d	16d	18d	20d	22d	24d	26d	28d
B3	0	−0.074	−0.091	−0.101	−0.107	−0.118	−0.128	−0.130	−0.136	−0.137	−0.140	−0.143	−0.146	−0.148	−0.148
GH	0	−0.021	−0.086	−0.109	−0.126	−0.145	−0.160	−0.164	−0.171	−0.175	−0.180	−0.181	−0.182	−0.189	−0.189

表 4-40　水泥净浆试样水中养护时的长度变化率（%）

编号	0d	2d	4d	6d	8d	10d	12d	14d	16d	18d	20d	22d	24d	26d	28d
B3	−0.148	−0.090	−0.085	−0.084	−0.085	−0.084	−0.083	−0.082	−0.082	−0.082	−0.081	−0.081	−0.080	−0.080	−0.079
GH	−0.189	−0.087	−0.081	−0.077	−0.076	−0.075	−0.073	−0.072	−0.072	−0.072	−0.071	−0.07	−0.069	−0.069	−0.068

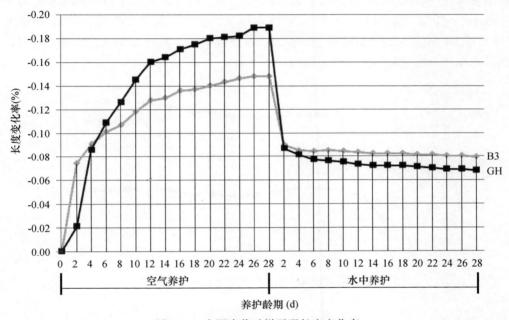

图 4-23　水泥净浆试样干湿长度变化率

由图 4-23 可见，两个水泥试样的干缩和湿胀的规律也相同，都是在空气中养护时长度收缩，当浸水养护后试样长度快速变长，收缩率快速减少。对比 B3 和 GH 两个试样，成型后开始空气养护时，长度急剧收缩，空气养护 12d 后，收缩率开始变得缓慢，但直到 28d 才开始趋于稳定。同样 GH（P·C 32.5 水泥）的收缩率比 B3（矿渣少熟料水泥）大。浸水养护以后，两个试样都急剧膨胀，收缩率同样也减少一半左右，2d 后试样长度也基本上趋于稳定，但同样 GH 试样膨胀的长度比 B3 试样大得多。由图可以清楚地看出，GH 试样干缩湿胀的幅度比 B3 试样大得多，也就是说复合硅酸盐水泥干缩湿胀的幅度比矿渣少熟料水泥剧烈。因此，可以认为矿渣少熟料水泥的干缩性能好于复合硅酸盐水泥。

对比图 4-23 和图 4-22 可见，水泥净浆的干缩湿胀幅度比水泥砂浆大，也就是说水泥加砂子后，可减少体积干缩率，改善水泥的干缩性能。

4.5.7.3　水泥净浆水中膨胀对比

分别称取 B3 和 GH 两个试样 900g，加水 270mL，在净浆搅拌机中搅拌均匀后，用 25mm×25mm×280mm 的试模成型。试件成型后放入温度为（20±3）℃，相对湿度为 90% 的养护室中养护。自加水时算起养护 24h 脱模，用比长仪测量原始长度 L_0 后，将试样浸入

（20±2）℃左右的水中养护，养护至规定龄期后测量试样的长度 L_t。水泥试样的长度变化率按式（4-1）计算，试验结果如表 4-41 和图 4-24 所示。

表 4-41　水泥净浆试样水中养护时的长度变化率（%）

编号	0d	2d	4d	8d	16d	26d	36d	46d	56d	66d	80d	100d	140	175d	210d
B3	0	0.016	0.020	0.020	0.021	0.019	0.017	0.016	0.017	0.017	0.020	0.020	0.020	0.019	0.019
GH	0	0.055	0.064	0.071	0.071	0.070	0.070	0.070	0.073	0.073	0.078	0.079	0.080	0.081	0.081

由图 4-24 可见，两个水泥试样在水中养护条件下，都表现为体积膨胀。试样浸水养护后，长度快速变长，B3 试样 4d、GH 试样 8d 就基本上接近最大膨胀值，继续水中养护膨胀率变化很小。对比 B3 和 GH 两个试样，GH 试样最终膨胀率是 B3 试样的 4 倍，其膨胀率比 B3 试样大得多，也就是说复合硅酸盐水泥湿胀幅度比矿渣少熟料水泥大。因此，可以认为矿渣少熟料水泥的湿胀干缩性能比复合硅酸盐水泥好。

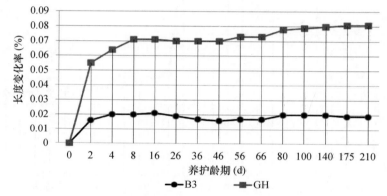

图 4-24　水泥净浆试样水中养护长度变化率

综上所述，无论是砂浆还是净浆，无论是干缩湿胀还是水中养护的膨胀率，矿渣少熟料水泥的体积变化率均小于复合硅酸盐水泥，所以可以认为矿渣少熟料水泥与复合硅酸盐水泥相比，具有较好的体积变化性能。

4.5.8　抗裂性能

造成水泥混凝土开裂的原因是复杂的，除了与水泥混凝土体积变化性能有关外，还与水泥混凝土的抗拉强度密切相关。只有水泥混凝土的收缩应力大于水泥混凝土的抗拉强度，水泥混凝土才会出现开裂。因此，水泥体积变化性能好不等于水泥的抗裂性能也好，水泥干缩量小，也不等于该水泥抗裂性能就好。由于矿渣少熟料水泥的比表面积较大，早期强度较低，与优质的硅酸盐和普通硅酸盐水泥相比，矿渣少熟料水泥抗裂性能有一定差距。为了提高矿渣少熟料水泥的抗裂性能，采用第 3.2.12.1 节"水泥抗裂性能检验方法"，对矿渣少熟料水泥的抗裂性能进行了详细的研究。

4.5.8.1　粉磨工艺和细度对水泥开裂度的影响

为了对比不同粉磨工艺对矿渣少熟料水泥抗裂性能的影响，将表 4-2～4.4 中的 D1～D9 试样按第 3.2.12.1 节"水泥抗裂性能检验方法"进行开裂度检测，结果见表 4-42。

表 4-42　不同粉磨工艺的矿渣少熟料水泥开裂度对比试验结果

编号	粉磨工艺	水泥比表面积 (m²/kg)	开裂度 (mm)	标稠 (%)	初凝 (h:min)	终凝 (h:min)	3d (MPa)		28d (MPa)	
							抗折	抗压	抗折	抗压
D1	优化粉磨	419.4	2.9	26.9	4:02	4:59	3.4	10.4	8.9	35.4
D2		464.6	2.7	27.1	3:41	4:17	4.3	13.0	9.6	37.1
D3		508.6	2.4	27.2	3:15	3:56	5.0	15.1	9.7	41.4
D4	分别粉磨	419.3	2.1	26.4	4:13	5:21	2.9	10.1	8.2	32.1
D5		467.4	2.1	26.4	3:15	4:11	3.2	10.6	8.6	34.9
D6		503.1	2.0	26.7	2:52	3:50	3.5	11.8	8.9	35.5
D7	混合粉磨	421.0	3.1	26.0	3:38	4:26	2.7	9.0	8.1	31.9
D8		464.6	2.8	26.4	3:34	4:34	3.0	10.2	8.3	33.4
D9		504.0	2.6	26.4	3:22	4:16	3.2	11.4	8.3	34.5

　　表 4-42 中的所有水泥试样的实际组成均为：熟料 15%，矿渣 74%，石灰石 8%，石膏 3%，水泥中 SO_3 含量均为 3.62%。对比 D1～D9 试样的开裂度检测结果可见：无论是优化粉磨、分别粉磨还是混合粉磨，水泥比表面积越高，水泥的强度也越高，而水泥的开裂度却越小。说明，水泥粉磨比表面积增大，并不一定会使水泥开裂度增大。就粉磨工艺而言，在水泥比表面积相同的条件下，分别粉磨试样的开裂度最小，其次的优化粉磨的试样，混合粉磨试样的开裂度最大。因此，可以认为采用优化粉磨的矿渣少熟料水泥的开裂度不会比采用混合粉磨工艺的水泥差。

4.5.8.2　矿渣石灰石混磨对水泥开裂度的影响

　　优化粉磨工艺是不允许将矿渣与石灰石混合粉磨的，但有的水泥厂为了提高矿渣磨的产量，在矿渣中加入了部分石灰石进行粉磨。虽然使出磨矿渣的比表面积增加，磨机产量提高，但却使水泥的强度下降，水泥抗裂性能变差。为了研究矿渣石灰石混磨对矿渣少熟料水泥抗裂性能的影响，选择表 4-43 所示的原料，按以下要求粉磨成半成品，然后按表 4-44 的配比配制成矿渣少熟料水泥，并按第 3.2.12.1 节 "水泥抗裂性能检验方法" 进行水泥开裂度检验，结果见表 4-44。

表 4-43　原料的化学成分 (%)

原料	烧失量	SiO_2	Al_2O_3	Fe_2O_3	CaO	MgO	K_2O	Na_2O	SO_3	合计
熟料	1.69	21.20	5.46	3.85	63.91	1.40	0.62	0.18	0.97	99.28
矿渣	0.20	33.50	14.95	1.07	39.63	6.58	0.53	0.20	1.72	98.38
钢渣	3.11	18.27	5.94	18.26	40.25	5.81	0.14	0.00	0.50	92.28
石膏	9.24	6.47	2.30	0.85	35.27	3.34	0.75	0.00	40.95	99.17
石灰石	37.05	12.27	1.55	0.72	46.30	1.46	0.00	0.13	0.15	99.63

　　(1) 矿渣熟料粉：将破碎后的熟料和烘干后的矿渣，按矿渣：熟料＝43:16 的比例（质量比），每磨 5kg，在 ϕ 500mm×500mm 试验室小磨内，分别混合粉磨成 4 个不同的比表面积：450m²/kg、480m²/kg、510m²/kg、540m²/kg 左右。

　　(2) 矿渣熟料石灰石粉：将破碎后的熟料、石灰石和烘干后的矿渣，按矿渣：熟料：石灰石＝43:16:8 的比例（质量比），每磨 5kg，在 ϕ 500mm×500mm 试验室小磨内，分别混合粉磨成 4 个不同的比表面积：480m²/kg、510m²/kg、540m²/kg、570m²/kg 左右。

（3）石膏石灰石粉：将破碎后的石膏和石灰石，按石膏∶石灰石＝8∶8 的比例（质量比），每磨 5kg，在 ϕ500mm×500mm 试验室小磨内，分别混合粉磨成 4 个不同的比表面积：400m²/kg、450m²/kg、500m²/kg、550m²/kg 左右。

（4）钢渣粉：将破碎后的钢渣，每磨 5kg，在 ϕ500mm×500mm 试验室小磨内，单独粉磨并测定比表面积为 365m²/kg。

（5）石膏粉：将破碎后的石膏，每磨 5kg，在 ϕ500mm×500mm 试验室小磨内，单独粉磨并测定比表面积为 570m²/kg

表 4-44　矿渣与石灰石混磨对矿渣少熟料水泥开裂度的影响

编号	矿渣熟料粉（%）				矿渣熟料石灰石粉（%）				钢渣粉（%）	石膏粉（%）	石膏石灰石粉（%）				开裂度（mm）
	450	480	510	540	480	510	540	570	365	570	400	450	500	550	
E1	59	—	—	—					25	—	—	16	—	—	3.3
E2	—	59	—	—					25	—	—	16	—	—	3.1
E3	—	—	59	—					25	—	—	16	—	—	3.0
E4	—	—	—	59					25	—	—	16	—	—	2.9
E5	—	—	59	—					25	—	16	—	—	—	4.0
E6	—	—	59	—					25	—	—	16	—	—	3.2
E7	—	—	59	—					25	—	—	—	16	—	3.2
E8	—	—	59	—					25	—	—	—	—	16	3.0
E9	—	—	—	—	67	—	—	—	25	8	—	—	—	—	6.2
E10	—	—	—	—	—	67	—	—	25	8	—	—	—	—	5.3
E11	—	—	—	—	—	—	67	—	25	8	—	—	—	—	5.2
E12	—	—	—	—	—	—	—	67	25	8	—	—	—	—	5.1

注：表中所有试样的实际组成均为：熟料 16%，矿渣 43%，钢渣 25%，石膏 8%，石灰石 8%。

由表 4-44 可见，E1～E4 试样由矿渣熟料粉 59%、钢渣粉 25% 和石膏石灰石粉 16% 配制而成，四个试样中除了矿渣熟料粉的比表面积变化外，钢渣和石膏石灰石粉的比表面积均固定不变。水泥开裂度检测结果可见，随着矿渣熟料粉比表面积的提高，水泥开裂度有所下降。

E5～E8 试样同样是由矿渣熟料粉 59%、钢渣粉 25% 和石膏石灰石粉 16% 配制而成，四个试样中除了石膏石灰石粉的比表面积变化外，矿渣熟料粉和钢渣粉的比表面积均固定不变。水泥开裂度检测结果可见，随着石膏石灰石粉比表面积的提高，水泥开裂度也有所下降。

E9～E12 试样是由矿渣熟料石灰石粉 67%、钢渣粉 25% 和石膏粉 8% 配制而成，四个试样中除了矿渣熟料石灰石粉的比表面积变化外，钢渣粉个石膏粉的比表面积均固定不变。水泥开裂度检测结果可见，随着矿渣熟料石灰石粉比表面积的提高，水泥开裂度也有所下降。

对比 E1～E8 和 E9～E12 试样可见，E1～E8 试样的开裂度在 2.9～4.0mm 之间变化，平均值为 3.21mm；而 E9～E12 试样的开裂度却在 5.1～6.2mm 之间变化，平均值为 5.45mm，比 E1～E8 试样的平均值高出 69.65%。

由此可见，矿渣熟料粉在粉磨时，如果掺入石灰石或石膏之类的原料一起粉磨，会造成矿渣少熟料水泥开裂度的提高，使水泥抗裂性能变差。

4.5.8.3 矿渣少熟料水泥配比对开裂度的影响

为了研究矿渣少熟料水泥配比对水泥开裂度的影响，采用表4-43的原料，按优化粉磨工艺要求，将各原料粉磨成半成品。

（1）熟料矿渣粉：将表4-43中的熟料破碎通过3mm筛，并把矿渣烘干后，按熟料：矿渣＝16:1的比例（质量比），称取5kg，在$\phi 500mm \times 500mm$试验室小磨内，混合粉磨并测定比表面积为482m²/kg。

（2）矿渣熟料粉：将表4-43中的熟料破碎通过3mm筛，并把矿渣烘干后，按矿渣：熟料＝47:15的比例（质量比），称取5kg，在$\phi 500mm \times 500mm$试验室小磨内，混合粉磨并测定比表面积为481m²/kg。

（3）钢渣粉：将表4-43中的钢渣破碎后，每磨5kg，在$\phi 500mm \times 500mm$试验室小磨内，单独粉磨并测定比表面积为365m²/kg。

（4）石膏粉：将表4-43中的石膏破碎后，每磨5kg，在$\phi 500mm \times 500mm$试验室小磨内，单独粉磨并测定比表面积为570m²/kg。

（5）石灰石粉：将表4-43中的石灰石破碎后，每磨5kg，在$\phi 500mm \times 500mm$试验室小磨内，单独粉磨并测定比表面积为584m²/kg。

将以上半成品，按表4-45的配比配制成矿渣少熟料水泥，并按附录1"水泥抗裂性能检验方法"进行水泥开裂度检验，结果如表4-45和图4-25～图4-28所示。

表4-45 矿渣少熟料水泥配比对开裂度的影响

编号	矿渣少熟料水泥配比（%）					矿渣少熟料水泥实际组成（%）					开裂度（mm）
	熟料矿渣粉	矿渣熟料粉	钢渣粉	石灰石粉	石膏粉	熟料	矿渣	钢渣	石灰石	石膏	
J1	0.00	62.00	22.00	8.00	8.00	15.00	47.00	22.00	8.00	8.00	3.7
J2	7.15	54.85	22.00	8.00	8.00	20.00	42.00	22.00	8.00	8.00	3.6
J3	14.30	47.70	22.00	8.00	8.00	25.00	37.00	22.00	8.00	8.00	3.1
J4	21.45	40.55	22.00	8.00	8.00	30.00	32.00	22.00	8.00	8.00	3.1
J5	7.15	54.85	30.00	0.00	8.00	20.00	42.00	30.00	0.00	8.00	3.1
J6	7.15	54.85	25.00	5.00	8.00	20.00	42.00	25.00	5.00	8.00	2.9
J7	7.15	54.85	20.00	10.00	8.00	20.00	42.00	20.00	10.00	8.00	2.7
J8	7.15	54.85	15.00	15.00	8.00	20.00	42.00	15.00	15.00	8.00	2.4
J9	7.15	54.85	22.00	13.00	3.00	20.00	42.00	22.00	13.00	3.00	3.6
J10	7.15	54.85	22.00	11.00	5.00	20.00	42.00	22.00	11.00	5.00	3.7
J11	7.15	54.85	22.00	9.00	7.00	20.00	42.00	22.00	9.00	7.00	3.6
J12	7.15	54.85	22.00	7.00	9.00	20.00	42.00	22.00	7.00	9.00	3.5
J13	9.92	44.08	30.00	8.00	8.00	20.00	34.00	30.00	8.00	8.00	3.8
J14	8.19	50.81	25.00	8.00	8.00	20.00	39.00	25.00	8.00	8.00	3.7
J15	6.46	57.54	20.00	8.00	8.00	20.00	44.00	20.00	8.00	8.00	3.4
J16	4.73	64.27	15.00	8.00	8.00	20.00	49.00	15.00	8.00	8.00	3.2

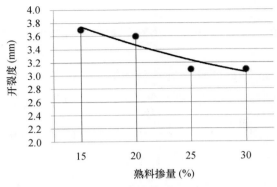

图 4-25　熟料掺量对开裂度的影响
钢渣 22％，石灰石 8％，石膏 8％

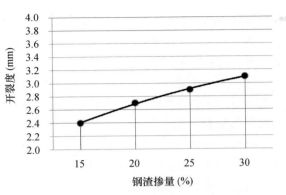

图 4-26　钢渣掺量对开裂度的影响
熟料 20％，矿渣 42％，石膏 8％

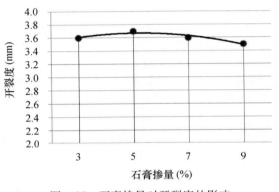

图 4-27　石膏掺量对开裂度的影响
熟料 20％，矿渣 42％，钢渣 22％

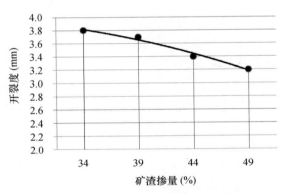

图 4-28　矿渣掺量对开裂度的影响
熟料 20％，石灰石 8％，石膏 8％

　　由图 4-25 可见，在钢渣 22％，石灰石 8％，石膏 8％不变的条件下，熟料掺量由 15％增加到 30％，相应矿渣掺量从 47％下降到 32％，则水泥开裂度由 3.7mm 下降到了 3.1mm。说明增加熟料掺量，同时降低矿渣掺量，可以提高水泥的抗裂性能。

　　由图 4-26 可见，在熟料 20％，矿渣 42％，石膏 8％不变的条件下，钢渣掺量由 15％增加到 30％，相应石灰石掺量从 15％下降到 0％，则水泥开裂度由 2.4mm 增加到了 3.1mm。说明增加钢渣掺量，同时降低石灰石掺量，会降低水泥的抗裂性能。

　　由图 4-27 可见，在熟料 20％，矿渣 42％，钢渣 22％不变的条件下，石膏掺量由 3％增加到 9％，相应石灰石掺量从 13％下降到 7％，则水泥开裂度变化不大。说明石膏掺量对水泥抗裂性能影响不大。

　　由图 4-28 可见，在熟料 20％，石灰石 8％，石膏 8％不变的条件下，矿渣掺量由 34％增加到 49％，相应钢渣掺量从 30％下降到 15％，则水泥的开裂度由 3.8mm 下降到了 3.2mm。说明增加矿渣掺量，同时降低钢渣掺量，可以提高水泥的抗裂性能。

4.5.9　抗起砂性能

　　水泥砂浆或混凝土地面，一般要求具有良好的平整度、光洁度，美观，耐磨性能好，便于清扫。但在水泥的使用过程中，水泥砂浆或混凝土表面有时会出现起砂现象。水泥起砂除了对建筑物外观和质量造成影响之外，有时还会产生其他方面的负面影响。例如，由于水泥地面起砂导致设备的生产环境达不到要求，从而严重影响到了产品质量，导致工厂无法正常进行生产。水泥起砂极易引起用户的不满，以及对工程质量的怀疑，对工程的验收和交付会产生较大影响。往往会引起水泥生产厂家、施工单位及用户之间的责任纠纷，损害水泥生产厂家的声誉，进而影响其水泥产品的销售。

为了研究矿渣少熟料水泥抗起砂性能，按附录1"水泥抗起砂性能检测方法"，对矿渣少熟料水泥的抗起砂能进行了详细的研究。

4.5.9.1 粉磨工艺和细度对水泥抗起砂性能的影响

为了对比不同粉磨工艺对矿渣少熟料水泥抗起砂性能的影响，将表4-2～表4-4中的D1～D9试样，按附录1"水泥抗起砂性能检测方法"进行水泥起砂量检测，结果如表4-46和图4-29、图4-30所示。

表 4-46　不同粉磨工艺的矿渣少熟料水泥开裂度对比试验结果

编号	粉磨工艺	水泥比表面积（m²/kg）	脱水起砂量（kg/m²）	浸水起砂量（kg/m²）	标稠（%）	初凝（h：min）	终凝（h：min）	3d（MPa）抗折	3d（MPa）抗压	28d（MPa）抗折	28d（MPa）抗压
D1	优化粉磨	419.4	2.89	1.91	26.9	4：02	4：59	3.4	10.4	8.9	35.4
D2		464.6	2.02	1.17	27.1	3：41	4：17	4.3	13.0	9.6	37.1
D3		508.6	1.54	0.65	27.2	3：15	3：56	5.0	15.1	9.7	41.4
D4	分别粉磨	419.3	3.41	1.83	26.4	4：13	5：21	2.9	10.1	8.2	32.1
D5		467.4	2.92	1.42	26.4	3：15	4：11	3.2	10.6	8.6	34.9
D6		503.1	2.23	0.97	26.7	2：52	3：50	3.5	11.8	8.9	35.5
D7	混合粉磨	421.0	3.14	0.86	26.0	3：38	4：26	2.7	9.0	8.1	31.9
D8		464.0	2.32	0.70	26.2	3：34	4：34	3.0	10.2	8.2	33.4
D9		504.0	2.09	0.67	26.4	3：22	4：16	3.2	11.4	8.3	34.5

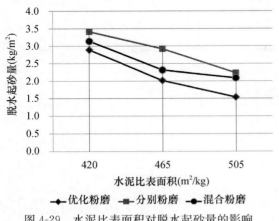

图 4-29　水泥比表面积对脱水起砂量的影响

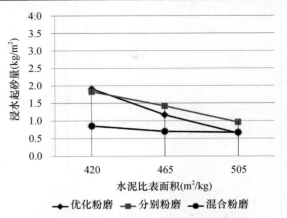

图 4-30　水泥比表面积对浸水起砂量的影响

表4-46中的所有水泥试样的实际组成均为：熟料15%，矿渣74%，石灰石8%，石膏3%，水泥中SO_3含量均为3.62%。对比D1～D9试样的脱水和浸水起砂量检测结果可见：无论是优化粉磨、分别粉磨还是混合粉磨，水泥的比表面积越高，水泥的强度也越高，而水泥的起砂量却越小。说明，水泥粉磨比表面积增大，可提高水泥抗起砂性能。

由图 4-29 可见，在水泥的比表面积基本相同的条件下，优化粉磨试样的脱水起砂量最小，其次是混合粉磨的试样，分别粉磨试样的脱水起砂量最大。因此，可以认为采用优化粉磨工艺的矿渣少熟料水泥的抗起砂性能，比其他两种粉磨工艺好。

由图 4-30 可见，无论是哪种粉磨工艺，矿渣少熟料水泥的浸水起砂量都比脱水起砂量小。采用混合粉磨工艺，提高水泥的比表面积，矿渣少熟料水泥的浸水起砂量变化不大。当采用优化粉磨或分别粉磨工艺时，提高水泥的比表面积，可显著降低水泥的浸水起砂量。当水泥的比表面积较小时，混合粉磨的水泥浸水起砂量比分别粉磨和优化粉磨小；而随着水泥的比表面积增大，三种粉磨工艺所制备的矿渣少熟料水泥的浸水起砂量趋于一致。

4.5.9.2　熟料和钢渣掺量对水泥抗起砂性能的影响

为了研究熟料和钢渣掺量对矿渣少熟料水泥抗起砂性能的影响，将表 4-1 的原料按优化粉磨工艺的要求粉磨成半成品，按表 4-47 的配比配制成矿渣少熟料水泥后，进行水泥性能检测，水泥的实际组成见表 4-48，水泥性能检测结果如表 4-47 和图 4-31、图 4-32 所示。

比表面积按 GB/T 8074—2008《水泥比表面积测定方法（勃氏法）》进行；密度按 GB/T 208—2014《水泥密度测定方法》进行；水泥标准稠度、凝结时间按 GB/T 1346—2011《水泥标准稠度用水量、凝结时间、安定性检验方法》进行；水泥胶砂强度按 GB/T 17617—1999《水泥胶砂强度检验方法（ISO）》进行。水泥起砂量按附录 1 "水泥抗起砂性能检测方法"进行。

（1）1571 熟料矿渣：将破碎后的熟料和烘干后的矿渣，按熟料：矿渣＝15：71 的比例（质量比），每磨 5kg，在 ϕ 500mm×500mm 小磨内混合粉磨 60min 后取出，测定密度为 2.96g/cm³，测定比表面积为 446m²/kg。

（2）3551 熟料矿渣：将破碎后的熟料和烘干后的矿渣，按熟料：矿渣＝35：51 的比例（质量比），每磨 5kg，在 ϕ 500mm×500mm 小磨内混合粉磨 60min 后取出，测定密度为 3.02g/cm³，测定比表面积为 448m²/kg。

（3）钢渣：将破碎后的钢渣，每磨 5kg，在 ϕ 500mm×500mm 小磨内单独粉磨 20min 后取出，测定密度为 3.21g/cm³，测定比表面积为 454m²/kg。

（4）石灰石石膏：将石膏和石灰石破碎后，按石灰石：石膏＝7：7 的比例（质量比），每磨 5kg，在 ϕ 500mm×500mm 小磨内混合粉磨 17min 后取出，测定密度为 2.76g/cm³，测定比表面积为 561m²/kg。

表 4-47　矿渣少熟料水泥配比与水泥起砂量检测结果

编号	1571熟料矿渣（%）	3551熟料矿渣（%）	石灰石石膏（%）	钢渣（%）	脱水起砂量（kg/m²）	浸水起砂量（kg/m²）	标稠（%）	初凝（h：min）	终凝（h：min）	3d（MPa） 抗折	3d（MPa） 抗压	28d（MPa） 抗折	28d（MPa） 抗压
T1	93.00	—	7.00	—	1.92	0.55	26.7	3：38	4：38	4.3	13.0	10.5	41.8
T2	71.50	21.50	7.00	—	1.64	0.53	26.8	3：29	4：17	4.5	13.6	10.3	46.1
T3	50.00	43.00	7.00	—	1.36	0.52	26.8	3：20	3：55	4.2	14.5	10.9	48.6
T4	28.50	64.50	7.00	—	1.10	0.52	26.7	2：17	3：40	4.4	15.5	10.6	49.7
T5	7.00	86.00	7.00	—	0.83	0.51	26.5	2：14	3：24	5.2	16.2	10.9	49.4
T6	61.00	26.00	7.00	6.00	1.58	0.51	26.6	3：05	3：50	3.9	12.1	10.5	43.2
T7	50.50	30.50	7.00	12.00	1.53	0.54	26.6	3：04	3：46	3.6	11.1	9.6	42.4

续表

编号	1571熟料矿渣(%)	3551熟料矿渣(%)	石灰石石膏(%)	钢渣(%)	脱水起砂量(kg/m²)	浸水起砂量(kg/m²)	标稠(%)	初凝(h:min)	终凝(h:min)	3d(MPa)		28d(MPa)	
										抗折	抗压	抗折	抗压
T8	40.00	35.00	7.00	18.00	1.54	0.56	26.7	3:03	3:45	3.4	10.3	9.5	38.7
T9	29.50	39.50	7.00	24.00	1.55	0.57	26.7	3:03	3:50	3.1	9.6	9.2	37.2
T10	19.00	44.00	7.00	30.00	1.61	0.57	26.7	3:02	3:53	3.2	9.4	8.8	33.4

表 4-48 矿渣少熟料水泥实际组成（%）

编号	熟料	矿渣	石膏	石灰石	钢渣	水泥中 SO₃
T1	16.22	76.78	3.50	3.50	—	3.96
T2	21.22	71.78	3.50	3.50	—	3.87
T3	26.22	66.78	3.50	3.50	—	3.79
T4	31.22	61.78	3.50	3.50	—	3.71
T5	36.22	56.78	3.50	3.50	—	3.63
T6	21.22	65.78	3.50	3.50	6.00	3.74
T7	21.22	59.78	3.50	3.50	12.00	3.60
T8	21.22	53.78	3.50	3.50	18.00	3.46
T9	21.22	47.78	3.50	3.50	24.00	3.32
T10	21.22	41.78	3.50	3.50	30.00	3.18

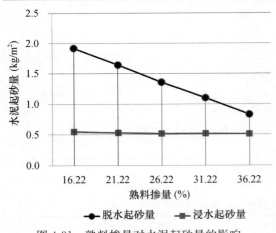

图 4-31 熟料掺量对水泥起砂量的影响

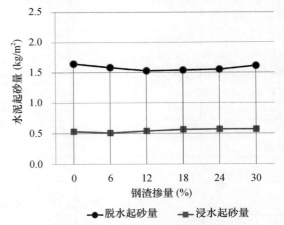

图 4-32 钢渣掺量对水泥起砂量的影响

由图 4-31 可见，在石膏和石灰石掺量不变的条件下，增加矿渣少熟料水泥中的熟料掺量，相应减少矿渣的掺量，可显著降低水泥的脱水起砂量，而水泥的浸水起砂量几乎不变。

由图 4-32 可见，在熟料、石膏和石灰石掺量不变的条件下，增加矿渣少熟料水泥中的钢渣掺量，相应减少矿渣的掺量，水泥的脱水起砂量和浸水起砂量均变化不大。

4.5.10 抗碳化性能

空气中的二氧化碳会渗透到水泥石内部，与其中的碱性物质反应生成碳酸盐和水，使水泥石碱度降低，还可能造成水化产物分解，使结构遭到破坏。当碳化到达钢筋表面时，甚至会破坏钢筋表面的钝化膜而造成钢筋生锈[3]。由于矿渣少熟料水泥熟料含量少，水泥碱度较低，水化产物中的 $Ca(OH)_2$ 含量较少，对 CO_2 的消耗能力较弱，因此，有必要对矿渣少熟料水泥的抗碳化性能进行研究。

参照 GB/T 50082—2009《普通混凝土长期性能和耐久性能试验方法标准》中的碳化试验方法，采用 GB/T 17671—1999《水泥胶砂强度检验方法》（ISO 法）制备 40mm×40mm×160mm 砂浆试样，于标准养护箱中养护 24h 后脱模。然后置于 20℃的水中养护 28d 后，将试块从水中取出，擦干表面的水后，放在 60℃烘箱中烘干 48h。试块六面全部不用蜡封直接放入碳化箱中开始碳化。碳化箱中 CO_2 浓度控制在 20%±3%，温度控制在 20℃±1℃，湿度控制在 70%±5%。碳化到相应龄期后，从碳化箱中取出试样，测定其抗折强度，然后在试块折断的断面均匀涂上 1% 的酚酞溶液显色，静置 5min 后用游标卡尺测定各个面的碳化深度。

4.5.10.1 熟料和钢渣掺量对水泥抗碳化性能的影响

为了研究熟料和钢渣掺量对矿渣少熟料水泥抗碳化性能的影响，将表 4-47 中的 T 系列试样进行碳化试验，结果如表 4-49、图 4-33～图 4-36 所示。

表 4-49 矿渣少熟料水泥抗碳化性能检测结果

编号	水泥实际组成（%）					28d		碳化 7d			碳化 14d			碳化 28d		
	熟料	矿渣	石膏	石灰石	钢渣	抗折(MPa)	抗压(MPa)	抗折(MPa)	抗压(MPa)	深度(mm)	抗折(MPa)	抗压(MPa)	深度(mm)	抗折(MPa)	抗压(MPa)	深度(mm)
T1	16.22	76.78	3.50	3.50	—	10.5	41.8	4.8	42	7.1	4.2	42.2	9.1	4.6	42.0	17.9
T2	21.22	71.78	3.50	3.50	—	10.3	46.1	5.4	46.3	6.5	4.4	46.8	7.7	4.8	47.0	15.1
T3	26.22	66.78	3.50	3.50	—	10.9	48.6	5.7	50.4	6.2	4.9	50.9	6.9	5.2	51.5	13.2
T4	31.22	61.78	3.50	3.50	—	10.6	49.7	6.0	53.7	6.3	5.3	56.2	6.3	5.3	57.1	11.7
T5	36.22	56.78	3.50	3.50	—	10.9	49.4	6.5	55.5	5.0	5.8	58.2	5.8	5.5	61.0	11.3
T6	21.22	65.78	3.50	3.50	6.00	10.5	43.2	4.4	44.9	6.8	4.7	46.1	8.1	5.4	46.2	15.1
T7	21.22	59.78	3.50	3.50	12.00	9.6	42.4	4.4	44.7	6.5	4.3	47.1	6.9	5.1	48.1	13.2
T8	21.22	53.78	3.50	3.50	18.00	9.5	38.7	4.7	42.9	7.5	4.4	44.7	7.5	4.5	45.2	13.3
T9	21.22	47.78	3.50	3.50	24.00	9.2	37.2	4.5	40.7	7.3	4.6	43.8	8.2	5.8	44.6	13.4
T10	21.22	41.78	3.50	3.50	30.00	8.8	33.4	4.4	39.8	7.7	4.5	41.9	8.6	6.6	44.1	14.9

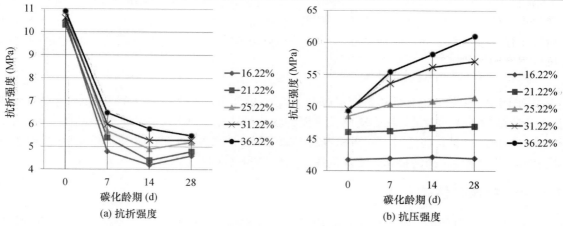

图 4-33 不同熟料掺量矿渣少熟料水泥碳化后强度
钢渣 0%，石膏 3.5%，石灰石 3.5%

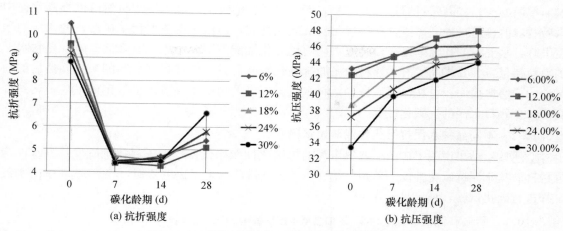

图 4-34 不同钢渣掺量矿渣少熟料水泥碳化后强度

熟料 21.22%，石膏 3.5%，石灰石 3.5%

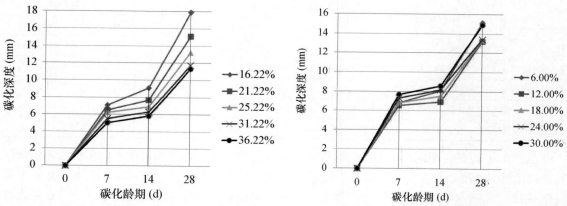

图 4-35 不同熟料掺量矿渣少熟料水泥碳化深度

钢渣 0%，石膏 3.5%，石灰石 3.5%

图 4-36 不同钢渣掺量矿渣少熟料水泥碳化深度

熟料 21.22%，石膏 3.5%，石灰石 3.5%

由图 4-33 可见，矿渣少熟料水泥所有试样碳化后抗折强度均大幅度下降，但随着水泥中熟料掺量的提高，碳化后抗折强度下降幅度明显减少。除了熟料掺量为 16.22% 的试样碳化后抗压强度基本不变外，其他试样碳化后抗压强度均有所提高，而且随着熟料掺量的增加，抗压强度增加的幅度显著增大。

由图 4-34 可见，在熟料掺量 21.22%，石膏掺量 3.5%，石灰石掺量 3.5% 的条件下，增加矿渣少熟料水泥中的钢渣掺量，相应减少矿渣掺量，水泥的 28d 强度明显降低。水泥碳化后，抗折强度同样会大幅度下降，但碳化到 14d 后水泥抗折强度会有所回升，而且随着钢渣掺量的增加，回升幅度增大。对于抗压强度而言，所有试样碳化后的抗压强度均显著增加，而且随着钢渣掺量的提高，抗压强度增加幅度明显提高。

由图 4-35 可见，熟料掺量显著影响矿渣少熟料水泥的碳化深度，随着水泥中熟料掺量的提高，碳化深度明显下降。

由图 4-36 可见，钢渣掺量对矿渣少熟料水泥碳化深度的影响不大，存在一个适宜的钢渣掺量范围，当钢渣掺量为 12%～18% 时，矿渣少熟料水泥各碳化龄期的碳化深度相对较小。

综上所述，矿渣少熟料水泥的抗碳化性能较差，欲提高矿渣少熟料水泥的抗碳化性能，最简单的办法是提高熟料掺量，但又失去了生态环保的价值。掺入钢渣虽然可以提高水泥中含碱物质的含量，提高矿渣少熟料水泥的抗碳化性能，但由于钢渣取代了矿渣，使水泥的强度下降，水泥石的孔隙率提高，又使水泥的抗碳化性能下降。因此，要降低矿渣少熟料水泥的熟料掺量，又要提高矿渣少熟料水泥的抗碳化性能，首先应选择活性高的矿渣，然后提高矿渣的粉磨比表面积，在保证矿渣少熟料水泥强度高的情况下，掺入适量钢渣，才可达到提高矿渣少熟料水泥的抗碳化性能的目的。

4.5.10.2 不同品种水泥抗碳化性能对比试验

上述试验结果说明了矿渣少熟料水泥的抗碳化性能比较差，为了寻找矿渣少熟料水泥与通用硅酸盐水泥抗碳化性能的差距，给建筑工程的设计和施工提供依据，将表4-33中的水泥试样进行碳化试验，结果见表4-50。

表4-50　不同品种水泥抗碳化性能对比试验

编号	1501熟料矿渣（%）	4608矿渣熟料（%）	钢渣（%）	石膏（%）	标准养护（MPa）		碳化不同龄期后的强度（MPa）和深度（mm）												
							3d			7d			14d			28d		
					抗折	抗压	抗折	抗压	深	抗折	抗压	深	抗折	抗压	深	抗折	抗压	深
K12	8	54	30	8	9.4	43.8	4.4	41.2	7.3	4.1	42.3	8.0	3.9	44.1	9.8	5.3	43.8	13.4
H58	配比见表4-16				8.8	34.2	3.5	32.5	8.3	3.8	34.6	10.4	5.7	36.2	14.5	7.4	41.7	19.5
HX	HXYX水泥厂生产的P·C 32.5				7.9	37.5	4.4	48.0	7.7	5.9	49.7	8.6	7.6	53.8	11.3	9.6	55.2	14.9
HF	ZYHF水泥厂生产的P·S·B 32.5				5.8	22.0	3.1	25.9	12.0	4.1	26.7	14.5	5.4	29.2	>20	5.4	29.4	>20
GQ	HBGQ水泥厂生产的P·S·A 32.5				8.0	50.5	6.8	61.6	6.3	6.4	62.4	6.5	5.7	66.1	7.1	6.5	66.6	8.5
GH	WHGH水泥厂生产的P·C 32.5				9.4	44.2	4.5	42.0	6.4	3.2	42.9	7.3	4.0	44.8	9.2	5.4	45.3	10.1

由表4-50可见，不同厂家生产的通用硅酸盐水泥的抗碳化性能相差极大，无论是碳化深度还是碳化后的强度，都有很大的差别。如ZYHF水泥厂生产的P·S·B 32.5矿渣硅酸盐水泥（HF试样），是个不合格的水泥，28d强度不达标，经检验抗碳化性能很差，不到14d碳化深度就达到了20mm，虽然碳化后抗压强度没有下降，但抗压强度增长不多。相反，HBGQ水泥厂生产的P·S·A 32.5矿渣硅酸盐水泥（GQ试样），质量很好，28d富余强度很高，碳化后抗压强度显著提高，碳化深度较低，28d碳化深度仅为8.5mm，但这种高质量水泥市场上也比较少见。HXYX水泥厂生产的P·C 32.5复合硅酸盐水泥（HX试样），是市场上的主流产品，质量也算好，碳化后抗压强度也能显著提高，碳化深度也不大，28d碳化深度为14.9mm。作为对比的矿渣少熟料水泥K12试样与之类似，两者碳化深度相差不大，但碳化后的抗压强度，HX试样高于K12试样，说明矿渣少熟料水泥的抗碳化性能还是不如复合硅酸盐水泥好。

总之，矿渣少熟料水泥由于熟料掺量少，抗碳化性能相对较差，使用时应引起足够的重视，在混凝土配合比及施工操作上应采用适当措施，提高混凝土的抗碳化能力，如采用高效减水剂提高混凝土的致密度、表面覆盖、加深钢筋埋藏深度等。

4.6 矿渣少熟料水泥混凝土

水泥是个半成品，需要配制成混凝土才可使用。所谓混凝土是指由水泥、砂（细集料）、石子（粗集料）和水按一定的配比拌和均匀，经成型和硬化而成的人造石材。如果在混凝土中配有钢筋，则称之为钢筋混凝土；如果混凝土组成中没有粗集料（石子）则为砂浆。混凝土已广泛地用于工业与民用建筑、给水与排水工程、水利工程，以及地下工程、国防建设等领域。

　　改变水泥和粗细集料的品种可制备不同用途的混凝土；改变各组成材料的比例，则能使混凝土强度等性能得到适当调节，以满足工程的不同需要。人们可以通过混凝土配合比的合理设计，并通过材料和施工工艺的选择，来制备满足各种工程要求的混凝土。影响混凝土性能的最主要因素是水泥，矿渣少熟料水泥能否满足各种混凝土的性能要求？其混凝土的配合比设计有何不同和特点？值得深入研究。

4.6.1　矿渣少熟料水泥的制备

　　为了研究矿渣少熟料水泥混凝土配合比及其性能特点，选取表4-51的原料，按如下方法进行粉磨后，制备矿渣少熟料水泥。

表 4-51　原料的化学成分（%）

原料	产地	烧失量	SiO$_2$	Al$_2$O$_3$	Fe$_2$O$_3$	CaO	MgO	SO$_3$	合计
矿渣	新余钢铁厂	−1.62	33.64	13.49	1.35	39.43	8.54	0.12	94.95
钢渣	新余钢铁厂	2.32	15.00	4.77	20.85	40.54	9.78	0.20	93.46
石膏	江西新余	15.08	7.50	2.12	0.90	29.77	2.22	39.32	96.91
熟料	江西新余	1.04	21.38	5.38	3.38	64.37	1.97	0.27	97.79
石灰石	湖北咸宁	40.91	4.10	1.24	0.30	51.36	0.72	0.25	98.88
粉煤灰	江西新余	8.56	43.95	19.74	17.41	3.31	1.43	0.86	95.26

　　1801熟料矿渣：将熟料破碎后过3mm筛，矿渣经110℃烘干后，按熟料∶矿渣＝18∶1的比例（质量比），混合在 ϕ500mm×500mm试验室磨内粉磨，每磨5kg，粉磨40min，测得密度为3.16g/cm³，比表面积为464.0m²/kg。

　　4409矿渣熟料：将矿渣烘干后与破碎后的熟料，按44∶9的比例，每磨5kg，分别混合粉磨70min和90min，得到两种不同比表面积的矿渣熟料粉，测得密度为2.96g/cm³，比表面积分别为461.3m²/kg和571.8m²/kg。

　　钢渣粉：将钢渣破碎烘干后，每磨7kg，单独粉磨40min，测得密度为3.43g/cm³，比表面积为363.9m²/kg。

　　石膏粉：将石膏破碎后，每磨5kg，粉磨20min，测得密度为2.56g/cm³，比表面积为574.9m²/kg。

　　石灰石：将石灰石破碎后，每磨5kg，粉磨25min，测定密度为2.8g/cm³，比表面积为778.0m²/kg。

　　矿粉：取江西新余钢铁厂的商品矿渣微粉，测定密度为2.91g/cm³，比表面积为412.2m²/kg。

　　粉煤灰：取江西新余混凝土搅拌站的商品Ⅱ级粉煤灰，测定密度为2.29g/cm³，比表面积为283.6m²/kg。

　　将以上粉磨后的半成品，按表4-52的配合比混合制成水泥。比表面积按GB/T 8074—2008《水泥比表面积测定方法（勃氏法）》进行；密度按GB/T 208—2014《水泥密度测定方法》进行；水泥标准稠度、凝结时间按GB/T 1346—2011《水泥标准稠度用水量、凝结时间、安定性检验方法》进行；水泥胶砂强度按GB/T 17617—1999《水泥胶砂强度检验方法（ISO）》进行。

经检验水泥的性能见表 4-52，各水泥试样的实际组成见表 4-53。其中：X38 为 32.5 等级钢渣硅酸盐水泥；X39 为 42.5 等级矿渣硅酸盐水泥；X40 为 42.5 等级普通硅酸盐水泥；X41 为 22.5 等级砌筑水泥；除了 X40 外，其余几个试样均可称为是矿渣少熟料水泥。

表 4-52　水泥配比与性能

编号	品种等级	1801熟料矿渣（%）	4409矿渣熟料（%）		钢渣（%）	粉煤灰（%）	石灰石（%）	石膏（%）	1d (MPa)		3d (MPa)		7d (MPa)		28d (MPa)	
			461.3	571.8					抗折	抗压	抗折	抗压	抗折	抗压	抗折	抗压
X38	P·SS32.5	8.32	53.68	—	30.00	—	—	8.00	0.8	2.0	3.9	13.2	—	—	8.1	37.1
X39	P·S·B42.5	19.58	—	67.42	—	—	5.00	8.00	1.4	4.2	6.0	22.1	—	—	10.3	46.6
X40	P·O42.5	77.00	—	—	—	15.00	—	8.00	2.8	9.6	5.4	22.5	—	—	8.6	45.0
X41	M22.5	—	42.00	—	35.00	—	15.00	8.00	—	—	2.8	8.9	5.0	16.8	7.4	30.9

表 4-53　水泥的实际组成（%）

编号	熟料	矿渣	钢渣	粉煤灰	石膏	石灰石	水泥中 SO_3
X38	17.00	45.00	30.00	0.00	8.00	0.00	3.31
X39	30.00	57.00	0.00	0.00	8.00	5.00	3.31
X40	72.95	4.05	0.00	15.00	8.00	0.00	3.48
X41	7.13	34.87	35.00	0.00	8.00	15.00	3.31

4.6.2　减水剂饱和掺量点

混凝土减水剂已是混凝土中不可缺少的重要组分，众所周知，减水剂对新拌混凝土的流变性能有着显著的影响。研究发现，混凝土中的减水剂掺量存在饱和点现象，即随着减水剂掺量的增大，水泥浆的流动性开始时逐渐增大，当达到一定掺量点后，水泥浆流动性不再随减水剂的掺量增大而增大，这一掺量点称为"饱和点"。

为了研究减水剂对矿渣少熟料水泥流动性的影响规律，寻找最佳的减水剂掺量，将表 4-52 中的试样，按 JC/T 1083—2008《水泥与减水剂相容性试验方法》检测减水剂的饱和掺量点。通过测定不同减水剂掺量下水泥的净浆初始流动度，然后在坐标曲线上找出减水剂的饱和掺量点。所用的 SLH-997 减少剂为市售的高效聚羧酸减水剂。萘系减少剂为江苏博特新材料有限公司生产的 SBTJM®-A 萘系高效减水剂，试验结果见表 4-54。

表 4-54　水泥试样的减水剂饱和掺量点测定

减水剂	减水剂掺量（%）	X38（P·SS 32.5）初始流动度（mm）	X39（P·S·B 42.5）初始流动度（mm）	X40（P·O 42.5）初始流动度（mm）
SLH-997聚羧酸减水剂	1.2	199	219	232
	1.4	239	237	258
	1.6	253	265	258
	1.8	255	275	247
	2.0	253	266	—
	饱和掺量点	1.8%	1.8%	1.4%

减水剂	减水剂掺量（％）	X38（P·SS 32.5）初始流动度（mm）	X39（P·S·B 42.5）初始流动度（mm）	X40（P·O 42.5）初始流动度（mm）
SBTJM®-A 奈系减水剂	1.2	84	—	—
	1.4	138	—	—
	1.6	174	—	—
	1.8	224	118	—
	2.0	252	144	183
	2.2	267	181	232
	2.4	278	218	250
	2.6	280	243	256
	2.8	—	255	—
	3.0	—	261	—
	3.2	—	264	—
	饱和掺量点	2.4％	2.8％	2.4％

由表 4-54 可见，相同的减水剂，不同的水泥，减水剂饱和掺量点不同；相同的水泥，不同的减水剂，其减水剂饱和掺量点也不一样。在饱和掺量点下，加奈系减水剂和聚羧酸减水剂的水泥浆流动性相差不大。但萘系减水剂的饱和掺量点显著大于聚羧酸减水剂。

4.6.3 净浆流动度经时损失率

混凝土从拌和到浇注，需要有一段运输和停放时间，但随着时间的增长，混凝土的坍落度往往会变差，这现象被称为混凝土坍落度经时损失。混凝土坍落度经时损失与水泥同外加剂的相容性有关，水泥厂及外加剂生产厂家往往利用水泥净浆流动度经时损失率来检验水泥与外加剂的相容性好坏。

影响水泥净浆流动度经时损失率的因素很多，有物理方面的原因，也有化学方面的原因。为了研究矿渣少熟料水泥与外加剂的相容性，选取表 4-52 中几种不同品种的水泥，按 JC/T 1083—2008《水泥与减水剂相容性试验方法》进行对比试验，检测水泥净浆流动度的经时损失率，结果如表 4-55 及图 4-37～图 4-39 所示。

表 4-55　不同减水剂在饱和掺量下的净浆流动度经时损失率

水泥品种	项目	不掺	SLH-997	萘系减水剂
X38P·SS 32.5	减水剂掺量（％）	0	1.4	2.4
	初始流动度（mm）	68	273	263
	60min 流动度（mm）	66	285	193
	120min 流动度（mm）	65	279	186
	180min 流动度（mm）	65	282	180
	60min 流动度经时损失率（％）	2.94	−4.40	26.62
	120min 流动度经时损失率（％）	4.41	−2.20	29.28
	180min 流动度经时损失率（％）	4.41	−3.30	31.56

续表

水泥品种	项目	不掺	SLH-997	萘系减水剂
X39P·S·B 42.5	减水剂掺量（%）	0	1.4	2.4
	初始流动度（mm）	64	246	217
	60min 流动度（mm）	61	205	193
	120min 流动度（mm）	60	196	79
	180min 流动度（mm）	60	187	66
	60min 流动度经时损失率（%）	10.29	24.91	26.62
	120min 流动度经时损失率（%）	11.76	28.21	69.96
	180min 流动度经时损失率（%）	11.76	31.50	74.90
X40P·O 42.5	减水剂掺量（%）	0	1.4	2.4
	初始流动度（mm）	65	244	228
	60min 流动度（mm）	60	251	79
	120min 流动度（mm）	60	232	70
	180min 流动度（mm）	60	204	66
	60min 流动度经时损失率（%）	11.76	8.06	69.96
	120min 流动度经时损失率（%）	11.76	15.02	73.38
	180min 流动度经时损失率（%）	11.76	25.27	74.90

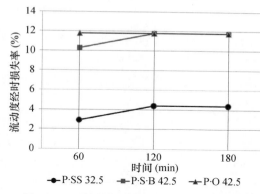

图 4-37　不掺外加剂水泥流动度经时损失率

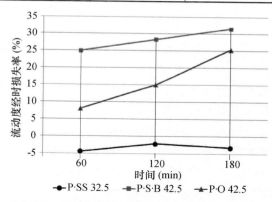

图 4-38　掺聚羧酸减水剂水泥流动度经时损失率

由图 4-37～图 4-39 可见，无论是掺减水剂还是不掺减水剂，P·SS 32.5 钢渣硅酸盐水泥的净浆流动性经时损失率都是最小的。P·S·B 42.5 矿渣硅酸盐水泥在掺萘系减水剂时，净浆流动度经时损失率小于 P·O 42.5 普通硅酸盐水泥；在掺聚羧酸减水剂时，P·O 42.5 普通硅酸盐水泥的净浆流动度经时损失率小于 P·S·B 42.5 矿渣硅酸盐水泥。

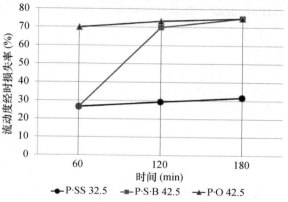

图 4-39　掺萘系减水剂水泥流动度经时损失率

4.6.4 混凝土配合比与性能

根据 JGJ 55—2011《混凝土配合比设计规程》，用表 4-52 中的水泥，配制几种不同强度等级的混凝土进行对比试验。混凝土试模采用 $10cm \times 10cm \times 10cm$，混凝土设计等级为 C30、C40 和 C50；32.5 等级钢渣水泥（X38）密度为 $3.09g/cm^3$；42.5 等级矿渣水泥（X39）密度为 $2.96g/cm^3$；42.5 等级普通水泥（X40）密度为 $2.98g/cm^3$；粉煤灰为 II 级灰，密度为 $2.29g/cm^3$；砂子为中砂，密度为 $2.51g/cm^3$；石子为碎石，密度为 $2.69g/cm^3$；外加剂采用市售的 SLH-997 高效聚羧酸减水剂，密度为 $1.0g/cm^3$。为了估算和对比各混凝土配合比的原料成本，调查了当地的原料单价，见表 4-56。混凝土配合比、强度及原料成本估算结果，见表 4-57。

表 4-56　原料单价（元/t）

粉煤灰	矿渣粉	石子	砂	32.5 矿渣水泥	42.5 矿渣水泥	42.5 普通水泥	22.5 砌筑水泥	聚羧酸外加剂
100	280	34	35	300	370	410	250	3000

表 4-57　混凝土配合比和强度（kg/m³）

编号	设计强度等级	石子	砂	X38 钢渣 32.5	X39 矿渣 42.5	X40 普通 42.5	矿渣粉	粉煤灰	X41 砌筑 22.5	水	SLH-997	流动度（mm）	7d（MPa）	28d（MPa）	原料成本（元/m³）
X50	C30	1000	695	420	—	—	—	—	—	176.9	5.88	170	25.1	34.6	202.0
X51	C30	1000	695	—	240	—	90	90	—	173.1	5.88	158	28.3	39.3	199.0
X52	C30	1000	695	—	—	240	90	90	—	183.3	5.88	160	20.7	30.5	208.6
X53	C30	1000	695	—	—	240	—	—	180	180.0	5.88	165	30.9	41.1	219.4
X54	C40	983	683	480	—	—	—	—	—	159.4	7.68	168	25.7	49.3	224.4
X55	C40	983	683	—	330	—	90	60	—	163.3	7.68	178	42.2	58.9	233.7
X56	C40	983	683	—	—	330	90	60	—	177.1	7.68	167	36.6	55.5	246.9
X57	C40	983	683	—	—	330	—	—	150	161.2	7.68	170	46.0	54.5	253.2
X58	C50	980	681	170	330	—	—	—	—	161.5	9.00	173	49.5	54.9	257.3
X59	C50	980	681	170	—	330	—	—	—	155.6	9.00	165	49.8	57.4	270.5
X60	C50	980	681	—	—	500	—	—	—	154.2	9.00	168	46.0	54.3	289.2

表 4-56 中 X50～X53 试样设计等级为 C30，实测混凝土 28d 强度最高为 X53 试样，达到 41.1MPa，混凝土胶凝材料用量是 $420kg/m^3$，由 42.5 等级普通水泥和 22.5 等级砌筑水泥组成，胶凝材料中熟料实际含量为 44.74%（表 4-58）。强度第二高的是 X51 试样，达到了 39.3MPa，胶凝材料用量同样是 $420kg/m^3$，由 42.5 等级矿渣水泥和矿渣粉及粉煤灰组成，胶凝材料中熟料实际含量为 17.14%（表 4-58）。而强度最低的试样是 X52 试样，只有 30.5MPa，胶凝材料用量也是 $420kg/m^3$，由 42.5 等级普通水泥和矿渣粉及粉煤灰组成，胶凝材料中熟料实际含量为 41.69%（表 4-58）。X51 试样 28d 强度远高于 X52 试样，两者配合比均相同，只是所用的水泥不同，前者是 42.5 等级矿渣水泥（矿渣少熟料水泥），后者是 42.5 等级普通水泥。

表 4-57 中 X55 试样 28d 强度为 58.9MPa，设计强度等级为 C40，但实际强度却达到了 C50 等级。其胶凝材料用量是 $480kg/m^3$，由 42.5 等级矿渣水泥和矿渣粉及粉煤灰组成，胶凝材料中熟料实际含量为 20.63%（表 4-58）。除了所用的水泥不同，其他配合比均相同的

X56 试样，胶凝材料中熟料实际含量为 50.15％（表 4-58），28d 强度却低于 X55 试样。

表 4-57 中的 X54 试样，是由 32.5 等级钢渣水泥配制而成的混凝土，其强度指标也可以达到 C40 等级混凝土的要求。

表 4-58　混凝土中胶凝材料的实际组成（%）

编号	熟料	矿渣	钢渣	粉煤灰	石膏	石灰石
X50	17.00	45.00	30.00	—	8.00	—
X51	17.14	54.00	—	21.43	4.57	2.86
X52	41.69	23.74	—	30.00	4.57	
X53	44.74	17.26	15.00	8.57	8.00	6.43
X54	17.00	45.00	30.00		8.00	
X55	20.63	57.94	—	12.50	5.50	3.44
X56	50.15	21.53	—	22.81	5.50	
X57	52.38	13.68	10.94	10.31	8.00	4.69
X58	25.58	52.92	10.20	—	8.00	3.30
X59	53.93	17.97	10.20	9.90	8.00	
X60	72.95	4.05		15.00	8.00	

C30 强度等级的 X51 试样，是用 42.5 等级矿渣水泥（矿渣少熟料水泥）配制的，不仅强度理想，而且成本上也有优势。X55 和 X56 试样，虽然强度指标都能达到 C50 指标，但 X55 试样不仅强度高于 X56，而且原料成本也比 X56 低。因此，用 42.5 等级矿渣水泥（矿渣少熟料水泥）配制混凝土，具有较大的成本优势。

综上所述，用 32.5 等级钢渣水泥（X38 试样）可以单独配制出 C30 和 C40 混凝土；用 42.5 等级矿渣水泥（X39 试样），可以与矿渣粉和粉煤灰组合，配制出 C40 和 C50 的混凝土。42.5 等级矿渣水泥（矿渣少熟料水泥）与 42.5 等级普通水泥相比，所配制的混凝土，不仅强度高，而且成本低。

4.7　矿渣少熟料水泥原料与要求

矿渣少熟料水泥是在分别粉磨矿渣水泥生产技术基础上，发展起来的一种水泥生产新技术。是以优化水泥粉磨工艺、选择高活性矿渣、合理调整水泥配合比、充分利用混合材之间性能互补为技术手段，达到大幅度降低水泥中熟料掺量的目的，使生产高强度的矿渣少熟料水泥成为可能。

矿渣少熟料水泥的生产工艺虽然与分别粉磨矿渣水泥的生产工艺相似，但矿渣少熟料水泥对粉磨比表面积的要求更为严格，对原料品质的要求更高，生产中必须加强对进厂原料品质的控制和生产过程的管理，以免造成质量事故。

4.7.1　矿渣活性试验

与分别粉磨矿渣水泥不同，矿渣少熟料水泥对矿渣活性要求更高。通常凡是符合 GB/T 203—2008《用于水泥中的粒化高炉矿渣》标准要求的矿渣，都可以用于分别粉磨矿渣水泥的生产。但矿渣少熟料水泥却不一样，根据作者的试验，有相当一部分能满足 GB/T 203—2008《用于水泥中的粒化高炉矿渣》标准要求的矿渣，不能用于生产矿渣少熟料水泥。

从全国各地收集一批矿渣样品，然后与表 4-51 中的熟料、钢渣、石膏和石灰石配合，按优化粉磨工艺的要求，将各原料粉磨成半成品，然后根据矿渣少熟料水泥强度等级的不同，配制成几种不同配比的矿渣少熟料水泥，进行水泥物理力学性能检验。水泥标准稠度、凝结时间按 GB/T 1346—2011《水泥标准稠度用水量、凝结时间、安定性检验方法》进行；水泥胶砂强度按 GB/T 17617—1999《水泥胶砂强度检验方法（ISO）》进行。矿渣少熟料水泥的实际组成和性能试验结果，见表 4-59。

1701 熟料矿渣：将所取的矿渣样品烘干，表 4-51 中的熟料破碎过 3mm 筛后，按熟料：矿渣＝17：1 的比例（质量比），每磨 5kg，混合入 ϕ 500mm×500mm 试验小磨内粉磨，比表面积控制在 380～420m²/kg 之间。

4308 矿渣熟料：将所取的矿渣样品烘干，表 4-51 中的熟料破碎过 3mm 筛后，按矿渣：熟料＝43：8 的比例（质量比），每磨 5kg，混合入 ϕ 500mm×500mm 试验小磨内粉磨，比表面积控制在 470～520m²/kg 之间。

钢渣粉：将表 4-51 中的钢渣破碎烘干后，每磨 5kg，单独入 ϕ 500mm×500mm 试验小磨内单独粉磨，比表面积控制在 350～400m²/kg 之间。

石膏：将表 4-51 中的石膏破碎后通过 3mm 筛，每磨 5kg，单独置于 ϕ 500mm×500mm 试验小磨内粉磨，比表面积控制在 450～500m²/kg。

石灰石：将表 4-51 中的石灰石破碎后通过 3mm 筛，每磨 5kg，单独置于 ϕ 500mm×500mm 试验小磨内粉磨，比表面积控制在 450～500m²/kg。

表 4-59　各地矿渣能否用于生产矿渣少熟料水泥试验

编号	矿渣产地	强度等级	水泥实际组成（%）					标稠（%）	初凝（h：min）	终凝（h：min）	3d（MPa）		28d（MPa）		是否可用
			熟料	矿渣	钢渣	石膏	石灰石				抗折	抗压	抗折	抗压	
A1	福建福州	32.5	16.0	49.0	30.0	5.0	—	26.6	3：19	4：46	4.4	12.5	9.1	36.3	是
A2		42.5	30.0	60.0	—	5.0	5.0	26.8	2：46	4：12	5.6	21.6	10.9	46.1	是
A3	甘肃酒泉	32.5	25.0	65.0	—	5.0	5.0	26.4	3：23	4：56	3.7	11.4	9.7	34.6	否
A4		42.5	35.0	55.0	—	5.0	5.0	26.7	3：12	4：45	4.9	15.9	9.7	40.3	否
A5	广东阳江	32.5	16.0	49.0	30.0	5.0	—	25.9	3：49	5：10	3.8	12.0	8.7	34.0	是
A6		42.5	35.0	55.0	—	5.0	5.0	25.0	3：36	4：32	5.6	20.6	11.2	46.1	是
A7	广西防城港	32.5	16.0	49.0	30.0	5.0	—	26.1	3：12	4：45	3.8	12.0	9.0	34.4	否
A8		42.5	35.0	50.0	—	5.0	5.0	26.3	3：05	4：34	5.1	18.2	10.2	42.2	否
A9	贵州遵义	32.5	25.0	65.0	—	5.0	5.0	26.6	3：36	4：34	3.5	11.4	9.4	30.6	否
A10		42.5	40.0	50.0	—	5.0	5.0	26.8	3：23	4：25	3.9	13.0	9.5	35.4	否
A11	河北秦皇岛	32.5	15.0	50.0	30.0	5.0	—	24.4	4：43	5：50	4.7	13.8	9.1	38.2	是
A12		42.5	35.0	55.0	—	5.0	5.0	24.4	4：21	5：23	5.8	21.4	11.2	47.2	是
A13	河北邢台	32.5	15.0	50.0	30.0	5.0	—	27.1	4：27	5：46	3.9	12.5	9.5	35.2	是
A14		42.5	26.0	64.0	—	5.0	5.0	27.4	3：00	3：48	5.7	22.1	10.1	46.8	是
A15	河北张家口	32.5	25.0	65.0	—	5.0	5.0	26.7	3：56	4：57	5.1	17.2	10.4	37.6	是
A16		42.5	35.0	55.0	—	5.0	5.0	26.9	3：20	4：05	5.7	20.7	11.2	45.4	是

续表

编号	矿渣产地	强度等级	水泥实际组成（%）					标稠（%）	初凝（h：min）	终凝（h：min）	3d（MPa）		28d（MPa）		是否可用
			熟料	矿渣	钢渣	石膏	石灰石				抗折	抗压	抗折	抗压	
A17		32.5	16.0	49.0	30.0	5.0	—	26.0	3：49	5：10	5.3	19.9	9.1	34.6	是
A18	河南新乡	42.5	25.0	62.0	—	5.0	8.0	26.4	3：26	4：42	5.7	24.3	11.3	46.6	是
A19		52.5	40.0	55.0	—	5.0	—	26.7	3：06	4：02	6.0	27.6	11.1	56.2	是
A20	河南林州	32.5	15.0	50.0	30.0	5.0	—	27.0	4：00	5：06	3.6	14.1	9.4	36.2	是
A21		42.5	25.0	65.0	—	5.0	5.0	27.3	3：25	4：18	5.9	23.3	10.8	46.5	是
A22	湖北武汉	32.5	15.0	50.0	30.0	5.0	—	25.1	3：32	4：40	4.5	15.2	9.8	37.6	是
A23		42.5	30.0	65.0	—	5.0	—	26.7	2：47	3：49	7.2	25.1	10.9	49.3	是
A24	湖南冷水江	32.5	15.0	50.0	30.0	5.0	—	25.6	3：45	4：50	5.3	16.8	10.0	37.7	是
A25		42.5	25.0	65.0	—	5.0	5.0	25.7	3：21	4：23	6.3	21.4	11.2	48.0	是
A26		52.5	35.00	60.0	—	5.0	—	26.1	2：45	3：23	7.2	31.6	12.2	56.7	是
A27	湖南湘钢	32.5	15.0	50.0	30.0	5.0	—	25.5	4：15	5：06	5.4	18.0	9.7	40.9	是
A28		42.5	25.0	65.0	—	5.0	5.0	25.7	3：25	4：16	5.7	24.5	11.2	47.7	是
A29	吉林松江	32.5	15.0	50.0	30.0	5.0	—	27.2	3：10	4：15	4.4	15.1	9.5	40.0	是
A30		42.5	25.0	65.0	—	5.0	5.0	27.6	3：00	4：30	6.4	22.2	10.5	47.3	是
A31	江西新余	32.5	15.0	50.0	30.0	5.0	—	26.8	3：37	4：07	4.2	12.5	9.0	36.4	是
A32		42.5	30.0	60.0	—	5.0	5.0	26.9	3：10	3：55	6.3	22.6	10.8	48.7	是
A33	江苏南京	32.5	15.0	50.0	30.00	5.0	—	25.8	3：58	4：56	5.4	17.1	9.4	38.4	是
A34		42.5	25.0	65.0	—	5.0	5.0	25.9	3：47	4：33	6.8	23.6	10.5	48.8	是
A35		52.5	35.00	60.0	—	5.0	—	26.1	2：55	3：43	7.5	26.9	11.3	55.1	是
A36	内蒙古巴盟	32.5	16.0	49.0	30.0	5.0	—	27.0	3：08	3：55	3.8	15.0	8.8	37.0	是
A37		42.5	30.0	60.0	—	5.0	5.0	26.9	2：40	3：35	3.7	23.7	9.6	47.8	是
A38	山东日照	32.5	15.0	50.0	30.0	5.0	—	25.3	3：46	5：10	3.2	13.4	7.7	37.5	是
A39		42.5	25.0	65.0	—	5.0	—	25.4	3：26	4：41	5.6	22.9	10.0	47.3	是
A40		52.5	35.0	60.0	—	5.0	—	25.3	3：20	4：11	6.5	26.9	12.2	56.5	是
A41	山东枣庄	32.5	15.0	50.0	30.0	5.0	—	25.3	3：32	4：53	4.4	16.8	9.1	39.4	是
A42		42.5	25.0	65.0	—	5.0	5.0	26.0	3：21	4：12	6.3	23.0	10.1	47.0	是
A43	山西文水	32.5	16.0	49.0	30.0	5.0	—	26.2	3：30	4：43	3.6	14.3	8.7	37.8	是
A44		42.5	25.0	65.0	—	5.0	5.0	26.5	3：20	4：15	5.6	22.8	9.6	47.2	是
A45	山西长治	32.5	25.0	70.0	—	5.0	—	26.3	4：12	5：28	3.9	13.3	8.3	35.6	是
A46		42.5	35.0	60.0	—	5.0	—	26.5	3：10	4：05	4.4	15.8	9.5	46.1	否
A47	陕西商南	32.5	16.0	49.0	30.0	5.0	—	28.0	4：22	5：34	4.4	15.2	8.8	37.7	是
A48		42.5	25.0	65.0	—	5.0	5.0	28.0	2：30	3：43	5.4	22.5	10.6	47.3	是
A49	上海宝钢	32.5	15.0	50.0	30.0	5.0	—	26.8	4：34	5：49	4.7	17.0	9.2	37.7	是
A50		42.5	25.0	65.0	—	5.0	—	27.3	3：15	4：27	5.7	23.0	9.7	47.6	是
A51		52.5	35.0	60.0	—	5.0	—	27.8	2：46	3：39	7.3	28.1	11.6	57.3	是

续表

编号	矿渣产地	强度等级	水泥实际组成（%）					标稠（%）	初凝（h：min）	终凝（h：min）	3d（MPa）		28d（MPa）		是否可用
			熟料	矿渣	钢渣	石膏	石灰石				抗折	抗压	抗折	抗压	
A52	四川青山	32.5	25.0	70.0	—	5.0	—	29.0	4：15	7：13	2.6	8.7	5.9	25.5	否
A53		42.5	35.0	60.0	—	5.0	—	28.3	1：50	3：19	3.1	15.2	6.5	31.1	否
A54	四川峨眉	32.5	25.0	70.0	—	5.0	—	26.8	2：37	3：32	2.3	7.5	4.5	16.2	否
A55		42.5	35.0	60.0	—	5.0	—	25.8	2：20	3：22	3.0	8.0	5.7	22.7	否
A56	新疆天宇	32.5	25.0	70.0	—	5.0	—	26.5	4：32	5：45	3.0	9.6	8.0	32.1	否
A57		42.5	35.0	60.0	—	5.0	—	26.8	3：40	4：35	4.9	18.2	9.4	40.6	否
A58	重庆润江	32.5	25.0	70.0	—	5.0	—	26.8	3：37	4：07	4.8	18.1	10.1	42.6	是
A59		42.5	35.0	60.0	—	5.0	—	25.3	2：29	3：19	5.5	21.8	10.4	48.2	是
A60	贵州兴义	32.5	25.0	70.0	—	5.0	—	26.7	4：02	5：02	3.6	15.2	9.1	39.3	是
A61		42.5	35.0	60.0	—	5.0	—	26.1	3：34	4：38	5.3	21.1	10.0	47.8	是
A62	云南曲靖	32.5	25.0	70.0	—	5.0	—	27.8	2：13	3：53	3.5	14.8	8.4	39.8	是
A63		42.5	35.0	60.0	—	5.0	—	27.5	2：42	3：46	4.1	16.4	8.5	44.7	否
A64	云南马龙	32.5	25.0	70.0	—	5.0	—	27.7	3：39	4：49	3.1	12.1	7.7	30.1	否
A65		42.5	35.0	60.0	—	5.0	—	27.1	3：24	4：15	3.2	13.0	7.8	34.8	否
A66	云南宜良	32.5	16.0	49.0	30.0	5.0	—	25.8	3：08	4：57	3.9	12.9	9.1	38.4	是
A67		42.5	25.0	65.0	—	5.0	5.0	26.3	2：46	3：37	4.7	21.7	9.5	46.5	是

注：所有试样沸煮安定性检验均合格。

由表 4-59 可见，有不少活性较差的矿渣不能满足矿渣少熟料水泥的生产要求，达不到矿渣水泥的最低强度等级 32.5，如 A3 和 A4、A7～A10、A52～A57 等试样。也有部分矿渣能满足 32.5 强度等级的要求，但不能满足 42.5 强度等级的要求，如 A45 和 A46 的山西长治矿渣，A62 和 A63 的云南曲靖矿渣。有些矿渣活性很好，不但可以满足生产 42.5 强度等级的矿渣少熟料水泥，而且还能满足生产 52.5 强度等级的矿渣少熟料水泥，如 A19 的河南新乡矿渣、A26 的湖南冷水江矿渣、A35 的江苏南京矿渣、A40 的山东日照矿渣和 A51 的上海宝钢矿渣等。

从表 4-59 的试验结果看，上海、山东、山西、湖北、湖南、江苏、河北、河南等地的矿渣活性较好，一般都能满足生产矿渣少熟料水泥的要求，而四川的矿渣活性很差，很难找到能满足生产矿渣少熟料水泥要求的矿渣。云南、贵州、山西、甘肃、新疆等地的矿渣活性有好有坏，有部分矿渣可以满足生产矿渣少熟料水泥的要求，也有一部分不能满足要求。

从矿渣的活性试验结果看，矿渣活性不但与矿渣的成分有关，如矿渣质量系数大，通常活性好；还与矿渣的水淬质量有关，矿渣中的玻璃体含量越多，矿渣活性越好。判断一种矿渣是否能用于生产矿渣少熟料水泥，务必要通过试验确定。必须要按优化粉磨工艺要求，将矿渣样品配制成矿渣少熟料水泥，进行强度等性能试验，然后根据性能检测结果确定。

4.7.2 高铝矿渣与水泥质量问题

矿渣少熟料水泥的主要原料是矿渣，其次是钢渣和熟料，辅助原料为石膏和石灰石。GB 175—2007《通用硅酸盐水泥》对组成通用硅酸盐水泥的各原料品质有严格的要求，而矿渣少熟料水泥除要求各原料品质满足 GB 175—2007《通用硅酸盐水泥》规定外，对矿渣的活性和化学成分还有特别的要求。

矿渣中主要的化学成分是[1]：二氧化硅（SiO_2）、三氧化二铝（Al_2O_3）、氧化钙（CaO）、氧化镁（MgO）、氧化锰（MnO）、氧化铁（FeO）和硫等。此外有些矿渣还含有微量的氧化钛（TiO_2）、氧化矾（V_2O_5）、氧化钠（Na_2O）、氧化钡（BaO）、五氧化二磷（P_2O_5）、三氧化二铬（Cr_2O_3）等。在高炉矿渣中氧化钙（CaO）、二氧化硅（SiO_2）、三氧化二铝（Al_2O_3）占重量的 90%以上。根据矿渣中碱性氧化物（CaO＋MgO）与酸性氧化物（$SiO_2＋Al_2O_3$）的比值 M 的大小，可以将矿渣分为三种：M>1 的矿渣为碱性矿渣；M=1 称为中性矿渣；M<1 称为酸性矿渣。根据冶炼生铁的种类，矿渣又可分为铸铁矿渣、炼钢生铁矿渣、特种生铁矿渣（如锰铁矿渣、镁铁渣）。根据冷却方法、物理性能及外形，矿渣则可分为缓冷渣（块状、粉状）和急冷渣（粒状、纤维状、多孔状、浮石状）。矿渣的化学成分通常在表 4-60 的范围。

表 4-60　矿渣的化学成分范围（%）

种类	SiO_2	Al_2O_3	Fe_2O_3	CaO	MgO	MnO	S	TiO_2	V_2O_5
炼钢、铸造高炉渣	32～41	6～17	0.2～4	32～49	2～13	0.1～4	0.2～2	—	—
锰铁渣	21～37	7～23	0.1～1.7	25～47	1～9	3～24	0.2～2	—	—
钒钛渣	19～32	13～17	0.2～1.9	20～31	7～9	0.3～1.2	0.2～1	6～25	0.06～1

由表 4-60 可见，高炉矿渣中 CaO 含量较高，通常在 32%以上，Al_2O_3 含量通常低于17%。而作者在推广矿渣少熟料水泥的过程中，曾经在山西发现一种极其罕见的高铝矿渣，其 Al_2O_3 含量高达 30%，活性很高，用其生产的矿渣少熟料水泥的各项性能均可符合 GB 175—2007《通用硅酸盐水泥》的国家标准，但在使用中却出现了水泥的质量问题。为此，不得不进行深入的研究，并限制高铝矿渣在矿渣少熟料水泥生产中的使用。

4.7.2.1　高铝矿渣少熟料水泥产品的质量问题

2012 年 1 月，作者在山西某水泥厂推广矿渣少熟料水泥技术时，遇到表 4-61 所示的高铝矿渣和原料。

表 4-61　原料的化学成分（%）

原料	烧失量	SiO_2	Al_2O_3	Fe_2O_3	CaO	MgO	SO_3	合计
熟料	2.25	21.08	5.53	3.38	63.34	3.18	0.23	98.99
矿渣甲	−0.25	31.64	30.78	5.01	28.44	3.34	0.31	99.28
矿渣乙	2.90	30.64	28.55	3.88	27.45	5.84	0.24	99.49
石膏	24.12	3.56	0.42	0.53	31.67	3.76	32.70	96.76
石灰石	40.91	4.10	1.24	0.30	51.36	0.72	—	98.63

采用优化粉磨工艺生产矿渣少熟料水泥，矿渣和熟料按 63∶20 的质量比，混合在一台开路管磨机中粉磨，出磨矿渣熟料粉的比表面积控制在 $450m^2/kg$ 左右，粉磨后入矿渣熟料粉库。石膏和石灰石按 10∶7 的质量比，混合在另一台闭路球磨机内混合粉磨，控制出磨石膏石灰石粉的比表面积在 $500m^2/kg$ 左右，粉磨后入石膏石灰石粉库。然后通过两个库底微机配料秤和双轴螺旋搅拌机，将矿渣熟料粉和石膏石灰石粉，按 83∶17 的质量比配制并搅拌成矿渣少熟料水泥。

　　水泥的实际组成为：熟料 20％，石膏 10％，矿渣 63％，石灰石 7％。水泥中 SO₃ 含量 3.50％左右，水泥 3d 抗折强度 3.7MPa 左右，3d 抗压强度 15.9MPa 左右；28d 抗折强度 7.6MPa 左右，28d 抗压强度 40.9MPa 左右；初凝时间 2h20min 左右，终凝时间 3h10min 左右；水泥安定性合格。无论是水泥组成，还是技术指标均能符合 GB175－2007《通用硅酸盐水泥》中 P·S·B32.5R 矿渣硅酸盐水泥的标准。

　　高铝矿渣少熟料水泥出厂后，不久收到一家用户的反映，投诉水泥质量有问题。我们立即派人到现场调查，发现是建筑物墙面粉刷工程，可惜已没有剩余水泥，取不到水泥样品。回厂后立即对该批次水泥的化验室留样进行检测。水泥标准稠度、凝结时间按 GB/T 1346—2011《水泥标准稠度用水量、凝结时间、安定性检验方法》进行；水泥胶砂强度按 GB/T 17617—1999《水泥胶砂强度检验方法（ISO）》进行。检验结果见表 4-62，可见该批次水泥的性能达到了 GB 175—2007《通用硅酸盐水泥》中 P·S·B32.5R 矿渣硅酸盐水泥的技术指标。

表 4-62　水泥出厂留存样的物理力学性能检测结果

编号	标稠（％）	初凝（min）	终凝（min）	安定性	SO₃（％）	3d（MPa）		28d（MPa）	
						抗折	抗压	抗折	抗压
K177	29.5	155	223	合格	3.44	3.2	13.7	6.8	38.3

　　到事故现场观察，如图 4-40 所示，发现水泥砂浆墙面强度确实很低，可以用木头刮起，用脚摩擦表面，砂子越磨越多。墙体的砂浆表面看似还有强度，但木头用力刮开表面后，越刮越多，显然是砂浆强度不够。根据用户介绍，采用的是 1∶4 水泥砂浆，刚施工完几天砂浆表面强度还较高，但过一段时间后，感觉强度反而下降。

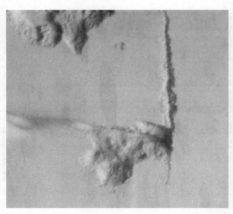

图 4-40　高铝矿渣少熟料水泥出现的质量问题

　　根据工人反映，该批次的水泥还在本厂的一个设备基础上使用过，为此对该设备基础进行了认真研究。混凝土采用人工搅拌成型，施工后就再也没有淋水养护，观察发现表面疏松，强度较低。用酚酞溶液进行检验，发现施工后 4 个月混凝土表面已经碳化了 1.5cm。在该设备基础的另一处，有个位置用了一块矿棉包裹，该处表面较硬，4 个月碳化深度为 1.0cm。同时施工的另一个设备基础，用的是正常的矿渣水泥（熟料掺量 45％左右的非少熟料矿渣水泥），混凝土同样也是人工搅拌成型，也没进行过淋水养护，但检查时表面较硬，4 个月混凝土表面碳化深度为 0.93cm。

作者根据现场调查认为：虽然高铝矿渣少熟料水泥所有技术指标均符合国家标准，但该水泥在干燥环境下施工并没有充分淋水养护时，水泥的水化不充分，强度不能正常发挥，而且该水泥容易被碳化，碳化后水泥石强度不是像普通硅酸盐水泥那样上升，而是下降。这可能是造成高铝矿渣少熟料水泥出现质量问题的原因。

4.7.2.2　高铝矿渣活性试验

将表 4-61 的原料，按优化粉磨工艺的要求粉磨成半成品，并配制成几种不同配比的高铝矿渣少熟料水泥，进行水泥物理力学性能检验。比表面积按 GB/T 8074—2008《水泥比表面积测定方法（勃氏法）》进行；密度按 GB/T 208—2014《水泥密度测定方法》进行；水泥标准稠度、凝结时间按 GB/T 1346—2011《水泥标准稠度用水量、凝结时间、安定性检验方法》进行；水泥胶砂强度按 GB/T 17617—1999《水泥胶砂强度检验方法（ISO）》进行。检验结果见表 4-63，高铝矿渣少熟料水泥的实际组成见表 4-64。

1701 熟料矿渣：将表 4-61 中的熟料破碎后过 3mm 筛，按熟料：矿渣甲＝17:1 的比例（质量比），混合入 ϕ 500mm×500mm 试验小磨内粉磨，每磨 5kg，粉磨 35min，测定密度为 3.14g/cm³，比表面积为 391.1m²/kg。

2063 熟料矿渣甲：将表 4-61 中的熟料和矿渣甲，按熟料：矿渣甲＝20:63 的比例（质量比），称取 5kg 混合粉磨 60min 后取出，测定密度为 3.00g/cm³，比表面积为 510.5m²/kg。

2063 熟料矿渣乙：将表 4-61 中的熟料和矿渣乙，按熟料：矿渣乙＝20:63 的比例（质量比），称取 5kg 混合粉磨 60min 后取出，测定密度为 2.95g/cm³，比表面积为 511.9m²/kg。

石膏石灰石：将表 4-61 中的石膏和石灰石破碎后通过 3mm 筛，按石膏：石灰石＝10:7 的比例（质量比），称取 5kg 置于 ϕ 500mm×500mm 试验小磨内混合粉磨 20min，测定密度为 2.8g/cm³，比表面积为 545.0m²/kg。

表 4-63　高铝矿渣少熟料水泥的性能

编号	1701 熟料矿渣（%）	2063 熟料矿渣甲（%）	2063 熟料矿渣乙（%）	石膏石灰石（%）	标准稠度（%）	初凝（h:min）	终凝（h:min）	安定性	1d（MPa）		3d（MPa）		28d（MPa）	
									抗折	抗压	抗折	抗压	抗折	抗压
J1	—	83.00	—	17	30.0	1:54	2:53	合格	2.2	7.9	3.7	14.8	7.7	38.8
J2	7.11	75.89	—	17	29.5	1:50	2:55	合格	3.0	10.8	4.4	18.4	8.9	45.2
J3	14.22	68.78	—	17	29.0	1:55	2:50	合格	3.8	14.3	4.9	23.3	9.3	50.4
J4	21.32	61.68	—	17	28.9	1:57	2:45	合格	4.8	15.9	6.0	28.1	9.8	50.5
J5	—	—	83.00	17	29.6	2:15	3:10	合格	2.0	6.3	3.1	12.7	8.2	43.2
J6	7.11	—	75.89	17	29.2	2:23	3:05	合格	2.2	7.1	3.6	15.6	8.6	46.6
J7	14.22	—	68.78	17	28.7	2:20	2:55	合格	2.9	9.8	4.5	20.0	8.9	48.1
J8	21.32	—	61.68	17	28.1	2:15	2:50	合格	3.4	12.9	5.4	24.8	9.2	48.9

表 4-64　高铝矿渣少熟料水泥的组成

编号	熟料	矿渣	石膏	石灰石	水泥中 SO₃
J1	20.00	63.00	10.00	7.00	3.51
J2	25.00	58.00	10.00	7.00	3.51
J3	30.00	53.00	10.00	7.00	3.50
J4	35.00	48.00	10.00	7.00	3.50

编号	熟料	矿渣	石膏	石灰石	水泥中 SO₃
J5	20.00	63.00	10.00	7.00	3.47
J6	25.00	58.00	10.00	7.00	3.47
J7	30.00	53.00	10.00	7.00	3.47
J8	35.00	48.00	10.00	7.00	3.47

由表 4-63 可见：高铝矿渣的活性较高，所配制的所有试样均能满足 GB 175—2007《通用硅酸盐水泥》中 P·S·B32.5R 或 P·S·B42.5R 矿渣硅酸盐水泥的技术指标要求。而且各试样的 1d 强度特别高，远远高于通常的矿渣硅酸盐水泥的 1d 强度；随着水泥中熟料掺量的增加，高铝矿渣少熟料水泥的各龄期强度快速增长，当熟料掺量达 30% 后，除 1d 和 3d 强度继续快速增长外，28d 强度增长趋缓；矿渣中的 Al₂O₃ 含量越高，其活性似乎也越高，矿渣甲的 Al₂O₃ 含量比矿渣乙高，所配制的矿渣少熟料水泥的各龄期强度也比矿渣乙高；与通常的矿渣硅酸盐相比，高铝矿渣配制的矿渣少熟料水泥标准稠度用水量大，凝结时间短，水泥凝结硬化较快。

4.7.2.3 高铝矿渣少熟料水泥常规性能

为了深入研究高铝矿渣少熟料水泥出现质量问题的原因，将表 4-62 高铝矿渣少熟料水泥的 K177 留存样与武汉钢华水泥有限公司生产的 P·C32.5 复合硅酸盐水泥进行如下对比试验。水泥标准稠度、凝结时间按 GB/T 1346—2011《水泥标准稠度用水量、凝结时间、安定性检验方法》进行；水泥胶砂强度按 GB/T 17617—1999《水泥胶砂强度检验方法（ISO）》进行，检验结果见表 4-65。可见，两种水泥均达到了 GB 175—2007《通用硅酸盐水泥》的技术指标要求。

表 4-65　水泥常规性能对比试验

编号	80μm 筛余 (%)	标稠 (%)	初凝 (min)	终凝 (min)	安定性	SO₃ (%)	MgO (%)	Cl⁻ (%)	3d (MPa) 抗折	抗压	28d (MPa) 抗折	抗压
K177	0.22	29.5	155	223	合格	3.44	3.17	0.023	3.2	13.7	6.8	38.3
P·C32.5	0.52	27.4	160	251	合格	2.76	3.01	0.026	4.3	14.2	8.1	41.2

4.7.2.4 高铝矿渣少熟料水泥抗起砂性能

将高铝矿渣少熟料水泥的 K177 留存样与武汉钢华水泥有限公司生产的 P·C32.5 复合硅酸盐水泥进行抗起砂性能对比试验，水泥抗起砂性能按第 3.2.13.1 节"水泥抗起砂性能检测方法"进行。

经检验得到：高铝矿渣少熟料水泥 K177 试样的起砂量为 2.49kg/m²；武汉钢华水泥有限公司生产的 P·C32.5 复合硅酸盐水泥的起砂量为 2.95kg/m²，两者相差不大，看不出现质量问题的原因。

4.7.2.5 高铝矿渣少熟料水泥干养碳化强度

将高铝矿渣少熟料水泥的 K177 留存样与武汉钢华水泥有限公司生产的 P·C32.5 复合硅酸盐水泥进行干养碳化强度对比试验。

将上述两种水泥，按水泥：标准砂＝1∶6，水灰比 1.03 的比例（水泥 450g，标准砂 2 袋 2700g，加水 463.5mL），搅拌成水泥砂浆，采用 4cm×4cm×16cm 标准试模，共成型 2 个龄期，每个龄期 3 条试块。试样成型后，均匀排放在人工气候箱内，调节好风向，使每个试样风量尽量均匀。在温度 50℃，相对湿度 12% 左右的人工气候箱中，吹风养护 1d 后脱模，脱模后的试样继续吹风养护至 2d 后。取出一半试样进行破型测定 50℃吹风 2d 强度，另一半试样放入碳化箱，在 CO_2 浓度 20％，温度（20±1）℃，相对湿度（70±5）％条件下碳化 3d 后，测定强度及碳化深度。试验结果见表 4-66，用酚酞溶液检验破型后的试块，发现所有试块都不显红色，说明已经全部被碳化。

表 4-66　不同砂浆和不同养护条件下的试样强度（MPa）

试样	1：3 砂浆，0.5 水灰比 标准标养 3d 强度		1：6 砂浆，1.03 水灰比 50℃吹风 2d 强度		1：6 砂浆，1.03 水灰比 50℃吹风 2d 再碳化 3d 强度		碳化前后 强度比
	抗折	抗压	抗折	抗压	抗折	抗压	
K177	3.2	13.7	1.8	6.6	1.0	3.5	0.53
P·C32.5	4.3	14.2	2.6	9.1	2.1	8.9	0.98

由表 4-66 可见，两种水泥在干燥环境中养护 3d 后的强度有显著的不同，P·C32.5 复合硅酸盐水泥的强度显著大于 K177 高铝矿渣少熟料水泥的强度。再经过 3d 碳化后，高铝矿渣少熟料水泥的强度又大幅度下降，而 P·C 32.5 复合硅酸盐水泥的强度几乎不再降低。

以上试验说明，用高铝矿渣生产的矿渣少熟料水泥，在干燥环境下养护，强度会大幅度降低；而且其抗碳化性能很差，碳化后强度还会进一步下降。这可能是造成高铝矿渣少熟料水泥出现质量问题的原因所在。

4.7.2.6　高铝矿渣与正常矿渣搭配使用的水泥性能

高铝矿渣活性较高，用其生产的高铝矿渣少熟料水泥早期强度特别高，但在干燥条件下养护强度会大幅度下降，而且抗碳化性能很差。那么，是否可以与正常矿渣搭配使用，以弥补一般矿渣少熟料水泥早期强度低的缺点，又可以提高其抗碳化性能呢？为此选择表 4-67 的原料，按优化粉磨工艺的要求，将各原料粉磨成半成品后再混合配制成矿渣少熟料水泥，采用上节同样的试验方法，进行干养碳化强度试验对比。水泥配比和试验结果见表 4-68。

表 4-67　原料的化学成分（％）

原料	烧失量	SiO_2	Al_2O_3	Fe_2O_3	CaO	MgO	SO_3	合计
熟料	2.25	21.08	5.53	3.38	63.34	3.18	0.23	98.99
高铝矿渣	−0.25	31.64	30.78	5.01	28.44	3.34	0.31	99.28
武钢矿渣	−0.30	32.65	16.05	0.46	35.87	8.74	0.04	93.51
山西矿渣	−1.02	37.56	12.50	1.58	40.14	6.15	0.08	96.99
石膏	24.12	3.56	0.42	0.53	31.67	3.76	32.70	96.76
石灰石	40.91	4.10	1.24	0.30	51.36	0.72	—	98.63

熟料粉：取湖北葛洲坝兴山水泥厂的熟料，每磨 5kg，单独粉磨 40min，密度 3.18g/cm³，测定比表面积为 452m²/kg。

熟料高铝矿渣：将表 4-67 中的熟料破碎后过 3mm 筛，然后与烘干后的高铝矿渣，按熟料：高铝矿渣＝22：64 的比例（质量比），混合入 φ500mm×500mm 试验小磨内粉磨，每磨 5kg，粉磨 60min，测定密度为 2.83g/cm³，比表面积为 489.0m²/kg。

熟料武钢矿渣：将表 4-67 中的熟料破碎后过 3mm 筛，然后与烘干后的武钢矿渣，按熟料：武钢矿渣＝22：64 的比例（质量比），混合入 φ500mm×500mm 试验小磨内粉磨，每磨 5kg，粉磨 75min，测定密度为 2.93g/cm³，比表面积为 483.7m²/kg。

熟料山西矿渣：将表 4-67 中的熟料破碎后过 3mm 筛，然后与烘干后的山西矿渣，按熟料：山西矿渣＝22：64的比例（质量比），混合入 ϕ 500mm×500mm 试验小磨内粉磨，每磨5kg，粉磨75min，测定密度为 2.94g/cm³，比表面积为 476.8m²/kg。

石膏石灰石：将表 4-67 中的石膏和石灰石破碎后通过 3mm 筛，按石膏：石灰石＝9：5的比例（质量比），称取 5kg 置于 ϕ 500mm×500mm 试验小磨内混合粉磨 20min，测定密度为 2.50g/cm³，比表面积为 593.6m²/kg。

表 4-68　高铝矿渣与正常矿渣搭配使用水泥性能对比

| 编号 | 熟料高铝矿渣(%) | 熟料武钢矿渣(%) | 熟料山西矿渣(%) | 石膏石灰石(%) | 混合矿渣Al$_2$O$_3$(%) | 1:3砂浆，0.5水灰比 | | | | 1:6砂浆，1.03水灰比 | |
| | | | | | | 标养3d | | 标养28d | | 50℃吹2d后碳化3d | |
						抗折(MPa)	抗压(MPa)	抗折(MPa)	抗压(MPa)	抗折(MPa)	抗压(MPa)
B40	86.0	—	—	14.0	30.78	3.8	19.4	7.3	42.6	1.8	5.5
B41	68.8	17.2	—	14.0	27.92	4.4	20.6	7.8	41.5	2.1	5.9
B42	51.6	34.4	—	14.0	25.07	4.8	22.1	8.3	39.6	1.9	6.1
B43	34.4	51.6	—	14.0	22.21	5.2	23.9	9.4	40.8	2.4	7.9
B44	17.2	68.8	—	14.0	19.36	5.8	26.0	10.3	44.0	2.6	8.6
B45	—	86.0		14.0	16.50	5.3	24.8	10.8	48.4	2.6	9.5
B46	68.8		17.2	14.0	27.12	4.1	18.4	8.0	41.5	1.8	5.8
B47	51.6		34.4	14.0	23.47	4.2	19.9	7.5	37.9	1.8	6.2
B48	34.4		51.6	14.0	19.81	4.4	19.4	8.3	35.4	1.9	6.8
B49	17.2		68.8	14.0	16.16	4.0	16.3	8.7	39.3	2.1	7.6
B50	—		86.0	14.0	12.50	3.8	14.4	9.7	45.3	2.5	9.7

注：表中试样的实际组成均为：熟料22%，矿渣64%，石膏9%，石灰石5%。

由表 4-68 可见，高铝矿渣与正常矿渣搭配配制矿渣少熟料水泥，在标准的养护条件下，水泥 3d 和 28d 强度并无异常，但在干燥环境下养护并经碳化 3d 后，水泥的强度产生了显著的变化。高铝矿渣的比例越高，水泥干养碳化强度越低。这主要是由于高铝矿渣少熟料水泥的主要水化产物是钙矾石（$C_3A \cdot 3CaSO_4 \cdot 32H_2O$），是个四元化合物，通常是通过液相结晶形成。因此，高铝矿渣少熟料水泥在湿润环境下养护，矿渣可以充分地水化，钙矾石可以充分地形成，可以形成致密的水泥石，水泥强度很高。但在干燥环境下，由于没有液相的作用，矿渣不能充分水解，石膏也无法溶解，钙矾石就很难形成，高铝矿渣少熟料水泥也就不能充分水化了。所以，高铝矿渣少熟料水泥在干燥环境下养护的强度就较低。

此外，由于钙矾石容易被碳化，碳化后变成二水石膏和无定型的 Al_2O_3，同时由于钙矾石中的结构水的蒸发，使得水泥石中孔隙率大增，水泥石强度大幅度降低。所以，高铝矿渣少熟料水泥碳化后强度会大幅度下降。

4.7.2.7　高铝矿渣的使用建议

以上试验充分说明，高铝矿渣的活性虽高，易磨性虽好，但由于用高铝矿渣配制的矿渣少熟料水泥，干燥环境下不能充分水化，而且水泥石抗碳化性能差，碳化后水泥强度会大幅度下降，因此高铝矿渣不适宜用于生产矿渣少熟料水泥。但，可以在正常矿渣中掺入少量高铝矿渣混合均匀后使用，两种矿渣混合后的 Al_2O_3 含量应不大于17%。否则，应将矿渣少熟料水泥进行干养碳化强度试验，其 50℃吹风养护 2d 并碳化 3d 后的抗压强度应≥8.9MPa，才可使用。

4.7.3　钢渣

钢渣是炼钢过程中排出的废渣，依炉型分为转炉渣、平炉渣和电炉渣。

炼钢是除去生铁中的碳、硅、磷和硫等杂质，使钢具有特定性能的过程，也是造渣材料和冶炼反应物以及熔融的炉衬材料生成熔合物的过程。因此，钢渣是炼钢过程中的必然副产物，排出量约为粗钢产量的 15%～20%。

钢渣的形成温度在 1500～1700℃，高温下呈液体状态态，缓慢冷却后呈块状或粉状，转炉渣、平炉渣一般为深灰、深褐色，电炉渣多为白色。

钢渣的化学成分是由钙、铁、硅、铝、锰、磷等的氧化物所组成，其中钙、铁、硅氧化物占绝大部分。钢渣的主要矿物组成为硅酸三钙（C_3S）、硅酸二钙（C_2S）、钙镁橄榄石（CMS）、钙镁蔷薇辉石（C_3MS_2）、铁铝酸钙、铁酸钙、RO（R 代表镁、铁、锰的氧化物即 FeO、MgO、MnO 形成的固熔体）、游离氧化钙（f-CaO）等。

钢渣处理工艺主要有下列几种：

（1）热泼法。热熔钢渣倒入渣罐后，用车辆运到钢渣热泼车间，利用吊车将渣罐的液态渣分层泼倒在渣床上（或渣坑内）喷淋适量的水，使高温炉渣急冷碎裂并加速冷却，然后用装载机、电铲等设备进行挖掘装车，再运至弃渣场。需要加工利用的，则运至钢渣处理间进行粉碎、筛分、磁选等工艺处理。

（2）盘泼水冷法（ISC 法）。在钢渣车间设置高架泼渣盘，利用吊车将渣罐内液态钢渣泼在渣盘内，渣层一般为 30～120mm 厚，然后喷以适量的水促使急冷破裂。再将碎渣翻倒在渣车上，驱车至池边喷水降温，再将渣卸至水池内进一步降温冷却。渣子粒度一般为 5～100mm，最后用抓斗抓出装车，送至钢渣处理车间，进行磁选、破碎、筛分、精加工。

（3）钢渣水淬法。热熔钢渣在流出、下降过程中，被压力水分割、击碎，再加上熔渣遇水急冷收缩产生应力集中而破裂，使熔渣粒化。由于钢渣比高炉矿渣碱度高、黏度大，其水淬难度也大。为防止爆炸，有的采用渣罐打孔，在水渣沟水淬的方法并通过渣罐孔径限制最大渣流量。

（4）风淬法。渣罐接渣后，运到风淬装置处，倾翻渣罐，熔渣经过中间罐流出，被一种特殊喷嘴喷出的空气吹散，破碎成微粒，在罩式锅炉内回收高温空气和微粒渣中所散发的热量并捕集渣粒。经过风淬而成微粒的转炉渣，可作建筑材料；由锅炉产生的中温蒸汽可用于干燥氧化铁皮。

（5）钢渣粉化处理法。由于钢渣中含有未化合的游离 CaO，用压力 0.2～0.3MPa，100℃的蒸汽处理转炉钢渣时，其体积增加 23%～87%，小于 0.3mm 的钢渣粉化率达 50%～80%。在渣中主要矿相组成基本不变的情况下，消除了未化合的 CaO，提高了钢渣的稳定性。此种处理工艺可显著减少钢渣破碎加工量并减少设备磨损。

（6）热闷法。钢渣热闷（又称坑闷）是近年发展起来的一种新型的比较成熟的钢渣处理技术。将炼钢炉前送出的红渣直接倒入渣罐，降温后（钢渣内部不夹液态渣）倾入闷渣罐，盖上罐盖并配以适当的喷水工艺。由于钢渣含有一定的 CaO、MgO，大块钢渣在坑闷罐内就会龟裂自解粉化，钢和渣自动分离。采用该技术，可获得 70%～80% 的小于 20mm 粒状钢渣。

目前，我国钢渣主要是采用热闷法和热泼法进行处理，以下主要介绍这两种钢渣对矿渣少熟料水泥性能的影响规律。

4.7.3.1　钢渣处理工艺与水泥性能

为了对比不同处理工艺的钢渣对矿渣少熟料水泥性能的影响，选择表 4-69 的原料，按优化粉磨工艺的要求，将各原料粉磨成半成品后再混合配制成矿渣少熟料水泥，然后进行水泥物理力学性能试验，结果见表 4-70，水泥实际组成见表 4-71。水泥标准稠度、凝结时间按 GB/T 1346—2011《水泥标准稠度用水量、凝结时间、安定性检验方法》进行；水泥胶砂强度按 GB/T 17617—1999《水泥胶砂强度检验方法（ISO）》进行。

表 4-69   原料的化学成分（%）

原料	烧失量	SiO$_2$	Al$_2$O$_3$	Fe$_2$O$_3$	CaO	MgO	K$_2$O	Na$_2$O	SO$_3$	TiO$_2$	Mn$_2$O$_3$	P$_2$O$_5$	合计
熟料	1.05	21.32	5.54	3.41	64.12	3.01	0.75	0.15	0.23	—	—	—	99.58
矿渣	−1.22	31.21	15.7	1.07	37.11	9.19	0.51	—	0.04	0.73	0.33	0.01	94.68
热泼钢渣	2.24	13.81	3.15	19.51	39.28	8.12	0.07	0.03	0.36	0.83	2.74	1.48	91.62
热闷钢渣	2.32	9.29	0.85	27.85	38.16	6.44	—	—	0.39	0.76	3.40	1.73	91.19
陈年钢渣	4.53	9.41	0.98	26.35	41.49	7.47	—	—	0.12	0.74	3.73	1.96	96.78
石膏	6.23	0.79	0.18	0.20	35.78	1.18	0.04	—	51.21	—	—	—	95.61
石灰石	41.12	2.21	1.01	0.30	52.11	0.73	0.51	0.06	—	—	—	—	98.05

注：陈年钢渣是指在露天堆放了好几年的热泼钢渣。

1648 熟料矿渣：将表 4-69 中的熟料破碎后过 3mm 筛，然后与烘干后的矿渣，按熟料∶矿渣＝16∶48 的比例（质量比），混合入 ϕ500mm×500mm 试验小磨内粉磨，每磨 5kg，粉磨 75min，测定密度为 2.91g/cm^3，比表面积为 485.2m^2/kg。

陈年钢渣粉：将表 4-69 中的陈年钢渣破碎后过 3mm 筛，称取 5kg 单独在 ϕ500mm×500mm 试验小磨内粉磨 50min，取出测定密度为 3.04g/cm^3，比表面积为 434.7m^2/kg。

热泼钢渣粉：将表 4-69 中的热泼钢渣破碎后过 3mm 筛，称取 5kg 单独在 ϕ500mm×500mm 试验小磨内粉磨 50min，取出测定密度为 3.11g/cm^3，比表面积为 415.1m^2/kg。

热闷钢渣粉：将表 4-69 中的热闷钢渣破碎后过 3mm 筛，称取 5kg 单独在 ϕ500mm×500mm 试验小磨内粉磨 55min，取出测定密度为 3.50g/cm^3，比表面积为 421.2m^2/kg。

石膏粉：将表 4-69 中的石膏破碎后过 3mm 筛，称取 5kg 单独在 ϕ500mm×500mm 试验小磨内粉磨 20min，取出测定密度为 2.83g/cm^3，比表面积为 382.0m^2/kg。

表 4-70   不同钢渣对矿渣少熟料水泥性能的影响

编号	1648熟料矿渣（%）	陈年钢渣粉（%）	热泼钢渣粉（%）	热闷钢渣粉（%）	石膏粉（%）	标准稠度（%）	初凝（h∶min）	终凝（h∶min）	安定性	1d（MPa）		3d（MPa）		28d（MPa）	
										抗折	抗压	抗折	抗压	抗折	抗压
H67	61	33	—	—	6.0	26.1	3∶52	4∶53	合格	0.2	1.0	4.3	16.6	9.6	42.0
H68	64	30	—	—	6.0	26.0	3∶46	4∶49	合格	0.3	1.0	5.1	18.1	9.9	43.0
H69	67	27	—	—	6.0	26.5	3∶33	4∶43	合格	0.5	1.2	5.3	19.1	10.5	45.3
H70	61	—	33	—	6.0	25.5	3∶55	4∶58	合格	0.3	0.9	4.2	17.4	9.8	43.8
H71	64	—	30	—	6.0	25.4	3∶48	4∶47	合格	0.4	1.1	4.4	17.4	9.8	44.8
H72	67	—	27	—	6.0	25.4	3∶36	4∶46	合格	0.4	1.9	4.5	18.3	10.3	45.8
H73	61	—	—	33	6.0	24.9	4∶10	5∶11	合格	0.3	0.8	4.0	13.2	9.2	39.5
H74	64	—	—	30	6.0	24.8	4∶14	5∶05	合格	0.3	0.8	4.3	15.8	9.8	41.8
H75	67	—	—	27	6.0	24.9	4∶30	4∶50	合格	0.3	1.1	4.8	16.0	10.1	42.8

表 4-71 水泥的实际组成（%）

编号	熟料	矿渣	钢渣	石膏	水泥中SO₃
H67	15.25	45.75	33.00	6.00	3.17
H68	16.00	48.00	30.00	6.00	3.16
H69	16.75	50.25	27.00	6.00	3.16
H70	15.25	45.75	33.00	6.00	3.24
H71	16.00	48.00	30.00	6.00	3.24
H72	16.75	50.25	27.00	6.00	3.23
H73	15.25	45.75	33.00	6.00	3.25
H74	16.00	48.00	30.00	6.00	3.25
H75	16.75	50.25	27.00	6.00	3.24

由表 4-70 可见，不同处理工艺的钢渣所制备的矿渣少熟料水泥，其物理力学性能有所差别，但差别不是很大。热泼法处理的钢渣和陈年钢渣所配制的矿渣少熟料水泥强度较高，凝结时间较快；而热闷法处理的钢渣所配制的矿渣少熟料水泥强度稍低，凝结时间稍长些；水泥的安定性均合格。

总之，以上几种钢渣均可以满足生产矿渣少熟料水泥的要求，均可以使用。

4.7.3.2 钢渣堆存时间的影响

钢渣的排放量约为钢产量的 15%～20%，是仅次于高炉水渣之后的大宗冶金废渣，目前利用率仅约为 10%，还无法进行有效利用。每年除用于对少量工程回填地基外，绝大部分都弃置钢铁厂周边。几十年来，已堆积成山，有的绵延十多公里，不仅侵占了大批土地良田，并造成了对空气、水质等的二次污染，严重地破坏了环境，给周边地区带来生态灾难。

为了利用这些堆存了很久的钢渣，有必要研究钢渣堆存时间对矿渣少熟料水泥性能的影响。选取表 4-72 的原料，在 ϕ 500mm×500mm 试验室小磨中，按优化粉磨工艺的要求，将原料粉磨成半成品，然后按表 4-73 的配比配制成矿渣少熟料水泥并检验其物理力学性能，试验结果见表 4-73，水泥的实际组成见表 4-74。表 4-72 中的 3 天钢渣、3 月钢渣和 3 年钢渣，是同一炼钢炉排放的热闷钢渣出生产线后，分别在堆场露天堆存了 3 天、3 个月和 3 年。

水泥标准稠度、凝结时间按 GB/T 1346—2011《水泥标准稠度用水量、凝结时间、安定性检验方法》进行；水泥胶砂强度按 GB/T 17617—1999《水泥胶砂强度检验方法（ISO）》进行。

表 4-72 原料的化学成分（%）

原料	烧失量	SiO₂	Al₂O₃	Fe₂O₃	CaO	MgO	SO₃	合计
矿渣	-0.83	34.62	14.57	0.64	40.94	6.75	1.44	98.13
3 天钢渣	0.17	11.95	4.00	28.48	38.77	9.23	0.28	92.88
3 月钢渣	2.03	12.33	4.45	26.67	39.25	8.39	0.26	93.38
3 年钢渣	8.92	20.87	6.63	19.27	35.26	3.48	0.28	94.71
石膏	25.27	0.64	0.44	0.16	32.95	4.01	34.5	97.97
熟料	0.83	22.01	5.03	3.49	65.28	2.29	0.17	99.10

1501熟料矿渣：将熟料破碎成细粉并通过1mm筛，按熟料：矿渣＝15：1的比例，每磨5kg，在ϕ500mm×500mm小磨内混合粉磨50min得到熟料矿渣粉，测定密度为3.16g/cm³，比表面积为448m²/kg。

4608矿渣熟料：将矿渣烘干后，与破碎后的熟料，按矿渣：熟料＝46：8的比例，在ϕ500mm×500mm小磨内混合粉磨70min得到矿渣熟料粉，测定密度为2.95g/cm³，比表面积为530m²/kg。

3天钢渣：将堆存了3天的钢渣破碎烘干后，单独在ϕ500mm×500mm小磨内粉磨50min得到钢渣粉，测定密度为3.54g/cm³，比表面积为370m²/kg。

3月钢渣：将堆存了3个月的钢渣破碎烘干后，单独在ϕ500mm×500mm小磨内粉磨50min得到钢渣粉，测定密度为3.38g/cm³，比表面积为496m²/kg。

3年钢渣：将堆存了3年的钢渣破碎烘干后，单独在ϕ500mm×500mm小磨内粉磨50min得到钢渣粉，测定密度为3.05g/cm³，比表面积为598m²/kg。

石膏：将石膏破碎后，单独在ϕ500mm×500mm小磨内粉磨25min得到石膏粉，测定密度为2.38g/cm³，比表面积为689m²/kg。

表 4-73　水泥试样配比和性能

编号	1501熟料矿渣（%）	4608矿渣熟料（%）	3天钢渣（%）	3月钢渣（%）	3年钢渣（%）	石膏（%）	标准稠度（%）	初凝（h：min）	终凝（h：min）	安定性	1d（MPa）		3d（MPa）		28d（MPa）	
											抗折	抗压	抗折	抗压	抗折	抗压
K10	8	54	30	—	—	8	26.0	3：41	5：02	合格	0.4	1.6	3.1	14.3	8.4	40.1
K11	8	54	—	30	—	8	26.2	3：00	4：44	合格	0.5	2.3	3.2	14.7	8.3	42.0
K12	8	54	—	—	30	8	26.4	2：25	4：27	合格	0.6	3.2	3.9	18.5	9.4	43.8

表 4-74　水泥实际组成（%）

编号	熟料	矿渣	钢渣	石膏	水泥中 SO₃
K10	15.50	46.50	30.00	8.00	3.54
K11	15.50	46.50	30.00	8.00	3.53
K12	15.50	46.50	30.00	8.00	3.54

由表4-73可见，热闷钢渣在堆场露天堆放时间越长，所配制的矿渣少熟料水泥的强度越高，凝结时间越短。因此，建议钢渣出厂后应在堆场堆放一定时间后再使用，这样有利于改善钢渣的易磨性，并提高矿渣少熟料水泥的性能。

4.7.4　其他原料

矿渣少熟料水泥的原料除矿渣和钢渣外，还有熟料、石膏和石灰石等其他原料。矿渣是最关键的原料，其活性大小决定矿渣少熟料水泥的性能，熟料、石膏和石灰石由于在矿渣少熟料水泥中的掺量比较少，对矿渣少熟料水泥的性能影响不是很大。特别是熟料，不像普通硅酸盐水泥那样，熟料性能对普通硅酸盐水泥性能有决定性的影响。但为了保证矿渣少熟料水泥的质量，矿渣少熟料水泥生产所用的熟料、石膏和石灰石也必须符合 GB 175—2007《通用硅酸盐水泥》的要求。

（1）硅酸盐水泥熟料

由主要含 CaO、SiO_2、Al_2O_3、Fe_2O_3 的原料，按适当比例磨成细粉，烧至部分熔融所得的以硅酸钙为主要矿物成分的水硬性胶凝物质。其中硅酸钙矿物不小于 66%，氧化钙和氧化硅质量比不小于 2.0。

（2）石膏

天然石膏：应符合 GB/T 5483—2008 中规定的 G 类或 M 类二级（含）以上的石膏或混合石膏。

工业副产石膏：以硫酸钙为主要成分的工业副产物。采用前应经过试验证明对水泥性能无害。

（3）石灰石

石灰石中的三氧化二铝含量应不大于 2.5%。

4.8 矿渣少熟料水泥生产工艺

矿渣少熟料水泥生产工艺流程与分别粉磨矿渣水泥工艺流程基本相同。不同之处在于，分别粉磨矿渣水泥是将熟料和矿渣完全分开粉磨，而矿渣少熟料水泥工艺是将一部分熟料与矿渣混合粉磨，另一部分熟料单独粉磨（掺入少量起助磨作用的矿渣）。石膏和石灰石，矿渣少熟料水泥是单独粉磨，而分别粉磨矿渣水泥有时单独粉磨，有时与熟料一起混合粉磨。为了说明矿渣少熟料水泥生产工艺流程，以某建材集团兴建的日产 3500t 矿渣少熟料水泥粉磨站为例进行说明。

4.8.1 日产 3500t 矿渣少熟料水泥厂工艺参数

4.8.1.1 产品方案

（1）P·SS32.5 等级钢渣硅酸盐水泥，3500t/d，符合 GB 13590—2006《钢渣硅酸盐水泥》标准。

（2）根据市场需求调整配比后，生产 P·S·B42.5 级矿渣硅酸盐水泥，符合 GB 175—2007《通用硅酸盐水泥》标准；钢渣粉，符合 GB/T 20491—2006《用于水泥和混凝土中钢渣粉》标准。

4.8.1.2 半成品及水泥配比（质量比）

（1）熟料矿渣粉配比

熟料：矿渣＝16：1。

（2）钢渣粉

钢渣单独粉磨。

（3）矿渣熟料粉配比

矿渣：熟料＝44.5：8。

（4）石膏粉

石膏单独粉磨。

（5）石灰石粉

石灰石单独粉磨。

（6）水泥配比

①P·SS 32.5钢渣硅酸盐水泥配比：

熟料矿渣粉：矿渣熟料粉：钢渣粉：石膏＝8.5：52.5：30：9。

水泥实际组成：熟料16.00%，矿渣45.00%，钢渣30.00%，石膏9.00%。

②P·S·B 42.5矿渣硅酸盐水泥配比：

熟料矿渣粉：矿渣熟料粉：石灰石：石膏＝16.35：69.65：5：9。

水泥实际组成：熟料26.00%，矿渣60.00%，石灰石5.00%，石膏9.00%。

4.8.1.3 料耗

日产3500t矿渣少熟料水泥粉磨站的原料日耗量见表4-75，半成品日耗量见表4-76。

表 4-75 原料日耗量

熟料（t/d）	矿渣（t/d）	钢渣（t/d）	石膏（t/d）
525	1610	1050	315

表 4-76 半成品日耗量

熟料矿渣粉（t/d）	矿渣熟料粉（t/d）	钢渣粉（t/d）	石膏粉（t/d）
560	1855	1050	315

4.8.1.4 物料储量与储期

日产3500t矿渣少熟料水泥粉磨站的物料储量与储期见表4-77。

表 4-77 物料储量与储期一览表

序号	物料名称	储存方式	规格（m）	数量	储量（t）	储期（d）
1	钢渣	堆场	9000m²	1	100000	95
		圆库	φ8×24	1	2200	2.2
2	矿渣	堆场	1300m²	1	14000	8.5
		圆库	φ8×24	3	3000	4.9
3	熟料	圆库	φ8×24	2	2000	16.8
4	石膏	堆场	700m²	1	6000	19
		圆库	φ8×24	1	750	2.4
5	钢渣粉	圆库	φ12×35	1	3200	3.1
6	矿渣熟料粉	圆库	φ12×35	1	2400	1.5
7	熟料矿渣粉	圆库	φ12×35	2	3200	7
8	石膏粉	圆库	φ8×24	1	750	2.4
9	水泥	圆库	φ15×38	8	40000	11.4
10	煤堆棚	堆棚	27×18	1	2500	35

4.8.2 主要工艺设备

日产3500t矿渣少熟料水泥粉磨站的主要工艺设备见表4-78。

表 4-78　主要工艺设备表

序号	设备名称	主要技术性能	台数	工作制度 (d/w×h/d)	年利用率 (%)
1	钢渣预磨机	型号：ϕ4.2m×4.5m 入料粒度：≤30mm 出料粒度：≤3mm 产量：熟料 140t/h 　　　钢渣 110t/h 功率：1400kW	1	6×14	47.9
2	钢渣粉磨机（闭路）	型号：ϕ4.2m×13m 入料粒度：≤3mm 出料粒度（比表面积）： 钢渣：350m²/kg 熟料：420m²/kg 产量：熟料 140t/h 　　　钢渣 110t/h 功率：3550kW 传动方式：边缘传动	1	6×14	47.9
3	矿渣烘干机	型号：ϕ3.6m×28m 入料水分：≤12% 出料水分：≤1% 烘干能力：110t/h	1	6×14.6	50
4	矿渣粉磨机（开路）	型号：ϕ4.2m×14.5m 入料粒度：≤5mm 出料粒度（比表面积）：550m²/kg 产量：2×40t/h 功率：4000kW 传动方式：边缘传动	2	6×23	78.7
5	石膏立磨	型号：HRM2400X 生产能力：26~34t/h 石膏粉 入料粒度：<30mm 成品细度：420m²/kg 功率：630kW	1	6×10.5	35.9
6	包装机	8 嘴回转式 能力：120t/h	3	6×14	47.9

4.8.3　生产工艺流程与说明

日产 3500t 矿渣少熟料水泥粉磨站的工艺流程示意图，如图 4-41 所示。各工段说明如下：

（1）熟料卸车坑

熟料经汽车运输进厂后直接卸入卸车坑，经振动式给料机、皮带输送机分别送入两个 ϕ8m×24m 熟料配料库。

（2）熟料、钢渣储存及输送

钢渣经汽车运输进厂后堆入钢渣堆场，经铲车送入卸车坑，钢渣经卸矿式给料机、皮带机送入钢渣、熟料球破机。熟料库、矿渣库底设置皮带秤，钢渣单独粉磨，熟料和矿渣混合后粉磨，经皮带机送入球破机。

（3）熟料、钢渣粉磨及输送

钢渣或者熟料和矿渣的混合料由皮带机送入 ϕ4.2m×4.5m 钢渣、熟料球破机，经破碎粉磨后的钢渣或者熟料和矿渣的混合料经循环提升机送至 V 型选粉机，选粉后的细粉和收尘器收集的细粉一起经皮带机送入 ϕ4.2m×13m 钢渣、熟料球磨机。粗粉经管式除铁器入球破机，出磨物料经循环提升机送入 V 型选粉机循环选粉。

钢渣烘干热源采用燃煤热风炉，热源分两路，一路进磨，一路进 V 型选粉机。

出球破机的物料经皮带机送入 ϕ4.2m×13m 钢渣、熟料磨。粉磨后的物料经提升机提升至 O-Sepa 选粉机分选，细料即为半成品，粗料经管式除铁器、辊式除铁器选铁，回磨机继续粉磨。半成品经斜槽送至钢渣、熟料粉库提升机。系统粉磨能力为熟料 140t/h，入磨粒度≤3mm，水分≤1%，成品比表面积 420m²/kg 左右，钢渣 110t/h，入磨粒度≤3mm，水分≤12%，成品比表面积 350m²/kg 左右。

钢渣选铁分为两个部分，一是经球破机破碎后的钢渣粗粉经管式除铁器除铁，二是经钢渣磨粉磨后的钢渣粗粉经管式除铁器除铁，除下的铁经一台皮带机运输至一个储存仓内储存，经汽车运输出厂。

钢渣烘干用煤产生的煤渣由铲车运至钢渣堆场堆存，和钢渣一起搭配使用，生产钢渣粉。因为煤渣量较少，所以不会对钢渣粉的品质产生影响。

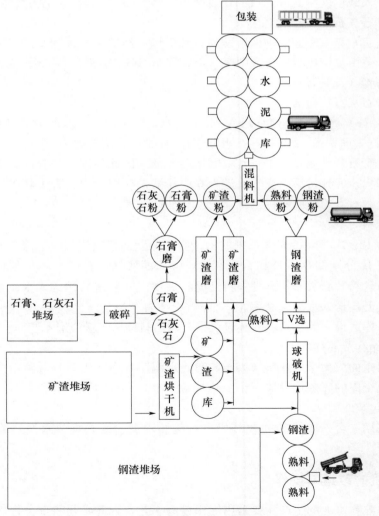

图 4-41　矿渣少熟料水泥生产工艺流程示意图

（4）矿渣烘干

矿渣经汽车运输进厂后堆入矿渣堆场，经铲车取入卸车坑，由皮带秤计量后经皮带机送入 ϕ 3.6m×28m 烘干机烘干，烘干机能力为 110t/h，入料水分≤12%，出料水分≤1%，烘干后的矿渣经辊式除铁器除铁，然后经皮带机、提升机送入三个矿渣库储存。

烘干热源采用燃煤热风炉。烘干收尘采用玻纤防水袋式除尘器。

矿渣烘干用煤产生的煤渣由铲车运至钢渣堆场堆存，和钢渣一起搭配使用，生产钢渣粉。因为煤渣量较少，所以不会对钢渣粉的品质产生影响。

（5）干矿渣储存及输送

由烘干车间烘干的矿渣经提升机送入三座 ϕ 8m×24m 圆库，三个矿渣库的矿渣经皮带秤按一定比例搭配后由皮带机送入矿渣磨粉磨。其中一个库的矿渣经皮带秤按一定比例计量后由皮带机送至熟料粉磨车间。

（6）矿渣粉磨

矿渣粉磨系统采用两台规格为 ϕ 4.2m×14.5m 的管式球磨，磨机直径 4200mm，磨机为开路粉磨系统。入磨粒度≤5mm，成品比表面积 500m²/kg 左右，系统粉磨能力为 2×40t/h。

（7）石膏（石灰石）破碎及储存

石膏（石灰石）经汽车运输进厂后堆入石膏堆场，经铲车取入卸车坑，由板式给料机送至颚式破碎机，再由皮带机分别送入两座 ϕ 6m×14m 钢板库储存，库底设皮带秤，经计量后由皮带机送至石膏（石灰石）磨。

（8）石膏（石灰石）粉磨

石膏（石灰石）磨采用一台 TRM2400 立磨。当原料入磨水分≤18%，进料粒度≤50mm，成品比表面积为 420m²/kg，水分≤1.0%时，系统能力为 36t/h。为了降低石膏的水分，可设置一个石膏堆棚，由于石膏入磨水分较低，因此不需要另外配置烘干设备。原料从石膏配料仓卸出，经计量后由皮带机进入立磨粉磨，粉磨后的石膏由收尘器收集后由空气斜槽、提升机送入石膏粉库内储存。

（9）水泥配料

设置三座 ϕ 12m×30m 带充气系统的钢板库，分别储存钢渣粉、矿渣粉和熟料粉，两座 ϕ 8m×24m 钢板库分别储存石膏和石灰石粉，各库库底均设置一台转子秤，钢渣粉、矿渣粉、熟料粉、石膏粉和石灰石粉五种物料经配料后由空气输送斜槽送入水泥混合机，搅拌均匀后的物料经提升机送入水泥成品库。

其中熟料粉库底设一路出料，经提升机提升后由斜槽送至矿渣磨系统。

（10）水泥储存及混拌

水泥配料出来的成品送入八座 ϕ 15m×38m 水泥库，库底出料分两路由空气输送斜槽送入包装车间。每个库的库侧均设置一台 100t/h 散装机。

（11）水泥包装

水泥包装采用三台八嘴回转式包装机进行袋装水泥包装。袋装水泥经装车机直接装车出厂。

4.8.4 球磨机的改造与操作

由于矿渣少熟料水泥的生产需要采用优化粉磨工艺，因此必须将部分熟料与矿渣一起混合粉磨。生产时，通常是将矿渣预先烘干，然后再与部分熟料一起混合粉磨。上一章已经介绍过，在比表面积相同的情况下，球磨机生产的矿渣粉的活性高于立磨。因此，到目前为止矿渣少熟料水泥还是采用球磨机粉磨生产，还没有使用立磨生产矿渣少熟料水泥的经验。立磨是否可以用于生产矿渣少熟料水泥，还必须进行深入的研究和试验。

用球磨机生产矿渣少熟料水泥，熟料磨、钢渣磨、石膏磨和石灰石磨与一般的球磨机一样，不用特别介绍。矿渣（含有部分熟料）磨需要进行改造，改造方法与分别粉磨矿渣硅酸盐水泥所用的矿渣磨相同，也需要对磨机的隔仓板进行改造，改造方法见第3.3.2节"矿渣管磨机的隔仓板改造"；由于生产矿渣少熟料水泥时，矿渣中含有少量熟料，对矿渣的烘干水分要求较严，所以磨机的衬板可以不用改造，采用常用的阶梯衬板（一仓）和小波纹衬板（二仓和三仓）等。

生产矿渣少熟料水泥球磨机的研磨体级配方案与矿渣球磨机基本相同，其研磨体级配计算和调整方法，可参见第3.3.4节"球磨机研磨体级配"。

由于矿渣少熟料水泥的矿渣熟料粉中含有熟料，其在磨内的流动性不如纯的矿渣粉好，而且矿渣熟料粉要求的比表面积也较高，所以在磨内的停留时间一般比较长，往往会造成磨内第三仓温度升高，因此磨尾第三仓必须要有磨内喷雾设备。

通常矿渣中都含有铁渣子，需要进行除铁筛选，可参考第3.3.6节"矿渣筛选"。

生产矿渣少熟料水泥的矿渣熟料粉磨机的操作方法，与分别粉磨矿渣硅酸盐水泥的矿渣粉磨机的操作方法基本相同，具体的操作方法可参考第3.3.7节"矿渣球磨的操作"。

4.9 矿渣少熟料水泥生产过程控制

矿渣少熟料水泥的生产，由于熟料掺量少，矿渣熟料粉的比表面积要求高，所以生产过程控制十分重要，各工序必须严格按配比和控制指标进行生产，否则难免出现水泥质量事故，生产管理人员务必要高度重视。

4.9.1 入磨矿渣水分的影响与控制

在矿渣少熟料水泥生产过程中，入磨矿渣虽然都经过了烘干，但多少还会含有一定量的水分。由于矿渣是与少量熟料一起混合粉磨的，矿渣中的水分会不会引起熟料的水化而降低了活性，从而使矿渣少熟料水泥的强度下降？为此，采用表4-79的原料，进行了如下的试验。

表4-79 原料的化学成分（%）

原料	烧失量	SiO₂	Al₂O₃	Fe₂O₃	CaO	MgO	SO₃	合计
矿渣	−0.83	34.62	14.57	0.64	40.94	6.75	1.44	98.13
钢渣	2.03	12.33	4.45	26.67	39.25	8.39	0.26	93.38
石膏	25.27	0.64	0.44	0.16	32.95	4.01	34.5	97.97
熟料	0.83	22.01	5.03	3.49	65.28	2.29	0.17	99.10

将表4-79的原料，按优化粉磨工艺要求，粉磨制备成半成品，然后按表4-80的比例配制成矿渣少熟料水泥，进行水泥强度检验，结果见表4-80。水泥标准稠度、凝结时间按GB/T 1346—2011《水泥标准稠度用水量、凝结时间、安定性检验方法》进行；水泥胶砂强度按

GB/T 17671—1999《水泥胶砂强度检验方法（ISO）》进行。

1501熟料矿渣：将表4-79中的熟料破碎成细粉并通过1mm筛后备用。将表4-79中的矿渣烘干后取1kg，加2%水（20mL）搅拌均匀备用。按熟料：矿渣（含2%水）＝15:1的比例，每磨5kg，在ϕ500mm×500mm小磨内粉磨到50min后取出，测定密度为3.16g/cm³，比表面积为452m²/kg。

钢渣：将表4-79中的钢渣烘干破碎成细粉并通过1mm筛，取5kg，加2%水（100mL）搅拌均匀后，在ϕ500mm×500mm小磨内粉磨40min，测定密度为3.38g/cm³，比表面积为374m²/kg。

0.0矿渣熟料：将表4-79中的矿渣烘干后，与破碎后的熟料，按矿渣：熟料＝46:8的比例，在ϕ500mm×500mm小磨内混合粉磨70min得到矿渣熟料粉，测定密度为2.97g/cm³，比表面积为526m²/kg。

0.5矿渣熟料：将表4-79中的矿渣烘干后，称取5kg，加0.5%水（25mL）搅拌均匀，然后与破碎后的熟料，按矿渣：熟料＝46:8的比例，在ϕ500mm×500mm小磨内混合粉磨70min得到矿渣熟料粉，测定密度为2.97g/cm³，比表面积为529m²/kg。

1.0矿渣熟料：将表4-79中的矿渣烘干后，称取5kg，加1.0%水（50mL）搅拌均匀，然后与破碎后的熟料，按矿渣：熟料＝46:8的比例，在ϕ500mm×500mm小磨内混合粉磨70min得到矿渣熟料粉，测定密度为2.97g/cm³，比表面积为534m²/kg。

1.5矿渣熟料：将表4-79中的矿渣烘干后，称取5kg，加1.5%水（75mL）搅拌均匀，然后与破碎后的熟料，按矿渣：熟料＝46:8的比例，在ϕ500mm×500mm小磨内混合粉磨70min得到矿渣熟料粉，测定密度为2.97g/cm³，比表面积为524m²/kg。

2.0矿渣熟料：将表4-79中的矿渣烘干后，称取5kg，加2%水（100mL）搅拌均匀，然后与破碎后的熟料，按矿渣：熟料＝46:8的比例，在ϕ500mm×500mm小磨内混合粉磨70min得到矿渣熟料粉，测定密度为2.97g/cm³，比表面积为526m²/kg。

石膏：将表4-79中的石膏破碎后，单独在ϕ500mm×500mm小磨内粉磨25min得到石膏粉，测定密度为2.38g/cm³，比表面积为689m²/kg。

表4-80　矿渣水分对矿渣少熟料水泥强度的影响

编号	1501熟料矿渣（%）	0.0矿渣熟料（%）	0.5矿渣熟料（%）	1.0矿渣熟料（%）	1.5矿渣熟料（%）	2.0矿渣熟料（%）	钢渣（%）	石膏（%）	1d（MPa）		3d（MPa）		28d（MPa）	
									抗折	抗压	抗折	抗压	抗折	抗压
K28	8	54	—	—	—	—	30	8	0.5	2.3	3.3	15.1	9.5	42.3
K29	8	—	54	—	—	—	30	8	0.5	2.0	3.1	14.0	9.1	42.1
K30	8	—	—	54	—	—	30	8	0.4	1.8	2.9	13.6	8.6	41.3
K31	8	—	—	—	54	—	30	8	0.4	1.6	2.7	12.8	8.3	40.1
K32	8	—	—	—	—	54	30	8	0.4	1.7	2.6	12.7	8.4	41.4

注：表中试样的组成均为：熟料15.5%，矿渣46.5%，钢渣30.0%，石膏8.0%。

由表4-80和图4-42可见，入磨矿渣含水量对矿渣少熟料水泥的强度有一定的影响。随着矿渣水分含量的提高，水泥早期强度有较明显的下降，水泥28d抗折强度也有较大的下降，但对水泥28d抗压强度影响不大。入磨矿渣含2%水与不含水相比，矿渣少熟料水泥3d抗压强度约下降2.4MPa。所以，在矿渣少熟料水泥的生产过程中，应控制入磨矿渣水分不大于1.0%为佳。

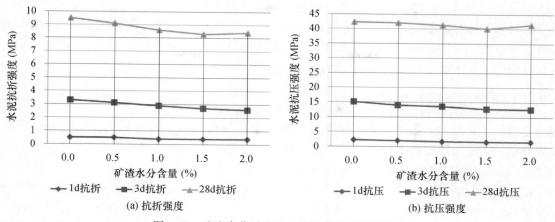

图 4-42　矿渣水分对矿渣少熟料水泥强度的影响

4.9.2　入磨钢渣水分的影响与控制

为了研究钢渣水分含量对矿渣少熟料水泥强度的影响，将表 4-79 的原料按优化粉磨工艺要求粉磨制备成半成品，然后按表 4-81 的比例配制成矿渣少熟料水泥，进行水泥强度检验，结果见表 4-81。水泥标准稠度、凝结时间按 GB/T 1346—2011《水泥标准稠度用水量、凝结时间、安定性检验方法》进行；水泥胶砂强度按 GB/T 17671—1999《水泥胶砂强度检验方法（ISO）》进行。

1501 熟料矿渣：将表 4-79 中的熟料破碎成细粉并通过 1mm 筛后备用。将表 4-79 中的矿渣烘干后取 1kg，加 2％水（20mL）搅拌均匀备用。按熟料：矿渣（含 2％水）＝15：1 的比例，每磨 5kg，在 ϕ 500mm×500mm 小磨内粉磨 60min 后取出，测定密度为 3.16g/cm^3，比表面积为 485m^2/kg。

2.0 矿渣熟料：将表 4-79 中的矿渣烘干后，称取 5kg，加 2％水（100mL）搅拌均匀，然后与破碎后的熟料，按矿渣：熟料＝46：8 的比例，在 ϕ 500mm×500mm 小磨内混合粉磨 80min 得到矿渣熟料粉，测定密度为 2.97g/cm^3，比表面积为 546m^2/kg。

2.0 钢渣：将表 4-79 中的钢渣控制烘干时间，使之水分含量为 2％左右，破碎成细粉并通过 1mm 筛，混合均匀用塑料袋密封保存备用。称取 5kg，在 ϕ 500mm×500mm 小磨内粉磨 40min 后取出，测定密度为 3.38g/cm^3，比表面积为 385m^2/kg。

0.0 钢渣：将表 4-79 中的钢渣烘干破碎成细粉并通过 1mm 筛，取 5kg，在 ϕ 500mm×500mm 小磨内粉磨 40min，测定密度为 3.38g/cm^3，比表面积为 380m^2/kg。

石膏：将表 4-79 中的石膏破碎后，单独在 ϕ 500mm×500mm 小磨内粉磨 25min 得到石膏粉，测定密度为 2.38g/cm^3，比表面积为 689m^2/kg。

表 4-81　钢渣水分对矿渣少熟料水泥强度的影响

编号	2.0 矿渣熟料（％）	2.0 钢渣（％）	0.0 钢渣（％）	1501 熟料矿渣（％）	石膏（％）	1d（MPa）		3d（MPa）		28d（MPa）	
						抗折	抗压	抗折	抗压	抗折	抗压
K109	54.00	30.00	—	8.00	8.00	0.4	1.9	3.1	14.3	8.6	41.0
K110	54.00	—	30.00	8.00	8.00	0.4	1.6	3.1	14.3	8.4	40.1

注：表中试样的组成均为：熟料 15.5％，矿渣 46.5％，钢渣 30.0％，石膏 8.0％。

由表 4-81 可见，入磨钢渣含水量对矿渣少熟料水泥强度影响不大。入磨钢渣水分含量主要考虑对粉磨过程的影响，无需考虑对矿渣少熟料水泥性能的危害。钢渣通常采用闭路球磨粉磨，可以边烘干边粉磨。不同的粉磨工艺，所要求的入磨物料水分含量要求不同。因此，应根据粉磨工艺的要求，控制入磨钢渣的含水量。

4.9.3　粉磨比表面积的控制

水泥厂常用的表示物料粉磨粗细程度的方法有：筛析法、比表面积法、粒径分布法等。粒度分布法需要使用较精密和贵重的仪器，通常用于出厂水泥性能和水泥质量分析研究时的检验。在水泥生产过程中的控制，通常使用筛析法或比表面积法。

筛析法比较简单、方便，但筛余百分数只表示大于某一尺寸颗粒的质量百分数。水泥细度就是表示大于 0.080mm 的颗粒所占质量百分数，与比表面积法相比有以下几方面缺点：

（1）筛析法用筛子，其筛孔大小有一定的限度，特别是对于 30μm 以下的颗粒，就无法用筛析法来测定，而 30μm 以下矿渣和熟料颗粒对矿渣少熟料水泥强度影响很大。

（2）由于水泥颗粒形状不规则，颗粒级配变化也很大，不能从筛析结果看出水泥的真正细度。

（3）对不同颗粒级配的物料，其筛余量可能相同，而比表面积测定结果则变化很大。

从以上几点可以看出，用比表面积法测定水泥细度比筛析法优越得多，更符合矿渣少熟料水泥生产实际情况。因此，矿渣少熟料水泥的生产，都要求使用比表面积来控制各物料的粉磨细度，这对正确指导生产、提高产品质量具有较大意义。

矿渣少熟料水泥生产过程中各物料的比表面积，特别是矿渣熟料粉的比表面积，对矿渣少熟料水泥的质量具有至关重要的影响。通常是按 GB 8074—1987《水泥比表面积测定方法（勃氏法）》进行测定，比表面积测定时应注意如下几个事项：

（1）一般粉料的空隙率采用 0.500±0.005。如有些粉料按公式计算得出的试样量，在圆筒内的有效体积中容纳不下或经揭实后未能充满圆筒的有效体积，则允许适当改变空隙率。

（2）粉料试样应先通过 0.9mm 方孔筛，再在 110℃±5℃（石膏应在 60℃±5℃）下烘干，并在干燥器中冷却至室温。

（3）所用仪器要经漏气检查后确认不漏气时再使用。在使用中要防止仪器各部分接头处漏气，保证仪器的气密性。

（4）透气仪的 U 形压力计内颜色水的液面应保持在压力计最下面一条环形刻线上，如有损失或蒸发，应及时补充。

（5）试验时穿孔板的上下面应与测定料层体积时的方向一致，以防由于仪器加工精度不够而影响圆筒体积大小而导致测定结果的不准确。

（6）穿孔板上的滤纸，应是与圆筒内径相同、边缘光滑的圆片。穿孔板上滤纸片如比圆筒内径小时，会有部分试样粘于圆筒内壁高出圆板上部；当滤纸直径大于圆筒内径时会引起滤纸片皱起，使结果不准。因而推荐用 SB 勃氏透气仪专用圆形滤纸片。每次测定需用新的滤纸片。

（7）试料层体积的测定，至少应进行两次。每次应单独压实，取两次数值相差不超过 0.005cm³ 的平均值，并记录测定过程中圆筒附近的温度。每隔一季度至半年应重新校正试料层体积。

（8）捣器捣实时，捣器支持环必须与圆筒上边接触并旋转两周，以保证料层达到一定厚度。

（9）在用抽气泵抽气时，不要用力过猛，应使液面徐徐上升，以免颜色水损失。

（10）为避免圆筒与压力计连接处漏气，可先在圆筒下锥面涂一薄层活塞油脂，然后把它插入压力计顶端锥形磨口处，旋转两周。

（11）如果使用的滤纸品种、质量有波动，或者调换穿孔板时，应重新标定圆筒体积和标准时间（Ts）。

（12）测定时应尽量保持温度不变，以防止空气黏度发生变化而影响测定结果。

影响矿渣少熟料水泥性能的因素较多，有矿渣活性大小、矿渣熟料粉比表面积、熟料矿渣粉比表面积、石膏品位以及石膏掺量、熟料和钢渣掺量以及石灰石掺量等，除了矿渣活性大小对矿渣少熟料水泥性能有决定性影响外，其次最主要的影响因素就是矿渣熟料粉的比表面积大小。矿渣必须要有比较好的活性，否则比表面积磨得再高，有时也生产不出矿渣少熟料水泥。当矿渣活性达到一定程度后，决定矿渣少熟料水泥强度的主要因素是矿渣熟料粉的比表面积，提高矿渣熟料粉的比表面积，就可以提高矿渣少熟料水泥的强度。因此，在生产矿渣少熟料水泥时，应将矿渣熟料粉的比表面积作为最主要的控制参数，高度重视，当矿渣熟料粉比表面积合适时，其他因素对水泥强度的影响不是很大。在生产中要想提高水泥强度，通常只需增加矿渣熟料粉的比表面积即可。因此，矿渣熟料粉的比表面积控制范围，各厂均不相同，通常根据矿渣活性大小和矿渣少熟料水泥强度的要求确定，一般控制在 470～510m²/kg 范围内。

如果需要生产 42.5 等级或以上的矿渣少熟料水泥，通常需要粉磨熟料矿渣粉（熟料中加少量助磨矿渣），熟料矿渣粉的比表面积不要求太高，与一般的普通硅酸盐水泥相当即可，通常控制在 360～400m²/kg。

为了降低成本和有效利用工业废渣，矿渣少熟料水泥中有时也掺入部分钢渣。钢渣的粉磨比表面积对矿渣少熟料水泥的强度有一定的影响，但总体上影响不大，所以比表面积也要求不高，通常控制在 360～400m²/kg。

石膏和石灰石的易磨性很好，适宜用立磨进行粉磨，也可以用闭路球磨机粉磨，应避免用开路球磨机粉磨。不同磨机粉磨石膏和石灰石，其比表面积控制范围不太相同。球磨机粉磨石膏和石灰石时，为了保证石膏和石灰石磨细，其筛余不至于太大（≤8%），比表面积常常磨得较高，一般控制在 500～600m²/kg。当用立磨粉磨石膏和石灰石时，由于过粉磨现象较少，选粉效率较高，一般控制比表面积在 400～500m²/kg。

4.9.4 半成品及水泥的配比控制

4.9.4.1 半成品配比控制

优化粉磨工艺要求将原料组合或单独粉磨成半成品，然后再配制成矿渣少熟料水泥。单独粉磨的半成品，不存在配比的问题，只需控制比表面积即可，如钢渣粉、石膏粉、石灰石粉等。混合粉磨半成品，如熟料矿渣粉、矿渣熟料粉、石膏石灰石粉等，通常是两种物料按一定比例混合粉磨，需要控制物料之间的配比。

为了确保矿渣少熟料水泥生产质量的稳定，与传统的水泥生产工艺一样，也需要将熟料、矿渣、钢渣、石膏、石灰石等原料进行预均化，因为这些原料存在由不同生产厂家或不同生产时间所带来的成分波动，因此这些在入磨计量前的成分均匀非常重要。在保证原材料均化的情况下，计量设备的准确率和高效运转率也同样重要。选用合适的计量设备是保证产品质量的重要手段，尤其是生产过程中，复杂工况下的物料动态计量，要保证物料的准确性和连续性。

但在实际生产中，由于喂料秤堵料或零点飘移、物料水分或成分波动等原因，往往入磨物料的实际配比是不断变化的。为了能够及时发现和调整入磨物料配比的变化，生产中需要对出磨物料进行监控。通常的做法是，通过出磨物料取样并快速分析一种化学成分，如Fe_2O_3含量，然后根据两种入磨物料的Fe_2O_3含量计算出它们之间的配比。

以矿渣熟料粉为例说明如下：

控制组每1h测定一次出磨矿渣熟料粉的Fe_2O_3，即可按式（4-2）计算矿渣熟料粉中的矿渣掺量：

$$矿渣掺量=\frac{矿渣熟料粉Fe_2O_3-熟料Fe_2O_3}{矿渣Fe_2O_3-熟料Fe_2O_3}\times100\%\qquad(4-2)$$

用Fe_2O_3作控制指标，优点是分析快，精度高，熟料和矿渣中的Fe_2O_3含量差别较大，分析和计算误差较小。熟料和矿渣中的Fe_2O_3含量变化不大，通过测定几次后，取其平均值即可固定不变，每次代入计算即可。

控制熟料矿渣粉的配比，也可以将Fe_2O_3作为指标，直接控制出磨熟料矿渣粉的Fe_2O_3含量。Fe_2O_3含量的测定可以采用钙铁分析仪快速测定，为了排除Fe_2O_3含量的分析误差，可通过制备小样进行校正。从入磨皮带上取熟料和矿渣十来个样分别混合均匀，烘干粉磨后，按设计的熟料与矿渣的配比，人工配成熟料矿渣粉样，测定Fe_2O_3含量，此Fe_2O_3含量即可作为熟料矿渣粉的控制指标，生产时按此指标进行控制即可。最好每进一批料做一次小样试验，或者规定一天做一次或者几天做一次。

其他混合料半成品，如石膏石灰石粉也可以按上述方法进行控制，只不过需要将分析的成分改为SO_3含量。

4.9.4.2 矿渣少熟料水泥配比控制

根据市场需求，水泥厂生产的矿渣少熟料水泥主要有三个品种：P·SS 32.5钢渣硅酸盐水泥、P·S·B 32.5矿渣硅酸盐水泥和P·S·B 42.5矿渣硅酸盐水泥。其所需要的半成品如下：

P·SS 32.5钢渣硅酸盐水泥：熟料矿渣粉、矿渣熟料粉、钢渣粉、石膏粉。

P·S·B 32.5矿渣硅酸盐水泥：熟料矿渣粉、矿渣熟料粉、石灰石粉、石膏粉。

P·S·B 42.5矿渣硅酸盐水泥：熟料矿渣粉、矿渣熟料粉、石灰石粉、石膏粉。

以上三个品种水泥，都是由4个半成品混合配制而成，如果要控制水泥的组分，必须用三个指标进行控制。

矿渣少熟料水泥通常是通过螺旋粉料计量秤或粉料失重秤配料后，经过搅拌机混合而成。在配料计量过程中，经常会由于配料秤的堵塞等原因而影响水泥配比的准确度，从而造成水泥质量的波动。因此，必须对水泥配料进行有效的控制。在实际生产中，一般是通过分别测定4个半成品和水泥的CaO、Fe_2O_3和SO_3含量，列出一组四元方程组，然后解此方程组，即可计算得到水泥中熟料、矿渣、石膏和钢渣（石灰石）的含量，以此实现对水泥配比的控制。

矿渣少熟料水泥组分计算公式推导如下：

如表4-82所示，设：

半成品1、半成品2、半成品3和半成品4的配比分别为：X_1、X_2、X_3和X_4；

半成品1、半成品2、半成品3、半成品4和水泥的CaO含量分别为：C_1、C_2、C_3、C_4和C_0；

半成品1、半成品2、半成品3、半成品4和水泥的Fe_2O_3含量分别为：F_1、F_2、F_3、F_4和F_0；

半成品1、半成品2、半成品3、半成品4和水泥的 SO_3 含量分别为：S_1、S_2、S_3、S_4 和 S_0。

表 4-82　水泥和半成品的成分代码

原料	CaO（%）	Fe₂O₃（%）	SO₃（%）	配比（%）
半成品 1	C_1	F_1	S_1	X_1
半成品 2	C_2	F_2	S_2	X_2
半成品 3	C_3	F_3	S_3	X_3
半成品 4	C_4	F_4	S_4	X_4
水泥	C_0	F_0	S_0	—

根据物料平衡，可得到如下方程组：

$$\begin{cases} C_0=C_1X_1/100+C_2X_2/100+C_3X_3/100+C_4X_4/100 \\ F_0=F_1X_1/100+F_2X_2/100+F_3X_3/100+F_4X_4/100 \\ S_0=S_1X_1/100+S_2X_2/100+S_3X_3/100+S_4X_4/100 \\ 100=X_1+X_2+X_3+X_4 \end{cases}$$

解此方程组，可得：

令：

$$\begin{aligned} A_0=&S_1\,(C_4F_3-C_3F_4+C_2F_4-C_4F_2+C_3F_2-C_2F_3)\\ &+S_2\,(C_3F_4-C_4F_3+C_4F_1-C_1F_4+C_1F_3-C_3F_1)\\ &+S_3\,(C_4F_2-C_2F_4+C_1F_4-C_4F_1+C_2F_1-C_1F_2)\\ &+S_4\,(C_2F_3-C_3F_2+C_3F_1-C_1F_3+C_1F_2-C_2F_1) \end{aligned}$$

$$\begin{aligned} A_1=&100S_0\,(C_4F_3-C_3F_4+C_2F_4-C_4F_2+C_3F_2-C_2F_3)\\ &+100S_2\,(C_3F_4-C_4F_3+C_4F_0-C_0F_4+C_0F_3-C_3F_0)\\ &+100S_3\,(C_4F_2-C_2F_4+C_0F_4-C_4F_0+C_2F_0-C_0F_2)\\ &+100S_4\,(C_2F_3-C_3F_2+C_3F_0-C_0F_3+C_0F_2-C_2F_0) \end{aligned}$$

$$\begin{aligned} A_2=&100S_1\,(C_4F_3-C_3F_4+C_0F_4-C_4F_0+C_3F_0-C_0F_3)\\ &+100S_3\,(C_4F_0-C_0F_4+C_1F_4-C_4F_1+C_0F_1-C_1F_0)\\ &+100S_4\,(C_0F_3-C_3F_0+C_3F_1-C_1F_3+C_1F_0-C_0F_1)\\ &+100S_0\,(C_3F_4-C_4F_3+C_4F_1-C_1F_4+C_1F_3-C_3F_1) \end{aligned}$$

$$\begin{aligned} A_3=&100S_0\,(C_4F_2-C_2F_4+C_1F_4-C_4F_1+C_2F_1-C_1F_2)\\ &+100S_1\,(C_4F_0-C_0F_4+C_2F_4-C_4F_2+C_0F_2-C_2F_0)\\ &+100S_2\,(C_0F_4-C_4F_0+C_4F_1-C_1F_4+C_1F_0-C_0F_1)\\ &+100S_4\,(C_2F_0-C_0F_2+C_0F_1-C_1F_0+C_1F_2-C_2F_1) \end{aligned}$$

$X_1=A_1/A_0$

$X_2=A_2/A_0$

$X_3=A_3/A_0$

$X_4=A_4/A_0$

4.9.4.3 石膏及水泥 SO_3 含量

石膏对矿渣少熟料水泥性能有较大的影响,在前面章节中已作了基本的介绍。石膏可以使用天然二水石膏,也可使用天然硬石膏。为了提高水泥的性能,石膏中的三氧化硫含量应大于 35%。

矿渣少熟料水泥中,通常存在一个最佳石膏掺量,而且影响因素较多,如石膏品位、矿渣掺量、熟料成分、矿渣成分等,一般需要通过试验来确定。但在大多数情况下,提高矿渣少熟料水泥中的石膏掺量,往往有利于提高水泥的强度,所以三氧化硫含量通常都是偏高控制,一般控制在 2.5%~3.5% 之间。

当使用工业副产石膏,如脱硫石膏、磷石膏、氟石膏等时,应特别注意这些石膏对水泥性能的影响。

湿法脱硫石膏对水泥性能影响不是很大,但干法脱硫石膏由于存在大量游离氧化钙等有害物质,不可直接使用,否则会对水泥性能产生巨大的影响。使用湿法脱硫石膏的最大问题是脱硫石膏中的水分太大。宜采用立磨边烘干边粉磨工艺,但务必要控制石膏的温度不可大于 80℃,否则有可能会引起石膏的脱水,对水泥的需水量、流动度、凝结时间等会造成较大的影响。

由于磷石膏中含有磷、氟、选矿剂、硫酸等有害物质,会使水泥的凝结时间延长,特别是新鲜(刚从生产线出来)磷石膏影响更大,应特别注意。所以应使用在磷石膏堆场天然堆存 1 年以上的磷石膏,或者经过改性的磷石膏。

氟石膏虽然含水量较少,但常常含有半水石膏,对水泥的凝结时间和需水量有较大影响。常常使水泥的凝结时间变得不正常,需水量增大,水泥与外加剂的相容性变差。严重时,会造成混凝土几天不凝固,没有强度。所以,氟石膏进厂后应在堆场堆放一段时间,让半水石膏水化成二水石膏后再使用。

4.9.5 水泥产品质量控制与标准

矿渣少熟料水泥产品质量控制方法与通用硅酸盐水泥一样,各水泥厂化验室应配备专业技术人员负责水泥产品质量的管理等有关事宜。出厂水泥产品质量必须按相关的水泥标准严格检验和控制,经确认水泥各项质量指标及包装质量符合要求时,方可出具水泥出厂通知单。各有关部门必须密切配合,确保出厂水泥质量合格率和 28d 抗压富余强度合格率两个 100%,努力提高水泥均匀性、稳定性以及一等品率和优等品率。出厂水泥不合格属于重大质量事故,应按照有关法规严肃处理,并要追究领导和直接责任者的责任。

众所周知,凡是使用于建筑结构工程上的水泥,都必须是经过实践证明具有良好的长期耐久性,并且是符合现行国家标准的水泥。矿渣少熟料水泥实际上是一种混合材种类和掺入量超出国家标准规定范围的通用硅酸盐水泥,特别是水泥中的熟料和钢渣的掺量往往不符合通用硅酸盐水泥国家标准。矿渣少熟料水泥中的熟料掺量通常低于通用硅酸盐水泥的标准要求,而钢渣在目前的通用硅酸盐水泥标准中还不允许使用。但在矿渣少熟料水泥中掺入钢渣,一方面可以有效利用工业废渣,具有环保节能效益;另一方面可以在一定程度上弥补由于熟料掺量少而造成的水泥碱度较低的缺陷,以改善水泥的一些性能。

选择表 4-83 所示的原料,按优化粉磨工艺要求将原料粉磨成半成品,然后按表 4-84 的配比配制成矿渣少熟料水泥,并检验其物理力学性能,结果见表 4-84。矿渣少熟料水泥的实际组成见表 4-85。水泥标准稠度、凝结时间按 GB/T 1346—2011《水泥标准稠度用水量、凝结时间、安定性检验方法》进行；水泥胶砂强度按 GB/T 17617—1999《水泥胶砂强度检验方法（ISO）》进行。

表 4-83　原料的化学成分（%）

原料	产地	烧失量	SiO$_2$	Al$_2$O$_3$	Fe$_2$O$_3$	CaO	MgO	SO$_3$	合计
矿渣	河南林州	−0.71	34.1	14.85	1.64	39.54	7.99	1.84	99.25
钢渣	河南林州	3.08	17.26	3.82	22.29	39.63	9.91	0.28	96.27
石膏	山西潞城	34.96	1.23	0.67	0.23	26.78	3.56	28.98	96.41
熟料	湖北武汉	—	21.32	4.94	4.00	65.02	1.28	0.32	96.88

1501 熟料矿渣：将表 4-83 中的熟料破碎并通过 3mm 筛，与烘干后的矿渣，按熟料∶矿渣=15∶1 的比例，每磨 5kg，在 ϕ 500mm×500mm 小磨内粉磨到 60min 后取出，测定密度为 3.16g/cm^3，比表面积为 481m^2/kg。

4508 矿渣熟料：将表 4-83 中的熟料破碎并通过 3mm 筛，与烘干后的矿渣，按矿渣∶熟料=45∶8 的比例，每磨 5kg，在 ϕ 500mm×500mm 小磨内粉磨到 90min 后取出，测定密度为 2.96g/cm^3，比表面积为 558m^2/kg。

钢渣：将表 4-83 中的钢渣破碎并通过 3mm 筛，每磨 5kg，单独在 ϕ 500mm×500mm 小磨内粉磨到 40min 后取出，测定密度为 3.40g/cm^3，比表面积为 425m^2/kg。

石膏：将表 4-83 中的石膏破碎并通过 3mm 筛，每磨 5kg，单独在 ϕ 500mm×500mm 小磨内粉磨到 20min 后取出，测定密度为 2.67g/cm^3，比表面积为 665m^2/kg。

表 4-84　矿渣少熟料水泥配比与性能

编号	1501 熟料矿渣（%）	4508 矿渣熟料（%）	钢渣（%）	石膏（%）	标稠（%）	初凝（h∶min）	终凝（h∶min）	安定性	1d（MPa）		3d（MPa）		28d（MPa）	
									抗折	抗压	抗折	抗压	抗折	抗压
H0	7.77	84.23	0	8.00	27.3	3∶25	4∶18	合格	2.8	10.3	6.1	27.4	9.4	44.1
H1	9.31	74.69	8.00	8.00	27.4	3∶41	4∶27	合格	2.7	10.0	6.2	27.6	9.5	44.7
H2	10.27	68.73	13.00	8.00	27.5	3∶30	4∶32	合格	2.3	7.5	6.4	27.8	10.7	46.6
H3	11.23	62.77	18.00	8.00	27.3	3∶14	4∶25	合格	2.0	6.8	5.8	27.0	10.3	44.1
H4	12.19	56.81	23.00	8.00	27.4	3∶28	4∶32	合格	1.6	5.9	5.6	25.4	9.2	43.5

表 4-85　矿渣少熟料水泥的实际组成（%）

编号	矿渣	熟料	钢渣	石膏	水泥 SO$_3$
H0	72.00	20.00	0.00	8.00	3.71
H1	64.00	20.00	8.00	8.00	3.58
H2	59.00	20.00	13.00	8.00	3.50
H3	54.00	20.00	18.00	8.00	3.43
H4	49.00	20.00	23.00	8.00	3.35

由表 4-84 可见，当钢渣掺量从 0 提高到 13% 时，矿渣少熟料水泥初凝和终凝时间均变化不大，虽然 1d 强度有所下降，但 3d 和 28d 强度均有所提高，其适宜的钢渣掺量应为 8%～

11％。在第 4.3.4 节"钢渣掺量的影响"中也有类似的结论："生产 42.5 等级的矿渣少熟料水泥的适宜钢渣掺量为≤8％"。显然，不同矿渣所生产的矿渣少熟料水泥中的钢渣适宜掺量有所不同，对有的矿渣而言，掺入少量钢渣取代矿渣有利于水泥强度的提高。

但矿渣少熟料水泥中的钢渣掺量也不能太高，在第 4.3.4 节"钢渣掺量的影响"中已有结论：钢渣掺量＜15％时，对矿渣少熟料水泥各龄期的强度影响不是很大，但当钢渣掺量≥15％以后，水泥 3d 和 28d 强度将显著降低。如果允许熟料掺量在 15％左右、钢渣掺量≤15％，则许多矿渣可以生产出满足 32.5 强度等级的矿渣少熟料水泥。但，GB 13590—2006《钢渣硅酸盐水泥》标准虽然没有对熟料掺量作出限定，但对钢渣掺量却规定必须≥30％。由于此规定，造成许多矿渣无法生产熟料含量少（15％左右）的钢渣硅酸盐水泥，只有部分活性很高的矿渣才能满足其要求，生产出熟料掺量在 15％左右，钢渣掺量≥30％的钢渣硅酸盐水泥。

此外，在 GB 175—2007《通用硅酸盐水泥》标准中，不仅对熟料掺量有严格的限定，还不允许使用钢渣作为混合材，因此也无法生产掺有钢渣的矿渣少熟料水泥。

虽然，本技术对矿渣少熟料水泥的耐久性也进行了较为全面的研究，但目前还没出台相应产品的国家标准。因此，生产和使用矿渣少熟料水泥时，可以采取两种方法：一是不用钢渣并特意提高矿渣少熟料水泥中的熟料掺量，使之符合 GB 175—2007《通用硅酸盐水泥》的国家标准规定，这样可以生产高强度等级的矿渣少熟料水泥，如：熟料掺量为 22％（石膏 8％，同时适当降低矿渣熟料粉的比表面积）32.5 等级矿渣硅酸盐水泥、熟料掺量为 25％的 42.5 等级矿渣硅酸盐水泥或熟料掺量为 35％的 52.5 等级矿渣硅酸盐水泥；二是改变水泥商品名称和用途，套用其他品种的水泥标准，可以采用的标准如下：

（1）GB 13590—2006《钢渣硅酸盐水泥》。凡由硅酸盐水泥熟料和转炉或电炉钢渣（简称钢渣）、适量粒化高炉矿渣、石膏，磨细制成的水硬性胶凝材料，称为钢渣硅酸盐水泥，水泥中的钢渣掺加量（按质量的百分比计）不应少于 30％。该品种水泥对熟料掺加量没有要求，可以用于一般工业与民用建筑、地下工程与防水工程、大体积混凝土工程、道路工程等。分为 32.5 和 42.5 两个强度等级。钢渣硅酸盐水泥的三氧化硫含量不超过 4％；比表面积不小于 $350m^2/kg$；初凝时间不得早于 45min，终凝时间不得迟于 12h；安定性检验必须合格；用氧化镁含量大于 13％的钢渣制成的水泥，经压蒸安定性检验，必须合格。

（2）GB/T 3183—2017《砌筑水泥》。由硅酸盐水泥熟料加入规定的混合材和适量石膏，磨细制成的保水性较好的水硬性胶凝材料，称为砌筑水泥（masonry cement），代号 M。

砌筑水泥由符合 GB/T 21372—2008 规定的熟料、符合 GB/T 5483—2008 规定的天然石膏或符合 GB/T 21371—2008 规定的工业副产石膏、活性混合材或（及）非活性混合材或（及）符合 JC/T 742—2009 规定的窑灰组成。

活性混合材料为符合 GB/T 203—2008 规定的粒化高炉矿渣、符合 GB/T 1596—2017 规定的粉煤灰、符合 GB/T 2847—2005 规定的火山灰质混合材、符合 GB/T 6645—2008 规定的粒化电炉磷渣和符合 JC/T 418—2009（2015）规定的粒化高炉钛矿渣。

非活性混合材为活性低于 GB/T 203—2008 规定的粒化高炉矿渣、GB/T 1596—2017 规定的粉煤灰、GB/T 2847—2005 规定的火山灰质混合材、GB/T 6645—2008 规定的粒化电炉磷渣和 JC/T 418—2009（2015）规定的粒化高炉钛矿渣，以及符合 GB/T 35164—2017 规定的石灰石粉。

水泥粉磨时允许加入符合 GB/T 26748—2011 规定的助磨剂，其掺入量不应超过水泥质量的 0.5%。

砌筑水泥分为三个强度等级，即 12.5、22.5 和 32.5，其各龄期的强度应不低于表 4-86 中数据。

表 4-86 砌筑水泥各龄期强度要求

水泥等级	抗压强度（MPa）			抗折强度（MPa）		
	3d	7d	28d	3d	7d	28d
12.5	—	≥7.0	≥12.5	—	≥1.5	≥3.0
22.5	—	≥10.0	≥22.5	—	≥2.0	≥4.0
32.5	≥10.0	—	≥32.5	≥2.5	—	≥5.5

对砌筑水泥的技术要求如下：
（1）水泥中的 SO_3 含量应不大于 3.5%；
（2）水泥中氯离子含量应不大于 0.06%；
（3）水泥中水溶性铬（Ⅵ）含量应不大于 10.0mg/kg；
（4）80μm 方孔筛筛余量不大于 10.0%；
（5）初凝时间不小于 60min，终凝时间不大于 720min；
（6）水泥的安定性用沸煮法检验应合格。
（7）保水率应不低于 80%。
（8）水泥放射性内照射指数 I_{Ra} 不大于 1.0，放射性外照射指数 I_γ 不大于 1.0。

（3）JC/T 1090—2008《钢渣砌筑水泥》。以转炉钢渣或电炉钢渣、粒化高炉矿渣为主要成分，加入适量硅酸盐水泥熟料和石膏，经磨细制成的工作性较好的水硬性胶凝材料，称为钢渣砌筑水泥。钢渣砌筑水泥中的钢渣应符合 YB/T 022 的规定；粒化高炉矿渣应符合 GB/T 203 的规定；硅酸盐水泥熟料应符合 GB/T 21372 的规定；石膏应符合 GB/T 5483 的规定。钢渣砌筑水泥中的三氧化硫含量应不超过 4.0%，如水浸安定性合格，三氧化硫含量允许放宽至 6.0%；钢渣砌筑水泥的比表面积应不小于 350m²/kg；初凝时间应不早于 60min，终凝时间应不迟于 12h；钢渣砌筑水泥安定性用沸煮法检验必须合格，用氧化镁含量大于 5% 的钢渣制成的水泥，经压蒸安定性检验，必须合格。钢渣中的氧化镁含量为 5%～13% 时，如粒化高炉矿渣的掺量大于 40%，制成的水泥可不做压蒸法检验；如水泥的中的三氧化硫含量超过 4.0% 时，须进行水浸安定性检验；水泥保水率应不低于 80%；钢渣砌筑水泥分 17.5、22.5 和 27.5 三个强度等级。

参考文献

[1] 林宗寿. 水泥工艺学（第二版）[M]. 武汉：武汉理工大学出版社，2017.
[2] 王允祥，赵名滨. 采用石灰石提高矿渣水泥的早期强度. 粉煤灰，1995，7（4）：38-40.
[3] 赵明辉. 浅析混凝土碳化机理及其碳化因素 [J]. 吉林水利，2004（8）：17-18.

5 石灰石钢渣矿渣水泥

凡由石灰石、钢渣、矿渣和少量石膏磨细制成的水硬性胶凝材料，称为石灰石钢渣矿渣水泥（limestone steel and slag cement）。其中，石膏可使用天然石膏或磷石膏、脱硫石膏、氟石膏等工业副产石膏，掺量以水泥中的 SO_3 质量百分含量计应不大于 4.0%。

2007 年国家商务部、公安部、交通部、质检总局、环保总局联合发出了《关于在部分城市限期禁止现场搅拌砂浆工作的通知》（商改发［2007］205 号），要求各地部分城市分批、分期禁止在施工现场搅拌砂浆。

由于我国目前的住宅建筑中，砖混结构仍占很大比例，相应地砌筑砂浆就成为需要量很大的一种建筑材料。为了响应国家的号召，支持干混砂浆的发展，作者决定研发一种低成本、生态型的砌筑水泥，用于生产干混砂浆。这对于节约能源、保护生态、降低造价，具有十分重要的现实意义。

现有的砌筑水泥是一种低强度等级的少熟料水泥，其生产方法与通用硅酸盐水泥基本相同，只是熟料掺量较少，混合材掺量较高。虽然对砌筑水泥的强度要求不高，但对其和易性和保水性有较高要求，特别是将砌筑水泥砂浆粉刷于吸水性强的干燥墙体（如泡沫粉煤灰砌块）上时，要求砌筑水泥能充分硬化、不起砂、不开裂，许多少熟料水泥难以满足其性能要求。一些少熟料水泥在试验室中检验时，各种性能指标都能达到砌筑水泥相应国家标准的技术要求，但在实际使用中却发现了不少问题。

作者经过反复研究和试用，最终确认由石灰石、钢渣、矿渣和石膏组成的石灰石钢渣矿渣无熟料水泥，不仅可满足砌筑水泥强度要求，其余各项性能指标（除水泥组分外）均可达到 GB/T 3183—2017《砌筑水泥》国家标准技术要求，而且具有和易性好、在干燥环境下不起砂等优点。水泥中可以不使用熟料或者掺加极少量的熟料，可充分利用工业废渣，生产成本低，可以认为是一种环保性能良好的矿渣基生态水泥。

石灰石钢渣矿渣水泥适用于工业与民用建筑的砌筑砂浆，内墙抹面砂浆及基础垫层等，也可以用于生产砌块及瓦等。一般不用于配制混凝土，但通过试验，允许用于低强度等级混凝土，但不得用于钢筋混凝土等承重结构。

5.1 石灰石钢渣矿渣无熟料水泥

石灰石钢渣矿渣无熟料水泥所用的原料，见表 5-1。比表面积的测定，按照 GB/T 8074—2008《水泥比表面积测定方法（勃氏法）》进行；密度的测定，按照 GB/T 208—2014《水泥密度测定方法》进行；水泥标准稠度、凝结时间和安定性的测定，按照 GB/T 1346—

2011《水泥标准稠度用水量、凝结时间、安定性检验方法》进行；水泥胶砂强度的测定，按照 GB/T 17617—1999《水泥胶砂强度检验方法（ISO）》进行。

表 5-1 原料的化学成分（%）

原料	来源	烧失量	SiO$_2$	Al$_2$O$_3$	Fe$_2$O$_3$	CaO	MgO	SO$_3$	合计
矿渣	武汉武钢	−0.17	33.97	17.03	2.13	36.09	8.17	0.34	97.56
钢渣	武汉武钢	3.05	16.63	7.00	22.32	38.5	9.42	0.31	97.23
石膏	武汉江夏	4.84	6.14	1.79	0.41	38.87	1.64	42.88	96.57
石灰石	湖北黄石	40.91	4.10	1.24	0.30	51.36	0.72	—	98.63
熟料	湖北咸宁	0.41	22.30	5.04	3.36	65.60	2.32	0.80	99.83

5.1.1 石灰石钢渣矿渣无熟料水泥组分优化

5.1.1.1 钢渣矿渣掺量比的影响

（1）石灰石粉：将表 5-1 中的石灰石破碎并通过 3mm 筛，然后在 ϕ 500mm×500mm 的试验室小磨内单独粉磨至比表面积为 773m^2/kg。

（2）石膏粉：将表 5-1 中的石膏破碎并通过 3mm 筛，然后在 ϕ 500mm×500mm 的试验室小磨内单独粉磨至比表面积为 457.2m^2/kg。

（3）钢渣粉：将表 5-1 中的钢渣破碎并通过 3mm 筛，然后在 ϕ 500mm×500mm 的试验室小磨内单独粉磨至比表面积为 532m^2/kg。

（4）取武汉钢华水泥有限公司生产的矿渣粉，测定比表面积为 452m^2/kg。

将以上单独粉磨的各原料粉，按表 5-2 的配比配制成石灰石钢渣矿渣无熟料水泥，进行性能检验，结果如表 5-2、图 5-1 和图 5-2 所示。

表 5-2 钢渣矿渣掺量比对水泥性能的影响

编号	石膏粉（%）	石灰石粉（%）	矿渣粉（%）	钢渣粉（%）	钢矿渣掺量比	标准稠度（%）	初凝（min）	终凝（min）	安定性（mm）	3d（MPa） 抗折	3d（MPa） 抗压	7d（MPa） 抗折	7d（MPa） 抗压	28d（MPa） 抗折	28d（MPa） 抗压
A1	8	10	67	15	0.22	27.4	330	471	合格	5.5	12.2	7.9	16.2	8.7	19.6
A2	8	10	62	20	0.33	27.0	292	423	合格	5.9	13.5	7.8	16.7	8.5	19.4
A3	8	10	57	25	0.44	27.0	278	414	合格	5.7	13.4	7.6	16.9	8.4	20.5
A4	8	10	52	30	0.58	26.8	247	388	合格	5.2	13.1	7.6	17.0	8.4	21.7
A5	8	10	47	35	0.74	26.4	245	379	合格	5.0	12.3	7.5	18.1	8.5	23.3
A6	8	10	42	40	0.95	26.0	232	364	合格	5.1	12.7	7.5	19.2	8.4	25.6
A7	8	10	37	45	1.22	26.0	210	360	合格	4.7	12.3	6.9	20.0	8.3	25.3
A8	8	10	32	50	1.56	25.6	214	359	合格	3.1	7.8	6.5	17.5	8.2	24.6
A9	8	10	27	55	2.04	25.2	215	357	合格	2.1	6.1	4.9	11.6	7.1	17.3
A10	8	10	22	60	2.73	24.4	207	353	合格	0.7	2.7	3.4	9.1	6.1	12.7
A11	8	10	17	65	3.82	24.4	215	340	合格	0.0	0.0	2.9	5.2	5.2	11.6

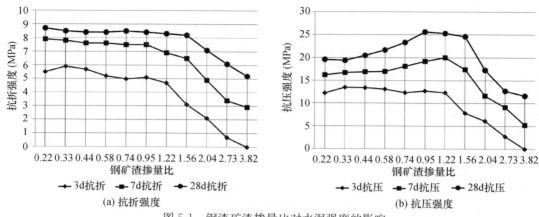

(a) 抗折强度　　　　　　　　(b) 抗压强度

图 5-1　钢渣矿渣掺量比对水泥强度的影响

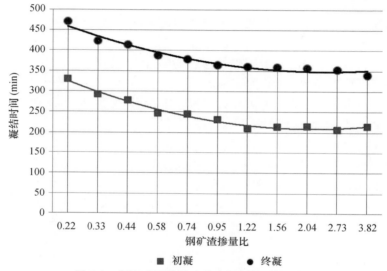

图 5-2　钢渣矿渣掺量比对水泥凝结时间的影响

由表 5-2 和图 5-1 可见，在石灰石掺量 10%，石膏掺量 8% 的条件下，当钢矿比为 1.22（钢渣 45%，矿渣 37%）时，石灰石钢渣矿渣无熟料水泥的 7d 和 28d 强度达到最大值，而且 3d 强度也不低。当继续提高钢渣掺量，钢矿比继续增大时，石灰石钢渣矿渣无熟料水泥各龄期强度急剧下降。

由图 5-2 可见，在石灰石掺量 10%，石膏掺量 8% 的条件下，随着钢渣掺量的增加，石灰石钢渣矿渣无熟料水泥的标准稠度逐渐降低，凝结时间逐渐缩短，当钢矿比为 1.22（钢渣 45%，矿渣 37%）时，再继续增加钢渣掺量，石灰石钢渣矿渣无熟料水泥的凝结时间基本上维持不变。

因此可见，在石灰石 10%，石膏 8% 的条件下，最佳的钢矿比为 1.22，即钢渣 45%，矿渣 37%。

5.1.1.2　石灰石掺量的影响

将上节所用的石灰石粉、石膏粉、钢渣粉和矿渣粉，按表 5-3 的配比配制成石灰石钢渣矿渣无熟料水泥，进行性能检验，结果如表 5-3、图 5-3 和图 5-4 所示。

表 5-3　石灰石掺量对水泥性能的影响

编号	石膏粉（%）	石灰石粉（%）	矿渣粉（%）	钢渣粉（%）	标准稠度（%）	初凝（min）	终凝（min）	安定性（mm）	1d（MPa）		3d（MPa）		7d（MPa）		28d（MPa）	
									抗折	抗压	抗折	抗压	抗折	抗压	抗折	抗压
B1	8	0	38	54	24.0	289	474	合格	0.3	1.4	3.6	10.0	5.4	15.8	8.0	25.0
B2	8	5	38	49	24.0	258	460	合格	0.4	1.7	3.6	10.2	5.5	15.7	7.8	24.2
B3	8	10	38	44	24.4	246	452	合格	0.4	1.8	3.5	10.5	5.3	15.6	7.9	23.9
B4	8	15	38	39	24.6	225	430	合格	0.5	2.2	3.6	11.0	5.6	15.1	7.5	24.5
B5	8	20	38	34	25.0	216	410	合格	0.6	3.1	4.0	10.5	5.5	14.8	7.5	21.6
B6	8	25	38	29	26.0	211	380	合格	0.6	3.1	3.9	9.9	5.3	14.0	7.4	18.8
B7	8	30	38	24	26.4	210	359	合格	0.6	3.8	4.3	10.0	5.4	13.5	7.5	18.0
B8	8	35	38	19	27.0	212	359	合格	0.6	3.8	3.8	9.7	5.2	13.2	7.0	15.6
B9	8	40	38	14	27.2	210	333	合格	1.4	6.3	3.5	9.1	5.1	12.6	7.2	18.8
B10	8	45	38	9	27.4	204	326	合格	1.3	5.9	2.9	8.2	4.7	13.1	8.1	25.6

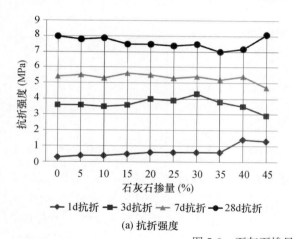

(a) 抗折强度

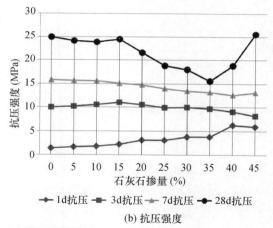

(b) 抗压强度

图 5-3　石灰石掺量对水泥强度的影响

由表 5-3 和图 5-3 可见，在矿渣掺量 38%，石膏掺量 8% 的条件下，随着石灰石掺量的增加，石灰石钢渣矿渣无熟料水泥 1d 强度明显提高。当石灰石掺量≤15% 时，石灰石钢渣矿渣无熟料水泥 28d 强度变化不大。当继续提高石灰石掺量时，水泥 28d 抗压强度快速降低，直至石灰石掺量为 35% 时，水泥 28d 抗压强度形成一个最低值，但其他各龄期强度却变化不大。

由图 5-4 可见，在矿渣掺量 38%，石膏掺量 8% 的条件下，随着

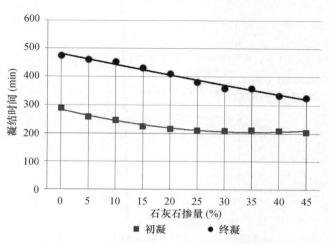

图 5-4　石灰石掺量对水泥凝结时间的影响

　　石灰石掺量的增加，石灰石钢渣矿渣无熟料水泥的标准稠度逐渐增加，凝结时间逐渐缩短，当石灰石掺量达到15%时，再继续增加石灰石掺量，石灰石钢渣矿渣无熟料水泥的初凝时间基本上维持不变，而终凝时间还在继续缩短。

　　综合以上试验结果，在矿渣掺量38%，石膏掺量8%的条件下，钢矿掺量为39%左右，石灰石掺量为15%左右为佳。

5.1.1.3　石膏掺量的影响

　　同样使用上节的石灰石粉、石膏粉、钢渣粉和矿渣粉，按表5-4的配比配制成石灰石钢渣矿渣无熟料水泥，进行性能检验，结果如表5-4、图5-5和图5-6所示。

表 5-4　石膏掺量对水泥性能的影响

编号	石膏粉（%）	石灰石粉（%）	矿渣粉（%）	钢渣粉（%）	水泥SO_3（%）	标准稠度（%）	初凝（min）	终凝（min）	安定性（mm）	3d（MPa）		7d（MPa）		28d（MPa）	
										抗折	抗压	抗折	抗压	抗折	抗压
C1	5	23	38	34	2.38	26.4	271	393	合格	3.4	9.0	5.5	17.7	8.1	21.8
C2	6	22	38	34	2.81	25.8	247	368	合格	3.4	10.2	5.6	19.0	7.9	22.3
C3	7	21	38	34	3.23	25.8	230	360	合格	3.7	10.3	6.1	20.3	8.4	23.2
C4	8	20	38	34	3.66	25.6	210	359	合格	3.7	11.1	6.4	21.3	8.3	23.7
C5	9	19	38	34	4.09	25.6	195	361	合格	4.0	11.6	6.4	22.1	8.4	24.6
C6	10	18	38	34	4.52	25.4	210	357	合格	3.7	11.8	6.6	20.0	8.6	24.1
C7	11	17	38	34	4.95	25.4	220	354	合格	2.8	9.5	6.2	18.3	8.3	23.6
C8	12	16	38	34	5.38	25.6	224	357	合格	2.3	7.8	6.0	17.9	7.9	23.2
C9	13	15	38	34	5.81	25.6	220	367	合格	1.8	5.9	4.9	16.4	7.3	22.1
C10	14	14	38	34	6.24	25.8	221	358	合格	1.6	5.1	3.9	12.5	6.5	20.7

　　由图5-5可见，石灰石钢渣矿渣无熟料水泥存在一个最佳石膏掺量。在矿渣掺量38%，钢渣掺量34%的条件下，用石膏取代石灰石，当石膏掺量在9%（水泥SO_3含量为4.09%）左右时，石灰石钢渣矿渣无熟料水泥的各龄期强度均达到最大值。由图5-6可见，当石膏掺量在9%时，石灰石钢渣矿渣无熟料水泥的凝结时间也最短。因此，可以认为石灰石钢渣矿渣无熟料水泥的最佳石膏掺量应为9%（水泥SO_3含量为4.09%）左右。但通常矿渣硅酸盐水泥中的三氧化硫含量均要求不大于4.0%，所以石灰石钢渣矿渣无熟料水泥中的石膏掺量宜控制在8%（水泥SO_3含量为3.66%）左右为佳。

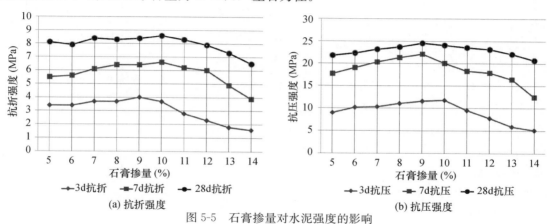

(a) 抗折强度　　　　　　　　　　(b) 抗压强度

图 5-5　石膏掺量对水泥强度的影响

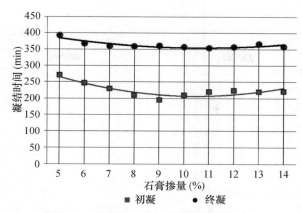

图 5-6　石膏掺量对水泥凝结时间的影响

5.1.2　原料粉磨细度对水泥性能影响

　　石灰石钢渣矿渣水泥的粉磨宜采用分别粉磨为佳，或者钢渣和矿渣采用单独分别粉磨，石灰石和石膏采用混合粉磨。为了研究各原料粉磨细度对石灰石钢渣矿渣水泥性能的影响，将表 5-1 的原料分别粉磨不同的时间，取出备用。按固定的水泥配比，研究各原料细度对水泥性能的影响。

5.1.2.1　矿渣细度的影响

　　将表 5-1 的石膏置于 ϕ 500mm×500mm 小磨内，单独粉磨至比表面积为 457.2m²/kg；将石灰石单独粉磨至比表面积为 770m²/kg；将钢渣单独粉磨至比表面积为 480m²/kg。将武汉钢华水泥有限公司生产的矿渣粉，单独在 ϕ 500mm×500mm 小磨内粉磨不同时间，得到几种不同比表面积的矿渣粉。

　　将以上各原料粉按表 5-5 的配比配制成石灰石钢渣矿渣无熟料水泥，然后进行性能检验，结果如表 5-5、图 5-7 和图 5-8 所示。

表 5-5　矿渣比表面积对石灰石钢渣矿渣无熟料水泥性能的影响

编号	粉磨时间（min）	矿渣比表面积（m²/kg）	标准稠度（%）	初凝（min）	终凝（min）	安定性（mm）	1d（MPa）		3d（MPa）		7d（MPa）		28d（MPa）	
							抗折	抗压	抗折	抗压	抗折	抗压	抗折	抗压
E1	0	387	24.2	307	444	合格	0.2	0.9	3.2	8.8	5.9	15.9	7.7	25.2
E2	15	522	24.6	286	377	合格	0.9	2.2	4.2	13.2	6.2	18.8	8.3	25.9
E3	30	573	25.0	127	334	合格	1.0	2.6	4.2	13.4	6.4	19.2	8.7	26.9
E4	45	588	25.2	88	273	合格	1.2	3.1	4.5	13.9	6.6	19.7	8.9	27.6

注：水泥配比：矿渣 38%，石膏 9%，石灰石 15%，钢渣 38%。

　　由图 5-7 可见，石灰石钢渣矿渣无熟料水泥各龄期的强度随矿渣粉比表面积的增加而增加。当矿渣粉比表面积从 387m²/kg 增加到 522m²/kg 时，水泥各龄期强度增长比较显著，继续增加矿渣粉比表面积，各龄期强度增加的幅度有所变缓。

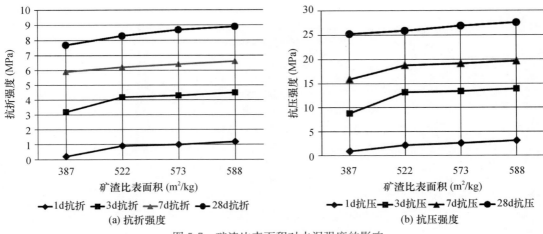

图 5-7　矿渣比表面积对水泥强度的影响

由图 5-8 可见，石灰石钢渣矿渣无熟料水泥的凝结时间随矿渣粉比表面积的增加而显著缩短。

由于提高矿渣粉比表面积，会显著增加粉磨电耗。综合以上试验结果，矿渣比表面积宜控制在 450m²/kg 左右为佳。

5.1.2.2　石膏细度的影响

将表 5-1 的石灰石置于 φ500mm × 500mm 小磨内，单独粉磨至比表面积为 770m²/kg；将钢渣单独粉磨至比表面积为 480m²/kg。将石膏单独在 φ500mm × 500mm 小磨内粉磨不同时间，得到几种不

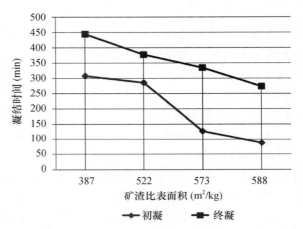

图 5-8　矿渣比表面积对水泥凝结时间的影响

同比表面积的石膏粉。采用武汉钢华水泥有限公司生产的矿渣粉，测定比表面积为 387m²/kg。

将以上各原料粉按表 5-6 的配比配制成石灰石钢渣矿渣无熟料水泥，然后进行性能检验，结果如表 5-6 和图 5-9 所示。

表 5-6　石膏比表面积对石灰石钢渣矿渣无熟料水泥性能的影响

编号	粉磨时间（min）	石膏比表面积（m²/kg）	标准稠度（%）	初凝（min）	终凝（min）	安定性（mm）	1d（MPa） 抗折	1d（MPa） 抗压	3d（MPa） 抗折	3d（MPa） 抗压	7d（MPa） 抗折	7d（MPa） 抗压	28d（MPa） 抗折	28d（MPa） 抗压
E5	10	439	25.7	255	355	合格	0.3	0.9	3.1	8.7	5.4	15.8	7.5	24.4
E6	20	595	25.4	233	325	合格	0.3	0.8	2.3	7.7	4.6	14.6	7.7	24.5
E7	30	726	25.2	214	282	合格	0.3	0.8	2.3	7.2	4.4	14.4	8.2	25.8

注：水泥配比：矿渣 38%，石膏 9%，石灰石 15%，钢渣 38%。

由表 5-6 和图 5-9 可见，随着石膏粉磨比表面积的提高，石灰石钢渣矿渣无熟料水泥的早期强度有所降低，而 28d 强度有所上升，凝结时间有所缩短。所以，石膏粉磨比表面积以 639m²/kg 左右为宜。

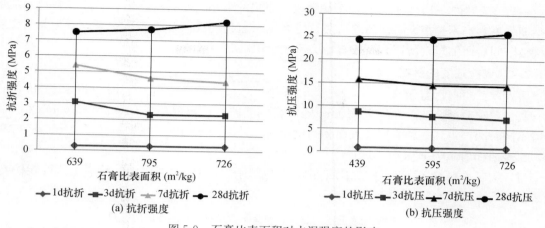

图 5-9 石膏比表面积对水泥强度的影响

5.1.2.3 石灰石细度的影响

将表 5-1 的石膏置于 $\phi 500\text{mm} \times 500\text{mm}$ 小磨内，单独粉磨至比表面积为 457.2 m^2/kg；将钢渣单独粉磨至比表面积为 480 m^2/kg。将石灰石单独在 $\phi 500\text{mm} \times 500\text{mm}$ 小磨内粉磨不同时间，得到几种不同比表面积的石灰石粉。采用武汉钢华水泥有限公司生产的矿渣粉，测定比表面积为 407 m^2/kg。

将以上各原料粉按表 5-7 的配比配制成石灰石钢渣矿渣无熟料水泥，然后进行性能检验，结果如表 5-7 和图 5-10 所示。

表 5-7 石灰石比表面积对石灰石钢渣矿渣无熟料水泥性能的影响

编号	粉磨时间 (min)	石灰石比表面积 (m²/kg)	标准稠度 (%)	初凝 (min)	终凝 (min)	安定性 (mm)	1d (MPa) 抗折	抗压	3d (MPa) 抗折	抗压	7d (MPa) 抗折	抗压	28d (MPa) 抗折	抗压
E8	10	499	25.1	247	338	合格	0.3	0.8	3.2	11.2	5.6	16.4	8.3	25.0
E9	20	658	25.6	228	318	合格	0.2	0.8	3.5	11.6	5.6	16.8	7.8	24.1
E10	30	838	26.1	212	289	合格	0.7	1.0	3.5	11.8	5.7	15.6	8.6	24.5

注：水泥配比：矿渣 38%，石膏 9%，石灰石 15%，钢渣 38%。

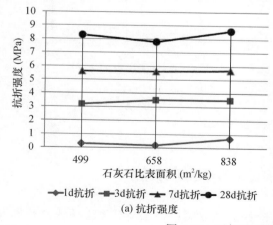
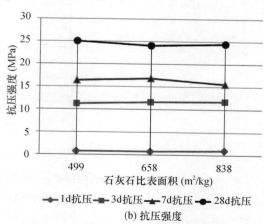

图 5-10 石灰石比表面积对水泥强度的影响

由表 5-7 和图 5-10 可见，石灰石粉磨比表面积的大小，对石灰石钢渣矿渣无熟料水泥的各龄期强度影响不是很大。但随着石灰石粉磨比表面积的提高，石灰石钢渣矿渣无熟料水泥的凝结时间有所缩短。所以，石灰石粉磨比表面积以 $500m^2/kg$ 左右为宜。

5.1.2.4 钢渣细度的影响

将表 5-1 的石膏置于 $\phi 500mm \times 500mm$ 小磨内，单独粉磨至比表面积为 $457.2m^2/kg$；将石灰石单独粉磨至比表面积为 $770m^2/kg$。将钢渣破碎后单独在 $\phi 500mm \times 500mm$ 小磨内粉磨不同时间，得到几种不同比表面积的钢渣粉。采用武汉钢华水泥有限公司生产的矿渣粉，测定比表面积为 $407m^2/kg$。

将以上各原料粉按表 5-8 的配比配制成石灰石钢渣矿渣无熟料水泥，然后进行性能检验，结果如表 5-8 和图 5-11 所示。

表 5-8　钢渣比表面积对石灰石钢渣矿渣无熟料水泥性能的影响

编号	粉磨时间(min)	钢渣比表面积(m^2/kg)	标准稠度(%)	初凝(min)	终凝(min)	安定性(mm)	1d (MPa)		3d (MPa)		7d (MPa)		28d (MPa)	
							抗折	抗压	抗折	抗压	抗折	抗压	抗折	抗压
E11	10	396	26.0	242	433	合格	0.6	1.0	3.0	10.0	5.1	13.0	7.9	21.6
E12	20	480	26.2	228	381	合格	0.2	0.9	3.4	11.4	5.6	15.4	8.3	25.0
E13	30	569	26.6	260	419	合格	0.2	0.6	3.3	11.5	5.7	16.4	8.0	26.5

注：水泥配比：矿渣 38%，石膏 9%，石灰石 15%，钢渣 38%。

由图 5-11 可见，随着钢渣粉磨比表面积的提高，石灰石钢渣矿渣无熟料水泥除 1d 强度稍有降低外，其他各龄期强度均有较为明显的增加，特别是对 28d 抗压强度有较大的影响。

由表 5-8 可见，当钢渣粉磨比表面积为 $480m^2/kg$ 时，石灰石钢渣矿渣无熟料水泥的凝结时间较短。

综合上述试验结果，钢渣的粉磨比表面积以控制在 $480m^2/kg$ 左右为宜。

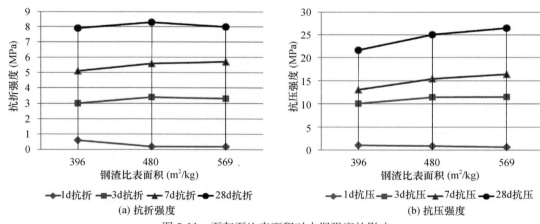

(a) 抗折强度　　　　　　　　(b) 抗压强度

图 5-11　石灰石比表面积对水泥强度的影响

5.2　石灰石钢渣矿渣少熟料水泥

石灰石钢渣矿渣无熟料水泥，由于不使用高能耗的水泥熟料，无疑对生态环保具有重大意义，但必须使用高活性的矿渣。如果使用活性较低的矿渣，所生产的石灰石钢渣矿渣无熟料水泥早期强度就太低，凝结时间太长，往往满足不了工程施工的要求。为了提高水泥的早期强度，缩短凝结时间，提高水泥的性能，满足工程施工的要求，水泥中可以掺入少量熟料，生产石灰石钢渣矿渣少熟料水泥。

石灰石钢渣矿渣少熟料水泥所用的原料，见表 5-9。比表面积的测定，按照 GB/T 8074—2008《水泥比表面积测定方法（勃氏法）》进行；密度的测定，按照 GB/T 208—2014《水泥密度测定方法》进行；水泥标准稠度、凝结时间和安定性的测定，按照 GB/T 1346—2011《水泥标准稠度用水量、凝结时间、安定性检验方法》进行；水泥胶砂强度的测定，按照 GB/T 17617—1999《水泥胶砂强度检验方法（ISO）》进行。

表 5-9　原料的化学成分（%）

原料	来源	烧失量	SiO_2	Al_2O_3	Fe_2O_3	CaO	MgO	SO_3	合计
矿渣	武汉武钢	−0.59	35.28	17.03	0.71	36.67	8.65	0.32	98.07
钢渣	武汉武钢	2.95	13.82	2.31	23.97	43.10	6.31	0.30	92.76
石膏	湖北武汉	3.43	3.23	0.15	0.08	40.02	1.58	51.27	99.76
石灰石	湖北黄石	40.91	4.10	1.24	0.30	51.36	0.72	—	98.63
熟料	武汉凌云	1.83	22.69	4.59	4.02	64.38	1.43	0.50	99.44

5.2.1　石灰石钢渣矿渣少熟料水泥组分优化

5.2.1.1　熟料掺量的影响

（1）石灰石粉：将表 5-9 中的石灰石破碎并通过 3mm 筛，然后在 ϕ 500mm×500mm 的试验室小磨内单独粉磨至比表面积为 659m²/kg。

（2）石膏粉：将表 5-9 中的石膏破碎并通过 3mm 筛，然后在 ϕ 500mm×500mm 的试验室小磨内单独粉磨至比表面积为 532m²/kg。

（3）钢渣粉：将表 5-9 中的钢渣破碎并通过 3mm 筛，然后在 ϕ 500mm×500mm 的试验室小磨内单独粉磨至比表面积为 421m²/kg。

（4）将表 5-9 中的矿渣烘干后，在 ϕ 500mm×500mm 的试验室小磨内单独粉磨至比表面积为 406m²/kg。

将以上单独粉磨的各原料粉，按表 5-10 的配比配制成石灰石钢渣矿渣少熟料水泥，进行性能检验，结果如表 5-10、图 5-12 和图 5-13 所示。

表 5-10　熟料取代矿渣对石灰石钢渣矿渣少熟料水泥性能影响

编号	熟料（%）	矿渣（%）	石灰石（%）	钢渣（%）	石膏（%）	标准稠度（%）	初凝（h：min）	终凝（h：min）	安定性（mm）	3d（MPa）抗折	3d（MPa）抗压	7d（MPa）抗折	7d（MPa）抗压	28d（MPa）抗折	28d（MPa）抗压
D1	0	42	15	38	5	26.0	5：18	9：19	合格	2.7	11.5	5.3	17.7	7.0	24.6
D2	4	38	15	38	5	26.0	4：12	7：57	合格	2.8	11.9	5.7	20.7	7.6	27.7
D3	8	34	15	38	5	26.1	3：42	7：22	合格	3.1	12.4	6.2	21.9	8.5	30.2
D4	12	30	15	38	5	26.2	3：35	7：05	合格	3.0	11.6	5.8	21.8	8.3	29.6
D5	16	26	15	38	5	26.3	3：20	6：50	合格	2.5	10.9	5.5	19.4	8.0	28.6

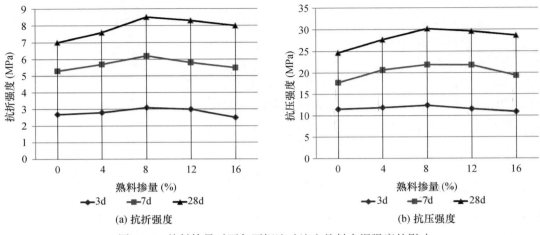

图 5-12　熟料掺量对石灰石钢渣矿渣少熟料水泥强度的影响

由图 5-12 可见，在石灰石掺量 15%，石膏掺量 5%，钢渣掺量 38% 不变的条件下，用熟料取代矿渣，存在一个最佳的熟料掺量。当熟料掺量为 8% 时，石灰石钢渣矿渣少熟料水泥各龄期强度均达到最大值。说明矿渣在石灰石钢渣矿渣少熟料水泥中具有至关重要的作用，其掺量不宜小于 34%，否则即使采用熟料代替矿渣，水泥的强度也会下降。增加熟料掺量通常会提高水泥的强度，但不可让矿渣掺量过低，可以用熟料取代钢渣或者石灰石，以保证矿渣达到一定的掺量，否则水泥的强度不但不提高，相反还会降低。

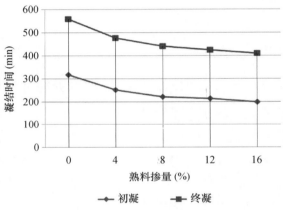

图 5-13　熟料掺量对石灰石钢渣矿渣少熟料
水泥凝结时间的影响

由图 5-13 可见，在石灰石钢渣矿渣少熟料水泥中，增加熟料掺量，水泥的凝结时间显著缩短，当熟料掺量达到 8% 后，水泥凝结时间变化不再显著。

综合上述试验结果，石灰石钢渣矿渣少熟料水泥中的熟料掺量控制在 8% 左右为宜。

5.2.1.2　石灰石掺量的影响

将 5.2.1.1 章节中单独粉磨的各原料粉，按表 5-11 的配比配制成石灰石钢渣矿渣少熟料水泥，进行性能检验，结果如表 5-11、图 5-14 和图 5-15 所示。

表 5-11　石灰石取代钢渣对石灰石钢渣矿渣少熟料水泥性能的影响

编号	熟料（%）	矿渣（%）	石灰石（%）	钢渣（%）	石膏（%）	标准稠度（%）	初凝（min）	终凝（min）	安定性（mm）	3d（MPa）		7d（MPa）		28d（MPa）	
										抗折	抗压	抗折	抗压	抗折	抗压
F46	7	38	0	50	5	25.6	282	640	合格	1.5	6.2	4.4	16.0	7.0	25.7
F47	7	38	5	45	5	25.4	261	610	合格	1.7	6.7	4.4	16.5	7.2	27.4
F48	7	38	10	40	5	25.4	245	493	合格	2.3	9.0	5.0	19.0	7.5	28.2

续表

编号	熟料（%）	矿渣（%）	石灰石（%）	钢渣（%）	石膏（%）	标准稠度（%）	初凝（min）	终凝（min）	安定性（mm）	3d（MPa）		7d（MPa）		28d（MPa）	
										抗折	抗压	抗折	抗压	抗折	抗压
F49	7	38	15	35	5	25.4	230	445	合格	3.0	12.2	5.6	22.0	7.8	30.0
F50	7	38	20	30	5	25.6	192	424	合格	3.1	12.3	5.6	21.8	7.9	29.5
F51	7	38	25	25	5	25.4	180	415	合格	3.2	12.2	5.7	20.4	8.0	27.0

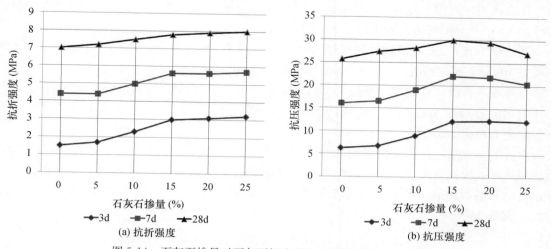

图 5-14　石灰石掺量对石灰石钢渣矿渣少熟料水泥强度的影响

由表 5-11 和图 5-14 可见，在熟料掺量 7%，矿渣掺量 38%，石膏掺量 5% 的条件下，随着石灰石掺量的增加，石灰石钢渣矿渣少熟料水泥各龄期强度均有所提高。当石灰石掺量 >15% 后，石灰石钢渣矿渣少熟料水泥的 7d 和 28d 抗压强度开始下降。当继续提高石灰石掺量到 20% 以后，水泥 28d 抗压强度快速降低。

由图 5-15 可见，在熟料掺量 7%，矿渣掺量 38%，石膏掺量 5% 的条件下，随着石灰石掺量的增加，石灰石钢渣矿渣少熟料水泥的凝结时间逐渐缩短，当石灰石掺量达到 15% 时，再继续增加石灰石掺量，石灰石钢渣矿渣少熟料水泥的初凝时间变化幅度不再明显。

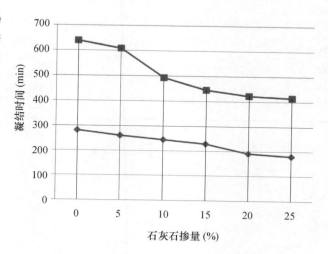

图 5-15　石灰石掺量对石灰石钢渣矿渣少熟料水泥凝结时间的影响

综合以上试验结果，在熟料掺量 7%，矿渣掺量 38%，石膏掺量 5% 的条件下，石灰石掺量为 15%、钢渣掺量为 35% 左右为佳。

5.2.2 粉磨工艺与细度对水泥性能的影响

石灰石钢渣矿渣少熟料水泥粉磨工艺与矿渣少熟料水泥基本相同,以采用优化粉磨工艺为佳。可以将熟料与矿渣一起混合粉磨,钢渣单独粉磨,石灰石与石膏一起混合粉磨。以下探讨各半成品的粉磨细度对石灰石钢渣矿渣少熟料水泥性能的影响。

5.2.2.1 矿渣熟料粉细度的影响

矿渣熟料粉:将烘干后的表5-9矿渣和破碎并通过2mm筛的表5-9熟料,按矿渣:熟料=38:7的比例,每磨5kg,在ϕ500mm×500mm小磨内混合粉磨不同时间,测定密度为2.89g/cm³,并分别测得比表面积见表5-12。

钢渣粉:将表5-9钢渣破碎并通过2mm筛后,每磨5kg,在ϕ500mm×500mm小磨内单独粉磨40min,测定密度为3.10g/cm³,测定比表面积为440m²/kg。

石膏石灰石粉:将破碎并通过2mm筛的表5-9石膏和石灰石,按石膏:石灰石=5:15的比例,每磨5kg,在ϕ500mm×500mm小磨内混合粉磨20min,测定密度为2.80g/cm³,测定比表面积为563m²/kg。

将以上半成品按:矿渣熟料粉45%、钢渣粉35%、石膏石灰石粉20%的配比配制成石灰石钢渣矿渣少熟料水泥,搅拌均匀后进行性能检验,结果如表5-12和图5-16、图5-17所示。石灰石钢渣矿渣少熟料水泥的实际组成为:熟料7%,矿渣38%,钢渣35%,石灰石15%,石膏5%。

表5-12 矿渣熟料粉细度与石灰石钢渣矿渣少熟料水泥性能

编号	矿渣熟料粉磨时间(min)	比表面积(m²/kg)	标准稠度(%)	初凝(min)	终凝(min)	安定性(mm)	1d (MPa) 抗折	1d (MPa) 抗压	3d (MPa) 抗折	3d (MPa) 抗压	7d (MPa) 抗折	7d (MPa) 抗压	28d (MPa) 抗折	28d (MPa) 抗压
H28	50	337	26.0	231	335	合格	0.3	0.8	2.4	8.1	5.1	16.5	7.7	25.4
H29	70	454	26.0	205	312	合格	0.6	1.5	3.9	13.1	6.1	20.5	8.3	28.4
H30	90	490	26.0	175	308	合格	0.7	1.8	4.3	14.3	6.6	21.5	8.8	29.4
H31	110	520	26.0	165	302	合格	0.9	2.2	4.8	15.1	7.4	22.5	9.1	30.6

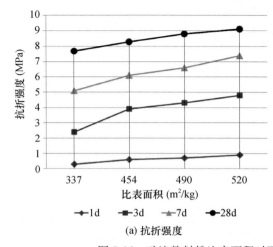

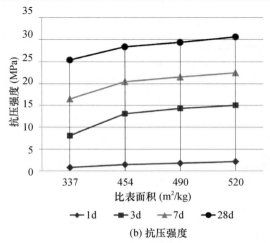

图5-16 矿渣熟料粉比表面积对石灰石钢渣矿渣少熟料水泥强度的影响

由图 5-16 可见，石灰石钢渣矿渣少熟料水泥各龄期的强度随矿渣熟料粉比表面积的增加而增加。当矿渣熟料粉比表面积从 337m²/kg 增加到 454m²/kg 时，水泥各龄期强度增长比较显著，继续增加矿渣熟料粉的比表面积，各龄期强度增加的幅度有所变缓。

由图 5-18 可见，石灰石钢渣矿渣少熟料水泥的凝结时间随矿渣熟料粉比表面积的增加而有所缩短。

由于提高矿渣熟料粉的比表面积，会显著增加粉磨电耗。综合以上试验结果，矿渣熟料粉的比表面积宜控制在 400~450m²/kg 之间为佳。

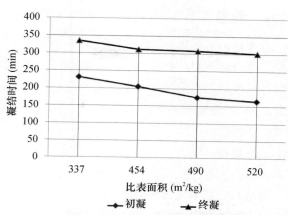

图 5-17　矿渣熟料粉比表面积对石灰石钢渣矿渣少熟料水泥凝结时间的影响

5.2.2.2　钢渣粉细度的影响

矿渣熟料粉：将烘干后的表 5-9 矿渣和破碎并通过 2mm 筛的表 5-9 熟料，按矿渣∶熟料＝38∶7 的比例，每磨 5kg，在 φ500mm×500mm 小磨内混合粉磨 70min，测定密度为 2.89g/cm³，并分别测得比表面积为 454m²/kg。

钢渣粉：将破碎并通过 2mm 筛的表 5-9 钢渣，每磨 5kg，单独在 φ500mm×500mm 小磨内粉磨不同时间，测定密度为 3.10g/cm³，并分别测得比表面积见表 5-13。

石膏石灰石粉：将破碎并通过 2mm 筛的表 5-9 石膏和石灰石，按石膏∶石灰石＝5∶15 的比例，每磨 5kg，在 φ500mm×500mm 小磨内混合粉磨 20min，测定密度为 2.80g/cm³，测定比表面积为 563m²/kg。

将以上半成品按：矿渣熟料粉 45％、钢渣粉 35％、石膏石灰石粉 20％的配比配制成石灰石钢渣矿渣少熟料水泥，搅拌均匀后进行性能检验，结果如表 5-13 和图 5-18、图 5-19 所示。石灰石钢渣矿渣少熟料水泥的实际组成为：熟料 7％，矿渣 38％，钢渣 35％，石灰石 15％，石膏 5％。

表 5-13　钢渣粉细度与石灰石钢渣矿渣少熟料水泥性能

编号	钢渣粉磨时间 (min)	比表面积 (m²/kg)	标准稠度 (％)	初凝 (min)	终凝 (min)	安定性 (mm)	1d（MPa）		3d（MPa）		7d（MPa）		28d（MPa）	
							抗折	抗压	抗折	抗压	抗折	抗压	抗折	抗压
H32	30	436	25.1	221	339	合格	1.1	2.4	4.1	13.6	6.7	23.2	9.1	30.6
H33	45	542	25.3	219	334	合格	0.9	2.1	4.0	13.4	6.8	23.0	9.2	30.8
H34	60	651	25.5	205	335	合格	0.8	2.0	4.2	13.4	6.7	22.4	9.0	29.8
H35	75	748	25.8	182	342	合格	1.6	2.7	4.2	13.5	6.6	23.1	8.9	30.5

由图 5-18 可见，钢渣粉磨比表面积大小对石灰石钢渣矿渣少熟料水泥各龄期的强度影响不大。由图 5-19 可见，钢渣粉磨比表面积对石灰石钢渣矿渣少熟料水泥的凝结时间影响也不是很大。考虑到钢渣的粉磨电耗，钢渣粉比表面积宜控制在 400m²/kg 左右为宜。

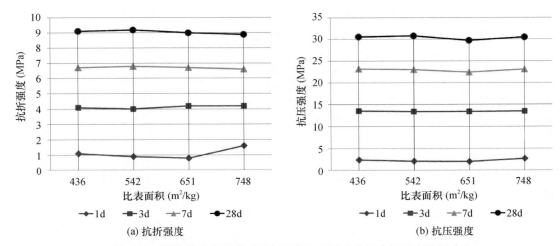

图 5-18　钢渣粉比表面积对石灰石钢渣矿渣少熟料水泥强度的影响

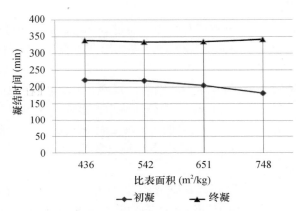

图 5-19　钢渣粉比表面积对石灰石钢渣矿渣少
熟料水泥凝结时间的影响

5.2.2.3　石膏石灰石粉细度的影响

矿渣熟料粉：将烘干后的表 5-9 矿渣和破碎并通过 2mm 筛的表 5-9 熟料，按矿渣：熟料＝38：7 的比例，每磨 5kg，在 $\phi500mm×500mm$ 小磨内混合粉磨 70min，测定密度为 2.89g/cm³，并分别测得比表面积为 454m²/kg。

钢渣粉：将表 5-9 钢渣破碎并通过 2mm 筛后，每磨 5kg，在 $\phi500mm×500mm$ 小磨内单独粉磨 40min，测定密度为 3.10g/cm³，测定比表面积为 440m²/kg。

石膏石灰石粉：将破碎并通过 2mm 筛的表 5-9 石膏和石灰石，按石膏：石灰石＝5：15 的比例，每磨 5kg，在 $\phi500mm×500mm$ 小磨内混合粉磨不同时间，测定密度为 2.80g/cm³，并分别测得比表面积见表 5-14。

将以上半成品按：矿渣熟料粉 45％、钢渣粉 35％、石膏石灰石粉 20％的配比配制成石灰石钢渣矿渣少熟料水泥，搅拌均匀后进行性能检验，结果如表 5-14 和图 5-20、图 5-21 所示。石灰石钢渣矿渣少熟料水泥的实际组成为：熟料 7％，矿渣 38％，钢渣 35％，石灰石 15％，石膏 5％。

表 5-14　石膏石灰石粉细度与石灰石钢渣矿渣少熟料水泥性能

编号	石膏石灰石粉磨时间（min）	比表面积（m²/kg）	标准稠度（%）	初凝（min）	终凝（min）	安定性（mm）	1d（MPa）		3d（MPa）		7d（MPa）		28d（MPa）	
							抗折	抗压	抗折	抗压	抗折	抗压	抗折	抗压
H40	10	377	25.8	253	359	合格	0.9	2.0	2.9	11.2	7.3	22.9	9.0	30.1
H41	15	463	25.6	231	328	合格	1.0	2.3	3.1	12.1	7.1	22.9	9.0	29.9
H42	20	566	25.1	210	287	合格	1.2	2.9	3.3	13.5	7.0	23.2	8.7	31.9
H43	25	645	25.8	204	296	合格	2.0	4.3	3.3	14.1	7.0	24.8	8.7	32.7

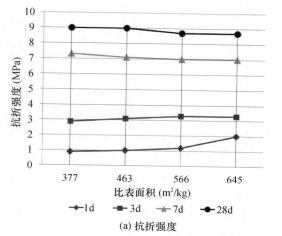

(a) 抗折强度

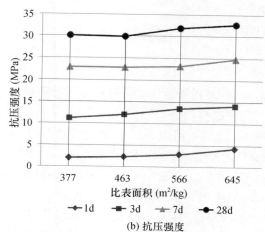

(b) 抗压强度

图 5-20　石膏石灰石粉比表面积对石灰石钢渣矿渣少熟料水泥强度的影响

由图 5-20 可见，随着石膏石灰石粉比表面积的提高，石灰石钢渣矿渣少熟料水泥除 7d 和 28d 抗折强度基本不变外，其他各龄期的抗折和抗压强度均随石膏石灰石粉比表面积的增加而增加。当石膏石灰石的比表面积达到 566m²/kg 时，水泥各龄期抗压强度增长比较显著。

由图 5-21 可见，石灰石钢渣矿渣少熟料水泥的凝结时间随石膏石灰石粉比表面积的增加而有所缩短。

由于石膏石灰石粉的易磨性较好，提高其比表面积可较为明显地改善水泥的性能，故石膏石灰石粉的比表面积宜控制在 550~600m²/kg 之间为佳。

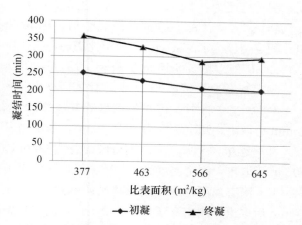

图 5-21　石膏石灰石粉比表面积对石灰石钢渣
矿渣少熟料水泥凝结时间的影响

5.2.3　矿渣活性与石灰石钢渣矿渣少熟料水泥性能

矿渣活性大小对石灰石钢渣矿渣少熟料水泥的性能影响很大，生产时应尽量采用高活性的矿渣（质量系数≥1.75），对提高水泥的强度、节省粉磨电耗均有很大的作用。但是，如果没有高活性的矿渣，不得不使用低活性矿渣时，石灰石钢渣矿渣少熟料水泥适宜的粉磨工艺参数及其组分配比都会产生很大的变化，甚至粉磨细度和组分配比对水泥性能的影响规律也不相同。

为了研究使用低活性矿渣时，粉磨细度和水泥组分配比对石灰石钢渣矿渣少熟料水泥性能的影响规律，采用表 5-15 的原料进行如下试验。

表 5-15 原料的化学成分（%）

原料	来源	烧失量	SiO$_2$	Al$_2$O$_3$	Fe$_2$O$_3$	CaO	MgO	MnO	TiO$_2$	SO$_3$	合计
矿渣	云南马龙	−0.29	36.28	9.90	1.55	30.59	16.34	2.07	0.81	1.45	98.70
钢渣	云南玉溪	0.65	13.76	2.59	22.51	41.96	6.15	2.08	4.40	0.47	94.57
石膏	云南昆明	24.00	2.25	0.62	0.36	31.11	2.57	—	0.08	38.43	99.42
石灰石	云南宜良	39.58	3.84	1.81	0.21	50.22	2.46	0.01	0.22	0.91	99.26
熟料	云南宜良	2.64	20.77	4.11	3.11	65.14	1.55	0.01	0.39	0.86	98.58

注：矿渣质量系数为 1.45。

5.2.3.1 使用低活性矿渣时的适宜粉磨细度

（1）原料制备

374 熟料：将表 5-15 的熟料破碎并过 2mm 筛后，称取 5kg 放入试验室小磨内单独粉磨 30min 后取出，测定密度为 3.20g/cm^3，测定比表面积为 374m^2/kg。

417 熟料：将表 5-15 的熟料破碎并过 2mm 筛后，称取 5kg 放入试验室小磨内单独粉磨 39min 后取出，测定密度为 3.20g/cm^3，测定比表面积为 417m^2/kg。

457 熟料：将表 5-15 的熟料破碎并过 2mm 筛后，称取 5kg 放入试验室小磨内单独粉磨 50min 后取出，测定密度为 3.20g/cm^3，测定比表面积为 457m^2/kg。

446 矿渣：将表 5-15 的矿渣烘干后，称取 5kg 放入试验室小磨内单独粉磨 58min 后取出，测定密度为：2.97g/cm^3，测定比表面积 445.7m^2/kg。

481 矿渣：将表 5-15 的矿渣烘干后，称取 5kg 放入试验室小磨内单独粉磨 64min 后取出，测定密度为 2.97g/cm^3，测定比表面积为 481.4m^2/kg。

509 矿渣：将表 5-15 的矿渣烘干后，称取 5kg 放入试验室小磨内单独粉磨 72min 后取出，测定密度为 2.97g/cm^3，测定比表面积为 508.5m^2/kg。

340 钢渣：将表 5-15 的钢渣破碎并过 2mm 筛后，称取 5kg 放入试验室小磨内单独粉磨 40min 后取出，测定密度为 3.49g/cm^3，测定比表面积为 340m^2/kg。

393 钢渣：将表 5-15 的钢渣破碎并过 2mm 筛后，称取 5kg 放入试验室小磨内单独粉磨 50min 后取出，测定密度为 3.49g/cm^3，测定比表面积为 393m^2/kg。

454 钢渣：将表 5-15 的钢渣破碎并过 2mm 筛后，称取 5kg 放入试验室小磨内单独粉磨 60min 后取出，测定密度为 3.49g/cm^3，测定比表面积为 454m^2/kg。

445 石灰石：将表 5-15 的石灰石破碎后并通过 2mm 筛后，称取 5kg 放入试验室小磨内单独粉磨 9min 后取出，测定密度为 2.70g/cm^3，测定比表面积为 444.6m^2/kg。

567 石灰石：将表 5-15 的石灰石破碎后并通过 2mm 筛后，称取 5kg 放入试验室小磨内单独粉磨 12min 后取出，测定密度为 2.70g/cm^3，测定比表面积为 567m^2/kg。

898 石灰石：将表 5-15 的石灰石破碎后并通过 2mm 筛后，称取 5kg 放入试验室小磨内单独粉磨 18min 后取出，测定密度为 2.70g/cm^3，测定比表面积为 898m^2/kg。

483 石膏：将表 5-15 的石膏破碎后并通过 2mm 筛后，称取 5kg 放入试验室小磨内单独粉磨 12min 后取出，测定密度为 2.67g/cm^3，测定比表面积为 483m^2/kg。

640 石膏：将表 5-15 的石膏破碎后并通过 2mm 筛后，称取 5kg 放入试验室小磨内单独粉磨 17min 后取出，测定密度为 2.67g/cm³，测定比表面积为 640m²/kg。

836 石膏：将表 5-15 的石膏破碎后并通过 2mm 筛后，称取 5kg 放入试验室小磨内单独粉磨 23min 后取出，测定密度为 2.67g/cm³，测定比表面积为 835.8m²/kg。

（2）熟料细度的影响

将上述分别粉磨的原料，按表 5-16 的配比配制成石灰石钢渣矿渣少熟料水泥，进行强度检验，结果如表 5-16 和图 5-22 所示。

表 5-16 熟料粉细度与石灰石钢渣矿渣少熟料水泥强度

编号	374 熟料 (%)	417 熟料 (%)	457 熟料 (%)	481 矿渣 (%)	393 钢渣 (%)	567 石灰石 (%)	483 石膏 (%)	3d (MPa)		7d (MPa)		28d (MPa)	
								抗折	抗压	抗折	抗压	抗折	抗压
Q1	10	—	—	38	30	15	7	0.4	1.3	2.6	7.2	7.1	20.2
Q2	—	10	—	38	30	15	7	0.5	1.5	3.3	7.9	7.3	21.8
Q3	—	—	10	38	30	15	7	0.5	1.5	3.4	8.4	7.5	22.8

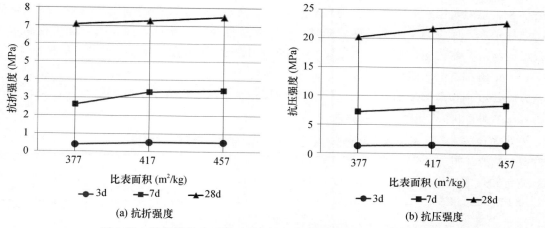

（a）抗折强度 （b）抗压强度

图 5-22 熟料粉比表面积对石灰石钢渣矿渣少熟料水泥强度的影响

由图 5-22 可见，采用活性较低的矿渣配制石灰石钢渣矿渣少熟料水泥时，提高熟料粉的比表面积，可以在一定程度上提高水泥的各龄期强度，但总体上提高幅度不大。从降低水泥生产成本角度出发，熟料粉的比表面积宜控制在 400m²/kg 左右为佳。

（3）矿渣细度的影响

将上述分别粉磨的原料，按表 5-17 的配比配制成石灰石钢渣矿渣少熟料水泥，进行强度检验，结果如表 5-17 和图 5-23 所示。

表 5-17 矿渣粉细度与石灰石钢渣矿渣少熟料水泥强度

编号	417 熟料 (%)	446 矿渣 (%)	481 矿渣 (%)	509 矿渣 (%)	393 钢渣 (%)	567 石灰石 (%)	483 石膏 (%)	3d (MPa)		7d (MPa)		28d (MPa)	
								抗折	抗压	抗折	抗压	抗折	抗压
Q4	10	38	—	—	30	15	7	0.5	1.4	2.9	7.0	7.3	21.0
Q5	10	—	38	—	30	15	7	0.5	1.5	3.3	7.9	7.3	21.8
Q6	10	—	—	38	30	15	7	0.6	1.7	3.6	9.1	7.6	22.9

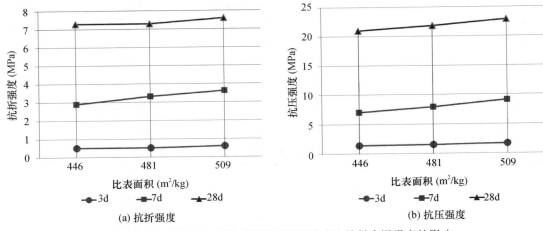

图 5-23　矿渣粉比表面积对石灰石钢渣矿渣少熟料水泥强度的影响

由图 5-23 可见，采用活性较低的矿渣配制石灰石钢渣矿渣少熟料水泥时，提高矿渣粉的比表面积，虽然可以在一定程度上提高水泥的各龄期强度，但提高的幅度很有限。由于矿渣粉磨电耗很高，所以当采用低活性矿渣时，不能通过提高矿渣粉比表面积的方法来提高水泥的强度。从降低水泥生产成本角度出发，矿渣粉的比表面积宜控制在 $400m^2/kg$ 左右为佳。

（4）钢渣细度的影响

将上述分别粉磨的原料，按表 5-18 的配比配制成石灰石钢渣矿渣少熟料水泥，进行强度检验，结果如表 5-18 和图 5-24 所示。

表 5-18　钢渣粉细度与石灰石钢渣矿渣少熟料水泥强度

编号	417 熟料 （%）	481 矿渣 （%）	340 钢渣 （%）	393 钢渣 （%）	454 钢渣 （%）	567 石灰石 （%）	483 石膏 （%）	3d （MPa） 抗折	3d （MPa） 抗压	7d （MPa） 抗折	7d （MPa） 抗压	28d （MPa） 抗折	28d （MPa） 抗压
Q7	10	38	30	—	—	15	7	0.5	1.3	3.2	7.6	7.2	20.1
Q8	10	38	—	30	—	15	7	0.5	1.5	3.3	7.9	7.3	21.8
Q9	10	38	—	—	30	15	7	0.6	1.6	3.4	7.1	7.4	21.5

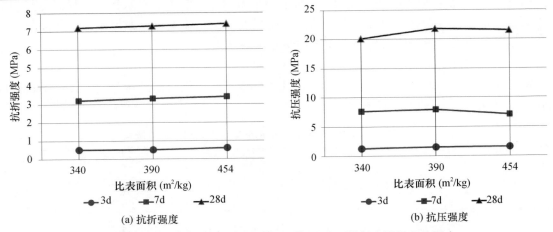

图 5-24　钢渣粉比表面积对石灰石钢渣矿渣少熟料水泥强度的影响

　　由图 5-24 可见，采用活性较低的矿渣配制石灰石钢渣矿渣少熟料水泥时，钢渣粉的比表面积大小对石灰石钢渣矿渣少熟料水泥的各龄期强度影响不大。综合考虑，钢渣粉的比表面积宜控制在 400m²/kg 左右为佳。

　　（5）石灰石细度的影响

　　将上述分别粉磨的原料，按表 5-19 的配比配制成石灰石钢渣矿渣少熟料水泥，进行强度检验，结果如表 5-19 和图 5-25 所示。

表 5-19　石灰石粉细度与石灰石钢渣矿渣少熟料水泥强度

编号	417 熟料 （%）	481 矿渣 （%）	393 钢渣 （%）	445 石灰石 （%）	567 石灰石 （%）	898 石灰石 （%）	640 石膏 （%）	3d（MPa）		7d（MPa）		28d（MPa）	
								抗折	抗压	抗折	抗压	抗折	抗压
Q10	18	42	25	10	—	—	5	1.2	3.5	2.7	7.5	6.5	20.6
Q11	18	42	25	—	10	—	5	1.2	3.6	2.8	7.6	6.7	20.7
Q12	18	42	25	—	—	10	5	1.3	3.8	2.9	8.1	6.8	22.4

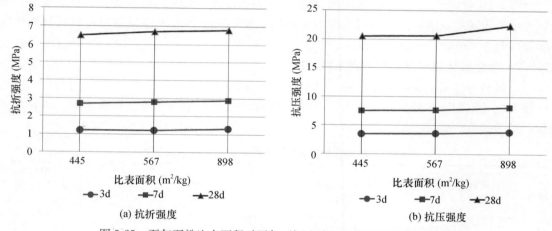

(a) 抗折强度　　　　　　　　　　(b) 抗压强度

图 5-25　石灰石粉比表面积对石灰石钢渣矿渣少熟料水泥强度的影响

　　由图 5-25 可见，采用活性较低的矿渣配制石灰石钢渣矿渣少熟料水泥时，石灰石粉的比表面积大小对石灰石钢渣矿渣少熟料水泥的各龄期强度影响不大。综合考虑，石灰石粉的比表面积宜控制在 550m²/kg 左右为佳。

　　（6）石膏细度的影响

　　将上述分别粉磨的原料，按表 5-20 的配比配制成石灰石钢渣矿渣少熟料水泥，进行强度检验，结果如表 5-20 和图 5-26 所示。

表 5-20　石膏粉细度与石灰石钢渣矿渣少熟料水泥强度

编号	417 熟料 （%）	481 矿渣 （%）	393 钢渣 （%）	567 石灰石 （%）	480 石膏 （%）	640 石膏 （%）	836 石膏 （%）	3d（MPa）		7d（MPa）		28d（MPa）	
								抗折	抗压	抗折	抗压	抗折	抗压
Q13	18	42	25	10	5	—	—	1.3	3.8	2.9	7.8	6.7	18.8
Q14	18	42	25	10	—	5	—	1.2	3.6	2.8	7.6	6.7	20.7
Q15	18	42	25	10	—	—	5	1.2	3.4	2.7	7.5	6.8	20.7

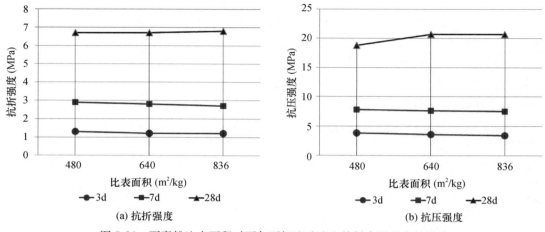

(a) 抗折强度　　　　　　　　　　　　(b) 抗压强度

图 5-26　石膏粉比表面积对石灰石钢渣矿渣少熟料水泥强度的影响

由图 5-26 可见，采用活性较低的矿渣配制石灰石钢渣矿渣少熟料水泥时，石膏粉的比表面积大小对石灰石钢渣矿渣少熟料水泥的各龄期强度影响也不大。综合考虑，石膏粉的比表面积宜控制在 650m²/kg 左右为佳。

5.2.3.2　使用低活性矿渣时的适宜水泥配比

（1）熟料掺量对石灰石钢渣矿渣少熟料水泥强度影响

将上述分别粉磨的原料，按表 5-21 的配比配制成石灰石钢渣矿渣少熟料水泥，进行强度检验，结果如表 5-21 和图 5-27、图 5-28 所示。

表 5-21　熟料掺量与石灰石钢渣矿渣少熟料水泥强度

编号	374 熟料（%）	481 矿渣（%）	393 钢渣（%）	570 石灰石（%）	480 石膏（%）	3d（MPa）		7d（MPa）		28d（MPa）	
						抗折	抗压	抗折	抗压	抗折	抗压
Q20	14	41	25	15	5	1.2	3.4	3.2	7.7	6.8	21.7
Q21	18	37	25	15	5	1.4	4.0	3.1	8.2	6.3	21.8
Q22	22	33	25	15	5	1.5	4.7	3.0	8.6	6.3	20.8
Q23	26	29	25	15	5	1.8	5.2	3.1	8.1	6.1	19.9
Q40	20	38	27	10	5	1.3	3.4	2.6	7.3	7.3	22.0
Q41	24	37	25	9	5	1.7	4.3	3.0	8.9	7.3	23.7
Q42	28	36	23	8	5	2.1	6.0	3.5	11.0	7.4	27.1
Q43	32	35	21	7	5	2.4	6.6	3.9	12.4	7.9	27.4

由表 5-21 和图 5-27 可见，在钢渣掺量 25%、石灰石掺量 15%、石膏掺量 5% 不变的条件下，用熟料掺量替代矿渣掺量，石灰石钢渣矿渣少熟料水泥的 3d 强度稍有提高，7d 强度变化不大，而 28d 强度却有明显的下降。说明石灰石钢渣矿渣少熟料水泥中的矿渣应保持有一定的掺量，如果少于 35%，即使用熟料替代，水泥的强度也会下降。

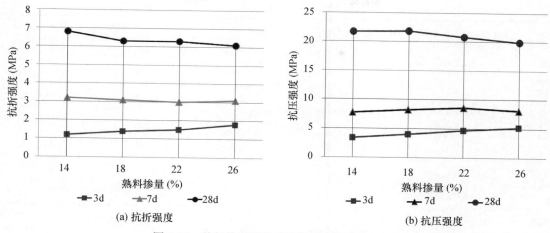

图 5-27　熟料掺量替代矿渣掺量水泥强度的变化

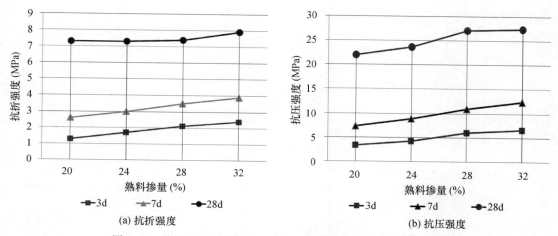

图 5-28　熟料掺量替代钢渣、矿渣、石灰石掺量水泥强度的变化

由表 5-21 和图 5-28 可见，在石膏掺量 5％不变的条件下，增加熟料掺量，同时降低钢渣、矿渣和石灰石的掺量，让矿渣掺量保持在 35％以上，石灰石钢渣矿渣少熟料水泥的各龄期强度均显著提高。这充分说明了，在保持石灰石钢渣矿渣少熟料水泥中的矿渣掺量不少于 35％的情况下，增加熟料掺量，水泥各龄期强度均可以得到明显的提高。

（2）其他原料掺量对石灰石钢渣矿渣少熟料水泥强度影响

将上述分别粉磨的原料，按表 5-22 的配比配制成石灰石钢渣矿渣少熟料水泥，进行强度检验，结果如表 5-22 和图 5-29～图 5-31 所示。

由图 5-29 可见，在熟料掺量 10％、石灰石掺量 15％、石膏掺量 7％不变的条件下，增加钢渣掺量，同时降低矿渣掺量，石灰石钢渣矿渣少熟料水泥的强度有所下降，特别是矿渣掺量小于 38％后，水泥的 7d 和 28d 抗压强度显著下降。

图 5-30 所示的试验结果是石膏掺量对石灰石钢渣矿渣少熟料水泥强度的影响，综合水泥各龄期强度试验结果，可见石膏掺量以 7％为宜。

表 5-22　其他原料掺量与石灰石钢渣矿渣少熟料水泥强度

编号	417 熟料（%）	481 矿渣（%）	393 钢渣（%）	570 石灰石（%）	480 石膏（%）	3d（MPa）		7d（MPa）		28d（MPa）	
						抗折	抗压	抗折	抗压	抗折	抗压
Q24	10	43	25	15	7	0.5	1.5	2.8	8.2	7.7	21.5
Q25	10	38	30	15	7	0.5	1.5	3.3	7.9	7.3	21.8
Q26	10	33	35	15	7	0.4	1.1	2.4	6.3	7.5	18.9
Q27	10	40	30	15	5	0.6	1.8	2.9	7.2	7.3	19.6
Q28	10	38	30	15	7	0.5	1.5	3.3	7.9	7.3	21.8
Q29	10	36	30	15	9	0.6	1.4	2.4	6.5	7.7	22.0
Q30	10	38	25	20	7	0.6	1.8	3.1	9.2	7.8	21.8
Q31	10	38	30	15	7	0.5	1.5	3.3	7.9	7.3	21.8
Q32	10	38	35	10	7	0.4	1.4	3.2	8.8	7.6	22.2

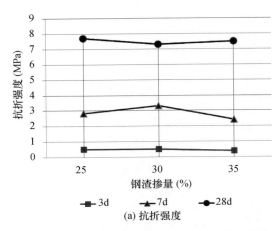
(a) 抗折强度

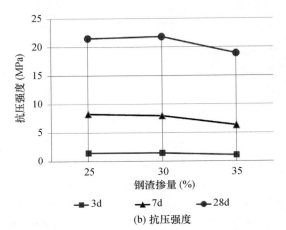
(b) 抗压强度

图 5-29　钢渣掺量替代矿渣掺量水泥强度的变化

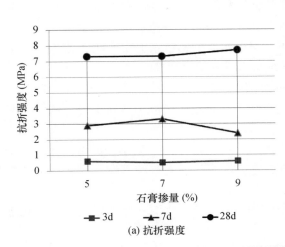
(a) 抗折强度

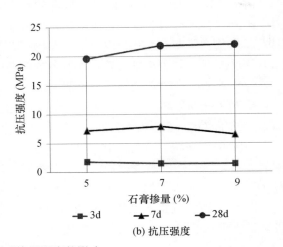
(b) 抗压强度

图 5-30　石膏掺量对水泥强度的影响

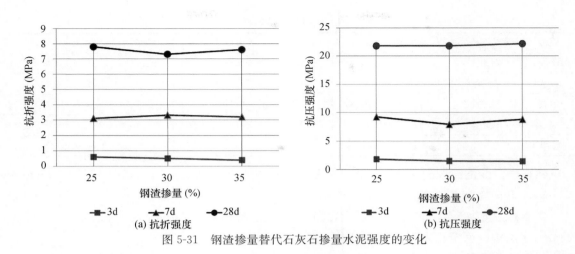

图 5-31　钢渣掺量替代石灰石掺量水泥强度的变化

　　由图 5-31 可见，在熟料掺量 10％、矿渣掺量 38％、石膏掺量 7％不变的条件下，增加钢渣掺量，同时降低石灰石掺量，石灰石钢渣矿渣少熟料水泥的 3d 和 7d 抗压强度稍有下降，28d 抗压强度稍有增加，但强度变化幅度不大。

　　综上所述，当使用活性不好的矿渣时，提高熟料和矿渣的比表面积，水泥强度增加有限；提高钢渣的比表面积，强度还稍有下降；提高熟料掺量同时降低钢渣和石灰石掺量，强度明显提高；提高矿渣掺量，同时降低钢渣掺量，强度上升；石膏掺量以 7％为佳；提高石灰石掺量，降低钢渣掺量，强度变化幅度不大。石灰石钢渣矿渣少熟料水泥的适宜配比为：熟料 10％，矿渣 38％，钢渣 25％，石灰石 20％，石膏 7％，可满足生产 S.M17.5 钢渣砌筑水泥（JC/T 1090—2008）的要求。

5.3　石灰石钢渣矿渣水泥抗起砂性能

　　所谓水泥起砂是指：在水泥施工后，水泥砂浆或混凝土表面层强度较低，经受不住轻微的外力摩擦，出现扬灰、砂粒脱落的现象。砌筑水泥起砂极易引起用户的不满，以及对工程质量的怀疑，对工程的验收和交付会产生较大影响。往往会引起水泥生产厂家、施工单位及用户之间的责任纠纷，损害水泥生产厂家的声誉，进而影响其水泥产品的销售。

　　石灰石钢渣矿渣水泥中的熟料掺量很少或者没有，其水泥的碱度主要是依靠钢渣（和少量熟料）提供，水泥加水搅拌后钢渣（和少量熟料）先水化（或水解），在液相中产生一定量的 $Ca(OH)_2$。同时石膏溶解于水产生 Ca^{2+} 和 SO_4^{2-}，然后矿渣在此环境中水解并进一步水化成 C-S-H 和水化硫铝酸钙等水化产物。因此，一定的液相量是保证石灰石钢渣矿渣水泥充分水化的必要条件。但是，由于砌筑水泥砂浆施工时，有时基层吸水能力特别强（如粉煤灰砌块墙），如果施工前墙面施水不够，就特别容易造成砌筑水泥砂浆失水，从而造成石灰石钢渣矿渣水泥不能充分水化，影响其强度的正常发挥，产生起砂现象。因此，研究石灰石钢渣矿渣水泥在干燥的环境中的抗起砂性能具有很大的意义。

　　石灰石钢渣矿渣水泥所用原料见表 5-23，将其分别单独粉磨后制成各原料粉，按表 5-24 的配比配制成石灰石钢渣矿渣水泥，混合均匀后，按附录 1 "水泥抗起砂性能检验方法"进行脱水起砂量检测，所得结果如表 5-24 及图 5-32～图 5-35 所示。

表 5-23 原料的化学成分（%）

原料	产地	烧失量	SiO$_2$	Al$_2$O$_3$	Fe$_2$O$_3$	CaO	MgO	SO$_3$	合计
矿渣	湖北武汉	−0.17	33.97	17.03	2.13	36.09	8.17	0.04	97.26
石膏	吉林松江	3.43	3.23	0.15	0.08	40.02	1.58	51.27	99.81
钢渣	湖北武汉	2.05	16.63	7.00	18.90	38.50	9.42	2.54	95.04
石灰石	湖北黄石	39.20	6.53	1.25	0.55	48.20	1.63	0.17	97.53
熟料	吉林松江	0.58	21.76	4.56	3.37	65.27	1.93	0.97	99.74

熟料粉：将表 5-23 的熟料破碎后，每磨 5kg，测定密度为 3.19g/cm^3，单独置于 ϕ 500mm× 500mm 小磨内粉磨至比表面积为 419m^2/kg。

矿渣粉：将表 5-23 的矿渣烘干后，每磨 5kg，测定密度为 2.87g/cm^3，单独置于 ϕ 500mm× 500mm 小磨内粉磨至比表面积为 424m^2/kg。

钢渣粉：将表 5-23 的钢渣烘干后，每磨 5kg，测定密度为 3.21g/cm^3，单独置于 ϕ 500mm× 500mm 小磨内粉磨至比表面积为 422m^2/kg。

石灰石粉：将表 5-23 的石灰石破碎后，每磨 5kg，测定密度为 2.75g/cm^3，单独置于 ϕ 500mm×500mm 小磨内粉磨至比表面积为 621m^2/kg。

石膏粉：将表 5-23 的石膏破碎后，每磨 5kg，测定密度为 2.79g/cm^3，单独置于 ϕ 500mm× 500mm 小磨内粉磨至比表面积为 646m^2/kg。

表 5-24 石灰石钢渣矿渣水泥配比与脱水起砂量检测结果

编号	水泥配比（%）					水泥中 SO$_3$（%）	脱水起砂量（kg/m^2）
	熟料	矿渣	钢渣	石灰石	石膏		
Q1	—	38	32	25	5	3.39	0.96
Q2	—	38	37	20	5	3.52	0.70
Q3	—	38	42	15	5	3.65	0.62
Q4	—	38	47	10	5	3.77	0.80
Q5	—	38	52	5	5	3.90	0.88
Q6	—	32	48	15	5	3.80	0.67
Q7	—	35	45	15	5	3.72	0.70
Q8	—	41	39	15	5	3.57	0.54
Q9	—	44	36	15	5	3.50	0.76
Q10	0	42	38	15	5	3.55	0.64
Q11	4	38	38	15	5	3.58	0.62
Q12	8	34	38	15	5	3.62	0.45
Q13	12	30	38	15	5	3.66	0.50
Q14	16	26	38	15	5	3.69	0.52
Q15	8	31	41	15	5	3.69	0.69
Q16	8	37	35	15	5	3.54	0.57
Q17	8	40	32	15	5	3.47	0.54
Q18	8	43	29	15	5	3.39	0.50

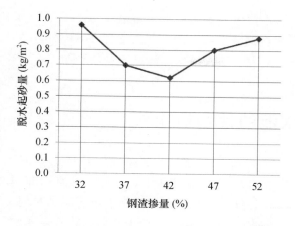

图 5-32 钢渣取代石灰石水泥起砂量的变化
熟料 0%，矿渣 38%，石膏 5%

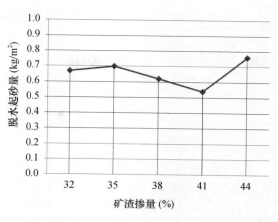

图 5-33 无熟料时矿渣取代钢渣水泥起砂量的变化
熟料 0%，石灰石 15%，石膏 5%

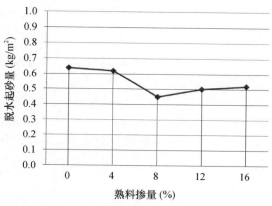

图 5-34 熟料取代矿渣水泥起砂量的变化
钢渣 38%，石灰石 15%，石膏 5%

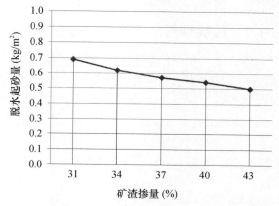

图 5-35 有熟料时矿渣取代钢渣水泥起砂量的变化
熟料 8%，石灰石 15%，石膏 5%

由图 5-32 可见，在无熟料、矿渣掺量为 38%、石膏掺量为 5% 不变的情况下，增加钢渣掺量，相应减少石灰石掺量，水泥的脱水起砂量在钢渣掺量为 42%、石灰石掺量为 15% 时最低。说明石灰石掺量不可太高，但也不能太低，适宜掺量为 15% 左右。

由图 5-33 可见，在无熟料、石灰石掺量为 15%、石膏掺量为 5% 不变的情况下，增加矿渣掺量，相应减少钢渣掺量，水泥的脱水起砂量在矿渣掺量为 41%、钢渣掺量为 39% 时相对较低。说明在没有熟料的情况下，钢渣是主要的碱性物质，必须有一定的掺量，如果掺量太少，水泥的脱水起砂量会显著增加。在没有熟料、石灰石掺量为 15%、石膏掺量为 5% 的情况下，适宜的钢渣掺量应为 39% 左右，矿渣为 41% 左右。

由图 5-34 可见，在钢渣掺量为 38%、石灰石掺量为 15%、石膏掺量为 5% 不变的情况下，增加熟料掺量，相应减少矿渣掺量，水泥的脱水起砂量在熟料掺量为 8%、矿渣掺量为 34% 时最低。继续增加熟料掺量，水泥脱水起砂量反而有所提高。说明，矿渣在石灰石钢渣矿渣水泥中的作用很大，有时甚至高于熟料，必须有一定的掺量，否则即使用熟料取代矿渣，水泥的脱水起砂量也照样有所增加。通常石灰石钢渣矿渣水泥中，矿渣掺量不宜少于 34%。

由 5-35 可见，在熟料掺量为 8%、石灰石掺量为 15%、石膏掺量为 5% 不变的情况下，增加矿渣掺量，相应减少钢渣掺量，水泥的脱水起砂量在不断下降。这与无熟料石灰石钢渣矿渣水泥不同（图5-33），无熟料石灰石钢渣矿渣水泥中的钢渣掺量不宜低于39％，否则水泥脱水起砂量显著增加，而在熟料掺量8％的石灰石钢渣矿渣水泥中，由于存在8％的熟料，水泥碱度已经足够，所以在配比范围内用矿渣取代钢渣，水泥脱水起砂量一直在下降。

5.4　各种砌筑水泥的性能对比

本章节试验中的比表面积测定，按照GB/T 8074—2008《水泥比表面积测定方法（勃氏法）》进行；密度的测定，按照GB/T 208—2014《水泥密度测定方法》进行；水泥标准稠度、凝结时间和安定性的测定，按照GB/T 1346—2011《水泥标准稠度用水量、凝结时间、安定性检验方法》进行；水泥胶砂强度的测定，按照GB/T 17617—1999《水泥胶砂强度检验方法（ISO）》进行。水泥保水率的测定，按照GB/T 3183—2017《砌筑水泥》国家标准中附录A"砌筑水泥保水率的测定方法"进行。

5.4.1　传统砌筑水泥的组成与性能

传统砌筑水泥的生产，通常是根据砌筑水泥的强度要求，通过调整熟料掺量和水泥粉磨细度来满足砌筑水泥的性能要求，一般采用的是混合粉磨生产工艺。

参考众多水泥厂砌筑水泥的生产经验，将表5-25的原料，按表5-26的配比，每次称取5kg，放入试验室ϕ500mm×500mm的小磨中，混合粉磨成砌筑水泥试样。每种配比均粉磨三次，粉磨时间分别为20min、30min和40min，得到三种不同比表面积的砌筑水泥试样。共4种配比，得到12个试样，然后进行水泥性能检验，结果见表5-26。

表5-25　原料的化学成分（%）

原料	来源	烧失量	SiO_2	Al_2O_3	Fe_2O_3	CaO	MgO	K_2O	Na_2O	SO_3	合计
熟料	安徽海螺	1.25	20.69	4.67	3.53	65.13	1.82	0.65	0.20	1.13	99.07
矿渣	湖北武钢	−0.30	32.65	16.05	0.46	36.87	8.74	0.57	0.00	0.04	95.08
粉煤灰	湖北武汉	8.56	43.95	19.74	17.41	3.31	1.43	0.43	0.07	1.26	96.16
煤矸石	山西交城	13.69	61.81	11.72	4.80	1.13	1.62	0.55	0.32	1.34	96.98
石灰石	湖北黄石	39.20	6.53	1.25	0.55	48.20	1.63	0.51	0.06	0.17	98.10
石膏	湖北武汉	3.97	1.06	0.21	0.12	41.56	1.36	0.04	0.00	51.45	99.77

表5-26　传统砌筑水泥的配比和性能

编号	水泥配比（%）						水泥比表面积（m²/kg）	标准稠度（%）	初凝（min）	终凝（min）	3d（MPa）		7d（MPa）		28d（MPa）	
	熟料	矿渣	粉煤灰	煤矸石	石灰石	石膏					抗折	抗压	抗折	抗压	抗折	抗压
Z1	40	50	—	—	5	5	290.8	25.3	235	295	1.9	5.3	3.3	9.8	4.6	14.2
Z2	40	50	—	—	5	5	385.6	25.7	197	261	3.0	11.4	5.1	16.1	6.5	24.9
Z3	40	50	—	—	5	5	432.5	26.0	196	263	4.8	15.6	7.6	21.4	10.2	32.9
Z4	60	—	35	—		5	300.4	26.5	223	270	1.9	7.0	4.4	13.2	6.5	18.6
Z5	60	—	35	—		5	388.9	27.1	198	258	3.8	13.4	6.1	19.9	7.9	27.8
Z6	60	—	35	—		5	454.5	27.7	201	249	4.7	17.5	7.2	27.0	9.1	37.6

编号	水泥配比（%）						水泥比表面积（m²/kg）	标准稠度（%）	初凝（min）	终凝（min）	3d（MPa）		7d（MPa）		28d（MPa）	
	熟料	矿渣	粉煤灰	煤矸石	石灰石	石膏					抗折	抗压	抗折	抗压	抗折	抗压
Z7	65	—	—	30		5	289.8	26.0	241	321	1.0	4.5	2.5	8.8	3.7	12.7
Z8	65	—	—	30		5	340.5	27.0	205	280	3.4	13.8	5.4	19.3	6.9	24.7
Z9	65	—	—	30		5	483.2	28.5	198	262	5.3	22.2	7.0	26.2	8.2	31.8
Z10	45	30	—		20	5	293.0	24.8	247	292	0.8	3.7	2.7	8.3	4.1	13.7
Z11	45	30	—		20	5	369.5	25.0	176	241	3.1	12.5	6.1	18.1	8.4	27.1
Z12	45	30	—		20	5	533.7	25.3	165	222	4.3	16.8	7.4	24.3	9.7	35.1

注：表中试样安定性全部合格。

由表 5-26 可见，传统砌筑水泥中的熟料掺量均比较高，根据混合材的活性大小，一般熟料掺量为 40%～65%。水泥的粉磨比表面积对砌筑水泥的性能有较大的影响，随着粉磨比表面积的提高，水泥强度显著提高，凝结时间明显缩短。可以通过控制熟料的掺量和水泥的粉磨比表面积，控制砌筑水泥的性能。

5.4.2 各种砌筑水泥保水性和抗起砂性能对比

水泥保水性是指水泥拌合物在施工过程中，所具有的保水能力的大小，通常用水泥保水率表示其保水性能的好坏。砌筑水泥保水率好，砌筑水泥砂浆中被基底砂浆吸收的拌合水就减少，有利于保证砌筑水泥砂浆充分水化，提高砌筑水泥砂浆的粘结强度。保水率越高的砂浆，其表面的水分蒸发的速率越小，从而减少砂浆开裂的程度，最大限度地保证砌筑工程的质量符合预期标准。

水泥保水率可按照 GB/T 3183—2017《砌筑水泥》国家标准中附录 A "砌筑水泥保水率的测定方法"进行。用规定流动度范围的新拌砂浆，按规定方法用滤纸进行吸水处理。砂浆的保水率就是吸水处理后砂浆中保留的水的质量，并用原始水量的质量百分数来表示。GB/T 3183—2017《砌筑水泥》国家标准中规定保水率不能低于 80%，因此，有必要进行水泥保水率试验。

为了了解各种砌筑水泥的保水性和抗起砂性能，选择表 5-27 的原料进行对比试验。将表 5-27 中的熟料在 $\phi500\text{mm}\times500\text{mm}$ 小磨内单独粉磨至比表面积为 $374\text{m}^2/\text{kg}$；武钢矿渣单独粉磨至比表面积为 $424\text{m}^2/\text{kg}$；昆钢矿渣单独粉磨至比表面积为 $448\text{m}^2/\text{kg}$；玉溪矿渣单独粉磨至比表面积为 $445\text{m}^2/\text{kg}$；马龙矿渣单独粉磨至比表面积为 $451\text{m}^2/\text{kg}$；钢渣单独粉磨至比表面积为 $380\text{m}^2/\text{kg}$；石灰石单独粉磨至比表面积为 $570\text{m}^2/\text{kg}$；石膏单独粉磨至比表面积为 $480\text{m}^2/\text{kg}$；然后按表 5-28 的配比配制成石灰石钢渣矿渣水泥，进行保水率和脱水起砂量测定；同时将表 5-26 中的传统砌筑水泥（Z2、Z5、Z8 和 Z11 试样）和市场上购买的 P·C 32.5 复合硅酸盐水泥进行对比试验，试验结果见表 5-28。

表 5-27 原料的化学成分（%）

原料	来源	烧失量	SiO₂	Al₂O₃	Fe₂O₃	CaO	MgO	MnO	TiO₂	SO₃	合计	质量系数
熟料	云南宜良	2.64	20.77	4.11	3.11	65.14	1.55	0.01	0.39	0.86	98.58	—
武钢矿渣	湖北武钢	−0.30	32.65	16.05	0.46	36.87	8.74	0.57	0.00	0.04	95.08	1.86
昆钢矿渣	云南昆钢	0.81	35.33	13.67	0.69	37.79	8.10	0.79	1.14	0.02	98.34	1.60

续表

原料	来源	烧失量	SiO₂	Al₂O₃	Fe₂O₃	CaO	MgO	MnO	TiO₂	SO₃	合计	质量系数
玉溪矿渣	云南玉溪	−1.26	33.80	13.85	0.68	38.21	6.38	2.05	1.35	1.84	96.90	1.57
马龙矿渣	云南马龙	−0.29	36.28	9.90	1.55	30.59	16.34	2.07	0.81	1.45	98.70	1.45
钢渣	云南玉溪	0.65	13.76	2.59	22.51	41.96	6.15	2.08	4.40	0.47	94.57	—
石灰石	云南宜良	39.58	3.84	1.81	0.21	50.22	2.46	0.01	0.22	0.91	99.26	—
石膏	湖北武汉	3.43	3.23	0.15	0.08	40.02	1.58	—	—	51.27	99.76	—

由表 5-28 可见，石灰石钢渣矿渣水泥（G1～G5）的性能受矿渣活性的影响很大，特别是 3d 和 7d 强度差别巨大。用武钢矿渣配制的石灰石钢渣矿渣水泥 3d 和 7d 强度远高于用玉溪矿渣和马龙矿渣所配制的水泥，水泥脱水起砂量也明显低于玉溪矿渣和马龙矿渣所配制的水泥。水泥凝结时间虽然也有所差别，但差别不是很大。

石灰石钢渣矿渣水泥（G1～G5）与传统砌筑水泥（Z2、Z5、Z8、Z11）相比，传统砌筑水泥的早期强度高、后期强度相对较低、凝结时间较短，抗起砂性能好，但保水性能两者相差不大。

石灰石钢渣矿渣水泥（G1～G5）与 P·C 32.5 复合硅酸盐相比，除了各龄期强度较低外，凝结时间相对较长，特别是抗起砂性能比 P·C 32.5 复合硅酸盐差很多，但保水率相差不大，因此石灰石钢渣矿渣水泥在实际施工中应特别注意防止起砂，粉刷砂浆的基层应充分湿润，施工后应加强养护，防止粉刷后的砂浆层失水干燥。

表 5-28　各种砌筑水泥性能对比试验

编号	熟料 (%)	武钢矿渣 (%)	昆钢矿渣 (%)	玉溪矿渣 (%)	马龙矿渣 (%)	钢渣 (%)	石灰石 (%)	石膏 (%)	保水率 (%)	脱水起砂量 (kg/m²)	标准稠度 (%)	初凝 (min)	终凝 (min)	3d (MPa) 抗折	3d (MPa) 抗压	7d (MPa) 抗折	7d (MPa) 抗压	28d (MPa) 抗折	28d (MPa) 抗压
G1	—	42	—	—	—	38	15	5	91.2	0.67	24.6	280	372	4.0	12.4	6.0	17.1	8.2	26.1
G2	7	38	—	—	—	35	15	5	90.3	0.62	25.4	230	445	3.0	12.2	5.6	22.0	7.8	30.0
G3	7	—	43	—	—	30	15	5	90.1	1.82	24.2	204	332	3.2	9.8	5.5	18.8	8.7	33.3
G4	19	—	—	35	—	24	17	5	89.9	2.05	24.0	263	435	1.5	4.2	3.0	10.4	6.7	25.4
G5	24	—	—	—	37	25	9	5	90.5	2.69	24.6	271	461	1.7	4.3	3.0	8.9	7.3	23.7
Z2	水泥配比见表 5-26								89.4	0.71	25.7	197	261	3.0	11.4	5.1	16.1	6.5	24.9
Z5	水泥配比见表 5-26								88.2	0.54	27.1	198	258	3.1	13.1	6.1	19.9	7.9	27.8
Z8	水泥配比见表 5-26								91.4	0.55	27.0	205	280	3.4	13.8	5.4	19.3	6.9	24.7
Z11	水泥配比见表 5-26								90.7	0.59	25.0	176	241	3.1	12.5	6.1	18.1	8.4	27.1
S8	武汉钢华水泥公司生产的 P·C 32.5								88.9	0.50	27.0	180	230	4.7	13.8	7.1	22.2	9.8	37.1

5.4.3　水泥成本对比分析

砌筑水泥属于低强度等级的水泥，生产砌筑水泥的配比和粉磨工艺是多种多样的。既可以采用分别粉磨工艺，也可以采用混合粉磨工艺。既可以生产不含熟料的石灰石钢渣矿渣无熟料水泥，也可以生产含少量熟料的石灰石钢渣矿渣少熟料水泥，或者生产熟料相对含量较多的传统砌筑水泥。所能用的混合材也是多种多样的，无论是活性较好的矿渣、粉煤灰，还是活性较差的煤矸石、钢渣，还是没有活性的石灰石、砂岩，只要证明对水泥性能无害，均可用于生产砌筑水泥。

为了对比不同配比和生产工艺砌筑水泥的生产成本，对以上各种砌筑水泥的原料成本（含电耗）进行估算，结果见表5-29。其中各矿渣价格是指烘干后的干矿渣价格；钢渣、石灰石、煤矸石价格均是指破碎后的价格；粉煤灰价格是指干灰到厂价格；各水泥粉磨电耗是根据生产实践经验估算而来。

由表5-29可见，熟料掺量较高的传统砌筑水泥（Z2、Z5、Z8、Z11）由于熟料价格较高，水泥原料（含电耗）成本普遍偏高，平均水泥原料（含电耗）成本为189.85元/t。而石灰石钢渣矿渣水泥（G1~G5）的原料（含电耗）成本平均为106.42元/t。与传统砌筑水泥相比，石灰石钢渣矿渣水泥吨水泥生产成本下降83.43元/t，具有极高的成本优势。

表5-29　各种砌筑水泥成本估算

编号		熟料（%）	武钢矿渣（%）	昆钢矿渣（%）	玉溪矿渣（%）	马龙矿渣（%）	钢渣（%）	石灰石（%）	石膏（%）	粉煤灰（%）	煤矸石（%）	电耗（度）/电费（元）	原料成本（元/t）
原料单价（元/t）		250	97	76	65	65	30	22	120	110	40	0.54（元/度）	—
G1	配比（%）	—	42.0	—	—	—	38.0	15.0	5.0	—	—	54.3	90.8
	费用（元）	—	40.7	—	—	—	11.4	3.3	6.0	—	—	29.3	
G2	配比（%）	7.0	38.0	—	—	—	35.0	15.0	5.0	—	—	52.2	102.3
	费用（元）	17.5	36.9	—	—	—	10.5	3.3	6.0	—	—	28.2	
G3	配比（%）	7.0	—	43.0	—	—	30.0	15.0	5.0	—	—	54.0	97.6
	费用（元）	17.5	—	32.7	—	—	9.0	3.3	6.0	—	—	29.1	
G4	配比（%）	19.0	—	—	35.0	—	24.0	17.0	—	—	—	49.4	113.9
	费用（元）	47.5	—	—	22.8	0.0	7.2	3.7	6.0	—	—	26.7	
G5	配比（%）	24.0	—	—	—	37.0	25.0	9.0	—	—	—	51.8	127.5
	费用（元）	60.0	—	—	—	24.1	7.5	2.0	6.0	—	—	28.0	
Z2	配比（%）	40.0	50.0	—	—	—	—	5.0	5.0	—	—	47.1	181.0
	费用（元）	100.0	48.5	—	—	—	—	1.1	6.0	—	—	25.4	
Z5	配比（%）	60.0	—	—	—	—	—	—	5.0	35.0	—	21.9	206.3
	费用（元）	150.0	—	—	—	—	—	—	6.0	38.5	—	11.8	
Z8	配比（%）	65.0	—	—	—	—	—	—	5.0	—	30.0	29.1	196.2
	费用（元）	162.5	—	—	—	—	—	—	6.0	—	12.0	15.7	
Z11	配比（%）	45.0	30.0	—	—	—	—	20.0	5.0	—	—	44.3	175.9
	费用（元）	112.5	29.1	—	—	—	—	4.4	6.0	—	—	23.9	

6 过硫磷石膏矿渣水泥

2007 年 5 月，林宗寿教授研究团队与湖北省黄麦岭磷化工有限公司，达成年产 60 万 t 磷石膏水泥缓凝剂的合作协议。当完成了工厂设计和主机订货后，由于当时煤炭价格的大幅度上涨，使得该项目变得不可行而停建。此时，林宗寿教授开始苦苦思索如何将磷石膏与水泥相结合，研发一种既可大量使用磷石膏，又可替代水泥使用的廉价产品。

2008 年 5 月前后，林宗寿教授根据钙矾石和 C-S-H 的特性，构想以磷石膏为核心，以钙矾石和 C-S-H 为包裹物，将磷石膏包裹连接形成空间网络结构，得到类似水泥石的硬化体，以替代普通水泥使用。基于此设想，林宗寿教授制定了详细的试验方案，武汉亿胜科技有限公司研发人员欧小弟按此方案进行了试探性试验，结果得到了印证，显示出了诱人的前景。

2008 年 9 月前后，林宗寿教授的博士研究生黄赟接手开始进行系统的试验研究。2008 年 10 月 21 日，武汉理工大学和武汉亿胜科技有限公司联合提出了本技术的第一个发明专利申请——"矿渣硫酸盐水泥及其制备方法"，2011 年 8 月 31 日获得授权，发明专利号为：200810197319.2，发明人为：林宗寿、黄赟、刘金军、赵前、欧小弟。2009 年 2 月，本技术的第一篇论文"磷石膏基免煅烧水泥的开发研究"在《武汉理工大学学报》公开发表，作者为：林宗寿、黄赟。

2012 年 1 月，本技术列入了国家"863"高技术发展计划，课题编号为：2012AA06A112，课题名称为：多元固废复合制备高性能水泥及混凝土技术。课题负责人为林宗寿教授，主要参加人员为：武汉理工大学黄赟、水中和、赵前、万惠文、陈伟、李福洲、刘金军；研究生师华东、殷晓川、徐军、龙安、严冲、王浩杰、韩亚、杨杰、丁沙、陆建鑫、田素芳、陈飞翔、曾潇、方周；武汉亿胜科技有限公司欧小弟、李大志、万齐才、马章奇；中国建筑材料科学研究总院刘晨、郑旭、王昕、王旭方、刘云；清华大学金峰、安雪晖、周虎、黄绵松、韩国轩、柳春娜；湖北省黄麦岭磷化工有限公司张富荣、唐有运、高晔；湖北省大悟县新富源水泥制品有限公司付全良等。"863"研究团队从不同侧面对过硫磷石膏矿渣水泥与混凝土的组成与制备、水化硬化机理、物理力学性能与耐久性、生产工艺过程与主要设备、生产过程质量控制与技术标准，以及本技术的实际应用都进行了全面系统的研究。

6.1 概   论

6.1.1 过硫石膏矿渣水泥与混凝土的定义

（1）过硫石膏矿渣水泥定义

凡以过量的石膏、矿渣和碱性激发剂为主要成分，加入适量水后可形成塑性浆体，既能在空气中硬化又能在水中硬化，硬化后的水化产物中含有大量未化合的游离石膏，并能将砂、石等材料牢固地胶结在一起的细粉状水硬性胶凝材料，称为过硫石膏矿渣水泥（Excess-sulfate gypsum slag cement）。其中石膏可使用天然石膏或磷石膏、脱硫石膏、氟石膏等工业副产石膏，质量百分含量应≥40％且≤50％。根据所使用的石膏种类不同分为：过硫石膏矿渣水泥（使用天然石膏）、过硫磷石膏矿渣水泥（使用磷石膏）（Excess-sulfate phosphogypsum slag cement）、过硫脱硫石膏矿渣水泥（Excess-sulfate desulfuration gypsum slag cement）（使用脱硫石膏）、过硫氟石膏矿渣水泥（Excess-sulfate fluorgypsum slag cement）（使用氟石膏）等品种。

在该品种水泥的研发过程中，曾经也被称为矿渣硫酸盐水泥[1]、磷石膏基免煅烧水泥[2-3]和磷石膏基水泥[4-5]。

（2）过硫石膏矿渣水泥混凝土定义

凡以过硫石膏矿渣水泥作为胶凝材料，砂、石作为集料，与水、外加剂按适当比例配合、拌制成拌合物，经一定时间硬化而成的人造石材，称为过硫石膏矿渣水泥混凝土（Excess-sulfate gypsum slag concrete）。根据所使用的石膏种类不同分为：过硫石膏矿渣水泥混凝土（使用天然石膏）、过硫磷石膏矿渣水泥混凝土（Excess-sulfate phosphogypsum slag concrete）、过硫脱硫石膏矿渣水泥混凝土（Excess-sulfate desulfuration gypsum slag concrete）、过硫氟石膏矿渣水泥混凝土（Excess-sulfate fluorgypsum slag concrete）等品种。

碱性激发剂是可以提供大量活性氧化钙的物质，如硅酸盐水泥熟料、钢渣或石灰。

过硫石膏矿渣水泥根据所用的石膏不同，可以有一系列品种，由于磷石膏排放量大，对环境污染严重，迫切需要解决，因此本章节主要介绍过硫磷石膏矿渣水泥与混凝土。

6.1.2　磷石膏应用概况

磷石膏是磷化工企业湿法生产磷酸的工业副产品，当用硫酸消化磷矿石生产磷酸时就会产生磷石膏，随着磷化工业的发展，将会产生大量的磷石膏。小型磷化工企业大多采用干法排渣、谷底堆放的处置方式。大型磷化工企业采用湿法排渣，在山谷筑坝堆放，建管道收集回水作循环使用，此闭路循环系统虽然可降低氟污染，但这种处置法需防止池水向地下水渗透，磷石膏堆的高度越高，压强越大，渗透率越高，环境风险较大。具体如图6-1、图6-2所示。

图6-1　磷石膏干法排渣图像

图6-2　磷石膏湿法排渣图像

湿法磷酸生产过程导致了放射性元素镭（Ra）、铀（U）、钍（Th）的分离和富集，因此磷石膏的放射性问题一直以来备受人们关注。Bolivar等[6]的研究结果表明，磷矿石中90％的镭（Ra）最终将保留在磷石膏中，堆放的磷石膏可能由于镭（$_{226}$Ra）的a—衰变而散发出致癌的氡气（$_{222}$Rn）。杨瑞等[7]测定了我国川西地区磷石膏的氡气含量，两种磷石膏的氡浓度

外照射指数 I_{Ra} 分别为 0.583 和 0.771，氡的放射性指标均未超过但接近国家有关限量标准，应用于建材时，要考虑防氡防辐射的问题。冯玉英等[8]对我国云南、铜陵、大禹、桂林、肥城等地的磷石膏进行了放射线水平分析，指出使用我国不含矿石的磷石膏粉经过净化处理后作建材和装饰材料，其放射性水平能满足当时的国家标准 GB 36566—1986《建筑材料放射卫生防护标准》的要求。

磷石膏的排放和堆积，不但占用大量土地，而且造成了严重的环境污染和社会问题。因此磷石膏的资源化利用，一直是国内外学者的研究热点，磷石膏在建筑材料中资源化利用的研究，主要集中在以下几个方面。

（1）磷石膏作水泥缓凝剂

磷石膏中含有超过 95% 的 $CaSO_4 \cdot 2H_2O$，可替代天然石膏作缓凝剂用于生产水泥，但磷石膏中的可溶性磷、有机物等杂质将造成水泥的凝结时间延长和强度降低。磷石膏是含水的粉状固体物料，容易堵仓，造成喂料不稳定的问题。因此在水泥生产的实际应用中，除了要通过改性消除其杂质对凝结时间的影响外，还必须通过固化或造粒，解决水泥配料中磷石膏的稳定喂料问题。

（2）磷石膏制硫酸联产水泥

采用磷石膏制硫酸并联产水泥的设想早在 1967—1969 年由英国、奥地利等国首先提出，并于 1969 年在奥地利林茨公司的 OSW-KRUP 工厂建成投产（硫酸、水泥日产量各为 240t/d）。1972 年南非利用该工艺也投产了 350t/d 的生产线。磷石膏经干燥脱水，按所需的 CaO、SiO_2、Al_2O_3 和 Fe_2O_3 的比例与焦炭、黏土、砂子等配料，在中空回转窑内煅烧形成水泥熟料，窑气中的 SO_2 经转化、吸收后制得硫酸。该工艺的关键是保证水泥窑正常煅烧以获得高浓度的 SO_2 窑气及优质的水泥熟料。

我国早在 20 世纪 50 年代就开始了磷石膏制硫酸联产水泥的研究，20 世纪 80 年代末获得工业上的重大突破。目前，我国在鲁北企业集团公司、鲁西化工集团阳谷化工厂、遵化市化肥厂、什邡化肥总厂、银山化工（集团）股份有限公司、沈阳化肥总厂、青岛东方化工集团股份有限公司等厂，建成了 7 套磷石膏制硫酸 40kt/a 联产水泥 60kt/a 装置，简称"四六"工程[9]。磷石膏制硫酸联产水泥，不仅可以节约磷石膏堆场，减少环境污染，而且可以充分利用硫、钙资源，硫酸可以循环使用（占生产磷酸的萃取用硫酸 80%），同时又可获得良好的建筑材料。

经过近 20 年的生产实践证明，该工艺过程在技术上是可行的。但由于投资高（大部分"四六"工程的总投资为 1 亿元人民币左右，建设周期约 2 年，试生产周期约 1 年），生产能耗高，$CaSO_4$ 分解不完全、转化率低，水泥熟料的热耗高达 8380kJ/kg-熟料[10]，远高于一般不带余热发电的新型干法窑熟料生产热耗 3350kJ/kg-熟料，而且磷石膏联产水泥的早期强度普遍较低，达不到普通硅酸盐水泥 42.5 强度等级的要求，目前大部分联产装置已经停产。

（3）磷石膏制备建筑石膏

磷石膏替代天然石膏用于生产建筑石膏，是磷石膏资源化利用的一个重要途径。磷石膏经预处理后，经煅烧脱水，可得到半水石膏或无水石膏，用于生产建筑石膏粉、石膏砌块、纸面石膏板、粉刷石膏、自流平石膏、粘贴石膏、石膏腻子等石膏类产品。利用磷石膏为原料生产建筑石膏已比较成熟，当前的研究主要集中在工业应用上。

（4）磷石膏制备胶凝材料

磷石膏在高温下煅烧后，脱去所有结晶水后可得到无水石膏，再通过添加各种硫酸盐作促凝剂，可制备出无水石膏水泥。其具有较好的耐水性。磷石膏经处理后与水泥、石灰、粉煤灰等材料复合，可制备具有较高强度的胶凝材料，并显著提高材料的耐水性。这些材料能耗低，可大量利用各种工业废渣，符合国家可持续发展战略，是磷石膏综合利用的一个新的发展方向，也是近年来磷石膏资源化利用的一个研究重点。

综上所述，利用磷石膏与粉煤灰、石灰、硅酸盐水泥复合，能在一定程度上提高材料的强度和耐水性，用于生产各种建筑材料，制造砌块砖、承重砖、地板、道路固化和磷石膏固化等。

6.1.3　存在的问题

尽管磷石膏的利用途径很多，但受多方面因素的影响，以上利用方法均未得到大幅度推广和应用。除了在一些缺乏天然石膏地区，磷石膏替代天然石膏利用情况较好外，大部分磷化工企业的工业副产品磷石膏利用率很低。全世界范围内，仅有 15% 左右的磷石膏得到了循环利用，用于建筑材料、农业土壤改良、水泥生产的缓凝剂等领域，剩余的 85% 左右作为固体废弃物堆放处理。未经处理的磷石膏堆放不但占用了大量土地，而且对周边的生态环境（如地下水、大气、土壤等）造成严重污染，其原因主要有以下几个方面：

（1）磷石膏的处理成本较高。尽管磷石膏中的 $Ca_2SO_4 \cdot 2H_2O$ 含量很高，但磷石膏中的杂质对其应用性能影响很大，一般都需要经处理后才能使用。处理后的磷石膏与天然石膏相比，不但价格方面没有任何优势，而且大部分处理后磷石膏的使用性能与天然石膏相比还存在一定的差异。

（2）磷石膏中含有的次要成分影响了磷石膏的颜色和外观，限制了由磷石膏制备的建筑石膏用于对白度要求较高的石膏制品。

（3）石膏类胶凝材料属于气硬性胶凝材料，虽然具有强度发展快、自重轻、阻燃、隔声、能自然调节湿度等特点，但与硅酸盐水泥相比，石膏胶凝材料的强度低、耐水性能差，限制了石膏类胶凝材料作为建筑材料的广泛应用。

（4）虽然对磷石膏与石灰、粉煤灰、水泥等材料复合，提高石膏类胶凝材料的强度和耐水性进行了很多研究，但大部分文献报道中所用磷石膏都需经过煅烧处理，胶凝材料的性能测定都采用建筑石膏强度的测定方法，即成型后在空气中养护到规定龄期测定强度，开发出的胶凝材料虽然具有一定的耐水性，但绝大部分仍然属于气硬性胶凝材料。

由此可见，由于产品性能、产品市场容量、产品竞争力以及磷石膏消耗量等原因，我国的磷石膏资源化利用仍处在初级阶段。拓宽磷石膏利用方法，提高磷石膏在产品应用中的含量，提高磷石膏利用的附加值，是今后磷石膏资源化利用的主要研究方向。

6.1.4　研发目的与意义

鉴于我国目前磷石膏大量堆积，不但给磷化工企业的可持续发展造成了巨大压力，而且对周边的生态环境造成严重破坏的现状，加快磷石膏资源化利用的任务已迫在眉睫。

以磷石膏为主要原料，通过与矿渣、钢渣等其他工业废渣或少量硅酸盐水泥熟料复合，制备出一种具有较高强度的新型水硬性胶凝材料——过硫磷石膏矿渣水泥，以替代通用硅酸盐水泥作为建筑材料使用，不但可消耗大量磷石膏，而且符合国家提出的节能、减排、降耗的经济发展方向，对资源的合理化利用和我国磷化工业和建材工业的可持续发展具有重要意义。

过硫磷石膏矿渣水泥的研发成功，其重要意义和积极作用反映在以下几个方面：

（1）突破了石膏只能作为气硬性胶凝材料的限制，采用水化产物对石膏进行包裹的技术，使石膏基材料获得了水硬性，极大拓宽了石膏基材料的应用范围。

（2）通过调控磷石膏、钢渣、矿渣体系的活性钙含量，攻克了因水化产物中存在大量剩余石膏时易造成水泥安定性不良的技术难点，从而大幅度提高了水泥中的磷石膏掺量。

（3）成功研发了一种新品种水泥——过硫磷石膏矿渣水泥，不仅可大量消耗磷石膏，减少磷化工企业的固体废弃物排放，而且可替代部分通用水泥使用，减少水泥工业的污染排放。

（4）生产工艺简单、能耗少、减排效果显著、成本低、效益高，有利于推广应用。

6.2　过硫磷石膏矿渣水泥组成与制备

6.2.1　原料

磷石膏是在分解磷矿石过程中产生的固体废渣，湿法生产磷酸过程中，磷矿石与硫酸按式（6-1）进行反应，生成磷酸与磷石膏，每生产 1t 磷酸，将生成约 5t 磷石膏。

$$Ca_5F(PO_4)_3 + 5H_2SO_4 + 10H_2O \longrightarrow 3H_4PO_3 + 5CaSO_4 \cdot 2H_2O + HF\uparrow \qquad (6-1)$$

磷石膏通常以二水石膏（$CaSO_4 \cdot 2H_2O$）或半水石膏（$CaSO_4 \cdot 1/2H_2O$）形态存在，其成分是硫酸钙，此外，还含有多种其他杂质。

磷石膏杂质分为两大类：

（1）不溶性杂质：如石英，未分解的磷灰石，不溶性 P_2O_5，共晶 P_2O_5，氟化物及氟、铝、镁的磷酸盐及硫酸盐。

（2）可溶性杂质：如水溶性 P_2O_5，溶解度较低的氟化物及硫酸盐。

此外，磷石膏中还含砷、铜、锌、铁、锰、铅、镉、汞及放射性元素。这些元素均极其微量，且大多数为不溶性固体，其危害性可忽略不计。

磷石膏是潮湿的细粉末，95% 的颗粒小于 0.2mm，自由水含量为 20%～30%。由于其含水率高，黏性强，在装载、提升、输送过程中极易粘附在各种设备上，造成积料堵塞，影响生产过程的正常进行。

磷石膏的颜色偏深。纯净的磷石膏是纯白色的，但通常的磷石膏呈深灰色，作为粉刷石膏和装饰石膏将影响外观。主要原因是杂质的影响。

磷石膏密度为 2.05～2.45g/cm³，体积密度 0.85g/cm³ 左右，是一种多组分的复杂晶体。

磷石膏的 pH 值一般为 1.5～4.5，呈酸性。

磷石膏化学成分非常复杂，二水硫酸钙含量和化学成分因磷矿石产地不同而波动很大。通常二水硫酸钙含量波动范围为 82%～99%，磷石膏中残留磷的含量为 0.33%～3.23%，残留量较大。水溶性磷和不溶性磷约占一半左右，这是影响磷石膏性能和利用的最有害物质。磷石膏化学成分波动范围见表 6-1。

表 6-1　磷石膏的化学成分（%）

SiO₂	Al₂O₃	Fe₂O₃	CaO	MgO	SO₃	P₂O₅
0.17～5.6	0.02～0.46	0.12～0.43	28～32	0.1～1.23	38～14.7	0.33～3.23
水溶性磷	F⁻	水溶性 F⁻	有机质	结晶水	酸不溶物	pH 值
0.1～1.76	0.22～0.87	0.11～0.76	0.12～0.16	16.9～20.05	0.001～0.8	1.5～4.5

将湖北大悟原状磷石膏与蒸馏水按水固比 1：10，混合后充分搅拌，静置 30min 后抽滤，用精密 pH 计测定滤液的 pH 值为 2.7。湖北大悟原状磷石膏在 60℃的烘箱内烘干后，采用比重瓶法测定，其密度为 2.35g/cm³，比表面积为 81m²/kg。

湖北大悟磷石膏的 SEM 图像如图 6-3 所示，由图可以看出，磷石膏中的二水石膏结晶完整，晶粒尺寸大约为 20～50μm。

湖北大悟磷石膏的 XRD 图谱如图 6-4 所示。由 XRD 分析结果可见，该磷石膏中的主要结晶相是二水石膏，含其他杂质含量很少。

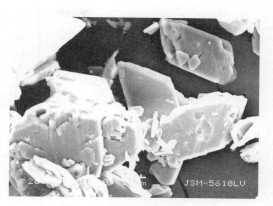

图 6-3　磷石膏的 SEM 图像

本章所使用原料的化学成分见表 6-2，硅酸盐熟料的物理力学性能见表 6-3。

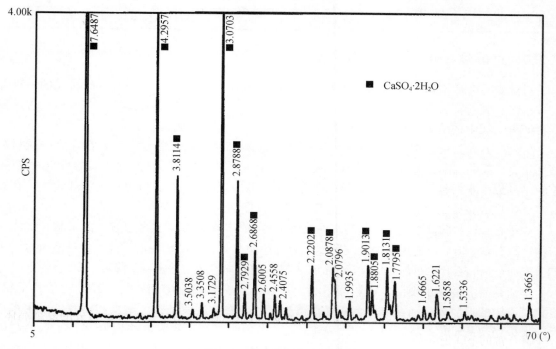

图 6-4　磷石膏的 XRD 图谱

表 6-2　原料的化学成分（%）

原料	产地	烧失量	SiO_2	Al_2O_3	Fe_2O_3	CaO	MgO	SO_3	TiO_2	P_2O_5	F^-	合计
磷石膏	湖北大悟	11.91	3.21	1.09	0.31	34.52	0.06	47.30	—	1.10	0.20	99.70
	安徽铜陵	20.38	7.20	0.79	0.38	28.75	0.12	40.55		1.13	0.22	99.52
矿渣	湖北武汉	−0.17	33.97	17.03	2.13	36.09	8.17	0.20	0.82	—	—	98.24
	安徽铜陵	−0.30	32.65	16.05	0.46	35.87	8.74	0.04	0.82	—	—	94.33
	河北唐山	0.23	33.17	16.28	0.26	38.22	8.09	0.92	1.51	—	—	98.68

续表

原料	产地	烧失量	SiO$_2$	Al$_2$O$_3$	Fe$_2$O$_3$	CaO	MgO	SO$_3$	TiO$_2$	P$_2$O$_5$	F$^-$	合计
熟料	湖北咸宁	0.21	22.30	5.04	3.36	65.60	2.32	0.50	—	—	—	99.33
	云南宜良	0.20	21.32	4.94	4.00	65.02	1.28	0.32	—	—	—	97.08
	唐山冀东	0.13	21.78	5.10	3.40	65.05	2.12	0.64	—	—	—	98.22
钢渣	湖北武汉	6.05	16.63	7.00	18.90	38.50	9.42	0.12	—	—	—	96.62
	江西九江	0.71	19.48	2.67	16.76	47.55	7.58	0.27	—	—	—	95.02
	山西交城	2.52	20.70	3.25	16.68	42.20	12.35	0.20	—	—	—	97.90

表 6-3　硅酸盐水泥熟料的物理性能

产地	标准稠度（%）	凝结时间（h：min）		抗折强度（MPa）			抗压强度（MPa）		
		初凝	终凝	3d	7d	28d	3d	7d	28d
湖北咸宁	27.1	1：29	2：18	6.6	7.5	9.7	32.4	45.3	60.8
云南宜良	27.3	1：35	2：45	6.4	7.6	9.8	31.2	44.6	59.8
唐山冀东	27.1	1：25	2：14	6.7	7.6	9.6	32.5	45.4	60.4

6.2.2　过硫磷石膏矿渣水泥组分优化

过硫磷石膏矿渣水泥是以磷石膏为主要原料的水泥，是为了消纳磷石膏而研发的一种新品种水泥。其特征就是其最终的水化产物中，还存在大量未化合的游离石膏。所以，过硫磷石膏矿渣水泥中的磷石膏掺量越高，其节能减排的效果就越显著。

但是，磷石膏的主要成分是 Ca$_2$SO$_4$·2H$_2$O，本身并不具有胶凝性。石膏作为胶凝材料使用，首先要将二水石膏通过热处理，脱水成为半水石膏。半水石膏水化时，溶解于液相后，重新结晶成二水石膏，二水石膏晶核的大量生成、长大以及晶体之间相互接触和连生，在石膏浆体中形成浆体结晶结构网络，从而变成具有强度的人造石。

少量石膏在硅酸盐水泥中，可与水泥熟料矿物中的铝相或者铝铁相反应，形成稳定的水化产物钙矾石。不但可以避免水泥出现急凝，而且还能改善和提高水泥的性能。但硅酸盐水泥中如果添加过量的石膏，可能因后期形成钙矾石造成膨胀而导致水泥强度下降甚至安定性不良。

矿渣是具有潜在水硬活性的胶凝材料，在建筑材料中的应用和研究已经进行了几十年。粒化矿渣中的玻璃体是活性成分，矿渣在碱激发和硫酸盐激发条件下解聚和溶解，发生水化反应形成稳定的水化产物。Bijen 等[11] 的研究结果表明，石膏的掺量约为 15%～17% 的超硫水泥（Super sulphated slag cement）中，水泥的水化产物是 C-S-H（I）凝胶和钙矾石，水泥的耐久性和抗化学侵蚀优于普通硅酸盐水泥。

此外，组成中还必须有碱性原料，以提供矿渣溶解和水化的碱性条件，石灰和硅酸盐水泥熟料都是常用的强碱性物质，而钢渣也是碱性较强的工业废渣。因此，过硫磷石膏矿渣水泥的基本组分设计为：磷石膏、矿渣及少量石灰、钢渣或硅酸盐水泥熟料。

除特别说明外，本章试验所用磷石膏为湖北大悟的磷石膏，在 60℃ 的烘箱中烘干后，块状物在陶瓷研钵中敲碎，通过 0.02mm 方孔筛，测定磷石膏的比表面积为 81m^2/kg；试验所用矿渣粉为武汉钢铁有限公司生产的 S95 级矿渣粉，比表面积为 399m^2/kg。石灰石取自华新水泥咸宁有限公司，密度为 2.71g/cm^3，在试验小磨中粉磨至比表面积为 513m^2/kg 备用。熟料取自华新水泥咸宁有限公司，密度为 3.16g/cm^3，粉磨至勃氏比表面积为 385m^2/kg 备用。

钢渣取自武汉钢铁有限公司，密度为 3.28g/cm³，粉磨至比表面积为 531m²/kg 备用。

　　水泥标准稠度用水量、凝结时间、安定性检验按照 GB/T 1364—2011《水泥标准稠度用水量、凝结时间、安定性检验方法》进行。由于试样凝结时间很长，在测定安定性时，水泥净浆在雷氏夹中成型后，先在水泥标准养护箱中养护延长到 48h，而不是标准中所规定的 24h，测定雷氏夹指针间距离，然后再放入沸煮箱中沸煮，沸煮后取出雷氏夹，测定雷氏夹指针间距离并判定安定性是否合格。水泥胶砂强度按照 GB/T 17671—1999《水泥胶砂强度检验方法（ISO 法）》进行。由于试样的凝结时间长，强度发展很慢，成型后在标准养护箱内养护 24h 后仍难以脱模，所以试样都在成型 48h 后脱模浸水养护。

6.2.2.1 熟料掺量

　　将磷石膏、矿渣粉、硅酸盐水泥熟料和石灰石，按照表 6-4 所示的比例配料，在混料机中混合均匀，得到不同配比的试样，测定其标准稠度、凝结时间和胶砂强度，各试样的标准稠度、凝结时间的测定结果见表 6-4。试样的 3d、7d 和 28d 强度测定结果如图 6-5 所示。

表 6-4　配料比例及标准稠度、凝结时间、安定性的测定结果

编号	配比（wt%）				标准稠度（%）	安定性	凝结时间（h：min）	
	磷石膏	矿渣	熟料	石灰石			初凝	终凝
V0	45	40	0	15	30.8	—	≥24：00	≥24：00
V1	45	38	2	15	31.0	合格	8：15	12：15
V2	45	36	4	15	30.8	合格	7：07	10：57
V3	45	34	6	15	30.6	合格	7：28	10：30
V4	45	32	8	15	31.1	合格	7：13	9：26

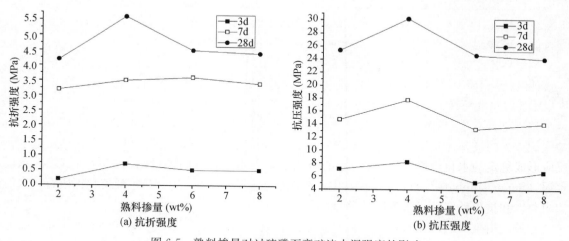

图 6-5　熟料掺量对过硫磷石膏矿渣水泥强度的影响

　　由表 6-4 的测定结果可以看出，未掺熟料的 V0 试样，24h 后仍不能凝结，在测定胶砂强度时，在标准养护箱内养护 48h 后脱模浸水后崩溃。V1～V4 试样的标准稠度比普通硅酸盐水泥大，无论初凝时间和终凝时间都很长，各试样的沸煮法安定性均为合格。在磷石膏和石灰石的掺量分别固定为 45% 和 15% 时，随着试样中熟料掺量由 2% 提高到 8% 时，初凝时间和终凝时间都有缩短趋势，而终凝时间的缩短趋势更为明显。

由图 6-5 可以看出，试样的各龄期强度随养护龄期的延长不断增长。随着熟料掺量的增加，各龄期的强度都呈现先增加后降低的趋势。当熟料掺量为 4.0% 时，试样的 3d、7d 和 28d 强度都明显高于其他试样，当熟料掺量超过 4.0% 后，随着熟料掺量增加，各龄期强度反而下降。由此初步确定出，在过硫磷石膏矿渣水泥中使用硅酸盐水泥熟料作为碱性激发剂时，熟料的适宜掺量约为 4.0%。

6.2.2.2 石灰掺量

磷石膏、石灰、矿渣粉、石灰石按照表 6-5 所示进行配料，在混料机中混合均匀，标准稠度、凝结时间、沸煮法安定性测定结果见表 6-5。试样的胶砂强度因凝结时间长，成型后 24h 脱模困难，因此在标准养护箱内养护 48h 才脱模，脱模后浸水养护至规定的龄期测定强度。

试验所用石灰为商品石灰，使用前将块状石灰用研钵研磨，并通过 0.08mm 方孔筛。

由表 6-5 所示的测定结果可见，当用石灰作碱性原料时，标准稠度与用熟料作碱性原料相比略高（与表 6-4 中的数据比较），试样的凝结时间仍然很长，随着石灰掺量增加（由 2% 增加至 8%），凝结时间也呈略微的缩短趋势。

表 6-5　试样配比及标准稠度、凝结时间和安定性的测定结果

编号	配比（wt%）				标准稠度（%）	安定性	凝结时间（h：min）	
	磷石膏	矿渣	石灰	石灰石			初凝	终凝
L1	45	38	2	15	30.5	合格	10：15	13：20
L2	45	36	4	15	31.2	合格	9：35	12：55
L3	45	34	6	15	31.0	合格	9：25	12：44
L4	45	32	8	15	31.6	合格	8：40	12：10

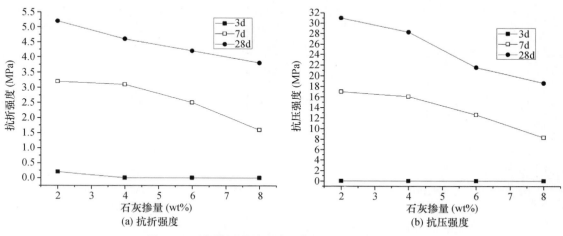

图 6-6　石灰掺量对过硫磷石膏矿渣水泥强度的影响

试样的 3d、7d 和 28d 强度如图 6-6 所示。可见，随着石灰掺量由 2% 增加到 8%，试样 7d 和 28d 的抗折强度和抗压强度都呈明显下降趋势，石灰掺量越高，强度越低。当石灰掺量为 2% 时，各龄期的抗折和抗压强度都为最高。

试验还发现，石灰储存时如果密封不严，很容易因发生吸潮和碳化而失效，而在石灰作为碱性组分的过硫磷石膏矿渣水泥中，石灰的掺量对水泥的强度影响非常大，掺量超过 2%

将导致强度剧烈下降，实际生产中很难控制，因此在过硫磷石膏矿渣水泥中不宜采用石灰作为碱性组分。

6.2.2.3 钢渣掺量

磷石膏、矿渣粉、钢渣和石灰石按照表 6-6 配比配料，在混料机中混合均匀后，标准稠度、凝结时间和安定性的测定结果见表 6-6。在测定胶砂强度时，由于凝结时间长，成型后在养护箱中养护 24h 后脱模困难，因此在养护箱养护 48h 后脱模浸水养护。

由表 6-6 的结果可见，试样的凝结时间都较长，随着钢渣掺量的增加，凝结时间呈缩短趋势。与用熟料及石灰作碱性原料相比，用钢渣作碱性激发剂的试样凝结时间最长。各试样的沸煮法安定性测定结果均为合格。

表 6-6 试样配比及标准稠度、凝结时间、安定性的测定结果

编号	配比（wt%）				标准稠度（%）	安定性	凝结时间（h：min）	
	磷石膏	矿渣	钢渣	石灰石			初凝	终凝
D1	45	35	5	15	30.5	合格	8：57	11：39
D2	45	30	10	15	30.2	合格	8：05	10：47
D3	45	25	15	15	30.8	合格	8：39	11：24
D4	45	20	20	15	30.0	合格	8：51	11：09

钢渣掺量由 5% 增加到 20%，试样的 3d、7d 和 28d 强度测定结果如图 6-7 所示。可见，当钢渣掺量为 10.0% 时，过硫磷石膏矿渣水泥的 7d 和 28d 强度都达到最高。

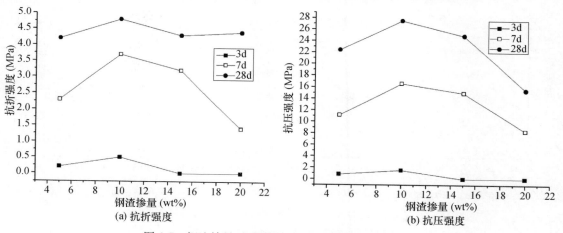

(a) 抗折强度 (b) 抗压强度

图 6-7 钢渣掺量对过硫磷石膏矿渣水泥强度的影响

综上所述，在磷石膏和石灰石比例分别为 45% 和 15% 时，掺入一定比例的硅酸盐水泥熟料、石灰和钢渣等碱性原料，并且与矿渣粉复合时，可以制备出具有一定强度的水硬性胶凝材料。与普通硅酸水泥相比，该材料的凝结时间较长，初凝时间约在 7～10h，终凝时间约在10～12h，标准稠度用水量较高，早期强度较低，但随着养护龄期的延长，强度能不断增长，28d 强度可达到 20～30MPa。

碱性原料的掺量对过硫磷石膏矿渣水泥的强度有很大影响，不同种类碱性原料的最佳比例不同。硅酸盐水泥熟料的最佳比例为 4%，石灰的最佳比例为 2%，而钢渣的最佳比例为 10%。

6.2.2.4 矿渣掺量

　　按表 6-7 配料后, 在混料机中混合均匀, 测定试样的标准稠度、凝结时间、安定性和胶砂强度。在进行胶砂强度测定时, 试样成型后, 在标准养护箱内养护 24h 脱模困难, 因此所有试样都养护到 48h 后脱模, 脱模后立刻浸水养护到规定的龄期, 测定其强度。

　　试样的配比和标准稠度、凝结时间及安定性测定结果, 见表 6-7, 3d、7d 和 28d 的抗折强度及抗压强度, 分别如图 6-8 所示。

　　由表 6-7 的测定结果可见, 在磷石膏和钢渣的掺量分别固定为 45% 和 5% 情况下, 矿渣掺量由 25% 增加到 40%, 石灰石同时由 25% 减少到 10%, 试样的标准稠度变化不大, 沸煮法安定性全部合格, 初凝时间有延长趋势, 而终凝时间略有延长但变化不大。

表 6-7　试样配比及标准稠度、凝结时间和安定性的测定结果

编号	配比（wt%）				标准稠度（%）	安定性	凝结时间（h：min）	
	磷石膏	矿渣	钢渣	石灰石			初凝	终凝
A1	45	25	5	25	30.8	合格	5：20	10：35
A2	45	30	5	20	30.5	合格	6：18	11：18
A3	45	35	5	15	30.6	合格	6：54	11：25
A4	45	40	5	10	30.2	合格	8：07	11：51

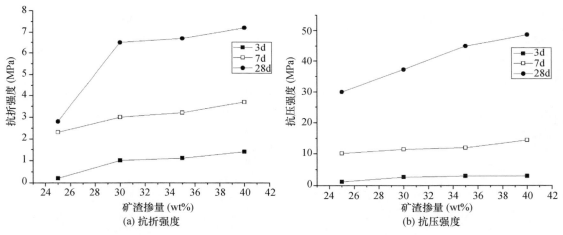

(a) 抗折强度　　　　　　　　(b) 抗压强度

图 6-8　矿渣掺量对过硫磷石膏矿渣水泥强度的影响

　　由图 6-8 可以看出, 随着矿渣掺量的增加, 试样的 3d、7d 和 28d 抗折强度都有不同程度的增加。矿渣掺量由 25% 增加到 30%, 各龄期的抗折强度都明显提高, 矿渣掺量超过 30% 后, 随着矿渣掺量的提高, 各龄期抗折强度的提高幅度有所减少。试样的 3d 和 7d 抗压强度随着矿渣掺量的增加, 略有提高, 但幅度不大, 而 28d 抗压强度则随着矿渣掺量的增加而显著提高。

　　由以上试验结果可知, 矿渣作为过硫磷石膏矿渣水泥中的主要胶凝组分, 其掺量对试样的 28d 抗压强度有显著影响。矿渣掺量在 25%～30% 时, 钢渣激发的过硫磷石膏矿渣水泥的 28d 抗压强度可达 30～35MPa, 而矿渣掺量超过 35% 后, 试样的 28d 抗压强度可达到 40MPa 以上。而对于熟料激发的过硫磷石膏矿渣水泥, 也有同样的结果, 此处不再赘述。

6.2.2.5 石灰石掺量

在进行胶砂强度试验时发现，石灰石掺量多的试样在脱模时，试块的强度明显高于石灰石掺量少的试样，为明确石灰石在该体系中的作用，特进行了下列试验。

各种原料按表 6-8 中的原料配比配料，在混料机中混合均匀后，测定试样的标准稠度、凝结时间和水泥胶砂强度。原料配比及标准稠度、凝结时间和水泥胶砂强度的测定结果见表 6-8。

由表 6-8 的凝结时间测定结果可以看出，随着石灰石掺量的增加和磷石膏掺量的减少，试样凝结时间明显呈缩短趋势。由此可以看出，石灰石对磷石膏基水泥的早期水化具有比较明显的促进作用。

在固定矿渣掺量 40% 和钢渣掺量 5% 条件下，不同石灰石掺量试样的 3d、7d 和 28d 抗折强度和抗压强度如图 6-9 所示。

表 6-8　试样配比及标准稠度、凝结时间和安定性的测定结果

编号	配比（wt%）				标准稠度（%）	安定性	凝结时间（h:min）	
	磷石膏	矿渣	钢渣	石灰石			初凝	终凝
B1	40	40	5	15	30.8	合格	10:44	12:35
B2	35	40	5	20	30.5	合格	8:40	11:59
B3	25	40	5	30	30.6	合格	7:41	10:44
B4	15	40	5	40	30.8	合格	4:37	8:45

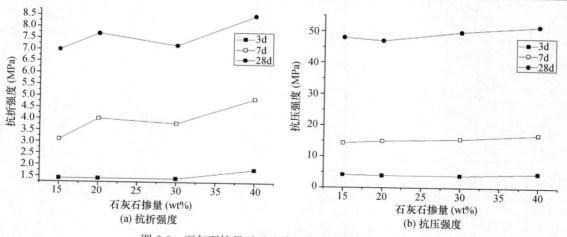

图 6-9　石灰石掺量对过硫磷石膏矿渣水泥强度的影响

由图 6-9 可以看出，在固定矿渣和钢渣掺量条件下，随着石灰石掺量的增加和磷石膏掺量的相应减少，试样的 3d、7d 和 28d 强度略有增长，但并不明显。

由此可见，矿渣和钢渣掺量相同时，石灰石掺量的变化对 3d、7d 和 28d 强度的影响并不明显。为此，增加了试样 1d 抗压强度的试验。试样成型后，在水泥标准养护箱养护 24h 后脱模，立刻测定其抗折强度和抗压强度。由于试样脱模后强度较低，抗折强度全部为 0，不同石灰石掺量试样的 1d 抗压强度如图 6-10 所示。

由图 6-10 可以看出，尽管试样的 1d 抗压强度并不高，但随着石灰石掺量的增加，1d 抗压强度不断增加，石灰石掺量与 1d 的抗压强度有明显的对应关系。

综合以上试验结果可以看出，在磷石膏—矿渣—钢渣—石灰石体系胶凝材料中，在固定矿渣和钢渣掺量条件下，随着石灰石掺量的增加，凝结时间缩短，试样的 1d 抗压强度增加，但试样的 3d、7d 和 28d 强度变化不大。由此可见，该体系中，石灰石能起到一定的促凝和激发 1d 强度作用，但随着水化继续，作用逐渐减弱，所以对 3d、7d 和 28d 强度影响不大。

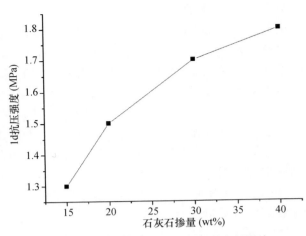

图 6-10　石灰石掺量对 1d 抗压强度的影响

6.2.2.6　磷石膏掺量

为了研究磷石膏掺量对过硫磷石膏矿渣水泥性能的影响，将石灰石、矿渣和钢渣的质量比例大致固定为 1∶3.5∶1，然后与不同比例的磷石膏混合，以测定过硫磷石膏矿渣水泥的标准稠度、凝结时间、安定性和胶砂强度发变化，试样配比和性能测定结果，见表 6-9。

表 6-9　试样配比及标准稠度、安定性、凝结时间的测定结果

编号	配比（wt%）				标准稠度（%）	安定性	凝结时间（h∶min）	
	磷石膏	石灰石	矿渣	钢渣			初凝	终凝
HH1	15	16	53	16	30.0	合格	11∶22	12∶50
HH2	25	14	47	14	30.6	合格	12∶05	12∶57
HH3	35	12	41	12	31.0	合格	10∶17	13∶12
HH4	45	10	35	10	30.8	合格	9∶05	11∶56
HH5	55	8	29	8	32.0	合格	11∶04	12∶57
HH6	65	6	23	6	33.0	合格	9∶46	12∶41

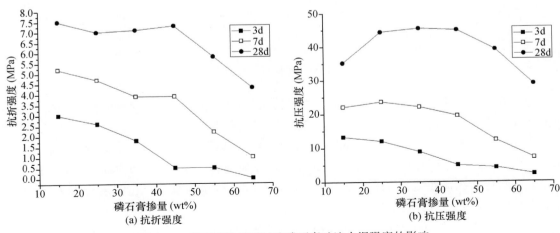

图 6-11　磷石膏掺量对过硫磷石膏矿渣水泥强度的影响

由表 6-9 可以看出，随着磷石膏掺量的增加，标准稠度明显变大，但初凝时间和终凝时间变化不大。各试样的沸煮法安定性均为合格。各试样的 3d、7d 和 28d 强度测定结果，如图 6-11 所示。

由图 6-11 可见，随着磷石膏掺量的增加，各龄期的抗折强度都呈不同程度的下降趋势。磷石膏掺量在 35%～45% 之间时，7d 和 28d 抗折强度变化不大，当磷石膏掺量超过 45% 后，抗折强度显著下降。随着磷石膏掺量的增加，各龄期的抗压强度也呈不同程度的下降趋势。但磷石膏掺量在 25%～45% 之间时，3d 和 7d 抗压强度下降较少，而 28d 抗压强度相差不大。由此可见，磷石膏在该体系中并不是完全惰性的原料，在一定范围内提高磷石膏掺量，同时降低矿渣掺量，对 28d 抗压强度影响不大。磷石膏掺量为 15% 的试样虽然 3d 和 7d 抗压强度较高，但 28d 抗压强度低于磷石膏掺量为 25% 的试样，这是因为当磷石膏掺量为 15% 时，其钢渣掺量达到 16%，再次验证了该体系中钢渣掺量超过一定值后，将导致后期强度下降。

对于熟料激发的过硫磷石膏矿渣水泥，磷石膏掺量对过硫磷石膏矿渣水泥性能的影响规律也基本相同。将熟料和石灰石掺量固定为 4% 和 10%，磷石膏由 35% 增加到 65%，矿渣相应地由 51% 减少到 21%，其配比及试验结果见表 6-10。

表 6-10 磷石膏掺量对水泥性能的影响

试样编号	配比（%）				标准稠度（%）	凝结时间（h：min）		3d 强度（MPa）		7d 强度（MPa）		28d 强度（MPa）	
	熟料	矿渣	磷石膏	石灰石		初凝	终凝	抗折	抗压	抗折	抗压	抗折	抗压
C31	4	51	35	10	30.8	5：54	10：34	1.6	4.6	4.3	16.8	9.6	55.1
C32	4	41	45	10	31.4	6：28	11：20	1.4	4.3	3.7	15.8	7.6	48.8
C33	4	31	55	10	32.1	6：50	12：16	1.3	4.0	3.5	13.2	7.7	41.6
C34	4	21	65	10	33.0	7：21	13：03	1.2	3.9	2.8	9.2	6.2	28.9

由表 6-10 试验结果可见，随着磷石膏掺量的增加，过硫磷石膏矿渣水泥标准稠度用水量逐渐增大，当磷石膏掺量 65% 时，标准稠度用水量达到了 33%。同时，随着磷石膏掺量的增加，水泥的初凝及终凝时间不断延长，其中，终凝时间延长幅度更大。

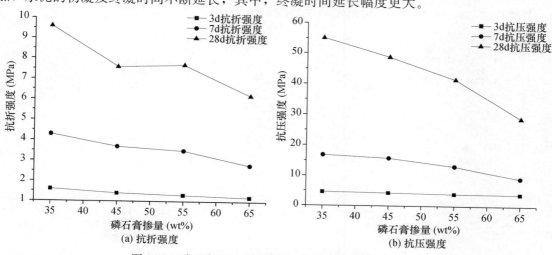

图 6-12 磷石膏掺量对过硫磷石膏矿渣水泥强度的影响

图 6-12 为磷石膏掺量从 35％增加到 65％时，水泥强度的变化情况。可见，随着磷石膏掺量的增加，矿渣掺量的减少，水泥的抗折强度和抗压强度均呈下降趋势。其中，抗折强度变化曲线在磷石膏掺量由 45％增加到 55％时出现一个平滑阶段，下降幅度变缓，随即又变快。抗压强度随磷石膏掺量的增加基本呈线性减小，且随着磷石膏掺量的增加，水泥 28d 抗压强度下降幅度大于 3d、7d 抗压强度下降幅度。

由于磷石膏的需水量大于矿渣的需水量，所以随着磷石膏掺量的增加，水泥的标准稠度用水量增大。同时，随着水泥中主要胶凝物质矿渣掺量的减少，导致水泥的凝结时间延长，早期强度降低。可见，矿渣作为该体系主要的胶凝组分，其掺量的降低对水泥的强度影响明显，尤其是对水泥的 28d 强度影响最大。

6.2.2.7 外加剂

在碱矿渣水泥中，通常加入一些无机盐碱性激发剂如 Na_2CO_3、Na_2SO_4、$NaOH$ 和 Na_2SiO_4 等以激发矿渣的水化活性，提高水泥的强度[12-18]，本节通过试验研究了这几种常用外加剂对过硫磷石膏矿渣水泥强度的影响。

将各种原料按照磷石膏 45％、矿渣 40％、钢渣 5％和石灰石 10％进行配料后，分别外掺 1％的 Na_2CO_3、Na_2SO_4、$NaOH$ 和 Na_2SiO_4 化学试剂，化学试剂在制备净浆或者砂浆时溶于水中加入，测定水泥的凝结时间和胶砂强度。各原料配比和凝结时间测定结果，见表 6-11。

表 6-11　试样的原料和凝结时间的测定结果

试样编号	外掺化学试剂	掺入量（wt％）	初凝（h：min）	终凝（h：min）
PN0	无	0	8：28	10：45
PN1	NaOH	1	2：03	4：54
PN2	Na_2SO_4	1	8：15	11：05
PN3	Na_2CO_3	1	8：03	10：35
PN4	Na_2SiO_4	1	8：17	10：21

由表 6-11 的凝结时间测定结果可见，外掺 1％的 NaOH 能显著缩短试样的初凝时间和终凝时间，而其他外加剂对凝结时间的影响不大。

各试样的 3d、7d 和 28d 强度测定结果如图 6-13 所示。

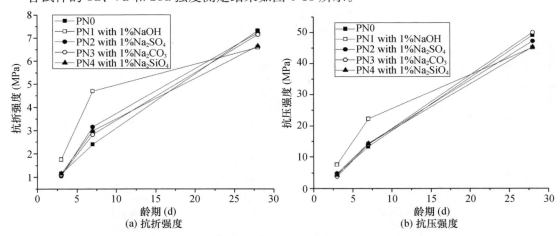

图 6-13　碱性外加剂对过硫磷石膏矿渣水泥强度的影响

由图 6-16 可以看出，外掺 1％的 NaOH 能明显提高试样的 3d 和 7d 抗折强度，28d 抗折强度略有降低，而外掺 1％的 Na_2CO_3、Na_2SO_4、Na_2SiO_4 化学试剂对 3d 抗折强度影响不大，7d 抗折强度有所提高，但效果不如外掺 NaOH 明显，而 28d 抗折强度变化不大。外掺 1％的 NaOH 能显著提高试样的 3d 和 7d 抗压强度，但 28d 抗压强度略低于未掺任何外加剂的对照样 PN0 试样。外掺 1％的 Na_2CO_3、Na_2SO_4、Na_2SiO_4 化学试剂对 3d 和 7d 抗压强度影响很小，28d 强度介于未外掺化学试剂的对照样 PN0 试样和外掺 1％NaOH 的试样之间。

由此可以看出，在钢渣激发的过硫磷石膏矿渣水泥中，掺入强碱性的 NaOH 化学试剂，能显著缩短水泥的凝结时间和提高早期强度，而在碱矿渣水泥中常用的其他碱激发剂，对磷石膏水泥的激发效果并不明显。

在后续的试验中，我们对 NaOH 单独激发及其与钢渣复合碱激发对过硫磷石膏矿渣水泥性能的影响进行了研究。试样分为两组，一组采用 5％的钢渣和 1％～3％的 NaOH 作为碱性激发剂，另一组不掺钢渣，单独用 1％～3％NaOH 作为碱性激发剂。各原料配比和凝结时间的测定结果见表 6-12。

表 6-12　试样配比和凝结时间的测定结果

编号	配比（wt％）					凝结时间（h：min）	
	磷石膏	矿渣	石灰石	钢渣	NaOH	初凝	终凝
S0	45	40	10	5	0	8：28	10：45
SN1	45	40	9	5	1	2：03	4：54
SN2	45	40	8	5	2	0：53	1：47
SN3	45	40	7	5	3	0：38	1：51
N1	45	40	14	0	1	2：19	4：12
N2	45	40	13	0	2	0：51	2：06
N3	45	40	12	0	3	闪凝	—

由表 6-12 可见，随着 NaOH 掺量的增加，试样的凝结时间明显缩短。在 NaOH 掺量相同时，无论是否掺入钢渣，凝结时间基本一致。

试样的 3d、7d 和 28d 强度测定结果如图 6-14 所示。

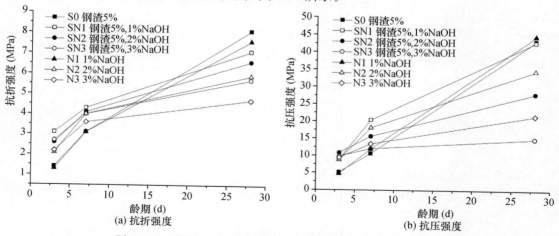

图 6-14　NaOH 和钢渣掺量对过硫磷石膏矿渣水泥强度的影响

由图 6-14 可以看出，试样 SN1 的 3d 和 7d 抗折强度最高，而未掺 NaOH 的试样 S0 和未掺钢渣的试样 N1 的 3d 和 7d 抗折强度最低，而未掺 NaOH 试样 S0 和未掺钢渣试样 N1 的 28d 抗折强度最高，掺 5％钢渣和 3％NaOH 的 SN3 试样的 28d 抗折强度最低。掺入 NaOH 后，所有试样的 3d 和 7d 抗压强度均有不同程度提高。NaOH 掺量高低对 3d 强度影响不明显。NaOH 掺量对 7d 抗压强度的影响趋势与水泥中钢渣掺量有关，当钢渣掺量为 5％时，NaOH 掺量越高则强度越低，即 SN1＞SN2＞SN3，试样不含钢渣时，N2＞N3＞N1。水化到 28d 时，NaOH 掺量越高的试样强度越低，在相同 NaOH 掺量时，掺 5％钢渣试样的强度更低。

由此可见，掺入 1％的 NaOH，与 5％的钢渣复合激发，可明显提高过硫磷石膏矿渣水泥的早期强度，后期强度略有降低，但幅度很小。而 NaOH 掺量超过 1％后，过硫磷石膏矿渣水泥的 7d 和 28d 强度都出现明显降低。

6.2.3 过硫磷石膏矿渣水泥的粉磨

在水泥生产过程中，通过细磨提高水泥的强度是水泥生产过程中常用的一种工艺手段。通过细磨可提高水泥的比表面积，水化时的反应表面积增加，加快了水泥的水化反应速度，并且改善了硬化水泥浆体的孔结构，从而使水泥强度提高。但细磨工艺也提高了水泥的粉磨电耗和生产成本，实际生产中需要在产品性能与制造成本之间找到一个平衡点。本节旨在探讨各原料的细度对过硫磷石膏矿渣水泥性能的影响，以便为过硫磷石膏矿渣水泥的实际生产提供理论依据。

6.2.3.1 矿渣粉磨比表面积

将武汉钢铁有限公司生产的 95 级矿渣粉（比表面积为 399m²/kg）放入 ϕ500mm×500mm 试验小磨中粉磨不同的时间，得到不同比表面积的矿渣粉。用不同比表面积的矿渣粉，按照磷石膏 45％、矿渣 35％、钢渣 10％、石灰石 10％的固定比例配料，在混料机中混合均匀后，测定各试样的标准稠度、凝结时间、安定性和水泥胶砂强度。矿渣的不同粉磨时间、比表面积及标准稠度、凝结时间和安定性的测定结果见表 6-13。各试样的强度测定结果如图 6-15 所示。

表 6-13 矿渣比表面积及试样标准稠度、凝结时间、安定性的测定结果

编号	粉磨时间 (min)	比表面积 (m²/kg)	标准稠度（％）	安定性	凝结时间 （h：min）	
					初凝	终凝
U1	0	399	30.6	合格	8：59	10：33
U2	10	501	29.0	合格	7：46	10：58
U3	30	613	28.2	合格	7：12	10：29
U4	60	655	28.2	合格	7：02	9：46

由表 6-13 的测定结果可见，在配比固定为磷石膏 45％，矿渣 35％，硅酸盐水泥 10％，石灰石 10％时，随着矿渣比表面积的提高，试样的标准稠度有所下降，凝结时间呈缩短趋势。

由图 6-15 可以看出，随着矿渣比表面积增加，水化反应面积增加，试样 3d、7d 和 28d 的抗折强度都有比较明显的提高。试样的抗压强度随着矿渣比表面积的增加显著提高，当比

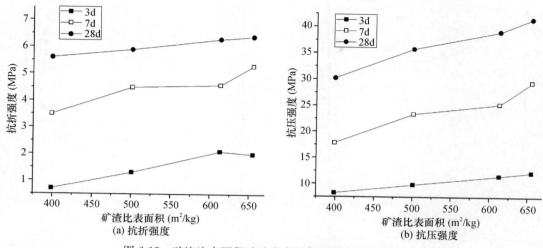

图 6-15 矿渣比表面积对过硫磷石膏矿渣水泥强度的影响

表面积由 399m²/kg 提高 655m²/kg，28d 抗压强度由 30MPa 提高到 41MPa。

由此可见，作为过硫磷石膏矿渣水泥中的主要胶凝物质，矿渣的比表面积对试样的强度有很大影响，提高矿渣的比表面积，加快了矿渣的水化速度，试样的各龄期强度都有显著提高。但在实际生产过程中，矿渣粉磨比表面积超过 400m²/kg 后，粉磨电耗将显著增加，因此也不宜提高太多。

6.2.3.2 石灰石粉磨比表面积

将石灰石在 φ500mm×500mm 试验小磨中粉磨不同的时间，得到比表面积不同的石灰石粉，按照固定配比：磷石膏 45%、矿渣 35%、钢渣 10% 和石灰石 10% 配料，其中矿渣粉为武汉钢铁有限公司生产的 95 级矿渣粉，比表面积为 399m²/kg。测定试样的标准稠度、凝结时间、安定性和胶砂强度。石灰石粉磨时间、比表面积以及对应试样的标准稠度、凝结时间和安定性的测定结果见表 6-14。

表 6-14 石灰石比表面积及试样标准稠度、凝结时间、安定性的测定结果

编号	粉磨时间 (min)	比表面积 (m²/kg)	标准稠度 (%)	安定性	凝结时间 (h：min)	
					初凝	终凝
O1	15	516	30.6	合格	8：59	10：33
O2	25	640	31.5	合格	8：15	10：16
O3	40	884	32.5	合格	8：04	10：42
O4	60	1214	33.2	合格	9：35	10：40

由表 6-14 可见，石灰石的易磨性较好。在配比相同时，随着石灰石比表面积的提高，试样的标准稠度用水量有较明显提高，凝结时间变化不大。

不同比表面积石灰石试样的 3d、7d 和 28d 强度，如图 6-16 所示。可以看出，随着石灰石比表面积的增加，3d 和 7d 强度呈略微的上升趋势，而 28d 强度变化不大，从而使抗折强度随水化龄期的发展规律发生变化，即随着石灰石比表面积的提高，试样的 3d 到 7d 抗折强度增长较多，7d 到 28d 抗折强度增长较少。随着石灰石比表面积提高，试样的 3d 和 7d 抗压强度有一定的提高，而 28d 强度变化不大。

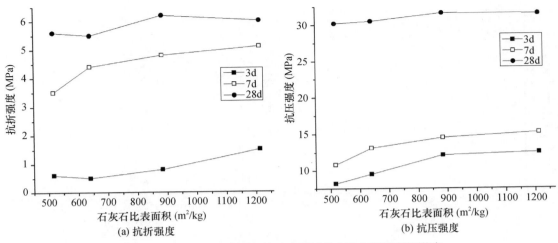

图 6-16　石灰石比表面积对过硫磷石膏矿渣水泥强度的影响

相关文献[19,20]的研究结果表明，掺入适量石灰石粉可提高硅酸盐水泥早期强度。其主要机理是：石灰石粉在硅酸盐水泥中作为成核剂，可降低水化时水化产物从液相中析晶的成核势垒，加速水泥的水化，同时石灰石细粉的填充效应还能改善硬化水泥浆体的孔结构。从作者的试验结果中可以看出，过硫磷石膏矿渣水泥中的石灰石组分，主要对早期水化有一定的促进作用，提高石灰石比表面积后，过硫磷石膏矿渣水泥的 3d 和 7d 强度有一定提高，但对28d 强度影响不大。

6.2.3.3　磷石膏粉磨比表面积

将烘干后的原状磷石膏在 ϕ 500mm×500mm 试验小磨中粉磨不同时间，得到不同比表面积的磷石膏。试样按照固定配比：磷石膏 45％、矿渣 35％、钢渣 10％，石灰石 10％配料，在混料机内混合均匀，测定试样的标准稠度、凝结时间、安定性。不同粉磨时间的磷石膏比表面积、试样的标准稠度、凝结时间和安定性测定结果，见表 6-15。

表 6-15　磷石膏比表面积及试样标准稠度、凝结时间、安定性的测定结果

编号	粉磨时间（min）	比表面积（m²/kg）	标准稠度（％）	安定性	凝结时间（h：min）	
					初凝	终凝
B1	0	81	30.6	合格	8：59	10：33
B2	5	405	30.2	合格	8：45	10：55
B3	10	640	30.0	合格	8：55	11：35
B4	20	884	29.4	合格	8：22	11：41
B5	30	1214	29.4	合格	8：08	11：57

由表 6-15 可见，磷石膏的易磨性很好，试验小磨中粉磨 10min，比表面积即可达到640m²/kg。随着磷石膏比表面积的增加，试样的标准稠度略有减小，初凝时间略有缩短但变化不大，而终凝时间有所延长。

不同比表面积磷石膏试样的 3d、7d 和 28d 强度测定结果如图 6-17 所示。

由图 6-17 可以看出，随着磷石膏比表面积的提高，试样的 3d、7d 和 28d 抗折强度都有

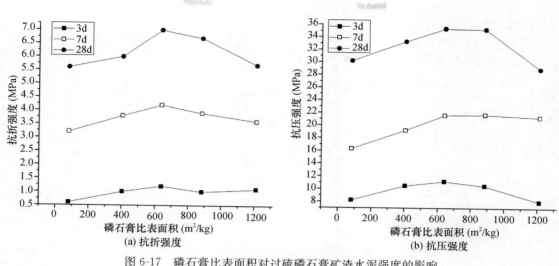

图 6-17 磷石膏比表面积对过硫磷石膏矿渣水泥强度的影响

不同幅度提高，而当磷石膏比表面积超过 640m²/kg 后，3d、7d 和 28d 抗折强度反而有所下降。随着磷石膏比表面积的提高，试样的 3d、7d 和 28d 抗压强度先明显增加，当磷石膏的比表面积达到 525m²/kg 后，继续提高磷石膏的比表面积，对试样的强度提高作用不大，磷石膏比表面积为 624m²/kg 时各龄期强度达到最高，比表面积超过 884m²/kg 后，28d 抗压强度还出现了比较明显的下降。

6.2.3.4 钢渣粉磨比表面积

将钢渣先用破碎机破碎至最大粒径粒度小于 5mm，在 ϕ 500mm×500mm 试验小磨中粉磨 1h，测定比表面积为 852m²/kg，按表 6-16 的配比配料，并测定其标准稠度、凝结时间、安定性和水泥胶砂强度。

表 6-16 试样配比及标准稠度、凝结时间的测定结果

编号	钢渣比表面积（m²/kg）	配比（%）				标准稠度（%）	凝结时间（h：min）	
		磷石膏	矿渣	钢渣	石灰石		初凝	终凝
D1	531	45	40	5	10	30.2	8：07	11：51
S1	852	45	40	5	10	31.5	7：01	10：25
D2	531	45	35	10	10	30.8	7：40	10：59
S2	852	45	35	10	10	31.8	6：05	10：35

由表 6-16 的测定结果可见，加入钢渣超细粉后，标准稠度用水量明显增加，初凝时间和终凝时间都有所缩短。

各试样的 3d、7d 和 28d 抗折强度和抗压强度测定结果如图 6-18 所示。

由图 6-18 可见，钢渣掺量为 5% 时，钢渣磨细后，试样的各龄期抗折强度有所提高。在钢渣掺量为 10% 时，3d 强度提高较为明显，而 7d 和 28d 抗折强度提高并不明显。在钢渣掺量为 5% 情况下，钢渣比表面积提高后，试样各龄期的抗压强度略有提高。钢渣掺量为 10% 时，3d 强度略有提高，但 7d 和 28d 抗压强度都出现下降，尤其是 28d 抗压强度下降比较明显。

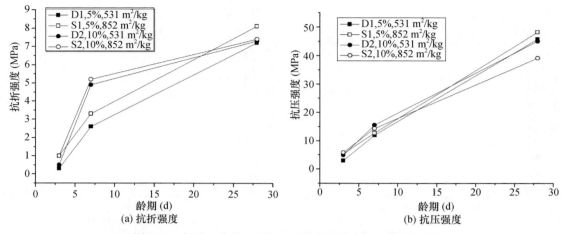

(a) 抗折强度　　　　　　　　　　　　(b) 抗压强度

图 6-18　钢渣比表面积对过硫磷石膏矿渣水泥强度的影响

由此可见，尽管钢渣中含有大量的硅酸盐，但由于钢渣形成过程中温度很高，硅酸盐矿物结构致密，水化活性很低。作为碱性激发剂掺入过硫磷石膏矿渣水泥的钢渣，主要提供了矿渣水化所需要的碱度，自身的硅酸盐矿物水化对强度的贡献很小，因此提高钢渣的比表面积，并不能显著提高过硫磷石膏矿渣水泥的强度。

6.2.3.5　熟料粉磨比表面积

将比表面积为 $385m^2/kg$ 的熟料粉（称为 385 熟料）继续在 $\phi 500mm \times 50mm$ 试验磨机中进行超细粉磨后，测定其比表面积为 $732m^2/kg$（称为 732 熟料）。然后，按表 6-17 配料后，在混料机中混合均匀，测定试样的标准稠度、凝结时间和胶砂强度，结果见表 6-17。

表 6-17　试样配比和标准稠度凝结时间的测定结果

编号	配比（%）					标准稠度（%）	凝结时间（h：min）	
	磷石膏	矿渣	石灰石	385 熟料	732 熟料		初凝	终凝
C1	45	43	10	2	—	31.2	6：35	11：22
C2	45	42	10	3	—	31.0	6：18	10：40
C3	45	41	10	4	—	31.0	5：51	9：51
C4	45	40	10	5	—	31.2	4：36	9：33
SC1	45	43	10	—	2	31.5	3：36	10：12
SC2	45	42	10	—	3	31.8	3：10	8：45
SC3	45	41	10	—	4	32.2	2：51	8：15
SC4	45	40	10	—	5	32.6	3：08	7：51

由表 6-17 的结果可以看出，掺入熟料超细粉配制的试样，初凝时间显著缩短，约为 3～4h，而终凝时间缩短并不如初凝时间明显，约为 8～10h。

掺两种不同比表面积熟料试样的 3d、7d 和 28d 强度测定结果如图 6-19 所示。

由图 6-19 可以看出，当掺入的超细粉熟料后，试样的 3d、7d 和 28d 抗折强度均显著提高，试样的 3d 和 7d 抗折强度提高效果最为明显。当试样中熟料掺量低于 3.0%，掺超细粉熟料对 28d 抗折强度的提高比较明显，熟料掺量达到 4% 后，提高的幅度就有所减少。掺入

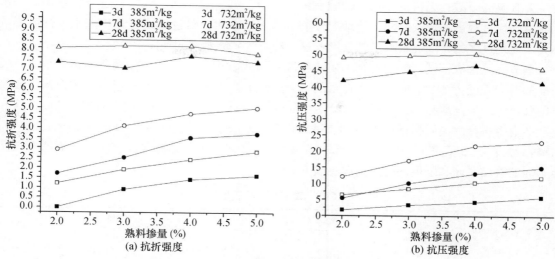

图 6-19 熟料比表面积对过硫磷石膏矿渣水泥强度的影响

的熟料比表面积提高后，试样 3d 和 7d 的抗压强度均明显提高。28d 抗压强度提高的幅度与 3d 和 7d 相比有所减少，并且与熟料掺量有关，熟料掺量低的试样提高幅度较大。随着熟料掺量的增加，提高的幅度逐渐减小。

由以上试验结果可见，掺入熟料超细粉后，由于水泥早期水化速度加快，试样的 3d 和 7d 强度显著提高。随着水化龄期的延长，掺入的熟料细粉水化完毕，加速效应逐渐减弱，因此后期强度提高的幅度没有早期那么明显。

尽管超细粉熟料的早期水化加快，也使整个过硫磷石膏矿渣水泥的早期水化速度加快，但超细粉熟料的掺入量超过 4% 后，水泥的 28d 强度同样出现下降趋势，这也说明了由于过硫磷石膏矿渣水泥中石膏是过剩的，尽管通过提高比表面积可以加快水泥水化，但熟料掺量过量后，过多的 Ca^{2+} 在水化后期容易形成膨胀性钙矾石而导致结构破坏，是导致水泥后期强度降低的主要原因。

6.2.4 磷石膏品质的影响

过硫磷石膏矿渣水泥所用的原料主要有：磷石膏、矿渣、熟料、钢渣和石灰石。熟料、钢渣和石灰石用量都比较少，通常原料品质波动也比较小，对过硫磷石膏矿渣水泥的性能影响不是很大。虽然矿渣的品质对过硫磷石膏矿渣水泥的性能有很大的影响，但由于其对水泥性能的影响只与矿渣的活性系数有关，活性系数越高，所生产的过硫磷石膏矿渣水泥的性能就越好，所以在实际生产中，应尽可能使用活性系数较好的矿渣。一般要求所用的矿渣粉活性系数能达到 S95 级标准即可，此处无须过多介绍。以下主要介绍磷石膏品质对过硫磷石膏矿渣水泥性能的影响。

磷石膏的品质对过硫磷石膏矿渣水泥的性能有重要影响，其中杂质含量对过硫磷石膏矿渣水泥的凝结硬化影响作用最大。磷石膏中的杂质主要有少量未分解的磷矿、未洗涤干净的磷酸以及氟化钙、铁铝化合物、酸不溶物、有机质等，分为可溶性杂质、难溶性杂质和放射性物质。可溶性杂质是洗涤时未除去的酸或盐，其含量取决于磷酸厂的过滤洗涤是否彻底；难溶性杂质含量一般较高，范围较广，其含量主要取决于磷矿石原料。磷石膏中的可溶性杂质主要有游离磷酸、无机氟化物、磷酸一钙、磷酸二钙、钾、钠盐等，对过硫磷石膏矿渣水泥凝结硬化过程影响较大；而多数难溶性杂质属惰性杂质，对过硫磷石膏矿渣水泥性能影响不大，但是过多的共结晶磷酸二钙会影响过硫磷石膏矿渣水泥的性能。

本节研究选取不同产地磷石膏，矿渣粉取自河北省唐山市唐龙新型建材有限公司的S95级矿渣粉，密度为 $2.95g/cm^3$，比表面积为 $420m^2/kg$。熟料取自河北省唐山市冀东水泥股份有限公司生产的硅酸盐水泥熟料，在 $\phi 500mm \times 500mm$ 标准磨粉磨至比表面积为 $450m^2/kg$。不同产地磷石膏的品质指标见表6-18。过硫磷石膏矿渣水泥的配比为：磷石膏45%、矿渣粉41%，熟料4%，石灰石10%。几个试样的配比都不变，只改变磷石膏产地，过硫磷石膏矿渣水泥的凝结时间和强度的变化情况见表6-19。

表 6-18 磷石膏的品质指标

磷石膏产地	可溶磷（%）		可溶氟（%）	共晶磷（%）
	pH=7	pH=12		
昆明云天化工	0.54	0.06	0.07	0.19
安徽铜陵1号	0.14	0.02	0.10	0.14
安徽铜陵2号	0.14	0.01	0.09	0.01
武汉中东化工	0.72	0.07	0.14	0.08
湖北黄麦岭	0.60	0.06	0.34	0.17

表 6-19 磷石膏品质对过硫磷石膏矿渣水泥性能的影响

磷石膏产地	凝结时间（h:min）		3d强度（MPa）		7d强度（MPa）		28d强度（MPa）	
	初凝	终凝	抗折	抗压	抗折	抗压	抗折	抗压
昆明云天化工	7:40	12:35	3.7	16.8	6.5	26.5	9.5	40.1
安徽铜陵1号	5:25	9:45	4.8	19.1	6.7	27.4	9.7	41.5
安徽铜陵2号	5:15	9:20	5.1	22.3	7.5	28.6	10.1	43.2
武汉中东化工	7:55	12:50	3.3	13.6	5.3	23.3	8.8	35.9
湖北黄麦岭	7:45	12:45	2.6	9.7	5.0	23.0	8.4	33.6

（1）可溶磷对水泥物理性能的影响

从表6-18和表6-19可以看出，磷石膏中的可溶磷含量越高，过硫磷石膏矿渣水泥初凝时间和终凝时间越长，且水泥早期胶砂强度越低，但是对水泥后期强度影响较小；同时随着磷石膏浆碱度（掺入少量钢渣粉调节pH值）的提高，磷石膏中可溶磷的含量降低。可溶磷含量高，过硫磷石膏矿渣水泥凝结时间长，3d强度下降，28d强度影响较小。上述结果说明可溶磷含量对过硫磷石膏矿渣水泥浆凝结时间和早期强度影响显著，对水泥后期强度影响较小，同时也证明碱性环境对可溶磷的溶出能起到抑制作用。

可溶磷在磷石膏中以 H_3PO_4 及相应的盐存在，磷酸电离产生 H_3PO_4、$H_2PO_4^-$、HPO_4^{2-}、PO_4^{3-} 四种形态的可溶磷，由于石膏中 Ca^{2+} 浓度相对较高而 $Ca_3(PO_4)_2$ 为溶解度较小的难溶盐，故体系中 PO_4^{3-} 浓度较低；因此磷石膏中的可溶磷主要以 H_3PO_4、$H_2PO_4^-$ 和 HPO_4^{2-} 三种形态存在，其中 H_3PO_4 影响最大，其次是 $H_2PO_4^-$、HPO_4^{2-}。可溶磷被磷石膏中的二水石膏晶体所吸附，分布于二水石膏晶体表面，水化时可溶磷与溶液中的 Ca^{2+} 反应生成难溶的 $Ca_3(PO_4)_2$ 附着于石膏表面，阻碍石膏的进一步溶出和水化，使得过硫磷石膏矿渣水泥凝结时间延长，降低水化速率和水化程度，并显著降低水泥的早期强度。

（2）共晶磷对水泥物理性能的影响

磷石膏中共晶磷是仅次于可溶磷的有害杂质，它是由于 HPO_4^{2-} 取代石膏晶格中的 SO_4^{2-} 所造成的；$CaHPO_4 \cdot 2H_2O$ 与 $CaSO_4 \cdot 2H_2O$ 同属单斜晶系，具有较为相近的晶格常数，所以在一定条件下，$CaHPO_4 \cdot 2H_2O$ 可进入 $CaSO_4 \cdot 2H_2O$ 晶格形成固溶体，这种形态的磷称为共晶磷。从表 6-18 和表 6-19 可以看出，在可溶磷和可溶氟含量相近的情况下，随着磷石膏中共晶磷含量的提高，过硫磷石膏矿渣水泥初凝时间和终凝时间逐渐延长，同时水泥浆的早期抗压强度和抗折强度有所降低，后期强度所受影响不大。

磷石膏中的共晶磷在水泥水化过程中从晶格中释放出来转变为可溶磷 HPO_4^{2-} 溶解在浆体中，HPO_4^{2-} 电离出 H^+ 和 PO_4^{3-}，其中 PO_4^{3-} 又迅速与溶液中大量存在的 Ca^{2+} 结合，转变为难溶性 $Ca_3(PO_4)_2$ 覆盖在晶体表面，阻碍了石膏的进一步水化，而富余的 H^+ 则导致了浆体 pH 值的降低，造成过硫磷石膏矿渣水泥凝结时间延长和早期强度降低。由于共晶磷从晶格中释放出来转变为可溶磷的摩尔量较低，因此共晶磷对过硫磷石膏矿渣水泥物理性能的影响弱于可溶磷，但是其仍为仅次于可溶磷的有害杂质。

（3）可溶氟对水泥物理性能的影响

磷石膏中的氟来源于磷矿石，磷矿石经硫酸分解时，会产生 HF，其中大部分会挥发掉，只有 $20\% \sim 40\%$ 夹杂在磷石膏中，以可溶氟 F^-、SiF_6^{2-} 和难溶氟 CaF_2 两种形式存在。影响磷石膏性能的主要是可溶氟 F^-，CaF_2、Na_2SiF_6 对磷石膏性能基本不产生影响。由表 6-18 和表 6-19 可知，在可溶磷和共晶磷含量相近的情况下，随着可溶氟含量的提高，过硫磷石膏矿渣水泥的早期强度和中后期强度均有不同程度的下降。

6.2.5 减水剂的使用

水泥加水拌合后，由于水泥颗粒间分子引力的作用，会产生许多絮状物，形成絮凝结构，在这种结构中，水泥颗粒周围包裹着很多拌合水，从而提高了水泥需水量，影响水泥石的致密度，降低了水泥石的强度。通常，在水泥浆体中加入少量减水剂，由于其表面活性作用，使水泥颗粒表面均带上相同的电荷，加大了水泥颗粒间的静电斥力，导致水泥颗粒互相分散，可显著减少水泥的拌合用水量，提高水泥石的致密度，增加水泥石的强度。对于过硫磷石膏矿渣水泥而言，减水剂也有相同的作用，因此也可以使用少量减水剂，以改善过硫磷石膏矿渣水泥的性能。

6.2.5.1 过硫磷石膏矿渣水泥与外加剂的相容性

减水剂与水泥相容性是指减水剂在水泥混凝土使用中表现出来的效果较好、效果不佳或者根本没有效果，甚至使用后会出现工程事故，通常说这种效果较好的减水剂对某种水泥相容性好，而对效果不好甚至无法使用的减水剂则称之为对这种水泥相容性不好。几乎所有品种的减水剂与水泥之间都存在一个相容性问题。

减水剂与水泥相容性不好主要表现为：拌合物流动性很差、流动度达不到设计要求，或者流动度经时损失很大；或者产生急凝、假凝、严重缓凝等不正常凝结或严重泌水等现象。

（1）减水剂饱和掺量点

将表 6-17 中的 C3 试样，按 JC/T 1083—2008《水泥与减水剂相容性试验方法》进行试验，同时检验减水剂对水泥泌水量的影响，试验结果见表 6-20。两种减水剂掺量对过硫磷石膏矿渣水泥流动度的影响，如图 6-20 所示。

表 6-20　过硫磷石膏矿渣水泥不同减水剂饱和掺量点的测定

减水剂	掺量（%）	0.6	0.7	0.8	0.9	1.0	1.2	1.4	1.6	饱和掺量点
萘系	初始流动度（mm）	180	210	235	250	260	267	270	270	1.2%
	泌水率（%）	0	0	0	0	0.1	0.2	0.3	0.3	
聚羧酸	初始流动度（mm）	140	174	200	218	230	237	242	244	1.2%
	泌水率（%）	0.2	0.3	0.7	0.9	1.0	1.2	1.3	1.3	

注：聚羧酸为德国 BASF 聚羧酸减水剂 Rheoplus26（LC）；萘系为江苏博特新材料有限公司 SBTJM®-A 萘系高效减水剂。

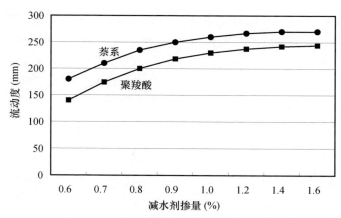

图 6-20　减水剂掺量对过硫磷石膏矿渣水泥净浆流动度的影响

　　由图 6-20 可见，随着减水剂掺量的增加，过硫磷石膏矿渣水泥流动度逐渐趋于稳定，当减水剂掺量达到 1.2% 时，水泥净浆流动度基本不变，所以所用的两种减水剂的饱和掺量点均为 1.2% 左右。

　　（2）减水剂饱和掺量条件下静浆流动度经时损失率

　　在饱和掺量点（1.2%）下，试验减水剂的静浆流动度经时损失率，结果如图 6-21 所示。

　　由图 6-21 可见，C3 试样与聚羧酸系和萘系减水剂有较好的相容性，3h 流动度损失最大为 12.3%。这主要是因为，在水泥水化初期，带电荷的减水剂离子吸附于水泥颗粒表面，由于电荷间的斥力作用，使水泥颗粒得到很好的分散，所以初始流动度比较大。随着水化反应的进行，水泥熟料与水反应生成的 Ca^{2+} 与减水剂分子链中的阴离子基团发生络合，与水化产物相互搭接，增大了水泥浆体的黏度，这便是浆体流动度逐渐降低的原因[27]。随着矿渣中的 Ca^{2+} 和 Al^{3+} 逐渐溶解于水泥浆体中并参与反应，大量的水化产物生成水泥浆体逐渐失去流动性。

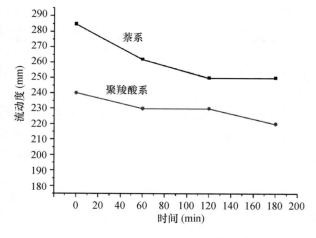

图 6-21　过硫磷石膏矿渣水泥净浆流动度的经时变化

6.2.5.2 减水剂对过硫磷石膏矿渣水泥凝结时间的影响

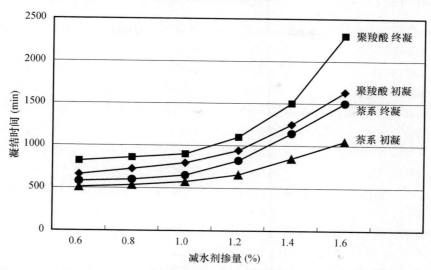

图 6-22 减水剂掺量对过硫磷石膏矿渣水泥凝结时间的影响

图 6-22 描述了减水剂掺量对过硫磷石膏矿渣水泥凝结时间的影响规律。可见，随着减水剂掺量的增加，初凝时间和终凝时间逐渐增加。两种减水剂的掺量超过 1.0% 以后，过硫磷石膏矿渣水泥的凝结时间均显著延长。这主要是因为加入减水剂后，一方面减水剂吸附在水泥颗粒表面，产生溶剂化膜妨碍水分子的靠近，水化速度减小，凝结时间延长；另一方面在水泥水化的碱性介质中，减水剂分子链中的阴离子基团（如—COO^-、—SO_3^-）与水化生成的 Ca^{2+} 发生络合，使游离 Ca^{2+} 浓度降低，从而延缓了矿渣的水化速度，使凝结时间延长。且作用效果随掺量的增加而增强，外加剂掺量越高对水化抑制作用越强。因此，宏观上表现为凝结时间随掺量的增加而增长。

6.2.5.3 减水剂对过硫磷石膏矿渣水泥强度的影响

按表 6-21 的配比制成过硫磷石膏矿渣水泥，并称取 450g，然后加入一袋 ISO 标准砂（1350g），在胶砂搅拌锅中加入适量的水（外加剂预先溶在部分水中），使胶砂流动度在180～190mm 之间。其余试验方法全部按 GB/T 17671—1999《水泥胶砂强度检验方法》（ISO 法）进行。外加剂对过硫磷石膏矿渣水泥强度的影响，见表 6-21。

表 6-21 外加剂对磷石膏基水泥强度的影响

编号	外加剂种类	外加剂掺量（%）	水泥配比（%）			水（g）	减水率（%）	流动度（mm）	3d 强度（MPa）		28d 强度（MPa）	
			熟料	磷石膏	矿渣				抗折	抗压	抗折	抗压
W0	不加	0	4	55	41	220	0	185	3.5	14.1	8.6	48.2
J1	聚羧酸	1.2	4	55	41	152	30.9	180	4.5	27.1	7.8	50.2
N1	萘系	1.2	4	55	41	170	22.7	185	8.1	24.8	11.9	47.1

注：聚羧酸为德国 BASF 聚羧酸减水剂 Rheoplus26（LC）；萘系为江苏博特新材料有限公司 SBTJM®－A 萘系高效减水剂。

由表 6-21 可见，加外加剂后过硫磷石膏矿渣水泥强度得到显著提高，特别是加聚羧酸减水剂，减水率可高达 30.9%，3d 抗压强度提高 92.2%，28d 抗压强度提高 4.1%。

6.2.6 磷石膏的改性

以上试验表明，使用未经处理的磷石膏，通过添加适量矿渣粉、石灰石和少量钢渣或硅酸盐水泥熟料，能制备出磷石膏掺量达 45%，28d 抗压强度达 48MPa 以上的过硫磷石膏矿渣水泥。这种水泥可大量消耗磷石膏，对于加快我国磷石膏的资源化利用和节能减排具有十分重要的现实意义。但该水泥还存在凝结时间过长（初凝时间将近 7h，终凝时间大于 11h），早期强度低（3d 抗压强度 5MPa 左右，7d 抗压强度 15MPa 左右）的问题，使其在实际应用中受到许多限制。

提高过硫磷石膏矿渣水泥的早期强度的方法，以上试验表明，可以用熟料替代钢渣，并提高矿渣和熟料的比表面积。此外，上述试验和大量的文献资料[21-31]已经证实，磷石膏中的可溶性磷等杂质是造成水泥凝结时间延长、早期强度偏低的主要原因。可溶性磷主要以 H_3PO_4、$H_2PO_4^-$ 和 HPO_4^{2-} 三种形态存在，分布在二水石膏晶体表面，其含量随磷石膏粒度增加而增加[27]。这些杂质不仅延缓了胶结材的凝结硬化，而且削弱了硬化体间的粘结力，使水化产物晶体粗化、结构疏松，从而导致硬化体强度降低[28]。

在磷石膏-矿渣-熟料胶凝体系中，由于磷石膏作为基体材料掺量很大，磷石膏中的有害杂质大大延缓了胶凝组分的水化，这是造成水泥凝结时间过长、早期强度低的主要原因。

因此，为了改善过硫磷石膏矿渣水泥的早期性能，需要对磷石膏进行改性。

6.2.6.1 钢渣改性磷石膏

（1）改性磷石膏适宜钢渣掺量

矿渣是过硫磷石膏矿渣水泥中主要的胶凝组分，充分激发矿渣的水硬活性是提高过硫磷石膏矿渣水泥性能的关键，矿渣水化形成钙矾石所需的碱度范围为 pH 值为 10.8～12.5，最适宜的 pH 值为 11.8，因此可通过控制浆体的 pH 值来确定改性磷石膏所需的钢渣掺量。

将 1%、2%、3%、4%、5%、10% 的钢渣分别与磷石膏混合，按水固比为 0.5 在水泥胶砂搅拌机中搅拌均匀后，于 20℃ 温度下静置 24h，然后抽滤，并用 pH 计测定滤液的 pH 值。各试样 pH 值测定结果如图 6-23 所示。

由图 6-23 可见，在磷石膏中掺入钢渣后，磷石膏由酸性变成碱性（pH 由 4.20 增加到 10.50 以上），随着钢渣掺量由 1% 增加到 5%，磷石膏的 pH 值不断增大，且呈线性增长，在 5% 左右时钢渣掺量趋于饱和，继续增大钢渣掺量，pH 值增加幅度很小。

由于形成钙矾石的最佳 pH 值为 11.80 左右，pH 值过低或者过高均不利于水泥强度的增长，且考虑到磷石膏基水泥中采用熟料作为碱性激发剂会增加体系的碱度，所以确定预处理磷石膏的钢渣掺量为 2%，磷石膏经钢渣中和改性后 pH 值为 11.30。

图 6-23　钢渣掺量对改性磷石膏 pH 值的影响

（2）改性磷石膏的陈化时间

在磷石膏中外掺 2% 的钢渣，按水固比为 0.5 在水泥胶砂搅拌机中搅拌均匀后，于 20℃ 温度下分别陈化 24h、48h 和 72h，然后于 80℃ 烘箱中烘干，在 $\phi 500mm \times 500mm$ 试验小磨中粉磨至比表面积为 500m²/kg 左右备用。过硫磷石膏矿渣水泥配比为：熟料 4%、改性磷石膏 45%、矿渣 41%、石灰石 10%。通过测定标准稠度用水量、凝结时间、改性磷石膏滤液 pH 值及胶砂强度，以研究磷石膏改性工艺对过硫磷石膏矿渣水泥性能的影响。试验结果见表 6-22，其中 A0 为空白样（所用磷石膏为未处理的磷石膏）。

表 6-22　陈化时间对过硫磷石膏矿渣水泥性能的影响

试样编号	陈化时间（h）	磷石膏 pH 值	标准稠度（%）	凝结时间（h：min）		3d 强度（MPa）		7d 强度（MPa）		28d 强度（MPa）	
				初凝	终凝	抗折	抗压	抗折	抗压	抗折	抗压
A0	0	4.2	30.1	6：25	11：20	1.5	5.3	3.5	14.1	6.8	38.8
A1	24	11.3	31.3	5：50	9：25	2.6	10.7	4.4	20.1	6.9	37.8
A2	48	9.9	31.4	5：35	9：50	2.6	8.9	4.7	20.2	7.5	38.4
A3	72	10.5	31.6	5：40	9：35	2.8	9.8	4.4	19.0	6.5	35.2

由表 6-22 试验结果可见，磷石膏经 2% 钢渣改性后，过硫磷石膏矿渣水泥的凝结时间均有较大程度缩短。由图 6-24 可见，水泥的 3d、7d 强度均明显上升，28d 强度则变化不大。随着陈化时间的延长，改性磷石膏滤液 pH 值降低，水泥的强度并没有明显提升，甚至下降。因此，延长磷石膏的陈化时间对去除磷石膏中的杂质没有帮助。这可能是由于采用的钢渣中和磷石膏，只能除去磷石膏中的可溶磷和氟等杂质，而磷石膏中的共晶磷则无法通过延长陈化时间除去。有关研究[23,25]表明，磷石膏在 800℃ 温度下煅烧处理，可除去磷石膏中的共晶磷。

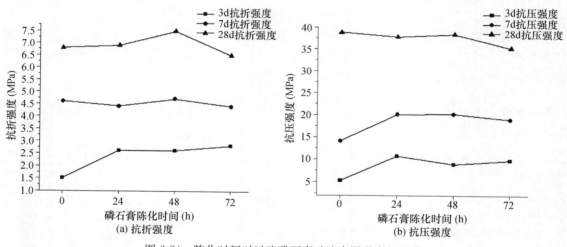

图 6-24　陈化时间对过硫磷石膏矿渣水泥强度的影响

因此，磷石膏改性工艺为：在磷石膏中外掺 2% 钢渣粉，以水固比为 0.5 搅拌均匀，在 20℃ 温度下静置 24h，然后于 80℃ 温度下烘干后，再粉磨备用。

（3）钢渣改性磷石膏对水泥性能的影响

由于改性磷石膏带入了部分钢渣，改变了磷石膏-矿渣-熟料体系的碱度，可能会对硅酸盐水泥熟料的最佳掺量产生影响。因此有必要进行配合比试验，以确定采用钢渣改性磷石膏后，过硫磷石膏矿渣水泥中硅酸盐水泥熟料的最佳掺量。

将经过钢渣改性的磷石膏和没有改性的原状磷石膏、硅酸盐水泥熟料、矿渣、石灰石，按表 6-23 的配比进行配料，在混料机中混合均匀后成型，测定凝结时间、标准稠度用水量以及抗折强度和抗压强度，结果见表 6-23。

表 6-23　钢渣改性磷石膏对水泥性能的影响

试样编号	配比（%）					标准稠度（%）	凝结时间（h：min）		3d强度（MPa）		7d强度（MPa）		28d强度（MPa）	
	熟料	矿渣	改性磷石膏	原状磷石膏	石灰石		初凝	终凝	抗折	抗压	抗折	抗压	抗折	抗压
C1	2	43	—	45	10	30.1	8：10	13：05	0	1.8	1.7	5.4	7.3	42.0
C2	3	42	—	45	10	31.3	7：15	12：15	0.9	3.3	2.5	10.1	7.0	44.8
C3	4	41	—	45	10	31.4	6：28	11：20	1.4	4.3	3.5	13.2	7.6	48.8
C4	5	40	—	45	10	31.6	6：02	10：43	1.6	5.8	3.7	15.1	7.3	41.4
P1	2	43	45	—	10	31.2	5：25	13：20	0.8	2.3	2.0	7.4	8.0	41.3
P2	3	42	45	—	10	31.0	5：00	11：35	1.2	4.1	2.8	11.9	7.6	44.4
P3	4	41	45	—	10	31.0	4：43	10：40	1.8	5.8	3.6	14.8	8.0	47.7
P4	5	40	45	—	10	31.3	4：16	9：55	1.9	6.3	3.9	16.5	7.2	42.7

从表 6-23 中 C1～C4 试样和 P1～P4 试样的凝结时间测定结果可见，在相同配比的情况下，磷石膏经 2.0% 钢渣改性后，水泥的初凝时间缩短了 30% 左右，终凝时间也有所改善，并且随着熟料掺量的增加，水泥凝结时间不断缩短。

由表 6-23 中 C 系列和 P 系列的强度测定结果可见，同系列试样的 3d、7d 抗折和抗压强度都随着熟料掺量的增加而增大，而 28d 强度则均随着熟料掺量的增加先增大后减小，在熟料掺量为 4% 时，强度达到最高，继续增加熟料掺量，强度反而降低。

C 系列与 P 系列不同熟料掺量试样的 3d 抗折、抗压强度对比如图 6-25 所示。可见，磷石膏经钢渣改性后，水泥的 3d 抗折、抗压强度均有不同程度的提高，尤其是当熟料掺量为 4%（C3、P3）时，钢渣改性磷石膏能显著提高水泥的早期强度。

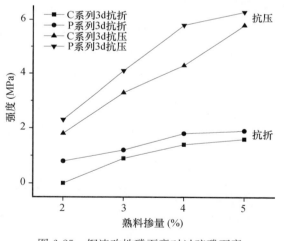

图 6-25　钢渣改性磷石膏对过硫磷石膏
矿渣水泥强度的影响

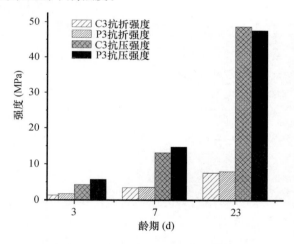

图 6-26　C3 和 P3 试样强度对比

图 6-26 为配比相同，但所掺磷石膏为未经改性的 C3 试样和经 2.0% 钢渣改性的 P3 试样的强度对比。可见，磷石膏经钢渣改性后，过硫磷石膏矿渣水泥的 3d 强度提高了 30% 左右，但 28d 强度稍有降低。

在磷石膏-矿渣-熟料胶凝体系水化时，可溶性磷转化为难溶的磷酸盐覆盖在水泥熟料表面，形成一层难以渗透的薄膜，从而导致水化变慢；另一方面，可溶性磷的弱酸性也推迟了液相中矿渣水化所需要碱度的出现，这就大大延缓了该体系中矿渣的水化，从而导致凝结时间过长，早期强度偏低。磷石膏通过加入 2.0%的钢渣改性后，pH 由 4.20 提高到了 11.30。钢渣中的 $Ca(OH)_2$ 与磷石膏中的可溶性磷和可溶性氟等杂质反应，生成难溶的 $Ca_3(PO_4)_2$ 沉淀，有效固结或固化了磷石膏中的缓凝杂质，从而加快了过硫磷石膏矿渣水泥早期水化速度，使水泥的凝结时间缩短，早期强度提高。

综合以上分析，磷石膏经 2.0%钢渣改性，能有效提高过硫磷石膏矿渣水泥的早期性能，但对 28d 强度影响不大。使用钢渣改性磷石膏进行配料，体系中硅酸盐水泥熟料的最佳掺量仍为 4.0%。

6.2.6.2 钢渣改性磷石膏浆

原状磷石膏均含有大量水分，可以在原状磷石膏中加入适量钢渣粉搅拌后，再烘干成改性磷石膏粉，然后制备与传统水泥外观相同的粉末状水泥。但是，烘干磷石膏需要耗费大量能源，而且制成的粉末状水泥在使用时又要加水制成水泥混凝土或者水泥砂浆。如果将改性磷石膏制成浆，使用时再配入矿渣粉、熟料粉、砂石等，直接制成水泥砂浆或混凝土，将可以节省大量能源。

（1）改性磷石膏浆制备与熟料适宜掺量

熟料矿渣粉制备：提高熟料粉磨细度，可显著提高过硫磷石膏矿渣水泥的早期性能。由于熟料掺量不多，所以通过适当增加熟料的粉磨细度来改善过硫磷石膏矿渣水泥的早期性能，在经济上是可行的。但是，由于熟料单独粉磨较细时，容易糊磨，如将熟料和矿渣一起粉磨可有效避免糊磨，便于实际生产。所以，将云南宜良水泥厂熟料破碎并通过 0.315mm 筛，与武汉钢铁有限公司矿渣按熟料∶矿渣＝4∶4 的比例，在试验室小磨中，混合粉磨至比表面积为 587.5m²/kg 备用。

矿渣粉制备：将武钢矿渣烘干后，在试验室小磨中，粉磨至比表面积为 540m²/kg 备用。

钢渣粉制备：将山西交城水泥厂的钢渣破碎烘干后，在试验室小磨中，粉磨至比表面积为 435.4m²/kg 备用。

改性磷石膏浆：将湖北黄麦岭磷化工有限公司的磷石膏，按磷石膏（干基，扣除自由水）∶钢渣＝45∶1 的比例，外加 50%的水（含磷石膏中的水），在带有陶瓷球的混料机中混合 10min 取出备用。

将上述物料，按表 6-24 的配比（注意：表中所列为干基配比，改性磷石膏浆含有33.33%自由水，称量时要增加所带入水分的质量），按 1∶3 的胶砂比配入标准砂，在胶砂搅拌锅中再补充适量的水（外加剂预先溶在部分水中），使胶砂流动度在 180～190mm 之间。砂浆凝结时间按照 JGJ/T 70—2009《建筑砂浆基本性能试验方法》中水泥砂浆凝结时间测定方法进行。其余试验方法按 GB/T 17671—1999《水泥胶砂强度检验方法》（ISO 法）进行。熟料对改性磷石膏浆配制的过硫磷石膏矿渣水泥性能的影响，见表 6-24。

表 6-24 熟料对改性磷石膏浆过硫磷石膏矿渣水泥的影响

编号	熟料矿渣（%）	矿渣（%）	改性磷石膏浆（%）	BASF（%）	胶砂凝结时间（h∶min）	3d（MPa）		28d（MPa）	
						抗折	抗压	抗折	抗压
W50	8	46	46	0.4	8∶08	3.3	10.8	9.6	49.7
W51	10	44	46	0.4	7∶45	3.9	14.3	8.9	47.7
W52	12	42	46	0.4	7∶22	4.5	15.6	7.8	42.7

续表

编号	熟料矿渣（%）	矿渣（%）	改性磷石膏浆（%）	BASF（%）	胶砂凝结时间（h：min）	3d（MPa）		28d（MPa）	
						抗折	抗压	抗折	抗压
W53	14	40	46	0.4	7：30	5.2	17.4	9.6	40.6
W54	16	38	46	0.4	7：25	5.4	16.9	10.2	37.2

注：BASF 为德国 BASF 聚羧酸减水剂 Rheoplus26（LC）。

由表 6-24 可见，熟料矿渣粉掺量从 8% 增加到 16% 时（熟料掺量从 4% 增加到 8%），过硫磷石膏矿渣水泥 3d 强度显著增加，但 28d 强度显著下降，砂浆凝结时间变化不大。对过硫磷石膏矿渣水泥性能的影响规律与使用改性磷石膏粉时相同，熟料的适宜掺量仍为 4% 左右。

（2）改性磷石膏浆陈化时间的影响

熟料矿渣粉制备：将云南宜良水泥厂的熟料破碎并通过 0.315mm 筛，与武钢矿渣按熟料：矿渣＝4：4 的比例，在试验室小磨中，混合粉磨至比表面积为 639m²/kg 备用。

矿渣粉制备：将武汉钢铁有限公司的矿渣烘干后，在试验室小磨中，粉磨至比表面积为 493m²/kg 备用。

钢渣粉制备：将山西交城破碎钢渣破碎烘干后，在试验室小磨中，粉磨至比表面积为 435.4m²/kg 备用。

改性磷石膏浆制备：将湖北黄麦岭磷石膏，按磷石膏（干基，扣除自由水）：钢渣＝45：1 的比例，外加 50% 的水（含磷石膏中的水），在带有陶瓷球的混料机中混合 10min 取出，密封保存 0d、1d、2d、3d 后，进行如下试验。

将上述物料，按表 6-25 的配比，按 1：3 的胶砂比配入标准砂，在胶砂搅拌锅中再补充适量的水（外加剂预先溶在部分水中），使胶砂流动度在 180～190mm 之间。采用与上述相同的试验方法，改性磷石膏浆陈化时间对过硫磷石膏矿渣水泥性能的影响，见表 6-25。

表 6-25　改性磷石膏浆陈化时间对过硫磷石膏矿渣水泥性能的影响

编号	陈化时间（d）	熟料矿渣（g）	矿渣（g）	改性磷石膏浆（g）	BASF（%）	水（g）	标准砂（g）	流动度（mm）	砂浆凝结时间（h：min）	3d 强度（MPa）		7d 强度（MPa）		28d 强度（MPa）	
										抗折	抗压	抗折	抗压	抗折	抗压
W3	0	8	46	46	0.5	38.1	300	189	6：35	3.4	16.1	6.3	30.8	8.0	51.0
W4	1	8	46	46	0.5	38.6	300	180	6：00	3.7	15.6	6.3	29.5	8.3	51.5
W5	2	8	46	46	0.5	39.0	300	186	5：55	3.9	16.4	6.5	31.0	8.8	51.9
W6	3	8	46	46	0.5	39.0	300	185	5：48	4.0	16.3	6.6	30.0	9.2	51.4

注：表中改性磷石膏浆为干基配比，实际含有 33.33% 的自由水，外加水量包含这部分自由水量。

由表 6-25 可见，改性磷石膏浆的陈化时间对过硫磷石膏矿渣水泥砂浆的强度影响不大，随着陈化时间延长，水泥砂浆的凝结时间稍有缩短，砂浆的需水量稍有增大。总体上改性磷石膏的陈化时间对过硫磷石膏矿渣水泥的性能影响不大，这在生产上可以将改性磷石膏浆储存于池中，使用时再抽出用于配料，给过硫磷石膏矿渣水泥砂浆或混凝土的生产带来了便利。

（3）使用改性磷石膏浆时的适宜外加剂掺量

为了研究钢渣改性磷石膏浆配制的过硫磷石膏矿渣水泥中的适宜外加剂种类及其掺量，进行了如下试验。

熟料矿渣粉制备：将云南宜良水泥厂的熟料破碎并通过 0.315mm 筛，与武汉钢铁有限公司的矿渣按熟料：矿渣＝4：4 的比例，在试验室小磨中，混合粉磨至比表面积为 554m²/kg 备用。

矿渣粉制备：将武汉钢铁有限公司的矿渣烘干后，在试验室小磨中，粉磨至比表面积为 $493m^2/kg$ 备用。

钢渣粉制备：将山西交城水泥厂的钢渣破碎烘干后，在试验室小磨中，粉磨至比表面积为 $435.4m^2/kg$ 备用。

改性磷石膏浆制备：将湖北黄麦岭磷化工有限公司的磷石膏，按磷石膏（干基，扣除自由水）：钢渣＝45：1 的比例，外加 50% 的水（含磷石膏中的水），在带有陶瓷球的混料机中混合 10min 取出备用。

BASF 为德国 BASF 公司生产的聚羧酸减水剂 Rheoplus26（LC）；母液为配制聚羧酸减水剂用的主剂聚羧酸。

将上述物料，按表 6-26 的配比，在胶砂搅拌锅中再补充适量的水（外加剂预先溶在部分水中），使胶砂流动度在 180～190mm 之间。采用与上述相同的试验方法，外加剂种类和掺量对钢渣改性的过硫磷石膏矿渣水泥性能的影响，见表 6-26。

由表 6-26 可见，适宜的 BASF 减水剂的掺量为过硫磷石膏矿渣水泥质量的 0.4%，掺量继续提高，水泥砂浆的需水量虽然在减少，但水泥的凝结时间显著延长，3d 强度大幅度降低。标准型聚羧酸减水剂（母液）的适宜掺量为过硫磷石膏矿渣水泥质量的 0.2%，掺量继续提高，水泥砂浆的需水量也在减少，但水泥的凝结时间也有较大幅度的延长，但 3d 强度降低幅度相对较小。

由于市场上出售的聚羧酸减水剂中，通常都含有缓凝物质，所以掺量较大时会显著延长过硫磷石膏矿渣水泥的凝结时间和降低过硫磷石膏矿渣水泥的早期强度。用标准型聚羧酸减水剂（母液）来替代聚羧酸减水剂，由于不含缓凝物质，这些影响会小很多，所以过硫磷石膏矿渣水泥混凝土中采用标准型聚羧酸减水剂（母液）作为减水剂较为合适。

表 6-26　外加剂种类和掺量对过硫磷石膏矿渣水泥性能的影响

编号	矿渣熟料（g）	矿渣（g）	改性磷石膏浆（g）	BASF（g）	母液（g）	标准砂（g）	水（g）	流动度（mm）	砂浆凝结时间（h：min）	3d 强度（MPa）		28d 强度（MPa）	
										抗折	抗压	抗折	抗压
W10	8	46	46	0	—	300	49.7	190	4：23	2.8	10.1	7.0	39.1
W11	8	46	46	0.4	—	300	38.9	189	3：36	4.3	15.3	9.6	52.6
W12	8	46	46	0.8	—	300	36.6	185	16：41	2.7	11.2	9.2	49.4
W13	8	46	46	1.2	—	300	33.7	183	18：22	0.7	1.7	9.1	51.1
H2	8	46	46		0.1	300	43.2	180	4：10	3.9	12.2	8.6	41.3
H3	8	46	46		0.2	300	38.8	181	3：30	4.7	16.7	9.8	53.7
H4	8	46	46		0.3	300	37.0	183	5：55	4.5	15.3	9.5	52.2
H5	8	46	46		0.4	300	35.1	187	10：25	4.1	14.1	9.0	49.7

注：表中改性磷石膏浆为干基配比，实际含有 33.33% 的自由水，外加水量包含这部分自由水量。

（4）改性磷石膏浆及半成品细度的影响

熟料矿渣粉制备：将云南宜良水泥厂的熟料破碎并通过 0.315mm 筛，与武汉钢铁有限公司的矿渣按熟料：矿渣＝4：4 的比例，分三次在试验室小磨中分别混合粉磨不同时间，得到三个不同细度的熟料矿渣粉，分别测定其比表面积为 $554m^2/kg$、$629m^2/kg$、$698m^2/kg$。

矿渣粉制备：将武汉钢铁有限公司的矿渣烘干后，分三次在试验室小磨中单独粉磨不同时间，得到三个不同细度的矿渣粉，分别测定其比表面积为 $435m^2/kg$、$511m^2/kg$、$561m^2/kg$。

钢渣粉制备：将山西交城水泥厂的钢渣破碎烘干后，在试验室小磨中，粉磨至比表面积为 $435.4m^2/kg$ 备用。

取湖北黄麦岭磷化工有限公司的磷石膏（含固量90%），按磷石膏（干基，扣除自由水）：钢渣＝45∶1的比例，外加50%的水（含磷石膏中的水），每磨1kg物料（不包括水），分三次在带有陶瓷球的混料机中混合粉磨10min、30min和50min后取出，测定0.08mm筛筛余分别为2.3%、1.0%和0.6%。为了准确计算磷石膏浆的自由水含量，混料机及混料球使用前应预先在水中浸上1h。

将上述物料，按表6-27～表6-29的配比，按1∶3的胶砂比配入标准砂，在胶砂搅拌锅中再补充适量的水（外加剂预先溶在部分水中），使胶砂流动度在180～190mm之间。采用与上述相同的试验方法，各原料的细度对过硫磷石膏矿渣水泥性能的影响，见表6-27～表6-29。其中改性磷石膏浆均为干基配比，实际含有33.33%的自由水，表中的外加水量包含这部分自由水量。

表6-27 熟料矿渣比表面积对过硫磷石膏矿渣水泥性能的影响

编号	熟料矿渣比表面积（m^2/kg）	熟料矿渣（g）	矿渣（g）	改性磷石膏浆（g）	BASF（%）	标准砂（g）	水（g）	流动度（mm）	砂浆凝结时间（h∶min）	3d强度（MPa） 抗折	3d强度（MPa） 抗压	7d强度（MPa） 抗折	7d强度（MPa） 抗压	28d强度（MPa） 抗折	28d强度（MPa） 抗压
W20	554	8	46	46	0.5	300	83.0	185	6∶20	4.5	19.5	7.2	34.8	9.9	50.0
W21	629	8	46	46	0.5	300	84.5	181	6∶11	4.6	18.7	7.9	36.2	8.5	50.8
W22	698	8	46	46	0.5	300	86.0	182	4∶27	4.7	20.5	7.6	35.9	8.7	52.7

注：矿渣粉的比表面积为 $561m^2/kg$，改性磷石膏浆的细度为1.0%。

表6-28 矿渣比表面积对过硫磷石膏矿渣水泥性能的影响

编号	矿渣比表面积（m^2/kg）	熟料矿渣（g）	矿渣（g）	改性磷石膏浆（g）	BASF（%）	标准砂（g）	水（g）	流动度（mm）	凝结时间（h∶min）	3d强度（MPa） 抗折	3d强度（MPa） 抗压	7d强度（MPa） 抗折	7d强度（MPa） 抗压	28d强度（MPa） 抗折	28d强度（MPa） 抗压
W23	435	8	46	46	0.5	300	86.0	185	7∶24	3.2	13.5	5.6	27.3	8.2	44.5
W24	511	8	46	46	0.5	300	87.0	189	6∶47	3.6	14.0	6.2	29.2	7.6	45.0
W25	561	8	46	46	0.5	300	86.0	182	4∶27	4.7	20.2	7.6	35.9	8.7	52.7

注：熟料矿渣粉的比表面积为 $698m^2/kg$，改性磷石膏浆的细度为1.0%。

表6-29 改性磷石膏细度对过硫磷石膏矿渣水泥性能的影响

编号	改性磷石膏浆细度（%）	熟料矿渣（g）	矿渣（g）	改性磷石膏浆（g）	BASF（%）	标准砂（g）	水（g）	流动度（mm）	砂浆凝结时间（h∶min）	3d强度（MPa） 抗折	3d强度（MPa） 抗压	7d强度（MPa） 抗折	7d强度（MPa） 抗压	28d强度（MPa） 抗折	28d强度（MPa） 抗压
W26	2.3	8	46	46	0.5	300	86.0	182	7∶33	2.1	9.8	3.7	17.9	6.0	32.2
W27	1.0	8	46	46	0.5	300	78.0	180	7∶21	3.4	13.8	6.1	29.3	8.1	45.3
W28	0.6	8	46	46	0.5	300	76.0	182	7∶12	3.2	13.3	5.5	28.0	7.5	44.9

注：熟料矿渣粉的比表面积为 $554m^2/kg$，矿渣粉的比表面积为 $435m^2/kg$。

提高熟料矿渣粉的比表面积可以显著提高过硫磷石膏矿渣水泥的早期强度并有效缩短过硫磷石膏矿渣水泥的凝结时间。由表6-27可见，当熟料矿渣粉的比表面积大于 $554m^2/kg$ 后，继续增大熟料矿渣粉的比表面积，对过硫磷石膏矿渣水泥强度的提高已不再显著，只是需水量有所增大，凝结时间有所缩短。

由表 6-28 可见，提高矿渣粉的比表面积，可显著提高过硫磷石膏矿渣水泥的各龄期强度并缩短过硫磷石膏矿渣水泥的凝结时间，但对过硫磷石膏矿渣水泥的需水量却影响不大。

由表 6-29 可见，提高改性磷石膏浆的粉磨细度，可显著提高过硫磷石膏矿渣水泥的各龄期强度，但细度达到一定程度后，继续磨细，会使过硫磷石膏矿渣水泥各龄期强度稍有下降。

6.2.6.3　钢渣矿渣复合改性磷石膏浆

（1）新鲜磷石膏的影响

刚下生产线的磷石膏称为新鲜磷石膏，如果用新鲜磷石膏制备过硫磷石膏矿渣水泥，会对过硫磷石膏矿渣水泥的早期强度和凝结时间产生巨大的影响，使过硫磷石膏矿渣水泥的早期强度大幅度下降，凝结时间大幅度延长。从如下试验数据可看出其影响。

熟料矿渣粉制备：将云南宜良水泥厂的熟料破碎并通过 0.315mm 筛，与武汉钢铁有限公司的矿渣按熟料：矿渣＝4：4 的比例，在试验室小磨中，混合粉磨至比表面积为 554m²/kg 备用。

矿渣粉制备：将武汉钢铁有限公司的矿渣烘干后，在试验室小磨中，粉磨至比表面积为 535.5m²/kg 备用。

钢渣粉制备：将山西交城水泥厂的钢渣破碎烘干后，在试验室小磨中，粉磨至比表面积为 435.4m²/kg 备用。

钢渣改性陈化磷石膏浆制备：将湖北黄麦岭磷化工有限公司的磷石膏（露天堆放半年以上），按磷石膏（干基，扣除自由水）：钢渣＝45：1 的比例，外加 50％ 的水（含磷石膏中的水），在带有陶瓷球的混料机中混合 10min 取出备用，称为陈化磷石膏浆。

钢渣改性新鲜磷石膏浆制备：将湖北黄麦岭磷化工有限公司的磷石膏（刚下生产线，堆放时间小于 1 个月），按磷石膏（干基，扣除自由水）：钢渣＝45：1 的比例，外加 50％ 的水（含磷石膏中的水），在带有陶瓷球的混料机中混合 10min 取出备用，称为新鲜磷石膏浆。

将上述物料，按表 6-30 所示的配比，在胶砂搅拌锅中再补充适量的水（外加剂预先溶在部分水中），使胶砂流动度在 180～190mm 之间。采用与上述相同的试验方法，不同磷石膏对过硫磷石膏矿渣水泥性能的影响，见表 6-30。表中磷石膏浆均为干基配比，实际含有 33.33％ 的自由水，表中的外加水量包含这部分自由水量。

表 6-30　不同磷石膏对过硫磷石膏矿渣水泥性能的影响

编号	矿渣熟料 (g)	矿渣 (g)	陈化磷石膏浆 (g)	新鲜磷石膏浆 (g)	母液 (g)	标准砂 (g)	水 (g)	流动度 (mm)	砂浆凝结时间 (h:min)	3d强度 (MPa) 抗折	3d强度 (MPa) 抗压	28d强度 (MPa) 抗折	28d强度 (MPa) 抗压
H7	8	46	46	—	0.2	300	39.9	181	4:13	4.0	13.1	7.5	37.4
H10	8	46		46	0.2	300	37.2	180	20:33	0.8	2.0	9.0	36.0

注：H10 试样由于凝结时间太长，脱模时间延长至 3d。

由表 6-30 可见，使用新鲜磷石膏，即使进行钢渣改性后，过硫磷石膏矿渣水泥的凝结时间也大幅度延长，早期强度大幅度下降。用堆放半年以上的陈化磷石膏，经钢渣改性后所配制的过硫磷石膏矿渣水泥的凝结时间（h:min）约为 4:13，而新鲜磷石膏（堆放 1 个以内）用同样的方法制备得到的过硫磷石膏矿渣水泥，其凝结时间（h:min）约为 20:00，凝结时间被大幅度地延长了。3d 强度也一样，从 13.1MPa 降到了 2.0MPa，也大幅度地降低了。所以，在实际生产中，应禁止使用新鲜磷石膏生产过硫磷石膏矿渣水泥，必须堆放一定时间或用更好的改性方法改性后再使用。

（2）矿渣钢渣复合改性磷石膏

由于新鲜磷石膏会大幅度降低过硫磷石膏矿渣水泥的早期性能，而且单用钢渣改性还达不到生产的要求，故以下探讨矿渣钢渣复合改性磷石膏的方法。

熟料矿渣粉制备：将云南宜良水泥厂的熟料破碎并通过 0.315mm 筛，与武汉钢铁有限公司的矿渣按熟料：矿渣＝4：4 的比例，在试验室小磨中，混合粉磨至比表面积为 542m²/kg 备用。

矿渣粉制备：将武汉钢铁有限公司的矿渣烘干后，在试验室小磨中，粉磨至比表面积为 514m²/kg 备用。

钢渣粉制备：将山西交城水泥厂的钢渣破碎烘干后，在试验室小磨中，粉磨至比表面积为 435.4m²/kg 备用。

4510 磷石膏浆制备：将湖北黄麦岭磷化工有限公司刚下线的新鲜磷石膏（pH＝4.7），按磷石膏（干基，扣除自由水）：矿渣粉：钢渣粉＝45：1：0 的比例，外加 50% 的水（含磷石膏中的水），在带有陶瓷球的混料机中混合 10min 取出，陈化 3d 后再搅拌均匀使用，使用时测定的 pH 值为 6.0。

4411 磷石膏浆制备：将湖北黄麦岭磷化工有限公司刚下线的新鲜磷石膏（pH＝4.7），按磷石膏（干基，扣除自由水）：矿渣粉：钢渣粉＝44：1：1 的比例，外加 50% 的水（含磷石膏中的水），在带有陶瓷球的混料机中混合 10min 取出，陈化 3d 后再搅拌均匀使用，使用时测定的 pH 值为 6.5。

4312 磷石膏浆制备：将湖北黄麦岭磷化工有限公司刚下线的新鲜磷石膏（pH＝4.7），按磷石膏（干基，扣除自由水）：矿渣粉：钢渣粉＝43：1：2 的比例，外加 50% 的水（含磷石膏中的水），在带有陶瓷球的混料机中混合 10min 取出，陈化 3d 后再搅拌均匀使用，使用时测定的 pH 值为 7.0。

4213 磷石膏浆制备：将湖北黄麦岭磷化工有限公司刚下线的新鲜磷石膏（pH＝4.7），按磷石膏（干基，扣除自由水）：矿渣粉：钢渣粉＝42：1：3 的比例，外加 50% 的水（含磷石膏中的水），在带有陶瓷球的混料机中混合 10min 取出，陈化 3d 后再搅拌均匀使用，使用时测定的 pH 值为 7.5。

将上述物料，按表 6-31 所示的配比，以 1：3 的胶砂比配入标准砂，在胶砂搅拌锅中再补充适量的水（外加剂预先溶在部分水中），使胶砂流动度在 180～190mm 之间。采用与上述相同的试验方法，矿渣钢渣复合改性磷石膏对过硫磷石膏矿渣水泥性能的影响，见表 6-31。表中磷石膏浆均为干基配比，实际含有 33.33% 的自由水，表中的外加水量包含这部分自由水量。

表 6-31　矿渣钢渣复合改性磷石膏对过硫磷石膏矿渣水泥性能的影响

编号	熟料矿渣(g)	矿渣(g)	4510磷石膏浆(g)	4411磷石膏浆(g)	4312磷石膏浆(g)	4213磷石膏浆(g)	母液(g)	水(g)	流动度(mm)	砂浆凝结时间(h：min)	砂浆pH	3d强度(MPa)		7d强度(MPa)		28d强度(MPa)	
												抗折	抗压	抗折	抗压	抗折	抗压
h14	8	46	46	—	—	—	0.2	39.6	185	6：15	12.5	2.1	5.8	6.5	29.5	9.0	44.1
h15	8	46	—	46	—	—	0.2	39.9	187	6：12	13.0	2.3	6.2	7.7	29.5	10.6	46.4
h16	8	46	—	—	46	—	0.2	40.1	180	4：19	13.0	6.2	18.7	9.6	29.5	10.9	37.7
h17	8	46	—	—	—	46	0.2	39.9	188	4：47	13.0	6.2	18.6	9.5	28.2	11.7	38.4

由表 6-31 可见，对于新鲜磷石膏，用矿渣和钢渣进行复合改性，可以取得显著的效果。在矿渣钢渣复合改性磷石膏中，磷石膏：矿渣：钢渣为 45：1：0 和 44：1：1 时，即钢渣比

例较小时，过硫磷石膏矿渣水泥的凝结时间还比较长，3d 强度还比较低；当磷石膏：矿渣：钢渣为 43：1：2 时，过硫磷石膏矿渣水泥的 3d 强度显著提高，凝结时间显著缩短，但 28d 强度明显下降。继续提高钢渣的比例，凝结时间和早期强度变化不大。

（3）矿渣钢渣复合改性磷石膏时陈化时间的影响

为了探讨实际生产中改性磷石膏浆池所需的容量，以及陈化时间长短对改性磷石膏性能的影响，进行了如下试验。

熟料矿渣粉制备：将云南宜良水泥厂的熟料破碎并通过 0.315mm 筛，与武汉钢铁有限公司的矿渣按熟料：矿渣=4：4 的比例，在试验室小磨中，混合粉磨至比表面积为 542m²/kg 备用。

矿渣粉制备：将武汉钢铁有限公司的矿渣烘干后，在试验室小磨中，粉磨至比表面积为 514m²/kg 备用。

钢渣粉制备：将山西交城水泥厂的钢渣破碎烘干后，在试验室小磨中，粉磨至比表面积为 435.4m²/kg 备用。

0h 磷石膏浆制备：将湖北黄麦岭磷化工有限公司刚下线的磷石膏（pH=4.7），按磷石膏（干基，扣除自由水）：矿渣粉：钢渣粉=43：1：2 的比例，外加 50% 的水（含磷石膏中的水），在带有陶瓷球的混料机中混合 10min 取出，不陈化立即进行凝结时间和强度试验，使用时改性磷石膏浆的 pH 值为 8.52。

8h 磷石膏浆制备：将湖北黄麦岭磷化工有限公司刚下线的磷石膏（pH=4.7），按磷石膏（干基，扣除自由水）：矿渣粉：钢渣粉=43：1：2 的比例，外加 50% 的水（含磷石膏中的水），在带有陶瓷球的混料机中混合 10min 取出，陈化 8h 后再搅拌均匀使用，使用时的改性磷石膏浆的 pH 值为 8.01。

16h 磷石膏浆制备：将湖北黄麦岭磷化工有限公司刚下线的磷石膏（pH=4.7），按磷石膏（干基，扣除自由水）：矿渣粉：钢渣粉=43：1：2 的比例，外加 50% 的水（含磷石膏中的水），在带有陶瓷球的混料机中混合 10min 取出，陈化 16h 后再搅拌均匀使用，使用时的改性磷石膏浆的 pH 值为 8.10。

1d 磷石膏浆制备：将湖北黄麦岭磷化工有限公司刚下线的磷石膏（pH=4.7），按磷石膏（干基，扣除自由水）：矿渣粉：钢渣粉=43：1：2 的比例，外加 50% 的水（含磷石膏中的水），在带有陶瓷球的混料机中混合 10min 取出，陈化 1d 后再搅拌均匀使用，使用时的改性磷石膏浆的 pH 值为 8.17。

2d 磷石膏浆制备：将湖北黄麦岭磷化工有限公司刚下线的磷石膏（pH=4.7），按磷石膏（干基，扣除自由水）：矿渣粉：钢渣粉=43：1：2 的比例，外加 50% 的水（含磷石膏中的水），在带有陶瓷球的混料机中混合 10min 取出，陈化 2d 后再搅拌均匀使用，使用时的改性磷石膏浆的 pH 值为 8.15。

3d 磷石膏浆制备：将湖北黄麦岭磷化工有限公司刚下线的磷石膏（pH=4.7），按磷石膏（干基，扣除自由水）：矿渣粉：钢渣粉=43：1：2 的比例，外加 50% 的水（含磷石膏中的水），在带有陶瓷球的混料机中混合 10min 取出，陈化 3d 后再搅拌均匀使用，使用时的改性磷石膏浆的 pH 值为 8.27。

4d 磷石膏浆制备：将湖北黄麦岭磷化工有限公司刚下线的磷石膏（pH=4.7），按磷石膏（干基，扣除自由水）：矿渣粉：钢渣粉=43：1：2 的比例，外加 50% 的水（含磷石膏中的水），在带有陶瓷球的混料机中混合 10min 取出，陈化 4d 后再搅拌均匀使用，使用时的改性磷石膏浆的 pH 值为 8.02。

表 6-32　磷石膏改性的陈化时间对过硫磷石膏矿渣水泥性能的影响

编号	熟料矿渣(g)	矿渣(g)	0h 磷石膏浆(g)	8h 磷石膏浆(g)	16h 磷石膏浆(g)	1d 磷石膏浆(g)	2d 磷石膏浆(g)	3d 磷石膏浆(g)	4d 磷石膏浆(g)	砂浆凝结时间(h:min)	砂浆pH	3d强度(MPa)		7d强度(MPa)		28d强度(MPa)	
												抗折	抗压	抗折	抗压	抗折	抗压
H26	8	46	46	—	—	—	—	—	—	6:19	10.9	1.3	3.5	6.4	28.0	8.4	41.3
H27	8	46	—	46	—	—	—	—	—	5:26	11.1	5.3	15.1	9.1	30.3	10.7	40.3
H28	8	46	—	—	46	—	—	—	—	4:37	11.2	5.7	16.0	8.3	27.9	9.9	36.0
H18	8	46	—	—	—	46	—	—	—	4:12	11.2	6.6	17.6	11.1	30.7	12.2	38.7
H19	8	46	—	—	—	—	46	—	—	4:23	10.8	6.8	19.7	10.3	31.9	11.9	38.9
H20	8	46	—	—	—	—	—	46	—	4:11	11.2	7.6	19.7	11.0	32.0	11.8	40.9
H21	8	46	—	—	—	—	—	—	46	4:20	11.4	7.7	19.6	11.9	32.4	12.2	40.9

　　将上述物料，按表 6-32 所示的配比，以 1:3 的胶砂比配入标准砂，在胶砂搅拌锅中再补充适量的水（外加剂预先溶在部分水中），使胶砂流动度在 180～190mm 之间。聚羧酸母液的掺量均为 0.2%。采用与上述相同的试验方法，矿渣钢渣复合改性磷石膏浆的陈化时间对过硫磷石膏矿渣水泥性能的影响，见表 6-32。

　　由表 6-32 可见，矿渣钢渣改性磷石膏浆的陈化时间对过硫磷石膏矿渣水泥的性能有显著的影响。矿渣钢渣改性磷石膏浆不陈化马上用于配制过硫磷石膏矿渣水泥时，过硫磷石膏矿渣水泥的 3d 强度很低，凝结时间偏长。陈化时间达到 8h 后，过硫磷石膏矿渣水泥的 3d 强度显著提高，凝结时间显著缩短。继续延长陈化时间，过硫磷石膏矿渣水泥的 3d 强度继续缓慢增长，凝结时间缓慢缩短。当陈化时间达到 2d 后，过硫磷石膏矿渣水泥的早期强度和凝结时间基本上不再变化，但过硫磷石膏矿渣水泥的性能也不会劣化。因此，建议在实际生产中，矿渣钢渣改性磷石膏需陈化 8h 以后再使用。

　　（4）采用钢渣泥替代钢渣粉复合改性磷石膏

　　钢渣泥：取自武汉宏德钢渣处理有限公司，是湿法粉磨钢渣并选铁后排出来的钢渣泥浆，经测定，其自由水含量为 50%；0.08mm 筛筛余量为 2.3%；取小样烘干后，用研磨轻轻压碎，然后测定其比表面积为 713m²/kg。

　　P·O 42.5 普通硅酸盐水泥：取自武汉凌云水泥厂生产的 P·O42.5 普通硅酸盐水泥，测定密度为 3.1g/cm³，比表面积为 331m²/kg。

　　矿渣粉：取自武汉武新新材料有限公司立磨生产的 S95 级矿渣粉，测定密度为 2.87g/cm³，比表面积为 404m²/kg。

　　4504 改性磷石膏浆：将取自武汉市中东化工股份有限公司生产的磷石膏（测定出自由水含量），按磷石膏（干基，扣除自由水）:钢渣泥（干基）:矿粉＝45:0:0.4 的比例，外加 70% 的水（含磷石膏和钢渣浆中的水），在带有陶瓷球的混料机中混合 10min 取出，陈化 8h 后再搅拌均匀使用。使用时的改性磷石膏浆 pH 值为 5.2。

　　4514 改性磷石膏浆：将取自武汉市中东化工股份有限公司生产的磷石膏（测定出自由水含量），按磷石膏（干基，扣除自由水）:钢渣泥（干基）:矿粉＝45:1:0.4 的比例，外加 70% 的水（含磷石膏和钢渣浆中的水），在带有陶瓷球的混料机中混合 10min 取出，陈化 8h 后再搅拌均匀使用。使用时的改性磷石膏浆 pH 值为 6.5。

　　4524 改性磷石膏浆：将取自武汉市中东化工股份有限公司生产的磷石膏（测定出自由水含量），按磷石膏（干基，扣除自由水）:钢渣泥（干基）:矿粉＝45:2:0.4 的比例，外加

70%的水（含磷石膏和钢渣浆中的水），在带有陶瓷球的混料机中混合 10min 取出，陈化 8h 后再搅拌均匀使用。使用时的改性磷石膏浆 pH 值为 7.4。

　　4534 改性磷石膏浆：将取自武汉市中东化工股份有限公司生产的磷石膏（测定出自由水含量），按磷石膏（干基，扣除自由水）：钢渣泥（干基）：矿粉＝45：3：0.4 的比例，外加 70%的水（含磷石膏和钢渣浆中的水），在带有陶瓷球的混料机中混合 10min 取出，陈化 8h 后再搅拌均匀使用。使用时的改性磷石膏浆 pH 值为 7.7。

　　将上述物料，按表 6-33 所示的配比，以 1：3 的胶砂比配入标准砂，在胶砂搅拌锅中再补充适量的水（外加剂预先溶在部分水中），使胶砂流动度在 180～190mm 之间。聚羧酸母液的掺量均为 0.2%。采用与上述相同的试验方法，矿渣钢渣泥复合改性磷石膏浆对过硫磷石膏矿渣水泥性能的影响，见表 6-33。

　　由表 6-33 可见，随着钢渣泥比例的增加，过硫磷石膏矿渣水泥的早期强度显著提高。当磷石膏：钢渣泥：矿渣粉达到 45：2：0.4 时，再增加钢渣泥的比例，过硫磷石膏矿渣水泥的早期强度不再增长。因此，用钢渣泥替代钢渣粉，同时用 P·O 42.5 普通硅酸盐水泥替代熟料矿渣粉，同样也可制备出性能满足要求的过硫磷石膏矿渣水泥。

表 6-33　矿渣钢渣泥复合改性磷石膏浆对过硫磷石膏矿渣水泥性能的影响

编号	42.5 水泥 (g)	4504 磷石膏浆 (g)	4514 磷石膏浆 (g)	4524 磷石膏浆 (g)	4534 磷石膏浆 (g)	立磨矿粉 (g)	水 (g)	流动度 (mm)	砂浆凝结时间 (h：min)	3d 强度 (MPa) 抗折	3d 强度 (MPa) 抗压	28d 强度 (MPa) 抗折	28d 强度 (MPa) 抗压
H90	6	45.4	—	—	—	48.6	39.1	181	8：58	0	0	1.8	5.0
H91	6	—	46.4	—	—	47.6	40.5	182	8：45	2.4	7.6	6.7	41.6
H92	6	—	—	47.4	—	46.6	41.3	185	8：27	3.3	13.2	6.8	43.1
H93	6	—	—	—	48.4	45.6	41.6	186	8：18	3.1	13.2	7.1	40.0

6.2.6.4　矿渣硅酸盐水泥改性磷石膏浆

　　在以上介绍的过硫磷石膏矿渣水泥配比中，需要用熟料矿渣粉、矿渣粉和钢渣粉，由于市场上没有熟料矿渣粉出售，有的地方也没有钢渣粉出售，所以需要自己粉磨，给生产带来麻烦。为了简化过硫磷石膏矿渣水泥的生产工艺，本节探讨用硅酸盐水泥替代熟料矿渣粉，用矿渣硅酸盐水泥替代矿渣和钢渣粉，进行磷石膏改性。

　　P·Ⅱ 52.5 硅酸盐水泥：取自武汉钢华水泥有限公司生产的 P·Ⅱ 52.5 硅酸盐水泥，测定密度为 3.12g/cm³，比表面积为 385m²/kg。

　　P·S 32.5 矿渣硅酸盐水泥：取自武汉钢华水泥有限公司生产的 P·S 32.5 矿渣硅酸盐水泥，测定密度为 2.91g/cm³，比表面积为 409m²/kg。

　　立磨矿渣粉：取自武汉钢华水泥有限公司立磨生产的矿渣粉，测定密度为 2.87g/cm³，比表面积为 421m²/kg。

　　球磨矿渣粉：取自武汉绿色鑫源水泥厂球磨机生产的矿渣粉，测定密度为 2.87g/cm³，比表面积为 396m²/kg。

　　45-0 矿渣硅酸盐水泥改性磷石膏浆：将湖北黄麦岭磷化工有限公司刚下线的磷石膏与 P·S 32.5 矿渣硅酸盐水泥，按磷石膏（干基，扣除自由水）：P·S 32.5 水泥＝45：0 的比例，在砂浆搅拌机中搅拌均匀（搅拌时需要加一定的水分，大概自由水含量 15%左右），用塑料袋密封在养护室中陈化 3d 后，再外加 70%的水（含磷石膏中的水），在带有陶瓷球的混料机中混合 10min 取出，测定 pH 值为 5.62。

45-1 矿渣硅酸盐水泥改性磷石膏浆：将湖北黄麦岭磷化工有限公司刚下线的磷石膏与 P·S 32.5 矿渣硅酸盐水泥，按磷石膏（干基，扣除自由水）：P·S 32.5 水泥＝45：1 的比例，在砂浆搅拌机中搅拌均匀（搅拌时需要加一定的水分，大概自由水含量 15% 左右），用塑料袋密封在养护室中陈化 3d 后，再外加 70% 的水（含磷石膏中的水），在带有陶瓷球的混料机中混合 10min 取出，测定 pH 值为 7.58。

45-2 矿渣硅酸盐水泥改性磷石膏浆：将湖北黄麦岭磷化工有限公司刚下线的磷石膏与 P·S 32.5 矿渣硅酸盐水泥，按磷石膏（干基，扣除自由水）：P·S 32.5 水泥＝45：2 的比例，在砂浆搅拌机中搅拌均匀（搅拌时需要加一定的水分，大概自由水含量 15% 左右），用塑料袋密封在养护室中陈化 3d 后，再外加 70% 的水（含磷石膏中的水），在带有陶瓷球的混料机中混合 10min 取出，测定 pH 值为 10.65。

45-3 矿渣硅酸盐水泥改性磷石膏浆：将湖北黄麦岭磷化工有限公司刚下线的磷石膏与 P·S 32.5 矿渣硅酸盐水泥，按磷石膏（干基，扣除自由水）：P·S 32.5 水泥＝45：3 的比例，在砂浆搅拌机中搅拌均匀（搅拌时需要加一定的水分，大概自由水含量 15% 左右），用塑料袋密封在养护室中陈化 3d 后，再外加 70% 的水（含磷石膏中的水），在带有陶瓷球的混料机中混合 10min 取出，测定 pH 值为 11.29。

将上述物料，按表 6-34 的配比，以 1：3 的胶砂比配入标准砂，在胶砂搅拌锅中再补充适量的水（外加剂预先溶在部分水中），使胶砂流动度在 180～190mm 之间。聚羧酸母液的掺量均为 0.2%。采用与上述相同的试验方法，矿渣硅酸盐水泥改性磷石膏对过硫磷石膏矿渣水泥性能的影响，见表 6-34。

表 6-34　矿渣硅酸盐水泥改性磷石膏对过硫磷石膏矿渣水泥性能的影响

编号	52.5 水泥 (g)	立磨 矿粉 (g)	球磨 矿粉 (g)	45-0 改性石膏 (g)	45-1 改性石膏 (g)	45-2 改性石膏 (g)	45-3 改性石膏 (g)	水 (g)	流动度 (mm)	砂浆凝结时间 (h：min)	3d 强度 (MPa) 抗折	3d 强度 (MPa) 抗压	28d 强度 (MPa) 抗折	28d 强度 (MPa) 抗压
H60	4.5	50.5	—	45	—	—	—	29.2	213	9：17	0.0	0.0	10.4	32.7
H61	4.5	49.5	—	—	46	—	—	28.9	251	9：22	0.0	0.0	10.7	33.5
H62	4.5	48.5	—	—	—	47	—	28.7	242	8：48	1.5	4.4	10.7	37.2
H63	4.5	47.5	—	—	—	—	48	28.4	231	8：03	3.3	9.5	11.3	36.6
H64	4.5	—	50.5	45	—	—	—	29.2	200	9：12	0.0	0.0	9.3	41.7
H65	4.5	—	49.5	—	46	—	—	28.9	192	8：26	0.4	0.7	7.2	37.4
H66	4.5	—	48.5	—	—	47	—	28.7	185	7：59	0.6	0.9	7.6	39.5
H67	4.5	—	47.5	—	—	—	48	28.4	175	8：21	4.5	12.0	9.5	37.4

注：H60、H61、H64 三个试样 3d 还未硬化。

由表 6-34 可见，用矿渣硅酸盐水泥也可以对新鲜磷石膏进行改性，但需要提高矿渣硅酸盐水泥与磷石膏的比例，磷石膏与矿渣硅酸盐水泥的质量比例达到 45：3 时，过硫磷石膏矿渣水泥的 3d 强度才可以达到可接受的水平。随着矿渣硅酸盐水泥改性磷石膏浆中的矿渣硅酸盐水泥比例的提高，过硫磷石膏矿渣水泥的砂浆凝结时间有所缩短，但需水量变化不大。此外，还可以看出，在其他条件都基本相同的情况下，用球磨机粉磨的矿渣粉的活性高于用立磨粉磨的矿渣粉，所配制的过硫磷石膏矿渣水泥的强度较高。

6.2.6.5　水洗改性磷石膏

考虑到新鲜磷石膏中所含有的对水化进程起阻碍作用的可溶性杂质（可溶性 P，可溶性 F）及一些有机物（磷矿浮选剂）的存在，在固定磷石膏掺量为 45％，钢渣掺量为 2％，矿渣掺量为 49％，熟料掺量为 4％，聚羧酸母液掺量 0.23％的情况下，研究水洗磷石膏对过硫磷石膏矿渣水泥性能的影响。

（1）自来水改性磷石膏

磷石膏水洗方法：

首先，对新鲜磷石膏进行含水率的测定，根据自由水含量，按照干基磷石膏 : 自来水 = 1 : 1.5 的质量比例，将新鲜磷石膏和自来水在搅拌锅内拌合水洗，至磷石膏与水形成均匀混合液后，静置陈化 1d，然后去除表面漂浮物及多余水分，搅拌均匀，取少量进行自由水含量的测定，并密封保存备用。用同样的方法，对已经水洗过一次的水洗磷石膏再次水洗，得到二次水洗磷石膏。同样，可得到三次水洗磷石膏。

水洗改性磷石膏浆的制备：

按水洗磷石膏 : 钢渣 : 矿渣 = 45 : 2 : 0.4 的比例，配制好磷石膏、钢渣和矿渣的混合料，按照干基混合料 : 水 = 1 : 0.55 的比例加入自来水，然后在带有陶瓷球的混料机中混合 10min 取出，密封陈化 1d 后，用于砂浆成型，得到目标试样。养护到不同龄期，测得抗折强度及抗压强度，结果见表 6-35。

由表 6-35 可见，水洗改性磷石膏可以显著提高过硫磷石膏矿渣水泥的早期强度，没有水洗的过硫磷石膏矿渣水泥 3d 抗压强度只为 1.9MPa，经一次水洗后的过硫磷石膏矿渣水泥的 3d 强度即达到了 13.3MPa，水洗两次后为 20.0MPa，水洗三次则达到了 30.9MPa。同时，还可看出，随着水洗次数的增加，水洗磷石膏的 pH 值也不断得到提高，由水洗前 2.29，三次水洗后达到了 3.35。说明磷石膏中的部分可溶性酸性物质，溶解于水中，以废水的形式脱离了磷石膏，从而使得磷石膏的 pH 值得以提升，为后续的磷石膏改性提供了良好的条件。

表 6-35　自来水洗磷石膏对过硫磷石膏矿渣水泥性能的影响

试样 编号	水洗 次数	水洗后磷 石膏 pH 值	3d 强度（MPa）		7d 强度（MPa）		28d 强度（MPa）	
			抗折	抗压	抗折	抗压	抗折	抗压
E1	0	2.29	0.5	1.9	8.5	40.5	9.5	60.8
E2	1	2.60	4.0	13.3	9.5	42.8	9.7	55.3
E3	2	2.96	6.1	20.0	12.9	45.2	10.4	61.4
E4	3	3.35	8.7	30.9	11.4	46.3	11.2	52.9

此外，还发现水洗试验时，在新鲜磷石膏第一次水洗时，液体表面会漂浮一层黑色油状物质，得到的废液也较为浑浊。而第二次水洗时，液体表面的黑色油状漂浮物质就基本不存在了，陈化后，上面的液体也较为清澈。这黑色油状物质可能为磷矿浮选剂，是一种复合高级醇，油状液体，微溶于水，密度比水小，有刺激性气味，该物质可能对过硫磷石膏矿渣水泥的凝结时间和早期强度有较大的影响。

（2）循环水改性磷石膏

为了减少废水的排放和节约用水，尝试用水洗后的废水再次用于水洗磷石膏。将磷石膏一次水洗之后的废水收集后，去除表面黑色油状物质，得到较清的废液，利用其对新鲜磷石膏进行一次水洗。之后按照上述的试验方法进行试验，得到不同龄期抗折、抗压强度，见表 6-36。

由表6-36可见，自来水洗的过硫磷石膏矿渣水泥在3d时就已经获得了13.3MPa的抗压强度，随后抗压强度快速提高，在7d时达到42.8MPa，在这之后增长速率较之前减小，在28d时达到55.3MPa。而循环水洗过硫磷石膏矿渣水泥3d的抗压强度则较低，仅为3.8MPa，但之后强度得到迅速发展，在7d时达到44.1MPa，28d时达到了60.9MPa。

表 6-36   循环水洗磷石膏对过硫磷石膏矿渣水泥性能的影响

试样 编号	水洗 用水	3d 强度（MPa）		7d 强度（MPa）		28d 强度（MPa）	
		抗折	抗压	抗折	抗压	抗折	抗压
F1	自来水	4.0	13.3	9.5	42.8	9.7	55.3
F2	循环水	0.9	3.8	7.5	44.1	9.7	60.9

由于循环水是一次水洗新鲜磷石膏后的废水，其中溶解了大部分新鲜磷石膏中有碍水化进程的可溶性杂质。所以，当用它来再次水洗新鲜磷石膏时，由于已溶解的杂质对新鲜磷石膏中待溶解的杂质的溶解起阻碍作用，导致循环水洗磷石膏中仍然残留不少有碍水化进行的杂质，水洗效果明显低于自来水洗效果。最终导致，循环水洗过硫磷石膏矿渣水泥的早期强度明显低于自来水洗的过硫磷石膏矿渣水泥。

虽然采用循环水洗的过硫磷石膏矿渣水泥的早期强度不如采用自来水洗的高，但相较于不水洗而言，过硫磷石膏矿渣水泥早期强度还是有比较大的提高。而且，循环水洗方法节能、环保，没有废水排出，可以清除掉新鲜磷石膏中的黑色油状物质，一定程度改善过硫磷石膏矿渣水泥的早期性能，大大实现了资源的有效利用及废物利用，还算是一种可以考虑采用的方法。

6.2.7   过硫磷石膏矿渣水泥及制品的生产工艺流程

根据以上研究结果，可将过硫磷石膏矿渣水泥的生产工艺分为：原料烘干、半成品粉磨及成品计量混合几个工序，其生产工艺流程如图6-27所示。

众所周知，水泥是半成品，最终都需要拌制成混凝土或砂浆使用。在拌制成混凝土或砂浆的过程中，除了再加入砂、石集料外，还得加入不少水进行搅拌。如果过硫磷石膏矿渣水泥采用湿法生产，即在上述生产工艺流程中，磷石膏采用湿磨的方法，不仅磷石膏不需要进行烘干，而且磷石膏浆中的水可全部用于拌合混凝土或砂浆。不仅可以节省大量能耗，减少二次污染，而且还可大幅度降低生产成本。

因此，可将过硫磷石膏矿渣水泥混凝土及制品的生产工艺分为：磷石膏预处理、原料粉磨、混凝土搅拌及成型和养护等几个工序。根据具体情况，部分原料也可以外购，以便简化生产工艺流程。完整的过硫磷石膏矿渣水泥混凝土及制品的生产工艺流程，如图6-28所示。

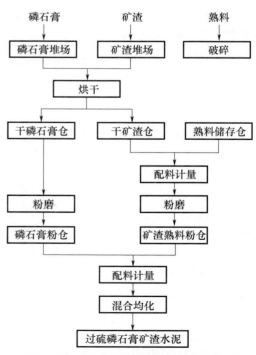

图 6-27   过硫磷石膏矿渣水泥工艺流程示意图

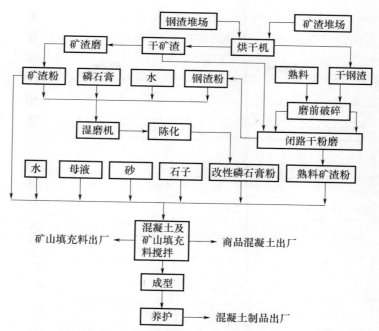

图 6-28 完整的过硫磷石膏矿渣水泥混凝土及制品生产流程示意图

主要工艺过程包括以下几个部分：

（1）磷石膏预处理

由于磷石膏含有一些酸性物质和有机物杂质等，会严重影响过硫磷石膏矿渣水泥的凝结时间和早期强度，所以必须进行预处理。磷石膏预处理主要有露天堆存、水洗及中和改性几种方法。

露天堆存就是将磷石膏堆放在堆场中自然陈化，日晒雨淋一段时间，虽然简单，但需要较长时间，通常需要 3 个月以上。

水洗就是将磷石膏用淡水搅拌沉淀后，放掉表面的水，剩下的磷石膏即可使用，最好能反复水洗 2 次以上。水洗虽然成本也很低，但有二次污水污染的问题，所以如果清洗水不能回到磷化工生产线中去，二次污水处理问题比较麻烦。

中和改性的方法就是将磷石膏、矿渣粉、钢渣粉按照 45∶1∶2 的比例（干基），加水湿磨制备成改性磷石膏浆，再陈化 1～3d 后即可使用，可有效消解磷石膏中的缓凝成分。

（2）原料粉磨

原料粉磨主要指熟料矿渣粉、钢渣粉、矿渣粉及改性磷石膏浆的粉磨。为了提高熟料的粉磨效率，通常在熟料中加入一定量的矿渣一起粉磨，称为熟料矿渣粉。熟料矿渣粉和钢渣粉用量很少，可以共用一台磨机，分别轮流粉磨。矿渣粉用量较大，而且磨机内部结构及钢球级配与熟料磨不同，所以最好能单独用一台磨机粉磨。使用球磨机，有利于产品性能提高，但也可用立磨，有利于节电。改性磷石膏浆的粉磨由于是湿磨，所以必须单独用一台磨机，磷石膏易磨性很好，产量高，所以磨机不需要多大。

矿渣粉和熟料矿渣粉及钢渣粉是决定过硫磷石膏水泥性能的重要因素，如果不能自行制备，则需要到定点厂家购买并严格约定质量要求。

（3）搅拌及成型

将改性磷石膏浆、熟料矿渣粉、矿渣粉、砂石、减水剂（聚羧酸母液）、水等原材料在搅拌机中拌合，在喷好脱模剂的模具中振动成型，码放，并盖上塑料膜养护到一定龄期后脱模。

（4）养护

脱模后的试件需适当喷水养护，以提高混凝土的强度。

为了简化生产工艺流程，熟料矿渣粉可以用外购的 P·O 42.5 普通硅酸盐水泥（或P·Ⅱ 52.5 硅酸盐水泥）代替，矿渣粉可外购，钢渣粉可用钢渣选铁厂（湿磨）排出的钢渣泥（或普通硅酸盐水泥）代替，生产工艺流程即可简化，如图 6-29 所示。

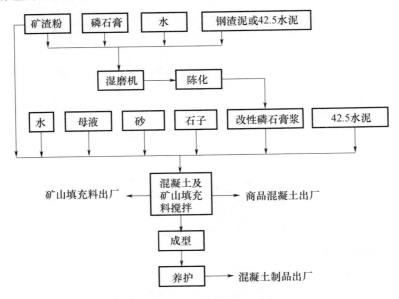

图 6-29　简化的过硫磷石膏矿渣水泥混凝土及制品生产流程示意图

6.3　过硫磷石膏矿渣水泥的水化硬化

众所周知，石膏没有水硬性，是气硬性胶凝材料。用大量的磷石膏来制造水泥，为什么会有强度？为什么会有水硬性？它的水化产物是什么？又是如何硬化的？耐久性如何？为探究这些水泥组分、性能与结构之间的内在关系，还需进一步研究该水泥的水化过程、硬化机理，以及和水泥物理性能发展之间的关系。本章主要通过测定孔溶液 pH 值、XRD 和 SEM 分析并结合水泥组分与强度之间的关系，对过硫磷石膏矿渣水泥的水化产物、水化过程和水化机理，影响水化产物的因素等问题进行研究。

6.3.1　过硫磷石膏矿渣水泥的水化产物与水化过程

6.3.1.1　水化产物的 XRD 和 SEM 分析

将表 6-17 中的 C1～C4 试样，按标准稠度用水量制成水泥净浆，置于 20℃的养护箱中养护 24h 后再浸水养护。在不同龄期取出小块，用无水乙醇浸泡终止水化后于 35℃下烘干 1h，进行 XRD 和 SEM 分析。

图 6-30 为 C1、C2、C3、C4 试样水化 3d 的 XRD 分析结果。可见，过硫磷石膏矿渣水泥硬化浆体的主要成分为水化生成的钙矾石和反应剩余的二水石膏以及石灰石。从 C1 试样到C4 试样，钙矾石衍射峰逐渐增强，说明在该体系中，随着熟料掺量的增加，水化生成的钙矾

石含量越高。其中 C4 试样（熟料配比为 5%）的钙矾石衍射峰最高。结合图 6-19 中 C1～C4 试样 3d 强度的变化规律可以看出，早期钙矾石的形成能促进水泥强度的增长。

图 6-31 为 C3（配比为：磷石膏 45%、矿渣 41%、熟料 4%、石灰石 10%）试样 3d、7d、28d 的 XRD 分析结果。可见，随着水化龄期的延长，钙矾石衍射峰明显增强，这说明随着水化的发展，硬化浆体中钙矾石含量不断增加。

在各龄期的 XRD 图谱中均未发现 Ca(OH)$_2$ 的衍射峰，说明在水化初期，熟料水化生成的 Ca(OH)$_2$ 完全被消耗，与矿渣溶解出的各种离子反应生成钙矾石和 C-S-H 凝胶。

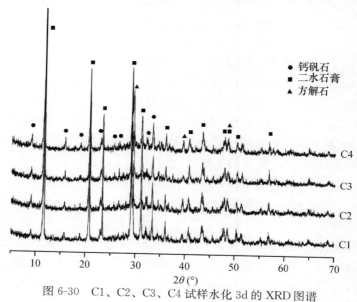

图 6-30　C1、C2、C3、C4 试样水化 3d 的 XRD 图谱

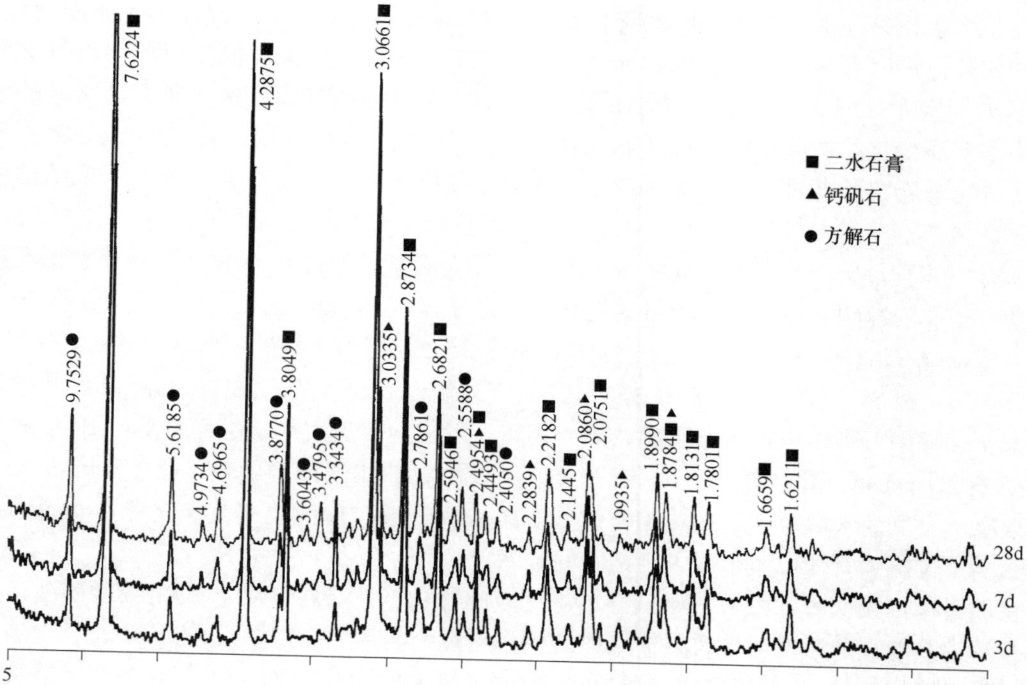

图 6-31　C3 试样水化 3d、7d、28d 的 XRD 图谱

| (a) 3d | (b) 7d | (c) 28d |

图 6-32　C3 试样水化的 SEM 图像

C3 试样 3d、7d、28d 水化产物的 SEM 图像如图 6-32 所示，SEM 分析结果与 XRD 分析结果一致，磷石膏-矿渣胶凝体系水化产物主要是针状、棒状的钙矾石和箔片状 C-S-H 凝胶。由图 6-32 可以看出，试样水化 3d 时，在磷石膏颗粒表面生成大量的针状钙矾石，钙矾石晶体相互交织、搭接，将原本分散的水泥颗粒及水化产物连接起来，在空间中形成骨架。少量箔片状 C-S-H 凝胶填充于钙矾石孔隙中。但是由于水化产物的生成量较少，整个空间仍有较多的孔洞存在，浆体密实度还比较差。从而导致水泥石结构比较疏松，强度较低。随着龄期的延长，水化反应不断进行，生成了越来越多的水化产物，各种水化产物逐渐填满原来由水占据的空间，构成一个结构越来越致密的硬化水泥浆体，使强度不断增长。由图6-32（c）试样水化 28d 的 SEM 图像可以看出，单独的颗粒已经很难被发现，水化产物已基本胶结在一起。未反应的磷石膏断面呈纤维状解理，周围被各种致密的水化产物所包裹，起着微集料填充作用。同时也可以看到，由于生成 AFt 时产生体积膨胀，在致密的水泥石内部出现了少量微裂缝，因此钙矾石的形成和浆体结构的致密化过程必须协调，否则过量的钙矾石会导致强度降低。

在整个水化过程中，水化产物凝胶相 C-S-H 凝胶和结晶相钙矾石的比例是不断变化的，水化初期是以钙矾石为主，而随着水化进行，尽管从 XRD 分析上可以看出，钙矾石不断形成，但从 SEM 图像上可以看出，水化后期 C-S-H 凝胶的比例越来越多，而且钙矾石的形貌也发生了明显变化，初期是以针状钙矾石为主，后期形成的钙矾石随着体系中 Ca^{2+} 浓度和液相 pH 值的降低，形成的是结晶细小的钙矾石并且与 C-S-H 凝胶交织在一起，形成结构密实的水化产物。

在过硫磷石膏矿渣水泥中，硅酸盐水泥熟料（或钢渣）的掺量对水化过程及水化产物的形成具有很大的影响。随着熟料掺量的提高，无论是 3d 还是 28d 水化龄期，钙矾石的生成量增多。过硫磷石膏矿渣水泥水化过程中形成钙矾石数量的多少，取决于体系中 Ca^{2+}、$Al(OH)_4^-$、和 SO_4^{2-} 浓度以及液相的 pH 值。在过硫磷石膏矿渣水泥中，由于磷石膏掺量很大，水化过程中石膏始终都是过剩的，因此钙矾石形成的多少由水化过程中 $Ca(OH)_2$ 的含量和 Al^{3+} 含量所控制。其中 $Ca(OH)_2$ 的含量取决于熟料的掺量以及熟料的水化速度；Al^{3+} 的含量取决于矿渣的水解速度，而液相的碱度对矿渣的水解速度影响很大，因此，熟料的掺量直接影响了过硫磷石膏矿渣水泥中钙矾石的数量。

在熟料掺量较低时，由于熟料自身水化形成的水化产物较少，而且液相碱度较低，矿渣的水化活性不能充分激发，导致浆体结构疏松，宏观上表现为强度较低。

在熟料掺量过量时，虽然熟料自身水化形成了更多的水化产物，也为矿渣水化提供了足够的碱性环境，但是由于在已经硬化的浆体内部持续形成过量的膨胀性钙矾石，导致浆体结构破坏，反而使得浆体的致密程度降低，从而导致强度降低。因此，在过硫磷石膏矿渣水泥中，作为碱性激发剂的熟料（或钢渣）掺量必须适量。

6.3.1.2 硬化水泥浆体的 pH 值

表 6-17 中的 C1 和 C3 试样制成的净浆，水化至不同时间后，破碎并用玛瑙研钵研磨后过 0.08mm 筛，按照水固比为 1：10 与蒸馏水混合，充分搅拌后放置 15min，用布氏漏斗抽滤后，滤液用精密 pH 计测定 pH 值，结果如图 6-33所示。

由图 6-33 可以看出，尽管试样 C1 和 C3 中熟料掺量分别为 2％ 和 4％，试样与水拌合后，液相的 pH 值都很快达到 12.5 左右。随着水化龄期的延长，液相 pH 值不断降低，熟料掺量多的试样降低幅度较慢，而熟料掺量少的试样降低幅度较快。水化到 28d 时，试样 C1 和 C3 的 pH 值都下降到 11.1 左右，熟料掺量高的试样 C3 略高于水泥掺量低的试样 C1。

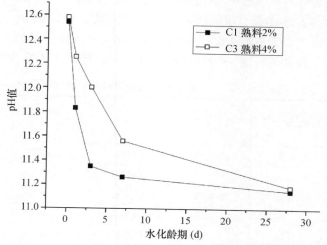

图 6-33　C1 和 C3 试样不同水化龄期的孔隙溶液 pH 值

6.3.1.3 过硫磷石膏矿渣水泥石 SO_3 溶出量

传统意义上石膏类建筑材料为气硬性胶凝材料，水化产物二水石膏搭接形成密实材料，在空气中继续保持强度，但在水中溶解度大，遇水后逐渐溶解，从而造成软化和强度降低。过硫磷石膏矿渣水泥通过材料设计，组分中的矿渣粉、钢渣粉和磷石膏在碱性环境下发生水化反应，形成的水化产物为 C-S-H 凝胶和钙矾石，在水中溶解度小，剩余的磷石膏及固体颗粒缝隙逐渐被水化产物所包裹、填充，磷石膏颗粒不会溶解，从而使过硫磷石膏矿渣水泥石具有稳定的耐水性，扩大了应用范围。为了确保在空气外的其他领域也可以使用该材料，需要对过硫磷石膏矿渣水泥水化产物的包裹效果进行评价，以保证材料的耐久性。

本项目自主研发的试验方案，主要通过利用碱性溶液对养护至 28d 龄期的过硫磷石膏矿渣硬化水泥石进行 SO_3 溶出，评价过硫磷石膏矿渣水泥水化产物对剩余磷石膏的包裹固化稳定性。由于磷石膏在不同酸碱度下的溶解度不同，因而需要模拟过硫磷石膏矿渣水泥水化过程中孔隙溶液的碱度，过硫磷石膏矿渣水泥水化产物的 pH 值大致为 11.3。为避免磷石膏在 $Ca(OH)_2$ 溶液中易与矿渣中的 SiO_2、Al_2O_3 等活性物质反应，影响检测结果的准确性。因此在进行 SO_3 溶出试验时，选择利用 NaOH 溶液而不是 $Ca(OH)_2$ 溶液调整 pH 值至 11.3。为了比较标准养护条件和淡水作用下，浆体组分部分溶解侵蚀后，水化产物对剩余磷石膏颗粒的包裹稳定性，测定静水和流动水中养护至 28d 龄期水泥石的 SO_3 溶出量；同时测定水泥石破碎或施加 80％ 最大载荷后（使水泥石内部产生许多裂纹），硬化体 SO_3 溶出量的变化情况，判定该水化体系中的磷石膏是持续溶出还是受凝胶包裹溶出量呈下降趋势，预测水化体系的安全性。钢渣粉通过提高过硫磷石膏矿渣水泥水化液相的碱度来促进水化硫铝酸钙的生成，进而缩短水泥的凝结时间并提高早期强度，设计采用两种不同钢渣粉掺量的改性磷石膏配比，测定养护至 28d 龄期水泥石的 SO_3 溶出量，比较磷石膏改性效果对水泥水化产物包裹效果的影响。

具体试验方法为将过硫磷石膏矿渣水泥浆成型为 2cm×2cm×2cm 试块，在 20℃的静水和流动水中分别养护 28d 后取出，测定质量，并分别将一部分试块静置 NaOH 溶液中（调整 pH 值 11.3）7～21d，测定溶液中的 SO_3 含量；同时将另一部分试体分别破碎和施加 80％载荷后静置在 NaOH 溶液中（调整 pH 值 11.3）7～21d；然后取出样品，搅拌 1h 后检测溶液中 SO_3 溶出量。试验结果，如表 6-37 及图 6-34 所示，图表中配比 1 的组成为：改性磷石膏 45％（含钢渣粉 4％），熟料矿渣粉 8％（熟料：矿渣=1：1），矿渣粉 47％。配比 2 的组成为：改性磷石膏 45％（含钢渣粉 5％），熟料矿渣粉 8％（熟料：矿渣=1：1），矿渣粉 47％。

表 6-37　过硫磷石膏矿渣水泥石 SO_3 溶出量的检测结果

样品配比	养护条件	试体状态	7dSO_3 溶出量（g/L）	7～14dSO_3 溶出量（g/L）	14～21dSO_3 溶出量（g/L）	21dSO_3 平均溶出速率 [g/(L·d)]
磷石膏	静止水	未破碎	1.11	1.00	0.82	0.140
配比 1	静止水	未破碎	0.23	0.21	0.15	0.028
		完全破碎	0.89	0.78	0.36	0.097
		施加 80％荷载	0.88	0.79	0.72	0.114
	流动水	未破碎	0.12	0.08	0.07	0.013
		完全破碎	0.92	0.78	0.75	0.117
		施加 80％荷载	0.72	0.33	0.13	0.056
配比 2	静止水	未破碎	0.15	0.08	0.05	0.013
		完全破碎	1.02	0.71	0.70	0.116
		施加 80％荷载	0.73	0.52	0.38	0.078
	流动水	未破碎	0.09	0.08	0.03	0.010
		完全破碎	0.93	0.79	0.77	0.119
		施加 80％荷载	0.71	0.25	0.21	0.056

以上试验结果表明，改性磷石膏中钢渣粉掺量的提高（4％提高到 5％）有助于水化产物的生成，进而提升对水泥石中固体颗粒和空隙的包裹及填充效应，SO_3 溶出量降低幅度最高达到 67％，平均溶出速度最高下降幅度为 54％。过硫磷石膏矿渣水泥石在流动水侵蚀作用下水化产物对于固体颗粒的包裹稳定性较好，不同溶出时间的 SO_3 溶出量和 SO_3 平均溶出速率与标准养护条件均比较接近。无论在静止水还是流动水环境中，过硫磷石膏矿渣水泥水化 28d 后，其水泥石的 7d、7～14d 和 14～21d 的 SO_3 溶出量分别为 0.09～0.23g/L、0.08～0.21g/L 和 0.03～0.77g/L，SO_3 平均溶出速率在 0.010～0.028g/(L·d)，远低于磷石膏相同龄期的 SO_3 溶出量和平均溶出速率。随着过硫磷石膏矿渣水泥石 SO_3 溶出时间的延长，水泥水化过程持续进行，其水化产物逐渐对磷石膏进行包裹，使得相同时间内溶液中 SO_3 的溶出量逐渐减小，溶出速率逐渐降低，并且与相同龄期磷石膏的溶出速率相比较小。但是如果将水化 28d 后的过硫磷石膏矿渣水泥石破碎或外部施加到接近破坏的载荷后（使水泥石内部产生许多裂纹），SO_3 溶出量就迅速增大。也就是说，在过硫磷石膏矿渣水泥石没有被完全破坏的情况下，其内部的磷石膏是很难溶解出来的，且随龄期增加 SO_3 溶出量降低，体系具有一定自愈能力。由此可以看出，硬化过硫磷石膏矿渣水泥在水中稳定性较好。

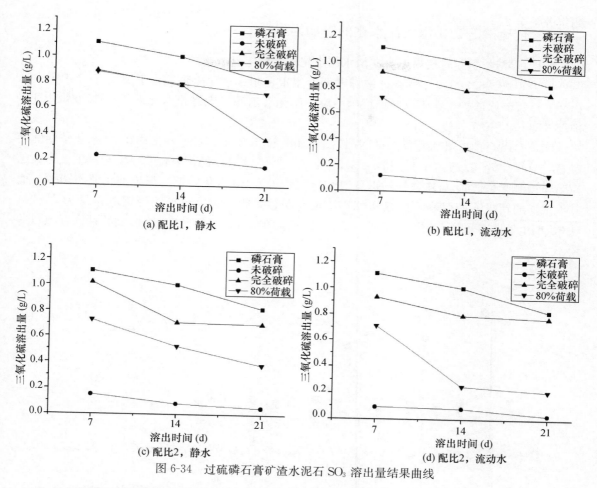

图 6-34　过硫磷石膏矿渣水泥石 SO_3 溶出量结果曲线

6.3.1.4　过硫磷石膏矿渣水泥的水化过程

综合以上分析，过硫磷石膏矿渣水泥的水化过程可总结如下：

过硫磷石膏矿渣水泥加水搅拌后，磷石膏立即从表面开始溶解，使液相中的 Ca^{2+} 离子和 SO_4^{2-} 浓度不断上升，很快达到饱和；同时，碱性激发剂（熟料或钢渣）也开始水化，熟料中的铝相 C_3A 和铁相 C_4AF 与溶于液相中的 Ca^{2+} 离子和 SO_4^{2-} 水化形成钙矾石，熟料中 C_3S 和 C_2S 水化形成 C-S-H 凝胶并放出 Ca^{2+} 离子，掺有钢渣时钢渣也发生水解放出 Ca^{2+} 离子；此时，液相的碱度不断上升，液相的 pH 很快达到 12.0 以上，为矿渣的水解创造了条件；早期的水化产物主要是在界面上或液相中形成钙矾石和 C-S-H 凝胶，起到骨架连接作用，使水泥浆体失去流动性，产生凝结。随着水化龄期延长，水化继续进行，矿渣在 Ca^{2+} 离子和 SO_4^{2-} 的双重激发作用下，开始水解，形成 C-S-H 凝胶和钙矾石；随着矿渣的不断水化，C-S-H 凝胶和钙矾石的不断生成，水泥浆体不断密实，使强度不断提高，矿渣水化形成钙矾石过程中消耗了部分 Ca^{2+} 离子，体系中的 Ca^{2+} 浓度不断下降，液相中的 pH 也开始下降，进入了水化后期；水化后期所形成的钙矾石的形貌与水化初期所形成的钙矾石明显不同，前者主要为针状，后者由于是低碱度条件下形成的，所以结晶较为细小，并与 C-S-H 凝胶交织在一起，从而使水泥石越来越密实，强度不断提高；剩余的磷石膏被厚厚的水化产物层严密包裹，不再继续溶解，从而使过硫磷石膏矿渣水泥具有了很好的水硬性。

6.3.2 过硫磷石膏矿渣水泥水化的影响因素

6.3.2.1 钢渣掺量对过硫磷石膏矿渣水泥水化的影响

将表 6-6 中的 D1～D4 试样,按标准稠度用水量制成水泥净浆,置于 20℃的养护箱中养护 24h 后再浸水养护。在不同龄期取出小块,用无水乙醇浸泡终止水化后于 35℃下烘干 1h,进行 XRD 和 SEM 分析。

D1～D4 试样在 3d 水化龄期的 XRD 图谱如图 6-35 所示。对比各试样在 3d 水化龄期的钙矾石衍射峰 [$d=9.7513$(Å)和 $d=5.5974$(Å)],试样 D1 的衍射峰明显低于其他试样,这说明当钢渣掺量低时(D1 试样的钢渣掺量为 5%),在 3d 水化龄期所形成的钙矾石最少,而其他试样的钙矾石衍射峰强度基本相当,没有明显差距。由此可见,当钢渣掺量为 5% 时,在 3d 水化龄期时水化产物明显减少,而掺量超过 10% 后,水化 3d 时所形成的钙矾石数量差距不大。

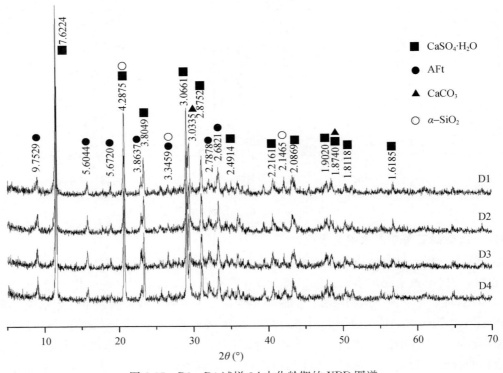

图 6-35　D1～D4 试样 3d 水化龄期的 XRD 图谱

D1～D4 试样水化 28d 的 XRD 图谱如图 6-36 所示。对比图中钙矾石的衍射峰,各试样水化到 28d 时,仍然是钢渣掺量最少的试样 D1 所形成的钙矾石最少,而钢渣掺量比较多的试样 D3 和 D4 所形成的钙矾石最多。

综合以上分析,试样在 3d、7d 和 28d 水化龄期,水化产物钙矾石的数量与钢渣掺量有关,钢渣掺量越高,形成的钙矾石量越多。在以钢渣为碱性激发剂的过硫磷石膏矿渣水泥中,主要的水化产物都是矿渣水化所形成的钙矾石和 C-S-H 凝胶,而该体系中钙矾石形成量的多少,也表明了矿渣水化的快慢,由此可见,随着钢渣掺量提高,体系中的碱度提高,矿渣水化速度加快。

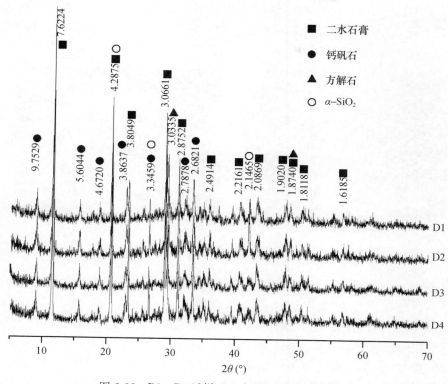

图 6-36　D1～D4 试样 28d 水化龄期的 XRD 图谱

(a) D1　　　　　　　　(b) D2　　　　　　　　(c) D3

图 6-37　D1～D3 试样 3d 水化龄期的 SEM 图像

　　试样 D1、D2 和 D3 在 3d 水化龄期的 SEM 图像如图 6-37 所示。对比这三个钢渣掺量分别为 5%、10% 和 15% 的过硫磷石膏矿渣水泥浆体在 3d 水化龄期的 SEM 图像可以看出，试样 D1 在 3d 水化龄期时，水化产物主要是针状钙矾石，而 C-S-H 凝胶较少，随着钢渣掺量的增加，D2 和 D3 试样的水化产物明显增加，并且与 D1 试样相比，水化产物中凝胶相（C-S-H 凝胶）所占的比例增加，而结晶相（钙矾石）所占比例减少，浆体结构也更加密实。

　　由此可见，钢渣掺量增加后，提供了早期水化所需的更多 Ca^{2+} 和更强的碱性激发条件，使矿渣水化加快，在 3d 水化龄期形成了更多的水化产物钙矾石和 C-S-H 凝胶，提高了浆体结构的密实度，所以过硫磷石膏矿渣水泥的 3d 强度随着钢渣掺量的增加而提高。同时还可以看出，水化产物中钙矾石和 C-S-H 凝胶交织在一起共同填充空隙，凝胶相和结晶相的比例适当，才能形成致密的结构，使浆体结构不断密实。

试样 D1 和 D3 在 28d 水化龄期的 SEM 图像如图 6-38 所示。可见，水化龄期延长到 28d 时，矿渣不断水化，形成了越来越多的水化产物，浆体结构更加致密，使试样的强度不断发展。

(a) D1   (b) D3

图 6-38　D1、D3 试样 28d 水化龄期的 SEM 图像

对比图 6-38 中的两个试样，D1 试样尽管由于钢渣掺量低（5%），在水化初期形成的水化产物很少，早期强度不如钢渣掺量高的试样，但水化到 28d 时，矿渣水化形成的 C-S-H 凝胶和颗粒状钙矾石交织在一起，水化产物非常致密。而钢渣掺量多（15%）的 D3 试样在早期水化时，碱度高，水化快，但水化到 28d 时，仍能看到少量细针状钙矾石，结构反而不如试样 D1 致密。由此可见，钢渣掺量过高时，在水化后期持续形成针状钙矾石膨胀，使结构出现裂缝，对结构致密发展不利，因此钢渣掺量超过一定值后，导致后期强度下降。

6.3.2.2　钢渣掺量对孔内溶液 pH 值的影响

为进一步明晰钢渣掺量对水化过程的影响，将表 6-6 中的 D1~D4 试样制成的净浆，水化至不同时间后，破碎并用玛瑙研钵研磨后过 0.08mm 筛，按照水固比为 1∶10 与蒸馏水混合，充分搅拌后放置 15min，用布氏漏斗抽滤后，滤液用精密 pH 计测定 pH 值，结果如图6-39所示。

由图 6-39 可以看出，各试样在加水拌合后，pH 值很快达到最高，随着水化进行，孔内溶液的 pH 值逐渐降低，并最终趋于稳定。钢渣掺量的高低对加水拌合后的 pH 值影响不大，但对浆体水化过程中 pH 值降低的快慢影响显著，钢渣掺量低的试样 D1 和 D2 的 pH 值分别在 3d 和 7d 趋于稳定，而随着钢渣掺量的增加，pH 值达到稳定所需要的时间显著延长。水化 28d 后净浆的 pH 值也与钢渣掺量

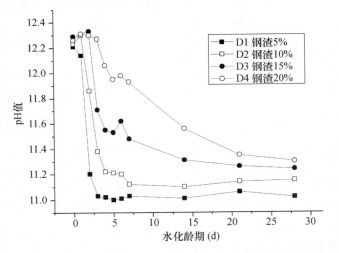

图 6-39　D1~D4 试样水化浆体 pH 值与水化龄期的关系

有关，钢渣掺量越高，浆体水化到 28d 时孔内溶液的 pH 值也越高。

过硫磷石膏矿渣水泥的水化和强度发展，主要是水泥中矿渣组分的水化，而矿渣水化速

度的快慢，与液相中的 pH 值有关，pH 值越高，越有利于矿渣的解聚和溶解，使矿渣水化速度加快[32]。但是，水泥的强度不仅与矿渣水化速度有关，还与水化产物形貌及硬化浆体的微观结构有关。过硫磷石膏矿渣水泥中，磷石膏在水化过程中始终是过剩的，掺入钢渣过量后，钢渣提供大量的 Ca^{2+} 和水化过程中的高碱度，使后期水化中持续形成针状钙矾石，造成膨胀开裂，反而使浆体结构的致密程度降低，是强度降低的一个重要原因。

6.3.2.3　钢渣比表面积对过硫磷石膏矿渣水泥水化的影响

将表 6-16 中的 D1 和 S1 试样，按标准稠度用水量制成水泥净浆，置于 20℃ 的养护箱中养护 24h 后再浸水养护。在不同龄期取出小块，用无水乙醇浸泡终止水化后于 35℃ 下烘干 1h，进行 XRD 和 SEM 分析。

试样 D1 和 S1 的配比相同，磷石膏 45%，矿渣 40%，石灰石 10%，钢渣 5%，所不同的是试样 D1 掺入的钢渣比表面积为 531m²/kg，而试样 S1 掺入的钢渣比表面积为 852m²/kg，试样 D1 和 S1 水化 3d 和 28d 龄期的 XRD 图谱如图 6-40 和图 6-41 所示。

由图 6-40 可以看出，试样 S1 钙矾石的衍射峰强度比 D1 高，说明钢渣比表面积提高后，在 3d 水化龄期时形成了更多的钙矾石水化产物。图 6-41 与图 6-40 一样，试样 S1 的钙矾石衍射峰强度高于试样 D1，表明钢渣比表面积提高后，水化到 28d 时，形成了更多的水化产物钙矾石。

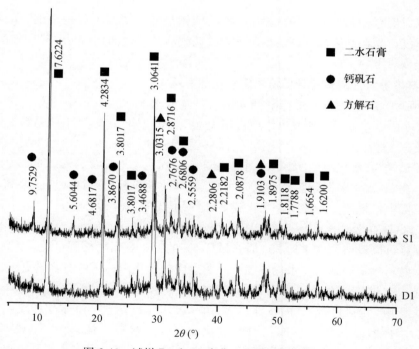

图 6-40　试样 D1 和 S1 水化 3d 龄期的 XRD 图谱

由于钢渣中硅酸盐矿物的水化活性低，自身水化对过硫磷石膏矿渣水泥强度的贡献很少，只是对矿渣水化起到碱性激发的作用。钢渣掺量相同的条件下，提高钢渣的比表面积，钢渣在体系中分散的均匀程度增加，钢渣颗粒与水的接触面积增大，在水化时可以提供更多的 Ca^{2+}，并与水泥中的其他组分形成水化产物钙矾石，提高钢渣比表面积对水化过程的影响与提高钢渣的掺量类似，都是提高了水化过程中的碱度和液相中的 Ca^{2+} 浓度。

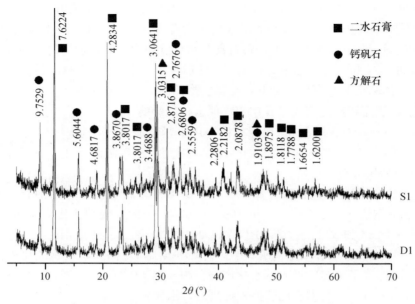

图 6-41　试样 D1 和 S1 水化 28d 龄期的 XRD 图谱

因此，可以解释在 6.2.3.4 的试验中，在钢渣掺量低的情况下，提高钢渣的比表面积能提高水泥的强度，而在钢渣掺量高的情况下，提高钢渣的比表面积，尽管早期强度有所提高，但 28d 强度出现了下降。

6.3.2.4　熟料掺量对过硫磷石膏矿渣水泥水化的影响

表 6-17 中 C1 和 C3 试样，按标准稠度用水量制成水泥净浆，置于 20℃的养护箱中养护 24h 后再浸水养护。在不同龄期取出小块，用无水乙醇浸泡终止水化后于 35℃下烘干 1h，进行 XRD 和 SEM 分析。

C1 和 C3 试样 3d 水化龄期的 XRD 图谱如图 6-42 所示，对比试样 C1 和 C3 钙矾石的衍射峰强度看出，在 3d 水化龄期，熟料掺量高的 C3 试样的钙矾石衍射峰强度明显高于 C1 试样，这表明随着试样中熟料掺量的提高，水化到 3d 时所形成的钙矾石更多。

试样 C1 和 C3 在 28d 水化龄期的 XRD 图谱如图 6-43 所示。对比图中试样 C1 和 C3 钙矾石的衍射峰强度可以看出，水化到 28d 时，试样 C3 的钙矾石衍射峰强度比 C1 高出许多，这意味着试样中熟料掺量提高后，水化到 28d 时所形成的水化产物钙矾石含量更多。

由此可见，在过硫磷石膏矿渣水泥中，硅酸盐水泥熟料的掺量对水化过程和水化产物的形成有很大影响，熟料掺量高的试样，无论在 3d 水化龄期或 28d 水化龄期，都形成了更多的钙矾石。水泥水化过程中形成钙矾石数量的多少，取决于体系中 $Al(OH)_4^-$、Ca^{2+} 和 SO_4^{2-} 浓度及液相的 pH 值，而在过硫磷石膏矿渣水泥中，由于含有大量磷石膏，水化过程中石膏总是过剩的，因此钙矾石形成的多少由水化过程中 $Ca(OH)_2$ 的含量和 Al^{3+} 含量所控制。

提高过硫磷石膏矿渣水泥中熟料的掺量，在水化初期，一方面体系中有更多的铝酸盐熟料矿物可以和体系中的石膏水化形成钙矾石，另一方面，体系中有更多的硅酸盐水泥熟料矿物水化生产 C-S-H 凝胶和 $Ca(OH)_2$，提高了水化过程中液相的碱度，从而使矿渣水化加快。因此，无论在 3d 或 28d 水化龄期，熟料掺量多的试样中形成的钙矾石均更多。

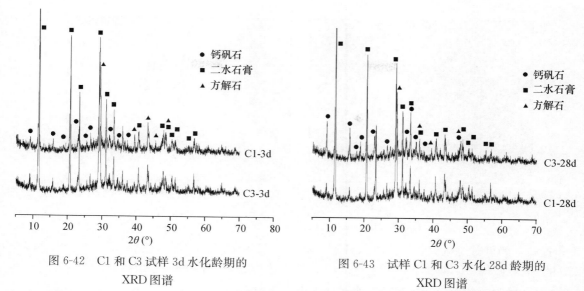

图 6-42 C1 和 C3 试样 3d 水化龄期的
XRD 图谱

图 6-43 试样 C1 和 C3 水化 28d 龄期的
XRD 图谱

试样 C1 的 3d 和 28d 水化 SEM 图像如图 6-44 所示。可见，水泥掺量为 2％的试样 C1，由于碱激发不足，在 3d 水化时只形成了少量的水化产物，针状钙矾石和锡箔状的 C-S-H 凝胶形成骨架，将磷石膏黏结在一起，结构比较疏松。对比图 6-32 和图 6-44 的 SEM 图像可见，熟料掺量增加到 4％的试样 C3，比熟料掺量为 2％的试样 C1，无论 3d 还是 28d 的水化龄期，试样 C3 水泥石的结构都比试样 C1 的结构要致密得多，因此 C3 试样的强度比 C1 试样高。

(a) 3d

(b) 28d

图 6-44 试样 C1 水化 3d 和 28d 龄期的 SEM 图像

由以上分析可知，过硫磷石膏矿渣水泥中，熟料掺量太低时，由于熟料自身水化形成的水化产物减少以及矿渣碱激发程度不够这两方面因素的影响，导致浆体的致密程度下降，从而使强度降低。当熟料掺量提高后，由于熟料自身水化形成了大量的 C-S-H 凝胶，也为矿渣水化提供了更多的 $Ca(OH)_2$，同时也形成了大量针柱状的钙矾石，从而使水泥石结构更加致密，强度更高。

然而，随着硅酸盐水泥熟料掺量的提高，过硫磷石膏矿渣水泥的各龄期强度并不是随之持续增加，当硅酸盐水泥熟料掺量超过 4％后，过硫磷石膏矿渣水泥的 28d 强度反而下降了，这与过硫磷石膏矿渣水泥的水化产物钙矾石有关。在水化初期，水泥浆体中的空隙较多，形成钙矾石起到填充空隙的作用，随着水化龄期延长，形成的水化产物越来越多，硬化浆体结构致密达到一定程度时，如果还持续形成大量钙矾石，反而妨碍了硬化水泥浆体致密度的进

|(a) 3d|(b) 28d|

图 6-45　熟料掺量 5% 的 C4 试样水化产物的 SEM 图像

一步提高，严重时还造成浆体的膨胀开裂。如表 6-17 中的 C4 试样（熟料 5%），水化 3d 和 28d 的 SEM 图像中，两个龄期的水化产物中都出现了裂纹，如图 6-45 所示。

6.3.2.5　熟料比表面积对过硫磷石膏矿渣水泥水化的影响

为对比熟料比表面积对过硫磷石膏矿渣水泥水化过程的影响，将硅酸盐水泥熟料粉磨成两种不同的比表面积。按表 6-38 的配比配制出两组过硫磷石膏矿渣水泥。按水灰比 1∶3 制成水泥净浆后，用塑料袋密封，置于 20℃ 养护箱中养护，在 3d、7d 和 28d 水化龄期取出部分试样，进行 XRD 和 SEM 测定。

试样 TC5 和 TX5 的组成相同，但所掺熟料的比表面积不同，试样 TX5 中的熟料比表面积较高（731m²/kg）。试样 TC5 和 TX5 在 3d 水化龄期的 XRD 图谱如图 6-46 所示。

表 6-38　试样配比（wt%）

编号	385m²/kg 熟料	731m²/kg 熟料	矿渣	磷石膏
TC5	4	—	46	50
TX5	—	4	46	50

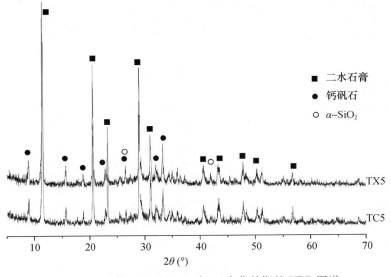

图 6-46　试样 TC5 和 TX5 在 3d 水化龄期的 XRD 图谱

由图 6-46 可以看出，尽管所掺熟料的比表面积不同，在 3d 水化龄期，试样 TX5 的钙矾石衍射峰强度与 TC5 相比略高，但并没有明显差距，说明这两个试样水化到 3d 时，形成的水化产物钙矾石的数量相当，因此，从 XRD 图谱的对比中并不能看出两个试样水化产物的明显差别。

试样 TC5 和 TX5 在 3d 水化龄期的 SEM 图像如图 6-47 所示，可见，提高熟料的比表面积后，水泥早期水化加快，水化产物的形貌和数量都发生了变化。在 TC5 试样中可以看见大量的细针状钙矾石，C-S-H 凝胶较少。而在 TX5 试样中钙矾石为粗短的针柱状，并与 C-S-H 凝胶交织在一起，水化产物更多，空隙被水化产物填充，水泥浆体的密实度更高。

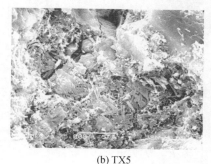

(a) TC5　　　　　　　　　　　　　　　　　(b) TX5

图 6-47　试样 TC5 和 TX5 在 3d 水化龄期的 SEM 图像

由此可见，超细磨熟料使过硫磷石膏矿渣水泥早期强度提高的原因，并不是早期形成了更多的钙矾石，而是熟料提高比表面积后，硅酸盐矿物水化加快，形成了更多的 C-S-H 凝胶，水化产物凝胶相的增多，使硬化浆体的结构更为致密，所以当掺入的硅酸盐水泥熟料比表面积提高后，3d 强度显著提高。

试样 TC5 和 TX5 在 28d 水化龄期的 XRD 图谱如图 6-48 所示，对比图中试样 TC5 和 TX5 的钙矾石衍射峰强度可以看出，两个试样的钙矾石衍射峰强度基本一样。这说明尽管两个试样中所掺硅酸盐水泥熟料的比表面积相差很大，在水化时硅酸盐水泥熟料水化的速度相差很大，但水化到 28d 时，所形成的钙矾石的数量基本相同。由此可见，浆体水化时形成钙矾石的数量与熟料含量有关，在熟料掺量相同情况下，由熟料引入的 Ca^{2+} 和

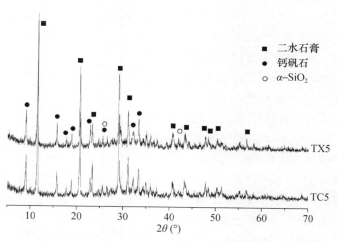

图 6-48　试样 TC5 和 TX5 在 28d 水化龄期的 XRD 图谱

Al^{3+} 等活性组分相同，所以形成钙矾石的数量基本一致。因此，仅从 XRD 分析结果，也不能得出所掺入熟料比表面积提高后，使过硫磷石膏矿渣水泥 28d 强度提高的原因。

试样 TC5 和 TX5 在 28d 水化龄期的 SEM 图像如图 6-49 所示。对比图中的 TC5 和 TX5 可以看出，所掺水泥的比表面积低时，28d 硬化浆体的水化产物结晶比较粗大，而所掺水泥比表面积提高后，水化产物更加致密。这是由于当水泥超细粉磨后，掺入的硅酸盐水泥在早期水化时很快水化完毕，引入的活性 Ca^{2+} 和 Al^{3+} 成分在早期水化时便形成水化产物钙矾石，

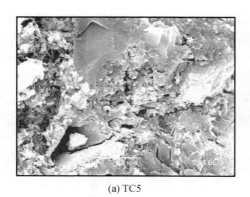

(a) TC5　　　　　　　　　　　　　　　　(b) TX5

图 6-49　试样 TC5 和 TX5 在 28d 水化龄期的 SEM 图像

到水化后期主要依靠矿渣水化，所形成的水化产物中钙矾石结晶微小，与大量 C-S-H 交织在一起，所形成的硬化浆体结构更为致密，所以提高过硫磷石膏矿渣水泥中所掺硅酸盐水泥的比表面积后，28d 强度也显著提高。

综合以上分析，为使过硫磷石膏矿渣水泥硬化浆体的结构优化，在水化早期形成适当的结晶相钙矾石，可促进水泥的凝结和提高早期强度。在水化后期，则需要矿渣大量水化，形成结晶微小的钙矾石和更多的凝胶相，使硬化浆体结构密实化。控制适当的硅酸盐水泥熟料掺量，并提高其比表面积，可大幅度提高过硫磷石膏矿渣水泥的早期强度和后期强度。

6.3.2.6　磷石膏改性对过硫磷石膏矿渣水泥水化的影响

（1）钢渣改性磷石膏的影响

将表 6-23 中的试样 C3 和 P3，按标准稠度用水量制成水泥净浆，置于 20℃的养护箱中养护 24h 后再浸水养护。在不同龄期取出小块，用无水乙醇浸泡终止水化后于 35℃下烘干 1h，进行 XRD 和 SEM 分析。

图 6-50 为试样 C3 和 P3 在 3d、7d 和 28d 水化龄期的 XRD 分析结果。由图可见，浆体的主要成分为水化生成的钙矾石和反应剩余的二水石膏以及石灰石。水化 3d 时，试样 P3 钙矾石衍射峰明显高于试样 C3，这说明磷石膏经钢渣改性后，加快了该体系的早期水化速度，生成了更多的水化产物钙矾石。结合表 6-23 中试样 C3、P3 的 3d 强度试验结果可以看出，钙矾石的形成有利于早期强度的增长。水化 28d 时，试样 C3、P3 钙矾石衍射峰均有明显增强，这说明随着水化的发展，硬化浆体中钙矾石含量不断增加。

图 6-51 为磷石膏钢渣改性前后的 SEM 图像，可见，总体上磷石膏改性前后在形貌上没有太大的区别。经 2%钢渣改性后，

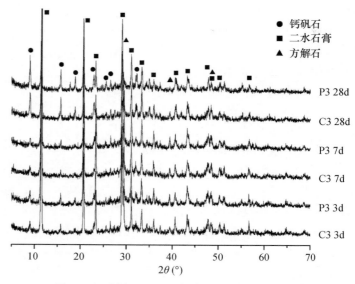

● 钙矾石
■ 二水石膏
▲ 方解石

P3 28d
C3 28d
P3 7d
C3 7d
P3 3d
C3 3d

2θ(°)

图 6-50　试样 C3 和 P3 各水化龄期的 XRD 图谱

磷石膏含有更多的细颗粒，颗粒表面吸附着一些带毛刺的沉淀物。由于改性使得磷石膏中的有害成分大大降低，从而加速了水化，使水泥早期性能得到改善。

(a) 改性前　　　　　　　　　　　　　　　　　(b) 改性后

图 6-51　磷石膏钢渣改性前后的 SEM 图像

(a) 3d　　　　　　　　　　　　　　　　　(b) 7d

图 6-52　P3 试样水化 3d 和 7d 的 SEM 图像

图 6-52 为试样 P3 水化 3d、7d 的 SEM 图像，通过与图 6-32 中试样 C3 水化 3d、7d 的 SEM 图像对比分析可见，试样 P3 水化产物明显多于试样 C3。这说明磷石膏经 2％钢渣改性后，加入的钢渣粉提供了大量的 Ca^{2+} 离子，使可溶磷转化为难溶的 $Ca_3(PO_4)_2$ 沉淀，减弱了磷石膏中的有害杂质对水泥性能的不良影响，使水泥水化速度明显加快，生成了更多的钙矾石和 C-S-H 凝胶，这与 XRD 分析结果一致。

（2）水洗磷石膏的影响

将表 6-35 中试样 E1～E3（磷石膏水洗次数 0～2 次），按标准稠度用水量制成水泥净浆，置于 20℃的养护箱中养护 24h 后再浸水养护。在不同龄期取出小块，用无水乙醇浸泡终止水化后于 35℃下烘干 1h，进行 XRD 和 SEM 分析。

试样 E1～E3 水化 3d 的 XRD 对比分析如图 6-53 所示，可见，试样 E1（没有水洗）水化 3d 时的钙矾石衍射峰强度很低，甚至接近于没有，而其则具有较高的二水石膏衍射峰。E2（水洗 1 次）、E3（水洗 2 次）水化 3d 时具有较高的钙矾石衍射峰，峰值明显高于试样 E1。也就是说，试样 E2 和 E3 水化 3d 时的钙矾石生成量远大于试样 E1 的生成量，所以表 6-35 中试样 E2 和 E3 的 3d 强度也远大于试样 E1。

　　试样 E1～E3 水化 7d 的 XRD 对比分析如图 6-54 所示，可见，三个试样 E1、E2、E3 水化进行到第 7d 时都已经具有了较高的钙矾石衍射峰，而二水石膏衍射峰较水化 3d 时也均有所降低。这说明了无论是试样 E1、E2 还是 E3，在 7d 龄期时，体系内部均已经存在了大量对强度发展有利的钙矾石，试样宏观上在 7d 龄期时也获得了很高的抗折强度及抗压强度。XRD 分析结果与试样宏观强度发展吻合。

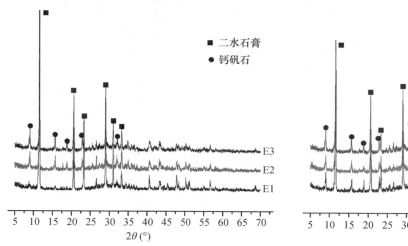

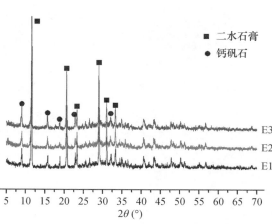

图 6-53　E1～E3 试样水化 3d 的 XRD 图谱　　　　图 6-54　E1～E3 试样水化 7d 的 XRD 图谱

　　由图 6-55 可以看到，水洗一次的过硫磷石膏矿渣水泥浆体水化 3d 时，在二水石膏表面只形成了少量的针状或者棒状的钙矾石晶体及少量的絮状 C-S-H 凝胶，未能形成较为完整的三维空间网状结构，二水石膏颗粒与水化产物之间的黏结亦不够充分。水洗 2 次过硫磷石膏矿渣水泥浆体水化 3d 时，二水石膏表面则形成了较多的针状或者棒状的钙矾石晶体，晶体之间相互交织、黏结形成了一定的三维空间网状结构。水化产物絮状的 C-S-H 凝胶附着在其表面，使得结构更加稳固，二水石膏颗粒与水化产物之间也得到了较好的黏结。这些微观结构上的差距，也正好印证了这两者宏观上的强度差距，试样 E2（水洗 1 次）3d 抗压强度为 13.3MPa，试样 E3（水洗 2 次）3d 抗压强度则达到了 20.0MPa，这与 X 射线衍射分析结论也吻合。

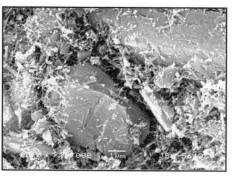

(a) E2　　　　　　　　　　　　　　　　(b) E3

图 6-55　E2 和 E3 试样水化 3d 的 SEM 图像

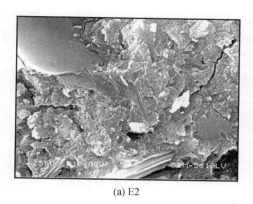 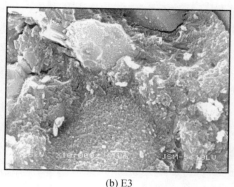

(a) E2　　　　　　　　　　　　　　　(b) E3

图 6-56　E2 和 E3 试样水化 7d 的 SEM 图像

由图 6-56 可以看到，水化进行到第 7d，不论是水洗 1 次还是水洗 2 次，此时水泥浆体的微观结构都已经达到了非常致密的程度，三维空间网状结构经过不断的发展，已经形成了十分致密的水化产物，并将未参与反应所剩下的二水石膏颗粒完全包裹在其中，二水石膏颗粒与水化产物之间的黏结十分牢固。宏观上，水洗 1 次、2 次的砂浆试样水化 7d 时，抗压强度亦达到了较高的等级，分别为 42.8MPa、45.2MPa，这与 XRD 分析结果一致。

6.3.2.7　外加剂对过硫磷石膏矿渣水泥水化的影响

（1）聚羧酸减水剂的影响

将表 6-21 中的试样 J1 和 W0 配比制成过硫磷石膏矿渣水泥，外掺 1.2% 的 BASF 聚羧酸减水剂（试样 W0 不掺），按标准稠度用水量制成水泥净浆，置于 20℃ 的养护箱中养护 24h 后再浸水养护。在不同龄期取出小块，用无水乙醇浸泡终止水化后于 35℃ 下烘干 1h，进行 XRD 和 SEM 分析。

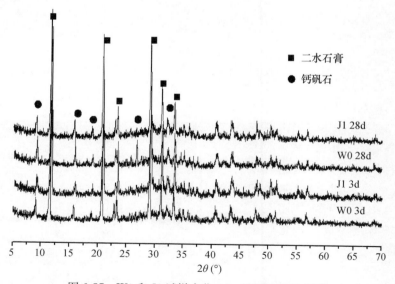

图 6-57　W0 和 J1 试样水化 3d、28d 的 XRD 图谱

图 6-57 为试样 W0 和 J1 水化 3d、28d 的 XRD 分析结果，可见，浆体的主要水化产物为钙矾石和反应剩余的二水石膏。未掺有聚羧酸减水剂的试样 W0 水化 3d 和 28d 试样的钙矾石

衍射峰强度，与掺有聚羧酸减水剂的试样 J1 相差不大。说明，过硫磷石膏矿渣水泥掺入聚羧酸减水剂，并不会增加其水化产物钙矾石的含量。

图 6-58 为掺与不掺减水剂的过硫磷石膏矿渣水泥水化产物的 SEM 分析，对比试样 W0 和 J1 水化 3d、28d 的 SEM 照片可见，两个试样水化 3d 时，在石膏表面都形成了大量的钙矾石和 C-S-H 凝胶，钙矾石的形貌为 $1 \sim 2\mu m$ 的细长针状。水化到 28d 时，水化产物中基本上已经看不到针状钙矾石，短棒状的钙矾石和锡箔状的 C-S-H 凝胶交织在一起，形成了致密的浆体结构，剩余的石膏被包裹在水化产物中。通过对比两个试样 3d 水化产物的 SEM 图像，可以发现，掺有聚羧酸减水剂的试样 J1 致密度明显高于未掺有聚羧酸减水剂的试样 W0。说明，过硫磷石膏矿渣水泥掺入聚羧酸减水剂后，由于水灰比大幅度降低，水泥石的致密度显著提高，这就是试样 J1 的 3d 强度远高于试样 W0 的主要原因。

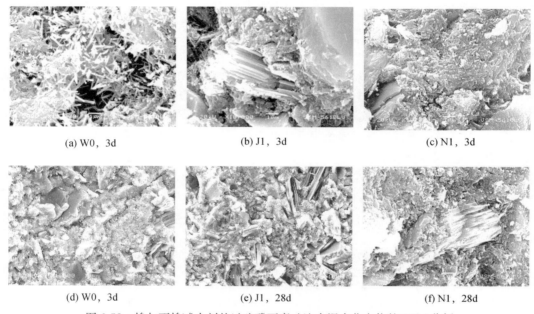

(a) W0，3d	(b) J1，3d	(c) N1，3d
(d) W0，3d	(e) J1，28d	(f) N1，28d

图 6-58　掺与不掺减水剂的过硫磷石膏矿渣水泥水化产物的 SEM 分析

（2）萘系减水剂的影响

将表 6-21 中的试样 N1 配比制成过硫磷石膏矿渣水泥，外掺 1.2% 的萘系减水剂，按标准稠度用水量制成水泥净浆，置于 20℃ 的养护箱中养护 24h 后再浸水养护。在不同龄期取出小块，用无水乙醇浸泡终止水化后于 35℃ 下烘干 1h，进行 XRD 和 SEM 分析。

由表 6-21 可见，加减水剂后过硫磷石膏矿渣水泥早期抗压强度得到大幅度提高，28d 抗压强度变化不大。

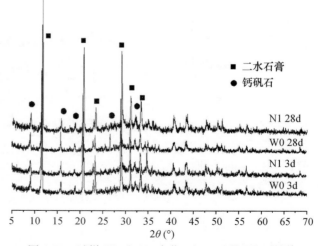

图 6-59　试样 W0 和 N1 水化 3d、28d 的 XRD 图谱

图 6-59 为试样 W0 和 N1 水化 3d、28d 的 XRD 分析结果。

由图 6-59 可见，浆体的主要水化产物仍为钙矾石和反应剩余的二水石膏。掺有萘系减水剂的 N1 试样水化 3d 和 28d 的钙矾石衍射峰强度与未掺减水剂的试样 W0 相比，也没有多大差别。但由图 6-58 可见，掺有萘系减水剂的试样 N1 水化 3d 的致密度明显高于未掺有聚羧酸减水剂的试样 W0。说明，过硫磷石膏矿渣水泥掺入萘系减水剂后，同样也是由于水灰比大幅度降低，水泥石的致密度显著提高，强度得到提高。

（3）NaOH 的影响

为探求 NaOH 对过硫磷石膏矿渣水泥水化过程的影响，我们对表 6-12 中试样净浆进行了 XRD 和 SEM 分析。

试样 SN1（配比为磷石膏 45%，钢渣 5%，矿渣 40%，石灰石 9%，NaOH1%）的 3d、7d 和 28d 水化龄期 XRD 图谱，如图 6-60 所示。可见，该体系中掺入 NaOH 后，试样水化产物结晶相仍然是钙矾石、二水石膏和方解石。随着水化龄期延长，钙矾石衍射峰不断增加，表明随着水化的进行，生成的钙矾石不断增加。

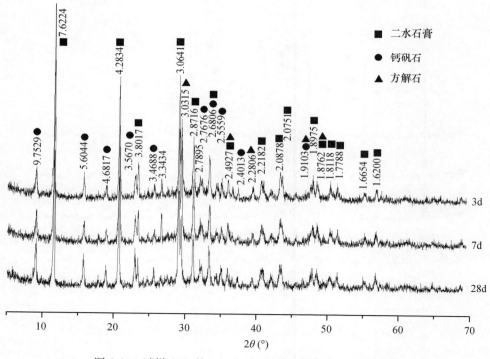

图 6-60　试样 SN1 的 3d、7d 和 28d 水化龄期的 XRD 图谱

试样 S0、SN1、SN3 和 N1 水化 3d 时的 XRD 图谱，如图 6-61 所示。对比图中各试样钙矾石的衍射峰（$d=9.7529$mm、$d=5.6044$mm 和 $d=4.6819$mm）可以看出，试样 S0 和 N1 的钙矾石衍射峰最低，试样 SN1 和 SN3 衍射峰较高。这说明在 3d 水化龄期时，同时掺入 5% 钢渣和 NaOH 作碱性激发的试样，水化活性更高，形成了更多的水化产物钙矾石，而单掺 5% 钢渣（试样 S0）或者单掺 1% 的 NaOH（试样 N1）早期的水化活性较低，所生成的水化产物也比较少。

试样水化 3d 龄期的 SEM 图像如图 6-62 所示，可见，单掺 5% 钢渣作碱性激发的试样

S0，在 3d 水化龄期所形成水化产物主要为钙矾石，钙矾石结晶比较细小，长度为 $1\mu m$ 左右，呈针状和柱状，水化产物中 C-S-H 凝胶比较少，浆体结构中空隙很多，依靠钙矾石晶体和少量 C-S-H 凝胶构成了硬化浆体的骨架结构。加入 1‰NaOH 后的试样 SN1 和 N1 与试样 S0 的区别为，水化 3d 所生成的钙矾石结晶更为粗短，主要呈短柱状而非针状，同时水化产物中的锡箔状 C-S-H 凝胶要明显比未掺 1‰NaOH 的试样 S0 多，浆体的密实程度也更高。可见，当试样 N1 未掺钢渣，仅掺 NaOH 作激发剂，水化到 3d 时，水化产物及其形貌与掺入 5‰钢渣的试样 S0 和 SN1 有明显区别。所形成的钙矾石更为细小，并且数量很少，并与水化形成的 C-S-H 交织在一起，而且试样的水化程度较低，水化产物较少。由此可见，钢渣提供的 Ca^{2+}，对过硫磷石膏矿渣水泥的早期水化也有很大影响，仅依靠 NaOH 提供的 OH^-，水泥水化时液相中缺少 Ca^{2+}，所形成的水化产物较少。

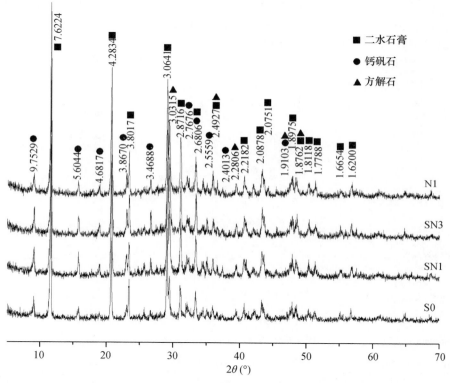

图 6-61　试样 S0、SN1、SN3 和 N1 的 3d 水化龄期 XRD 图谱

(a) S0　　　　　　　　(b) SN1　　　　　　　　(c) N1

图 6-62　试样水化 3d 的 SEM 图像

综合以上分析，磷石膏矿渣-钢渣-石灰石体系在 NaOH 的激发下，可明显加速早期水化，但也使得水化产物的结晶粗大。在不掺钢渣的情况下，但纯靠 NaOH 激发，由于体系中缺乏 Ca^{2+}，早期水化产物减少。因此，钢渣的作用不仅是提供矿渣水化所需的碱性环境，而且提供了早期水化的 Ca^{2+}，与矿渣和磷石膏等共同形成水化产物 C-S-H 凝胶和钙矾石。

尽管钢渣中含有大量硅酸盐矿物，但水化活性很低，因此在早期水化时，钢渣主要起碱激发作用。未掺入 NaOH 时，水泥中的主要胶凝材料矿渣依靠钢渣所提供的碱度溶解和解聚，因钢渣中的碱性矿物溶解速度慢，溶液中的 OH^- 浓度低，因此矿渣的水化速度很慢。加入 NaOH 后，溶液中 OH^- 的浓度大幅提高，不但加快了矿渣中 Ca^{2+}、Si^{4+} 和 Al^{3+} 的溶解和离子团的解聚，而且还能加速钢渣的水化，大大提高了液相中 Ca^{2+} 和 Al^{3+} 的浓度，因此水化初期就可形成大量的钙矾石和 C-S-H 凝胶，使水泥的早期强度提高，凝结时间缩短。

然而，水化产物的快速生成，也使水化产物结晶粗大，容易形成膨胀性钙矾石，造成浆体的开裂，使水泥浆体的强度下降。图 6-63 为掺 3％NaOH 和 5％钢渣的试样 SN3 在 7d 和 28d 水化龄期的 SEM 图像。可以看出，在水化 7d 时，尽管水化产物非常致密，但在硬化浆体中就出现了膨胀裂纹，水化到 28d 时，这些裂纹的进一步扩大，水泥浆体的结构破坏，强度下降。因此，当水泥中 NaOH 的掺量超过 1％后，试样的 7d 和 28d 强度都明显下降。

(a) 7d (b) 28d

图 6-63 试样 SN3 水化 7d 和 28d 的 SEM 图像

6.3.2.8 钙矾石形成与水泥性能的关系

由以上分析可知，过硫磷石膏矿渣水泥水化产物中，钙矾石是极其重要的水化产物相，直接关系到水泥各种性能的好坏。在硅酸盐水泥体系中，水化产物钙矾石的形成过程及其对水泥或混凝土性能的影响，国内外学者已经进行了大量研究。

Odler[33] 研究了不同矿物组成的水泥浆体中钙矾石的形成与体积膨胀之间的关系。结果表明，不同胶凝材料体系中，钙矾石的形成速度取决于水泥中含铝相组成的 Al^{3+} 的溶解速度。钙矾石造成膨胀的能力，也与水泥中的不同含铝相有关，在其他条件相同时，膨胀大小取决于钙矾石形成的局部化学条件和生长取向，同时还和试样的养护条件有关。

Evju 等[34] 对由 50％高铝水泥、25％硅酸盐水泥和 25％的半水石膏和无水石膏组成的膨胀水泥中钙矾石的形成动力学进行了研究。结果表明，钙矾石形成速度与水泥中石膏组成和溶解速度有关，半水石膏和无水石膏的混合比例，与钙矾石的形成速度具有良好的对应关系。水泥试样中钙矾石的形成包括了两个阶段，首先是在水泥颗粒表面上形成小晶体，然后是这些晶体的长大，如果在接触的水泥颗粒表面晶体长大，就造成水泥的膨胀。

Gruskovnjak[35]通过对两种不同矿渣制备的超硫水泥（SCC）物理性能及水化过程的研究发现，矿渣溶解度的不同，造成了矿渣活性的不同，活性高的矿渣在相同的水化龄期所形成的钙矾石更多，而通过在水化活性低的矿渣中添加 Ca(OH)$_2$ 和 Al$_2$(SO$_4$)$_3$ 化学试剂，超硫水泥中水化产物钙矾石增加后，水泥的早期强度并不能提高，后期强度反而出现下降。这说明水化产物的数量并不是决定水泥浆体强度的决定性因素，随着水化进行，水化产物形成、微观结构的发展和浆体致密性的提高，才是影响水泥物理性能的主要因素。

Toson[36]对不同 SO$_3$ 含量和细度的水泥砂浆，在热养护时延迟钙矾石形成进行了研究。结果表明，细度小的水泥，在热养护 2～3 个月后，砂浆的膨胀率低于细度粗的水泥。而养护时间继续延长后，细度小的水泥的砂浆的膨胀率却高于细度粗的水泥。造成膨胀性能差异的原因，是由于水泥细度不同，造成水泥水化特性不同，引起砂浆的孔结构不同而造成。

大量的文献表明[37-41]，混凝土中延迟钙矾石的形成，容易造成混凝土的开裂破坏。目前对钙矾石造成膨胀的机理有两个理论：Cohen 等[42]认为，水泥颗粒表面钙矾石的结晶和长大，结晶压力是造成膨胀的原因。Diamond[43]支持该理论，并进行了有关多孔结构中钙矾石结晶压力的热力学研究。Mehta[44]在试验的基础上提出了另外一个理论，他认为膨胀是因为钙矾石表面的负电荷吸水所造成，由该理论出发，造成膨胀的钙矾石是结晶细小的晶体，尤其是胶粒状的钙矾石，而不是长针状的钙矾石。

从以上的研究可以看出，水泥水化过程中所形成的钙矾石对水泥性能的影响是非常复杂的，不同学者在不同的试验条件下所得到的结论也并不一致。但比较一致的观点是：水泥浆体在硬化后形成的钙矾石，可能但并不一定造成水泥浆体的膨胀甚至开裂，形成的钙矾石是否造成膨胀，与其形成的条件、数量和形貌，以及水泥浆体的微观结构发展有关。在普通硅酸盐水泥中，水化产物中存在 Ca(OH)$_2$，一般都通过控制水泥矿物中的铝相含量和石膏掺量来避免后期形成钙矾石可能造成的破坏。

而过硫磷石膏矿渣水泥的组分与普通硅酸盐水泥显著不同，水化过程和水化产物的形成条件也有很大差别。在过硫磷石膏矿渣水泥中，矿渣受碱性激发溶解与水化，与液相中溶解的石膏形成钙矾石，钙矾石的化学反应方程式如式（6-2）所示：

$$6Ca^{2+} + 2Al(OH)_4^- + 4(OH)^- + 3SO_4^{2-} + 26H_2O$$
$$= Ca_6[Al(OH)_6]_2 \cdot (SO_4)_3 \cdot 26H_2O \tag{6-2}$$

由于过硫磷石膏矿渣水泥中含有大量磷石膏，水化过程中，SO$_4^{2-}$ 浓度始终是饱和的，钙矾石的形成由碱度、Ca^{2+} 和 Al^{3+} 的浓度所控制。SujinSong[45]的研究结果表明，矿渣在 pH 大于 11.5 时，矿渣的溶解和水化显著加速，因此钙矾石的形成速度与 pH 值也密切相关。

钙矾石在液相中的形成符合晶核形成和长大机理，过饱和度是钙矾石晶体成核和长大的推动力。Ghorab[46]对钙矾石的稳定性进行的研究表明，钙矾石在纯水中的溶解度是 1.98×10^{-37}，而在饱和石灰溶液中的溶解度是 1.11×10^{-40}。由此可见，溶液中的 pH 值越高，不但矿渣的溶解变快，钙矾石的溶解度也将显著降低，有利于钙矾石结晶过程的成核与长大。

过硫磷石膏矿渣水泥在水化初期，pH 值最高，而随着水化进行，体系中的 Ca(OH)$_2$ 不断消耗，液相的 pH 值越来越低，水化到 28d 时，pH 值已经下降到 11 左右。水泥浆体中钙矾石的形成速度与 pH 值的变化是一致的，水化初期形成速度最快，随着水化龄期的延长，逐渐变慢。

除了液相的 pH 值外，矿渣水化同时形成的 C-S-H 凝胶也是影响钙矾石是否造成膨胀的一个重要因素。如果水化时形成的 C-S-H 凝胶很少，钙矾石可以在较大的空隙中形成和生长，尽管结晶尺寸很大，也不会造成很大膨胀。如果水化形成了较多 C-S-H 凝胶，颗粒界面靠近，并使空隙缩小，钙矾石在较小的空间中发育和生长，容易造成膨胀。

从试验中 SEM 的测试结果可以看出，在 3d 水化龄期，钢渣（或熟料）掺量少的试样所形成的钙矾石多呈细长的针状，具有较大的生长空间，而钢渣（或熟料）掺量多的试样由于矿渣水化加快，形成了较多的 C-S-H 凝胶，钙矾石也主要呈较粗的柱状，与 C-S-H 凝胶交织在一起，空间较小。因此随着钢渣（或熟料）掺量的提高，水泥试样的早期的膨胀值明显增加。

随着水化的继续进行，一方面是钢渣（或熟料）所提供的 $Ca(OH)_2$ 逐渐被消耗，液相中的 pH 值下降，矿渣的溶解和水化变慢；另一方面是水化产物增加，浆体中的空隙进一步减少，致密度提高，水泥的强度增加，同时水泥颗粒被水化产物所覆盖，使得水化反应受扩散过程所控制，水化产物的形成速度变慢。

综合以上分析，过硫磷石膏矿渣水泥中钙矾石所造成的膨胀，符合钙矾石结晶和长大，形成结晶压力而造成膨胀的机理。

水化初期，由于浆体中的空隙较大，矿渣在钢渣（或熟料）的碱性激发下溶解，大量钙矾石形成，由于此时水泥浆体还未凝结，可以通过塑性变形来抵消形成钙矾石所形成的膨胀，钙矾石起到了填充空隙的作用，对水泥的凝结和早期强度是有利的。水泥浆体硬化后，随着矿渣的继续水化，硬化浆体的空隙逐渐减小，而此时液相的 pH 值也逐渐降低，形成钙矾石的速度也逐渐降低。

如果控制适当的钢渣（熟料）掺量，后期形成钙矾石速度很慢，结晶细小，和 C-S-H 凝胶交织在一起，可获得致密的硬化浆体结构。如果钢渣（熟料）掺量过多时，水化后期浆体的 pH 值、Ca^{2+} 浓度还适合形成钙矾石，在粘结界面上形成针状钙矾石，则可能使硬化浆体结构的产生破坏，导致强度降低。

综上所述，在过硫磷石膏矿渣水泥中，由于体系中的石膏是过剩的，必须通过控制水化过程中的碱度和 Ca^{2+} 浓度，来避免硬化浆体中形成过量的钙矾石造成对结构的破坏，因此过硫磷石膏矿渣水泥中钢渣（或熟料）的掺量不能过高。

6.3.3　过硫磷石膏矿渣水泥的硬化浆体结构

与通用硅酸盐水泥一样，过硫磷石膏矿渣水泥加水拌成的浆体，起初具有可塑性和流动性。随着水化反应的不断进行，浆体逐渐失去流动能力，转变为具有一定强度的固体，即凝结和硬化。硬化水泥浆体是一非均质的多相体系，由各种水化产物和剩余磷石膏等所构成的固相以及存在于孔隙中的水和空气所组成，所以是固-液-气三相多孔体。它具有一定的机械强度和孔隙率，而外观及其他性能又与天然石材相似。欲回答过硫磷石膏矿渣水泥为什么会凝结硬化，首先研究一下硅酸盐水泥为什么会凝结硬化。

对于硅酸盐水泥为什么能够凝结硬化，许多学者已进行了深入的研究。1887 年雷霞特利（H. Lechatelier）提出结晶理论[47]。他认为水泥之所以能产生胶凝作用，是由于水化生成的晶体互相交叉穿插，联结成整体的缘故。按照这种理论，水泥的水化、硬化过程是：水泥中各熟料矿物首先溶解于水，与水反应，生成的水化产物由于溶解度小于反应物，所以就结晶沉淀出来。随后熟料矿物继续溶解，水化产物不断沉淀，如此溶解-沉淀不断进行。也就是认为水泥的水化和普通化学反应一样，是通过液相进行的，即所谓溶解-沉淀过程，再由水化产物的结晶交联而凝结、硬化。

1892 年，米哈艾利斯（W. Michaelis）又提出了胶体理论[47]。他认为水泥水化后生成大量胶体物质，再由于干燥或未水化的水泥颗粒继续水化产生"内吸作用"而失水，从而使胶体凝聚变硬。将水泥水化反应作为固相反应的一种类型,与上述溶解-沉淀反应最主要的差别,就是不需要经过矿物溶解于水的阶段,而是固相直接与水反应生成水化产物,即所谓局部化学反应。然后,通过水分的扩散作用,使反应界面由颗粒表面向内延伸,继续进行水化。所以认为,凝结、硬化是胶体凝聚成刚性凝胶的过程。

接着,拜依柯夫(А. А. Бойков)将上述两种理论加以发展[47],把水泥的硬化分为:溶解、胶化和结晶三个时期。在此基础上,列宾捷尔(П. А. Ребиндер)等[47]又提出水泥的凝结、硬化是一个凝聚-结晶三维网状结构的发展过程。而凝结是凝聚结构占主导的一个特定阶段,硬化过程则表明更高强度的晶体结构的发展。以后,各方面陆续提出了不少论点。

通过以上对过硫磷石膏矿渣水泥水化过程及产物的研究,我们可以明确:过硫磷石膏矿渣水泥加水搅拌后,磷石膏立即从表面开始溶解,使液相中的 Ca^{2+} 离子和 SO_4^{2-} 离子浓度不断上升,很快达到饱和;同时,碱性激发剂(熟料或钢渣)也开始水化,熟料中的铝相 C_3A 和铁相 C_4AF 与溶于液相中的 Ca^{2+} 离子和 SO_4^{2-} 离子水化形成钙矾石,熟料中 C_3S 和 C_2S 水化形成 C-S-H 凝胶并放出 Ca^{2+} 离子,掺有钢渣时钢渣也发生水解放出 Ca^{2+} 离子;矿渣在 Ca^{2+} 离子和 SO_4^{2-} 离子的双重激发作用下,开始水解,形成 C-S-H 凝胶和钙矾石;随着水化反应的不断进行,各种水化产物逐渐填满原来由水所占据的空间,固体粒子逐渐接近。由于钙矾石针状、棒状晶体的相互搭接,特别是大量箔片状、纤维状 C-S-H 的交叉攀附,从而使原先分散的固体颗粒以及水化产物联结起来,构成一个三维空间牢固结合、密实的整体,从而使水泥石越来越密实,强度不断提高;剩余的磷石膏被厚厚的水化产物层严密包裹,不再继续溶解,从而使过硫磷石膏矿渣水泥具有了很好的水硬性。其硬化浆体结构的形成,如图 6-64 所示。

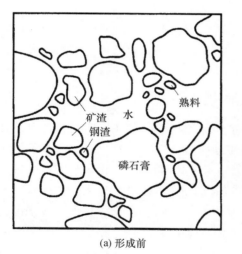 

(a) 形成前   (b) 形成后

图 6-64 过硫磷石膏矿渣水泥硬化浆体结构形成示意图

6.4 过硫磷石膏矿渣水泥的性能

为确保过硫磷石膏矿渣水泥的安全使用,本章对过硫磷石膏矿渣水泥的长期强度、体积稳定性、抗碳化性能、抗淡水侵蚀、抗硫酸盐侵蚀等方面的性能进行了详细的研究。

6.4.1 长期强度

6.4.1.1 钢渣激发过硫磷石膏矿渣水泥的长期强度

钢渣激发过硫磷石膏矿渣水泥按照表 6-39 的配比进行配料,混合均匀后,水泥胶砂强度检验按照 GB/T 17671—1999《水泥胶砂强度检验方法(ISO 法)》进行。在 20℃水中养护至规定龄期后,测定其抗折强度和抗压强度,测定结果如图 6-65 所示。

表 6-39 试样配比 (wt%)

编号	磷石膏	矿渣	钢渣	石灰石
3A1	55	25	10	10
3A2	45	35	10	10
3A3	35	45	10	10

由图 6-65 可以看出,随着水化龄期的延长,各试样的抗折、抗压强度发展规律基本一致。水化至 90d 时,试样的抗折、抗压强度基本上已达到最大值,继续养护,试样的抗折、抗压强度的增加很缓慢。对比不同矿渣掺量的过硫磷石膏矿渣水泥的抗折、抗压强度可以看出,试样在相同水化龄期时,其抗折、抗压强度与矿渣掺量关系非常明显,矿渣掺量越高,则抗折、抗压强度也越高。

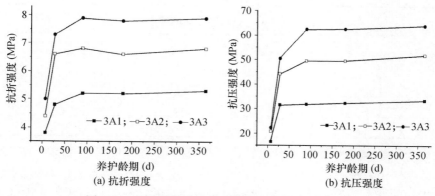

(a) 抗折强度　　　　(b) 抗压强度

图 6-65 钢渣激发过硫磷石膏矿渣水泥的长期强度

图 6-66 是试样 3A3 在 180d 水化龄期水泥砂浆的 SEM 图像,可见,随着矿渣逐渐水化,在 180d 水化龄期,形成了非常致密浆体结构,其抗压强度达 60MPa。

6.4.1.2 熟料激发过硫磷石膏矿渣水泥的长期强度

熟料矿渣粉制备:将云南宜良水泥厂的熟料破碎并通过 0.315mm 筛,与武汉钢铁有限公司的矿渣按熟料:矿渣=4:4 的比例,在试验室小磨中,混合粉磨至比表面积为 587.5m²/kg 备用。

图 6-66 试样 3A3 在 180d 水化龄期砂浆的 SEM 图像

矿渣粉制备：将武汉钢铁有限公司的矿渣烘干后，在试验室小磨中，粉磨至比表面积为540m²/kg备用。

钢渣粉制备：将山西交城水泥厂的钢渣破碎烘干后，在试验室小磨中，粉磨至比表面积为435.4m²/kg备用。

石灰石粉制备：将石灰石破碎后，在试验室小磨中，粉磨至比表面积为512m²/kg备用。

改性磷石膏：在磷石膏中外掺2%钢渣，以0.5水固比搅拌均匀，在20℃温度下静置24h，然后于80℃温度下烘干后，再粉磨至比表面积为500m²/kg左右备用。

过硫磷石膏矿渣水泥按表6-40的配比进行配料，固定熟料和石灰石掺量，改性磷石膏掺量由35%增加到55%，矿渣则相应地由47%减少到27%，将试样混合均匀后成型，分别测定3d、7d、28d、90d、180d、270d和365d的抗折、抗压强度，以研究过硫磷石膏矿渣水泥的强度发展规律。水泥胶砂强度检验方法按GB/T17671—1999《水泥胶砂强度检验方法》（ISO法）进行，各龄期强度结果见表6-41。

表6-40　试样配比（wt%）

编号	熟料矿渣粉	矿渣粉	改性磷石膏	石灰石
S31	8	47	35	10
S32	8	37	45	10
S33	8	27	55	10

表6-41　试样各龄期的强度

编号	抗折强度（MPa）							抗压强度（MPa）						
	3d	7d	28d	90d	180d	270d	365d	3d	7d	28d	90d	180d	270d	365d
S31	2.2	4.4	7.9	8.0	7.9	7.9	7.9	9.9	22.8	53.9	68.3	71.6	72.5	73.0
S32	2.4	4.7	7.2	7.2	7.5	7.4	7.4	11.9	23.1	45.9	55.8	57.5	58.6	60.0
S33	1.6	3.8	6.2	6.2	6.4	6.3	6.4	7.3	15.9	36.9	45.0	48.0	49.8	50.5

由表6-41可见，随着水化龄期的延长，S31～S33试样强度发展规律一致，均是先增大后趋于稳定，过硫磷石膏矿渣水泥抗折强度在28d水化龄期时达到最高，随着水化龄期的继续延长，抗折强度基本上不再增长。对比不同矿渣掺量的过硫磷石膏矿渣水泥的抗折强度可见，在相同的水化龄期，矿渣掺量越大，抗折强度越高。随着水化龄期的延长，过硫磷石膏矿渣水泥抗压强度发展基本上可稳定增长，强度发展到一定程度后趋于平缓。而且在相同的水化龄期，矿渣掺量越大，过硫磷石膏矿渣水泥的抗压强度越高，这与抗折强度发展规律一致。

图6-67为S32试样水化270d的砂浆SEM图像。由图可见，随着矿渣的不断水化，在270d水化龄期，过硫磷石膏矿渣水泥内部结构已非常致密，水化

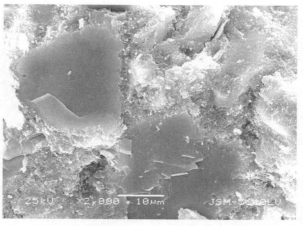

图6-67　试样S32水化270d的SEM图像

产物与未反应的磷石膏颗粒结合紧密，完全胶结在一起。其 270d 抗压强度将近 60MPa。说明，过硫磷石膏矿渣水泥在水中养护的条件下，其长期强度是可以平稳发展的。

6.4.2 体积稳定性

水泥石的体积稳定性是一项很重要的指标。如果水泥石产生过大的收缩或膨胀，会直接影响水泥混凝土结构的抗渗性、抗冻性等耐久性。因此，对水泥收缩膨胀过程的规律的探讨，以及寻求减少其体积变化的措施具有十分重要的意义。

影响水泥石体积变化的因素有很多，其中以水泥水化过程引起的体积变化、水泥石中水分变化引起的体积变化为主。

水泥浆体在水化过程中，由于水化反应前水泥和水的总体积，大于水化后形成水化产物的总体积，水泥-水体系的总体积发生缩小的现象，称为化学减缩。而在水化过程中，由于浆体内部的水逐步消耗，在毛细管力的作用下，水泥颗粒相互靠近而产生的收缩称为自收缩。Tazawa 等[48]的研究表明，化学减缩并不是造成水泥浆体宏观体积变化的唯一因素，虽然水泥水化过程中形成的水化产物的体积小于未水化时的总体积，但是水泥浆体的宏观体积可能是收缩的也可能是膨胀的，这取决于硬化浆体的微观结构发展。例如在膨胀水泥中，虽然形成的钙矾石和 $Ca(OH)_2$ 等水化产物的体积小于未反应前的总体积，但是水泥石的宏观体积却是膨胀的。大量研究表明：水泥水化过程中，水泥浆体中的水分由于水化反应消耗而减少，造成水泥浆体内部"自干燥"，毛细管张应力是水泥浆体发生自收缩的主要原因。水灰比越小越容易发生自收缩，提高水泥比表面积或养护温度，水泥水化速度加快，也将增加水泥的自收缩。掺入粉煤灰等具有稀释效应的掺合料，可以减少水泥浆体的自收缩。

本节通过与普通硅酸盐水泥进行对比，研究了不同配比的过硫磷石膏矿渣水泥在不同条件下的体积稳定性。

过硫磷石膏矿渣水泥按表 6-40 中的配比进行配料，混合均匀后参照 JC/T 313——2009《膨胀水泥膨胀率试验方法》进行试验。先按 GB/T 17671—1999《水泥胶砂强度检验方法》（ISO 法）配制水泥砂浆，水灰比为 0.5，使用 ISO 标准砂，胶砂比为 1：3，在 25mm×25mm×280mm 三联试模中成型胶砂棒。由于试样凝结时间长，先于标准养护箱中养护 48h 后脱模，用比长仪测定胶砂棒的初始长度 L_0（单位 mm，精确到 0.01mm），然后再根据试验要求浸水或空气中养护，到规定的龄期后，再用比长仪测定胶砂棒长度 L（单位 mm，精确到 0.01mm），各龄期的膨胀率按照式（6-3）计算，式中的 250 为除去定位铜钉后胶砂棒的有效长度，膨胀率计算结果的单位为 $\mu m/m$。

$$\varepsilon = \frac{L - L_0}{250} \times 10^6 \tag{6-3}$$

P·Ⅰ 52.5 硅酸盐水泥试样按相同的方法进行试验以作对比，研究过硫磷石膏矿渣水泥的体积稳定性。

6.4.2.1 过硫磷石膏矿渣水泥水中养护时的体积稳定性

图 6-68 为过硫磷石膏矿渣水泥和硅酸盐水泥在水中标准养护条件下各龄期的体积变化曲线。可见，S31、S32 和 S33 试样浸水养护后，均出现一定程度的膨胀，在 60d 龄期以前，膨胀率增长较快。随着养护龄期的延长，膨胀发展到一定程度后，逐渐趋于稳定。最终膨胀率的大小与过硫磷石膏矿渣水泥矿渣掺量有关，矿渣掺量越高的试样，膨胀率越大。硅酸盐水泥试样浸水养护后，出现了一定程度的收缩，28d 龄期以前收缩显著，随着养护龄期的延长，收缩逐渐趋于平缓。

试验中硅酸盐水泥出现收缩，这是水化过程中的化学减缩和自收缩所引起的。水化初期由于水泥水化速度快，因此收缩量增长较快；随着水化龄期的延长，水泥水化速度减慢，收缩逐渐减缓，水泥石体积趋于稳定。

与硅酸盐水泥相反，过硫磷石膏矿渣水泥水化过程中，由于水化生成大量钙矾石，造成水泥石体积膨胀。随着养护龄期的延长，体系碱度不断降低，钙矾石生成速度不断减慢，因此膨胀率增长速度减慢，水泥石体积逐渐趋于稳定。

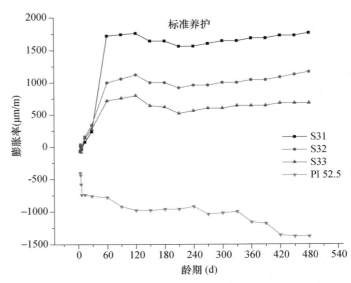

图 6-68 各试样在标准养护条件下不同龄期的体积变化曲线

不同配比的过硫磷石膏矿渣水泥最终膨胀率的大小与水泥中矿渣的掺量有关，矿渣掺量越高的水泥，最终稳定的膨胀率越大。这是由于矿渣掺量高的试样在水化过程中形成了更多的产生膨胀的钙矾石。

6.4.2.2　过硫磷石膏矿渣水泥空气中养护时的体积稳定性

图 6-69 为各试样在空气中长期养护的体积变化曲线。可见，无论是过硫磷石膏矿渣水泥还是硅酸盐水泥在空气中养护均出现体积收缩。在 28d 龄期以前，各试样收缩较快，随着养护龄期的延长，收缩量不断增大，但变化速度减缓，在后期各试样体积逐渐趋于稳定。

在相同的水化龄期，过硫磷石膏矿渣水泥的收缩量均小于硅酸盐水泥。且不同配比的过硫磷石膏矿渣水泥中，矿渣掺量越高，试样的收缩量越大。

水泥试样在空气中养护时，

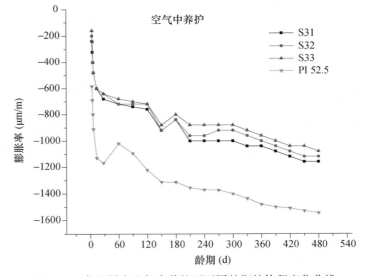

图 6-69 各试样在空气中养护下不同龄期的体积变化曲线

除了自身水化引起的化学减缩和自收缩外，还由于试样中的水分不断蒸发到空气中，从而引起干燥收缩。在自收缩、化学减缩和干燥收缩的作用下，水泥试样的体积不断收缩。28d 龄期以前，各试样水化速度较快，因此收缩也较快，随着水化龄期的延长，收缩速度逐渐减缓，水泥石体积逐渐趋于稳定。

过硫磷石膏矿渣水泥由于水化速度比硅酸盐水泥慢，且水化生成的钙矾石能补偿部分收缩，因此过硫磷石膏矿渣水泥在空气中养护的收缩量小于普通硅酸盐水泥。

　　不同矿渣掺量的过硫磷石膏矿渣水泥在空气中养护时，矿渣掺量高的试样水化速度快，且生成更多的水化产物从而消耗了更多的水，因此其自收缩效应更为明显，由于生成的钙矾石产生的膨胀不足以补偿收缩，因此矿渣掺量高的试样收缩量更大。

6.4.2.3　过硫磷石膏矿渣水泥的水浸安定性

　　由于过硫磷石膏矿渣水泥中的熟料和钢渣掺量很少，几乎没有带入多少 f-CaO，所以，在过硫磷石膏矿渣水泥研发过程中，还没有出现过硫磷石膏矿渣水泥沸煮法安定性不合格的现象。但由于钙矾石在温度高于 85℃ 时将会分解[45,46]，所以用沸煮法还不能确定过硫磷石膏矿渣水泥的安定性是否合格。如果，过硫磷石膏矿渣水泥水化后期还在形成大量的钙矾石，有可能会使水泥安定性不合格。欲检验钙矾石膨胀会否造成水泥安定性不合格，只能通过水浸法进行检验。水浸安定性原用于检验石膏矿渣水泥中的安定性，由于石膏矿渣水泥中水化产物为钙矾石和 C-S-H 凝胶，水泥配比不当时，水化形成膨胀性钙矾石而造成水泥强度下降或安定性不良的问题，是通过水浸法进行检验的。

　　水浸法安定性的试验方法如下：将水泥净浆在雷氏夹中成型，在水泥标准养护箱中养护 48h 后，测定雷氏夹指针间距离 d_0，然后浸在 20℃ 水中养护，在规定的龄期时，测定雷氏夹指针之间的距离 d，雷氏夹膨胀值按照 $d-d_0$ 计算得出，单位为 mm。

　　将表 6-6 的 D1（钢渣 5%）、D2（钢渣 10%）、D3（钢渣 15%）、D4（钢渣 20%）试样，采用水浸安定性和胶砂棒膨胀率两种不同的方法进行试验。各试样的水浸安定性测定结果，如图 6-70 所示。砂浆棒膨胀率测定结果，如图 6-71 所示。

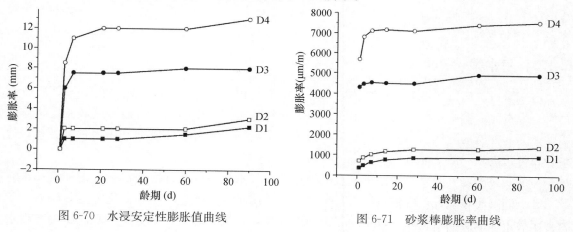

图 6-70　水浸安定性膨胀值曲线　　　　　　　图 6-71　砂浆棒膨胀率曲线

　　由图 6-70 可以看出，各试样在水中养护时，雷氏夹中的净浆都发生了不同程度的膨胀。基本的规律是：在刚开始浸水时，试样发生的膨胀较大，随着养护时间延长，体积变化逐渐趋于稳定。钢渣掺量不但对初期的膨胀值影响很大，而且对稳定时间也有很大影响。随着钢渣掺量的增加，各试样的早期膨胀显著增加，并且体积变化稳定所需要时间也显著延长。当掺钢渣超过 10% 时，早期膨胀就已经超过 5mm。

　　由图 6-71 不同钢渣掺量试样的砂浆棒膨胀率测定结果可以看出，砂浆棒和水浸法雷氏夹膨胀值的测定结果具有相似规律，各试样膨胀主要发生在浸水早期，随着养护进行，28d 后试样体积逐渐稳定。试样最终的膨胀值的大小，与钢渣掺量有关，钢渣掺量越多，膨胀量越大。

试样浸水后出现的膨胀，由两方面因素造成：一方面是试样吸湿膨胀，试样浸水后，水渗透进入试样的毛细孔中，毛细孔扩张而发生体积膨胀。另一方面因素是试样在水化过程中，形成了膨胀性的水化产物，从而导致试样膨胀。

由 D1～D4 试样强度发展（图 6-7）可知，随着钢渣掺量的增加，试样的早期强度提高。吸湿膨胀的大小与浆体的强度有关。在其他条件相同时，试样的强度越高，抵抗毛细孔扩张的能力越强，膨胀也越小，而试验中的试样膨胀规律正好与此相反。由此可见，试验中的膨胀主要不是由于吸湿膨胀造成。

由 XRD（图 6-35、图 6-36）和 SEM 分析（图 6-37、图 6-38）可以知道，水泥中的钢渣掺量提高后，水化时液相的 pH 值升高，无论是 3d 或者 28d 水化龄期，浆体水化产物钙矾石的数量都明显增加。由此我们可以推断出，试样的膨胀与所形成膨胀性的水化产物钙矾石有关。钢渣掺量越高，水化形成的钙矾石越多，所以使水浸法安定性和胶砂棒都出现明显膨胀。

由试样膨胀规律可以看出，早期发生的膨胀很大，随着水化进行，试样强度不断提高，强度的发展约束了膨胀的发展。如果强度发展的约束力大于水化产物的膨胀力，在硬化浆体内部形成膨胀应力，可以使试样的强度提高；如果强度发展较慢而膨胀力较大，将使硬化浆体的结构发生破坏，造成试样的强度降低甚至导致安定性不良。

综上所述，钢渣掺量的增加，影响了浆体水化过程和水化产物的微观结构，当钢渣掺量过量时，后期水化时持续形成的膨胀性钙矾石将破坏浆体的结构，使水泥强度降低甚至导致安定性不良。欲控制过硫磷石膏矿渣水泥 7d 水浸安定性膨胀值小于 5mm，应控制钢渣掺量不大于 10% 为宜。

6.4.3　耐水性

过硫磷石膏矿渣水泥的硬化浆体中含有大量未水化的二水石膏，被包裹在 C-S-H 凝胶和钙矾石等水化产物中，如果这些二水石膏能不断地从水泥石中溶出，可能会造成硬化浆体密实度下降和性能的降低。因此，过硫磷石膏矿渣水泥抗淡水侵蚀性能的好坏，直接关系着过硫磷石膏矿渣水泥的实际应用价值。

本节通过测定不同磷石膏掺量的过硫磷石膏矿渣水泥试样在标准养护条件下和流动水养护条件下的耐水系数，评价过硫磷石膏矿渣水泥的耐水性；通过测定不同组分过硫磷石膏矿渣水泥养护溶液中硫酸根离子浓度随养护龄期的变化，探讨过硫磷石膏矿渣水泥组分与耐水性的规律以及溶出机理。

过硫磷石膏矿渣水泥按表 6-42 的配比进行配料（所用原料与表 6-40 相同），混合均匀后于 20mm×20mm×20mm 试模中成型净浆试样，在标准养护箱中养护 48h 脱模，脱模后用分析天平精确测定各试块的质量 m_1，然后浸泡在 500mL 20℃蒸馏水的密封瓶中养护，分别在 7d、14d、21d、28d，取出试块真空抽滤 4h 后测定质量 m_2。然后将试块分为两组：一组于静置水中养护，另一组于流动水中养护（每周换水一次），两组试样每周真空抽滤测定质量 m_3，以各试块前后质量的变化率即耐水系数 D_w 来评判试样的耐水性，D_w 值越大，水泥的耐水性能越强。D_w 计算式如式（6-4）所示。

$$D_w = \frac{试块质量 - 初始质量}{初始质量} \times 100\% \tag{6-4}$$

表 6-42　水泥试样配比（wt%）

编号	熟料矿渣粉	矿渣粉	改性磷石膏
TX5	8	52	40
TX6	8	42	50
TX7	8	32	60
TX8	8	22	70

每次测定试块质量后取浸泡液采用质量法测定 SO_4^{2-} 浓度。

各试样在养护期间的质量变化如图 6-72 所示，可见，随着水化龄期的延长，各试样质量变化规律基本一致。不同配比的过硫磷石膏矿渣水泥试块浸水后，均出现了质量下降的情况，在水化 7d 龄期左右质量降至最低，继续浸水养护，质量又开始增大，在 21d 水化龄期增至最大，然后又趋于稳定甚至出现少许下降。

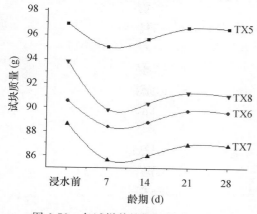

图 6-72　各试样养护期间的质量变化

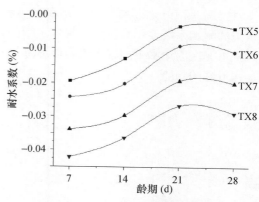

图 6-73　各试样的耐水系数

过硫磷石膏矿渣水泥与水作用产生的质量变化主要有两个过程：过硫磷石膏矿渣水泥水化结合水引起质量增加，以及二水石膏溶解到水中引起的质量减小。这两个过程一直存在，当水化引起的质量增加量大于石膏溶解的质量减小量时，水泥试块的总质量增加，反之，水泥试块总质量减小。

在过硫磷石膏矿渣水泥水化初期，虽然在此阶段，水泥的水化速度相比水化后期较快，水泥水化结合水较多。但由于此阶段水化产物较少，水泥浆体结构密实度较低，结构疏松，所以磷石膏中的二水石膏更容易溶解到水中，导致磷石膏的溶解量大于结合水的增加量，宏观上表现为在水化初期，磷石膏试块的质量减小，并在 7d 左右降至最低。

水化 7d 后，水泥水化已生成较多的水化产物，提高了浆体的密实度，且水化生成的钙矾石和 C-S-H 凝胶将将未反应的磷石膏颗粒包裹，使磷石膏溶解速度变慢。导致水泥水化结合水的增加量大于磷石膏的溶解量，在图上表现为 7～21d 水泥试块的质量增加，并在 21d 左右达到最高。

水化 21d 后，水泥的水化速度大大减缓，此时水泥浆体的密实度也较高，磷石膏溶解速度大大减慢。水泥石中水化结合水的增加量和磷石膏的溶解量均处于较低水平，二者处于相对平衡状态，在图上表现为水化 21d 后，水泥试块质量趋于稳定。

各试样养护至 28d 的耐水系数如图 6-73 所示，图中取浸水前的试块质量作为初始质量。可见，磷石膏的掺量对过硫磷石膏矿渣水泥的耐水系数影响显著，随着磷石膏掺量的增加，水泥的耐水系数明显降低。

　　由于在过硫磷石膏矿渣水泥中，磷石膏始终都是过剩的，过剩的磷石膏最终以集料的形态存在于水泥石中，随着磷石膏掺量的增加，水泥石中过剩的磷石膏与水化产物的相对比例也增大，导致磷石膏颗粒间及与水化产物之间的结合力下降，因此水泥石结构相对比较疏松，耐水系数降低。

　　图 6-74 为各试样在静止水和流动水中的耐水系数变化曲线。由图可见，不同配比的过硫磷石膏矿渣水泥的耐水系数在早期差距不大，但随着龄期的延长，各试样耐水系数差距变大。且无论是静置水还是流动水，过硫磷石膏矿渣水泥的耐水系数均出现两高两低，即磷石膏掺量低的试样 TX5 和 TX6 的耐水系数高，且随着龄期的延长，耐水系数先减小后增大，在后期甚至为正值；而磷石膏掺量高的试样 TX7 和 TX8 的耐水系数低，且随着龄期的延长，耐水系数不断减小。

　　在相同的水化龄期，不同试样的耐水系数变化规律也是一致的：随着磷石膏掺量的增加，水泥的耐水系数减小。

　　对比图 6-74 中各试样在静置水和流动水耐水系数的变化可见，过硫磷石膏矿渣水泥在流动水中的耐水系数整体明显低于静置水中的耐水系数。尤其当磷石膏掺量较高时，过硫磷石膏矿渣水泥在流动水中的耐水系数明显降低。试样 TX8 养护至 98d 龄期后，耐水系数甚至出现加速下降的趋势。

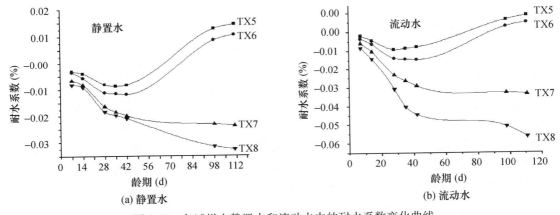

图 6-74　各试样在静置水和流动水中的耐水系数变化曲线

　　图 6-75 为各试样各龄期浸泡液中 SO_4^{2-} 浓度的变化曲线。可见随着养护龄期的延长，各试样浸泡液 SO_4^{2-} 浓度逐渐增大。在 14d 龄期以前，SO_4^{2-} 浓度呈线性增长，随后增长速度减缓。养护至 21d 龄期后，SO_4^{2-} 浓度趋于稳定。从图上还可以看到，在相同龄期，随着磷石膏掺量的增加，浸泡液 SO_4^{2-} 浓度增大，这说明随着养护龄期的延长，磷石膏不断溶出，且磷石膏掺量高的试样中，二水石膏更易溶出，这与耐水系数的测定结果一致。

　　图 6-76 为 TX5、TX8 试样在静置水和流动水养护下的抗压强度变化对比图。可见，各试样无论是在静置水还是流动水中养护，随着养护龄期的延长，各试样的强度都在不断增长。养护条件对 TX5 和 TX8 试样的 3d、7d 强度几乎没有影响，随着养护龄期延长到 28d，在静置水养护下的试样强度略高于在流动水中养护的试样，但二者差距很小。随着养护龄期继续延长，TX5 试样在两种养护条件下的强度差距并没有明显扩大，而 TX8 试样在流动水中养护的强度则出现了约 8% 左右的降低。结合耐水系数的测定结果可见，少量磷石膏的溶出

（TX5 试样）不会影响水泥的性能，但当磷石膏掺量过高（TX8 试样）时，过多磷石膏的溶解，会造成水泥石结构致密度下降，导致强度有所降低。

综合不同配比过硫磷石膏矿渣水泥在静置水和流动水养护条件下质量、耐水系数、浸泡液 SO_4^{2-} 浓度以及试样强度的测定结果，可见过硫磷石膏矿渣水泥的耐水性能随着磷石膏掺量的增加而降低，磷石膏掺量 40%～50% 时，该水泥具有较好的耐水性能，磷石膏的少量溶出不会对水泥性能造成危害。

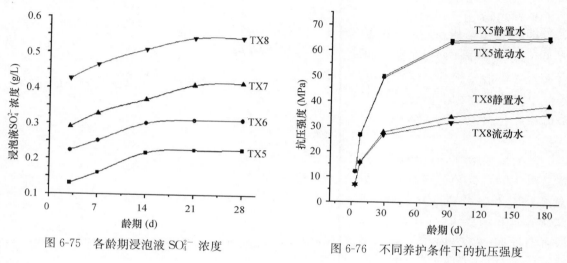

图 6-75　各龄期浸泡液 SO_4^{2-} 浓度

图 6-76　不同养护条件下的抗压强度

6.4.4　抗硫酸盐性能

将表 6-40 的试样与 P·I 52.5 硅酸盐水泥，参考 GB/T 749—2008《水泥抗硫酸盐侵蚀试验方法》进行抗硫酸盐性能测定。先按 GB/T 17671—1999《水泥胶砂强度检验方法》（ISO 法）制成水泥砂浆试样，标准养护 28d 后，置于 20℃ 质量浓度 3% 的 Na_2SO_4 溶液中进行侵蚀，Na_2SO_4 溶液 60d 更换一次。侵蚀至相应龄期后测定抗折、抗压强度，以此研究过硫磷石膏矿渣水泥的抗硫酸盐侵蚀性能。试验结果如图 6-77 所示。

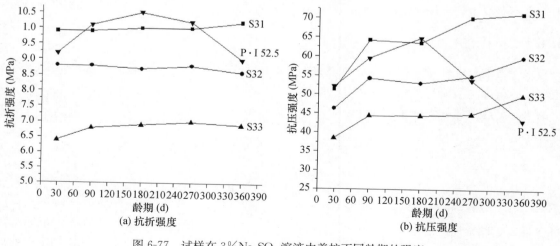

(a) 抗折强度

(b) 抗压强度

图 6-77　试样在 3% Na_2SO_4 溶液中养护不同龄期的强度

由图 6-77 可见，过硫磷石膏矿渣水泥在 3％Na₂SO₄ 溶液中长期侵蚀，抗折强度发展稳定，并未出现明显下降。而 P·I 52.5 硅酸盐水泥则在 180d 龄期时抗折强度增长到最高，随着侵蚀的继续进行，抗折强度出现明显倒缩。过硫磷石膏矿渣水泥在 3％Na₂SO₄ 溶液长期侵蚀，其抗压强度随着龄期的延长稳定增长，S31 试样在 360d 龄期时抗压强度达 70MPa。而 P·I 52.5 硅酸盐水泥在 3％Na₂SO₄ 溶液中长期侵蚀的抗压强度变化结果与抗折强度类似，均为先增大后倒缩。抗折强度倒缩 10％左右，抗压强度则倒缩了 30％左右。

图 6-78 为试样 S31 在 3％ Na₂SO₄ 溶液中养护和标准养护条件下的体积变化曲线。可见，过硫磷石膏矿渣水泥在 3％ Na₂SO₄ 溶液中养护和在标准养护条件下的体积变化情况一致，体积均较为稳定。

以上试验表明，过硫磷石膏矿渣水泥的抗硫酸盐侵蚀性能明显优于 P.I 52.5 硅酸盐水泥。硅酸盐水泥的硫酸盐侵蚀的来源主要有两方面，一方面是当硫酸盐溶液浓度较低时，钙矾石的二次结晶体积增大造成结构破坏；另一方面是当硫酸盐溶液浓度较高

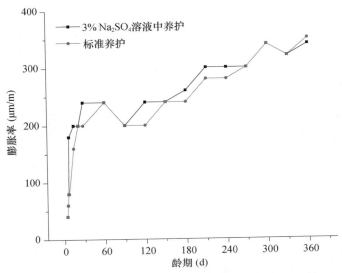

图 6-78　试样 S31 在不同养护条件下的体积变化曲线

时，产生石膏结晶，不但体积增大破坏结构，而且消耗了硅酸盐水泥浆体中的 Ca(OH)₂ 降低碱度使 C-S-H 凝胶不能稳定存在，造成石膏侵蚀[47]。

由于过硫磷石膏矿渣水泥含有大量石膏，水化和硬化过程一直是在石膏过剩的条件下进行的，矿渣中的铝在水化过程中已经形成了钙矾石，并且硬化水泥浆体的 pH 值较低（约 11 左右，远低于硅酸盐水泥 12.5 左右），水泥石的结构致密，即便侵蚀介质进入硬化水泥浆体中，也不会发生化学反应形成钙矾石和石膏，造成膨胀破坏，因此具有很好的抗硫酸盐性能。

6.4.5　抗冻性

水泥石的抗冻性对于在负温下使用的水泥混凝土结构，是一个重要的耐久性指标。硬化水泥石的抗冻性主要与水泥石中水分的结冰以及由此产生的体积变化有关。因为渗入水泥石中的水在结冰后体积为原来的 1.1 倍，因而造成膨胀应力使水泥石结构破坏，导致水泥石性能降低。

过硫磷石膏矿渣水泥按表 6-42 中的配比进行配料，混合均匀后，按 GB/T 17671—1999《水泥胶砂强度检验方法》（ISO 法）制备 40mm×40mm×160mm 砂浆试样。标准养护 28d 后，分为两组，一组继续标准养护，另一组进行冻融循环试验。采用快冻法，一次冻融循环 24h，温度为 -25～20℃，每天循环 1 次，冻融循环 25 次后取出测定强度，对比试样一直标准养护至相同龄期一起破型测定，进行强度对比。在冻融循环前测定试样的初始质量，每循环 6 次测定一次试样质量，通过强度和质量的变化来评判水泥的抗冻性能。同时，将市售的 P·C 32.5 复合硅酸盐水泥和 P·I 52.5 硅酸盐水泥，按相同方法进行对比试验。

图 6-79 为各试样经 25 次冻融循环后的强度损失率测定结果。可见，经冻融循环后，过硫磷石膏矿渣水泥的抗折强度、抗压强度损失率远低于市售的 P·C 32.5 复合硅酸盐水泥，而与市售 P·I 52.5 硅酸盐水泥相当。

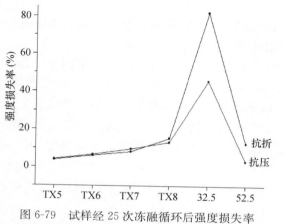

图 6-79　试样经 25 次冻融循环后强度损失率

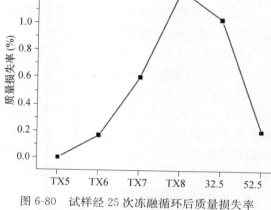

图 6-80　试样经 25 次冻融循环后质量损失率

不同配比的过硫磷石膏矿渣水泥试样的强度损失率，随矿渣掺量的增加而减小。这主要是由于矿渣掺量高的试样水化生成更多的水化产物，在水灰比一定的情况下，水化消耗了更多的水，从而使水泥石毛细孔中的自由水含量降低，减少了水分结冰造成的体积膨胀；另一方面，矿渣掺量高的试样生成更多的水化产物，其水泥石结构更密实，且水泥石中孔隙细化，减弱了水结冰造成的体积膨胀。

图 6-80 为各试样经 25 次冻融循环后的质量损失率曲线。质量损失率曲线规律与强度损失率曲线基本一致。可见，过硫磷石膏矿渣水泥的质量损失率随水泥中矿渣掺量的减少而增大。试样 TX5 质量没有损失，而试样 TX8 的质量损失率达 1.25％。水泥经冻融循环后质量损失主要是由于水泥试样表面剥落。随着过硫磷石膏矿渣水泥中矿渣掺量的减少，试样强度明显降低，在冻融循环过程中表面更容易剥落，因此过硫磷石膏矿渣水泥的质量损失率随水泥中矿渣掺量的减少而增大。

图 6-81 为试样 TX5 冻融循环 25 次后的 SEM 图像，图 6-82 为试样 TX5 标准养护到相应龄期的 SEM 图像。可见，试样经 25 次冻融循环后，已硬化的浆体内部出现了大量的裂纹，浆体的致密化程度降低。还可以看出，经冻融循环后，浆体内部大孔数量明显增多。

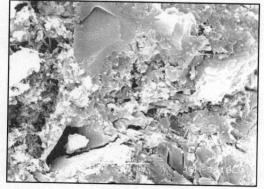

图 6-81　试样 TX5 冻融循环 25 次后 SEM 图像

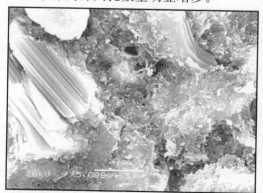

图 6-82　试样 TX5 标准养护对比 SEM 图像

以上试验结果可见，过硫磷石膏矿渣水泥具有良好的抗冻性，其抗冻性能优于市售 P·C 32.5 复合硅酸盐水泥，而与 P·I 52.5 硅酸盐水泥相当。

6.4.6 耐高温性能

水泥基材料在工程建设中已经得到非常广泛的应用和研究，但当其在高温或局部高温环境下时，其性能往往遭到严重的破坏，因而对高温后的水泥基材料进行性能分析十分必要。

过硫磷石膏矿渣水泥按表 6-42 中的配比进行配料，混合均匀后，按国家标准 GB/T 17671—1999《水泥胶砂强度检验方法》（ISO 法）制备 40mm×40mm×160mm 砂浆试样，于标准养护箱中养护 48h 后脱模，然后置于 20℃的水中养护。标准养护 28d 后，将试块从水中取出，擦干表面的水后测定初始强度，然后在 60℃烘箱中烘干 24h 并测定其强度，再分别缓慢升温至 100℃、200℃、400℃、600℃并保温 2h，然后自然冷却至室温后测定强度，并与初始强度对比，以评判其耐高温性能。注意：试块如果升温过快，试块中的二水石膏以及水化产物会快速脱水产生水蒸气，造成试块爆炸。同时，将市售的 P·C 32.5 复合硅酸盐水泥，按相同方法进行对比试验。

图 6-83 为各试样在不同温度下的抗折、抗压强度测定结果。可见，过硫磷石膏矿渣水泥与 P·C 32.5 复合硅酸盐水泥抗折强度随温度的变化规律一致。各试样的抗折强度在 60℃时均出现不同程度的下降，温度升高到 100℃时，各试样抗折强度有所恢复；随着温度的继续提高，各试样抗折强度大幅降低，在 600℃时，各试样的抗折强度均低于 2MPa。过硫磷石膏矿渣水泥在 60℃下烘干后，抗压强度有较大幅度的提升，且随矿渣掺量的增加，抗压强度提升幅度变大。温度升高到 100℃后，试样的抗压强度持续下降。P·C 32.5 复合硅酸盐水泥抗压强度则始终随温度的升高而降低。

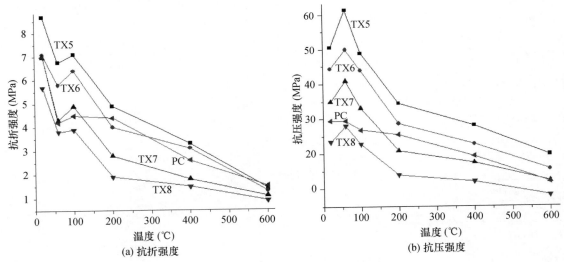

图 6-83 各试样在不同温度下的强度变化

过硫磷石膏矿渣水泥试样在温度提高到 60℃时，由于温度的提高，加速了矿渣的水化，因此其抗压强度有较大幅度的提升，且矿渣掺量高的试样提升幅度更大，这也验证了 60℃时水泥水化加速；但由于试样在 60℃烘干时，毛细孔中的水分散失，导致水泥石内部产生收缩裂纹，因此在 60℃时过硫磷石膏矿渣水泥的抗折强度降低。

当温度提高到100℃，水化产物钙矾石发生分解，因此强度降低。随着温度的继续上升，磷石膏颗粒以及部分凝胶脱水，造成水泥石结构密实度降低，因此其强度不断降低。

综合以上试验结果可见，过硫磷石膏矿渣水泥耐高温性能与 P·C 32.5 复合硅酸盐水泥相当。在高温条件下，水化产物脱水、分解是造成其性能降低的主要原因。

6.4.7　与硅酸盐水泥的相腐性

所谓过硫磷石膏矿渣水泥与硅酸盐水泥的相腐性，就是指硅酸盐类水泥石的钙离子进入过硫磷石膏矿渣水泥石中，会否导致过硫磷石膏矿渣水泥强度下降或安定性不良？同时，过硫磷石膏矿渣水泥的 SO_4^{2-} 进入硅酸盐类水泥中，是否会导致硅酸盐类水泥的强度下降或安定性不良？

众所周知，硅酸盐水泥在硫酸盐环境中使用时，容易受到硫酸盐的侵蚀，强度下降，甚至造成水泥混凝土破坏。硫酸盐侵蚀，主要是由于溶液中的硫酸盐与水泥石组分反应，形成钙矾石而产生结晶压力，造成膨胀开裂，从而破坏硬化浆体结构。由于过硫磷石膏矿渣水泥石中含有大量石膏，是否会对硅酸盐水泥石造成侵蚀？反过来，由于硅酸盐水泥石中含有大量的氢氧化钙，容易溶解出 Ca^{2+} 离子，可能也会与过硫磷石膏矿渣水泥石中的 Al^{3+} 和 SO_4^{2-} 反应形成钙矾石，造成膨胀开裂，是否也会破坏过硫磷石膏矿渣水泥石的结构？这些问题不解决，就会大大影响过硫磷石膏矿渣水泥的使用范围。

6.4.7.1　两类水泥共同养护

为了研究两类水泥一起在同一水池中养护，是否对对方造成侵蚀或危害，进行了如下的试验。

（1）原料制备

矿渣粉：将武汉钢铁有限公司的矿渣烘干，密度为 2.87g/cm³，单独粉磨至比表面积为 502m²/kg，备用。

钢渣粉：将武汉钢铁有限公司的钢渣破碎烘干后，密度为 3.29g/cm³，粉磨至比表面积为 438m²/kg，备用。

改性磷石膏浆：取湖北省黄麦岭磷化工有限公司的磷石膏（测定出自由水含量），按磷石膏（干基，扣除自由水）：钢渣粉：矿渣粉＝45：2：0.7 的比例，外加70%的水（含磷石膏中的水），在带有陶瓷球的混料机中混合 10min 取出，陈化 8h 以上备用。

熟料矿渣粉：将华新水泥咸宁公司的熟料破碎并通过 0.315mm 筛及武汉钢铁公司的矿渣，按熟料：矿渣＝4：4 的比例，混合粉磨至比表面积为 546m²/kg，备用。

过硫磷石膏矿渣水泥砂浆的配比，见表 6-43，性能见表 6-44。

表 6-43　过硫磷石膏矿渣水泥砂浆配比

编号	熟料矿渣（g）	磷石膏浆（g）	矿渣粉（g）	标准砂（g）	母液（g）	水（g）	流动度（mm）
B	36.0	364.99	199.3	1350	1.0	43	183

P·C 32.5 复合硅酸盐水泥：取自武汉钢华水泥有限公司生产的 32.5 复合硅酸盐水泥，性能见表 6-44。

表 6-44　两类水泥单独标准养护时的强度

编号	水泥品种	3d（MPa）		7d（MPa）		28d（MPa）	
		抗折	抗压	抗折	抗压	抗折	抗压
A	复合硅酸盐水泥	4.5	15.0	6.8	26.0	10.7	42.5
B	过硫磷石膏矿渣水泥	5.4	18.4	9.0	37.3	9.7	52.6

（2）两类水泥混合养护

由于过硫磷石膏矿渣水泥凝结时间较长，成型后 2d 脱模，硅酸盐水泥 1d 脱模，然后按照表 6-45 的养护制度要求，在规定的时间将两类水泥试块混合在一个水池中一起养护，以此检验两类水泥的相腐性。试验结果见表 6-45。

表 6-45 两类水泥混合养护对水泥强度的影响（MPa）

编号	养护制度	3d		7d		28d		60d		90d		180d	
		抗折	抗压	抗折	抗压	抗折	抗压	抗折	抗压	抗折	抗压	抗折	抗压
A1	脱模后立即	4.6	15.2	6.9	26.3	10.9	42.7	11.5	51.9	11.0	53.6	11.5	53.7
B2	混合养护	5.6	18.6	9.2	37.6	9.8	52.8	10.9	52.0	8.7	51.5	9.2	50.6
A3	单独养护 3d	—	—	7.6	27.4	10.5	42.7	11.2	46.6	11.0	51.1	11.4	53.9
B4	后再混合养护			9.2	33.9	10.3	53.1	9.8	52.1	8.7	53.1	8.8	54.3
A7	单独养护 7d	—	—	—	—	10.3	43.7	10.3	46.8	12.3	52.4	12.2	52.9
B8	后再混合养护					9.7	52.4	9.9	53.9	9.2	52.1	8.9	51.5
A28	单独养护 28d	—	—	—	—	—	—	11.3	50.0	11.7	54.5	11.8	56.1
B29	后再混合养护							10.2	52.3	8.8	51.2	8.8	52.1

注：A 代表复合硅酸盐水泥，成型后 1d 脱模；B 代表过硫磷石膏矿渣水泥，成型后 2d 脱模。

由表 6-45 可见，养护 60d 后，两类水泥的抗折强度都基本上达到了最大值。继续养护，对于单独养护时间不超过 3d 的试样（过硫磷石膏矿渣水泥）B2 和 B4 的抗折强度稍有降低外，其余试样均没有降低。而对于抗压强度，所有试样均没有见到明显的下降。说明，在试验的 180d 养护龄期内，两类水泥混合养护，不会对对方产生太大的影响。也就是说，两类水泥混合养护的相腐性较好。

6.4.7.2 两类水泥复合成型

为了研究两类水泥接触使用是否会对对方造成侵蚀或危害，比如在硅酸盐类水泥混凝土表面再浇筑过硫磷石膏矿渣水泥，或者在过硫磷石膏矿渣水泥混凝土表面再浇筑硅酸盐类水泥，双方是否有相互侵蚀性，进行了如下的试验。

按表 6-45 要求的成型和养护方法，在 40mm×40mm×160mm 试模中浇筑一半的水泥砂浆振动成型，并养护到规定的时间后，再浇筑要求的另一半水泥砂浆，然后养护至指定龄期，测定试块强度。以此检验两类水泥接触使用时，是否会对对方产生侵蚀作用。结果见表 6-46。

表 6-46 两类水泥复合成型对水泥强度的影响（MPa）

编号	成型和养护方法	3d（MPa）		7d（MPa）		28d（MPa）		60d（MPa）		90d（MPa）		180d（MPa）	
		抗折	抗压	抗折	抗压	抗折	抗压	抗折	抗压	抗折	抗压	抗折	抗压
A1A	A 养护 1d 浇 A 水泥	6.0	21.2	7.7	30.2	10.4	43.2	11.6	53.5	11.6	53.0	12.1	53.5
A1B	A 养护 1d 浇 B 水泥	5.8	21.4	8.3	33.2	10.5	44.4	11.0	47.2	10.7	49.4	10.5	49.9
B2B	B 养护 1d 浇 B 水泥	7.5	27.4	9.1	37.9	10.0	51.2	10.5	49.5	10.5	50.8	10.7	50.6
A3A	A 养护 3d 浇 A 水泥	6.5	24.3	7.5	31.2	9.9	44.4	10.8	46.6	11.1	51.5	11.7	51.3
A3B	A 养护 3d 浇 B 水泥	7.7	26.4	8.5	33.8	9.2	48.0	10.6	50.1	10.6	52.5	10.3	51.3
B3B	B 养护 3d 浇 B 水泥	7.9	32.9	9.0	40.6	9.4	53.6	10.3	48.1	10.3	49.4	10.9	48.9

续表

编号	成型和养护方法	3d（MPa）		7d（MPa）		28d（MPa）		60d（MPa）		90d（MPa）		180d（MPa）	
		抗折	抗压	抗折	抗折	抗压	抗折	抗压	抗折	抗压	抗折	抗折	抗压
A7A	A 养护 7d 浇 A 水泥	5.9	24.0	8.1	33.0	10.6	44.5	11.6	48.8	11.7	51.9	12.1	52.2
A7B	A 养护 7d 浇 B 水泥	6.3	24.1	8.7	34.3	10.2	46.1	10.3	52.6	10.2	51.5	10.0	52.2
B7B	B 养护 7d 浇 B 水泥	7.2	31.2	10.1	40.5	11.2	48.8	10.5	46.9	10.5	51.3	11.2	48.9

注：A 代表复合硅酸盐水泥；B 代表过硫磷石膏矿渣水泥。

由表 6-46 可见，试样 A1B（硅酸盐类水泥与过硫磷石膏矿渣水泥复合）养护 60d 后，强度稍低于 A1A（硅酸盐水泥与硅酸盐水泥复合）和 B2B（过硫磷石膏矿渣水泥与过硫磷石膏矿渣水泥复合）试样，其余两类水泥复合成型的试样强度，基本上都在同类水泥复合试样的强度之间。这也就是说，两类水泥复合成型的试样，在所试验的 180d 龄期内，试样的强度没有太大变化，没有发现对对方产生严重侵蚀现象的发生。此外，在两类水泥复合成型的试验中，样品没有出现硅酸盐类水泥和过硫磷石膏矿渣水泥分层的现象，两种水泥界面很融洽，没有产生因为反应而导致过度膨胀的现象。

将 4cm×4cm×16cm 的三联试模中间的两个挡板去掉，变成 12cm×16cm 试模，称取 1600g 的过硫磷石膏矿渣水泥砂浆，放入试模中稍为振动并摊平后（上面留 1cm 左右空间），再加入硅酸盐水泥瓜米石浆（P·C 32.5 水泥：瓜米石：水＝1:3:0.5 搅拌均匀），振动成型并刮平，放置到一定时间后（约 5h），用喷雾器喷掉表面瓜米石之间的水泥，露出瓜米石。然后放入标准养护箱中养护三天脱模，放入 20℃ 水中养护 28d 后，如图 6-84 所示，可见两类水泥复合成型没有发现什么异常的现象。将此制品铺设于试验室门口的行人道上，至今（2017 年 8 月）已过 3 年，可见到水刷石制品表面的瓜米石有被磨平的现象，但没有发现瓜米石之间的水泥浆被磨损或被破坏的现象发生，如图 6-85 所示。

图 6-84　过硫磷石膏矿渣水泥表面覆盖普通硅酸盐水泥
的水刷石制品侧面照片

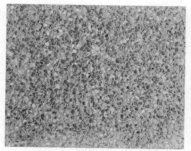 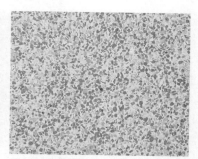

(a) 刚成形时的水刷石表面　　　(b) 在行人道上使用了3年的水刷石表面

图 6-85　过硫磷石膏矿渣水泥表面覆盖普通硅酸盐水泥的水刷石制品表面照片

2014 年 8 月湖北省大悟县新富源水泥制品有限公司试生产了一批过硫磷石膏矿渣水泥植草砖，为了增加表面耐磨性，植草砖是由 P·O 42.5 普通硅酸盐水泥砂浆和过硫磷石膏矿渣水泥混凝土复合压制而成，P·O 42.5 普通硅酸盐水泥砂浆位于植草砖表面，厚度大致为 5mm，其余均为过硫磷石膏矿渣水泥混凝土。该批植草砖在武汉亿胜科技有限公司停车场使用至今（2017 年 8 月）已 3 年，也没有发现任何质量问题，说明两种水泥的接触使用是无害的，如图 6-86 所示。

图 6-86　过硫磷石膏矿渣水泥混凝土表面覆盖普通硅酸盐水泥的植草砖（已用 3 年）

以上试验证明，两类水泥在同一水池中养护或者直接接触使用，都没有发现有什么危害。这也许是由于过硫磷石膏矿渣水泥石孔液相中的 SO_4^{2-} 和 Al^{3+} 含量较低，不足以产生钙矾石膨胀危害，其作用机理还有待进一步研究确认。

6.4.8　抗碳化性能

空气中的二氧化碳会渗透到水泥石内部，与其中的碱性物质反应生成碳酸盐和水，使水泥石碱度降低，可能造成水化产物分解，使结构遭到破坏，当碳化到达钢筋表面时，甚至会破坏钢筋表面的钝化膜而造成钢筋生锈[49-51]。

由于过硫磷石膏矿渣水泥碱度较低，水化产物中没有 $Ca(OH)_2$，对 CO_2 的消耗能力较弱，如果 CO_2 渗透到水泥石内部中和了其中的碱性物质而使钙矾石和 C-S-H 凝胶分解，将会降低水泥的性能，影响其耐久性。因此，对过硫磷石膏矿渣水泥抗碳化性能进行研究，意义十分重大，关系到过硫磷石膏矿渣水泥能否广泛使用的问题。

将表 6-42 中的过硫磷石膏矿渣水泥试样和 P·I 52.5 硅酸盐水泥，参照 GB 50082—2009《普通混凝土长期性能和耐久性能试验方法标准》中的碳化试验方法，采用 GB/T 17671—1999《水泥胶砂强度检验方法》（ISO 法）制备 40mm×40mm×160mm 砂浆试样，于标准养护箱中养护 48h 后脱模。然后置于 20℃的水中养护 26d 后，将试块从水中取出，擦干表面的水后，放在 60℃烘箱中烘干 48h。试块六面全部不用蜡封直接放入碳化箱中开始碳化。碳化箱中 CO_2 浓度控制在 20%±3%，温度控制在 20℃±1℃，湿度控制在 70%±5%。碳化到相应龄期后，从碳化箱中取出试样，测定其抗折强度，然后在试块折断的断面均匀涂上 1%的酚酞溶液显色，静置 5min 后用游标卡尺测定各个面的碳化深度。

各试样各龄期碳化深度测定结果，如图 6-87。可见，各试样的碳化深度随碳化龄期的延长逐渐增大，过硫磷石膏矿渣水泥各试样各龄期的碳化深度均明显高于硅酸盐水泥。碳化 28d，硅酸盐水泥碳化深度仅为 7.1mm，而过硫磷石膏矿渣水泥均大于 17mm，试样 TX7 和 TX8 碳化 14d 时，试块已经完全碳化。

不同配比的过硫磷石膏矿渣水泥的碳化深度与矿渣掺量有关，随着矿渣掺量的减小，碳化深度明显增大。TX8 试样碳化发展最快，在碳化 3d 时，试块就已被碳化透，而 TX5 试样在经过 28d 碳化后，碳化深度为 17.8mm，还未被碳化透。

由于硅酸盐水泥水化产物中存在大量 $Ca(OH)_2$，在碳化过程中可以消耗 CO_2，减慢了碳化发展的速度，且 $Ca(OH)_2$ 和 CO_2 反应生成的 $CaCO_3$ 可以堵塞水泥石内部的孔隙和毛细管，使水泥石结构更加密实，抑制了碳化的进一步深入。因此，随着碳化龄期的延长，硅酸盐水泥碳化发展减缓。

过硫磷石膏矿渣水泥的水化产物中不含 $Ca(OH)_2$，体系碱度较低，因此碳化速度比硅酸盐水泥快。随着过硫磷石膏矿渣水泥中矿渣掺量的减少，水泥水化产物减少，颗粒间的结合力减弱，结构变得疏松，从而导致 CO_2 更易深入，碳化深度远高于 $P \cdot I 52.5$ 硅酸盐水泥。

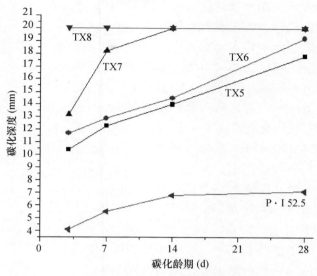

图 6-87　各碳化龄期的碳化深度

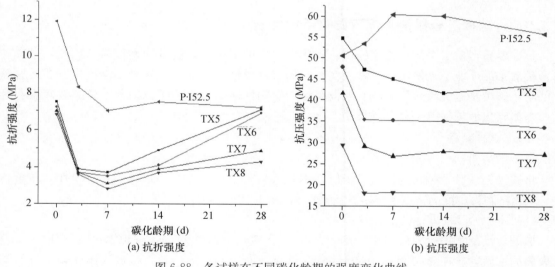

图 6-88　各试样在不同碳化龄期的强度变化曲线

图 6-88 为各试样在不同碳化龄期的抗折强度和抗压强度变化曲线。可见，硅酸盐水泥和过硫磷石膏矿渣水泥试样经碳化后，抗折强度均出现了不同程度的下降，且随着碳化龄期的延长，抗折强度均先减小，然后有所增大。各试样在碳化 7d 时抗折强度降至最低，随着碳化的继续发展，抗折强度又出现增长，其中过硫磷石膏矿渣水泥试样增长更为明显，且矿渣掺量高的过硫磷石膏矿渣水泥试样抗折强度大幅度回升，试样 TX5 和 TX6 基本恢复到初始强度。过硫磷石膏矿渣水泥经碳化后，抗压强度约有 10MPa 左右的降低，降低幅度较大，碳化 7d 后，强度趋于稳定。而硅酸盐水泥试样经碳化后，其抗压强度约有 10% 的提升。

各试样碳化 7d 后的强度损失率曲线，如图 6-89 所示。可见，各试样抗折强度的损失率均大于抗压强度的损失率。硅酸盐水泥的抗折、抗压强度损失率均小于过硫磷石膏矿渣水泥。其中，硅酸盐水泥经 7d 碳化后，抗压强度高于初始强度（强度损失率为负值）。随着矿渣掺量的减小，过硫磷石膏矿渣水泥的抗折、抗压强度损失率几乎呈线性增大。试样 TX8 碳化 7d 抗折强度损失率高达 58.8%，抗压强度损失率高达 38.1%，而试样 TX5 碳化 7d 抗折、抗压强度损失率分别为 50.7% 和 17.7%。

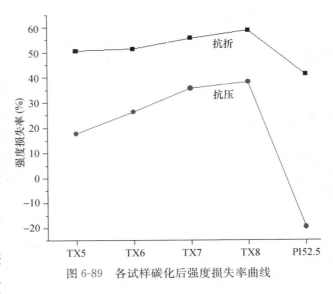

图 6-89　各试样碳化后强度损失率曲线

通过以上试验，结合碳化深度变化曲线可见，由于过硫磷石膏矿渣水泥碱度较低，对 CO_2 的中和能力不足，其抗碳化性能明显劣于硅酸盐水泥，且水泥中的矿渣掺量越低，水泥石密实度越低，其抗碳化性能越差。

6.4.9　过硫磷石膏矿渣水泥石碳化后的性能

过硫磷石膏矿渣水泥碳化速度快，碳化后强度明显下降，抗碳化性能差。那么，过硫磷石膏矿渣水泥还能不能使用，或者说在什么场合可以使用？在什么场合不能使用？要回答这个问题，关键是过硫磷石膏矿渣水泥被碳化以后的性能是什么样子。因此，研究过硫磷石膏矿渣水泥碳化后的性能十分有意义。

6.4.9.1　试样制备

（1）矿渣粉

将武汉钢铁有限公司的矿渣烘干后，称取 5kg 在 $\phi 500mm \times 500mm$ 试验小磨中，单独粉磨 70min，测得密度为 $2.87g/cm^3$，比表面积为 $446.3m^2/kg$。

（2）P·O 42.5 普通硅酸盐水泥

取湖北京兰水泥有限公司生产的 P·O 42.5 普通硅酸盐水泥，测得密度为 $3.19g/cm^3$，比表面积为 $433.2m^2/kg$。

（3）改性磷石膏浆

取湖北省黄麦岭磷化工有限公司已存放 1 年以上的磷石膏，干基配比按磷石膏：P·O 42.5 水泥：矿渣粉 = 45：3：0.5，将配合好的料粉称取 1.5kg（干基）外加 70% 的水（包括磷石膏中的自由水），置于混料陶瓷球罐中，混合研磨 30min。为了准确计算磷石膏浆的自由水含量，混料机及混料球使用前应预先在水中浸上 1h。得到的改性磷石膏浆，测定得 pH 值为 13.08，含固量为 59.26%。

（4）试块成型

按表 6-47、表 6-48 的配比并外加标准砂，按 GB/T 17671—1999《水泥胶砂强度检验方法》制备过硫磷石膏矿渣水泥 40mm×40mm×160mm 标准砂浆试块。标准砂浆的胶砂比为 1：3，加水量按胶砂流动度为 180～190mm 调整。

表 6-47 过硫磷石膏水泥的干基配比

原料	改性磷石膏浆	矿渣粉	P·O 42.5水泥	母液
配比（%）	47.5	51.5	1	0.22

注：母液为标准型聚羧酸减水剂。

表 6-48 过硫磷石膏水泥的湿基配比

改性磷石膏浆（g）	矿渣粉（g）	P·O 42.5水泥（g）	母液（g）
364.07	231.75	4.5	0.99

注：干基合量为450g。

（5）试块养护

标准砂浆试块成型后，在温度为 20℃±2℃，相对湿度为 95% 以上的标准养护箱内养护 2d，若尚未硬化，可养护至 3d 脱模，测试强度，然后浸入 20℃ 水中养护至 28d 取出，取出部分试块测定强度，其他试块进行碳化试验。

（6）碳化

试块在 20℃ 水中养护到 28d 龄期取出，取其中 3 块马上破型测定 28d 强度。其余试块放在室内 20℃±5℃，相对湿度不大于 80% 的环境下气干 2d 后放入碳化箱。气干时试块间距要大于 15mm，再放入温度为 20℃，CO_2 浓度为 20%，相对湿度为 70% 的碳化箱中碳化 28d，进行强度和其他性能测定。

6.4.9.2 碳化后的强度

过硫磷石膏矿渣水泥碳化前后的各龄期强度试验结果，如表 6-49 和图 6-90 所示。

表 6-49 过硫磷石膏矿渣水泥碳化前后的强度

编号	胶砂比	磷石膏浆（g）	P·O水泥（g）	矿渣（g）	母液（g）	水（g）	抗折强度（MPa）	抗压强度（MPa）
养护 3d	1:3	364.07	4.50	231.75	0.99	175	3.6	12.4
养护 7d	1:3	364.07	4.50	231.75	0.99	175	6.9	25.4
养护 28d	1:3	364.07	4.50	231.75	0.99	175	8.3	44.5
碳化 7d	1:3	364.07	4.50	231.75	0.99	175	5.1	39.4
碳化 14d	1:3	364.07	4.50	231.75	0.99	175	5.8	39.6
碳化 21d	1:3	364.07	4.50	231.75	0.99	175	6.6	36.6
碳化 28d	1:3	364.07	4.50	231.75	0.99	175	6.3	41.3
碳化 35d	1:3	364.07	4.50	231.75	0.99	175	6.2	48.7
碳化 42d	1:3	364.07	4.50	231.75	0.99	175	8.4	44.3
碳化 49d	1:3	364.07	4.50	231.75	0.99	175	9.4	44.0
碳化 56d	1:3	364.07	4.50	231.75	0.99	175	10.3	42.8
碳化 63d	1:3	364.07	4.50	231.75	0.99	175	10.0	43.8
碳化 70d	1:3	364.07	4.50	231.75	0.99	175	10.3	45.9
碳化 77d	1:3	364.07	4.50	231.75	0.99	175	10.4	44.4

由图 6-90 可见，过硫磷石膏矿渣水泥成型后在标准养护下强度快速上升，28d 抗压强度达到了 44.5MPa，说明该配比的过硫磷石膏矿渣水泥质量较好。试样开始碳化后，强度明显下降，抗折强度在碳化 7d、抗压强度在碳化 21d 出现强度最低点。继续碳化，抗压和抗折强

度均逐渐回升，碳化 35d 后，抗压和抗折强度均恢复到了碳化前的强度大小，以后基本上维持不变。

由此可见，只要过硫磷石膏矿渣水泥配比合适，水泥石能够维持较高的致密度，碳化后强度虽然会有所下降，但最终会恢复到碳化前的强度水平。但要注意，抗折强度在碳化过程中可能会有 40% 左右的下降，抗压强度会有 20% 左右的下降。如果过硫磷石膏矿渣水泥配比不合适，水泥石致密度不高，则强度下降幅度可能会更高。

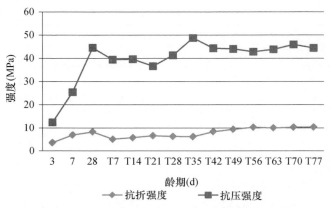

图 6-90 过硫磷石膏矿渣水泥碳化前后的强度

6.4.9.3 碳化后的干缩性能

将表 6-48 的过硫磷石膏矿渣水泥，称取 400g（干基），标准砂 800g，用水量按胶砂流动度达到 130～140mm 确定，按 JC/T 603—2004《水泥胶砂干缩试验方法》制备 25mm×25mm×280mm 试样，测试碳化后试块的干缩性能。

试样成型 3d 后脱模测定原始长度，然后浸入 20℃水中养护至规定龄期（7d、14d、21d、28d）测定长度，至 28d 后取出试块放在室内 20℃±5℃，相对湿度不大于 80% 的环境下气干 2d 测定长度（气干时试块的间距要大于 15mm），再放入温度为 20℃，二氧化碳浓度为 20%，相对湿度为 70% 的碳化箱中，碳化至规定龄期（7d、14d、21d、28d）测定长度，试验结果见表 6-50。同时，将 P·O 42.5 普通硅酸盐水泥按同样的试验方法进行对比试验，结果如表 6-51 和图 6-91 所示。

表 6-50 过硫磷石膏矿渣水泥碳化后的干缩率

编号	胶砂比	改性磷石膏浆（g）	P·O水泥（g）	矿渣粉（g）	母液（g）	水（g）	干缩率（%）			
							碳化 7d	碳化 14d	碳化 21d	碳化 28d
1	1:2	323.62	4	206	0.88	133	0.020	0.016	0.015	0.064
2	1:2	323.62	4	206	0.88	133	0.028	0.032	0.049	0.083
3	1:2	323.62	4	206	0.88	133	0.053	0.061	0.061	0.116
4	1:2	323.62	4	206	0.88	133	−0.001	0.030	0.037	0.132
5	1:2	323.62	4	206	0.88	133	−0.042	0.042	0.064	0.104
6	1:2	323.62	4	206	0.88	133	−0.003	0.028	0.037	0.040
平均	—	—	—	—	—	—	0.009	0.035	0.044	0.090

表 6-51 普通硅酸盐水泥碳化后的干缩率

编号	胶砂比	P·O水泥（g）	水（g）	干缩率（%）			
				碳化 7d	碳化 14d	碳化 21d	碳化 28d
1	1:3	450	138	0.019	0.033	0.033	0.054
2	1:3	450	138	0.006	0.017	0.017	0.029
3	1:3	450	138	0.022	0.026	0.026	0.036

续表

编号	胶砂比	P·O水泥 （g）	水 （g）	干缩率（%）			
				碳化 7d	碳化 14d	碳化 21d	碳化 28d
4	1:3	450	138	0.065	0.072	0.072	0.081
5	1:3	450	138	0.016	0.033	0.033	0.050
6	1:3	450	138	0.056	0.093	0.093	0.114
平均	—	—	—	0.031	0.046	0.053	0.061

由图 6-91 可见，随着碳化时间的延长，两种水泥石的干缩率均越来越大，但普通硅酸盐水泥碳化后期的干缩率有逐渐减小趋于稳定的趋势，而过硫磷石膏矿渣水泥碳化 28d 后的干缩率还基本上呈直线上升。碳化前期的干缩率，过硫磷石膏矿渣水泥小于普通硅酸盐水泥；而碳化后期的干缩率过硫磷石膏矿渣水泥大于普通硅酸盐水泥。过硫磷石膏矿渣水泥石碳化 28d 后的干缩率为 0.09%。

过硫磷石膏矿渣水泥碳化后产生收缩是空气中的二氧化碳与水泥石中水化产物，特别是钙矾石的不断作用，引起水泥石结构的变化所致。碳化时，过硫磷石膏矿渣水泥石中的钙矾石与二氧化碳反应，生成 $CaCO_3$、$CaSO_4 \cdot 2H_2O$、$Al_2O_3 \cdot xH_2O$、H_2O 等产物，随着 H_2O 的蒸发，结构变得疏松，因而导致水泥石体积收缩。由于普通硅酸盐水泥的水化产物中含有大量的 $Ca(OH)_2$，其与二氧化碳反应生成碳酸钙，填充于水泥石中，使水泥浆体结构密实度大大提高，二氧化碳在水泥石中的扩散速

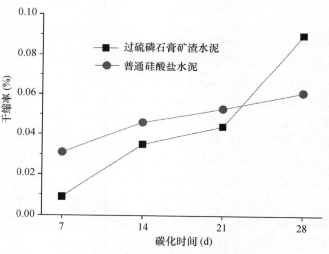

图 6-91 两种水泥碳化后的干缩率变化

度也就大大减慢，其碳化速度也随之降低，这是普通硅酸盐水泥试样碳化 28d 收缩率小于过硫磷石膏矿渣水泥试样的原因。

6.4.9.4 碳化后的湿胀干缩性能

将碳化 28d 后的 25mm×25mm×280mm 过硫磷石膏矿渣水泥试块，测定长度后浸入水中 1d，然后测定长度，再在室内 20℃±3℃，相对湿度不大于 80% 的环境下气干 2d 后，测定长度。重复进行试验 3 次，试验结果见表 6-52。

表 6-52 过硫磷石膏矿渣水泥碳化 28d 后的湿胀干缩率

编号	胶砂比	磷石膏浆 （g）	P·O水泥 （g）	矿渣 （g）	母液 （g）	水 （g）	干缩率（%）	
							浸水 1d	浸水后气干 2d
1	1:2	323.62	4	206	0.88	133	−0.042	−0.035
2	1:2	323.62	4	206	0.88	133	−0.044	−0.035
3	1:2	323.62	4	206	0.88	133	−0.044	−0.034

由表 6-52 中数据可知，过硫磷石膏矿渣水泥试样碳化 28d 后的试块浸水一天后，试块长

度会变长，将试块气干 2d 后，试块长度又会变短。这说明试块在浸水后会膨胀，长度变长，从水中取出后在空气中气干，试块中的水分蒸发，长度又会变短。但，气干后的试块相对于原始长度有稍微的增长。湿胀干缩的长度变化率在 0.044% 之内。

6.4.9.5 碳化后的抗起砂性能

碳化后的过硫磷石膏矿渣水泥抗起砂性能的测试方法，按附录 1 "水泥抗起砂检测方法"进行，但略作修改，具体步骤如下：

按附录 1 "水泥抗起砂性能检测方法"，将成型好的过硫磷石膏矿渣水泥试模，按顺序排放在蒸汽养护箱中，设置温度为 50℃，蒸汽养护 7d，养护结束后将试块放入温度为 45℃ 的干燥箱内烘干 24h，取出带模试块，擦去检测试模外侧粘附的水泥胶砂，称量每个带模试块的初始质量。

取一组干燥完成的带模试块按附录 1 "水泥抗起砂检测方法"测定起砂量，剩余几组放入碳化箱中，设置碳化箱温度为 20℃，二氧化碳浓度为 20%，相对湿度为 70%，碳化至不同的龄期后取出测试其起砂量，结果如表 6-53 和图 6-92 所示。

表 6-53 过硫磷石膏矿渣水泥碳化后起砂量测定结果

碳化时间（d）	0	7	14	21	28
起砂量（kg/m²）	2.11	5.34	0.57	0.70	0.85

由图 6-92 可见，过硫磷石膏矿渣水泥的起砂量在碳化 7d 时达到最高，随后再继续碳化，起砂量又快速减少，并且减少到小于还未碳化前的起砂量。说明过硫磷石膏矿渣水泥碳化 7d 时，抗起砂性能最差，水泥石表面很容易被磨损掉，如果能越过这段时期，其抗起砂性能又可以得到提高，起砂量可以维持在 ≤1.0kg/m² 比较低的水平。

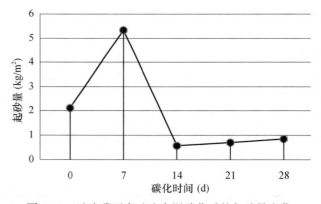

图 6-92 过硫磷石膏矿渣水泥碳化后的起砂量变化

6.4.9.6 碳化后的抗冻性能

按表 6-54 所示的过硫磷石膏矿渣水泥常用配比进行配料，将改性磷石膏浆、矿渣粉以及 P·O 42.5 水泥按比例混合均匀后，按 GB/T 17671—1999《水泥胶砂强度检验方法》（ISO 法）制备 40mm×40mm×160mm 砂浆试样。在温度为 20℃，相对湿度为 90% 的标准养护条件下，养护 3d 后脱模，转入 20℃ 的水中养护至 28d 后取出，然后置于室内 20℃±3℃，相对湿度不大于 80% 的环境下气干 2d。再放入温度为 20℃，二氧化碳浓度 20%，相对湿度 70% 的碳化箱中碳化 28d 后，将试样分为三组，第一组继续在 20℃ 水中标准养护，第二组继续在碳化箱中进行碳化，第三组进行冻融循环试验。

采用快冻法，一次冻融循环 24h，温度为 -20～20℃，每天循环 1 次，冻融循环 25 次后取出。测定三组不同试块的抗压强度和抗折强度，试验结果见表 6-54 所示。

由表 6-54 可见，过硫磷石膏矿渣水泥碳化 28d 后，再继续水中养护 25d，其强度显著提高（抗压强度为 52.6MPa）。相应进行冻融循环试验的试样，强度虽有提高（抗压强度为 46.3MPa），但提高幅度不大。而继续进行碳化的试样，其抗折强度显著提高，抗压强度稍有提高。

表 6-54　过硫磷石膏矿渣水泥碳化 28d 后的抗冻性能

	胶砂比	磷石膏浆（g）	P·O水泥（g）	矿渣（g）	母液（g）	水（g）	抗折强度（MPa）	抗压强度（MPa）
初始强度	1∶3	364.07	4.5	231.75	0.99	175	6.3	41.3
持续养护	1∶3	364.07	4.5	231.75	0.99	175	6.5	52.6
冻融循环	1∶3	364.07	4.5	231.75	0.99	175	7.0	46.3
持续碳化	1∶3	364.07	4.5	231.75	0.99	175	9.2	42.8

由此可见，过硫磷石膏矿渣水泥碳化后的试样再进行冻融循环，强度相比冻融前有所上升，说明过硫磷石膏矿渣水泥碳化后，具有较好的抗冻性能。更令人惊喜的是，将碳化 28d 的过硫磷石膏矿渣水泥，再次进行浸水养护，得到的试块强度比浸水养护前的试块强度高出许多，这也更加确定了过硫磷石膏矿渣水泥碳化后，还将具有较好性能。

6.4.9.7　碳化后的耐水性能

将碳化 28d 后的过硫磷石膏矿渣水泥试样，在标准浸水养护条件下的耐水系数，评价碳化后过硫磷石膏矿渣水泥的耐水性。

将过硫磷石膏矿渣水泥按表 6-55 的配比进行配料，混合均匀后在水泥净浆搅拌机中搅拌均匀，用 20mm×20mm×20mm 试模成型，在温度为 20℃，相对湿度为 90% 的标准养护条件下，养护 3d 后脱模，转入 20℃ 的水中养护至 28d 后取出。置于室内温度为 20℃±5℃，相对湿度不大于 80% 的环境下气干 2d，再放入温度为 20℃，二氧化碳浓度为 20%，相对湿度为 70% 的碳化箱中碳化 28d。碳化完成后取出用分析天平精确测定各试块的质量 m_1，然后浸泡在 500mL，20℃ 蒸馏水的密封瓶中养护，分别在 7d、14d、21d、28d，取出试块真空抽滤 4h 后测定质量 m_2。以各试块浸水前后质量的变化率即耐水系数 D_w 来评判试样的耐水性，D_w 计算式如式（6-5）所示：

$$D_w = \frac{\text{试块质量} - \text{初始质量}}{\text{初始质量}} \tag{6-5}$$

式中，D_w 值越大，水泥的耐水性能越强，并在每次测定试块质量后，取浸泡液用质量法测定 SO_4^{2-} 浓度，试验结果见表 6-55。

表 6-55　碳化后过硫磷石膏矿渣水泥石耐水性试验结果

编号	改性磷石膏浆（g）	P·O水泥（g）	矿渣粉（g）	母液（g）	浸泡 0d 质量（g）	浸泡 7d 质量（g）	浸泡 14d 质量（g）
1	364.07	4.5	231.75	0.99	14.7852	14.3102	15.3608
2	364.07	4.5	231.75	0.99	14.2302	14.0028	14.6078
3	364.07	4.5	231.75	0.99	14.9311	14.7981	15.0677
4	364.07	4.5	231.75	0.99	15.0030	14.3321	15.5257
5	364.07	4.5	231.75	0.99	14.9304	14.6203	15.4123
6	364.07	4.5	231.75	0.99	15.1563	14.4126	15.6812

表 6-56　浸泡液 SO_4^{2-} 浓度

碳化时间	0d	7d	14d
浓度（g/L）	0.026	0.028	0.024

由表 6-55 数据计算得：

6 个试样 7d 的耐水系数分别为：−3.2%，−1.6%，−0.9%，−4.5%，−2.1%，−4.9%，去掉一个最大值和一个最小值，其余 4 个 7d 耐水系数平均值为：−2.8%。

6 个试样 14d 的耐水系数分别为：3.9%，2.7%，0.9%，3.5%，3.2%，3.5%，去掉一个最大值和一个最小值，其余 4 个 14d 耐水系数平均值为：3.2%。

由以上数据可知，水泥试块浸水后，都出现了质量下降的情况，在浸水 7d 左右质量降至最低，继续浸水养护，质量又开始增大。产生这种原因是过硫磷石膏矿渣水泥石在碳化时水化产物中的钙矾石与二氧化碳反应生成了 $CaCO_3$、$CaSO_4 \cdot 2H_2O$、$Al_2O_3 \cdot xH_2O$、H_2O 等产物，碳化生成的产物在与水作用将会产生质量变化。碳化反应生成的石膏和水泥石中原本存在的二水石膏都会与水反应，一方面碳化后的过硫磷石膏矿渣水泥石中生成的 $CaSO_4 \cdot 2H_2O$、$Al_2O_3 \cdot xH_2O$、H_2O 等产物与水发生反应，使水泥试块结构逐渐变得致密的同时也使试块的质量逐步增加；另一方面，水泥石中少量没有被水化产物包裹严密或者由于产生裂缝而裸露出来的 $CaSO_4 \cdot 2H_2O$ 又溶于水造成质量减少。这两个反应过程一直存在，相互依存，相互平衡，当与水反应生成产物产生的质量增加量大于二水石膏溶解产生的质量减小量时，水泥试块的总质量就增加，反之则水泥试块总质量就减小。

冻融试验中我们知道碳化 28d 后，再浸入水中继续养护的试样强度出现了大幅度的回升，这是由于碳化过程中二氧化碳与过硫磷石膏矿渣水泥石中的钙矾石及水化硅酸钙反应生成了石膏和方解石，结构变得疏松，致密度下降，强度也随之降低。当碳化后的试样重新浸水养护后，水与其中的产物重新反应，结构又重新变得致密，强度也随之发生反弹。这也在另一方面证实了过硫磷石膏矿渣水泥在碳化后的耐水性是良好的。在过硫磷石膏矿渣水泥碳化后浸水初期，由于水化产物中的钙矾石和水化硅酸钙凝胶与二氧化碳反应，由此生成了许多空隙，此时浸水会有大量的水浸入水泥石，带走少量二水石膏，因此在 7d 左右时质量达到了最低。但随着浸水时间的延长，水与水泥石中的碳化反应产物结合，生成越来越致密的产物堵塞孔隙，这样就使水泥石结构又变得越来越致密，质量也不再下降，强度得到相应的恢复。

在前人的研究中，知道常用的磷石膏基胶凝材料，虽然与各种活性材料进行复合，但在本质上仍旧是属于气硬性胶凝材料，其耐水性能都很差，但是由本试验可以看出，碳化后的过硫磷石膏矿渣水泥同样具有很好的耐水性，此试验结果无疑将使过硫磷石膏矿渣水泥得到更加广泛的应用。

6.4.9.8 碳化后的微观结构

过硫磷石膏矿渣水泥石经碳化后性能会下降，这是由于 CO_2 与水泥石中的钙矾石和水化硅酸钙凝胶等产物发生反应，生成了 $CaCO_3$、$CaSO_4 \cdot 2H_2O$、$Al_2O_3 \cdot xH_2O$、H_2O 等，引起水泥石微观结构的变化，使孔隙率变大，水泥石致密度下降，从而导致了水泥石强度下降，宏观性能也随之降低。下面运用压汞仪、SEM 和 XRD 分析其过硫磷石膏矿渣水泥石碳化过程的水化产物及其微观结构变化过程。

（1）过硫磷石膏矿渣水泥石的孔隙率

将改性磷石膏浆（干基）47.5%、矿渣粉 51.5%、P·O 42.5 水泥 1.0%、外掺标准型聚羧酸减水剂（母液）0.4% 和水 27.1%，混合均匀后在水泥净浆搅拌机中搅拌均匀，置于 $\phi 50mm \times \phi 52mm \times 15mm$ 圆台型试模中成型，表面覆上保鲜膜，在温度为 20℃，相对湿度 90% 的标准养护条件下，养护 3d 后脱模，转入 20℃ 的水中养护至 28d 后取出，将表面水擦干。取一试块，均分为五等分，用压汞法测定其中一份的孔隙率。其余四份放入温度为

20℃，二氧化碳浓度为 20％，相对湿度为 70％的碳化箱中碳化至 7d 和 28d 后，分别取出部分试样用压汞法测定孔隙率。然后再将碳化了 28d 的试块浸入温度 20℃的水中，再浸水养护 7d、28d，分别取出部分试样测定孔隙率。结果见表 6-57。

表 6-57　过硫磷石膏矿渣水泥石碳化前后的孔隙率

龄期	标养 28d	碳化 7d	碳化 28d	重新浸水 7d	再碳化 7d	再浸水 7d
孔隙率（％）	8.76	13.95	20.21	23.15	24.23	25.19

由表 6-57 可见，过硫磷石膏矿渣水泥石碳化后的孔隙率显著增大。碳化 28d 后再重新浸水养护 7d，所测得的孔隙比浸水前有所增加，但增加幅度不大。再次碳化 7d 后再次浸水养护 7d，所测得孔隙率虽然还是有所增加，但变化已经很小，基本上趋于稳定。

（2）水化产物的 SEM 分析

按表 6-49 过硫磷石膏矿渣水泥的配合比，配制成过硫磷石膏矿渣水泥净浆，然后在标准养护条件下养护 28d 后，再置于温度 20℃、相对湿度 70％，CO_2 浓度 20％的碳化箱中碳化至规定的龄期。对碳化 7d、碳化 14d、碳化 21d、碳化 28d 和碳化 28d 后再冻融循环 25d 的过硫磷石膏矿渣水泥的净浆，进行 SEM 扫描分析，结果如图 6-93～图 6-98 所示。

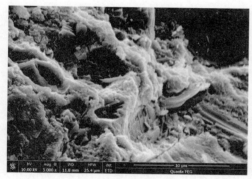
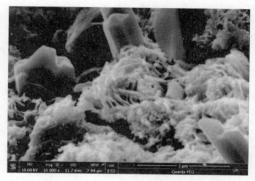

图 6-93　标准养护 28d 的 SEM 照片　　图 6-94　标准养护 28d 再碳化 7d 的 SEM 照片

由图 6-93 可见，过硫磷石膏矿渣水泥石经过 28d 的水化后，水泥石密实度很高。水泥石内部呈现出针棒状的钙矾石相互交织搭接与水化硅酸钙凝胶共同将未反应的磷石膏大颗粒包裹起来的结构，使磷石膏颗粒与水化产物结合紧密，并由于钙矾石和水化硅酸钙凝胶的包裹，使水泥石中的二水石膏不会溶出，从而使过硫磷石膏矿渣水泥具备了水硬性。

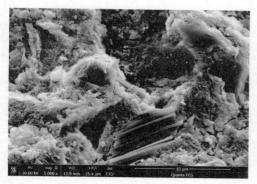

图 6-95　标准养护 28d 再碳化 14d 的 SEM 照片　　图 6-96　标准养护 28d 再碳化 21d 的 SEM 照片

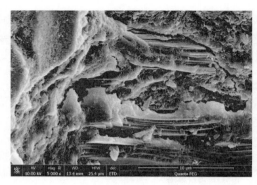 

图 6-97　标准养护 28d 再碳化 28d 的
SEM 照片　　　　　　

图 6-98　标养 28d 碳化 28d 再冻融 25 次
SEM 照片

由图 6-94 可见，过硫磷石膏矿渣水泥养护 28d 后再碳化 7d 时，钙矾石大量减少，结构开始变得疏松，一些磷石膏大颗粒开始暴露出来。说明碳化进行到这一时期，水化反应生成的钙矾石和水化硅酸钙凝胶等产物与二氧化碳反应生成了 $CaCO_3$、$CaSO_4 \cdot 2H_2O$、$Al_2O_3 \cdot xH_2O$、H_2O 等。在碳化 7d 时钙矾石被大量分解，出现了大量的孔洞，水泥石致密度下降。此时水泥石结构破坏最为明显，是强度最低的时候，也使得水泥的抗起砂性能最差，起砂量最大。

图 6-95 显示了过硫磷石膏矿渣水泥石在碳化 14d 时的微观结构，可见此时的水泥石结构又开始变得致密，水泥石中的钙矾石和水化硅酸钙凝胶继续与 CO_2 反应，由于 CO_2 的不断渗入，生成的方解石在增多，逐渐填充了一部分孔隙，水泥石的强度开始较 7d 时有所回升，但提高的幅度不大。

图 6-96 显示了过硫磷石膏矿渣水泥石碳化 21d 时的微观结构，通过观察可以看出，此时的结构已经基本恢复致密，随着碳化的深入，水泥石中又产生了大量柱状的二水石膏，并被碳化形成的 $CaCO_3$、$Al_2O_3 \cdot xH_2O$、H_2O 等水化产物所包裹，使水泥石结构进一步致密，强度也开始逐步提高。

图 6-97 显示了过硫磷石膏矿渣水泥石碳化 28d 时的微观结构，通过观察可以看出，水泥石结构致密度已经很高，颗粒状石膏被水化和碳化产物紧密包裹，孔隙进一步消失，强度也在显著的提高中，并且趋于稳定。

图 6-98 显示了养护了 28d 后的过硫磷石膏矿渣水泥试样，再碳化 28d 后，再进行为期 25d 的冻融循环后的微观结构。通过观察可以看出，在冻融循环中，形成了大量针柱状的二水石膏晶体。这些产物堵塞了碳化反应后钙矾石生成的孔洞，使疏松的结构又重新紧密起来，因此，强度又较冻融循环开始前有所提高。

（3）碳化后产物的电子探针微区分析

按表 6-49 过硫磷石膏矿渣水泥的配合比，配制成过硫磷石膏矿渣水泥净浆，然后在标准养护条件下养护 28d 后，再置于温度 20℃、相对湿度 70%，CO_2 浓度 20% 的碳化箱中碳化 28d 后再冻融循环 25d（－20～＋20℃循环 25 次）的过硫磷石膏矿渣水泥的净浆，进行电针探针微区分析，结果如图 6-99～图 6-100 所示。

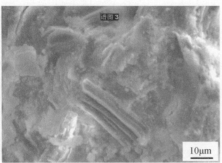

谱图 3 元素分析结果

元素	质量 百分比	原子 百分比	化合物 百分比	化学式
AlK	0.34	0.27	0.65	Al_2O_3
SiK	1.00	0.76	2.13	SiO_2
SK	29.65	19.83	74.03	SO_3
CaK	16.57	8.86	23.18	CaO
O	52.44	70.28		
总量	100.00			

谱图 5 元素分析结果

元素	质量 百分比	原子 百分比	化合物 百分比	化学式
CK	1.30	2.26	4.76	CO_2
AlK	10.16	7.87	19.20	Al_2O_3
SiK	12.77	9.51	27.32	SiO_2
SK	11.64	7.59	29.06	SO_3
CaK	14.06	7.33	19.67	CaO
O	50.08	65.44		
总量	100.00			

图 6-99　标准养护 28d 再碳化 28d 试样的电子探针微区分析

由图 6-99 可见，过硫磷石膏矿渣水泥石标准养护 28d 再碳化 28d 后，二水石膏颗粒还是被水化和碳化产物紧密包裹。对石膏颗粒表面进行的电子探针微区成分分析后发现，存在 CO_2、Al_2O_3、SiO_2、SO_3、CaO 等氧化物，因此可以肯定石膏表面存在水化 C-S-H 和 $CaCO_3$ 及无定形 Al_2O_3 等产物的包裹层。

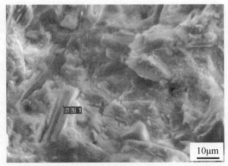

谱图 1 元素分析结果

元素	质量 百分比	原子 百分比	化合物 百分比	化学式
CK	10.10	16.33	37.01	CO_2
SiK	4.78	3.30	10.22	SiO_2
SK	6.53	3.96	16.31	SO_3
CaK	26.06	12.63	36.46	CaO
O	52.53	63.78		
总量	100.00			

谱图 5 元素分析结果

元素	质量 百分比	原子 百分比	化合物 百分比	化学式
AlK	1.39	1.12	2.64	Al_2O_3
SiK	5.10	3.92	10.91	SiO_2
SK	24.48	16.49	61.14	SO_3
CaK	18.10	9.75	25.32	CaO
O	50.93	68.73		
总量	100.00			

图 6-100　标准养护 28d 后碳化 28d 再冻融循环 25d 试样的电子探针微区分析

由图 6-100 可见, 过硫磷石膏矿渣水泥石标准养护 28d 碳化 28d 后再冻融循环 25d（25 次）, 水泥石的结构与冻融循环前也没有太大区别, 只是结构更加致密, 孔隙率更低。二水石膏颗粒同样是被水化和碳化产物所紧密包裹。对石膏颗粒表面进行的电子探针微区成分分析后发现, 同样存在 CO_2、Al_2O_3、SiO_2、SO_3、CaO 等氧化物, 因此也可以肯定石膏表面存在水化 C-S-H 和 $CaCO_3$ 及无定形 Al_2O_3 等产物的包裹层。

（4）水泥石碳化前后的 XRD 分析

将表 6-38 试样制成净浆, 标准养护 28d 后再碳化 28d, 所得试样进行 XRD 分析, 结果如图 6-101 所示。可见, 碳化前试样 TX5 的钙矾石衍射峰强度明显高于 TX8 试样, 说明矿渣掺量高的试样 TX5 水化生成了更多的钙矾石, 这与前文所述一致。对比各试样碳化前后的 XRD 图谱可见, 试样 TX5 和 TX8 碳化后, 均未发现钙矾石的衍射峰, 说明钙矾石在碳化过程中发生了变化。而浆体中石膏和方解石的衍射峰有所增加, 说明钙矾石与二氧化碳作用, 生成了石膏和方解石。

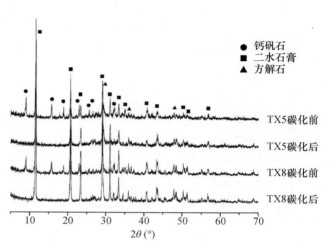

图 6-101 过硫磷石膏矿渣水泥石碳化前后的 XRD 分析

6.4.10 提高抗碳化性能的措施

6.4.10.1 内掺氢氧化镁

为了研究氢氧化镁对过硫磷石膏矿渣水泥性能的影响, 采用上海山浦化工有限公司生产的化学试剂氢氧化镁, 用振动磨将其粉磨至比表面积为 $605m^2/kg$。在固定熟料掺量 4% 的情况下, 研究氢氧化镁掺量对过硫磷石膏矿渣水泥性能的影响。将各种原料按表 6-58 配比进行配料, 在混料机中混合均匀后成型, 测定凝结时间、标准稠度用水量、安定性以及抗折、抗压强度, 测定结果见表 6-58。

表 6-58 氢氧化镁掺量对过硫磷石膏矿渣水泥性能影响

编号	配比（%）				标准稠度（%）	凝结时间（h：min）		水浸28d安定性	3d 强度（MPa）		7d 强度（MPa）		28d 强度（MPa）	
	熟料	氢氧化镁	矿渣粉	磷石膏		初凝	终凝		抗折	抗压	抗折	抗压	抗折	抗压
C2	4	0	51	45	30.4	7：05	10：16	合格	3.3	11.2	3.7	15.8	7.8	46.7
C5	4	6	48	42	30.4	8：25	10：27	合格	2.9	10.2	3.9	20.1	7.6	41.8
C6	4	8	48	40	31.2	7：10	10：32	合格	3.0	11.2	4.2	22.3	7.9	48.9
C7	4	10	48	38	31.6	6：55	11：01	合格	3.1	11.7	4.4	23.0	8.1	47.5
C8	4	12	48	36	32.2	6：35	11：48	合格	3.2	12.6	5.0	23.6	8.4	46.7

由表 6-58 的结果可见, 在过硫磷石膏矿渣水泥中加入氢氧化镁后, 标准稠度用水量升高, 初凝时间有所缩短, 而终凝时间有所延长。随着氢氧化镁掺量的增加, 3d 强度差别不大, 7d 强度有较大幅度上升, 28d 强度先上升后降低, 以氢氧化镁掺量为 8% 的试样 C6 的 28d 强度最高。

图 6-102 为加氢氧化镁与未加氢氧化镁的过硫磷石膏矿渣水泥各龄期的强度变化曲线。可见，加氢氧化镁后，水泥碳化 7d 和碳化 14d 抗压强度明显提高，碳化 28d 强度下降。加氢氧化镁后，水泥抗折强度稍微提高，随着碳化龄期的延长，其强度变化规律和未加氢氧化镁的相同。

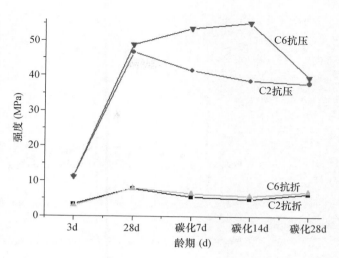

图 6-102　氢氧化镁对过硫磷石膏矿渣水泥碳化强度的影响

在过硫磷石膏矿渣水泥水化过程中，氢氧化镁主要是以一种掺合料的形式填充于水泥结构中。水泥强度主要来源于熟料、矿渣和磷石膏的反应产物钙矾石以及 C-S-H 凝胶，因此氢氧化镁对水泥的 28d 强度影响很小。水泥石经碳化后，硬化浆体中的氢氧化镁与二氧化碳反应生成碳酸镁，堵塞水泥石中的孔隙，提高水泥石的密实度，从而使碳化水泥石强度提高[49]。且随着碳化龄期的延长，碳化反应生成的碳酸镁增多，水泥石更加密实，碳化后的强度更高。但由于氢氧化镁含量有限，继续碳化到 28d 后，水泥强度开始下降，主要是因为当氢氧化镁完全反应后，钙矾石又开始大量分解，致使水泥石变得疏松。可见，氢氧化镁可在一定程度上提高过硫磷石膏矿渣水泥的抗碳化性能。

图 6-103 为氢氧化镁对过硫磷石膏矿渣水泥碳化深度测定结果。可见，未加氢氧化镁的试样 C2 碳化 14d 就完全碳化透了，而加入氢氧化镁的试样 C6，水泥碳化深度减小。这主要是因为在碳化过程中，氢氧化镁与二氧化碳反应生成碳酸镁，堵塞水泥石中的孔隙，提高了水泥石的密实度，从而减缓了二氧化碳的渗入速度。

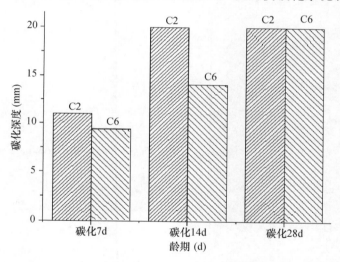

图 6-103　氢氧化镁对过硫磷石膏矿渣水泥碳化深度的影响

图 6-104 和图 6-105 分别为 C2 和 C6 在 3d、28d 和碳化 14d 水化龄期的 XRD 分析结果。图 6-106 为试样 C2 和 C6 在 3d、28d 和碳化 14d 水化龄期的 SEM 分析结果。

由图 6-104 可见，浆体的主要水化产物为钙矾石和反应剩余的二水石膏。试样 C2 水化 28d 龄期的钙矾石衍射峰强度明显高于 3d 龄期，这说明随着水化龄期的延长，体系生成了更多的水化产物钙矾石。而试样经过 7d 碳化后，钙矾石衍射峰几乎没有，二水石膏和方解石的衍射峰则有所增强，说明在碳化过程中钙矾石与碳酸反应，形成了石膏和方解石。

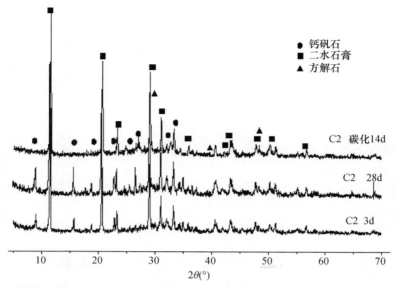

图 6-104　试样 C2 水化 3d、28d、碳化 14d 的 XRD 图谱

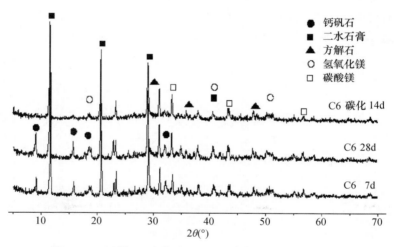

图 6-105　试样 C6 水化 3d、28d、碳化 14d 的 XRD 图谱

　　试样 C2 水化 3d、28d 和碳化 14d 的 SEM 图像如图 6-106 所示。SEM 分析结果与 XRD 分析结果一致，该体系水化产物主要是针状的钙矾石和 C-S-H 凝胶。试样水化 3d 时，在磷石膏颗粒表面生成大量的细长针状的钙矾石，钙矾石晶体相互搭接，在空间中形成骨架。少量絮状 C-S-H 凝胶填充于钙矾石孔隙中。但是由于水化产物的生成量有限，整个空间有较多的孔洞存在，浆体密实度还比较差。水泥浆体水化到 28d 时，水化产物钙矾石的形貌发生了变化，细长的针状钙矾石减少，主要是短柱状，而水化产物中 C-S-H 凝胶的数量则明显增加，短柱状的钙矾石和大量的锡箔状的 C-S-H 凝胶交织在一起，形成了非常致密的浆体结构，未反应的磷石膏断面呈纤维状解理，周围被各种致密的水化产物所包裹，起着微集料填充作用。水化产物和石膏结合界面变得越来越牢固，使水泥石不断致密，强度不断增长。碳化 14d 后，由于钙矾石发生分解，结构中出现了许多空隙，使体系变得疏松，致密度下降，强度降低。

由图 6-105 可见，当体系中加入氢氧化镁后，碳化后试样中的钙矾石衍射峰消失，而二水石膏衍射峰有所增强，说明钙矾石与二氧化碳作用，生成了石膏和方解石，这与不加氢氧化镁的研究结果一致。氢氧化镁的衍射峰（4.77Å，2.36Å，1.79Å）经碳化后降低，说明氢氧化镁在碳化过程中与二氧化碳发生反应。同时，在碳化后试样中可以找到碳酸镁衍射峰（2.74，2.10，1.70），说明掺加到过硫磷石膏矿渣水泥中的氢氧化镁在碳化过程中与二氧化碳反应，生成了碳酸镁[52]。

(a) C2 3d   (b) C2 28d   (c) C2 碳化14d

(d) C6 3d   (e) C6 28d   (f) C6 碳化14d

图 6-106　试样 C2 和 C6 水化 3d、28d 和碳化 14d 的 SEM 图像

1. 钙矾石；2.C-S-H 凝胶；3. 二水石膏；4. 氢氧化镁；5. 碳酸镁

由图 6-106 可见，试样水化 3d 时，在磷石膏颗粒表面生成大量针状的钙矾石，钙矾石晶体相互搭接，在空间中形成骨架。少量絮状 C-S-H 凝胶和片状木耳状的氢氧化镁填充于钙矾石孔隙中。水泥浆体水化到 28d 时，水化产物中基本上已经看不到针状钙矾石，细小结晶的钙矾石和大量的锡箔状的 C-S-H 凝胶及片状木耳状的氢氧化镁交织在一起，形成了非常致密的浆体结构，剩余的石膏被紧紧包裹在水化产物中，水化产物和石膏的结合界面非常牢固。碳化 14d 后，氢氧化镁与二氧化碳反应生成针棒状的碳酸镁，堵塞水泥石中的孔隙，提高水泥石的密实度，从而提高了水泥的抗碳化性能。

6.4.10.2　表面覆盖保护

二氧化碳对水泥石的腐蚀作用是从水泥石表面开始侵入的，对水泥石表面进行覆盖，可有效保护水泥石不受二氧化碳的侵蚀，提高水泥的抗碳化性能。表面覆盖的方法很多，在表面刷水泥砂浆、涂料、沥青等，均可有效保护过硫磷石膏矿渣水泥石不受二氧化碳的侵蚀。本节主要介绍在过硫磷石膏矿渣水泥表面覆盖硅酸盐水泥砂浆的方法，在有效提高过硫磷石膏矿渣水泥抗碳化性能的同时，为制造硅酸盐水泥和过硫磷石膏矿渣水泥复合制品提供理论依据。

将硅酸盐水泥砂浆（P·C 32.5 复合硅酸盐水泥 450g，标准砂 1350g，水 225mL）搅拌均匀后，按表 6-59 中硅酸盐水泥砂浆的厚度要求称取适当质量的硅酸盐水泥砂浆（厚度为 0.5cm 时称取 75g；1cm 时称取 150g；1.5cm 时称取 225g）注入 40mm×40mm×160mm 三联试模中，摊铺均匀，然后上部注入过硫磷石膏矿渣水泥砂浆，配比见表 6-59，分两次铺满，振动成型，最后表面刮平。放入标准养护箱养护 2d 后脱模，测定 3d 强度，其余试块放入 20℃水中养护。

复合制品的强度，如图 6-107 所示，可见，由 P·C 32.5 复合硅酸盐水泥和过硫磷石膏矿渣水泥复合制备的复合制品，其强度基本上都介于两种水泥强度之间。而且，在试验程当中，试样没有两种水泥砂浆分层的现象，界面结合融洽。

表 6-59　过硫磷石膏矿渣水泥与硅酸盐水泥复合制品的配比

编号	过硫磷石膏矿渣水泥砂浆配比						硅酸盐水泥砂浆覆盖层厚度（cm）
	熟料矿渣（g）	磷石膏浆（g）	矿渣粉（g）	标准砂（g）	母液（g）	水（g）	
X1	36.0	364.99	199.3	1350	1.0	43	0
X2	36.0	364.99	199.3	1350	1.0	43	0.5
X3	36.0	364.99	199.3	1350	1.0	43	1.0
X4	36.0	364.99	199.3	1350	1.0	43	1.5
X5	—	—	—	—	—	—	4.0

注：试样 X1 全部为过硫磷石膏矿渣水泥砂浆，试样 X5 全部为复合硅酸盐水泥砂浆。

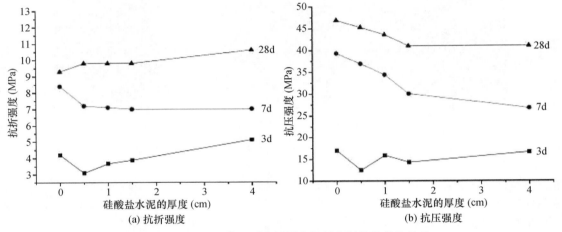

图 6-107　硅酸盐水泥覆盖层厚度与复合制品强度的关系

为了检验两种水泥界面的牢固程度，进行了干湿循环和冻融循环试验。

干湿循环：将五组试块在水中养护 28d 后，置于 110℃烘箱中烘干 12h，然后取出再浸于 20℃水中养护 12h，如此重复 10 次后，测定试块强度。

冻融循环：将五组试块在水中养护 28d 后，置于－20℃冰箱中冻 12h，然后取出再浸于 20℃水中养护 12h，如此重复 10 次后，测定试块强度。

经干湿和冻融循环 10 次后，试块的强度变化如图 6-108 所示，图中的 38d 曲线是在 20℃水中养护 38d 后测定的强度数据。可见，复合硅酸盐水泥经过干湿和冻融循环后，强度均有很大的下降。而冻融循环对表面覆盖 1.5cm 以下硅酸盐水泥的试样几乎没有影响，强度变化不大。干湿循环对所有试样的强度均有很大影响，强度均有较大幅度的下降，但此影响与硅酸盐水泥和过硫磷石膏矿渣水泥的复合似乎没有关系，因为所有试样的下降幅度基本相同，单纯的硅酸盐水泥试样也有相同幅度的下降。

虽然试样经过干湿或冻融后，强度会降低，但是，样品并没有因此而出现分层的现象，说明了两种水泥复合后的稳定性。

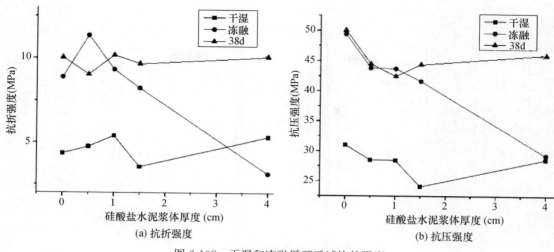

图 6-108 干湿和冻融循环后试块的强度

经过冻融循环后，试样几乎没有强度损失，而经干湿循环后，试样强度损失却比较严重，这主要是因为干湿循环加速了碳化的进程，使 CO_2 与样品发生了反应，降低了样品的强度。而在冻融循环时由于水在低温下形成的结晶堵住了孔结构，导致碳化的进程大大减慢，因此避免了强度的损失。

将试样 X1～X4 在 20℃水中养护 26d 后取出，擦干表面的水后在 60℃烘箱中烘干 48h，然后将试块覆盖 P·C 32.5 复合硅酸盐水泥的一面不涂蜡，剩余的五面都蜡封后，放入碳化箱中碳化 14d，测定强度和碳化深度，结果如图 6-109 所示。可见，当 P·C 32.5 复合硅酸盐水泥覆盖厚度为 1.0cm 和 1.5cm 时，过硫磷石膏矿渣水泥石的碳化深度为 0mm。说明此时过硫磷石膏矿渣水泥石没有被碳化，碳化的部分只是上层 P·C 32.5 复合硅酸盐水泥的覆盖层。而当 P·C 32.5 复合硅酸盐水泥覆盖层厚度为 0.5mm 时，下层的过硫磷石膏矿渣水泥

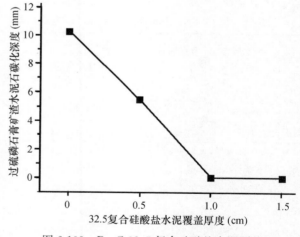

图 6-109 P·C 32.5 复合硅酸盐水泥覆盖厚度对碳化深度的影响

石出现了碳化现象。说明此时上层的 32.5 复合硅酸盐水泥石和下层部分过硫磷石膏矿渣水泥石都发生了碳化。也就是说当 32.5 复合硅酸盐水泥覆盖层厚度为 1.0cm 时，能避免下层的过硫磷石膏矿渣水泥石发生碳化。

图 6-110 是表 6-59 试样标准养护 28d 的强度与再继续碳化 14d 后强度的对比图。可见，在过硫磷石膏矿渣水泥石表面覆盖硅酸盐水泥，其碳化 14d 后的强度下降不是很大。只要硅酸盐水泥覆盖厚度超过 1.0cm，就可有效防止下层的过硫磷石膏矿渣水泥石被碳化，而且碳化后的覆盖层完整，没有出现脱落、开裂现象，两者结合仍然牢固。因此，此方法可作为提高过硫磷石膏矿渣水泥制品抗碳化性能的有效措施。

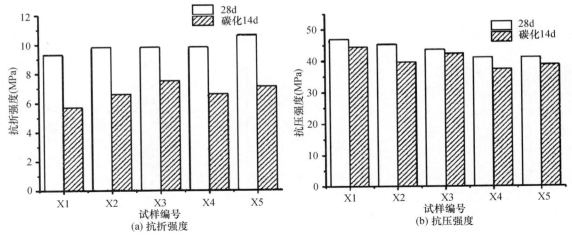

图 6-110　标准养护 28d 强度与再碳化 14d 强度的对比

6.4.10.3　使用减水剂降低水灰比

　　将表 6-21 的试样，养护到 28d 后取出放在 60℃烘箱中烘干 48h，再放入温度为 20℃，二氧化碳浓度为 20％，相对湿度为 70％的碳化箱中，碳化至规定龄期（7d、14d、21d、28d）测定碳化深度和强度，结果如表 6-60 所示。减水剂对过硫磷石膏矿渣水泥碳化前后强度和碳化深度的影响，如图 6-111 和图 6-112 所示。

表 6-60　减水剂对过硫磷石膏矿渣水泥碳化性能的影响

编号	减水剂种类	减水剂掺量（％）	28d（MPa）		碳化 7d（MPa）			碳化 14d（MPa）			碳化 28d（MPa）		
			抗折	抗压	抗折	抗压	深度 mm	抗折	抗压	深度 mm	抗折	抗压	深度 mm
W0	—	0	8.6	48.2	5.5	42.0	11.4	4.7	39.4	20.0	6.3	37.7	20.0
J1	聚羧酸	1.2	7.8	50.2	5.2	54.0	7.2	5.9	51.3	9.8	7.9	46.3	10.0
N1	萘系	1.2	11.9	47.1	4.1	51.9	8.9	4.2	41.0	13.0	5.8	39.5	15.5

注：聚羧酸为德国 BASF 聚羧酸减水剂 Rheoplus26（LC）；萘系为江苏博特新材料有限公司 SBTJM®－A 萘系高效减水剂。

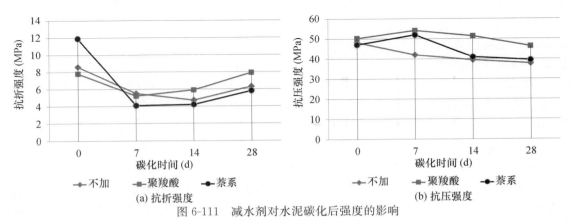

图 6-111　减水剂对水泥碳化后强度的影响

　　由图 6-111 可见，加聚羧酸减水剂的过硫磷石膏矿渣水泥 J1 试样，碳化后各龄期的强度显著高于不加减水剂的 W0 试样。特别是碳化后的抗压强度，加聚羧酸减水剂的 J1 试样几乎不降低。而不加减水剂的 W0 试样，碳化后强度显著下降。但加萘系减水剂的 N1 试样不如加聚羧酸减水剂的 J1，碳化后的强度介于两者之间。这说明聚羧酸减水剂不仅能够提高过硫磷石膏矿渣水泥的强度，并且还能够改善其抗碳化性能。

图 6-112 为各试样碳化深度的变化曲线。未加减水剂的试样 W0 碳化 14d 便完全碳化透，而加聚羧酸的试样 J1 碳化 28d 其碳化深度只有 10mm，加萘系的 N1 试样 28d 的碳化深度为 15.5mm，因此，加减水剂的试样 J1 和 N1 的抗碳化性能显著好于试样 W0。

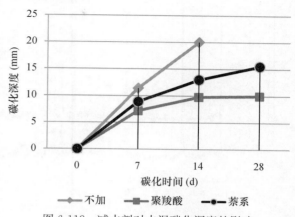

图 6-112　减水剂对水泥碳化深度的影响

过硫磷石膏矿渣水泥水化产物主要是 C-S-H 凝胶和钙矾石，反应剩余的磷石膏起到骨架作用，C-S-H 凝胶包裹于剩余的磷石膏表面，钙矾石填充于空隙之中，从而形成了水泥的强度来源。当在水泥中加入外加剂后，减水剂分子链中的阴离子基团（如 $-COO^-$、$-SO_3^-$）与水化生成的 Ca^{2+} 发生络合[53]，从而降低浆体的碱度，影响了钙矾石的结晶形态，使钙矾石晶粒细化。结晶细小的钙矾石、无定形的 C-S-H 凝胶和外加剂与水泥反应生成的胶状体互相交织在一起，浆体越来越密实，强度得以提高。另外，由于加入减水剂后，水泥石更加密实，使二氧化碳不容易渗入到体系内部，从而使水泥石抗碳化性能得到提高。

图 6-113 和图 6-114 分别为试样 W0、J1 和 W0、N1 碳化 14d 后的 XRD 分析结果。图 6-115 为试样 W0、J1 和 N1 碳化 14d 后的 SEM 分析结果。可见，各试样碳化 14d 后，钙矾石衍射峰均消失，而二水石膏衍射峰均有所增强，说明钙矾石与二氧化碳作用，生成了石膏和方解石。而试样 J1 和 N1 的 XRD 图谱中方解石的衍射峰都很不明显，这可能是因为加入减水剂后，水泥石致密度得到了提高，使得水泥抗碳化性能显著提高，二氧化碳难以渗透，碳化速度大幅度减慢，所以使得碳化产生的方解石量大大减少，这便是试样 J1 和 N1 在碳化 14d 后的 XRD 图谱中方解石衍射峰不明显的原因。

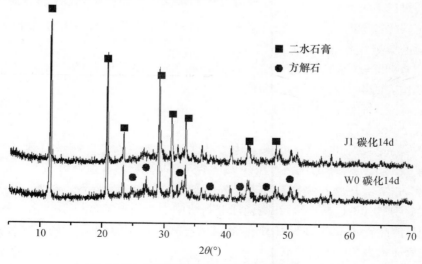

图 6-113　试样 W0 和 J1 碳化 14d 的 XRD 图谱

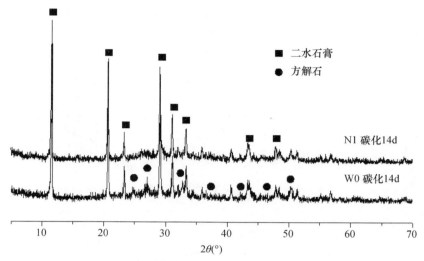

图 6-114　试样 W0 和 N1 碳化 14d 的 XRD 图谱

(a) W0　　　　　　　　　(b) J1　　　　　　　　　(c) N1

图 6-115　各试样碳化 14d 的 SEM 图像

如图 6-115 所示，试样 W0 碳化 14d 后体系变得疏松多孔，试样 J1 和 N1 碳化 14d 后体系依然比较致密。这便是试样 J1 和 N1 碳化后强度高于试样 W0 的主要原因。

综上所述，在过硫磷石膏矿渣水泥中加入减水剂，可提高过硫磷石膏矿渣水泥石的致密度，从而提高过硫磷石膏矿渣水泥的强度和抗碳化性能。而且，聚羧酸减水剂提高过硫磷石膏矿渣水泥抗碳化性能的效果大于萘系减水剂。为了进一步验证水灰比对过硫磷石膏矿渣水泥抗碳化性能的影响，重新安排了如下试验。

熟料粉：将湖北咸宁熟料破碎并通过 0.315mm 筛，每磨 5kg，单独在 $\phi 500mm \times 500mm$ 小磨内粉磨至比表面积为 408m²/kg 备用。

矿渣粉：将武汉钢铁有限公司的矿渣烘干后，单独在 $\phi 500mm \times 500mm$ 小磨内粉磨至比表面积为 401m²/kg 备用。

改性磷石膏浆：取湖北大悟黄麦岭磷化工有限公司的磷石膏，按磷石膏（干基）：熟料粉：矿渣粉＝97.5：1.5：1 的比例，在砂浆搅拌机中搅拌均匀（搅拌时需要一定的水分，自由水含量 15％左右），用塑料袋密封在养护室中放置 1d 后，外加 70％的水（含磷石膏中的水），每磨 1kg 物料（不包括水），在陶瓷球混料机中混合粉磨 60min 后取出，测定 pH 值为 12.43。取少量样品置于 60℃烘箱中烘干至恒重，测定含固量为 59.4％（用于校正水泥配比），测定比表面积为 701.2m²/kg。

将以上原料按表 6-61 的配比配制成过硫磷石膏矿渣水泥，然后进行胶砂强度检验和碳化试验，结果见表 6-61。

表 6-61　水灰比对过硫磷石膏矿渣水泥碳化的影响

编号	改性磷石膏浆（%）	矿渣粉（%）	熟料粉（%）	母液（%）	加水量（mL）	水灰比	标养 28d (MPa) 抗折	标养 28d (MPa) 抗压	碳化 7d 强度(MPa) 抗折	碳化 7d 强度(MPa) 抗压	碳化 7d 深(mm)	碳化 28d 强度(MPa) 抗折	碳化 28d 强度(MPa) 抗压	碳化 28d 深(mm)	再浸水 7d 强度(MPa) 抗折	再浸水 7d 强度(MPa) 抗压	再浸水 7d 深(mm)	再碳化 7d 强度(MPa) 抗折	再碳化 7d 强度(MPa) 抗压	再碳化 7d 深(mm)
L26	45	52	3	0	210.0	0.47	9.7	42.8	4.3	33.4	9.3	5.0	29.8	20.0	3.5	22.4	20.0	4.2	30.2	≥20
L27	45	52	3	0.2	165.0	0.37	11.0	43.8	6.7	42.6	7.0	6.4	43.0	16.3	4.7	32.7	16.3	7.0	39.9	≥20
L28	45	52	3	0.4	148.5	0.33	12.2	49.6	8.7	50.7	5.4	6.6	49.5	13.0	5.0	38.4	13.0	7.4	48.2	14.7
L29	45	52	3	0.6	133.0	0.30	11.6	47.5	8.9	54.4	4.5	6.8	53.8	12.0	5.0	45.4	12.0	7.8	52.3	13.1

注：表中为干基配比，成型时按改性磷石膏浆的固含量进行换算。加水量是指 450g 过硫磷石膏矿渣水泥和 1350g 标准砂所加的水量（含改性磷石膏浆中的水）。

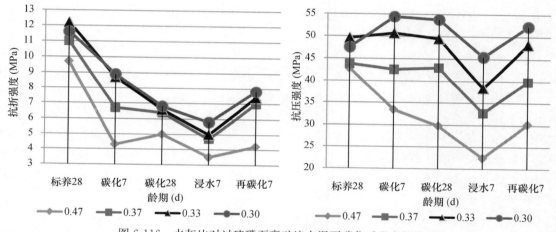

图 6-116　水灰比对过硫磷石膏矿渣水泥石碳化后强度的影响

由图 6-116 可见，降低水灰比可显著提高过硫磷石膏矿渣水泥石碳化后的强度，而且水灰比越低，这种趋势越显著。水灰比为 0.47 时，过硫磷石膏矿渣水泥石抗压强度从碳化前的 42.8MPa 下降到了碳化 28d 的 29.8MPa。而水灰比为 0.3 时，过硫磷石膏矿渣水泥石抗压强度却从碳化前的 47.5MPa 提高到了碳化 28d 的 53.8MPa，抗压强度显著提高。

由图 6-117 可见，降低水灰比也可显著降低过硫磷石膏矿渣水泥石的碳化深度，而且水灰比越低，这种趋势也越显著。水灰比为 0.47 时，过硫磷石膏矿渣

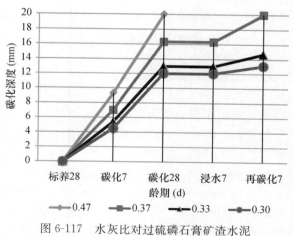

图 6-117　水灰比对过硫磷石膏矿渣水泥石碳化深度的影响

水泥石碳化不到 28d 试块就已全部碳化，而水灰比为 0.3 时，过硫磷石膏矿渣水泥石碳化 28d 时的碳化深度只为 12.0mm，碳化深度显著降低。

由此可见，降低水灰比可显著提高过硫磷石膏矿渣水泥石的抗碳化性能。

6.4.10.4 提高磷石膏粉磨细度

抗碳化性能差是过硫磷石膏矿渣水泥的最大缺陷，如何提高过硫磷石膏矿渣水泥的抗碳化性能，便成了过硫磷石膏矿渣水泥研发过程中的中心问题。经过多年的持续研究探讨，终于在无意之中发现提高磷石膏浆的粉磨细度，可以显著提高过硫磷石膏矿渣水泥的抗碳化性能。

熟料粉：将表 6-2 中的湖北咸宁熟料破碎后，每磨 5kg，在 ϕ 500mm×500mm 小磨内单独粉磨至比表面积为 392m²/kg。

矿渣粉：将表 6-2 中的武钢矿渣烘干后，每磨 5kg，在 ϕ 500mm×500mm 小磨内单独粉磨至比表面积为 395m²/kg。

30 分改性磷石膏浆：将表 6-2 中的黄麦岭磷石膏（含固量 89.48%），按磷石膏(干基)：熟料粉：矿渣粉＝97.5：1.5：1 的比例，外加 70% 的水（含磷石膏中的水），每磨 1kg 物料（不包括水），在陶瓷球混料机中混合粉磨 30min 后取出，取少量于 60℃烘干并压碎后测定比表面积为 649m²/kg。

60 分改性磷石膏浆：将表 6-2 中的黄麦岭磷石膏（含固量 89.48%），按磷石膏(干基)：熟料粉：矿渣粉＝97.5：1.5：1 的比例，外加 70% 的水（含磷石膏中的水），每磨 1kg 物料（不包括水），在陶瓷球混料机中混合粉磨 60min 后取出，取少量于 60℃烘干并压碎后测定比表面积为 917m²/kg。

90 分改性磷石膏浆：将表 6-2 中的黄麦岭磷石膏（含固量 89.48%），按磷石膏(干基)：熟料粉：矿渣粉＝97.5：1.5：1 的比例，外加 70% 的水（含磷石膏中的水），每磨 1kg 物料（不包括水），在陶瓷球混料机中混合粉磨 90min 后取出，取少量于 60℃烘干并压碎后测定比表面积为 1025m²/kg。

将以上半成品原料，按表 6-62 的配比配制成过硫磷石膏矿渣水泥，然后按 GB/T 17671—1999《水泥胶砂强度检验方法》测定各龄期强度。标准砂浆的胶砂比为 1：3，加水量按胶砂流动度为 180～190mm 调整。40mm×40mm×160mm 试块水中养护 28d 后取出，置于 60℃烘箱中烘干 48h，再放入温度为 20℃，CO₂ 浓度为 20%，相对湿度为 70% 的碳化箱中，碳化至规定龄期测定碳化深度和强度，结果见表 6-62。

表 6-62　改性磷石膏浆粉磨细度对过硫磷石膏矿渣水泥抗碳化性能影响

编号	比表面积 (m²/kg)	改性磷石膏浆 (%)	矿渣粉 (%)	熟料粉 (%)	母液 (%)	加水量 (mL)	标养 7d (MPa)		标养 28d (MPa)		碳化 7d (MPa)			碳化 28d (MPa)		
							抗折	抗压	抗折	抗压	抗折	抗压	深(mm)	抗折	抗压	深(mm)
L46	649	45	52	3	0.6	137	5.1	21.3	6.9	43.5	4.5	35.2	7.2	3.3	39.5	13.2
L47	917	45	52	3	0.6	137	6.9	33.4	9.1	54.1	6.3	49.1	5.0	4.8	52.3	11.0
L48	1025	45	52	3	0.6	134	6.0	27.2	8.7	50.3	6.6	60.7	4.4	5.3	58.3	9.1

由图 6-118 可见，改性磷石膏浆的粉磨细度对过硫磷石膏矿渣水泥的强度有很大影响，改性磷石膏浆的比表面积从 649m²/kg 提高到 917m²/kg 时，过硫磷石膏矿渣水泥 7d 和 28d 强度大幅度增加。继续提高改性磷石膏浆的比表面积到 1025m²/kg，过硫磷石膏矿渣水泥的 7d 和 28d 强度有所下降，说明提高改性磷石膏浆粉磨细度，通常可以提高过硫磷石膏矿渣水泥的强度，但粉磨不可过细，否则会使强度下降。这种现象符合通常的规律，但是过硫磷石

膏矿渣水泥碳化后，却发现比表面积为 1025m²/kg 的改性磷石膏浆所配制的过硫磷石膏矿渣水泥，碳化后抗压强度不但不降低，反而有较大幅度的提高，抗折强度虽然有所下降，但也高于其他两个试样。

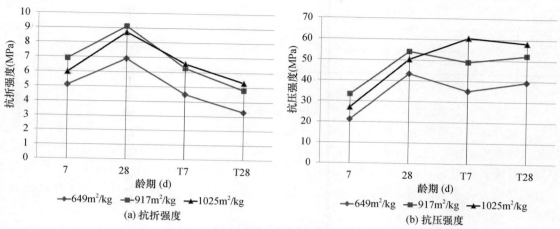

图 6-118　磷石膏比表面积与过硫磷石膏矿渣水泥碳化前后的强度

由图 6-119 可见，随着改性磷石膏浆比表面积的提高，试样各龄期的碳化深度相应减少。

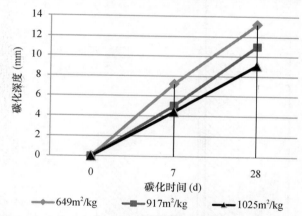

图 6-119　磷石膏比表面积与过硫磷石膏矿渣水泥碳化深度

由此可知，提高改性磷石膏浆的粉磨细度，可显著改善过硫磷石膏矿渣水泥的抗碳化性能。由于方法极其简便，因此值得推广应用。

6.4.10.5　水灰比和磷石膏粉磨细度对水泥石微观结构的影响

前两节的试验结果显示，降低水灰比和提高改性磷石膏浆粉磨细度有利于提高过硫磷石膏矿渣水泥的抗碳化性能。本节试验中，制备三种过硫磷石膏矿渣水泥试样 NMC（水灰比 0.47，改性磷石膏浆粉磨 60min，烘干后改性磷石膏粉的比表面积为 917m²/kg）、LWC（水灰比 0.3，改性磷石膏浆粉磨 60min，烘干后改性磷石膏粉的比表面积为 917m²/kg）和 HGC（水灰比 0.3，改性磷石膏浆粉磨 90min，烘干后改性磷石膏粉的比表面积为 1025m²/kg）。试样的配合比如表 6-63 所示，进行了砂浆试样的碳化深度和抗压强度检测，净浆试样的孔隙率、孔径分布测试及 SEM 分析，以研究过硫磷石膏矿渣水泥石碳化前后的微观结构的变化。

表 6-63　过硫磷石膏矿渣水泥配合比

编号	过硫磷石膏矿渣水泥组成（%）				减水剂（%）	水灰比
	磷石膏浆（917m²/kg）	磷石膏浆（1025m²/kg）	矿渣粉	熟料粉		
NMC	45.00	—	52.00	3.00	0	0.47
LWC	45.00	—	52.00	3.00	0.6	0.30
HGC	—	45.00	52.00	3.00	0.6	0.30

注：表中的配比为干基配比。

（1）水灰比和磷石膏浆粉磨细度对水泥石孔隙率的影响

孔隙存在于所有的水泥制品中，在过硫磷石膏矿渣水泥水化过程中，水化产物的形成需要吸收体系中的水，而水占据的空间在水泥石硬化后，一部分由水化产物占据，另一部分则形成了孔隙。在过硫磷石膏矿渣水泥碳化过程中，CO_2 通过孔隙与碱性物质作用，孔径大小与分布影响 CO_2 扩散速率。因此，测定过硫磷石膏矿渣水泥的孔隙率与孔径分布具有重要的意义。

NMC、LWC、HGC 试样碳化前后的孔隙率如图 6-120 所示。可见，碳化后试样的孔隙率均为碳化前的两倍以上，说明碳化会显著增加过硫磷石膏矿渣水泥石的孔隙率，对过硫磷石膏矿渣水泥石的结构具有破坏性。其原因在于过硫磷石膏矿渣水泥石中和 CO_2 后，碱度会降低，钙矾石会分解。钙矾石的体积大于其分解产物的体积，因此会使体系内孔隙率增加。

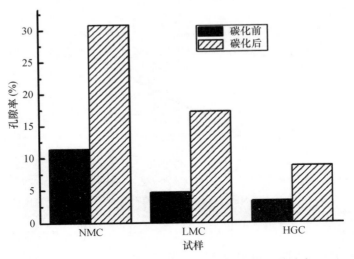

图 6-120　过硫磷石膏矿渣水泥石碳化前后的孔隙率

LWC、HGC 试样对应龄期的孔隙率均明显低于 NMC 试样，碳化后 NMC、LWC、HGC 试样增加的孔隙率分别为 19.45%、12.52%、5.40%，呈降低趋势。对比 NMC 试样和 LWC 试样，降低水灰比，减少了游离水蒸发留下的孔隙，使得养护 28d 的过硫磷石膏矿渣水泥石孔隙率降低。碳化时，低孔隙率的 LWC 试样中的碱性物质在单位时间内接触到的从孔隙中扩散进来的 CO_2 较少，碳化速率较慢，从而碳化后增加的孔隙率低于 NMC 试样。对比 LWC 试样和 HGC 试样，HGC 试样养护 28d 的孔隙率比 LWC 试样略低，但是碳化 28d 后，HGC 试样的孔隙率只有 LWC 试样的一半左右。

在水灰比相同的情况下，提高磷石膏浆粉磨细度，磷石膏颗粒更加细小，减少了大颗粒磷石膏的数量，使磷石膏与矿渣分布更加均匀，水化产物对磷石膏的包裹更加容易，减少了过硫磷石膏矿渣水泥石中大孔径孔隙的数量，从而提高了过硫磷石膏矿渣水泥石的致密度，所以 HGC 试样碳化 28d 的孔隙率低于 LWC 试样。

（2）磷石膏浆粉磨细度对孔径分布的影响

吴中伟[60]根据孔级的分孔隙率对强度影响程度的不同，将孔级划分为无害（0～20nm）、少害（20～50nm）、有害（50～200nm）、多害（<200nm）等类别；并指出增加 50nm 以下孔级，减少有害、多害孔级，是提高强度的有效途径。根据该结论，将压汞实验得到的孔径数据划分为 0～20nm、20～50nm、50～200nm、>200nm 四个孔级，得到 LWC、HGC 试样的孔径分布如图 6-121 所示。

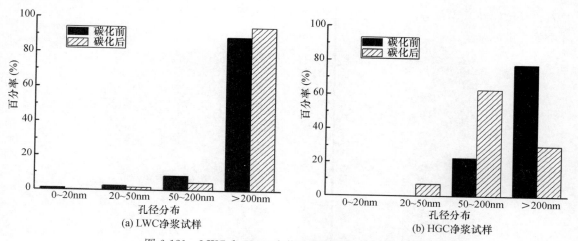

图 6-121　LWC 和 HGC 净浆试样碳化前后的孔径分布

从图 6-121（a）可以看出，LWC 试样中超过 80% 都是大于 200nm 的大孔，碳化前后各孔级占比变化不大，碳化后，50～200nm 的孔减少，大于 200nm 的孔增多；碳化前后的平均孔径分别是 348.5nm 和 655.1nm。

从图 6-121（b）可以看出，HGC 试样碳化前 200nm 以上大孔占比最多，碳化后该孔级占比明显减少，50～200nm 的孔增多且占比最大；碳化前后的平均孔径是 275.6nm 和 161nm。

对比图 6-121（a）和（b）可以发现，提高磷石膏浆粉磨细度可以使过硫磷石膏矿渣水泥石平均孔径变小，小孔增多，大孔减少，特别是碳化后，小孔增多更为明显。过硫磷石膏矿渣水泥水化后，水化产物 C-S-H 等逐渐填充由水占据的空间，钙矾石在石膏晶体的附近不断生成并延展，固相颗粒逐渐接近；随着水化的进行，水化产物与未水化的石膏颗粒联结在一起，形成致密的硬化体。提高磷石膏浆粉磨细度，石膏晶体颗粒变小，占据的空间减少，由此产生的孔隙直径也变小，因此提高磷石膏粉磨细度，可使水泥石平均孔隙直径变小，从而提高水泥石的强度。

LWC 试样与 HGC 试样相比，HGC 试样中的磷石膏较细，碳化后由于水泥石平均孔径变小，因此强度明显高于 LWC 试样，所以，提高磷石膏浆的粉磨细度，可以显著提高过硫磷石膏矿渣水泥石的抗碳化性能，提高过硫磷石膏矿渣水泥石碳化后的强度。

（3）碳化前后试样的 SEM 分析

NMC 试样养护 28d 和碳化 28d 的 SEM 照片分别如图 6-122 的（a）和（b）所示。从

图 6-122 (a) 可以看到，养护 28d 时，硬化体中有许多未被水化产物填充的毛细孔，钙矾石并不以针状形式存在，而是与 C-S-H 互相紧密地胶结在一起，形成一个密实的固体。图 6-122 (b) 可以看到，NMC 试样碳化 28d 后的水化产物中的片状石膏晶体，硬化体的孔隙较多。

LWC 试样养护 28d 和碳化 28d 的 SEM 照片分别如图 6-122 中的 (c) 和 (d) 所示。降低水灰比使得 LWC 水化试样比 NMC 水化试样致密程度高，养护 28d 时，片状石膏表面被胶状物质覆盖，水化产物未填充的区域减少，孔隙也变少；碳化 28d 后，LWC 试样中隐约可见纤维状石膏晶体分散在凝胶中。

HGC 试样养护 28d 和碳化 28d 的 SEM 照片分别如图 6-122 中的 (e) 和 (f) 所示。如图 6-122 (e) 可见，HGC 养护 28d 时，硬化体致密程度最高；提高磷石膏浆粉磨细度的结果是石膏晶体颗粒变小，分散更为均匀。致密的硬化体抵抗碳化的能力更高，导致碳化 28d 试样中的孔隙率最少。

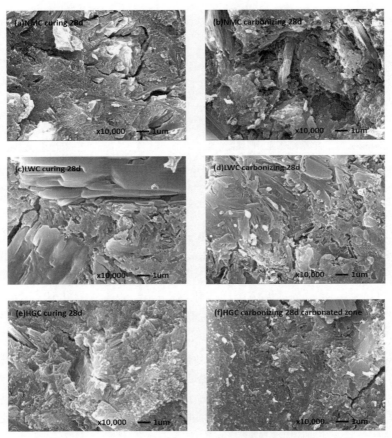

图 6-122　NMC、LWC、HGC 净浆试样碳化前后 SEM 照片

6.4.11　抗钢筋锈蚀性能

水泥混凝土的碳化，往往容易引起钢筋锈蚀的发生。结构上使用的混凝土通常都是钢筋混凝土，欲使过硫磷石膏矿渣水泥在结构上应用，必须研究钢筋锈蚀的问题。水泥混凝土中钢筋锈蚀的原因有以下两个方面：

一是钢筋的保护层被碳化。被碳化的原因是混凝土不密实，抗渗性能不足。硬化的混凝土，由于水泥水化，生成氢氧化钙，故显碱性，pH 值＞12，此时钢筋表面生成一层稳定、致密、钝化的保护膜，使钢筋不生锈。当不密实的混凝土置于空气中或含二氧化碳环境中时，由于二氧化碳的侵入，混凝土中的氢氧化钙与二氧化碳反应，生成碳酸钙等物质，其碱性逐渐降低，甚至消失，称其为混凝土的碳化。当混凝土的 pH 值＜12 时，钢筋的钝化膜就不稳定，当 pH 值＜11.5 时，钢筋的钝化保护膜就遭破坏，钢筋的锈蚀便开始进行。

二是氯离子的含量。水泥混凝土中氯离子含量过高，容易引起电化学反应，极大地加速了钢筋的锈蚀。

过硫磷石膏矿渣水泥采用表 6-17 中 C2 配比，分别用萘系和聚羧酸两种减水剂来配制过硫磷石膏矿渣水泥混凝土。过硫磷石膏矿渣水泥混凝土的配合比，见表 6-64。

表 6-64 过硫磷石膏矿渣水泥混凝土配合比

编号	水泥（kg）	砂子（kg）	石子（kg）	水（kg）	聚羧酸（kg）	萘系（kg）	砂率（%）	水灰比	坍落度（mm）	抗压强度（MPa）		
										3d	7d	28d
H1	321	725	1134	170	3.85	—	39	0.53	10	11.6	24.1	29.5
H2	415	671	1094	170	4.98	—	38	0.41	80	11.9	32.7	35.4
H3	544	584	1037	185	6.53	—	36	0.34	235	15.7	27.2	44.2
H4	321	725	1134	170	—	3.85	39	0.53	8	14.4	19.7	26.8
H5	415	671	1094	170	—	4.98	38	0.41	75	16.8	26.1	36.7
H6	544	584	1037	185	—	6.53	36	0.34	205	23.4	32.5	39.9

注：聚羧酸为德国 BASF 聚羧酸减水剂 Rheoplus26（LC）；萘系为江苏博特新材料有限公司 SBTJM®-A 萘系高效减水剂。

由表 6-64 可见，用过硫磷石膏矿渣水泥配制的混凝土能够满足 C20、C30、C40 等级混凝土的要求，且坍落度变化幅度也比较大，既能满足干硬性混凝土的要求，又能满足塑性混凝土的要求。

参照 GB 50082—2009《普通混凝土长期性能和耐久性能试验方法标准》中关于钢筋锈蚀的试验，对过硫磷石膏矿渣水泥混凝土进行测试。每个配比成型 2 个试件，测试结果见表 6-65 所示。本试验方法主要是测试碳化作用对过硫磷石膏矿渣水泥混凝土中钢筋锈蚀的影响。

由表 6-64 和表 6-65 可见，随着过硫磷石膏矿渣水泥混凝土强度的提高，钢筋锈蚀质量损失率逐渐减小，碳化深度逐渐减小。对过硫磷石膏矿渣水泥来讲，加聚羧酸减水剂抗钢筋锈蚀性能要好于加萘系的。相同强度等级的过硫磷石膏矿渣水泥混凝土，加聚羧酸的混凝土，不管是钢筋锈蚀失重率，还是碳化深度，都要小于加萘系的混凝土。H1 和 H4 钢筋严重锈蚀，主要是因为混凝土的强度比较低（H1 和 H4 为 C20 等级混凝土），水灰比比较大，混凝土不够密实，混凝土体系中的孔洞比较多，二氧化碳容易渗入，钢筋钝化膜容易被破坏掉。

表 6-65 过硫磷石膏矿渣水泥混凝土中钢筋锈蚀试验

编号	钢筋未锈蚀前质量（g）	钢筋锈蚀后质量（g）	钢筋锈蚀质量损失率（%）	平均值（%）	碳化深度（mm）
H1	136.12	135.48	0.47	0.47	21
	139.93	139.22	0.51		
	109.60	109.11	0.45		
	107.91	107.44	0.44		

编号	钢筋未锈蚀前质量（g）	钢筋锈蚀后质量（g）	钢筋锈蚀质量损失率（%）	平均值（%）	碳化深度（mm）
H2	134.76	134.59	0.13	0.22	15
	137.20	136.93	0.20		
H3	139.68	139.30	0.19	0.10	6
	139.30	138.23	0.06		
H4	136.03	135.36	0.52	0.54	33
	105.66	105.66	0.00		
H4	132.84	132.12	0.54	0.54	33
	146.86	146.10	0.52		
H5	134.12	133.67	0.34	0.36	22
	108.53	108.06	0.43		
	112.05	111.65	0.36		
	140.66	140.20	0.33		
H6	109.49	109.34	0.14	0.24	16
	138.66	138.25	0.30		
	141.60	141.14	0.32		
	138.27	137.99	0.20		

图 6-123 为过硫磷石膏矿渣水泥混凝土中钢筋锈蚀试验结果的图像，可见，H2、H3、H5、H6 钢筋没有锈蚀。钢筋质量损失主要来自混凝土试件两端砂浆密封处，而埋在混凝土中部的钢筋大多表面光洁（上面有些地方黏有水泥浆）。这主要是因为 H2、H3、H5、H6 混凝土强度比较高（28d 大于 30MPa），比较致密，碳化深度小于钢筋保护层的厚度。

(a) H2　　　　　　　　　　(b) H3

(c) H5　　　　　　　　　　(d) H6

图 6-123　过硫磷石膏矿渣水泥混凝土中钢筋锈蚀图像

过硫磷石膏矿渣水泥混凝土钢筋锈蚀主要是由于碳化因素引起的，要想钢筋不被锈蚀，可以通过提高混凝土钢筋保护层的厚度或者提高混凝土的致密度来改善。一般情况下对于大于 30MPa 的过硫磷石膏矿渣水泥混凝土的钢筋保护层厚度应该大于 25mm。混凝土强度等级应该大于 C30，才可避免钢筋锈蚀。所有能提高过硫磷石膏矿渣水泥抗碳化性能的措施，都可以有效地提高过硫磷石膏矿渣水泥混凝土抗钢筋锈蚀的能力。

6.5 过硫磷石膏矿渣水泥混凝土配合比设计

按水泥的定义，水泥应该是一种粉状的胶凝材料。在以上的章节中，也有介绍粉状的过硫磷石膏矿渣水泥。然而，为了节省能源，我们省去了磷石膏的烘干过程，而将磷石膏直接制成了过硫磷石膏矿渣水泥浆，并直接用于拌制过硫磷石膏矿渣水泥砂浆。同样，也可直接用于拌制过硫磷石膏矿渣水泥混凝土（PPSCC）。本章节主要介绍用磷石膏浆直接拌制过硫磷石膏矿渣水泥混凝土的配合比设计及其各种性能。

6.5.1 原材料

基于大量的试验结果，本章节采用的过硫磷石膏矿渣水泥的基本组成为：磷石膏 45%、矿渣 49%、钢渣 2%、熟料 4%。但在制备强度较高的混凝土时，可以对该水泥的组成进行适当的调整。

（1）磷石膏：取自湖北省黄麦岭磷化工有限公司，含水率 12%～15%，外观呈浅灰色或深灰色。磷石膏经烘干后测得的密度为 2330kg/m³，比表面积为 89m²/kg。配制混凝土时，并没有对磷石膏进行干燥，而是用钢渣粉和矿渣粉对磷石膏进行改性，并制成改性磷石膏浆后使用。

（2）矿渣：取自武汉钢铁有限公司，密度为 3003kg/m³，经 110℃ 烘干后，置于 $\phi 500mm \times 500mm$ 试验小球磨机内，分别单独粉磨不同时间，得到 475m²/kg、554m²/kg 和 612m²/kg 三种不同比表面积的矿渣粉。

（3）熟料：取自葛洲坝集团水泥有限公司，密度为 3160kg/m³，单独粉磨，测得比表面积为 385m²/kg。

（4）钢渣：取自武汉钢铁有限公司，已进行了选铁处理，粒径已被破碎为小于 5mm。钢渣密度为 3140kg/m³，含水率 2%～3%。在 110℃ 烘箱内烘干后，用 $\phi 500mm \times 500mm$ 试验小磨粉磨 60min，比表面积为 695m²/kg。

（5）集料：试验用细集料为河砂，细度模数为 2.7，属二区中砂。试验用粗集料为碎石，5～25mm 连续级配。砂石的物理性质见表 6-66。

表 6-66 砂石的物理性质

组分	含泥量（%）	表观密度（kg/m³）	松散堆积密度（kg/m³）	紧密堆积密度（kg/m³）	孔隙率（%）	压碎值（%）
砂	1.36	2650	1600	1710	39.6	—
石	0.2	2700	1500	1610	44.4	8.70

6.5.2 C30 混凝土配合比设计及优化

1. 混凝土配制强度和水灰比

参照普通水泥混凝土配合比设计方法，混凝土的配制强度公式为式（6-6）：

$$f_{\text{cu},0} \geq f_{\text{cu,k}} + 1.645\sigma \tag{6-6}$$

式中　$f_{\text{cu},0}$——混凝土配制强度，MPa；

　　　$f_{\text{cu,k}}$——混凝土立方体强度标准值，MPa；

　　　　a——混凝土强度标准值（这里取设计混凝土强度等级值 30MPa），MPa；

　　1.645——概率度系数（t）常数。

　　　　σ——混凝土的强度标准差，取 5.0。

水灰比鲍罗米公式为式（6-7）：

$$w/c = \alpha_{\text{a}} f_{\text{ce}} / (f_{\text{cu},0} + \alpha_{\text{a}} \alpha_{\text{b}} f_{\text{ce}}) \tag{6-7}$$

式中　w/c——水灰比；

　　α_{a}，α_{b}——鲍罗米回归系数，分别取 0.46，0.07；

　　　f_{ce}——水泥实测 28d 强度实测值，MPa。

　　$f_{\text{cu},0}$——配制混凝土立方体抗压强度，MPa；

经计算，$f_{\text{cu},0}$ 取 38.5MPa。过硫磷石膏矿渣水泥的强度等级相当于 32.5，根据前期试验结果，选定强度富余系数为 1.13，所以计算得 f_{ce} 为 36.7MPa，则水灰比 w/c 取 0.43。

2. 用水量

对于有减水剂掺入的混凝土的用水量，计算公式为式（6-8）：

$$m_{\text{w},0} = m'_{\text{w},0} (1 - \beta) \tag{6-8}$$

式中　$m_{\text{w},0}$——计算配合比每 1m³ 混凝土的用水量（kg/m³）；

　　$m'_{\text{w},0}$——未掺外加剂时推定的满足实际坍落度要求的每 1m³ 混凝土用水量，kg/m³。

　　　　β——外加剂的减水率，%，应经混凝土试验确定。

参照行业标准 JGJ 55—2011《普通混凝土配合比设计规程》表 4-0.1-2，最大粒径为 25mm 的碎石坍落度 90mm 时，每 1m³ 混凝土的用水量为 215kg/m³，对于大流动性混凝土（$S \geq 160$mm），以此为基础，按坍落度每增大 20mm 用水量增加 5kg，计算出未掺外加剂时的每 1m³ 混凝土的用水量 $m'_{\text{w},0}$ 为 233kg/m³。

所用减水剂为标准型聚羧酸减水剂（母液），固含量为 40%。由于粉状聚羧酸系高性能减水剂的一般掺量为胶凝材料质量的 0.2% 左右，根据固含量换算为液态的减水剂，初定减水剂掺量为 0.5%，相对应的减水率为 25%。计算得掺外加剂时的每 1m³ 混凝土的用水量 $m_{\text{w},0}$ 为 174.75kg/m³，取 $m_{\text{w},0}$ 为 175kg/m³。

3. 每 1m³ 混凝土的水泥用量

$$m_{\text{c},0} = \frac{m_{\text{w},0}}{w/c} \tag{6-9}$$

根据公式（6-9）计算得，每 1m³ 混凝土的水泥用量 $m_{\text{c},0}$ 为 407kg/m³。

本章节所用过硫磷石膏矿渣水泥的组分为：磷石膏 45%，钢渣 2%，矿粉 49%，熟料 4%。所以，1m³ 混凝土中磷石膏、钢渣、矿渣、熟料的掺量分别为 183kg/m³、8kg/m³、200kg/m³ 和 16kg/m³。

4. 砂率及集料用量

集料的质量公式为式（6-10）：

$$m_{\text{g}} = m_{\text{c,p}} - m_{\text{w},0} - m_{\text{c},0} \tag{6-10}$$

式中　$m_{\text{c,p}}$——1m³ 过硫磷石膏矿渣水泥混凝土的拌合物的假定质量，即容积密度，kg/m³。

过硫磷石膏矿渣水泥的表观密度一定，并没有其他矿物掺合料的掺入，所配制混凝土的表观密度不会发生太大变化，所以在该体系的混凝土配合比设计中，假定容积密度法依然适用，同时试验操作也更加简单。普通硅酸盐水泥的容积密度取 2350~2450kg/m³，但是普通硅酸盐水泥容积密度在 3100kg/m³ 左右，而过硫磷石膏矿渣水泥容积密度在 2600kg/m³ 左右。所以所配混凝土的假定容积密度 $m_{s,p}$ 取 2350kg/m³，则集料总质重为 m_g 为 1768kg/m³。

已知 w/c 为 0.43，碎石的最大粒径为 25mm，参考行业标准 JGJ 55—2011《普通混凝土配合比设计规程》表 4-0.1-2，坍落度在 60mm 以下时砂率可取 33%，按坍落度每增大 20mm 砂率增大 1%，取 S1 为 39%。则细集料用量 $m_{s,0}$ 为 689.5kg/m³，取 690kg/m³，粗集料用量 $m'_{g,0}$ 为 1078kg/m³。所以 1m³ C30 流动性混凝土的配合比设计见表 6-67。

表 6-67   C30 流动性混凝土的材料组成

水灰比	用水量 (kg/m³)	水泥用量（kg/m³）				砂 (kg/m³)	石 (kg/m³)	减水剂 (%)	砂率 (%)
		磷石膏	矿粉	钢渣	熟料				
0.43	175	183	200	8	16	690	1078	0.5	39

5. 配合比的调整

过硫磷石膏矿渣水泥在材料组成、水化过程、结构发展等方面具有特殊性，与普通的硅酸盐水泥相比在需水量和对减水剂的适应能力等都不同。所以，从调整砂率、减水剂、水灰比等方面进行调整，掌握这些参数指标的变化对强度的影响，进而对混凝土配合比设计方法进行调整。

（1）砂率对混凝土力学性能的影响

根据砂率调整的要求，对表 6-67 中的砂率增减 1% 进行研究，所以砂率分别取 38%、39% 和 40%。其他组分不做调整。具体配比见表 6-68。

表 6-68   不同砂率的混凝土的配合比

编号	水灰比	水泥用量 (kg/m³)	砂 (kg/m³)	石 (kg/m³)	减水剂 (%)	容积密度 (kg/m³)	坍落度 (mm)	抗压强度（MPa）		
								3d	7d	28d
1 号	0.43	407	672	1096	0.5	2355	230	9.0	19.3	28.8
2 号	0.43	407	690	1078	0.5	2370	215	12.5	23.8	31.1
3 号	0.43	407	714	1070	0.5	2413	200	13.9	28.4	32.9

试验结果表明，1 号混凝土出现严重泌水和露石现象。2 号混凝土也出现了轻微泌水现象。说明 38%、39% 的砂率偏低，造成混凝土的砂浆量不足，包裹程度不够，保水性差。同时，从表 6-68 和图 6-124 可以明显看出，随着砂率的增加，混凝土的各个龄期强度都呈上升趋势。3 号黏聚性和保水性较好，说明 40% 的砂率是较好的选择。

从表 6-68 中可以看出 1~3 组的混凝土的坍落度较大，但强度偏低，没有达到 C30 混凝土的要求。所以，应调整减水剂的掺量和水灰比大小，以获得混凝土强度的提高。

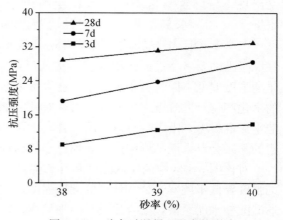

图 6-124   砂率对混凝土强度的影响

根据前 3 组的混凝土的容积密度测试，发现实际容积密度与假定容积密度的偏差并不大，说明假定容积密度的选择合理，下文将予以沿用。

（2）水灰比对混凝土力学性能的影响

混凝土的砂率设定为 40%，坍落度控制在 180mm 左右，过硫磷石膏矿渣水泥总用量为 407kg/m³，具体组分与表 6-69 相同：磷石膏 183kg/m³，矿渣 200kg/m³，钢渣 8kg/m³，熟料 16kg/m³。所用减水剂为聚羧酸减水剂，拟用量为 0.4%。水灰比对混凝土工作性能及力学性能的影响见表 6-69 和图 6-125。

表 6-69　C30 过硫磷石膏矿渣水泥混凝土的配合比

编号	水灰比	水泥用量（kg/m³）	砂（kg/m³）	石（kg/m³）	减水剂（%）	坍落度（mm）	抗压强度（MPa）		
							3d	7d	28d
4 号	0.35	407	720	1080	0.4	85	9.0	20.3	35.8
5 号	0.37	407	717	1075	0.4	125	12.5	26.8	41.1
6 号	0.39	407	714	1070	0.4	140	13.9	28.4	39.3
7 号	0.41	407	710	1066	0.4	175	13.4	25.1	37.8
8 号	0.43	407	707	1061	0.4	185	9.1	20.8	34.1
9 号	0.47	407	701	1051	0.4	215	6.7	19.3	29.2
10 号	0.51	407	694	1041	0.4	225	6.7	19.6	24.0
11 号	0.55	407	688	1031	0.4	240	6.2	17.4	21.2

从表 6-69 和图 6-125 可知，水灰比大于 0.37 时，即灰水比小于 2.7 时，混凝土的实测强度随着灰水比的增加而增加，呈现出线性增长的规律，说明过硫磷石膏矿渣水泥混凝土在一定程度上遵循鲍罗米公式中强度的提高依赖灰水比增加的定性趋势，证明普通配合比设计方法在该特种混凝土体系中具有一定的适用性。然而，当水灰比小于 0.37，即灰水比大于 2.7 时，随着灰水比的增加，强度出现下降，这与传统的水灰比定则相悖。根据表 6-69，水灰比为 0.35 时，坍落度偏低，混凝土的工作性较差，远没有达到流动

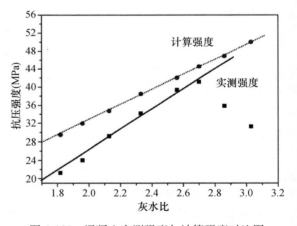

图 6-125　混凝土实测强度与计算强度对比图

性混凝土的要求。过低的用水量会造成早期水泥的水化程度不够，水化产物的生成量不足，早期强度偏低。同时由于水泥中存在大量未水化颗粒，后期水分子进入后会继续水化，生成的水化产物对混凝土产生膨胀应力，对其内部结构产生"自伤"作用。而针对过硫磷石膏矿渣水泥混凝土，由于含有过量磷石膏，水化产物中钙矾石的生成比例较大，在后期的形成产生的膨胀会对水泥结构中产生更加严重的影响，所以不适宜用较低的水灰比。

对比图 6-125 中的实测强度和计算强度，发现同一灰水比，过硫磷石膏矿渣水泥混凝土的强度要低于鲍罗米公式计算的理论强度，这说明过硫磷石膏矿渣水泥的 28d 强度发展较普通硅酸盐水泥缓慢，配合比设计出现偏差，在计算时应该对鲍罗米公式进行适当修正。

万朝钧在研究高性能混凝土配合比设计时，对鲍米罗公式进行了修正，在鲍罗米公式中

引入与水灰比有关的系数 γ，在高强、超高强混凝土配合比设计中加以使用，效果良好，并且指出 γ 值可根据各自积累的试验数据进行回归。鉴此，针对过硫磷石膏矿渣水泥混凝土的强度发展与水灰比的关系规律，本文对鲍罗米公式作了适当调整，如式（6-11）所示：

$$f_{cu,p} = \gamma \alpha_a f_{ce} \left(\frac{c}{w} - \alpha_b \right) \tag{6-11}$$

式中　γ——过硫磷石膏矿渣水泥强度系数，其他参数与鲍罗米公式相同。

表 6-70 为不同水灰比的过硫磷石膏矿渣水泥混凝土强度系数与水灰比的关系，对其进行一元线性拟合（图 6-126），得式（6-12）：

$$\gamma = 1.4223 - 1.2754 \frac{w}{c} \tag{6-12}$$

已知配制 C30 的混凝土，配制强度要求达到 38MPa。根据公式（6-11）和式（6-12），计算得水灰比 w/c 的取值为 0.4。

表 6-70　过硫磷石膏矿渣水泥强度系数与水灰比的关系

分组	γ	水灰比	强度（MPa）
1	0.9247	0.37	41.1
2	0.9337	0.39	39.3
3	0.8955	0.43	34.1
4	0.8406	0.47	29.2
5	0.7519	0.51	24.0
6	0.7183	0.55	21.2

（3）C30 混凝土的优化配合比设计

混凝土的优化配合比设计采用水灰比 0.4，砂率 40%，减水剂掺量 0.3%。同时，由于砂率的提高，在混凝土质量不变的情况下，降低水泥的用量，采用 380kg/m³，配制混凝土试块 PG。以同样的配比使用 42.5 等级普通硅酸盐水泥配制混凝土试块 PO，作为对照试验。由此可以看到，过硫磷石膏矿渣水泥与普通硅酸盐水泥所配制的混凝土的性能差别。具体的配比见表 6-71。

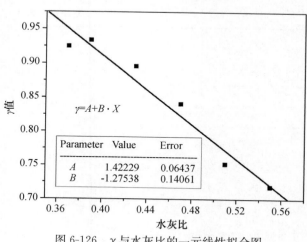

图 6-126　γ 与水灰比的一元线性拟合图

表 6-71　混凝土配合比优化设计

组分	水灰比	水泥（kg/m³）	砂率（%）	减水剂（%）	坍落度（mm）	3d 强度（MPa）	7d 强度（MPa）	28d 强度（MPa）
PO	0.4	380	40	0.3	195	19.7	40.3	52.2
PG	0.4	380	40	0.3	185	9.5	26.0	38.5

根据上表，可以看出优化后的配比 PG 完全满足 C30 混凝土的工作性和力学性能要求。

6.5.3 C40 混凝土配合比设计及优化

尽管过硫磷石膏矿渣水泥混凝土的配合比设计在一定程度上可以参考普通混凝土配合比设计，但在进行混凝土配合比设计时，可以根据实际情况，对过硫磷石膏矿渣水泥的组成进行适量的调整，以满足对混凝土性能的一些特殊要求。

（1）水灰比

由于过硫磷石膏矿渣水泥水化产物中含有大量钙矾石，钙矾石含有较多的结晶水，因此水化时需水量较大。根据 C30 流动性过流磷石膏水泥混凝土的配合比设计结果，混凝土的水灰比不宜低于 0.37，而根据水灰比定则，水灰比过高不利于强度发展，所以本文选用的水灰比暂定为 0.37。

（2）浆集比

浆集比主要影响混凝土的工作性，要想确定混凝土的浆集比，首先需要精确计算出混凝土的体积，同时计算出水泥的具体用量。

混凝土中的水泥浆体体积由公式（6-13）计算：

$$V = \alpha + \beta \tag{6-13}$$

式中　α——集料的空隙率，%；

　　　β——浆体的富余量，%；一般坍落度在 $160 \sim 200$ mm 时，富余量为 $8\% \sim 15\%$。

根据吴中伟[54]院士提出的配合比简易设计方法，利用不同的砂率进行粗细集料混合，从而确定最小空隙率 α。一般高性能混凝土采用的水泥浆体用量较大，而基于最密实堆积理论的配合比简易设计方法计算的 C40 混凝土的浆体用量偏低，所以砂率取值偏大。试验选取的砂率为 $41\% \sim 43\%$。具体的砂率对应的集料空隙率及相关规律见表 6-72 和图 6-127。

表 6-72　最小空隙率表

编号	砂率（%）	集料平均视密度（kg/m³）	集料松堆积密度（kg/m³）	集料空隙率（%）
1	41	2657	2039	23.6
2	42	2670	2093	21.0
3	43	2663	2088	21.4

由图 6-127 和表 6-72 可知，最小空隙率 α 的取值在 $20\% \sim 21\%$。而对应的最佳砂率的取值为 $42\% \sim 43\%$。为方便计算，本文取 α 为 21%，并根据试验经验取浆体富余量 β 为 10%，根据公式（6-13）计算得浆体体积为 310L，即浆集比为 31：69。

根据廉慧珍[54]等对原材料密度加权法的修正，过硫磷石膏矿渣水泥的密度计算公式为式（6-14）：

$$\rho_c = \cfrac{1}{\cfrac{x_1}{\rho_{x_1}} + \cfrac{x_2}{\rho_{x_2}} + \cfrac{x_3}{\rho_{x_3}} + \cfrac{x_4}{\rho_{x_4}}} \tag{6-14}$$

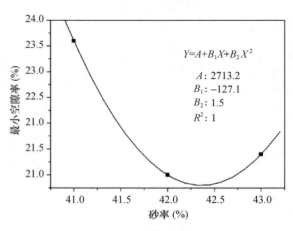

$Y = A + B_1 X + B_2 X^2$

A: 2713.2
B_1: -127.1
B_2: 1.5
R^2: 1

图 6-127　最小空隙率与最优砂率的关系

式中 x_1, x_2, x_3, x_4——分别为过硫磷石膏矿渣水泥中的磷石膏、矿渣、钢渣和熟料的质量分数,%,其取值分别为 45%、49%、2% 和 45%。

ρ_{x1}, ρ_{x2}, ρ_{x3}, ρ_{x4}——分别为磷石膏、矿渣、钢渣、熟料的密度,kg/m³。

根据材料组成的比例关系,推导得出浆体的密度公式(6-15):

$$\rho = \frac{1+\dfrac{w}{c}}{\dfrac{1}{\rho_c}+\dfrac{w}{c}\cdot\dfrac{1}{1000}} \tag{6-15}$$

根据浆体的密度和体积,得水泥用量公式(6-16):

$$M_c = \frac{\rho V}{1+\dfrac{w}{c}} \tag{6-16}$$

根据公式(6-13)~式(6-16),并将试验原材料数据代入,得水泥的密度 ρ_c 为 2663kg/m³,浆体的密度 ρ 为 1837kg/m³。由式(6-16)计算得到水泥的用量 M_c 为 415kg/m³。

(3)砂石比

砂石比一般用砂率来表示,已知上文中确定最优砂率为 42%,即砂石比可确定为 42:58。砂石的质量计算公式为式(6-17)、式(6-18):

$$M_S = (1-V) \times \bar{\rho} \times \beta_S \tag{6-17}$$

$$M_G = (1-V) \times \bar{\rho} - M_S \tag{6-18}$$

式中 M_S——砂的用量,kg;

M_G——石的用量,kg;

$\bar{\rho}$——砂石的平均视密度,kg/m³;

β_S——最佳砂率,%。

根据表 6-72,当取最佳砂率 42% 时,砂和石的平均视密度 $\bar{\rho}$,取值为 2670kg/m³。所以代入式(6-17)、式(6-18)的砂和石的质量分别为 774kg/m³ 和 1068kg/m³。

根据配合比设计公式及其详细计算,得出过硫磷石膏矿渣水泥混凝土初配参数,见表 6-73。

表 6-73 C40 过硫磷石膏矿渣水泥混凝土的初步配合比

水灰比	水泥用量(kg/m³)				砂 (kg/m³)	石 (kg/m³)	砂率 (%)	减水剂掺量 (%)
	磷石膏	矿渣	钢渣	熟料				
0.37	187	203	8	17	774	1068	42	0.4

水泥用量不仅影响混凝土的工作性,还关系到过硫磷石膏矿渣水泥混凝土的早期强度发展以及混凝土的成本;砂率要根据最密集堆积原理及混凝土工作性一起确定,最佳砂率的选择不仅能节省水泥用量,更能提高混凝土的密实度,提高强度和耐久性;聚羧酸高效减水剂的应用也会同时影响混凝土的强度和工作性。

以表 6-74 混凝土的初配参数为基础,选取水泥用量、砂率和减水剂掺量三个主要因素进行具体研究,每个因素取三个水平,采用标准的 $L_9(3^4)$ 正交表,制定试验方案。

表 6-74　正交试验因素水平表

水平	影响因素		
	A 水泥用量（kg/m³）	B 砂率（%）	C 减水剂掺量（%）
1	380	41	0.3
2	400	42	0.4
3	420	43	0.5

混凝土的配合比设计及试验结果见表 6-75。

表 6-75　C40 混凝土的配合比设计及试配结果

编号	水灰比	水泥用量（kg/m³）	砂（kg/m³）	石（kg/m³）	减水剂（%）	坍落度（mm）	抗压强度（MPa）		
							3d	7d	28d
P1	0.37	380	742	1068	0.3	80	10.1	26.8	43.5
P2	0.37	380	774	1068	0.4	85	9.0	28.0	41.7
P3	0.37	380	806	1068	0.5	130	7.9	26.9	37.2
P4	0.37	400	742	1068	0.4	180	6.9	22.9	38.4
P5	0.37	400	774	1068	0.5	200	7.4	21.3	35.5
P6	0.37	400	806	1068	0.3	20	10.7	30.4	44.3
P7	0.37	420	742	1068	0.5	200	2.7	20.3	34.2
P8	0.37	420	774	1068	0.3	150	10.3	30.5	46.6
P9	0.37	420	806	1068	0.4	150	9.6	28.1	47.4

通过表 6-75 可知，各组配合比的混凝土强度均能达到 30MPa 以上，其中 P1、P2 和 P6 的 28d 强度均在 40MPa 以上，但工作性差，坍落度偏低。而 P8 和 P9 的 28d 强度均在 45MPa 以上，最高强度达 47.4MPa，相对于普通配合比设计方法配制的混凝土，强度提高 20% 以上，并且工作性良好，基本上满足 C40 流动性混凝土的要求，但强度指标距 C40 混凝土还有一定差距。

由表 6-75、表 6-76 可知，试验因素水平的最优组合为减水剂掺量 0.3%，砂率掺量 43%，水泥掺量 420kg/m³。

表 6-76　正交试验极差分析

因素水平	A 水泥用量	B 砂率	C 减水剂
K1（3d）	9.0	6.6	10.4
K2（3d）	8.3	8.9	8.5
K3（3d）	7.5	9.4	6.0
极差	1.5	2.8	4.4
K1（7d）	27.2	23.3	29.2
K2（7d）	24.9	26.6	26.4
K3（7d）	26.3	28.5	22.8
极差	2.4	5.2	6.4
K1（28d）	40.8	38.7	44.8
K2（28d）	39.4	41.3	42.5
K3（28d）	42.7	43.0	35.6
极差	3.3	4.3	9.2

6.5.4 配合比参数对混凝土强度的影响

在过硫磷石膏矿渣水泥中，由于矿渣是主要的胶凝组分，矿渣的掺量和比表面积会对水泥的性能产生影响。按此思路对水泥组分进行调整：矿渣的掺量分别为46%、49%、52%和55%，此时磷石膏相对应的掺量为48%、45%、42%和39%。而且增加矿渣的粉磨时间，分别取粉磨100min、120min、140min的矿粉，相应比表面积为475kg/m³、554kg/m³和612kg/m³。表6-77过硫磷石膏矿渣水泥的几组配比数据。

表 6-77　过硫磷石膏矿渣水泥配比的调整

编号	磷石膏（%）	矿渣（%）	熟料（%）	钢渣（%）
1	48	46	4	2
2	45	49	4	2
3	42	52	4	2
4	39	55	4	2

设计强度等级为C40的流动性混凝土，坍落度要求在160mm左右，胶凝材料用量为380kg/m³。粗集料尺寸为5~25mm粒级，砂率设定为40%，减水剂掺量为0.4%。初步试验配合比见表6-78。

表 6-78　调整过硫磷石膏水泥配方的混凝土配比

编号	水灰比	水泥用量（kg/m³）				砂（kg/m³）	石（kg/m³）
		磷石膏	矿渣	钢渣	熟料		
A	0.4	182	175	8	15	723	1080
A1	0.4	171	186	8	15	723	1080
A2	0.4	160	198	8	15	723	1080
A3	0.4	148	209	8	15	723	1080

其中四组配合比的磷石膏的掺量分别为48%、45%、42%和39%。以上配合比用的矿渣的比表面积为475kg/m³，接着用矿渣的比表面积分别为554kg/m³和612kg/m³，以同样配合比配制混凝土，分别标号为B、B1、B2、B3、C、C1、C2、C3。

图6-128显示了上述混凝土试样的强度与龄期关系。

从图6-128和表6-78中我们可以看出，随着磷石膏掺量的减少，矿渣掺量的增加，强度不断上升。同时，相同矿渣掺量，所用矿粉的粉磨时间越长，比表面积越大，强度越高。这

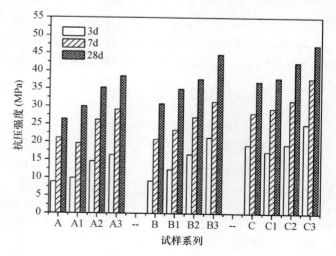

图 6-128　C40 流动性混凝土龄期与强度关系图

主要由于物理激发提高了矿渣的活性：通过粉磨使矿渣快速细化，通过增加比表面积来增加矿

渣的水化反应界面；而且在强烈的机械力撞击、剪切作用下，矿粉颗粒之间相互加压、摩擦碰撞，使矿渣玻璃体的分相结构发生均化，并且颗粒表面和内部产生微裂纹，在水化过程中极性的分子和离子更容易与矿渣表面和内部的活性 Al_2O_3 和 SiO_2 发生反应，导致矿渣的分解和溶解。

从图 6-128 中可以看到，B3、C2 和 C3 的 28d 强度都在 45MPa 以上，强度发展良好。所以通过这一试验说明，水泥组分的调整和材料比表面积的增加对混凝土的性能影响不容忽视。磷石膏掺量稳定在 45%，矿粉的比表面积在 530m²/kg 左右，可以完全满足 C30 混凝土工作性和力学性能的要求。而 42% 和 39% 的磷石膏掺量，140min 粉磨时间的矿粉会更有利于强度的发展，28d 的最高强度可以达到 47.6MPa，坍落度 150mm，配制的混凝土基本满足 C40 混凝土的要求。

由于石膏成分的缓凝作用，所以过硫磷石膏矿渣水泥配制的混凝土一般早期强度低，脱模困难，限制了它的使用范围。而由于改变了磷石膏的掺量，同时提高了矿渣粉的比表面积，早期强度也出现了有利的变化，如图 6-129 所示。

从图 6-129 中可以明显看出，磷石膏掺量为 48% 的混凝土掺入粉磨 140min 的矿渣粉，早期强度提高最为明显，可以增加10MPa 左右。而随着磷石膏掺量的降低，不同粉磨时间的矿渣粉对强度的影响较平均，呈稳步增长趋势。这主要是因为磷石膏掺量过大时，矿粉掺量相对减少，强度来源主要是矿渣提供的活性物质。如果比表面积偏低，活性较差，只能起到"颗粒细化"和"孔径细化"的作用，很难参与水化反应，导致水化产物（水化硅酸钙、水化铝酸钙以及钙矾石）的生成量不足，

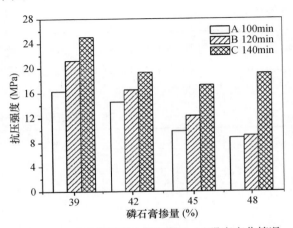

图 6-129　过硫磷石膏水泥混凝土 3d 强度变化情况

难以形成骨架支撑作用，早期强度偏低。所以 140min 粉磨的矿渣粉在高掺量磷石膏组分中对强度的贡献非常明显。随着磷石膏掺量的降低，矿渣粉比表面积对强度的影响趋于稳定。

所以，如果想采用高掺量的磷石膏作为胶凝材料，则利用较高比表面积矿渣粉可以有效地解决早期脱模难、强度低的问题；而如果利用低掺量的磷石膏，则矿渣的细度要求可以放宽。

6.5.5　C40 混凝土最佳配合比

C40 混凝土的配合比优化设计：

混凝土的优化配比为：水灰比 0.37，砂率 43%，减水剂掺量 0.3%，水泥的用量420kg/m³。其中所用矿渣粉的比表面积为 530m²/kg 左右，并根据最简易配合比设计方法配制优化配比 Y-40。同时加入 C30 混凝土的最佳配比作为对照试验。具体的配比见表 6-79。

表 6-79　配合比优化设计参数

分组	水灰比	水泥（kg/m³）	砂率（%）	减水剂（%）	坍落度（mm）	3d 强度（MPa）	7d 强度（MPa）	28d 强度（MPa）
Y-30	0.40	380	40	0.3	185	9.5	26.0	38.5
Y-40	0.37	420	43	0.3	150	12.3	35.3	48.6

由以上配比及强度数据可知，相对于 Y-30，Y-40 的 3d、7d 和 28d 强度分别提高 30%、35% 和 25%。说明新的配合比设计方法使混凝土内部结构更加密实，更有利于强度的发展。

6.5.6 干硬性混凝土的配合比设计

干硬性混凝土与流动性混凝土相比，要求水泥用量少，水灰比小而且砂率低，以达到快硬、高强、收缩率低等特点。一般干硬性混凝土用于路面施工或者预制构件，所以配合比设计要求与碾压混凝土或者无坍落度混凝土类似。集料体积占整体混凝土体积的 75%～85%，集料的最大公称尺寸为 20mm 以下，要求维勃稠度为 30～80s，胶凝材料的含量根据所需强度和耐久性确定，一般为混合料固体质量的 10%～17%，大约为 200～350kg/m³。粗细集料的单位体积可根据混合料的最大密度进行计算确定。

为了实现过硫磷石膏矿渣水泥在路面基层等结构中的应用，同时达到节约成本、提高模板周转率等目的，本章对过硫磷石膏矿渣水泥在干硬性混凝土中的应用做初步探索。

以 C40 干硬性混凝土配合比设计为例，要求其维勃稠度为 20～40s。

高性能干硬性混凝土配合比设计的指导原则尚不全面，所以 C40 干硬性混凝土的配合比设计时仍然参照行业标准 JGJ 55—2011《普通混凝土配合比设计规程》。根据式（6-6）和式（6-7），确定混凝土水灰比为 0.34。根据规程查表 5.2.1-1 得用水量为 119kg/m³，从而得水泥用量为 350kg/m³。由于对坍落度＜10mm 的混凝土，砂率应由试验确定。根据以上混凝土的配制经验，确定砂率为 35%。表 6-80 为混凝土的具体配合比设计。

表 6-80 干硬性混凝土材料组成

水灰比	水泥用量（kg/m³）				砂（kg/m³）	石（kg/m³）	砂率（%）	减水剂掺量（%）
	磷石膏	矿渣	钢渣	熟料				
0.34	147	182	7	14	654	1214	35	0.1

根据实际配比，调整过硫磷石膏矿渣水泥的用量，得出主要性能指标试验结果，见表 6-81。

表 6-81 干硬性混凝土性能的试验结果

分组	水泥用量（kg/m³）	维勃稠度（s）	抗压强度（MPa）		
			3d	7d	28d
1	350	36.0	30.0	42.8	53.0
2	370	19.2	23.5	38.3	48.7

试验结果表明，过硫磷石膏矿渣水泥可以配制出符合要求的干硬性混凝土，28d 最高强度可达 53MPa，强度发展规律良好。水泥掺量为 350kg/m³ 时，混凝土偏干，砂石的浆体包裹量少，混凝土成型振捣较困难。由于水泥掺量的增加可以改善混凝土的工作性，当掺量为 370kg/m³ 时，混凝土干硬状态得到改善，浆体包裹量充足，成型较为容易。表 6-81 得出不同水泥用量的工作性和抗压强度，说明普通配合比设计方法在干硬性混凝土中仍然适用，但是具体的参数选择要根据实际施工要求确定。

6.5.7 自密实混凝土的配合比设计

过硫磷石膏矿渣水泥自密实混凝土配合比设计采用的是绝对体积法，通过净浆、砂浆和混凝土逐级试配，得到工作性能满足要求的过硫磷石膏矿渣水泥自密实混凝土，主要步骤包括：磷石膏湿磨改性处理，过硫磷石膏矿渣水泥基本需水率试验，自密实净浆配合比试验，自密实砂浆配合比试验，自密实混凝土配合比试验。

（1）术语解释

在过硫磷石膏矿渣水泥自密实混凝土配合比设计过程中提到的粉体、集料的体积皆为绝对体积，即按照材料表观密度计算所得的体积。

体积水粉比（W/P）——拌合物中水的体积与粉体材料的体积之比。

外加剂掺量（SP）——拌合物中外加剂的质量占粉体材料质量的比例，%。

砂率 S——砂浆中砂的体积占砂浆体积的比例，%。

（2）配合比设计流程

配合比设计流程如图 6-130 所示。

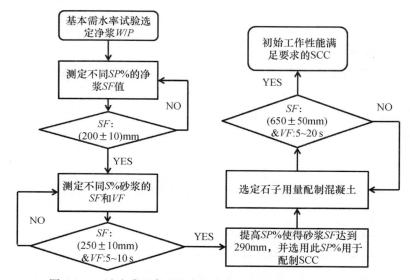

图 6-130　过硫磷石膏矿渣水泥自密实混凝土配合比设计流程

（3）改性磷石膏浆

磷石膏中存在大量结块现象，直接使用不利于混合均匀。同时磷石膏中含有可溶性磷酸根离子和氟离子。磷石膏浆体呈酸性，矿渣粉水化需要碱性环境，所以需要对磷石膏进行预处理，改良磷石膏浆体的性能。根据黄赟的研究结果，使用钢渣或水泥熟料粉作为碱性激发剂，与磷石膏一起放入聚氨酯磨罐中湿磨 2h，磨罐转速为 70r/min，如图 6-131 所示。使用振动台将磨球与浆体筛分后，将改性磷石膏浆体放入密封桶中，置于（20±2）℃环境中陈化 24h，如图 6-132 所示。

（4）过硫磷石膏矿渣水泥基本需水率试验

在配制自密实混凝土之前，需要对所使用的粉体材料对用水量的大小和敏感性进行初步的判断，以便于进行配合比参数，如体积水粉比（W/P）和外加剂用量的初步选择。

通过测定不同体积水粉比的过硫磷石膏矿渣水泥净浆的相对扩展度值 Γ，拟合出 W/P 与 Γ 的线性关系，得到的直线在 W/P 轴上的截距代表粉体处在具有流动性与不具有流动性的临界状态时的体积水粉比，为基本需水率。

图 6-131 磷石膏湿磨处理

图 6-132 改性磷石膏浆筛分过程

以图 6-133 所示试验结果为例，过硫磷石膏矿渣水泥（PBC）的基本需水率为 1.16，而普通硅酸盐水泥（OPC）的基本需水率为 1.09，前者略高。但是从拟合直线的斜率来看，使净浆相对扩展度发生同样的变化，PBC 净浆的 W/P 变化要比 OPC 的小，也就是说 PBC 净浆的流动性能对用水量比较敏感，进而可以推测出 PBC 净浆对减水剂的用量也比 OPC 净浆敏感。

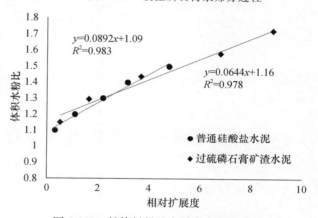

图 6-133 粉体材料基本需水率试验结果

（5）自密实净浆配合比试验

在基本需水率基础上乘以经验系数 0.85 得到用于配制自密实净浆的 W/P[55]，测试装置与基本需水率试验所用装置相同。测试不同 SP 的自密实净浆的 SF 值，当 SF 值为（200±10）mm，且净浆无泌水现象，则相应的配比参数 W/P 与 SP 可用于配制自密实砂浆。

（6）自密实砂浆配合比试验

在自密实净浆配合比试验基础上，调整砂浆砂率 S，测试砂浆的 SF 值和迷你 V 漏斗时间值，决定净浆对应的最优砂率 S。当砂浆的 SF 值为（250±10）mm 且迷你 V 漏斗时间为 5～10s 时，所得到的砂浆参数对应的 W/P、SP 和 S 可用于配制自密实混凝土。SF 值及 V 漏斗时间测量装置如图 6-134（b）、（c）所示。

（7）自密实混凝土配合比试验

在自密实砂浆试验结果的基础上，选取粗集料含量。粗集料的含量与石子的级配以及砂浆的性能有关，根据工程经验，一般单方混凝土石子体积含量为 280～320L，石子最大粒径一般不超过 20mm。

自密实混凝土的工作性能检测按照行业标准 CEC S203：2006《自密实混凝土应用技术规程》中自密实混凝土坍落扩展度和 V 漏斗试验方法进行。当混凝土的坍落扩展度值在（650±50）mm 范围内，并且 V 漏斗时间 5～20s 时，认为得到的自密实混凝土的工作性能可满足工程要求。

图 6-135 中自密实混凝土坍落扩展度为 670mm，V 漏斗时间为 18.32s。

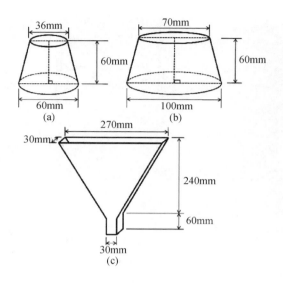

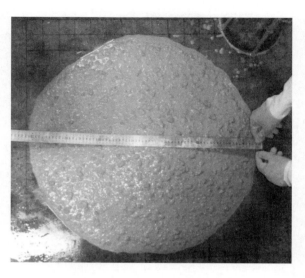

图 6-134 净浆及砂浆试验装置示意图　　　图 6-135 自密实混凝土坍落扩展度试验

6.6 过硫磷石膏矿渣水泥混凝土性能与微观结构

6.6.1 力学性能

过硫磷石膏矿渣水泥混凝土是一种不同于传统硅酸盐水泥混凝土的新型低碳生态水泥混凝土。图 6-136 给出了过硫磷石膏矿渣水泥混凝土（PPSCC）、普通硅酸盐水泥混凝土（Ordinary Portland Cement Concrete，OPCC）以及矿渣硅酸盐水泥混凝土（Portland Slag Cement Concrete，PSCC）的抗压强度对比曲线。PPSCC 的早期强度要低于其余两种水泥混凝土，但随着龄期的增加，PPSCC 的强度发展迅速提高，28d 抗压强度可以超过矿渣硅酸盐水泥混凝土，并接近于普通硅酸盐水泥混凝土。

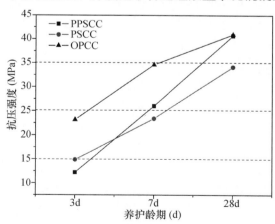

图 6-136 三种水泥混凝土不同龄期强度

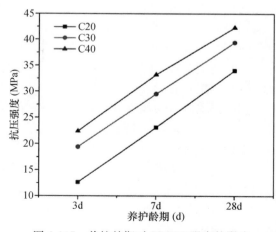

图 6-137 养护龄期对 PPSCC 强度的影响

（1）养护龄期的影响

为考察龄期对 PPSCC 强度的影响，分别配制 C20、C30 和 C40 等级混凝土并对其进行强度分析，其结果如图 6-137 所示。三种等级的 PPSCC 强度发展趋势基本是一致的，3d 强度均较低但随着龄期的增长，强度增长迅速 28d 抗压强度能达到相应的强度等级。分析认为，PPSCC 在水化早期，硅酸盐熟料首先水化形成 C-S-H 凝胶和 $Ca(OH)_2$，熟料中的铝相 C_3A 和铁相 C_4AF 与溶于液相中的 $CaSO_4 \cdot 2H_2O$ 水化形成 AFt，但因为熟料含量少，这部分早期的水化产物主要是在界面上形成 AFt 和 C-S-H 凝胶，起到骨架作用，使水泥凝结。随着水化龄期延长，矿渣在熟料水化生成的 $Ca(OH)_2$ 以及钢渣的碱性激发作用下溶解并开始水化，这期间还伴随着磷石膏对矿渣的硫酸盐激发，两种激发作用共同形成的 C-S-H 凝胶和 AFt 交织在一起，填充了孔隙，使得浆体越来越密实，强度不断提高。

（2）矿渣比表面积的影响

在 PPSCC 中，矿渣占有很大的比例，而矿渣的物理化学性能对 PPSCC 的性能也将产生十分重要的影响，为获得不同比表面积的矿渣，将矿渣放入 $\phi 500mm \times 500mm$ 试验磨机中分别粉磨 90min、100min、120min 和 140min，得到的矿渣粉比表面积见表 6-82，图 6-138 给出了不同比表面积矿渣粉对 PPSCC 力学性能的影响。

由此可见，作为 PPSCC 中的主要胶凝材料，矿渣的比表面积对试样的强度有很大影响，提高矿渣比表面积，加快了矿渣的水化速度，试样的各龄期强度都有所提高。但考虑到实际生产过程中，矿渣粉磨比表面积超过 $400m^2/kg$ 后，粉磨电耗将显著增加。因此综合考虑性能与能耗，采用粉磨时间为 120min、比表面积为 $554m^2/kg$ 的矿渣粉配制 PPSCC。

表 6-82　不同粉磨时间矿渣的比表面积

粉磨时间（min）	比表面积（m²/kg）
90	400
100	475
120	554
140	612

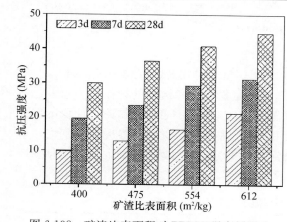

图 6-138　矿渣比表面积对 PPSCC 强度的影响

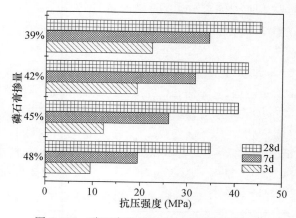

图 6-139　磷石膏掺量对 PPSCC 强度的影响

（3）磷石膏掺量的影响

磷石膏掺量对 PPSCC 的抗压强度也有着重要的影响。图 6-139 对比了磷石膏掺量从 39% 增加到 48% 时 PPSCC 强度，从中可以看出，随着磷石膏掺量的降低，矿渣掺量相应的增加，PPSCC 各龄期的抗压强度均呈现增长的趋势。一定量的磷石膏对矿渣有很好的硫酸盐激发效果，而磷石膏掺量过大则造成未反应的磷石膏量增大，浆体中晶体颗粒接触点和颗粒界面区增多，形成的水化产物较少，无法紧密地将剩余石膏包裹，导致浆体的孔隙较多，强度降低。综合图 6-138 与图 6-139，可知矿渣掺量的增加和比表面积的增大都会大幅度提高 PPSCC 的强度。

6.6.2 抗渗性能

氯离子通过混凝土内部的孔隙和微裂缝体系从周围环境向混凝土内部传递，是有害介质在混凝土渗透的重要方式，而氯离子在混凝土中的渗透性能也成为评价混凝土渗透性的一个主要指标。本文即采用氯离子渗透方法来评价 PPSCC 的抗渗性能。为了更客观全面地反映 PPSCC 的抗氯离子渗透能力，对普通硅酸盐水泥混凝土（OPCC）与矿渣水泥混凝土（PSCC）的抗氯离子渗透性能进行了对比。同时，分别采用快速氯离子渗透试验（RCPT）、非稳态电迁移试验法（RCM）以及饱盐混凝土电导率法（NEL）来评价三类水泥混凝土的抗氯离子渗透能力。

图 6-140 为三种不同类型水泥混凝土氯离子渗透性的测试结果。从图中可以看出，RCPT、RCM 和 NEL 三种评价方法都一致表明 PPSCC、PSCC 和 OPCC 的抗氯离子渗透能力按从大到小的次序为 PPSCC>OPCC>PSCC，表 6-83 与图 6-140 是相对应的测试数据。RCPT 的试验结果表明，PPSCC 的电通量（E）比 OPCC 和 PSCC 小一个数量级，在 180C（库仑）左右，而 OPCC 和 PSCC 的电通量在 1500C 以上，根据表 6-84 的电通量渗透性评价方法，PPSCC 的氯离子渗透性为"很低"。RCM 和 NEL 是以氯离子扩散系数来评价混凝土的渗透性，无论是

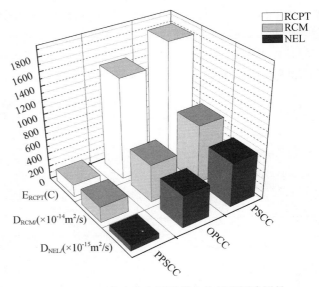

图 6-140 不同种类水泥混凝土的氯离子渗透性

RCM 还是 NEL 方法，它们表征三种不同类型水泥混凝土氯离子渗透性的规律是一致的，氯离子扩散系数（D）的大小都是 PPSCC<OPCC<PSCC。从表 6-84 的 NEL 渗透性评价结果可以得出，PPSCC 的氯离子渗透性为"极低"，而 OPCC 和 PSCC 氯离子渗透性分别为"很低"和"低"。结合 RCPT、RCM 和 NEL 三种水泥混凝土氯离子渗透性测试结果，表明 PPSCC 的抗氯离子渗透能力要显著优于硅酸盐水泥混凝土。

表 6-83 分别采用三种方法评价三类水泥混凝土抗氯离子渗透能力的数据

编号	电通量 E_{RCPT}（C）	氯离子扩散系数 D_{RCM}（$\times10^{-14}$ m^2 s）	氯离子扩散系数 D_{NEL}（$\times10^{-15}$ m^2 s）
PPSCC	185	234	82
OPCC	1508	562	480
PSCC	1811	878	660

表 6-84　混凝土氯离子渗透性评价

电通量 E_{RCPT}（C）	氯离子扩散系数 D_{NEL}（$\times 10^{-15}\,m^2\,s$）	渗透性评价
＞4000	5000～10000	高
2000～4000	1000～5000	中
1000～2000	500～1000	低
100～1000	100～500	很低
＜100	＜100	极低/可忽略

混凝土中氯离子的扩散主要由两个基本因素决定：一是对氯离子渗透的阻碍能力，这种阻碍能力决定于混凝土的孔隙率及孔径分布；二是对氯离子的物理、化学结合吸附能力，也称固化能力。在 PPSCC 中，一方面，混凝土的孔结构更加细化，切断了毛细孔渗透的通道，对孔结构的改善作用明显，其丰富的凝胶孔也能对氯离子进行物理吸附，使之被裹挟在 C-S-H 凝胶的孔洞中，并且其界面过渡区比 PSCC 和 OPCC 更加致密均匀，从而阻断浆体和集料之间的贯通孔，提高混凝土的抗氯离子渗透性；另一方面，PPSCC 水化产物中含有较大量低碱度的 C-S-H 凝胶，由于其巨大的比表面积，通过胶粒表面所带电荷产生的扩散双电层对氯盐中的正、负离子产生较强的化学吸附。此外，PPSCC 中的水化铝酸钙与氯离子及 $Ca(OH)_2$ 共同反应生成板状的弗里德尔盐（Friedel）盐，即单氯型水化氯铝酸钙（$3CaO \cdot Al_2O_3 \cdot CaCl_2 \cdot 10H_2O$）和三氯型水化氯铝酸钙（$3CaO \cdot Al_2O_3 \cdot 3CaCl_2 \cdot 32H_2O$），而且 Cl^- 置换 AFt 中的 SO_4^{2-} 也可形成弗里德尔（Friedel）盐（$3CaO \cdot Al_2O_3 \cdot CaCl_2 \cdot 10H_2O$），从而对氯离子起到化学结合作用。PSCC 和 OPCC 水化产物中的 $Ca(OH)_2$ 以晶体的形式存在，C-S-H 以高 Ca/Si 比形式存在，它们的比表面积远远小于低 Ca/Si 比的 C-S-H 凝胶比表面积，因而其表面对氯离子的吸附能力也较低。虽然 PSCC 中含有较多的水化铝酸钙和 AFt，具有一定氯离子结合能力，但其浆体结构相对疏松，抗渗性也随着下降，导致其抗氯离子渗透能力比 OPCC 差。OPCC 中浆体和集料界面过渡区存在许多裂缝，并且其孔结构中大量的粗大毛细孔为 Cl^- 的渗透提供连通通道，造成其抗氯离子渗透性能不佳。

综上所述，PPSCC 因为可阻断氯离子在混凝土中渗透通道（阻碍作用），可将氯离子裹挟在 C-S-H 凝胶的孔洞中（物理吸附），可将氯离子吸附在 C-S-H 凝胶的表面（化学吸附），可将氯离子固溶在水化产物中（化学结合），从而使 PPSCC 具有优异的抗氯离子渗透能力。

6.6.3　体积稳定性

混凝土成型之后由于化学反应、新相形成、温度变化和湿度变化等因素而发生膨胀或收缩，如图 6-141 所示，这一系列体积变化对混凝土的结构和性能将产生重要影响。混凝土体积变化可分为早期的体积变化、硬化过程中的体积变化和硬化后的体积变化。混凝土体积变化的评价方法有非接触式和接触式的两种，本项研究中分别采用了两种方法进行测量和评价。

（1）非接触式测量

混凝土早期的体积变化采用非接触式混凝土收缩变形测定仪进行测定，图 6-142 为该测定仪的原理示意图。为了尽量减少混凝土早期塑性收缩中水分的干燥引起的体积收缩和塑性阶段结束后由于水分的迁移和散失引起的收缩，测试密封条件下混凝土的收缩率，且为了在测试的过程中避免模具的摩擦阻力，在混凝土钢模中放入聚乙烯薄膜进行阻隔和涂抹凡士林进行润滑。

图 6-142 显示了通过非接触法测得的混凝凝土收缩率。非接触式混凝土收缩变形仪主要测定混凝土自收缩和水化收缩等引起的体积变形。出于改善其他性质的需要，试验中采用了偏高岭土作为添加剂。图 6-143 中 C0 为 PPSCC 基准试件、C1 为以 3％偏高岭土替代矿渣制备的混凝土试件、C2 为以 3％偏高岭土替代矿渣＋1％氢氧化钙制备的混凝土试件、C3 为以 3％偏高岭土替代矿渣＋1％水玻璃制备的混凝土试件。从图 6-143 中可以看出 PPSCC 基准试样在 240h 内的收缩形态，混凝土在 72h 内收缩率快速升高，在 72h 后基本达到稳定，收缩率为 1070×10^{-6}，而单掺偏高

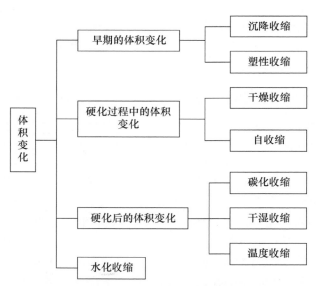

图 6-141 混凝土体积变化和收缩分类图

岭土的 C1 试样在 80h 达到收缩率的最高值，并在 80h 之后出现膨胀段，在 100h 后收缩率达到稳定，比基准试件高出 12.7％。掺偏高岭土和氢氧化钙的 C2 试件在 180h 内有个缓慢的收缩率增长过程，在 180h 时收缩率达到最高点，随后出现明显的膨胀段，最终收缩率稳定在 1460×10^{-6}，比基准试件高出 36％。区别于前三组混凝土的是，掺偏高岭土和水玻璃的 C3 试件在 40h 左右就达到收缩率的最大值 284×10^{-6}，之后持续膨胀至 80h 达到稳定，在收缩和膨胀过后，最终的收缩率稳定在 100×10^{-6} 左右，比基准试件降低了 90％。通过对各组混凝土早期体积变化进行测试，发现单掺偏高岭土或复掺氢氧化钙对 PPSCC 的早期体积稳定性不利，而复掺偏高岭土和水玻璃对 PPSCC 的早期体积收缩率有显著的降低作用。

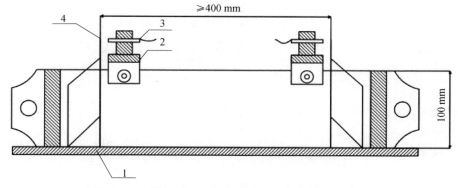

图 6-142 非接触法混凝土收缩变形测定仪原理示意图
1—试模；2—固定架；3—传感器探头；4—反射靶

为了比较改性后 PPSCC 的早期体积稳定性与硅酸盐水泥混凝土的差别，选择相同配合比的普通硅酸盐水泥混凝土（OPCC）和矿渣水泥混凝土（PSCC）与之进行比较。图 6-144 为三者在 240h 的非接触式收缩情况，从图中可以看出，PSCC 在 6.5h 后收缩率达到稳定（434×10^{-6}），OPCC 在 17h 时收缩率达到最大（146×10^{-6}），而后出现膨胀，直到 60h 才基本稳定（80×10^{-6}）。这是因为 PSCC 在相同混凝土配合比下，其工作性能良好，且矿渣水泥的凝结

时间短，在短时间内，混凝土的水化收缩和自收缩达到最大值，而 OPCC 由于混凝土工作性不佳，凝结硬化慢，导致水化收缩也较为缓慢。

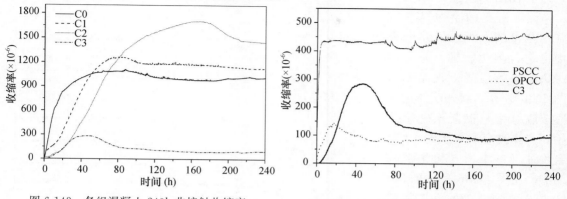

图 6-143　各组混凝土 240h 非接触收缩率　　　图 6-144　三种混凝土 240h 非接触收缩率

值得注意的是，C3 在早期的强烈收缩后出现持续的膨胀，在 165h 后其收缩率与 OPCC 到达同一水平（86×10^{-6}），并持续稳定。这可说明，水玻璃和偏高岭土复掺可显著改善 PPSCC 的早期体积稳定性，并优于 PSCC，也可与 OPCC 相媲美。当只掺入偏高岭土时，生成结晶铝硅酸盐骨架的速度较慢，而在碱矿渣水泥中掺入能快速水化并析出结晶相的高碱性矿物，方能降低碱矿渣水泥的收缩变形。此外，PPSCC 中富含的 SO_4^{2-} 能取代水化硅酸钙类水化物中 Si^{4+} 离子，从而降低收缩。许多研究表明，碱矿渣水泥的收缩比普通硅酸盐水泥大得多。在空气中养护碱矿渣水泥收缩值较大是因为其水化产物中凝胶数量较多，而结晶相的数量较少，而在碱矿渣水泥中掺入能与碱金属化合物反应的黏土矿物，生成水霞石、钠沸石、方沸石，以增加新生物结晶连生体的刚性，可以大幅度降低水泥石的收缩值。所以，在碱矿渣水泥中加入偏高岭土可以降低体积收缩。

（2）接触式测量

接触式混凝土收缩测试，在试件成型 48h 后脱模进行。试件放置于空气中测试混凝土 90d 体积变形，此方法测试的结果主要是测定混凝土的干缩，不包括混凝土塑性收缩和沉降收缩过程产生的体积变化，该测试装置的示意图如图 6-145 所示。混凝土的干燥收缩是指置于未饱和空气中的混凝土因水分散失而引起的体积缩小变形，简称干缩，它是由于水化所引起的体积减小在毛细孔内造成表面积的大幅增加，由此造成表面能的巨大增加，这种表面能的巨大增加从热力学上而言是不稳定的，需要通过表面收缩来加以平衡。当体系还处于塑性阶段时，由于流体能够自由地流动，缩小内表面的结果是所形成的孔隙不能稳定存在，而将为固相所填满，因此水化所引起的体积减小将通过整体体积的减小来补偿。当结构形成以后，由于结构的限制，这种微观上的表面收缩应力将在宏观上形成体积收缩应力，引起整体体积的收缩。严格说来，干缩应为混凝土

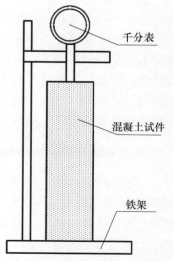

图 6-145　测试装置示意图

在干燥条件下实测的变形扣除相同温度下密封试件的自缩变形。但考虑到干缩与自缩变形在实际工程环境中并存，为了方便起见，观测干缩变形不再与自收缩变形分开，故所测结果反

映了这两者的综合结果。但由于干缩测定时的起始点与测定自缩的起始点不同，所以测定得到的干缩结果中包含一部分的自收缩。

因本研究的干缩是在空气中测量的，所以干缩结果中也包含碳化收缩。通过接触法测得的混凝土收缩率如图 6-146 所示。接触法测定混凝土收缩率从混凝土硬化开始，主要测定混凝土的干缩、自收缩（自干燥）和化学减缩等。从图 6-146 可以看出，C0 基准混凝土的收缩率随着龄期的增长而增大，到达 14d 时，收缩率基本达到稳定（495×10^{-6}）。偏高岭土与氢氧化钙复掺试样虽然相对基准样的收缩率降低 42%，但

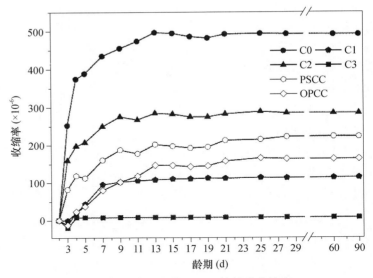

图 6-146　各组混凝土 90d 接触式收缩率

收缩率仍然高达 283×10^{-6}，高于 PSCC 与 OPCC，而单掺偏高岭土组 C1 相比 C0 的收缩率有了显著的降低，在 9d 时收缩率基本达到稳定（102×10^{-6}），相比 C0 收缩率降低了 79%，稳定时收缩率低于 PSCC 与 OPCC。当 PPSCC 中复掺入水玻璃和偏高岭土时，混凝土的体积快速稳定在 7.9×10^{-6}，相比 C0、PSCC、OPCC 的收缩率分别降低了 98%、97%、95%，可见水玻璃和偏高岭土复掺可显著改善 PPSCC 的体积稳定性。

PPSCC 的基准样 C0 表现出了较大的收缩，主要是因为 PPSCC 的凝结硬化缓慢，在脱模后，混凝土仍进行强烈的水化反应，这点可从 PPSCC 的强度得到印证。混凝土在 3d 至 7d 龄期内强度增长迅速，而在图 6-146 中也可看出混凝土在 7d 内的收缩率陡增，产生的水化产物的体积要小于参与反应的水泥与水的总体积，由此造成整体结构的体积减小；另一方面由于水泥水化反应的持续进行，消耗水化产物毛细管孔隙中的水分，使毛细管产生自真空，毛细管内部产生负压，发生自身干燥收缩。前者的水化收缩加上后者的自身干燥收缩共同引起了水泥石的自收缩。此外，置于空气中的试样，由碳化引起的 C-S-H 凝胶脱钙，聚合度增加，也将产生一定的碳化收缩。

6.6.4　抗碳化性能

混凝土的碳化是一个中和过程，主要是 $Ca(OH)_2$、C-S-H 凝胶等水化产物与 CO_2 反应生成 $CaCO_3$ 的过程。混凝土是一种多孔材料，外部环境中的不同介质能够通过这些相互联通的毛细孔隙进入其内部，如环境中的 CO_2 气体能够以扩散方式通过毛细管孔进入混凝土中，发生以下物理化学作用：

（1）环境中的 CO_2 气体以扩散方式在混凝土大孔隙和毛细孔中传输。

（2）扩散至混凝土内部的 CO_2 气体溶解于混凝土孔隙液中，并离解成 H^+，HCO_3^-，CO_3^{2-} 离子。

（3）HCO_3^-，CO_3^{2-} 与混凝土孔隙液中 Ca^{2+} 发生化学反应，生成 $CaCO_3$、$Ca(HCO_3)_2$。

碳化反应的结果，一方面生成的 CaCO₃ 堵塞混凝土孔隙，使得混凝土的密实度提高；另一方面，碳化使得混凝土内部孔溶液的碱度降低，孔隙液 pH 值甚至降到 9.0 以下，导致混凝土中的钢筋脱钝、锈蚀，钢筋锈蚀产物对相邻混凝土的挤压作用导致膨胀应力，使混凝土保护层出现裂缝，危害结构耐久性。

评价混凝土碳化程度的方法很多，但是无论是从宏观角度来进行评价，还是从微观角度进行评价，其基本的理论便是混凝土碳化的机理和这一过程中的物理化学变化。

6.6.4.1 碳化对微观结构的影响

图 6-147 给出了 PPSCC 和 PSCC 碳化 28d 前后的 XRD 图谱。从图中可以看出，PPSCC 在碳化后的物相中，大量的 AFt 已经基本不存在，却未发现 CaCO₃ 的衍射峰有明显的增强，说明 PPSCC 在碳化后，结晶态 CaCO₃ 并不是其最主要的碳化产物；对比 PPSCC 的碳化结果，PSCC 碳化前有清晰的 Ca(OH)₂ 峰值，而在碳化后转而形成了 CaCO₃。

图 6-148 为 PPSCC 和 PSCC 碳化前后的 SEM 图像，从图中可以看出，PPSCC 在碳化前虽有许多裂纹，但水化物总体较为密实，而在碳化后，浆体结构疏松，存在较多孔隙，出现许多米粒状物质，分析认为此物质为碳化后产生

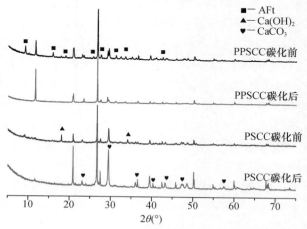

图 6-147 混凝土碳化 28d 前后的 XRD 图谱

的硅胶、铝胶以及文石或球霞石。PSCC 在碳化前形成了许多细小的针状 AFt，在碳化后针状 AFt 呈现粗大，在浆体中伴随许多立方体的方解石。

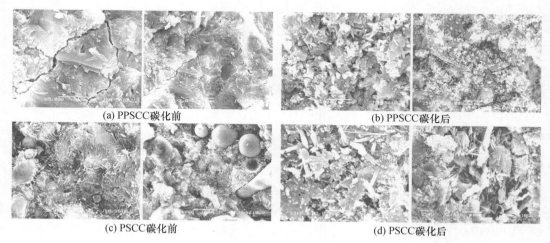

(a) PPSCC碳化前   (b) PPSCC碳化后

(c) PSCC碳化前   (d) PSCC碳化后

图 6-148 混凝土碳化前后的 SEM 图像

PPSCC 是一个以 CaO-Al₂O₃-SiO₂-CaSO₄-H₂O 为基础的复杂系统，该胶凝材料水化产物主要为低碱度、高表面能的水化产物，其新相晶体的生成速度以及结晶水化物的生长基本由胶凝材料-碱性悬浮体液相的过饱和度决定，碱是激发矿渣活性的主要动力，C-S-H 凝胶比矿

渣水泥水化生成的凝胶更趋于无定形，均匀和密实，结晶程度更低。CO_2 气体侵入水泥石孔隙形成碳酸离解成 CO_3^{2-}，与孔隙溶液中 Na^+、K^+、Ca^{2+} 反应生成 Na_2CO_3、K_2CO_3 与 $CaCO_3$。K_2CO_3 与 Na_2CO_3 溶解度大，除非干燥时溶液达到过饱和析出晶体，溶解度小的 $CaCO_3$ 析出沉淀，导致孔溶液中 Ca^{2+} 浓度降低，而 PPSCC 的水化产物主要是低 Ca/Si 比的 C-S-H 凝胶，不存在 $Ca(OH)_2$。碳化反应进行过程中，为补充孔溶液中的 Ca^{2+} 浓度，达到液相 Ca^{2+} 的动态平衡，由 C-S-H 凝胶脱钙来维持，水泥石中高密度 C-S-H 凝胶转变为低密度 C-S-H 凝胶，Ca-O 层分解，聚合度增加，产生收缩。当碳化继续进行，C-S-H 凝胶中间 Ca-O 层中 Ca^{2+} 持续迁移出来，C-S-H 凝胶转变成更低 Ca/Si 比的 C-S-H 凝胶，并开始分解，产生硅胶的沉淀与聚合，表面产生富钙（富钠）低硅物质。

利用综合热分析法观察混凝土碳化前后的水化产物在不同温度范围内发生的物理化学反应。图 6-149 为 PPSCC 与 PSCC 在碳化前后的 DSC（Differential Scanning Calorimeter）和 TG（Thermal Gravimetric Analysis）分析图谱，从 DSC 图中可以看出 PPSCC 在碳化前，在 50～200℃温度段，出现两个强烈的吸热峰，其中 120℃ 为 AFt 的脱水，150℃ 为剩余 $CaSO_4 \cdot 2H_2O$ 转化成 $CaSO_4 \cdot 0.5H_2O$ 和 $CaSO_4$。而碳化后，AFt 的吸热峰已经消失，这也说明碳化后，AFt 已经基本不存在，而未反应的磷石膏则一直保留在水化产物中。PSCC 在碳化前，85℃ 左右的吸热谷是由于层间吸附水的脱除、C-S-H 吸热脱水以及钙矾石（AFt）脱水而形成，而在碳化后，此吸热峰的峰形钝化，450℃ 左右的吸热峰表征 PSCC 水泥浆体中 $Ca(OH)_2$ 的分解，而在碳化后，此峰消失，说明 $Ca(OH)_2$ 经过碳化形成了 $CaCO_3$，并在 770℃ 左右的温度段分解。

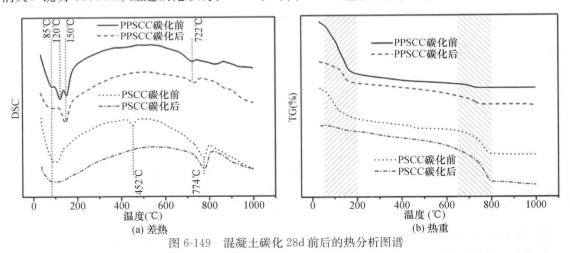

图 6-149　混凝土碳化 28d 前后的热分析图谱

从图 6-149（b）中可以对比出，PPSCC 碳化前，50～200℃ 出现显著的质量损失，而碳化后，这个温度段的质量损失较小，导致这二者的差值主要可能由以下几方面引起：（1）由于 $CaSO_4 \cdot 2H_2O$ 不断水化从而减少 $CaSO_4 \cdot 2H_2O$ 脱水所产生的质量损失；（2）另一方面是由于 AFt 因碳化而减少其脱水质量损失；（3）层间吸附水随着水化进行而不断减少。从 720℃ 的质量损失率可以看出，碳化后 PPSCC 的质量损失比碳化前要大，这主要是因为 C-S-H 凝胶与 AFt 碳化后形成 $CaCO_3$ 有关。PSCC 碳化前后，在 50～200℃ 的质量损失也出现较大的变化，碳化后比碳化前质量损失更加平缓，主要也是由于 AFt 与层间吸附水的减少有关，而值得注意的是在 650～800℃ 内，碳化后 $CaCO_3$ 的热分解引起质量损失率要显著大于碳化前，这说明 PSCC 在碳化后形成了较多的 $CaCO_3$，这里的 $CaCO_3$ 也可能包括三种来源：

（1）Ca(OH)$_2$ 的碳化产物；（2）C-S-H 凝胶的碳化产物；（3）AFt 的碳化产物。

图 6-150 显示了 PPSCC 和 PSCC 碳化前后的傅里叶变换红外光谱（Fourier Transform Infrared Spectroscopy）分析图谱。在 PPSCC 与 PSCC 碳化前的曲线中，在 3641cm^{-1} 处均有一个微弱的振动吸收峰，为 Ca(OH)$_2$ 的羟基的伸缩振动特征谱线，而经碳化后，该振动峰消失不见，表明 Ca(OH)$_2$ 已经被碳化反应完全。3523cm^{-1} 处为 CaSO$_4$·2H$_2$O 中 H$_2$O 以 ［OH］ 形式存在为特征，在 PPSCC 碳化前后均存在，也说明碳化前后 CaSO$_4$·2H$_2$O 并无变化。3000～3600cm^{-1} 波数区间较宽而漫散的峰是由与 Ca 原子和 Si 原子相连接的 ［OH］

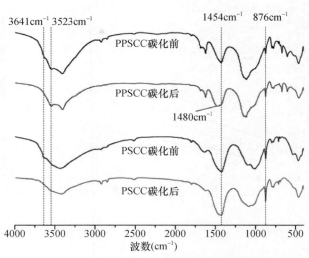

图 6-150　混凝土碳化 28d 前后 FTIR 图谱

引起，是 C-S-H 凝胶的特征谱带之一，PPSCC 与 PSCC 在碳化后，此谱带的振动峰都有所减弱，这可能是因为 C-S-H 凝胶被碳化导致。1454cm^{-1} 的峰是 CO$_3^{2-}$ 的非对称伸缩振动特征谱线，可以看出，PPSCC 在碳化后，CO$_3^{2-}$ 的非对称伸缩振动向左偏移，这是因为 CaCO$_3$ 以文石形式存在，而 PSCC 在此振动峰幅度有所增加，也说明 PSCC 在碳化后生成了方解石。在碳化后，PPSCC 与 PSCC 中 876cm^{-1} 的吸收峰（方解石吸收峰）都有所增强。此外，PSCC 在碳化前后，其 1012cm^{-1} 的吸收峰的位置逐渐移向 1088cm^{-1}，表明随着碳化的进行，［SiO$_4$］四面体的聚合程度逐渐提高，因为随着阴离子聚合程度的提高（Si/O 比提高），Si—O 键的振动范围有向较高频率发展的趋势。

6.6.4.2　碳化深度

采用酚酞指示剂法测定混凝土的碳化深度。图 6-151（a）为各组混凝土经 1d、3d、7d、14d 和 28d 碳化后的碳化深度，可以直观地看出，C0 基准组 PPSCC 的碳化程度最严重，其碳化深度在 1d 时已经高达 11mm，在 7d 龄期内碳化深度增加缓慢，而在 7d 之后混凝土的碳化深度增长迅速，28d 的碳化深度已经达到 28.5mm。C1、C2 和 C3 对于 C0 的碳化深度都有不同程度的降低。就 28d 碳化龄期而言，碳化深度大小次序为 C0＞C1＞C2＞C3，由此说明，偏高岭土单掺或与氢氧化钙/水玻璃复掺都能改善 PPSCC 的抗碳化性能，其中偏高岭土与水玻璃复掺的改善效果最好。

图 6-151（b）为 C2、C3 与 PSCC 和 OPCC 的碳化深度比较结果，可以看出 C2 和 C3 各龄期的碳化深度要低于 PSCC，高于 OPCC，说明混凝土的抗碳化能力大小为 OPCC＞C3＞C2＞PSCC。无论采用何种方法改性 PPSCC，各组混凝土均比 OPCC 更易碳化。其原因可能有以下两个方面：（1）与 OPCC 相比，PPSCC 的水化产物碱度低，更容易被 CO$_2$ 所中性化；（2）OPCC 的水化产物中存在大量 Ca(OH)$_2$，保持了体系较高的碱度，阻止了混凝土的碳化，另一方面生成 CaCO$_3$，CaCO$_3$ 属非溶解性钙盐，其体积比原反应物膨胀约 17%，因此，碳化产物会将混凝土中的部分孔隙堵塞，使混凝土的密度和强度有所提高，也在一定程度上阻碍了外界气体向混凝土内部扩散，降低碳化的速度，抑制了碳化的进一步深入。而 PSCC 由于磨细矿渣与水泥水化产物产生火山灰反应，消耗一定量的 Ca(OH)$_2$，使得混凝土中的碱

度降低，碳化速度加快。

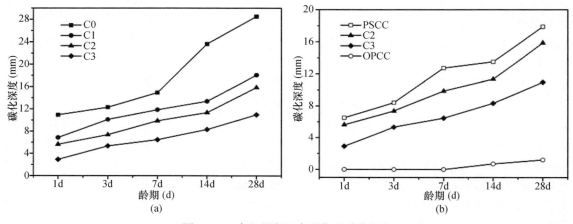

图 6-151　各组混凝土各龄期的碳化深度

6.6.4.3　碳化对强度的影响

图 6-152（a）为各组混凝土碳化 1d、3d、7d、14d 和 28d 的强度曲线。各组混凝土的强度在碳化后都有不同程度的降低，其中 C0 在碳化后强度降低最明显，在碳化 1d 后，强度已损失 23%，碳化 28d，强度损失高达 53%，这说明 PPSCC 的抗碳化性能差；C1 与 C2 的碳化强度要高于 C0，说明单掺偏高岭土或与氢氧化钙复掺都能有效提高 PPSCC 的抗碳化能力；而偏高岭土与水玻璃复掺可以显著提高 PPSCC 的碳化后强度，在碳化 3d 后，强度只损失 1.4%，碳化 28d 的强度依然有 43MPa。

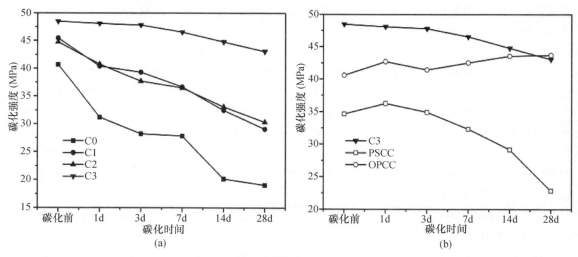

图 6-152　各组混凝土碳化后的强度

造成 PPSCC 碳化后强度降低的原因可能是：

（1）碳化导致水泥石孔溶液中 Ca^{2+} 浓度的降低，由 C-S-H 脱钙补偿，C-S-H 凝胶脱钙分解，产生新的粗大毛细孔。

（2）PPSCC 水化产物不含有 $Ca(OH)_2$，且 C-S-H 凝胶钙硅比较低，碳化没有生成足够的 $CaCO_3$ 填充孔隙。

（3）PPSCC 的水化产物主要是低 Ca/Si 比的 C-S-H 凝胶，虽然低 Ca/Si 比的水化产物抗腐蚀性强，但一旦发生脱钙，C-S-H 凝胶的分解也非常迅速，转变成低 Ca/Si 比的 C-S-H 凝胶和硅胶、铝胶等产物，水泥浆体软化，基体粘结力下降。

对比图 6-152（b）中三种水泥混凝土的碳化后强度可知，经过偏高岭土与水玻璃的改性后，PPSCC 的碳化强度要显著高于 PSCC，在碳化早期也高于 OPCC，28d 后，碳化后强度略低于 OPCC。与 PSCC 和 OPCC 不同的是，C3 在碳化时，强度呈逐渐降低，而 OPCC 在碳化后，强度虽有浮动，但基本稳定且有小幅升高。

由普通硅酸盐水泥混凝土的碳化机理可知，水化产物中的 $Ca(OH)_2$ 对混凝土的抗碳化性能起着很大作用。一方面，当 CO_2 侵入混凝土时，$Ca(OH)_2$ 率先与之反应，保护了提供强度的其他水化产物，如 C-S-H 凝胶和 AFt 等；另一方面，$Ca(OH)_2$ 与 CO_2 反应生成的 $CaCO_3$ 填充了孔隙，阻止或延缓了 CO_2 的进一步侵入，从而改善了 OPCC 的抗碳化性能，同时，水化反应仍然继续，可促进水泥石强度的增长。PSCC 在早期的碳化中，强度有略微上升，在 3d 后，强度骤然下降，并在碳化 28d 后，强度低至 23MPa，仅为初始强度的 67%，这是因为矿渣水泥中掺入大量的矿渣以替代硅酸盐水泥，造成水化产物中 $Ca(OH)_2$ 的含量降低，混凝土的碱度下降，CO_2 易于侵入破坏浆体结构。在早期，$Ca(OH)_2$ 与 CO_2 生成 $CaCO_3$ 延缓了强度的降低，而在碳化后期，由于 PSCC 的浆体以及浆体与集料的界面过渡区结构不密实，都将导致混凝土的抗渗性变差，而这又进一步扩大了碳化的副作用，使得碳化后强度降低。

由上述试验结果可知，过硫磷石膏矿渣水泥混凝土容易碳化，是一个客观事实。所以，对于该体系碳化发生的机理、碳化的有效抑制等问题还需要全面系统地加以研究。需要指出的是，采用普通混凝土碳化深度的测定方法（酚酞指示剂法）是否适用于过硫磷石膏矿渣水泥混凝土，也还有待深入研究。该混凝土体系和普通硅酸盐水泥混凝土体系相比，因为水化产物组成不同，体系的碱度不同，所以，发生碳化时产生的效应可能不同，那么，酚酞指示剂所反映的碳化深度是否与普通硅酸盐水泥混凝土的相一致，暂时没有定论。

6.6.5　耐水性能

石膏制品耐水性差的原因主要有三个：（1）二水石膏的溶解度较大（20℃时，溶解度为 2.059g/L）；（2）当石膏制品处于潮湿的环境时，二水石膏溶解，相互搭接的结晶接触点减少，致使各晶体之间的相互作用力减弱，从而使强度降低；（3）石膏材料的多孔隙结构导致吸水性增大，因此不仅在水溶液中，而且在饱和及过饱和石膏溶液中对硬化后的石膏体加荷时也会使其强度降低。因此，石膏建材的耐水性差、耐久性不良是制约其推广的主要原因。

当然，过硫磷石膏矿渣水泥混凝土与普通的石膏制品有着根本的区别，前者已经成为接近水硬性的人工石材，而石膏制品通常是气硬性胶凝材料制品。但过硫磷石膏矿渣水泥混凝土中未反应石膏含量毕竟很高，这对于耐水性影响很大，所以，对过硫磷石膏矿渣水泥混凝土耐水性的研究显得十分必要。

耐水性是指硬化体抵抗外界水侵蚀的能力，亦即在浸水作用下硬化体结构、组成及水化产物的稳定性。软化系数是在宏观上表征材料耐水性的重要指标，以材料在吸水饱和的状态下的强度与其在绝干状态下的强度的比值来表示。吸水率表示多孔材料的吸水性，是耐水性的一个方面，它决定于材料密实度、孔结构以及亲水性。

图 6-153 为各组混凝土在养护 14d、28d、90d 龄期的耐水强度、软化系数以及含水率。在 14d 软化系数曲线中看出，PPSCC 的绝干强度与饱水强度基本相同，说明 PPSCC 的耐水性良

好，在浸水中未出现强度损失，软化系数值也接近 1；而随着 PPSCC 中加入偏高岭土或复掺碱性激发剂后，混凝土的绝干强度与饱水强度逐渐拉开距离，软化系数也随之下降。这也许是因为在早期，C1、C2、C3 混凝土在活性掺合料和碱性激发剂作用下，还未水化完全，对热养护有很好的适应性，即混凝土在干燥过程中伴随着促进水硬性组分的强度发展，使绝干强度呈现正偏差，导致软化系数顺序为 C0＞C1＞C2＞C3。养护龄期为 28d 时，各组混凝土的饱水强度已接近绝干强度，其软化系数也基本趋向于 1，而到达 90d 时，各组混凝土的饱水强度和绝干强度已基本相同，软化系数基本稳定在 1 左右，这说明 PPSCC 的具有良好的耐水性，也验证了 PPSC 是一种水硬性胶凝材料。从 14d、28d、90d 各组混凝土的含水率横向比较可得各组混凝土总体含水率大小为 C0＞C1＞C2＞C3。根据吸水率的定义可知，吸水率可定性反应材料结构的孔结构与密实程度，所以可说明各组混凝土的密实度大小为 C0＜C1＜C2＜C3，这也与各组混凝土的力学性能相吻合；若纵向比较各龄期混凝土的含水率，则可知规律为含水率（14d）＞含水率（28d）＞含水率（90d），这是因为随着混凝土养护龄期的推进，水化反应趋向完全，水化产物不断占据充水空间，水泥浆体中含有的水分将越来越少，这与各组混凝土的强度随龄期的增加而增长相一致。

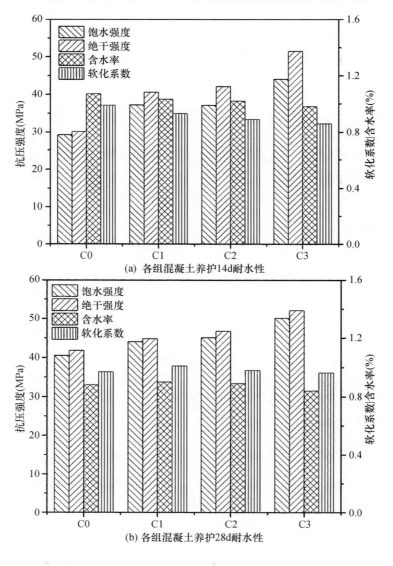

(a) 各组混凝土养护14d耐水性

(b) 各组混凝土养护28d耐水性

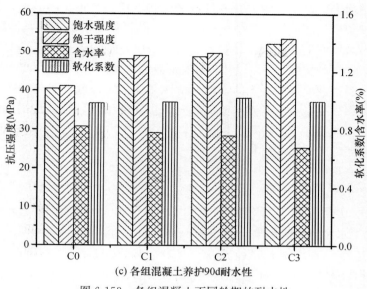

图 6-153　各组混凝土不同龄期的耐水性

PPSCC 的良好耐水性与其水化硬化机理相关，PPSCC 中胶凝材料组分中除了磷石膏外，还有大量的矿渣，矿渣具有玻璃体结构，其缩聚程度高，离子化程度低，水溶液的极性不能破坏矿渣的结构使其水化。而在碱溶液中，其中的活性组分能水解和电解出大量 OH^- 离子，这些离子能破坏矿渣中的 Si—O—Si、Si—O—Al、Al—O—Al 等共价键，从而使矿渣结构解体，产生 SiO_4^{4-}、AlO_5^{6-}、Ca^{2+}、$Ca(OH)^+$ 和 $Ca(H_2O)(OH)^+$ 等离子。随着矿渣的不断解体，溶液中的上述离子越来越多，这些正负离子相互吸引，不断聚集在一起形成胶体，胶体的增多将形成新的水化产物，如水化硅酸钙（C-S-H），水化铝酸钙（C-S-A）等，这些水化产物使溶液呈过饱和状态，从而实现水化产物的成核、生长。同时 Ca^{2+}、Si^{4+} 自矿渣中溶出，溶液中 Ca^{2+}、Si^{4+} 的浓度超过水化硅酸钙的溶解度，使水化硅酸钙成核，晶体长大后沉淀，水化反应进入加速期，随着水化时间延长，水化硅酸钙形成的结晶网络结构越来越致密。在矿渣分解的同时，$CaSO_4 \cdot 2H_2O$ 快速溶解，分解出 Ca^{2+} 和 SO_4^{2-} 离子并使溶液达到饱和，这些离子能与溶液中的水分子结合，并被迅速吸附于磷石膏颗粒表面，与矿渣解体产生的 SiO_4^{4-}、AlO_4^{5-}、Ca^{2+} 等离子水化生成 C-S-H 凝胶和 AFt。这些产物在磷石膏表面形成一个水化产物层，随着时间的推移，产物层越来越厚，生成的水硬性物质增多，逐渐将磷石膏包裹在水化产物中，与未反应的 $CaSO_4 \cdot 2H_2O$ 晶体形成相互交错的网状结构。C-S-H 凝胶作为"粘结剂"将各相结合成整体，且 AFt 不断填充于孔隙中，使孔结构细化。由于低溶解度的 C-S-H 凝胶和 AFt 对石膏晶体的包裹作用，形成一层牢固的保护层，阻止了水对石膏晶体的侵蚀作用，减少了 $CaSO_4 \cdot 2H_2O$ 的溶解，从而提高混凝土的软化系数，使得 PPSCC 具有较高的耐水性。

6.6.6　过硫磷石膏矿渣水泥混凝土微观结构

水泥浆体与混凝土是固-液-气多相共存、多组分、多孔的非均质结构材料，这种结构是多层次的，混凝土的宏观物理化学性能与亚微观结构和微观结构有着密不可分的联系。普通水泥混凝土中的硬化水泥浆主要是由基本相（C-S-H 凝胶体）、不同颗粒程度的水化产物（氢氧化钙、钙矾石、未水化水泥颗粒等）以及气孔组成。

在微观结构层面上，原子尺度上 C-S-H 凝胶短程有序、长程无序的无定形结构中夹杂着各种微晶体，微观纳米尺度上凝胶相中包含大量的微孔，使得其具有复杂的凝胶相-晶粒界面和内表面结构，微米尺度上凝胶相、晶粒和毛细孔组成复杂的多相体系，宏观尺度上混凝土是包含不同颗粒级配粗细集料、水泥基体相的固-液-气三相存在的复杂多元体系。正是由于这种结构的复杂多层次性使得混凝土的物理力学性能在很大程度上受到其微观结构系统的控制。因此，深入认识过硫磷石膏矿渣水泥混凝土的多层次结构，尤其是微观结构，掌握微观结构对宏观性能的影响规律，就有可能根据材料宏观性能的要求调节混凝土中各组分的含量，以期设计符合不同条件和要求的材料。

为了更好地认识 PPSCC 的微结构与普通硅酸盐水泥混凝土的差别，本文引入了两种硅酸盐水泥混凝土进行比较研究，一种是矿渣硅酸盐水泥混凝土 PSCC，另一种是普通硅酸盐水泥混凝土 OPCC，分别采用 P·S·A 32.5 矿渣硅酸盐水泥（PSC）和 P·O 42.5 普通硅酸盐水泥（OPC）。

6.6.6.1　混凝土中水化物的化学成分分布

图 6-154 为对三种水泥混凝土水化产物进行 EDS（Energy Dispersive X-ray Spectroscopy）分析，能谱图中的曲线编号对应了 SEM 图像中的区域。从图 6-154（a）的电镜能谱中能明显看出，11 区域的板状结构为 $CaSO_4·2H_2O$，这足以说明 PPSCC 中还有剩余的磷石膏未反应，被包裹在水化产物中，12 区域中的能谱中除了元素 Ca、Si、O 外，还呈现含量较多的 S、Al 和 Mg，这说明 Al 和 Mg 离子从矿渣中溶解出来参与水化反应，并生成 C-S-H 凝胶、水化铝酸

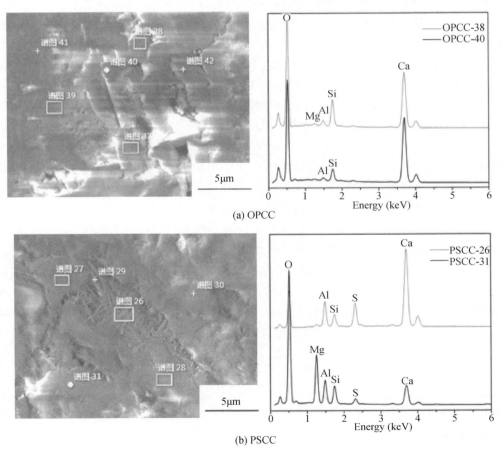

(a) OPCC

(b) PSCC

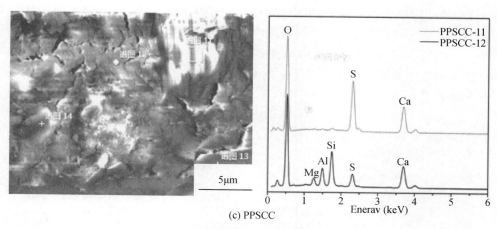

图 6-154 三种水泥混凝土 28d 龄期的 EDS 图谱

钙和 AFt。图 6-154（b）为 PSCC 的电镜能谱，结合水化产物的形貌结构，结合 26 区域的 SEM 图像和能谱分析可知，这些针棒状的晶体为 AFt（$3CaO \cdot Al_2O_3 \cdot 3CaSO_4 \cdot 32H_2O$），且大量生长在浆体的空隙处，31 区域的谱峰表明 PSCC 的水化产物主要由 C-S-H 凝胶、AFt 以及水化铝酸钙等组成。图 6-154（c）中的 38 和 40 区能谱表明此区域为 C-S-H 凝胶聚集区，与 PPSCC 和 PSCC 相比，Al 的含量降低，这与普通硅酸盐水泥中 Al_2O_3 的成分含量低有关。

综合三种水泥混凝土的能谱分析，可以发现三种不同水泥混凝土水化产物的 Ca/Si 比值大小顺序为：PPSCC＜PSCC＜OPCC，PPSCC 中的 C-S-H 凝胶具有低的 Ca/Si 比，而低 Ca/Si 比的 C-S-H 凝胶的比表面积比高 Ca/Si 比的 C-S-H 凝胶要大得多。随着 Ca/Si 比增加，C-S-H 结构的致密程度也有一定的下降，C-S-H 中的硅氧四面体聚合度逐渐降低，桥氧数目逐渐减少，硅氧四面体链渐渐变短，而 PPSCC 中二次反应生成的低碱度水化产物（低 Ca/Si 比的 C-S-H 凝胶）稳定性也优于高碱度水化产物。因为低碱度水化产物在水中的溶解度低，稳定存在所需的平衡氧化钙浓度低，且其结构也比高碱度水化产物致密，这也印证了 PPSCC 界面过渡区较密实的结论。

6.6.6.2 混凝土中水化产物的矿物物相的分布

PPSCC 与 PSCC 以及 OPCC 三种水泥制成的混凝土在养护 28d 龄期后进行物相分析，XRD 图谱如图 6-155 所示。

从图 6-155 中分析，PPSCC 中主要的物相为 AFt、$CaCO_3$、$CaSO_4 \cdot 2H_2O$ 和 SiO_2；PSCC 与 OPCC 中含有的主要晶相类似，为 AFt、$CaCO_3$、$Ca(OH)_2$ 和 SiO_2。AFt 在 PPSCC 中的衍射峰明显强于 PSCC 和 OPC 中 AFt 的衍射峰，可以说明 PPSCC 水化产物中含有大量的 AFt。而在此处存在的 $CaCO_3$ 可解释为 AFt 碳化后形成的方解石，$CaSO_4 \cdot 2H_2O$

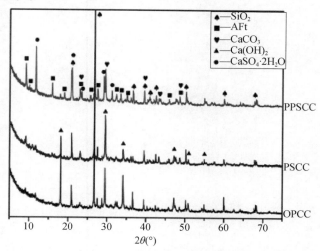

图 6-155 三种水泥混凝土 28d 龄期的 XRD 图谱

为未参与反应的过剩磷石膏；PSCC 和 OPCC 中包含的物相与 PPSCC 的最大区别是前两者均含有 Ca(OH)₂，其中 OPCC 的 Ca(OH)₂ 衍射峰形更加尖锐，也可定性说明，OPCC 水化生成的 Ca(OH)₂ 要比 PSCC 中的结晶形态更完整；另一方面也可说明 PSCC 是一种碱矿渣水泥，碱性组分的主要来源为石灰；二者中的 CaCO₃ 为 Ca(OH)₂ 碳化形成；此外，SiO₂ 为混凝土中的细集料引入。

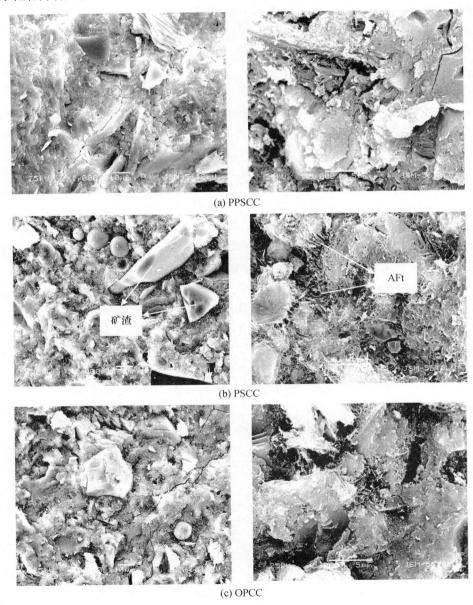

图 6-156　三种水泥混凝土 28d 龄的 SEM 图

　　图 6-156 为三种不同水泥混凝土养护 28d 的 SEM 图像。相比 PSCC 和 OPCC，PPSCC 浆体结构更加致密，在前文 XRD 物相分析中存在的 AFt 和 CaSO₄·2H₂O 并未在显微图像中发现，可能是因为矿渣在水泥熟料和磷石膏的双重激发下不断水化，形成了越来越多的 C-S-H

凝胶，细小结晶的 AFt 和剩余的 $CaSO_4 \cdot 2H_2O$ 被紧紧包裹在其中，达到良好的致密性和均匀性，水化产物中基本上看不到针状 AFt 和板状的 $CaSO_4 \cdot 2H_2O$ 相。PSCC 电镜图像中，可以明显地看出结构中还有大块未水化的矿渣玻璃体，且存在较多孔隙，孔隙中存在大量的针柱状 AFt。这说明 PSCC 中的矿渣未能与 $Ca(OH)_2$ 充分反应，不能充分发挥出其火山灰效应并填充孔隙，粗大的孔隙给 AFt 留下了生长空间，却未能与 C-S-H 凝胶交织结合成致密结构。由 OPCC 的 SEM 图像可知，其水化产物主要是 C-S-H 凝胶，此外，还存在大量的孔隙，这是因为 OPCC 集料下方有泌水现象，大孔中的水分散失而导致结构疏松。

对 PPSCC、PSCC 和 OPCC 混凝土在养护 28d 龄期后进行热分析（TG-DSC），其结果如图 6-157（a）（DSC）和图 6-157（b）（TG）所示。

图 6-157（a）显示了三种水泥混凝土 28d 龄期的水化产物分解温度。50～200℃ 左右的吸热谷是由于层间吸附水的脱除、C-S-H 吸热脱水以及钙矾石（AFt）脱水而形成，450℃ 左右的吸热峰表征水泥浆体中 $Ca(OH)_2$ 的分解，740℃ 和 773℃ 为混凝土中 C-S-H 和 $Ca(OH)_2$ 碳化形成的 $CaCO_3$ 热分解而引起的质量损失。在图谱中呈现出显而易见的特征是 PPSCC 水泥混凝土中并未像 PSCC 和 OPCC 水泥混凝土中 $Ca(OH)_2$ 的分解，这也进一步验证了 XRD 的分析结果。在 50～220℃ 区间，PPSCC 区别于 PSCC 和 OPCC 水泥混凝土的是在 120℃ 和 150℃ 左右出现两个尖锐的吸热峰，120℃ 主要是由于 PPSCC 中大量的 AFt 脱水形成，150℃ 处为未反应的 $CaSO_4 \cdot 2H_2O$ 脱水变成 $CaSO_4 \cdot 0.5H_2O$ 和 $CaSO_4$。

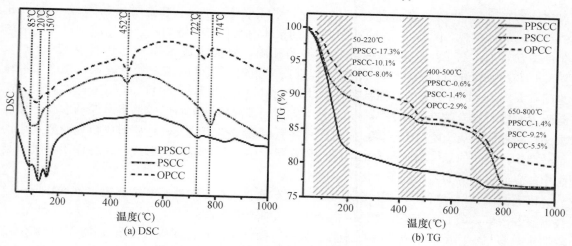

图 6-157　三种水泥混凝土 28d 龄期的 TG-DSC 图

图 6-158 是 PPSCC 和硅酸盐水泥混凝土养护 28d 龄期的 FTIR 图谱，可以明显看出 PSCC 与 OPCC 有着相似的峰，而 PPSCC 的曲线中有些许峰位的变化，第一个极强而窄的尖锐的峰（$3641cm^{-1}$）为 PSCC 与 OPCC 中 $Ca(OH)_2$ 的羟基的伸缩振动特征谱线。$3523cm^{-1}$ 和 $1660cm^{-1}$ 处为 $CaSO_4 \cdot 2H_2O$ 中 H_2O 以［OH］存在所表现，紧邻的较大的吸收峰是结晶水中［OH］的伸缩振动。$3000～3600cm^{-1}$ 波数区间较宽而漫散的峰是由与 Ca 原子和 Si 原子相连接的［OH］引起，是 C-S-H 的特征谱带之一。$1621cm^{-1}$ 波数左右谱带的吸收峰由［H_2O］引起，表明试样中存在一定量的吸附水。$1419cm^{-1}$ 上的谱带是 CO_3^{2-} 的非对称伸缩振动，［SO_4^{2-}］的不对称伸缩振动具有 $1107cm^{-1}$ 左右的强吸收带，［SO_4^{2-}］的弯曲振动在 $602cm^{-1}$，$400～1000cm^{-1}$ 范围内的谱带主要为［SiO_4］非对称伸缩振动，C-S-H 凝胶的光谱

中含有［SiO₄］反对称伸缩振动（1175～860cm⁻¹），其中 850～1000cm⁻¹ 的谱带由 Si—O 伸缩振动引起，989cm⁻¹ 吸收带可鉴别 C-S-H 的特征，847cm⁻¹ 吸收峰为 AlO_4^{5-} 的不对称伸缩振动特征峰。PPSCC 体系中宽大的 3398cm⁻¹ 谱带为 C-S-H 的特征谱带，对比硅酸盐水泥混凝土羟基的特征谱线消失了，说明 PPSCC 混凝土中含有的 $Ca(OH)_2$ 微乎其微，1107cm⁻¹ 处尖锐的峰表明 PPSCC 混凝土中形成了结晶良好的 AFt，464cm⁻¹ 的谱带由 Si—O—Si 的弯曲振动引起，667cm⁻¹ 和 775cm⁻¹ 的吸收峰由 O—Si—O 硅桥氧振动引起。

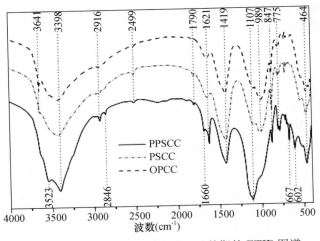

图 6-158　三种不同水泥混凝土 28d 龄期的 FTIR 图谱

6.6.6.3　混凝土的界面过渡区

图 6-159 所示为三种不同类型水泥混凝土养护 28d 后其界面过渡区（ITZ）的 SEM 图像。图 6-159（a）中 PPSCC 浆体结构与 PSCC 和 OPCC 相比更加致密，且浆体与集料黏结紧密，界面过渡区光滑平整，界面过渡区内水化产物分布较均匀，未见明显的裂纹和大尺寸 $Ca(OH)_2$ 晶体出现。图 6-159（b）中 PSCC 的浆体内水化产物结构疏松，生成大量分布不均匀的蜂窝状 C-S-H 凝胶，浆体内部有较多的孔隙，界面过渡区粗糙起伏且有裂纹产生。图 6-159（c）中 OPCC 的浆体较为密实，但混凝土集料与浆体的结合状态较差，浆体和集料之间有大约 1～3μm 的裂缝，而且在界面过渡区范围内发现大尺寸的 $Ca(OH)_2$ 晶体颗粒。这是因为 OPCC 拌合物在粗集料周围尤其是下方有局部离析泌水而形成一层厚厚的水膜，靠近大集料附近的水灰比要高于浆体，而水分消耗后留下的空间较大，容易形成粗大的氢氧化钙结晶产物，板状的晶体趋向形成定向层，裂缝易于在垂直 C 轴方向形成，这种作用导致混凝土中的界面过渡区的强度低于水泥浆本体。

以上测试结果分析表明，PPSCC 中的大量矿渣首先在水泥熟料和钢渣提供的碱环境中被逐渐侵蚀溶解，破坏矿渣玻璃体的网络结构，从而产生［SiO₄］⁴⁻、［AlO₄］⁵⁻、Ca^{2+} 和 Mg^{2+} 等离子，参与水化反应生成 C-S-H 凝胶。另一方面，在磷石膏的硫酸盐激发作用下，矿渣中的活性 SiO_2 和 Al_2O_3 不断地同 $CaSO_4 \cdot 2H_2O$ 反应生成水硬性 AFt。C-S-H 凝胶既能包裹和保护 $CaSO_4 \cdot 2H_2O$ 晶体形状和结晶接触点，又能有效填充硬化体的孔隙，从而有效地改善了硬化体的强度和耐水性，针状 AFt 晶体、絮凝状 C-S-H 凝胶相互搭接形成空间网状结构，并填充硬化体表面、孔洞、缝隙，将未反应的 $CaSO_4 \cdot 2H_2O$ 和矿渣颗粒交结在一起形成一个致密整体。矿渣在这样的碱激发作用和硫酸盐激发双重作用下协同水化，生成越来越多的 C-S-H 凝胶，使浆体具有良好的致密性和均匀性，有效地改善混凝土的界面过渡区。PSCC 中也包含一部分矿渣，可与水泥的水化产物 $Ca(OH)_2$ 发生火山灰反应，从而改善界面区 $Ca(OH)_2$ 的取向度，降低 $Ca(OH)_2$ 的含量，还可减小 $Ca(OH)_2$ 晶体的尺寸，再加上其在水泥混凝土中的微集料效应，所以矿渣在改善混凝土中水泥浆体与集料间的界面结构中起到了一定作用，也使得 PSCC 界面过渡区的裂纹缩小。对于 OPCC，在同一个混凝土配合比下，OPCC 相比 PPSCC 与 PSCC 表现出较大的坍落度并伴随有严重泌水现象，使得 OPCC 中局部具有相对较大的水灰比，大孔中的水分散失而导致结构疏松，浆体硬化后孔隙率较大，给大晶体留下了生长的空间，在界面过渡区形成定向排列、交错性差的水化产物并伴随着宽大裂纹的存在。

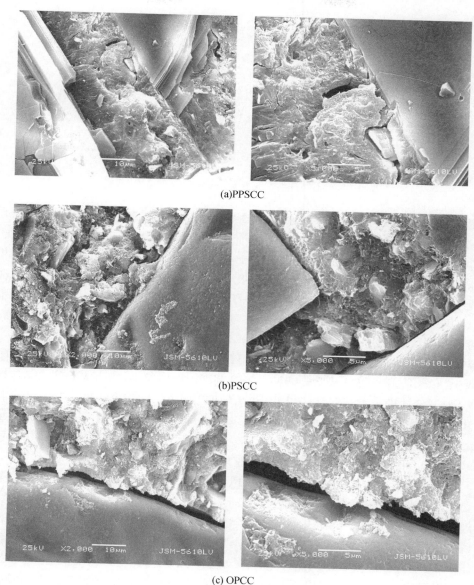

(a)PPSCC

(b)PSCC

(c) OPCC

图 6-159　三种水泥混凝土养护 28d 后界区的 SEM 图像

6.6.6.4　混凝土的孔结构与孔分布

孔结构是混凝土材料微观结构的重要组成部分，Cl⁻离子在混凝土中的渗透很大程度上取决于连通毛细孔的形状、大小、数量及渗透路径的扭曲等内部结构的特性。三种不同水泥混凝土在养护 28d 后，孔分布的 MIP（Mercury Intrusion Porosimetry）分析，如图 6-160 所示。

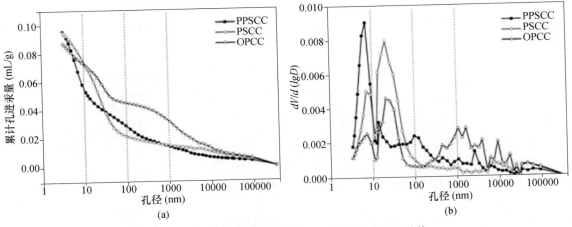

图 6-160　不同种类水泥混凝土 28d 龄期的 MIP 图谱

从图 6-160 中可以看出，混凝土内部孔结构具有多尺度性，孔径分布范围很广（5～100000nm），吴中伟院士根据不同孔径对混凝土性能的影响，将混凝土中的孔径按照尺寸的大小分为：无害孔（<20nm）、少害孔（20～100nm）、有害孔（100～200nm）和多害孔（>200nm），并指出只有减少 100nm 以上的有害孔，增加 50nm 以下的少害或无害孔，才能改善水泥混凝土材料宏观性能和耐久性，而根据孔的性质，又可分为凝胶孔（≤10nm）和毛细孔（>10nm）两大类，凝胶孔为 C-S-H 凝胶的一部分，毛细孔是存在于部分水化水泥粒子之间的水分蒸发后残留所致。

图 6-160（a）压汞法（MIP）测试结果可以得出 PPSCC 与 PSCC 的累计孔进汞量相差无几，且比 OPCC 高，这可说明 OPCC 的孔隙率比 PPSCC 和 PSCC 更小；同时参照图6-160（b）（分计进汞量）曲线，可知 PPSCC 的最可几孔径在 10nm 以下，这部分孔属于凝胶孔，PSCC 和 OPCC 的最可几孔径在 20～50nm 之间，属于过渡孔的范畴，说明 PPSCC 比 PSCC 和 OPCC 的孔结构更加细化，孔隙中更多的是以无害孔形式存在，且 PP-SCC 比 PSCC 和 OPCC 含有更多的 C-S-H 凝胶以及凝胶孔。从图 6-160（a）、（b）中可以明显看出，OPCC 有害孔和多害孔尺度的孔比 PPSCC 和 PSCC 高。这是由于 OPCC 体系工作性不良，相对水灰比较大，水分散失后留下的毛细孔较多所导致，但因其 50nm 以下的小孔数量较少，所以其孔隙率整体不高。PSCC 中含有部分矿渣，矿渣在碱性介质激发下解聚，玻璃体表面的 Ca^{2+}、Mg^{2+} 等离子吸附碱性溶液中的 OH^-，使矿渣分散、溶解，促使矿渣水化，发挥出火山灰活性效应，与水泥水化产生的 $Ca(OH)_2$ 反应生成水化硅酸钙（C-S-H），形成的二次水化产物填充孔隙，改变浆体的孔结构，使大孔减少，小孔增加。此外，矿渣掺入混凝土还可以发挥微集料填充效应，填充相对较大的水泥颗粒的孔隙，减少孔隙的体积，从而胶凝材料颗粒堆积更密实，分布更均匀，致密度提高。在 PPSCC 体系中，矿渣除去火山灰反应，在磷石膏中硫酸盐的作用下，矿渣中的活性 SiO_2 和 Al_2O_3 还可以不断地同 $CaSO_4 \cdot 2H_2O$ 反应生成水硬性 AFt，针状 AFt 晶体、絮凝状 C-S-H 凝胶相互搭接形成空间网状结构，共同填充混凝土的孔隙，阻断毛细孔之间的渗透通道，从而有效地改善了硬化体的孔结构。

6.7 质量控制与技术要求

6.7.1 质量控制

在过硫磷石膏矿渣水泥混凝土的生产过程中，质量控制是保证其产品质量的重要环节。质量控制涵盖了进厂原料质量控制、生产过程质量控制和产品质量检验，是过硫磷石膏矿渣水泥混凝土生产不可缺少的环节。

6.7.1.1 进厂原料的质量控制

（1）磷石膏

磷石膏的主要成分是 $CaSO_4 \cdot 2H_2O$，其含量高达 90％以上，但其中含有磷、氟、有机质等诸多有害杂质，造成水泥凝结时间慢、早期强度低等问题。磷石膏中的可溶磷、共晶磷、有机物和可溶氟是磷石膏中最主要的有害杂质，可溶磷、氟与有机物分布于二水石膏晶体表面，其含量随着磷石膏粒度增加而增加，而共晶磷以固溶体形式存在于晶格中，随磷石膏粒度增加而减小。此外，磷石膏在堆存过程中，受环境气候作用，磷石膏中的有害成分可溶性的磷和氟将逐渐减少，因此，在制备过硫磷石膏矿渣水泥及混凝土时，应该尽量使用堆存了1年以上的磷石膏。

生产过硫磷石膏矿渣水泥及混凝土的磷石膏，应以每 200t 为一个检验批，应符合国家标准 GB/T 23456—2009《磷石膏》中规定的一级磷石膏要求，其具体质量要求见表 6-85。

表 6-85　磷石膏的技术指标要求

项目	指标要求（％）
附着水（H_2O）	≤25
二水硫酸钙（$CaSO_4 \cdot H_2O$）	≥85
水溶性五氧化二磷（P_2O_5）	≤0.8
水溶性氟（F）	≤0.5

磷石膏的放射性限量应符合国家标准 GB 6566—2010《建筑材料放射性核素限量》的要求。

磷石膏进厂时附着水的检测可按照国家标准 GB/T 23456—2009《磷石膏》所述的方法进行。称取 1g 试样（m_1），精确到 0.0001g，放入已烘干的称量瓶中，在（40±2）℃的烘箱中烘干 2h，取出，盖上磨口瓶（但不要太紧），放入干燥器中冷却至室温。将磨口瓶盖紧密盖好，称量。再将称量瓶常开盖放入烘箱中，在同样温度下烘干 30min，如此反复烘干、冷却、称量，直至恒量（m_2）。

附着水的质量百分含量 w（H_2O）按照式（6-19）进行计算：

$$w_{(H_2O)} = \frac{m_1 - m_2}{m_1} \times 100\%$$

（6-19）

磷石膏中二水硫酸钙的含量，按照国家标准 GB/T 23456—2009《磷石膏》所述，采用测定结晶水质量百分含量，进而换算确定二水硫酸钙（$CaSO_4 \cdot 2H_2O$）含量的方法进行。取 1g 除去附着水的磷石膏干基试样（m_1），精确至 0.001g，放入已经烘干至恒量的带磨口塞的称量瓶中，在（230±5）℃的恒温干燥箱中加热 1h（加热过程中称量瓶应敞开盖），用坩埚钳将称量瓶取出，盖上磨口塞（但不用太紧），在干燥器内冷却至室温。将磨口瓶塞盖好、称重。再将称量瓶敞开盖放入恒温干燥箱内，在同样温度下加热 30min，如此反复、冷却、称量，直至恒量 m_2。

二水硫酸钙的质量百分含量 w（$CaSO_4 \cdot 2H_2O$）按照式（6-20）进行计算：

$$w（CaSO_4 \cdot 2H_2O）= \frac{4.7785 \times （m_1 - m_2）}{m_1} \times 100\% \tag{6-20}$$

磷石膏中可溶性磷和氟的测定方法，可参照国家标准 GB/T 23456—2009《磷石膏》所述的方法进行。

磷石膏 pH 值，可以作为磷石膏中残余酸含量的一个快速判断依据。取原状磷石膏 50g，放入 200mL 烧杯中，加入 50mL 水搅拌 10min 后用快速定性滤纸过滤，用 pH 试纸测定滤液的 pH 值。一般经过水洗后的磷石膏 pH 值为 4.0～4.5，磷石膏 pH 值低于 4.0，则说明水洗不充分，所含残余酸较多。经过陈放后的磷石膏，在自然气候作用下残余酸减少，磷石膏的 pH 值将有所提高，采用 pH 值高于 4.5 的磷石膏制备过硫磷石膏矿渣水泥及混凝土，有利于水泥及混凝土的早期性能。

（2）矿渣粉或矿渣

矿渣指高炉冶炼生铁时，所得以硅铝酸盐为主要成分的熔融物，经过淬冷成粒后，具有潜在水硬性材料，即为粒化高炉矿渣（简称矿渣）。矿渣粉指以粒化高炉矿渣为主要原料，可掺加少量石膏，经粉磨而成一定细度的粉体，称为粒化高炉矿渣粉，简称矿渣粉。矿渣粉是生产过硫磷石膏矿渣水泥的主要原料之一，也是过硫磷石膏矿渣水泥水化硬化和产生强度的主要来源，矿渣粉的物理和化学性质对过硫磷石膏矿渣水泥的性能有着重要影响。

生产过硫磷石膏矿渣水泥及混凝土所用的矿渣粉应符合国家标准 GB/T 18046—2017《用于水泥、砂浆和混凝土中的粒化高炉矿渣粉》中 S95 等级的技术指标要求，其主要技术指标见表 6-86 所示。矿渣粉应以每 200t 为一个检验批，存储期超过 3 个月时，应进行复检，合格者方可使用。

表 6-86　矿渣粉的技术指标要求

项　目		级　别		
		S105	S95	S75
密度（g/cm³）		≥2.8		
比表面积（m²/kg）		≥500	≥400	≥300
活性指数（%）	7d	≥95	≥70	≥55
	28d	≥105	≥95	≥75
流动度比（%）		≥95		
初凝时间比（%）		≤200		
含水量（质量分数）（%）		≤1.0		
三氧化硫（质量分数）（%）		≤4.0		
氯离子（质量分数）（%）		≤0.06		
烧失量（质量分数）（%）		≤1.0		
不溶物（质量分数）（%）		≤3.0		
玻璃体含量（质量分数）（%）		≥85		
放射性		$I_{Ra} \leq 1.0$ 且 $I_\gamma \leq 1.0$		

在以上检测项目中，烧失量按照国家标准 GB/T 176—2017《水泥化学分析方法》进行，但灼烧时间为 15～20min，密度按照国家标准 GB/T 208—2014《水泥密度测定方法》进行，比表面积按照国家标准 GB/T 8074—2017《水泥比表面积测定方法（勃氏法）》进行，三氧化硫按国家标准 GB/T 176—2008《水泥化学分析方法》进行，氯离子按行业标准 JC/T 420—2006《水泥原料中氯离子的化学分析方法》进行，放射性按照国家标准 GB 6566—2010《建筑材料放射性核素限量》进行。

如果矿渣粉活性不能达到 S95 的要求，应先进行原料的组配试验，通过测定水泥的凝结时间和各龄期强度，确定过硫磷石膏矿渣水泥中矿渣粉的掺量。

（3）硅酸盐水泥或熟料矿渣粉

过硫磷石膏矿渣水泥中，掺入 4% 的硅酸盐水泥熟料，以形成促使矿渣水化的碱性条件。硅酸盐水泥熟料，是主要含 CaO、SiO_2、Al_2O_3、Fe_2O_3 的原料按照适当配比磨细烧至部分熔融，所得以硅酸钙为主要矿物成分的水硬性胶凝材料。

所用硅酸盐水泥熟料的基本化学性能，按照国家标准 GB/T 21372—2008《硅酸盐水泥熟料》的要求，应以每 30t 为一个检验批，应满足表 6-87 所述的基本化学性能要求。

表 6-87 硅酸盐水泥熟料的基本化学性能（wt%）

f-CaO	MgO	烧失量	不溶物	SO_3	C_3S+C_2S	CaO/SiO_2
≤1.5	≤5.0	≤1.5	≤0.75	≤1.5	≥66	≥2.0

注：$C_3S=4.07CaO-7.60SiO-6.72Al_2O_3-1.43Fe_2O_3-2.85SO_3-4.07f\text{-}CaO$

$C_2S=2.87SiO_2-0.75×C_3S$

硅酸盐水泥熟料的抗压强度按照国家标准 GB/T 21372—2008《硅酸盐水泥熟料》的方法检测，3d 抗压强度不低于 26.0MPa，28d 强度不低于 52.5MPa。应按不同厂家分批存储，并应采取防潮措施。硅酸盐水泥熟料出厂超过 3 个月，应进行复检，合格者方可使用。

熟料矿渣粉，指用上述熟料与矿渣按照 50% 熟料与 50% 矿渣配料，经粉磨后得到的比表面积按照国家标准 GB/T 8074—2008《水泥比表面积测定方法（勃氏法）》测定 ≥420m²/kg 的粉状材料。由于矿渣熟料粉中熟料含量为 50%，因此在制备过硫磷石膏矿渣水泥时，矿渣熟料粉的掺量要按照熟料粉掺量进行折算，适宜熟料粉掺量为 4%～6%。

如果不具备自行生产熟料矿渣粉的条件，可直接从市场购买 P·O 42.5 等级（或以上）普通硅酸盐水泥代替，在采用 P·O 42.5 普通硅酸盐水泥代替熟料矿渣粉时，需要考虑普通硅酸盐水泥中的实际熟料掺量。由于不同水泥企业所生产的水泥的混合材种类和掺量不同，可参照国家标准 GB/T 12960—2007《水泥组分的定量测定》所述方法，先测定出所购水泥中熟料掺量，再按照在过硫磷石膏矿渣水泥中熟料比例为 4% 计算，得到普通硅酸盐水泥在过硫磷石膏矿渣水泥中的实际配比。或者配制几个不同普通硅酸盐水泥掺量的过硫磷石膏矿渣水泥试样，进行强度试验，然后综合考虑过硫磷石膏矿渣水泥早期强度和后期强度，确定普通硅酸盐水泥在过硫磷石膏矿渣水泥中的最佳配比。

（4）钢渣或钢渣粉

磷石膏处理成改性磷石膏浆时，需要加入少量的钢渣粉作为碱性原料，以中和磷石膏中的残余酸。钢渣也可作为碱性激发剂，在制备过硫磷石膏矿渣水泥时掺入。

钢渣是指转炉炼钢和电炉炼钢时排出的一种工业固体废弃物，以硅酸盐、铁铝酸盐为主要矿物组成，经稳定化处理后其安定性达到合格要求。生产过硫磷石膏矿渣水泥所用的钢渣，应符合表 6-88 所述的技术指标要求。

表 6-88　钢渣的技术要求

项目		技术要求
钢渣的碱度		≥1.8
金属铁含量（%）		≤2.0
含水率（%）		≤5.0
活性指数（%）	7d	≥65
	28d	≥80
安定性	沸煮法	合格
	压蒸法	当钢渣中 MgO 质量百分含量＞13%时必须检测

钢渣碱度系数是钢渣化学成分中碱性氧化物和酸性氧化物的比值，按式（6-21）计算。其中 $w(CaO)$、$w(SiO_2)$、$w(P_2O_5)$ 的值按行业标准 YB/T 140—2009《钢渣化学分析方法》的规定测定。

$$碱度系数 = \frac{w(CaO)}{w(SiO_2) + w(P_2O_5)} \tag{6-21}$$

式中　$w(CaO)$——氧化钙，质量分数，%；

$w(SiO_2)$——二氧化硅，质量分数，%；

$w(P_2O_5)$——五氧二磷，质量分数，%。

在生产过硫磷石膏矿渣水泥时，钢渣应经磨机粉磨至比表面积≥400m²/kg，也可以使用符合细度和比表面积要求的钢渣选铁之后的钢渣泥。活性指数按照国家标准 GB/T 20491—2006《用于水泥和混凝土中的钢渣粉》进行测定。

（5）砂石集料

过硫磷石膏矿渣水泥混凝土中的砂石集料，应按每 400m³ 或 600t 为一个检验批，应符合行业标准 JGJ 52—2006《普通混凝土用砂石质量及检验方法标准》的规定。

（6）外加剂

过硫磷石膏矿渣水泥混凝土中使用的外加剂，为符合国家标准 GB 8076—2008《混凝土外加剂》规定的标准型聚羧酸高性能减水剂（母液）。外加剂的送检样品应与工程大批量进货一致，并应按不同的供货单位、品种和牌号进行标识，单独存放；液态外加剂应储存在密闭容器内，并应防晒和防冻，如有沉淀等异常现象，应经检验合格后方可使用。

（7）水

过硫磷石膏矿渣水泥混凝土搅拌用水，应按同一水源不少于一个检验批，应符合行业标准 JGJ 63—2006《混凝土用水标准》的规定。

（8）其他组分

过硫磷石膏矿渣水泥混凝土中不得掺入其他组分，也不得与硅酸盐水泥等其他类型的水泥混合使用。欲使用其他组分时，必须证明其对过硫磷石膏矿渣水泥混凝土的性能无害。

6.7.1.2　改性磷石膏浆的质量控制

由于磷石膏中的各种有害杂质，延缓过硫磷石膏矿渣水泥早期水化，造成早期强度低、凝结时间慢的问题，磷石膏需经过预处理后才能使用。通过将磷石膏与钢渣（或水泥）、矿渣按一定比例湿磨制成改性磷石膏浆，经过一定时间的陈化，不但能有效缓解磷石膏中杂质对水泥凝结时间和早期强度的影响，而且省掉了磷石膏烘干的环节，大大降低了磷石膏的综合利用成本。生产过程中，改性磷石膏浆的质量控制项目包括磷石膏浆的含固量、细度和耗酸量（或 pH 值）。

（1）改性磷石膏浆配制

改性磷石膏浆的制备方法为：将磷石膏（约 94%）、钢渣粉（约 4%）（如果没有钢渣可以用约 2% 的普通硅酸盐水泥代替）、矿渣粉（约 1%），配料后喂入湿法球磨机中，加少量水粉磨成改性磷石膏浆。但是，钢渣（或普通硅酸盐水泥）的掺量应根据改性磷石膏浆的耗酸量（或 pH 值）指标进行调整。当耗酸量大于指标范围时，应降低钢渣（或普通硅酸盐水泥）的掺量；当耗酸量小于指标范围时，应增加钢渣（或普通硅酸盐水泥）的掺量。

（2）改性磷石膏浆含固量

制备改性磷石膏浆的加水量按照料浆中水分含量为 35%~40% 加入，并且在料浆能够流出磨机的前提条件下应尽可能减少加水量。料浆进入带搅拌装置的储浆池，搅拌均匀后测定料浆的含固量，加入适量水调节改性磷石膏浆的浓度至含固量为 60%~65%。

改性磷石膏浆的含固量可采用 500~1000mL 的浓度壶（图 6-161）控制。浓度壶在使用前应该进行标定，标定方法为：首先用干物料配制不同浓度的改性磷石膏浆后称量，得到改性磷石膏浆浓度与浓度壶质量的对应关系，在实际控制时，通过测定盛满浓度壶的改性磷石膏浆质量而得到相应的含固量。

图 6-161　浓度壶

改性磷石膏浆的含固量也可以直接测定，方法如下：

称取改性磷石膏浆 10g（精确至 0.01g）（M_1）置于 200mL 烧杯中，加入 15mL 无水乙醇搅拌后，用中速定性滤纸过滤，再用少量无水乙醇冲洗两遍。连同滤纸一起放入 40℃ 的烘干箱中烘干至恒量，并称量得质量 M_2（扣除滤纸质量）。根据式 6-22 计算改性磷石膏浆的含固量 w_g。

$$w_g = \frac{M_2}{M_1} \times 100\%$$

（6-22）

（3）细度

改性磷石膏浆的细度用 0.08mm 方孔筛测定，测定方法参照国家标准 GB/T 1345—2005《水泥细度检验方法（筛析法）》中的水筛法，在计算时试样的质量要扣除料浆中的水分。

改性磷石膏浆的细度对过硫磷石膏矿渣水泥的强度有较大影响，特别是在使用新鲜磷石膏时，更应注意控制改性磷石膏浆的细度。由于改性磷石膏浆中含有少量普通硅酸盐水泥和矿渣粉，在陈化过程中会反应形成细长的钙矾石针状晶体，有时结晶颗粒还比较大，肉眼可见，通过不了 0.08mm 的筛，会增加改性磷石膏浆的筛余量。所以，实际生产中应控制刚出磨的改性磷石膏浆的 0.08mm 筛余量 ≤ 2.0%。

为了说明改性磷石膏浆粉磨细度对过硫磷石膏矿渣水泥强度的影响，取湖北省黄麦岭磷化工有限公司的新鲜磷石膏（含固量 90%，pH 值为 2.0）。按磷石膏（干基）：42.5 水泥：矿渣粉 = 45：3：0.5 的比例，外加 70% 的水（含磷石膏中的水），混合粉磨至不同细度的改性磷石膏浆。然后按表 6-89 的配比制成过硫磷石膏矿渣水泥砂浆进行强度试验，所得结果见

表 6-89。可见，提高改性磷石膏浆的粉磨细度，可显著提高过硫磷石膏矿渣水泥的强度。

表 6-89　改性磷石膏浆细度对过硫磷石膏矿渣水泥强度的影响

编号	改性磷石膏浆		改性磷石膏浆（干）(g)	矿渣粉 (g)	42.5水泥 (g)	母液 (g)	标准砂 (g)	3d (MPa)		7d (MPa)		28d (MPa)	
	细度(%)	pH值						抗折	抗压	抗折	抗压	抗折	抗压
K10	3.6	13.7	218.28	218.25	13.50	1.0	1350	0.7	1.5	5.1	21.3	6.9	33.5
K11	1.0	13.9	218.28	218.25	13.50	1.0	1350	2.0	5.5	7.5	32.7	9.0	46.6
K12	0.6	13.9	218.28	218.25	13.50	1.0	1350	1.8	5.0	6.9	31.4	8.4	46.2

注意：调整加水量，使砂浆流动度控制在 180～190mm 之间。

（4）改性磷石膏浆滤液耗酸量测定方法

通常磷石膏是酸性的，生产时需要将其改性成碱性，而改性磷石膏浆的碱度大小对过硫磷石膏矿渣水泥的早期强度有非常大的影响。可用改性磷石膏浆滤液耗酸量来控制改性磷石膏浆的碱度大小。改性磷石膏浆滤液耗酸量测定可按如下方法进行。

称取 6.5g 已知含固量 w_g 的 PSC 细砂浆，放在用蒸馏水洗过的 250mL 容量瓶中，加入（20±）1℃的蒸馏水至刻度，放入磁粒搅拌子，塞上瓶盖，置于磁力搅拌机上，快速搅拌 10min 后，将溶液用真空抽滤瓶抽滤（抽滤漏斗中垫中速定性滤纸）。用移液管精确吸取 50mL 滤液，加 4～6 滴甲基红指示剂，然后用已知浓度 C（0.1097mol/L）的盐酸标准溶液滴定，出现红色为终点，盐酸标准溶液的消耗毫升数为 V。按式（6-23）计算滤液耗酸量 Hp。

$$Hp = \frac{500CV}{m\,w_g} \tag{6-23}$$

式中　Hp——改性磷石膏浆滤液耗酸量，mmol/g；

　　　　C——盐酸标准溶液的浓度，mol/L；

　　　　V——滴定时盐酸标准溶液的毫升数，mL；

　　　　m——称取的改性磷石膏浆试样质量，g。

　　　　w_g——改性磷石膏浆中的含固量，%。

（5）0.1mol/L 盐酸标准溶液配制与标定

所用试剂应为分析纯或优级纯试剂，盐酸（HCl）1.18～1.19g/cm³（或 36%～38%）。

①0.1mol/L 盐酸标准溶液溶液的配制

将 8.5mL 盐酸加水稀释至 1L，摇均。

②盐酸标准溶液的标定

称取 0.1g（m）已于 130℃烘干 2～3h 的碳酸钠（Na_2CO_3），精确至 0.0001g，置于 250mL 锥形瓶中，加水 100mL 使其完全溶解，加入 6～7 滴甲基红-溴甲酚绿指示剂溶液，用 0.1mol/L 盐酸标准溶液滴定至溶液颜色由绿色转变为橙红色。将锥形瓶中溶液加热煮沸 1～2min，冷却至室温，如此时返色，则再用 0.1mol/L 盐酸标准溶液滴定至出现稳定的橙红色。

0.1mol/L 盐酸标准溶液的浓度按式（6-24）计算：

$$C_{HCl} = \frac{1000m}{53.0V} \tag{6-24}$$

式中　C_{HCl}——盐酸标准溶液浓度，mol/L；

　　　　V——滴定时消耗盐酸标准溶液的体积，mL；

　　　　m——碳酸钠的质量，g；

　　　　53.0——（$1/2Na_2CO_3$）的摩尔质量，g/mol。

③指示剂的配制

甲基红指示剂溶液：将 0.2g 甲基红溶于 100mL95％（V/V）乙醇中。

甲基红-溴甲酚绿混合指示剂：将 0.05g 甲基红与 0.05g 溴甲酚绿溶于 100mL99.5％（V/V）无水乙醇中。

（6）改性磷石膏浆滤液耗酸量控制指标

改性磷石膏浆滤液耗酸量可以准确反映出改性磷石膏浆的碱度大小，可作为日常生产控制的重要指标。以下的试验数据可以看出控制改性磷石膏浆滤液耗酸量的重要性。

①磷石膏：取自湖北省黄麦岭磷化工有限公司的新鲜磷石膏，置于 40℃烘箱中烘干至恒重，测定含固量为 90.05％；pH 值为 2.06。

②矿渣粉：取自武汉武新新型材料有限公司生产的 S95 级矿渣粉，密度为 2.87g/cm³，测定比表面积为 440.6m²/kg。

③P·O 42.5 水泥：取自湖北京兰水泥集团有限公司生产的 P·O 42.5 普通硅酸盐水泥，测定密度为 3.09g/cm³，比表面积为 385m²/kg。

④改性磷石膏浆：将湖北省黄麦岭磷化工有限公司的新鲜磷石膏（干基）、P·O 42.5 普通硅酸盐水泥和矿渣粉按表 6-90 规定的比例，外加 70％的水（含磷石膏中的水），每磨 1kg 物料（不包括水），在混料机中混合粉磨 20min 后取出，陈化 8h 以上再搅拌均匀使用。测定 pH 值（用 pH 计测定）和改性磷石膏浆滤液耗酸量。

表 6-90 改性磷石膏浆配比与滤液耗酸量

编号	新鲜磷石膏（干）（g）	P·O 42.5 水泥（g）	矿渣粉（g）	pH 值	改性磷石膏浆滤液耗酸量（mmol/g）
S1	45	0.5	0.5	5.37	0.010
S2	45	1.0	0.5	5.77	0.010
S3	45	1.5	0.5	8.19	0.012
S4	45	2.0	0.5	9.65	0.043
S5	45	2.5	0.5	11.23	0.078
S6	45	3.0	0.5	11.97	0.176
S7	45	3.5	0.5	12.40	0.203

将上述原料按表 6-91 的配比，制成过硫磷石膏矿渣水泥砂浆，然后进行强度检验，试验结果见表 6-91。由表 6-90～表 6-92 可见，在过硫磷石膏矿渣水泥中 P·O 42.5 普通硅酸盐水泥掺量均为 3％（不含改性磷石膏浆中的 P·O 42.5 水泥）的情况下，改性磷石膏浆的滤液耗酸量小于 0.15mmol/g 时，过硫磷石膏矿渣水泥的 3d 强度均为 0，7d 强度也很低。当改性磷石膏浆的滤液耗酸量达到 0.176 时，过硫磷石膏矿渣水泥的 3d 到 7d 的强度增进率很高，虽然 3d 强度偏低，但 7d 强度已达到理想状态，28d 强度也较高。

表 6-91 过硫磷石膏矿渣水泥砂浆配比与性能

编号	改性磷石膏浆（g）	P·O 42.5 水泥（g）	矿渣粉（g）	标准砂（g）	母液（g）	3d（MPa）		7d（MPa）		28d（MPa）	
						抗折	抗压	抗折	抗压	抗折	抗压
S1	351.90	13.50	229.50	1350	1.0	0	0	2.5	6.8	8.2	44.4
S2	355.73	13.50	227.25	1350	1.0	0	0	1.7	5.7	8.1	46.4

编号	改性磷石膏浆(g)	P·O 42.5水泥(g)	矿渣粉(g)	标准砂(g)	母液(g)	3d（MPa）		7d（MPa）		28d（MPa）	
						抗折	抗压	抗折	抗压	抗折	抗压
S3	359.55	13.50	225.00	1350	1.0	0	0	1.7	3.4	8.1	41.1

续表

编号	改性磷石膏浆(g)	P·O 42.5水泥(g)	矿渣粉(g)	标准砂(g)	母液(g)	3d（MPa）		7d（MPa）		28d（MPa）	
						抗折	抗压	抗折	抗压	抗折	抗压
S4	363.38	13.50	222.75	1350	1.0	0	0	1.8	4.0	8.3	39.8
S5	367.20	13.50	220.50	1350	1.0	0	0	2.1	6.9	7.7	39.1
S6	371.03	13.50	218.25	1350	1.0	0.5	1.0	5.0	23.0	9.7	36.9
S7	374.85	13.50	216.00	1350	1.0	0.9	2.6	5.7	23.0	9.4	33.2

注：调整加水量，使砂浆的流动度在180～190mm范围。

表 6-92 过硫磷石膏矿渣水泥实际配比（%）

编号	改性磷石膏浆（干）	P·O 42.5水泥	矿渣粉
S1	46.0	3	51.0
S2	46.5	3	50.5
S3	47.0	3	50.0
S4	47.5	3	49.5
S5	48.0	3	49.0
S6	48.5	3	48.5
S7	49.0	3	48.0

通过该试验，并结合实际生产中的数据，改性磷石膏浆的滤液耗酸量宜控制在 0.13～0.17mmol/g 之间，或控制 pH 在 11.5～12.3 之间。由于各地磷石膏成分相差很大，各厂应根据实际试验数据确定最佳的控制指标。控制滤液耗酸量比控制 pH 敏感，而且可靠。实际生产中测定 pH 往往误差较大，但滤液耗酸量测定较麻烦，耗时较长，所以实际生产中可根据具体情况选择其中一种方法进行控制。值得注意的是，改性磷石膏浆随着存放时间的延长，滤液耗酸量和 pH 值会有所下降，应以改性磷石膏浆刚出磨时的检测数据为准。

6.7.1.3 过硫磷石膏矿渣水泥混凝土的质量控制

过硫磷石膏矿渣水泥混凝土生产前，应制定完整的技术方案，并应做好各项准备工作。矿渣粉、钢渣粉、熟料矿渣粉或硅酸盐水泥原材料进场时，供方应按规定向需方提供质量证明文件。硅酸盐水泥、熟料矿渣粉及钢渣粉应分别存储，并采取防潮防雨措施。磷石膏、粗细集料堆场应有遮雨设施，并且按不同种类、规格分开堆放，不得混入杂质，并应符合有关环境保护的规定。

原材料配比宜采用电子计量设备。计量设备的精度应符合国家标准 GB/T 1071—2007《连续累计自动衡器（电子皮带秤）》的有关规定，应具有计量部门签发的有效鉴定证书，并应定期校验。矿渣粉、钢渣粉、熟料矿渣粉或硅酸盐水泥、水、外加剂的计量允许误差应<1%，砂石的计量允许误差应<3%。对于原材料计量，应根据砂石中含水率的变化，及时调整砂石和水的称量。

混凝土搅拌机应符合国家标准 GB/T 9142—2000《混凝土搅拌机》的有关规定，宜采用强制式搅拌机。原料按照砂石、矿渣粉、熟料矿渣粉或硅酸盐水泥、改性磷石膏浆、外加剂、水的顺序进行投料，投料后充分搅拌均匀。

混凝土搅拌后，根据混凝土的设计要求按照 GB/T 50080—2002《普通混凝土拌合物性能试验方法标准》进行各项性能检验，并且按照 GB/T 50081—2002《普通混凝土力学性能试验方法标准》装入标准试模中养护并测定各龄期强度。

混凝土振捣时间宜按拌合物稠度和模具尺寸等不同情况，控制在 10～20s 内，当混凝土拌合物表面出现泛浆，基本无气泡溢出，可视为捣实。

过硫磷石膏矿渣水泥混凝土配合比设计应符合行业标准 JGJ 55—2011《普通混凝土配合比设计规程》的有关规定。

过硫磷石膏矿渣水泥混凝土配合比应满足混凝土施工性能要求，强度以及其他力学性能和耐久性能应符合设计要求。

在过硫磷石膏矿渣水泥混凝土配合比使用过程中，应根据混凝土质量的动态信息及时调整。

在生产过程中，应加强质量控制，确保过硫磷石膏矿渣水泥混凝土各项物理、化学性能满足过硫磷石膏矿渣水泥混凝土的技术要求与指标。

6.7.1.4 过硫磷石膏矿渣水泥制品的养护

过硫磷石膏矿渣水泥的主要原料是磷石膏和矿渣，其强度高低主要取决于矿渣的水化，其主要水化产物是钙矾石和水化硅酸钙。矿渣的水化需要经历解聚阶段，并在孔溶液中形成钙矾石和水化硅酸钙，所以在整个水化过程中离不开水的作用。也就是说要使矿渣充分水化，必须要有较多的水存在，否则不能充分地水化和硬化，过硫磷石膏矿渣水泥的强度也不能充分地发挥。

过硫磷石膏矿渣水泥最大的缺陷是抗碳化性能差，而影响水泥抗碳化性能的一个很重要的因素是水泥石的致密度。水泥石越致密，二氧化碳渗透速度越慢，水泥石抗碳化性能越好。如果过硫磷石膏矿渣水泥制品得不到充分养护，则水泥石结构就会很疏松，碳化速度会大大加快，不仅制品强度大幅度下降，而且制品表面会出现严重的起砂现象。所以，要提高过硫磷石膏矿渣水泥制品的抗碳化性能，必须提高过硫磷石膏矿渣水泥石的致密度。要提高过硫磷石膏矿渣水泥石的致密度，必须要让过硫磷石膏矿渣水泥中的矿渣充分水化，也就是说，过硫磷石膏矿渣水泥制品的养护过程中必须保持湿润状态，不能失水干燥，否则，矿渣就不能充分水化，水泥石的致密度就无法得到保障，就不能有效抵抗二氧化碳的侵蚀，会使过硫磷石膏矿渣水泥制品因碳化而出现强度倒缩，制品表面因碳化强度大幅度降低而出现起砂。以下试验结果可看出养护对过硫磷石膏矿渣水泥混凝土抗碳化性能的影响。

熟料矿渣粉：将破碎并通过 0.315mm 筛的华新水泥股份公司的熟料和武汉钢铁有限公司的矿渣，按熟料：矿渣＝4：4 的比例，每磨 5kg，混合在 ϕ 500mm×500mm 小磨内粉磨 80min 后取出，测定密度为 3.07g/cm³，测定比表面积为 396m²/kg。

矿渣粉：取武汉武新新型材料有限公司生产的 S95 级矿渣粉，密度为 2.87g/cm³，比表面积为 456.5m²/kg。

钢渣粉：取武汉钢华水泥股份有限公司的钢渣粉，密度为 3.49g/cm³，比表面积为 428m²/kg。

改性磷石膏浆：取湖北省黄麦岭磷化工有限公司磷石膏（测定出自由水含量），按磷石膏（干基）：钢渣粉：矿渣粉＝45：2：0.4 的比例，外加 70%的水（含磷石膏中的水），每磨 1kg 物料（不包括水），在混料机中混合粉磨 20min 后取出，陈化 8h 以上再搅拌均匀使用，测定 pH 为 7.0。

将上述原料按表 6-92 的配比制成过硫磷石膏矿渣水泥砂浆，并制作一批过硫磷石膏矿渣水泥砂浆试块（40mm×40mm×160mm），在 20℃水中养护到规定龄期取出，每个龄期取出 6 块试样，其中 3 块马上破型测定强度。其余 3 块放在室内（20±5）℃，相对湿度不大于 80％的环境下气干 2d 后（试块间距要大于 15mm），放入温度为 20℃，二氧化碳浓度为 20％，相对湿度为 70％的碳化箱中碳化至规定龄期取出，进行强度测定。试验结果见表 6-93。

表 6-93　过硫磷石膏矿渣水泥砂浆配比

原料名称	改性磷石膏浆	熟料矿渣粉	矿粉	标准砂	母液	水	流动度（mm）
干基配比（％）	47.4	8.0	44.6	—	0.2	—	
湿基称量（g）	362.6	36.0	200.7	1350	1.0	25	185

由表 6-94 可见，各碳化龄期的碳化深度与试样水中养护的时间有很大关系，相同的碳化时间，水中养护时间越长，试样碳化深度越小，碳化后的强度也越高。

表 6-94　各龄期试块碳化前后的强度对比

水中养护时间	碳化前强度（MPa）		碳化 7d			碳化 14d			碳化 21d			碳化 28d		
	抗折	抗压	强度（MPa）		深度（mm）	强度（MPa）		深度（mm）	强度（MPa）		深度（mm）	强度（MPa）		深度（mm）
			抗折	抗压		抗折	抗压		抗折	抗压		抗折	抗压	
7d	3.0	10.5	4.0	21.5	15.0	4.6	20.7	≥20	4.7	21.7	>20	5.3	23.2	>20
14d	8.2	37.0	5.1	42.4	7.0	4.4	38.2	11.0	4.0	34.3	15.2	6.9	32.0	18.5
21d	9.4	40.7	5.1	43.1	6.0	4.5	38.4	10.0	5.3	35.5	15.0	7.3	32.8	18.0
28d	9.5	42.4	5.7	43.9	5.0	4.6	38.7	9.5	5.5	35.6	14.0	7.5	33.2	17.0

由此可见，与硅酸盐水泥制品不同，过硫磷石膏矿渣水泥制品成型后，必须充分养护，最好能保持湿润状态养护到设计强度后出厂使用。过硫磷石膏矿渣水泥制品成型后，由于还没有强度，此时需要湿汽养护。硬化产生强度后，就必须淋水（或浸水中）养护至少 14d 以上方可出厂。养护棚和堆场都应设置喷淋装置，便于淋水养护。

如果为了加速过硫磷石膏矿渣水泥的水化硬化，欲采用蒸汽养护，则适宜的养护温度为 45℃。若养护温度过高（≥65℃），则不利于钙矾石的形成，对提高过硫磷石膏矿渣水泥制品的强度反而不利。

6.7.2　过硫磷石膏矿渣水泥混凝土试验方法

6.7.2.1　维勃稠度

按国家标准 GB/T 50080—2016《普通混凝土拌合物性能试验方法标准》进行。

6.7.2.2　混凝土凝结时间

按国家标准 GB/T 50080—2016《普通混凝土拌合物性能试验方法标准》进行。

6.7.2.3　泌水率

按国家标准 GB/T 50080—2016《普通混凝土拌合物性能试验方法标准》进行。

6.7.2.4　混凝土强度

按国家标准 GB/T 50081—2016《普通混凝土力学性能试验方法标准》进行。检验 3d、7d、28d 抗压强度，同时按式（6-25）计算 7d 强度增进率。

$$7d \text{ 强度增进率} = \frac{7d \text{ 抗压强度} - 3d \text{ 抗压强度}}{7d \text{ 抗压强度}} \times 100\% \tag{6-25}$$

6.7.2.5 混凝土碳化强度

将已标准养护 28d 的过硫磷石膏矿渣水泥混凝土试块（100mm×100mm×100mm），放在室内（20±5）℃，相对湿度不大于 80% 的环境下风干至恒量后（试块间距要大于 15mm，可吹风加速风干），再放入（20±1）℃，二氧化碳浓度（20±3）%，相对湿度（70±5）% 的碳化箱中碳化 28d，进行强度测定。

6.7.2.6 混凝土吸水率

标准养护 28d 后，按国家标准 GB/T 24492—2009《非承重混凝土空心砖》中关于吸水率的试验方法进行混凝土试块的吸水率测定。

6.7.2.7 过硫磷石膏矿渣水泥 PSC 浆及滤液耗酸量

过硫磷石膏矿渣水泥浆简称为 PSC 浆。

（1）砂石含水率测定

按过硫磷石膏矿渣水泥混凝土中砂子和石子的比例，将砂石配合后称取 1kg 试样，置于 105℃ 烘箱中烘干至恒重，根据失量计算砂石质量百分含水率 w（H_2O）。

（2）砂石细粉含量测定

所谓砂石细粉含量是指砂子和石子中含有可通过 0.3mm 筛的细颗粒的质量百分含量。按过硫磷石膏矿渣水泥混凝土中砂子和石子的比例，将砂石配合后称取 300g 试样（m_1），置于容器中加入适量水搅拌，然后用 0.3mm 筛过筛，过筛过程中砂石可用清水洗涤 2 次。将过筛得到的溶液用中速定性滤纸过滤，连同滤纸置于 105℃ 烘箱中烘干至恒重并称量（扣除滤纸质量）即为细粉量 m_2，按式（6-26）计算砂石细粉含量。

$$w_f = \frac{100 \times m_1}{m_2 \left[100 - w(H_2O)\right]} \times 100\% \tag{6-26}$$

式中　　w_f——砂石细粉含量，%；

w（H_2O）——砂石含水率，%；

m_1——砂石的称量，g；

m_2——细粉量，g。

（3）PSC 细砂浆提取和含固量测定方法

含有细砂的 PSC 浆称为 PSC 细砂浆。

①提取液制备方法

称取 400g 混凝土拌合物放在容器中，人工剔除大颗粒石子，加入 500mL 自来水搅拌均匀，沉淀后将溶液用真空抽滤瓶抽滤（抽滤漏斗中垫中速定性滤纸），所得滤液即为提取液，储存备用。

②PSC 细砂浆提取方法

称取 200g 混凝土拌合物放在容器中，人工剔除大颗粒石子，加 250mL 提取液，然后用 0.3mm 标准筛过筛，再用少量提取液将砂石冲洗干净。将筛选出来的水泥细砂浆体用真空抽滤瓶抽滤（抽滤漏斗中垫中速定性滤纸）。将滤泥搅拌均匀，即为 PSC 细砂浆。

③PSC 细砂浆含固量测定方法

称取 PSC 细砂浆 10g（精确至 0.01g）（M_1）置于 200mL 烧杯中，加入 15mL 无水乙醇搅拌后，用中速定性滤纸过滤，再用少量无水乙醇冲洗两遍。连同滤纸一起放入 40℃ 的烘干箱中烘干至恒量，并称量得质量 M_2（扣除滤纸质量）。根据式（6-27）计算 PSC 细砂浆的含固量 w_g。

$$w_g = \frac{M_2}{M_1} \times 100\% \tag{6-27}$$

（4）PSC 细砂浆滤液耗酸量测定方法

称取 6.5g 已知含固量 w_g 的 PSC 细砂浆，放在用蒸馏水洗过的 250mL 容量瓶中，加入 (20±1)℃ 的蒸馏水至刻度，放入磁粒搅拌子，塞上瓶盖，置于磁力搅拌机上，快速搅拌 10min 后，将溶液用真空抽滤瓶抽滤（抽滤漏斗中垫中速定性滤纸）。用移液管精确吸取 50mL 滤液，加 4～6 滴甲基红指示剂，然后用已知浓度 C（0.1097mol/L）的盐酸标准溶液滴定，出现红色为终点，盐酸标准溶液的消耗毫升数为 V。按式（6-28）计算 PSC 细砂浆滤液耗酸量 n_x。

$$n_x = \frac{500CV}{m w_g} \tag{6-28}$$

式中　n_x——PSC 细砂浆滤液耗酸量，mmol/g；

　　　C——盐酸标准溶液的浓度，mol/L；

　　　V——滴定时盐酸标准溶液的消耗毫升数，mL；

　　　m——称取的 PSC 细砂浆试样质量，g。

　　　w_g——PSC 细砂浆中的含固量，%。

（5）混凝土中 PSC 浆滤液耗酸量计算

设：每 m^3 过硫磷石膏矿渣水泥混凝土中砂子和石子的总量为 a kg；

每 m^3 过硫磷石膏矿渣水泥混凝土中熟料粉（或水泥及钢渣粉）、磷石膏及矿渣粉的总量（PSC）为 b kg；

则：每克 PSC 对应的砂石总量为：a/b g。

每克 PSC 所能带入的砂石细粉量总量为：

$$\frac{a w_f}{100 b}$$

设：PSC 滤液耗酸量为 n_s，mmol/g；

PSC 细砂浆滤液耗酸量为 n_x，mmol/g。

则：

以 1gPSC 为计算基准，根据耗酸量的平衡关系，可得等式（6-29）：

$$n_s = \left(1 + \frac{a w_f}{100 b}\right) n_x \tag{6-29}$$

式中　n_s——PSC 滤液耗酸量，mmol/g；

　　　n_x——PSC 细砂浆滤液耗酸量，mmol/g；

　　　a——1m^3 过硫磷石膏矿渣水泥混凝土中的砂、石配合量，kg；

　　　b——1m^3 过硫磷石膏矿渣水泥混凝土中的 PSC 配合量，kg。

　　　w_f——砂石细粉含量，%。

6.7.2.8　过硫磷石膏矿渣水泥混凝土中 PSC 浆磷石膏掺量

（1）砂石含水率测定

同 6.7.2.7 中的（1）。

（2）砂石细粉含量测定

同 6.7.2.7 中的（2）。

（3）PSC 细砂浆提取和含固量测定方法

同 6.7.2.7 中的（3）。

（4）PSC 细砂浆三氧化硫含量

取有代表性的 PSC 细砂浆试样 5g 左右，用玛瑙研钵磨细并均化均匀。称取约 0.2g 试样（为干基质量，称 PSC 细砂浆时需要根据含固量换算成湿基质量 m_1），精确至 0.0001g。置于 300mL 烧杯中，在电炉上加热 15min（目的是使钙矾石脱水分解）。然后冷却至室温后，加入 30～40mL 水使其分散。加 10mL 盐酸（1＋1）。用平头玻璃棒压碎块状物，慢慢地加热溶液，直至试样分解完全。将溶液加热微沸 5min。用中速滤纸过滤，用热水洗涤 10～12 次。调整滤液体积至 200mL，煮沸。在搅拌下滴加 10mL 热的氯化钡溶液（将 100g 二水氯化钡 $BaCl_2 \cdot 2H_2O$ 溶于水中，加水稀释至 1L）。继续煮沸数分钟，然后移至温热处静置 4h 或过夜（此时溶液的体积应保持在 200mL）。用慢速滤纸过滤，用温水洗涤，直至检验无氯离子为止。

将沉淀及滤纸一并移入已灼烧恒量的瓷坩埚中，灰化后在 800℃的马弗炉内灼烧 30min，取出坩埚置于干燥器中冷却至室温，称量。反复灼烧，直至恒量 m_2。

三氧化硫的质量百分含量按式（3-30）计算：

$$w_{CS} = \frac{0.343 \times 100 \times m_2}{m_1 \omega_g} \times 100 \tag{6-30}$$

式中　w_{CS}——PSC 细砂浆的三氧化硫质量百分含量，%；

　　　m_2——灼烧后沉淀的质量，g；

　　　m_1——PSC 细砂浆试样的质量，g；

　　　ω_g——PSC 细砂浆的含固量，%；

　　0.343——硫酸钡对三氧化硫的换算系数。

（5）磷石膏三氧化硫含量测定

取有代表性的磷石膏试样 5g 左右，用玛瑙研钵磨细并均化均匀，置于 40℃烘干箱中烘干至恒量后，称取约 0.1g 试样，精确至 0.0001g。置于 300mL 烧杯中，加入 30～40mL 水使其分散。加 10mL 盐酸（1＋1）。用平头玻璃棒压碎块状物，慢慢地加热溶液，直至试样分解完全。将溶液加热微沸 5min。用中速滤纸过滤，用热水洗涤 10～12 次。调整滤液体积至 200mL，煮沸。在搅拌下滴加 10mL 热的氯化钡溶液（将 100g 二水氯化钡 $BaCl_2 \cdot 2H_2O$ 溶于水中，加水稀释至 1L）。继续煮沸数分钟，然后移至温热处静置 4h 或过夜（此时溶液的体积应保持在 200mL）。用慢速滤纸过滤，用温水洗涤，直至检验无氯离子为止。

将沉淀及滤纸一并移入已灼烧恒量的瓷坩埚中，灰化后在 800℃的马弗炉内灼烧 30min，取出坩埚置于干燥器中冷却至室温，称量。反复灼烧，直至恒量 m_2。

磷石膏三氧化硫的质量百分含量按式（6-31）计算：

$$w_{GS} = \frac{0.343 \times m_2}{m_1} \times 100 \tag{6-31}$$

式中　w_{GS}——磷石膏三氧化硫质量百分含量，%；

　　　m_2——灼烧后沉淀的质量，g；

　　　m_1——磷石膏试样的质量，g；

　　0.343——硫酸钡对三氧化硫的换算系数。

（6）过硫磷石膏矿渣水泥混凝土中 PSC 浆的磷石膏含量计算

设：

每 $1m^3$ 过硫磷石膏矿渣水泥混凝土中砂子和石子的总量为 $a$kg；

每 $1m^3$ 过硫磷石膏矿渣水泥混凝土中熟料粉（或水泥及钢渣粉）、磷石膏及矿渣粉的总量（PSC）为 $b$kg；

干基 PSC 中熟料粉（或硅酸盐水泥，当含有钢渣时即指熟料或水泥与钢渣的混合物）的质量百分含量为 w_s（%）；

干基 PSC 中矿渣粉的质量百分含量为 w_k（%）；

则：

每克 PSC 对应的砂石总量为：a/bg。

每克 PSC 所能带入的砂石细粉量总量为：

$$\frac{a\,w_f}{100b}$$

设：PSC 中的磷石膏质量百分含量为 w_P；

则：每克 PSC 中的磷石膏质量为：$w_P/100$g。

设：PSC 细砂浆中的三氧化硫质量百分含量为：w_{CS}（%）；

熟料粉（或硅酸盐水泥，当含有钢渣时即指熟料与水泥与钢渣的混合物）的三氧化硫质量百分含量为：w_{ss}（%）；

矿渣粉的三氧化硫质量百分含量为：w_{ks}（%）；

则：

根据三氧化硫的平衡关系，可得如下等式：

$$\frac{w_P w_{GS}}{100\times100} + \frac{w_s\times w_{ss}}{100\times100} + \frac{w_k\times w_{ks}}{100\times100} = \left(1+\frac{a\,w_f}{100b}\right)\times\frac{w_{CS}}{100}$$

整理得式（6-32）：

$$w_P = \left(1+\frac{a\,w_f}{100b}\right)\times\frac{100\,w_{CS}}{w_{GS}} - \frac{w_s w_{ss}+w_k w_{ks}}{w_{GS}} \tag{6-32}$$

式中　w_P——PSC 中的磷石膏质量百分含量，%；

w_f——砂石细粉含量，%；

w_{GS}——磷石膏的三氧化硫质量百分含量，%；

w_{CS}——PSC 细砂浆的三氧化硫质量百分含量，%；

a——$1m^3$ 过硫磷石膏矿渣水泥混凝土中的砂、石配合量，kg；

b——$1m^3$ 过硫磷石膏矿渣水泥混凝土中的 PSC 配合量，kg。

w_s——干基 PSC 中熟料粉（或硅酸盐水泥，当含有钢渣时即指熟料或水泥与钢渣的混合物）的质量百分含量，%，可以采用已知的设计配比；

w_k——干基 PSC 中矿渣粉的质量百分含量，%，可以采用已知的设计配比；

w_{ss}——熟料粉（或硅酸盐水泥，当含有钢渣时即指熟料或水泥与钢渣的混合物）的三氧化硫质量百分含量，%；

w_{ks}——矿渣粉的三氧化硫质量百分含量，%。

（7）误差分析

在计算 PSC 中磷石膏掺量时，熟料粉（或硅酸盐水泥，当含有钢渣时即指熟料或水泥与钢渣的混合物）、矿渣粉、砂子和石子由于难以分析定量，我们采用了已知的设计配比。在实际生产中，由于计量秤有误差，这会给计算结果带来一定的误差。磷石膏掺量的波动，会反映在 PSC 细砂浆的三氧化硫含量中，但熟料粉、矿渣粉、砂子和石子掺量的波动，PSC 细砂浆三氧化硫含量不一定会有相应的变化。为了分析其误差大小，按表 6-95 的配比进行试验和分析。

表 6-95 过硫磷石膏矿渣水泥混凝土配合比

编号	改性磷石膏浆（g）				矿渣粉（g）	P·O 42.5 水泥（g）	砂（g）	石子（g）	母液（g）	水（g）
	磷石膏（干）	P·O 42.5 水泥	矿渣粉	水						
V3	45.0	3.0	0.5	31.5	50.5	1.0	189.5	284.2	0.3	9.6

根据表 6-94 的配比，可得到：

$a = 473.70$；

$b = 100$；

$w_s = 4.00\%$；

$w_k = 51.00\%$。

试验测定得到如下数据：

$w_f = 13.08\%$；

$w_{GS} = 44.70\%$；

$w_{ss} = 2.24\%$；

$w_{ks} = 0.07\%$；

$w_{CS} = 12.63\%$。

按式（6-32）计算得到：

$$w_P = \left(1 + \frac{a\, w_f}{100b}\right) \times \frac{100\, w_{CS}}{w_{GS}} - \frac{w_s w_{ss} + w_k w_{ks}}{w_{GS}}$$

$$= \left(1 + \frac{473.70 \times 13.08}{100 \times 100}\right) \times \frac{100 \times 12.63}{44.70} - \frac{4.00 \times 2.24 + 51.00 \times 0.07}{44.70}$$

$$= 45.48 \ (\%)$$

V3 试样实际的磷石膏掺量为 45.0%，可见，按此方法分析得到的磷石膏掺量很接近实际的配比。

通常计量秤的计量精度为 5%，将熟料粉、矿渣粉、砂子和石子，分别按最大正误差、中间值、最大负误差进行排列组合后，得到表 6-96 的几种可能的实际配合比，然后将表 6-95 中的 a、b、w_f、w_s、w_k 代入式（6-32）计算考虑计量秤波动后的磷石膏掺量 w_P，并与不考虑秤计算波动时的 w_P 对比，分析其误差大小，结果见表 6-96 所示。可见，因计量秤波动引起的磷石膏掺量分析误差在 ±0.88% 以内。由于，过硫磷石膏矿渣水泥混凝土 PSC 浆的磷石膏掺量要求在 40%~50% 之间，范围较大，±0.88% 的误差是可以接受的，因此可以认为以上的磷石膏掺量分析方法是可行的。

表 6-96 计量秤计量波动可能引起的误差大小的分析

编号	磷石膏（kg）	P·O 水泥（kg）	矿渣（kg）	砂子（kg）	石子（kg）	a（kg）	b（kg）	w_f（%）	w_P 计算结果（%）		
									不考虑秤波动	考虑秤波动	误差
V3	45.00	4.00	51.00	189.50	284.20	473.70	100.00	13.08	45.48	45.48	0.00
A1	45.00	4.00	51.00	198.98	298.41	497.39	100.00	13.08	45.48	46.36	0.88
A2	45.00	4.00	51.00	198.98	284.20	483.18	100.00	13.37	45.48	46.23	0.75

续表

编号	磷石膏（kg）	P·O水泥（kg）	矿渣（kg）	砂子（kg）	石子（kg）	a（kg）	b（kg）	w_f（%）	w_p 计算结果（%）		
									不考虑秤波动	考虑秤波动	误差
A3	45.00	4.00	51.00	198.98	269.99	468.97	100.00	13.69	45.48	46.11	0.63
A4	45.00	4.00	51.00	189.50	298.41	487.91	100.00	12.79	45.48	45.61	0.13
A5	45.00	4.00	51.00	189.50	269.99	459.49	100.00	13.39	45.48	45.36	−0.12
A6	45.00	4.00	51.00	180.03	298.41	478.44	100.00	12.49	45.48	44.86	−0.63
A7	45.00	4.00	51.00	180.03	284.20	464.23	100.00	12.78	45.48	44.73	−0.75
A8	45.00	4.00	51.00	180.03	269.99	450.02	100.00	13.08	45.48	44.61	−0.87
A9	45.00	4.20	53.55	189.50	284.20	473.70	102.75	13.08	45.48	45.01	−0.47
A10	45.00	4.20	51.00	189.50	284.20	473.70	100.20	13.08	45.48	45.45	−0.03
A11	45.00	4.20	48.45	189.50	284.20	473.70	97.65	13.08	45.48	45.90	0.42
A12	45.00	4.00	53.55	189.50	284.20	473.70	102.55	13.08	45.48	45.05	−0.43
A13	45.00	4.00	48.45	189.50	284.20	473.70	97.45	13.08	45.48	45.94	0.46
A14	45.00	3.80	53.55	189.50	284.20	473.70	102.35	13.08	45.48	45.08	−0.40
A15	45.00	3.80	51.00	189.50	284.20	473.70	99.80	13.08	45.48	45.52	0.04
A16	45.00	3.80	48.45	189.50	284.20	473.70	97.25	13.08	45.48	45.98	0.50

注：实测石子过 0.3mm 筛的细砂量为 3.1%，石子的细砂量为 28.05%。

（8）试验验证

为了实际验证上述过硫磷石膏矿渣水泥混凝土中 PSC 浆的磷石膏含量分析方法的可行性，进行了如下试验。

①磷石膏：取自湖北省黄麦岭磷化工有限公司的磷石膏，置于 60℃烘箱中烘干至恒重，测定含固量为 99.7%；w_{GS} 为 44.7%。

②矿渣粉：取武汉武新新型材料有限公司生产的 S95 级矿渣粉，密度为 2.87g/cm³，测定比表面积为 449.7m²/kg。

③P·O 42.5 水泥：取自湖北省大悟县全兴实业有限责任公司所购的湖北京兰水泥集团有限公司生产的 P·O 42.5 普通硅酸盐水泥，测定密度为 3.09g/cm³，比表面积为 385m²/kg。

④砂、石：取自湖北省大悟县全兴实业有限责任公司，测定 w_f 为 13.08%。

将上述原料，按表 6-97 的配合比，配制成混凝土后，按上述方法分析 PSC 磷石膏掺量，并与实际配合比对比，得到误差大小，结果见表 6-97。可见，实际测定的 PSC 磷石膏掺量与理论配比的误差在 ±0.82% 范围内。

表 6-97 过硫磷石膏矿渣水泥混凝土配合比及 PSC 磷石膏含量测定

编号	改性磷石膏浆（g）				矿渣粉（g）	P·O水泥（g）	砂（g）	石子（g）	母液（g）	水（g）	w_f（%）	w_{GS}（%）	w_{CS}（%）	实测w_p（%）	误差（%）
	磷石膏（干）	P·O水泥	矿渣粉	水											
V1	40.0	3.0	0.5	29.4	55.5	1.0	189.5	284.2	0.3	9.6	13.08	44.7	10.89	39.18	−0.82
V2	42.5	3.0	0.5	29.8	53.0	1.0	189.5	284.2	0.3	9.6	13.08	44.7	11.62	41.82	−0.68
V3	45.0	3.0	0.5	31.5	50.5	1.0	189.5	284.2	0.3	9.6	13.08	44.7	12.63	45.48	0.48

续表

| 编号 | 改性磷石膏浆（g） | | | | 矿渣粉（g） | P•O水泥（g） | 砂（g） | 石子（g） | 母液（g） | 水（g） | w_f（%） | w_{GS}（%） | w_{CS}（%） | 实测w_p（%） | 误差（%） |
	磷石膏（干）	P•O水泥	矿渣粉	水											
V4	47.5	3.0	0.5	33.3	48.0	1.0	189.5	284.2	0.3	9.6	13.08	44.7	12.98	46.75	−0.75
V5	50.0	3.0	0.5	35.0	45.5	1.0	189.5	284.2	0.3	9.6	13.08	44.7	13.65	49.18	−0.82

注：P•O 42.5 水泥的三氧化硫含量为 2.24%，矿渣粉三氧化硫含量为 0.07%。

6.7.2.9　pH 值

将 PSC 浆或 PSCC 用定性滤纸过滤得到液体，然后采用 pH 酸度计进行测定。pH 酸度计的使用方法如下：

（1）开机

接通电源，按下电源开关，使酸度计预热 30min 以上。

（2）标定

①仪器使用前，先要标定。仪器连续使用时，一般每天要标定一次。

②调节温度旋钮，使旋钮红线对准溶液温度值。

③用蒸馏水清洗电极，用滤纸吸干后插入 pH＝6.86 的标准缓冲溶液中。

④调节"定位"旋钮，使仪器显示读数与该缓冲溶液的 pH 值相同。

⑤取出电极，用蒸馏水清洗，滤纸吸干后，再用 pH＝4.00 或 pH＝9.18 的标准缓冲溶液调节"斜率"旋钮到 pH 值为 4.00 或 pH 值为 9.18（测定酸性溶液用 pH＝4.00 标准缓冲溶液，测定碱性溶液用 pH＝9.18 标准缓冲溶液）。

⑥重复②～④的操作，直至显示的数据重现时，与所用的标准溶液的 pH 值相符，允许变化范围为±0.01。

⑦经标定的仪器"定位"和"斜率"旋钮不应再变动，一般情况下，在 24h 内不需要再标定。

（3）测量

经标定过的仪器，即可用来测量待测溶液的 pH 值。

①"定位"旋钮不变。

②用蒸馏水清洗电极，滤纸吸干。

③把电极头部浸入被测溶液中，搅拌溶液，使溶液均匀，显示屏上读出溶液的 pH 值。

④测量完成后，用蒸馏水冲洗干净并吸干电极上的水分，将电极放入保护套内，套内应装有 3mol/L 的 KCl 溶液以保护电极球泡的湿润。

注意，不同的 pH 酸度计，其标定方法可能会有不同，但操作步骤基本上相同，请以所用 pH 酸度计的说明书为准。

6.7.3　过硫磷石膏矿渣水泥混凝土性能要求

6.7.3.1　拌合物性能

硬化前的过硫磷石膏矿渣水泥混凝土，称为过硫磷石膏矿渣水泥混凝土拌合物，其性能应能满足设计和施工要求。

过硫磷石膏矿渣水泥混凝土拌合物的稠度可采用坍落度、维勃稠度表示。坍落度检验适用于坍落度≥10mm 的混凝土拌合物，维勃稠度检验适用于维勃稠度为 5～30s 的混凝土拌合物。

过硫磷石膏矿渣水泥混凝土拌合物应在满足施工要求的前提下，尽可能采用较小的坍落度；混凝土拌合物应具有良好的和易性，并不得离析或泌水；混凝土拌合物的凝结时间应满足施工要求和混凝土性能要求。

6.7.3.2 力学性能

过硫磷石膏矿渣水泥混凝土的力学性能应满足设计和施工的要求。

过硫磷石膏矿渣水泥混凝土强度等级应按立方体抗压强度标准值（MPa）划分为C25、C30、C35和C40。

过硫磷石膏矿渣水泥混凝土抗压强度应按国家标准GB/T 50107—2010《混凝土强度检验评定标准》的有关规定进行检验评定，并应合格。

过硫磷石膏矿渣水泥混凝土的长期性能和耐久性能应满足设计要求。如没有特别说明，试验方法应符合国家标准GB/T 50082—2009《普通混凝土长期性能和耐久性能试验方法标准》的有关规定。

6.7.4 过硫磷石膏矿渣水泥混凝土技术要求

6.7.4.1 过硫磷石膏矿渣水泥混凝土中PSC浆的化学指标

（1）PSC浆滤液耗酸量

对于过硫磷石膏矿渣水泥混凝土而言，碱性物质的含量大小不仅影响混凝土的强度，还影响混凝土的安定性，是非常重要的一个指标。前面的研究已经显示，提高熟料（或普通硅酸盐水泥）掺量，虽然可提高过硫磷石膏矿渣水泥混凝土的3d强度，但后期强度会大幅度下降，甚至会引起安定性不良。所以，在生产中必须严格控制熟料（或普通硅酸盐水泥）的掺量，通常是通过测定PSC浆滤液耗酸量来控制过硫磷石膏矿渣水泥混凝土中的熟料（或普通硅酸盐水泥）掺量。为了确定合适的PSC浆滤液耗酸量控制范围，进行了如下的试验。

改性磷石膏浆：取自湖北省大悟县全兴实业有限责任公司生产的改性磷石膏浆，搅拌均匀后，测定含固量为59.23%；0.08mm筛筛余为2%；pH值为12.62。

矿渣粉：取自湖北省大悟县全兴实业有限责任公司所购的武汉武新新型材料有限公司生产的S95级矿渣粉，密度为2.87g/cm³，比表面积为440m²/kg。

P·O 42.5水泥：取自湖北省大悟县全兴实业有限责任公司所购的湖北京兰水泥集团有限公司生产的P·O 42.5普通硅酸盐水泥，密度为3.09g/cm³，比表面积为385m²/kg。

将上述原料按表6-98的配合比配制成过硫磷石膏矿渣水泥混凝土试块，同时进行PSC浆滤液pH、PSC浆滤液耗酸量、混凝土强度试验。试验结果见表6-98，混凝土中过硫磷石膏矿渣水泥的实际配比见表6-99。

表6-98 过硫磷石膏矿渣水泥混凝土配合比及性能（湿基）

编号	改性磷石膏浆（g）	矿渣粉（g）	P·O 42.5水泥（g）	砂（g）	石子（g）	母液（g）	水（g）	PSC浆滤液pH值	PSC浆滤液耗酸量（mmol/g）	抗压强度（MPa） 3d	7d	28d	7d强度增进率（%）
K1	304.7	199.5	0	720	1080	1.14	36.6	11.5	0.06	4.7	16.3	51.1	71.2
K2	304.7	195.7	3.8	720	1080	1.14	36.6	12.0	0.15	15.0	28.6	50.9	47.6
K3	304.7	191.9	7.6	720	1080	1.14	36.6	12.3	0.21	17.1	28.0	41.3	38.9
K4	304.7	188.1	11.4	720	1080	1.14	36.6	12.5	0.28	17.5	23.2	34.6	24.6

续表

编号	改性磷石膏浆 (g)	矿渣粉 (g)	P·O 42.5水泥 (g)	砂 (g)	石子 (g)	母液 (g)	水 (g)	PSC浆滤液pH值	PSC浆滤液耗酸量 (mmol/g)	抗压强度 (MPa)			7d强度增进率 (%)
										3d	7d	28d	
K5	304.7	184.3	15.2	720	1080	1.14	36.6	12.6	0.30	18.4	21.2	31.0	13.2
K6	304.7	180.5	19.0	720	1080	1.14	36.6	12.6	0.32	17.4	20.0	25.8	13.0
K7	304.7	176.7	22.8	720	1080	1.14	36.6	12.8	0.36	17.3	18.9	22.6	8.5

表 6-99　混凝土中过硫磷石膏矿渣水泥的实际配比

编号	改性磷石膏浆（干）（%）	矿渣粉（%）	P·O 42.5水泥（%）
K1	47.50	52.50	0.00
K2	47.50	51.50	1.00
K3	47.50	50.50	2.00
K4	47.50	49.50	3.00
K5	47.50	48.50	4.00
K6	47.50	47.50	5.00
K7	47.50	46.50	6.00

由表 6-98 可见，P·O 42.5 水泥的掺量与 PSC 浆滤液耗酸量有很好的相关性，随着 P·O 42.5 水泥掺量的增加，PSC 浆滤液耗酸量也相应增加，而 PSC 浆滤液 pH 值的变化就很不明显。此外，还可见到随着 P·O 42.5 水泥掺量的增加，过硫磷石膏矿渣水泥混凝土 3d 强度明显增加，但增加到一定程度时，不仅 3d 强度不再增加，而且混凝土的后期强度大幅度降低，7d 强度增进率大幅度下降。

根据以上试验结果，并结合实际生产数据，确定过硫磷石膏矿渣水泥混凝土中的 PSC 浆滤液耗酸量应在（0.21±0.03）mmol/g 之间。

（2）PSC 浆的磷石膏含量

为了充分利用磷石膏，体现过硫磷石膏矿渣水泥的特色，在生产中应控制过硫磷石膏矿渣水泥混凝土中 PSC 浆的磷石膏质量百分含量在 40%～50% 之间。

（3）碱含量

PSC 浆的碱含量按（$Na_2O+0.658K_2O$）计算表示。若使用活性集料，需要限制过硫磷石膏矿渣水泥浆碱含量时，指标需经试验确定。

（4）放射性

过硫磷石膏矿渣水泥混凝土应符合国家标准 GB 6566—2010《建筑材料放射性核素限量》的规定。

6.7.4.2　过硫磷石膏矿渣水泥混凝土物理性能指标

（1）混凝土凝结时间

过硫磷石膏矿渣水泥混凝土的初凝时间应≥4h，终凝时间应≤24h。

（2）泌水率

过硫磷石膏矿渣水泥混凝土的泌水率应≤5%。

（3）混凝土强度

过硫磷石膏矿渣水泥混凝土 28d 龄期的立方体抗压强度标准值，应不低于表 6-100 的数值。

表 6-100 过硫磷石膏矿渣水泥混凝土 28d 龄期强度

强度等级	抗压强度（MPa）			
	C25	C30	C35	C40
立方体抗压强度	25	30	35	40

（4）安定性与 7d 强度增进率

过硫磷石膏矿渣水泥中的熟料（或钢渣）掺量很少，所带入的 f-CaO 量极少，不可能对过硫磷石膏矿渣水泥混凝土的安定性带来影响。但是，过硫磷石膏矿渣水泥混凝土中存在大量未化合的磷石膏，水化后期还有可能继续形成大量的钙矾石，造成膨胀，使混凝土安定性不合格或者造成过硫磷石膏矿渣水泥混凝土后期强度大幅度下降。

2015 年 10 月，湖北省大悟县新富源水泥制品有限公司进行过硫磷石膏矿渣水泥混凝土道路砖试生产时，就发生过一次混凝土制品安定性不合格事件。试生产时的配比和控制指标如下：

改性磷石膏浆配合比：磷石膏（干基）∶P • C 32.5 水泥＝45∶1.5。

改性磷石膏浆滤液耗酸量指标：（0.15±0.03）mmol/g。

改性磷石膏浆 0.08mm 筛余细度指标：1.0%±0.2%。

改性磷石膏浆含固量指标：60.0%±1%。

过硫磷石膏矿渣水泥混凝土配合比：

改性磷石膏浆∶矿渣粉∶P • O 42.5 水泥∶石子∶砂＝184.2∶192∶3.8∶1080∶720。

PSC 滤液耗酸量指标：（0.20±0.03）mmol/g。

将湖北黄麦岭磷化工有限公司的磷石膏按改性磷石膏的配比加入 P • C32.5 水泥，磨头加入适量水进行改性磷石膏浆粉磨。控制加水量，以保证改性磷石膏浆的含固量为 60%±1%，如果含固量高于此范围，可以在改性磷石膏浆储浆池中加入适当水调整至 60% 的含固量浓度。如果出现改性磷石膏浆含固量过低的情况，可以停搅拌机，待磷石膏略沉降之后，将表层的水抽出部分进行调整。改性磷石膏浆的质量检测结果，见表 6-101。

表 6-101 改性磷石膏浆质量检测结果

日期	改性磷石膏浆滤液耗酸量（mmol/g）	改性磷石膏浆滤液 pH 值	细度（%）	含固量（%）
10 月 12 日	0.126	12.60	1.72	59.3
10 月 13 日	0.128	12.67	1.70	59.7
10 月 14 日	0.140	12.80	2.33	59.1
10 月 15 日	0.124	12.53	1.95	59.9
10 月 16 日	0.135	12.72	2.21	59.8

按过硫磷石膏矿渣水泥混凝土的配合比，用微机计量秤配料入搅拌机搅拌。由于是生产道路砖，混凝土拌合料水量很少，由于改性磷石膏浆和砂石中均含有水，因此基本上不用外加水，只是在砂石较干时，需要补充少量外加水。

过硫磷石膏矿渣水泥混凝土搅拌后，用制砖机进行压制成型。为了检验混凝土强度的方便，从现场取得的干硬性混凝土无法进行振动成型，故将取回的试样加入适量水，将维勃稠度调整至 6～8s 后，进行振动成型。过硫磷石膏矿渣水泥混凝土的质量检测结果，见表 6-102。

表 6-102　过硫磷石膏矿渣水泥混凝土质量检测结果

编号	日期	维勃稠度（s）	PSC 滤液耗酸量（mmol/g）	PSC 滤液pH 值	抗压强度（MPa）			7d 强度增进率（%）	安定性
					3d	7d	28d		
S1	10 月 12 日上	10.0	0.306	11.48	9.9	11.7	17.5	15.4	不合格
S2	10 月 12 日下	8.6	0.190	11.08	6.5	15.9	38.5	59.1	合格
S3	10 月 13 日上	9.7	0.169	11.18	7.0	16.3	36.6	57.1	合格
S4	10 月 13 日下	9.5	0.228	11.40	8.9	17.3	33.6	48.6	合格
S5	10 月 14 日上	8.0	0.223	11.40	8.9	17.5	34.1	49.1	合格
S6	10 月 14 日下	10.0	0.211	11.27	8.6	15.8	32.8	45.6	合格
S7	10 月 15 日上	9.3	0.310	11.56	9.0	10.8	15.2	16.7	不合格
S8	10 月 15 日下	10.0	0.229	11.40	8.3	15.0	32.5	44.67	合格
S9	10 月 16 日上	9.4	0.303	11.72	8.0	9.5	13.1	15.8	不合格
S10	10 月 16 日下	9.7	0.230	11.50	9.0	14.7	29.0	38.78	合格

　　在过硫磷石膏矿渣水泥混凝土配料时，由于 P·O 42.5 水泥的螺旋喂料秤还是采用原先配制普通硅酸盐水泥混凝土时所用的喂料秤，产量太大，用在配制过硫磷石膏矿渣水泥混凝土时，由于 P·O 42.5 水泥掺量太少，常常无法控制，造成过硫磷石膏矿渣水泥混凝土中的 P·O 42.5 水泥配比波动很大，经常超出了配比要求的范围，造成 PSC 滤液耗酸量经常超出控制范围。从过硫磷石膏矿渣水泥混凝土强度检验结果看，有不少混凝土强度没有达到指标要求，结果见表 6-101。过硫磷石膏矿渣水泥混凝土道路砖在堆场堆放几个月后，发现有部分道路砖因安定性不合格产生崩溃，如图 6-162 所示。

(a) 安定性合格　　　　　　　　　　(b) 安定性不合格

图 6-162　过硫磷石膏矿渣水泥混凝土道路砖

　　过硫磷石膏矿渣水泥安定性不合格的原因是钙矾石膨胀，检验钙矾石膨胀会否造成水泥安定性不合格，通常是采用水浸法进行，其试验方法为：将过硫磷石膏矿渣水泥净浆（或 PSC 浆）在雷氏夹中成型，在标准养护箱中养护 48h 后，测定雷氏夹指针间距离 d_0，然后浸在 20℃水中再养护 7d，测定雷氏夹指针之间的距离 d，雷氏夹膨胀值按照 $d-d_0$ 计算得出，单位为 mm。雷氏夹膨胀值≤5mm 时，判定该试样安定性合格，否则为不合格。

但是，按此方法对表 6-98 中的 K1～K7 试样进行 PSC 浆的雷氏夹膨胀值测定，却发现几个试样的安定性全部合格。说明 PSC 浆的雷氏夹膨胀值不能反映出过硫磷石膏矿渣水泥混凝土后期强度的变化情况，只有当过硫磷石膏矿渣水泥混凝土后期强度下降非常巨大，混凝土结构接近崩溃状态时才会有所反映。因此，作者认为将水浸法作为检验过硫磷石膏矿渣水泥混凝土安定性的方法，是不够灵敏的。相反，由表 6-98 和表 6-102 可见，过硫磷石膏矿渣水泥混凝土的 7d 强度增进率却非常灵敏地反映出混凝土后期强度的变化。因此，将 7d 强度增进率作为控制指标，可确保过硫磷石膏矿渣水泥混凝土的安定性合格。

根据以上试验数据和实际生产经验，确定过硫磷石膏矿渣水泥混凝土 3d 到 7d 的强度增进率应≥30%。

（5）混凝土碳化强度

过硫磷石膏矿渣水泥的最大缺陷是抗碳化性能较差，通常碳化后强度会下降。为了提高过硫磷石膏矿渣水泥混凝土的抗碳化性能，在设计过硫磷石膏矿渣水泥混凝土强度时，应有较大幅度的富余强度。同时，应严格控制过硫磷石膏矿渣水泥中碱性物质的含量，加强淋水（或水中）养护，适当降低过硫磷石膏矿渣水泥的 3d 强度，方可大幅度提高过硫磷石膏矿渣水泥混凝土的后期强度和抗碳化性能。

为了保证过硫磷石膏矿渣水泥混凝土的使用性能，过硫磷石膏矿渣水泥混凝土碳化 28d 后的抗压强度应不低于表 6-103 中的数值。

表 6-103　过硫磷石膏矿渣水泥混凝土碳化 28d 后的强度

强度等级	抗压强度（MPa）			
	C25	C30	C35	C40
立方体抗压强度	20	24	28	32

（6）混凝土吸水率

过硫磷石膏矿渣水泥混凝土的吸水率应≤8%。

6.8　过硫磷石膏矿渣水泥的应用

过硫磷石膏矿渣水泥是一种全新的水泥品种，自发明以来，虽然在试验室进行了诸多的耐久性研究，但毕竟还未在实际结构工程中应用和验证过，甚至国家有关部门还没有发布相应产品标准，因此，目前过硫磷石膏矿渣水泥还不能应用于结构工程。过硫磷石膏矿渣水泥最大特征是水化后水泥石中还含有大量未化合的游离石膏，因此，过硫磷石膏矿渣水泥不得与硅酸盐类和其他类型的水泥混合使用，除非能证明对双方的性能均无害。

但是，创新就代表着做前所未有的事，任何一种水泥从诞生开始，都要经历从无到有，从不成熟到成熟的过程。因此，过硫磷石膏矿渣水泥的应用也必须经历一段积累经验的过程。在没有取得丰富的工程应用实际经验前，过硫磷石膏矿渣水泥暂时宜应用于非承重的工程，待到积累了足够的耐久性数据后，再推广应用到结构工程。

6.8.1　非承重过硫磷石膏矿渣水泥混凝土制品

非承重混凝土制品是指用于非结构工程的道路砖、植草砖、路缘石、护坡石、道路隔离、非承重墙体材料等水泥混凝土制品。制品用过硫磷石膏矿渣水泥混凝土应符合 JC/T 2391—2017 的标准。

6.8.1.1 生产工艺流程

完整的过硫磷石膏矿渣水泥混凝土及制品的生产工艺流程，如图 6-28 所示，包括了矿渣烘干和粉磨系统、熟料和钢渣粉磨系统、改性磷石膏的制备系统、混凝土配料与拌合系统、成型与养护系统。其中矿渣的烘干与粉磨系统投资大、能耗高。近年来，随着我国资源综合利用水平的不断提高，矿渣粉磨已经实现了设备大型化、生产专业化和产品标准化，矿渣粉可由市场上直接购买。对于以综合利用磷石膏为主要目的的小型水泥制品企业，可采用外购矿粉和少量普通硅酸盐水泥的方式生产过硫磷石膏矿渣水泥混凝土制品。

外购矿渣粉和少量普通硅酸盐水泥，省去了矿渣烘干粉磨系统、熟料和钢渣粉磨系统，能大大减少建厂投资，降低工厂自身运行的能源消耗和环境保护压力，但采购的矿渣粉和普通硅酸盐水泥已经包括了外厂的生产利润，自然也提高了制品的生产成本。此外，由于矿渣粉和熟料粉的化学成分、矿物组成、颗粒级配等性质对过硫磷石膏矿渣水泥混凝土性能的影响很大，因此必须对购入的矿渣粉和普通硅酸盐水泥进行相关性能检测和试配试验，符合要求后才能使用，以保证产品质量。

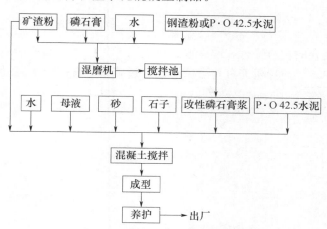

图 6-163　过硫磷石膏矿渣水泥混凝土制品
简易工艺流程示意图

下面以外购矿渣粉和普通硅酸盐水泥的过硫磷石膏矿渣水泥混凝土制品生产线为例进行说明，其简易工艺流程如图 6-163 所示。

6.8.1.2 生产工艺流程说明

过硫磷石膏矿渣水泥混凝土制品生产线的简易工艺流程主要有四个部分，分别是：原材料进厂及储存；改性磷石膏浆体制备；过硫磷石膏矿渣水泥混凝土配制搅拌和制品成型与养护。以下以过硫磷石膏矿渣水泥混凝土制品的试生产线进行说明。

（1）原材料进厂及储存

磷石膏、钢渣粉经汽车运输进厂后，分别堆入原材料联合堆场的堆存区。矿粉经水泥散装车运输进厂后，通过气泵输送入 $\phi 3.5 \mathrm{m} \times 10 \mathrm{m}$（直段部分）钢仓。P·O 42.5 普通硅酸盐水泥经水泥散装车运输进厂后，通过气泵输送入 $\phi 2.6 \mathrm{m} \times 10 \mathrm{m}$（直段部分）钢仓。

（2）改性磷石膏浆体制备

改性磷石膏浆的生产工艺流程，如图 6-164 所示。

来自原料联合堆场的磷石膏，用铲车装入料斗，同时钢渣粉（或普通硅酸盐水泥）和矿渣粉经计量后经螺旋输送机，再经皮带机送入 $\phi 1.2 \mathrm{m} \times 2.4 \mathrm{m}$ 湿式球磨机，加水一起粉磨。经湿磨粉粉磨后的物料进入陈化搅拌池搅拌，经泥浆泵抽送入改性磷石膏浆计量仓。

（3）过硫磷石膏矿渣水泥混凝土的搅拌

来自原料联合堆场的砂子、石子经铲车分别送至带计量装置的砂子、石子料斗，砂子、石子、外加剂、水分别计量后送入搅拌机中；来自矿渣粉钢仓和 P·O 42.5 普通硅酸盐水泥

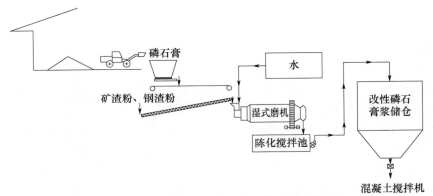

图 6-164　改性磷石膏浆生产工艺流程示意图

钢仓的物料经管式螺旋输送机送入搅拌机中；改性磷石膏浆体计量仓通过气动阀卸入搅拌机中。经搅拌机充分拌合后，制成过硫磷石膏矿渣水泥混凝土，工艺流程如图 6-165 所示。

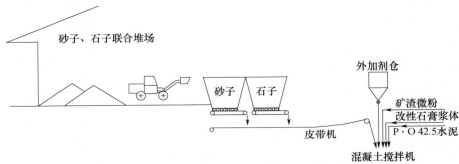

图 6-165　过硫磷石膏矿渣水泥混凝土配制拌合工艺流程

（4）制品成型与养护

拌合好的过硫磷石膏矿渣水泥混凝土经砖机自带的提升机送入砖机混凝土仓中，经计量后在专用模具中振动压制成所需要的制品，压制成型的成品经过养护成为合格的产品，工艺流程如图 6-166 所示。

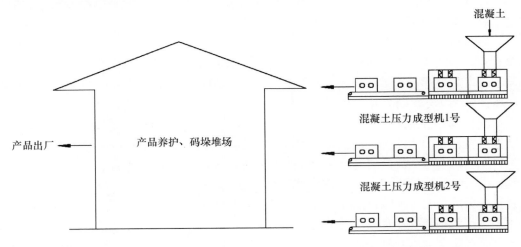

图 6-166　制品成型养护工艺流程示意图

过硫磷石膏矿渣水泥混凝土制品试生产线的照片，如图 6-167 所示。

(a) 进厂磷石膏	(b) 磷石膏上料斗
(c) 改性磷石膏浆球磨机	(d) 改性磷石膏浆搅拌池
(e) 过硫磷石膏矿渣水泥混凝土搅拌机	(f) 混凝土制品成型机
(g) 道路砖成品	(h) 成品堆场

图 6-167 过硫磷石膏矿渣水泥混凝土制品试生产线

6.8.1.3 生产工艺参数

（1）磷石膏的预处理及制浆

磷石膏的预处理通过加入碱性材料，以中和磷石膏中少量的残留可溶性酸，减少磷石膏中有害杂质对水泥凝结时间和早期强度的影响。碱性材料可以是石灰、电石渣、钢渣泥等含 CaO 或者 $Ca(OH)_2$ 的材料。生产上为了简化原材料，可采用普通硅酸盐水泥。磷石膏、普通硅酸盐水泥、矿粉，按表 6-104 所示的配比配料预拌。

表 6-104　改性磷石膏浆的配料

原料名称	磷石膏	P·O 42.5 水泥	矿粉
干基比例（%）	45	2.0	0.5
实物质量（kg）	1000	37.8	9.4

预拌好的磷石膏放置时间不宜超过 7d，以免预拌的磷石膏板结成大块，造成喂料和粉磨困难。

（2）改性磷石膏浆的陈化和浓度调节

粉磨后的改性磷石膏浆进入储浆池后需要陈化 8h 以上，使磷石膏中的有害杂质能够充分中和。磷石膏在储浆池中陈化时，搅拌机不能停止搅拌，以免磷石膏浆沉积板结。

为了保证磷石膏浆足够的流动度和配置混凝土的计量，磷石膏浆在储浆池中需要加适当水调整至 60% 的含固量浓度。调整方法为：用事先标定好的浓度壶装满料浆后称重，并按照表 6-105 对照后调整。

如果出现改性磷石膏浆含固量过低的情况，可以停搅拌机，待磷石膏略沉降之后，将表层的水抽出部分再进行调整。

表 6-105　料浆含固量和浓度壶质量对照表

含固量（%）	50.0	52.5	55	57.5	60.0	62.5	65.0
质量（g）	969	985	1001	1013.5	1026	1039	1052

（3）制备路缘石的 C30 流动性混凝土配合比

C30 过硫磷石膏矿渣水泥混凝土的设计配合比，见表 6-106。由于改性磷石膏浆含磷石膏为 60%，含水 40%，并考虑现场砂石的含水率（假设现场砂的含水率为 3%，碎石含水率为 1%），混凝土中现场配合比见表 6-107。

表 6-106　C30 过硫磷石膏矿渣水泥混凝土的配合比（kg/m³）

原料	PG 水泥	砂	石子	母液	水
配比	380	720	1080	1.14	160

表 6-107　C30 过硫磷石膏矿渣水泥混凝土的现场配合比（kg/m³）

原料	改性磷石膏浆	矿粉	P·O 42.5 水泥	砂	石子	母液	外加水
掺量	300.8	188.1	11.4	720	1080	1.14	7.3

实际拌合时，砂石中的水是变化的，因此需要根据混凝土拌合物的流动度调整外加水的用量，当流动度符合要求时，不需要再添加外加水。母液的掺量是按照干基过硫磷石膏矿渣水泥的 0.3% 掺入，实际生产时可以根据混凝土工作性情况调整。

6.8.1.4　主要产品与性能

过硫磷石膏矿渣水泥作为一种新型环保生态水泥，以其制造工艺简单、生产成本低、强度高等特点，将在市政建设、道路交通、农田水利等领域非结构用水泥制品的生产中具有广阔的应用前景。改变过硫磷石膏矿渣水泥混凝土制品生产线上成型机的模具，就可根据需要生产不同的制品。

（1）路缘石

路缘石，指铺设在路面边缘或者标定路面界限的界石。它是在路面上车行道、人行道、绿地、隔离带和道路其他部分的界线，起到保障行人、车辆交通安全和保证路面边缘整齐的作用，如图 6-168 所示。

(a) 路缘石　　　　　　　　　　(b) 铺设效果

图 6-168　路缘石及其铺设效果

路缘石按照路面上的铺设形式，分为平缘石和立缘石。立缘石又称侧石，是顶面高出路面的路缘石，有标定车行道范围和纵向引导排除路面水的作用。平缘石是顶面与路面平齐的路缘石，有标定路面范围、整齐路容、保护路面边缘的作用。

按照路缘石的材质分为水泥混凝土路缘石和天然石材路缘石。混凝土路缘石指以水泥和密实集料为主要原料，经振动法、压缩法或者其他能达到同等效能方法预制的、满足外观形状规格和物理性能要求的混凝土构件。

根据行业标准 JC/T 899—2016《混凝土路缘石》，直线型路缘石的抗折强度等级分为 $C_f6.0$、$C_f5.0$、$C_f4.0$、$C_f3.0$，曲线形及直线型、截面 L 型抗压强度等级分为 C_c40、C_c35、C_c30、C_c25。直线型路缘石抗折强度应符合表 6-108 的规定。曲线型路缘石，直线型、截面 L 型路缘石抗压强度应符合表 6-109 的规定。此外，路缘石的吸水率还应该符合表 6-110 的规定。

表 6-108　路缘石的抗折强度（MPa）

等级	$C_f6.0$	$C_f5.0$	$C_f4.0$	$C_f3.0$
平均值，C_f，$\geqslant$	6.00	5.00	4.00	3.00
单块最小值，$C_{f,min}$，$\geqslant$	4.80	4.00	3.20	2.40

表 6-109　路缘石的抗压强度（MPa）

等级	C_c40	C_c35	C_c30	C_c25
平均值，C_c，$\geqslant$	40.0	35.0	30.0	25.0
单块最小值，$C_{c,min}$，$\geqslant$	32.0	28.0	24.0	20.0

表 6-110　路缘石的吸水率

项目	优等品（A）	一等品（B）	合格品（C）
吸水率，%，$\leqslant$	6.0	7.0	8.0

应用于寒冷地区、严寒地区的路缘石应进行抗冻性试验。路缘石经 D50 次冻融试验的质量损失应不大于 3.0%。寒冷地区、严寒地区冬季道路使用除冰盐除雪时应进行抗盐冻性试验。路缘石经 ND25 次抗盐冻试验的质量损失应不大于 $0.50kg/m^3$。

研究和生产实践表明，过硫磷石膏矿渣水泥可制备 C40、C30 强度等级的流动性混凝土和干硬性混凝土，适用于采用挤压法或者振动法生产不同等级的路缘石。与传统的普通硅酸盐水泥相比，过硫磷石膏矿渣水泥配制的流动性混凝土具有很好的流动性和包裹性，便于浇筑或振压成型，水泥具有微膨胀性，生产的路缘石浆体饱满、表面光洁、棱角纹路清晰，混凝土密实度高，抗渗性好。

（2）护坡石

在水利工程建设中，为防止大坝迎水面遭波浪和水流作用的侵蚀，需要采用工程措施加以防护，我国最常见的护坡形式是砌石和现浇混凝土这两种形式。砌石护坡，在石料资源充足地区较为普遍，其不足之处是工程质量不易控制，整体性不好，耐久性差。现浇混凝土护坡整体性好，抗风浪能力强，所需砌体厚度小，节省原材料，但难以适应地基变形，特别是新修堤坝，一旦出现塌陷，难以修复。从环境保护角度考虑，整体现浇的混凝土与周边自然环境融合性不好，也不利于水生物的栖息与生存。

随着混凝土砌块制作技术的提高，适应精细化施工和环境保护要求、具有很好抗波浪作用效果的混凝土砌块护坡，在欧美发达国家得到广泛应用，已经成为海岸、河道、湖泊、水库、渠道等护砌工程的主要护坡形式。

如图 6-169 所示，混凝土砌块护坡，是以人工预制混凝土砌块作为护面层单元的一种铺砌方式，使相邻砌块可以相互作用共同抵抗波浪和水流作用。护坡用砌块平面尺寸较小，一般为几十厘米，厚度在 0.1～0.5m 之间。常见的护坡砌块有柱形块、矩形块、异体块。砌块的连接方式可分为松散砌块、连锁砌块和砌块排，以适应不同的护坡要求。砌块块型、几何尺寸和性能可根据要求设计和生产，砌块形状规则、尺寸统一、施工效率高，工程质量易于控制。我国已在蚌埠闸、入海水道枢纽、淮河水利枢纽等工程施工中，成功采用混凝土护坡。

图 6-169　护坡石

利用混凝土砌块进行堤坝防护，在我国尚处于起步阶段，目前尚未制定相应的国家标准和技术规范。目前，一些企业根据前期的实践制定了的企业标准，对砌块的材料性能要求，参照国家标准 GB/T 4111—2013《混凝土砌块和砖试验方法》，对砌块按照抗压强度 C_c10、C_c20、C_c30、C_c40、C_c50 和抗折强度 $C_f3.0$、$C_f4.0$、$C_f5.0$、$C_f6.0$ 进行等级划分。实际生产中，混凝土拌合物为干硬性混凝土，水灰比控制在 0.35 左右，在模具中布料后振动加压密实成型，脱模后在托板上运输至养护室养护 48h，将干坯在木托板上码放保湿养护 7d 后，再自然养护 15d 出厂。

我国护坡工程量大面广，随着社会发展和环境保护要求的提高，对护坡工程质量要求也会越来越高。混凝土护坡作为一种新型护坡形式，具有广阔的应用前景。过硫磷石膏矿渣水泥可满足 C40 以下强度等级的护坡石的生产。

（3）路面砖

以水泥和集料为主要原料，经过加压、振动加压或者其他成型工艺制成，用于铺设人行道、车行道、广场、仓库等混凝土路面及地面工程的块、板等，其表面可以为有面层（料）的或者无面层（料）的、本色或彩色的。

混凝土路面砖按照其用途和形式，可分为步道砖、植草砖等。步道砖指用于覆盖公共交通的人行道或广场，植草砖指用于铺设在城市人行道及停车场、具有植草孔、能够绿化路面及地面工程的砖和空心砌块。其表面可以是有面层或者无面层、本色或者彩色的水泥混凝土制品，如图 6-170 所示。

(a) 步道砖　　　　　　　　　　　　　　(b) 植草砖

图 6-170　路面砖

植草混凝土路面砖作为一种新型的路面材料（简称"植草砖"），在部分住宅区内的次要宅前小道点缀与应用，既保证了宅地泛绿和人们居家小型车辆的停泊，又满足了城市宅基地集约化的基本要求，是广泛使用的路面块材。

按照国家标准 GB 28635—2012《混凝土路面砖》的要求，路面砖根据抗压强度等级分为 C_c30、C_c35、C_c40、C_c50、C_c60。按照抗折强度等级分为 $C_f3.5$、$C_f4.0$、$C_f5.0$、$C_f6.0$，此外，路面砖物理性能还必须满足表 6-111 的规定。磨坑长度试验按国家标准 GB/T 12988—2009《无机地面材料耐磨性能试验方法》的规定进行，耐磨度试验按国家标准 GB/T 16925—1997《混凝土及其制品耐磨性试验方法（滚珠轴承法）》的规定进行。

表 6-111　路面砖的物理性能要求

质量等级	耐磨性		吸水率（%）≤	抗冻性
	磨坑长度（mm）≤	耐磨度≥		
优等品	28.0	1.9	5.0	冻融循环试验后，外观质量须符合规定，强度损失不得大于 20.0%
一等品	32.0	1.5	6.5	
合格品	35.0	1.2	8.0	

注：磨坑长度与耐磨度两项试验只做一项即可。

过硫磷石膏矿渣水泥可用于制备 C40 强度等级以下的各种路面砖，路面砖的彩色面层使用彩色硅酸盐水泥制备，覆盖在过硫磷石膏矿渣水泥基体混凝土上，不但能提高耐磨度，而且对防止碳化造成的强度损失具有良好的作用。

（4）混凝土砌块砖

混凝土砌块砖，指以水泥、集料为主要原料，可掺入外加剂及其他材料，经配料、搅拌、成型、养护制成的混凝土砖。混凝土砌块砖是我国广泛使用的墙体砌筑材料。

2010 年实施的国家标准 GB/T 24492—2009《非承重混凝土空心砖》、GB/T 24493—2009《装饰混凝土砖》和 GB 25779—2010《承重混凝土多孔砖》，这三个产品标准与 2008 年实施的 GB/T 21144—2007《混凝土实心砖》，构建了我国混凝土砖产品标准体系。

混凝土实心砖按照密度分为 A 级（≥2100kg/m³）、B 级（1681～2099kg/m³）和 C 级（≤1680kg/m³）三个密度等级。砖的抗压强度分为 MU40、MU35、MU30、MU25、MU20、MU15 六个等级。砖主规格尺寸为 240mm×115mm×53mm，其他规格由供需双方协商确定。此外，国家标准对最大吸水率、干燥收缩率、碳化系数、软化系数作了具体的要求。

非承重混凝土空心砖指空心率≥25%，用于非承重结构部位的混凝土空心砖。按抗压强度分为 MU5、MU7.5 和 MU10 三个强度等级，按照表观密度分为 1400、1200、1100、1000、900、800、700、600 八个密度等级。国家标准还对干燥收缩率、含水率、抗冻性、碳化系数和软化系数作了具体的要求。

承重混凝土多孔砖指空心率大于 25% 但小于 35%，用于承重结构部位的混凝土空心砌块砖，混凝土按照强度分为 MU15、MU20、MU25 三个等级。最大吸水率≤12%，碳化系数≥0.85，软化系数≥0.85，国家标准对干燥收缩率和抗冻性作出了具体要求。

过硫磷石膏矿渣水泥与集料拌合，经成型、养护后，可制备出符合上述标准的各种混凝土砌块，用于非承重的墙体，如图 6-171 所示。

图 6-171　混凝土砌块

6.8.1.5　产品成本分析

以制备 C30 混凝土制品为例，按照湖北省大悟县原材料价格进行原料成本核算，常规的普通硅酸盐水泥制备 C30 混凝土的原材料成本，见表 6-112，过硫磷石膏矿渣水泥制备 C30 混凝土的原料成本，见表 6-113。

表 6-112　普通硅酸盐水泥制备 C30 混凝土原料成本

原料	每方用量（kg）	单价（元/t）	费用（元）
P·O 42.5 水泥	240	370	88.80
S95 矿渣粉	60	250	15.0
粉煤灰	60	160	9.60

续表

原料	每方用量（kg）	单价（元/t）	费用（元）
石子	1080	50	54.00
砂子	780	40	31.20
外加剂①	1.5	8000	12.00
水	175	—	—
合计	—	—	210.60

①外加剂含固量为40%。

表6-113　过硫磷石膏矿渣水泥制备C30混凝土原料成本

原料	每方用量（kg）	单价（元/t）	费用（元）
改性磷石膏浆①	300.8	18	5.41
S95矿渣粉	188.1	250	47.03
P·O 42.5水泥	11.4	370	4.22
石子	1080	50	54.00
砂子	720	40	28.80
外加剂②	1.14	8000	9.12
水	60	—	—
合计	—	—	148.58

①改性磷石膏浆中水分含量为40%；
②外加剂含固量为40%，配比为外掺。

由表6-112和表6-113的原料成本对比可以看出，过硫磷石膏矿渣水泥制备的混凝土，每1m³原料成本相比普通硅酸盐水泥混凝土降低了约62.02元。

6.8.2　过硫磷石膏矿渣水泥泡沫混凝土与制品

泡沫混凝土又称为发泡水泥、轻质混凝土等，是一种利废、环保、节能、低廉且具有不燃性的新型建筑节能材料。泡沫混凝土是通过化学或物理的方式根据应用需要将空气或氮气、二氧化碳气、氧气等气体引入混凝土浆体中，经过合理养护成型而形成的含有大量细小的封闭气孔，并具有相当强度的混凝土制品。过硫磷石膏矿渣水泥泡沫混凝土就是用过硫磷石膏矿渣水泥制备的泡沫混凝土，无疑更具有环保生态特性。

泡沫混凝土具有密度小、质量轻、保温、隔声、抗震等性能，广泛应用于挡土墙、运动场和田径跑道、夹心构件、复合墙板、管线回填、贫混凝土填层、屋面边坡、储罐底脚的支撑、保温层现浇、泡沫混凝土面块、泡沫混凝土轻质墙板、泡沫混凝土补偿地基、射击和爆炸吸能防护、冷库保温、吸声隔声材料、透气植草地面等。但其在应用中存在强度偏低、开裂、吸水等缺陷，其性能还有待进一步改进。

6.8.2.1　原料制备与试验方法

1. 原料制备

过硫磷石膏矿渣水泥泡沫混凝土试验所使用原料的化学成分见表6-114，各原料的粉磨和制备方法如下：

表 6-114　原料的化学成分（%）

名称	产地	SiO$_2$	Al$_2$O$_3$	Fe$_2$O$_3$	CaO	MgO	SO$_3$	P$_2$O$_5$	TiO$_2$	MnO	Na$_2$O	K$_2$O	合计
熟料	武汉亚东	21.97	4.19	3.54	64.42	2.60	0.72	0.10	0.27	0.10	0.09	0.61	98.61
磷石膏	湖北大悟	3.21	1.09	0.31	34.52	0.06	47.30	1.10	0.38	0.04	0.13	0.25	88.39
钢渣	武汉武钢	13.82	2.31	23.97	43.10	6.31	0.30	2.15	0.95	3.94	—	0.02	96.87
矿渣	武汉武钢	32.72	14.58	1.26	38.14	8.12	2.16	0.02	1.43	0.40	0.73	0.28	99.84
快硬硫铝酸盐水泥	市购	9.18	24.16	2.53	40.82	1.39	15.38	0.11	1.04	—	0.19	0.30	95.10

熟料粉：将亚东熟料破碎并通过 0.315mm 筛，每磨 5kg，单独在 ϕ 500mm×500mm 小磨内粉磨至比表面积为 408m^2/kg 备用。

矿渣粉：将武汉钢铁有限公司的矿渣烘干后，单独在 ϕ 500mm×500mm 小磨内粉磨至比表面积为 411m^2/kg 备用。

改性磷石膏浆：取湖北大悟黄麦岭磷化工有限公司的磷石膏，按磷石膏（干基）：熟料粉：矿渣粉＝97.5：1.5：1 的比例，在砂浆搅拌机中搅拌均匀（搅拌时需要一定的水分，大概自由水含量 15% 左右），用塑料袋密封在养护室中放置 1d 后，外加 70% 的水（含磷石膏中的水），每磨 1kg 物料（不包括水），在陶瓷球混料机中混合粉磨 60min 后取出，测定 pH 值为 8.7。取少量样品置于 60℃烘箱中烘干至恒重，测定含固量为 59.4%（用于校正水泥配比），测定比表面积为 819m^2/kg。

快硬硫铝酸盐水泥：购自山西阳泉天隆工程材料有限公司。

2. 试验方法

（1）比表面积：按照 GB 8047—87《水泥比表面积测定方法（勃氏法）》进行。

（2）标准稠度凝结时间：按照 GB/T 1364—2011《水泥标准稠度用水量、凝结时间、安定性检验方法》进行。

（3）胶砂强度：按照 GB/T 17671—1999《水泥胶砂强度检验方法（ISO 法）》进行。如果试样凝结时间过长，可在水泥标准养护箱中养护 2d 或者 3d 后脱模，试样脱模后即测定脱模强度，然后浸水养护至规定龄期，测定各龄期的抗折强度和抗压强度。

（4）泡沫混凝土强度：将过硫磷石膏矿渣水泥配料后，在搅拌锅中干混 30s。然后将总加水量的 50%（含原料中的水）和标准型聚羧酸减水剂（母液）加入搅拌机，湿搅拌 2min。另外，预先将不同量的起泡剂加到总加水量 50% 的水中，采用家用水果搅拌机强烈搅拌均匀制成起泡剂溶液备用（过氧化氢例外），最后将定量的起泡剂溶液加入搅拌机中搅拌 5.5min（过氧化氢10s）。采用 40mm×40mm×160mm 试模，不加标准砂，直接将搅拌后的净浆注入试模中起泡，并待水泥凝结后刮平。注模起泡成型完成后置于 40℃养护箱内静置养护 1d 后脱模，即测定 1d 强度，然后全部试样浸入 20℃水中养护，直至测定 7d 和 28d 强度，同时测定体积密度。

（5）体积密度：将 40mm×40mm×160mm 试块测量体积后，敲碎并放入 60℃的烘箱中烘至恒重，然后计算单位体积的质量，kg/cm^3。

（6）水泥净浆流动度：采用水泥净浆流动度法（参见 JC/T 1083—2008《水泥与减水剂相容性试验方法》），所用圆模的上口直径为 36mm，下口直径为 60mm，高度 60mm。

（7）水泥净浆黏度：将未掺起泡剂的水泥净浆，用深圳市力达信仪器有限公司生产的 NDJ-8S 型数显黏度计测定。

（8）碳化试验：将 40mm×40mm×160mm 试块在 20℃水中养护到 28d 时取出，擦去表面水后，取几块测定强度后，剩余的试块全部放入碳化箱中碳化至规定龄期，取出测定强度和碳化深度并留样。碳化箱的 CO_2 浓度为（20±3）%，相对湿度为（70±5）%，温度为（20±1）℃。

6.8.2.2 快硬硫铝酸盐水泥掺量的影响

由于过硫磷石膏矿渣水泥凝结时间很长，通常不能在短时间快速凝结，因此水泥净浆起泡后很容易发生塌陷现象，无法制备成泡沫混凝土制品。所以，必须添加速凝剂，使过硫磷石膏矿渣水泥浆起泡后，能快速凝结以便于成型和不发生塌陷现象。快硬硫铝酸盐水泥可以作为过硫磷石膏矿渣水泥的速凝剂，使过硫磷石膏矿渣水泥快速凝结硬化。为了寻找快硬硫铝酸盐水泥适宜掺量，将以上原料按表 6-115 的配比配制成过硫磷石膏矿渣水泥，进行凝结时间测定和砂浆强度检验，结果见表 6-115。

表 6-115 硫铝酸盐水泥对过硫磷石膏矿渣水泥性能的影响

编号	改性磷石膏浆（%）	矿渣粉（%）	熟料粉（%）	快硬硫铝酸盐水泥（%）	母液（%）	标准稠度%	初凝（min）	终凝（min）	外加水（g）	3d（MPa） 抗折	3d（MPa） 抗压	7d（MPa） 抗折	7d（MPa） 抗压	28d（MPa） 抗折	28d（MPa） 抗压
H10	45	51	4	0	0.22	30.2	487	711	195.32	0.6	0.9	3.4	14.3	8.4	38.0
H11	45	50	4	1	0.22	30.6	280	505	193.32	1.1	2.6	3.7	15.0	7.3	41.5
H12	45	49	4	2	0.22	30.8	90	275	194.32	1.4	3.4	3.5	14.2	7.3	40.5
H13	45	48	4	3	0.22	31.1	55	105	197.32	1.8	3.5	3.5	14.2	7.3	37.6
H14	45	47	4	4	0.22	31.4	25	65	198.32	1.9	4.9	3.3	14.1	7.5	38.2

注：水泥砂浆胶砂比为 1:3，加水量按砂浆流动度 180～190mm 调整。

由表 6-115 可见，快硬硫铝酸盐水泥可显著缩短过硫磷石膏矿渣水泥的凝结时间。快硬硫铝酸盐水泥掺量越高，过硫磷石膏矿渣水泥的凝结时间越短，3d 强度越高，但 7d 和 28d 强度以快硬硫铝酸盐水泥掺量为 1% 时最高。综合考虑凝结时间和强度，同时也进行了过硫磷石膏矿渣水泥的起泡试验，最终确定快硬硫铝酸盐水泥掺量为 2%，可以满足过硫磷石膏矿渣水泥泡沫混凝土的起泡要求。

6.8.2.3 起泡剂的适宜掺量

可用于过硫磷石膏矿渣水泥起泡的起泡剂很多，试验中试用了万可涂液体发泡剂、RYF-2 起泡剂、混凝土引气剂、LG-2258 起泡剂、过氧化氢等起泡剂，均可以稳定起泡。考虑到成本和使用方便，最终确定采用过氧化氢作为过硫磷石膏矿渣水泥的起泡剂。

将以上原料按表 6-116 的配比配制成过硫磷石膏矿渣水泥，并进行起泡试验，同时测定起泡后试样的体积密度和强度，结果见表 6-116。试样折断后断面的照片如图 6-172 所示。

表 6-116 过氧化氢起泡剂掺量对体积密度和强度的影响

编号	改性磷石膏浆（%）	矿渣粉（%）	熟料粉（%）	快硬硫铝酸盐水泥（%）	母液（%）	过氧化氢起泡剂（%）	总加水量（%）	流动度（mm）	体积密度（kg/m³）	抗折强度（MPa） 3d	抗折强度（MPa） 7d	抗折强度（MPa） 28d	抗压强度（MPa） 3d	抗压强度（MPa） 7d	抗压强度（MPa） 28d
Q1	45	49	4	2	0.22	1.0	45.6	202	799	1.0	1.4	1.3	2.9	5.9	9.0
Q2	45	49	4	2	0.22	1.5	45.6	202	586	0.5	0.8	0.9	1.4	2.7	4.1
Q3	45	49	4	2	0.22	2.0	45.6	202	473	0.4	0.5	0.5	1.0	1.6	2.3
Q4	45	49	4	2	0.22	2.5	45.6	202	352	0.3	0.7	0.5	0.6	1.4	1.8

注：表中的流动度为未加过氧化氢时所测的流动度。

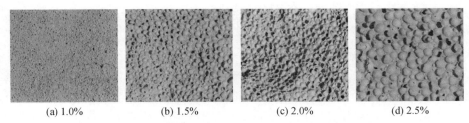

(a) 1.0%　　　　　(b) 1.5%　　　　　(c) 2.0%　　　　　(d) 2.5%

图 6-172　过氧化氢掺量与过硫磷石膏矿渣水泥起泡效果

由表 6-116 和图 6-172 可见，过氧化氢掺量越高，试样中的气泡越大，体积密度越小，但强度也越低。欲制备体积密度为 700kg/m³ 左右过硫磷石膏矿渣水泥泡沫混凝土制品，过氧化氢的掺量应在 1.0%～1.5% 之间，而且制品的强度也比较理想。

6.8.2.4　水泥浆黏度对起泡效果的影响

过硫磷石膏矿渣水泥浆的黏度大小，会影响过硫磷石膏矿渣水泥的起泡效果。黏度太小，有利于气泡长大；黏度过大又会抑制气泡的产生，使体积密度过大。所以过硫磷石膏矿渣水泥浆应该要有一个适当的黏度。为了研究如何控制过硫磷石膏矿渣水泥浆的黏度以及适宜的黏度范围，将上述原料按表 6-117 的配比配制成过硫磷石膏矿渣水泥，然后进行起泡试验并测定试样的体积密度和强度，结果见表 6-117，试样断面的照片如图 6-173 所示。

表 6-117　过硫磷石膏矿渣水泥浆黏度对体积密度和强度的影响

编号	改性磷石膏浆（%）	矿渣粉（%）	熟料粉（%）	快硬硫铝酸盐水泥（%）	母液（%）	过氧化氢起泡剂（%）	总加水量（%）	流动度（mm）	黏度（Pa·s）	体积密度（kg/m³）	抗折强度（MPa）			抗压强度（MPa）		
											1d	7d	28d	1d	7d	28d
Q1	40	54	4	2	0.3	1.5	37.2	179	2.10	537	0.8	0.8	0.7	1.4	2.4	2.7
Q2	40	54	4	2	0.4	1.5	31.1	180	2.85	648	0.9	0.9	0.9	1.5	2.8	3.3
Q3	40	54	4	2	0.5	1.5	27.9	183	5.90	680	1.0	1.1	1.2	2.1	4.2	5.9
Q4	40	54	4	2	0.6	1.5	23.4	175	9.98	675	1.1	1.2	1.3	2.1	4.6	6.1

注：表中流动度和黏度均为未加过氧化氢时所测的数据。

(a) 2.10 Pa·s　　　(b) 5.85 Pa·s　　　(c) 5.90 Pa·s　　　(d) 9.98 Pa·s

图 6-173　过硫磷石膏矿渣水泥净浆黏度与起泡效果

由表 6-117 可见，可以通过控制减水剂（母液）的掺量和调整加水量来达到调整过硫磷石膏矿渣水泥浆黏度的目的。增加减水剂的掺量，同时减少加水量，可在保持过硫磷石膏矿渣水泥浆流动度不变的条件下，提高过硫磷石膏矿渣水泥浆的黏度。

由图 6-173 可见，提高过硫磷石膏矿渣水泥浆的黏度，可缩小试样中气泡的直径，但同时试样的体积密度增大。

综合试样强度和体积密度等数据，过硫磷石膏矿渣水泥浆黏度宜控制在 10.0Pa·s 左右，减水剂（母液）掺量宜控制在 0.6% 左右。

6.8.2.5　磷石膏掺量的影响

生产过硫磷石膏矿渣水泥泡沫混凝土及其制品，应尽可能多用磷石膏。但磷石膏掺量对过硫磷石膏矿渣水泥泡沫混凝土的性能有较大的影响。为了解磷石膏掺量的影响，以过氧化氢为发泡剂，设计磷石膏掺量范围为 25%～45%，控制料浆黏度在 8.0 Pa·s 左右，其余试验条件如表 6-117 所示。制备了 P1～P5 五组过硫磷石膏矿渣水泥泡沫混凝土试样，并进行干表观密度测定和试样抗压强度检测，结果如表 6-118 所示。

表 6-118　磷石膏掺量对过硫磷石膏矿渣水泥泡沫混凝土性能的影响

编号	改性磷石膏浆（%）	矿渣（%）	熟料（%）	速凝剂（%）	母液（%）	双氧水（%）	黏度（Pa·s）	干表观密度（kg/m³）	抗折强度（MPa）			抗压强度（MPa）		
									1d	7d	28d	1d	7d	28d
P1	25	70	3	2	0.4	1.4	7.95	794	1.2	2.2	2.3	3.5	5.0	5.1
P2	30	65	3	2	0.4	1.4	7.88	761	1.1	1.9	2.1	2.7	3.9	4.5
P3	35	60	3	2	0.4	1.4	7.74	722	1.1	1.8	1.7	2.5	3.6	4.0
P4	40	55	3	2	0.4	1.4	7.56	716	1.0	1.6	1.5	2.6	3.7	3.9
P5	45	50	3	2	0.4	1.4	8.46	712	1.2	1.6	1.2	2.3	3.4	3.9

由表 6-118 可见，各试样的 1d 抗折强度相差不大，7d 和 28d 抗折强度随磷石膏掺量的增加而降低；当磷石膏掺量超过 35% 时，试样的 28d 抗折强度快速下降。

由表 6-118 可见，各试样的 1d、7d、28d 的抗压强度均随着磷石膏掺量的增加而下降。磷石膏掺量在 35%～45% 时，试样 28d 抗压强度变化不大。说明可以在 35%～45% 范围内提高磷石膏掺量而不会降低过硫磷石膏矿渣水泥泡沫混凝土的抗压强度。磷石膏掺量为 25% 的试样，其 7d 抗压强度与 28d 抗压强度几乎相等，其他磷石膏掺量的试样，7d 到 28d 的抗压强度均有所增加，说明提高磷石膏掺量，虽然抗压强度降低，但是后期强度还在继续发展。综合考虑抗压强度发展趋势及磷石膏利用量，过硫磷石膏矿渣水泥泡沫混凝土中的磷石膏最优掺量为 45%。

6.8.2.6　干磨磷石膏粉制备泡沫混凝土

为了满足在施工现场制备过硫磷石膏矿渣水泥泡沫混凝土的要求，进行了干磨磷石膏粉制备泡沫混凝土的试验。

熟料粉：将表 6-114 中的武汉亚东水泥厂的熟料破碎后，每磨 5kg，在 φ500mm×500mm 小磨内单独粉磨至比表面积为 419m²/kg。

矿渣粉：将表 6-114 中的武钢矿渣烘干后，每磨 5kg，在 φ500mm×500mm 小磨内单独粉磨至比表面积为 424m²/kg。

磷石膏粉：将表 6-114 中的黄麦岭磷石膏于 45℃下烘干后，在 φ500mm×500mm 小磨内单独粉磨至比表面积为 939m²/kg。磷石膏单独在 φ500mm×500mm 小球磨内粉磨时，出现包球现象。因此，实际生产时建议采用立式磨粉磨，不仅可以边烘干边粉磨，还可减轻或避免包球。

将以上原料粉，按表 6-119 的配比配制成过硫磷石膏矿渣水泥泡沫混凝土试块，进行强度和抗碳化性能检验，结果见表 6-120。

表 6-119　过硫磷石膏矿渣水泥泡沫混凝土的配比

编号	磷石膏粉（％）	矿渣粉（％）	熟料粉（％）	快硬硫铝酸盐水泥（％）	母液（％）	过氧化氢发泡剂（％）	总加水量（％）	流动度（mm）	黏度（Pa·s）
X2	45	50	3	2	0.6	1.4	22.5	102	22.1

表 6-120　磷石膏干粉制备泡沫混凝土的性能

编号	标养 7d（MPa）		标养 28d（MPa）			碳化 1d（MPa）			碳化 3d（MPa）			碳化 7d（MPa）			碳化 28d（MPa）		
	抗折	抗压	抗折	抗压	pH	抗折	抗压	pH	抗折	抗压	pH	抗折	抗压	pH	抗折	抗压	pH
X2	1.1	3.2	1.2	5.9	11.32	1.4	4.5	10.34	1.3	4.4	8.90	1.2	5.0	7.77	1.2	5.4	7.34

注：检测试块强度时，发现不同试块的体积密度大小有所差别，波动在 644～678kg/m³ 之间。

由表 6-120 可见，磷石膏干粉制备的泡沫混凝土与改性磷石膏浆所制备的泡沫混凝土（表 6-118）相比，磷石膏干粉制备的泡沫混凝土各龄期强度稍低，但总体上相差不大，说明可以使用磷石膏干粉制备过硫磷石膏矿渣水泥泡沫混凝土。

过硫磷石膏矿渣水泥泡沫混凝土的碳化速度很快，由于存在许多孔洞，试块碳化 1d 就大部分被碳化。通常的水泥试块，碳化都是从表面开始，慢慢碳化到试块内部，而泡沫混凝土试块碳化不同，不分内部或外部，碳化似乎是从整个试块一起开始碳化的。如图 6-174 所示的碳化 1d 试样，用酚酞溶液测试时，内部许多地方已经不显红色，而许多靠近表面的地方却显红色。碳化 1d 时试块大部分不显红色，碳化 3d 时试块基本上不显红色，碳化 7d 时能显红色的地方极少。可以认为试块碳化 7d 被完全碳化。

从碳化不同龄期时的试块 pH 值测定结果可见，碳化 7d 时，pH 值为 7.77，已经接近中性。

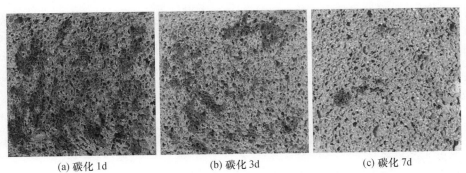

(a) 碳化 1d　　　　　　(b) 碳化 3d　　　　　　(c) 碳化 7d

图 6-174　不同碳化龄期试样在酚酞指示剂作用下的显色情况

6.8.2.7　过硫磷石膏矿渣水泥泡沫混凝土的微观结构

取表 6-117 中的 Q4 试样进行 XRD 和 SEM 测试，研究过硫磷石膏矿渣水泥泡沫混凝土的微观结构。

图 6-175 为 Q4 试样养护 28d 的 XRD 图谱。可见，养护 28d 的试样中有钙矾石、二水石膏和碳酸钙的衍射峰。与过硫磷石膏矿渣水泥的水化产物一致，说明发泡并不会改变过硫磷石膏矿渣水泥的水化产物的种类。

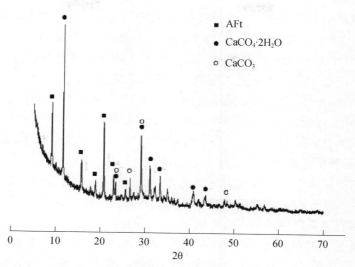

图 6-175　过硫磷石膏矿渣水泥泡沫混凝土 Q4 试样 XRD 分析

　　图 6-176 中的（a）和（b）为过硫磷石膏矿渣水泥泡沫混凝土 Q4 试样养护 7d 的 SEM 照片，（c）和（d）为养护 28d 的 SEM 照片。由（a）和（b）可见，在养护 7d 时，石膏晶体被大量 C-S-H 凝胶覆盖，针状钙矾石晶体从孔隙中生成，硬化体结构较为疏松。由（c）和（d）可见，养护 28d 时，钙矾石晶体长大变粗，过量的石膏晶体被 C-S-H 紧紧包裹，硬化体结构致密。

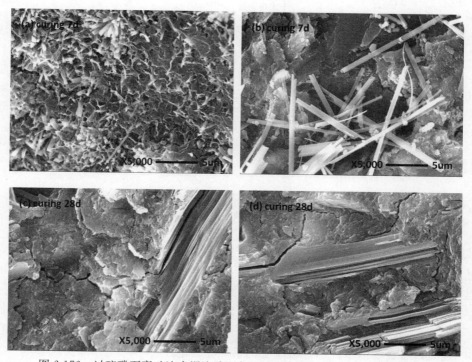

图 6-176　过硫磷石膏矿渣水泥泡沫混凝土试样养护 7d 和 28d 的 SEM 照片

　　过硫磷石膏矿渣水泥与过氧化氢溶液拌合后，过氧化氢在碱性条件下迅速分解产生氧气与水，在浆体内部产生大量气泡，$C_4A_3\bar{S}$和C_3A迅速与石膏作用，在生成针状钙矾石（AFt）晶体。C_3S水化生成C-S-H和Ca（OH）$_2$。由于Ca（OH）$_2$和石膏的存在，矿渣的潜在水硬性得到激发。Ca（OH）$_2$作为碱性激发剂，起到解离矿渣玻璃体结构的作用，使玻璃体中的Ca^{2+}、AlO_4^{5-}、Al^{3+}、SiO_4^{4-}离子进入溶液，引起矿渣的水解；同时Ca（OH）$_2$与矿渣中的活性SiO_2作用生成C-S-H。在石膏充足的条件下，矿渣中的活性Al_2O_3与Ca（OH）$_2$和石膏共同反应，生成AFt。随着养护时间的延长，水化产物越来越多，浆体凝结，气泡被固化在硬化体内部，形成具有大量细小气泡的多孔过硫磷石膏矿渣水泥泡沫混凝土制品。

6.8.2.8 过硫磷石膏矿渣水泥泡沫混凝土导热性能

由于过硫磷石膏矿渣水泥泡沫混凝土的主要应用之一是作为保温隔热材料使用，因此，材料的导热系数是其重要的一项指标。按照表 6-117 的配合比，制备得到的编号 Q1～Q4 的试样，采用热线法测定其导热系数，结果如图 6-177 所示。

由图 6-177 可见，过硫磷石膏矿渣水泥泡沫混凝土试样的导热系数分布在 0.155～0.185W/（m·K）范围内，随着干表观密度的增加，试样的导热系数也会增加。过硫磷石膏矿渣水泥泡沫混凝土可以认为是一个由水化产物相（钙矾石、C-S-H）、未水化相（磷石膏等）以及气孔相组成的多相材料。其测定的导热系数是一种平均导热系数，由各个相的导热系数构成。气体的导热系数远远小于固体。随着干表观密度的增加，气体相减少，固体相增加，因此平均导热系数增加。

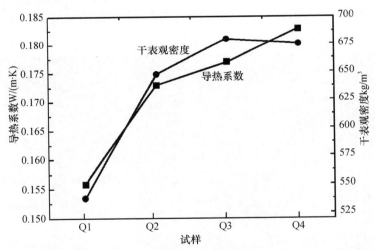

图 6-177   过硫磷石膏矿渣水泥泡沫混凝土试样干表观密度与导热系数关系

JC/T 2125—2012《屋面保温隔热用泡沫混凝土》中规定，干表观密度≤700kg/m³ 的泡沫混凝土，其导热系数应≤0.16W/（m·K）。与之相比，过硫磷石膏矿渣水泥泡沫混凝土的导热系数略微偏高，原因在于该实验中试样未添加任何稳泡剂，过氧化氢发泡的泡沫液膜黏度较低，容易破裂，产生较多开孔，使得导热系数偏高。如果后续研究中，通过添加稳泡剂等措施，有望解决这个问题。

6.8.2.9 过硫磷石膏矿渣水泥泡沫混凝土的抗碳化性能

过硫磷石膏矿渣水泥的最大缺陷是抗碳化性能差，制成泡沫混凝土后，由于孔隙率增加，碳化速度必然更快，因此有必要研究碳化对过硫磷石膏矿渣水泥泡沫混凝土性能的影响。

将上述原料按表 6-121 的配比，配制成过硫磷石膏矿渣水泥，采用 40mm×40mm×

160mm 试模，不加标准砂，制备成泡沫混凝土试块。置于 40℃养护箱内静置养护 1d 后脱模，全部试样浸入 20℃水中养护，直至测定 7d 和 28d 强度，同时测定体积密度，然后进行碳化试验，结果见表 6-122。

表 6-121 过硫磷石膏矿渣水泥泡沫混凝土配比

编号	改性磷石膏浆（%）	矿渣粉（%）	熟料（%）	快硬硫铝酸盐水泥（%）	母液（%）	过氧化氢发泡剂（%）	总加水量（%）	流动度（mm）	黏度（Pa·s）
L43	45.00	50.00	3.00	2.00	0.60	1.40	23.2	168	10.5

表 6-122 过硫磷石膏矿渣水泥泡沫混凝土的抗碳化性能

编号	体积密度（kg/m³）	标养 7d（MPa）		标养 28d（MPa）		碳化 7d（MPa）		碳化 28d（MPa）		再浸水 7d（MPa）		再碳化 7d（MPa）	
		抗折	抗压	抗折	抗压	抗折	抗压	抗折	抗压	抗折	抗压	抗折	抗压
L43	666	1.2	3.3	1.2	6.1	1.5	4.1	1.5	3.7	1.2	4.0	1.4	3.6

注：碳化 7d 试样就已全部被碳化。

由表 6-122 可见，过硫磷石膏矿渣水泥泡沫混凝土碳化速度很快，碳化 7d 整个试块就被碳化完全。而且碳化后强度有较大幅度的下降，碳化 28d 的抗压强度是碳化前的 60.66%。但碳化到 28d 后，强度就基本上维持不变了，无论是重新浸水，还是再碳化，强度变化不是很大。

6.8.3 过硫磷石膏矿渣水泥应用前景

过硫磷石膏矿渣水泥是一种环保生态型水泥，它的发明对生态保护、节能降耗、资源有效利用，无疑具有十分重大的意义。但是，过硫磷石膏矿渣水泥发明成功，只能算是一个起步，更艰巨的任务还在后头，即过硫磷石膏矿渣水泥的应用研究。只有当过硫磷石膏矿渣水泥得到了广泛应用，才能发挥其生态环保的作用。

与通用硅酸盐水泥相比，过硫磷石膏矿渣水泥有许多独特的性能。过硫磷石膏矿渣水泥凝结硬化慢、早期强低，但后期强度能持续增加，28d 强度可达 42.5 强度等级，并且具有低水化热、微膨胀性、良好的抗渗性和抗氯离子及硫酸盐侵蚀能力，但抗碳化性能差，容易起砂，混凝土或制品需要充分保湿养护。根据其性能特点，过硫磷石膏矿渣水泥除了上面介绍的可以应用于非承重混凝土制品、泡沫混凝土及制品外，还有望应用于道路工程、水下及海水工程、大体积混凝土、堆石混凝土、钢管混凝土及矿山尾砂胶结固化等领域。作者由于精力所限，没能完成其所有的应用研究，在此希望更多同行完成以下研究。

6.8.3.1 道路工程

过硫磷石膏矿渣水泥凝结时间长，具有微膨胀性的特点，适用于道路建设中的基层和底基层。

基层，指位于沥青面层下、用高质量材料铺筑的主要承重层或直接位于水泥混凝土面板下、用高质量材料铺筑的一层。底基层指在沥青基层下、用质量较次材料铺筑的辅助层称为底基层。

底基层，一般采用水泥稳定土、石灰稳定土、石灰工业废渣稳定土、稳定级配碎石或石砾等材料，经试验检验达到公路的设计要求后，按比例拌合、铺筑和碾压而成。其中各级公路用水泥稳定土应该按照 JTGE 51—2009《公路工程无机结合料稳定材料试验规程》进行，其 7d 浸水强度应符合表 6-123 的抗压强度标准。

表 6-123　水泥稳定土的抗压强度标准

层位/等级	二级和二级以下公路	高速公路和一级公路
基层（MPa）	2.5～3	3～5
底基层（MPa）	1.5～2.0	1.5～2.5

水泥稳定土可以在中心搅拌站用设备拌合，拌合好的混合料运送到铺筑现场后用稳定土摊铺机摊铺混合料，再由压力机碾压密实。水泥稳定土有良好的板体性，它的水稳性和抗冻性都较石灰稳定土好，初期强度高并且强度随龄期增长，力学性能可视需要调整，因而水泥稳定土可以作为各种等级公路上用作基层或底基层。然而由于水泥土的干缩系数和干缩应变大，使其应用受到了许多限制。由于普通硅酸盐水泥并不是为道路施工而设计，采用水泥稳定的拌合物，从加水到碾压终了的施工时间，对水泥稳定混合料的强度和能达到的干密度有明显的影响。施工时间越长，混合料的强度和干密度损失越大，因此道路施工时宜采用凝结时间长的水泥。

过硫磷石膏水泥具有凝结时间长的特点，符合道路基层和底基层的施工需求，该水泥的微膨胀性还有利于减少基层和底基层的微裂纹和增加密实度，将在道路的基层和底基层的应用中具有良好的前景。

6.8.3.2　水工混凝土

水工混凝土是经常或周期性受环境水作用的水工构筑物所用的混凝土。根据构筑物的大小，可分为大体积混凝土（如大坝混凝土）和一般混凝土。大体积混凝土又分为内部混凝土和外部混凝土。水工混凝土常用于水上、水下和水位变动区等部位。因其用途不同，技术要求也不同。常与环境水相接触时，一般要求具有较好的抗渗性；在寒冷地区，特别是在水位变动区应用时，要求具有较高的抗冻性；与侵蚀性的水相接触时，要求具有良好的耐蚀性。在大体积混凝土构筑物中应用时，为防止温度裂缝的出现，要求具有低热性和低收缩性。

过硫磷石膏矿渣水泥具有水化热低、微膨胀性的特点，具有优良的抗渗性和抗硫酸盐侵蚀性能，是制备大体积混凝土构筑物的理想材料。由于水工混凝土通常是用于结构工程，对混凝土表面的耐磨、抗冻有较高要求，可以在过硫磷石膏矿渣水泥混凝土的表面采用覆盖硅酸盐水泥混凝土，即所谓的"金包银"的方式进行复合施工，扬长避短，有效发挥两类水泥的各自优势。清华大学[56]系统研究了过硫磷石膏矿渣水泥用于制备固废堆石混凝土，为该水泥在水工混凝土中的应用进行了有益的尝试。因此，过硫磷石膏矿渣水泥有望在水工混凝土中得到应用。

6.8.3.3　钢管混凝土

钢管混凝土是指在钢管中填充混凝土而形成，且钢管及其核心能共同承受外荷载作用的结构构件。混凝土的抗压强度高，但抗弯能力很弱，而钢材，特别是型钢的抗弯能力强，具有良好的弹塑性，但在受压时容易失稳而丧失轴向抗压能力。钢管混凝土在结构上能够将二者的优点结合在一起，可使混凝土处于侧向受压状态，其抗压强度可成倍提高。同时由于混凝土的存在，提高了钢管的刚度，两者共同发挥作用，从而大大地提高了承载能力。钢管混凝土作为一种新兴的组合结构，主要以轴心受压和作用力偏心较小的受压构件为主，被广泛使用于框架结构中。

钢管混凝土柱中，钢管对其内部混凝土的约束作用使混凝土处于三向受压状态，提高了混凝土的抗压强度；钢管内部的混凝土又可以有效地防止钢管发生局部弯曲。研究表明，钢管混凝土柱的承载力高于相应的钢管柱承载力和混凝土柱承载力之和。钢管和混凝土之间的相互作用使钢管内部混凝土的破坏由脆性破坏转变为塑性破坏，构件的延性性能明显改善，耗能能力大大提高，具有优越的抗震性能。

　　钢管中浇注混凝土使钢管的外露面积减少，受外界气体腐蚀面积比钢结构少得多，抗腐和防腐所需费用也比钢结构节省。钢管混凝土构件的截面形式对钢管混凝土结构的受力性能、施工难易程度、施工工期和工程造价都有很大的影响。圆钢管混凝土受压构件借助于圆钢管对其内部混凝土有效的约束作用，使钢管内部的混凝土处于三向受压状态，使混凝土具有更高的抗压强度。随着泵送技术和高强混凝土的发展和成熟，钢管混凝土越来越多地用于大跨度结构、高层结构中。

　　根据过硫磷石膏矿渣水泥的性能特点，过硫磷石膏矿渣水泥抗大气稳定性差，容易被碳化而使性能下降，但过硫磷石膏矿渣水泥混凝土具有微膨胀性和良好的工作性能，特别适应于制作钢管混凝土。如果将过硫磷石膏矿渣水泥应用于钢管混凝土，就可有效解决抗碳化性能差的缺陷，有望使过硫磷石膏矿渣水泥在结构工程中得到应用。或者说，要将过硫磷石膏矿渣水泥像通用硅酸盐水泥那样应用于结构工程，进入千家万户，在各类建筑工程中得到应用，借助钢管混凝土是一条有效的途径。

6.8.3.4　固废堆石混凝土

　　堆石混凝土（Rock-filled Concrete，RFC）技术，是由清华大学自主研发的一种新型大体积混凝土技术。该技术充分发挥了自密实混凝土（Self-Compacting Concrete，SCC）的高度流动性和抗离析性能，利用自密实混凝土填充堆石体空隙，形成密实完整，具有较高强度的堆石混凝土，如图 6-178 所示[57,58]。目前堆石混凝土广泛用于水利枢纽、堤防建设、水库抢险加固、基础处理以及公路建设等领域。

　　堆石混凝土按照施工条件不同，可分为常规型和抛石型两种，如图 6-179 所示[58]。

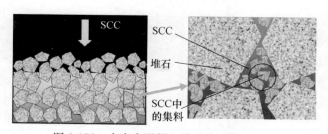

图 6-178　自密实混凝土填充堆石体示意图

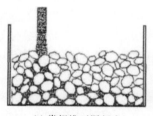

(a) 常规堆石混凝土

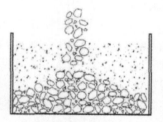

(b) 抛石型堆石混凝土

图 6-179　堆石混凝土施工工艺

常规型堆石混凝土通常使用粒径超过 30cm 的块石或者卵石，通过自然堆方入仓，堆石体高度一般 1.5～2m。然后在堆石体表面浇筑自密实混凝土，依靠其高度的流动性与抗离析性能，填充堆石体空隙，从而形成完整密实的堆石混凝土。

抛石型堆石混凝土，一般使用具有高度抗离析性能的自密实混凝土注入深度较大、常规混凝土施工难以进行的仓面内。然后将堆石均匀抛入自密实混凝土中，形成完整密实的堆石混凝土。抛石型堆石混凝土是对常规型堆石混凝土技术的重要补充，能够有效解决仓面落差大，设备及工人难以进入仓面施工的难题，适用于沉井回填、抗滑桩回填、高边墙、高挡墙等部位的混凝土施工。向家坝工程的 10 个沉井是目前国内最大的沉井群，回填高度达到 57.4m，全部采用抛石型堆石混凝土回填。单个沉井回填工期由原来的素混凝土回填方案的 20～30d 缩短到 5～7d，充分体现了抛石型混凝土施工快捷、连续浇筑的技术优势。

无论是常规型还是抛石型堆石混凝土，混凝土中超过一半的体积为直径 30cm 以上的堆石料，其余为填筑性能良好的自密实混凝土（Self-compacting Concrete，SCC），堆石混凝土具有较好的力学和抗渗性能，以及低温升、低能耗、低成本等优势。

堆石混凝土技术对固体废弃物的利用，可以从两个方面进行：大粒径固体废弃物直接代替天然堆石；细颗粒、粉末状固体废弃物经处理后，作为集料或掺合料用于堆石混凝土。

目前已有直接对大粒径固体废弃物进行资源化利用的工程和研究。广东中山市的长坑三级水库，如图 6-180 所示。原坝体由浆砌石坝和土石坝组成，重建工程将旧坝体中拆出石块进行筛选，选取的符合粒径要求的石块作为堆石用于重建，旧坝资源利用率超过 70%。该工程于 2011 年 3 月完工，工期由 12 个月缩短为 6 个月，体现出堆石混凝土技术在节能低碳、消纳固体废弃物方面的优势。

图 6-180　长坑水库工程

对于细颗粒、粉末状固体废弃物的利用，目前清华大学在研究以过硫磷石膏矿渣水泥替代普通水泥为胶凝材料，以工业固体废弃物铁尾矿砂石为集料，研究了普通混凝土成型、RCC 法成型和压力成型三种方法所得到人工堆石材料的强度与成本。综合考虑强度与成本（图 6-181），将压力成型法用于制备人工堆石，其中 CO、CP 组分别采用普硅水泥、过硫磷石膏矿渣水泥为胶凝材料，RCC 成型方法；VO、VP 组分别采用普通硅酸盐水泥、过硫磷石膏矿渣水泥为胶凝材料，压力成型法；PT 组采用过硫磷石膏矿渣水泥为胶凝材料，普通混凝土成型法。

将铁尾矿砂、石，固化成为人工堆石代替天然堆石的同时，配合过硫磷石膏矿渣水泥自密实混凝土的使用，形成一种固体废弃物含量可达 60% 的固废堆石混凝土，28d 抗压强度可达 25MPa，能够满足一般水工混凝土强度要求，如图 6-182 所示。

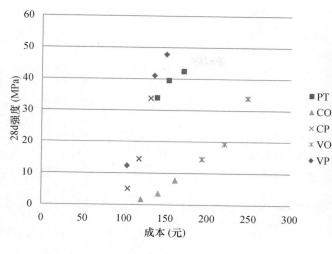

图 6-181　人工堆石材料强度与成本

图 6-182　固废堆石混凝土试件

　　固废堆石混凝土可用于我国水利枢纽、港口、公路等基础设施建设中，可最大限度实现固体废弃物资源化利用，为种类繁多、生成量巨大的固体废弃物的资源化利用，提供新的有效的解决方案。

参考文献

[1] 林宗寿、黄赟，等. 矿渣硫酸盐水泥及其制备方法：中国，200810197319.2［P］. 武汉理工大学、武汉亿胜科技有限公司.

[2] 林宗寿，黄赟. 磷石膏基免煅烧水泥的开发研究［J］. 武汉理工大学学报，2009，31（4）：53-55.

[3] 林宗寿，黄赟. 碱度对磷石膏基免煅烧水泥性能的影响［J］. 武汉理工大学学报，2009，31（4）：132-135.

[4] 殷晓川，黄赟，林宗寿. 提高磷石膏基水泥早期性能的研究［J］. 水泥，2010，9.

[5] 师华东，殷小川，BEGUEDOU ESSOSSINAM，等. 氢氧化镁对磷石膏基水泥性能的影响［J］. 水泥. 2011，11.

[6] Bolivar, J. P., Garcia-Tenorio, R., Vaca, F. Radio ecological study of an estuarine system located in the south of Spain. Water Research, 2000, 34: 2941-2950.

[7] 杨瑞，邓跃全，张强，等. 川西磷石膏成分以及氡和放射性分析研究［J］. 非金属矿，2008，31（2）：19-20.

[8] 冯玉英，董师元，周平利，等. 磷石膏建筑材料的放射性水平调查［M］. 全国天然辐射照射与控制研讨会论文汇编，2000.

[9] 黄新，王海帆. 我国磷石膏制硫酸联产水泥的现状［J］. 硫酸工业，20000（3）：10-14.

[10] 宋海武. 磷石膏联产水泥、硫酸烧成工艺的热耗分析［J］. 水泥工程，1997（1）：13-16.

[11] J. Bijen and E. Niël. Supersulphated cement from blastfurnace slag and chemical gypsum available in the Netherlands and neighbouring countries［J］. Cement and Concrete research, 1981, 11（3）：307-322.

[12] Fernando Pacheco-Torgal, Joao Castro-Geomes, Said Jalali. Alkali-activated binders: A review. Part 2. About materials and binders manufacture［J］. 2008, 22（7）：1315-1322.

[13] Shao-Dong Wang, Karen L. Scrivener, P. L. Pratt. Factors affecting the strength of alkali-activated slag［J］. Cement and Concrete Research, 1994, 24（6）：1033-1043.

[14] Shao-Dong Wang, Karen L. scrivener. Hydration products of alkali activated slag cement［J］. Cement and Concrete Research, 1995, 25（3）：561-571.

[15] 王峰，张耀君，宋强，等. NaOH碱激发矿渣地质聚合物的研究［J］. 非金属矿，2008，31（3）：9-11.

[16] Valdimir Zivica. Effects of type and dosage of alkaline activator and temperature on the properties of alkali-activated slag mixtures［J］. Construction and Building Materials, 2007, 21：1463-1469.

[17] A. Fernandez-Jimenez, F. puertas. Alkali-activated slag cements: kinetic studies［J］. Cement and Concrete Research,

1997，27（3）：359-368.

［18］ K. J. Mun，W. K. Hyoung，C. W. Lee，et al. Basic properties of non-sintering cement using phosphogypsum and waste lime as activator［J］. Construction and building materials，2007，21：1342-1350.

［19］ Pe′ra J，Husson S，Guilhot B. Influence of finely ground limestone on cement hydration［J］. Cement and Concrete Composite，1999，21（2）：99-105.

［20］ Tsivilis S，Kakali G，Chaniotakis E，Souvaridou A. A study of the hydration of Portland limestone cement by means of TG［J］. Therm Anal，1998，52：863-870.

［21］ 周丽娜，周明凯，赵青林，等. 不同改性处理方法对磷石膏水泥调凝剂性能的影响［J］. 水泥，2007（8）.

［22］ 潘群雄，煅烧磷石膏作水泥缓凝剂和增强剂［J］. 新世纪水泥导报，2003（5）：40-41.

［23］ M. A. Taher. Influence of thermally treated phosphogypsum on the properties of Portland slag cement［J］. Resources，Conservation and Recycling，2007，52：28-38.

［24］ 杨淑珍，宋汉唐，杨新亚，等. 磷石膏改性机器做水泥缓凝剂研究［J］. 武汉理工大学学报，2003，25（1）：23-25.

［25］ 吴道丽. 磷石膏作为水泥缓凝剂的应用研究［J］. 环境科学导刊，2008，27（6）：76-77.

［26］ 吕洁. 改性磷石膏对水泥性能影响的试验研究［J］. 水泥，2008（9）.

［27］ 彭家惠，彭志辉，张建新，等. 磷石膏中可溶磷形态、分布及其对性能影响机制的研究［J］. 硅酸盐学报，2000，28（4）.

［28］ 彭家惠，万体智，汤玲，等. 磷石膏中的有机物、共晶磷及其对性能的影响［J］. 建筑材料学报，2003，6（3）.

［29］ Manjit，S.，Garg，M.，Rehsi，S. S.，. Purifying phosphogypsum for cement manufacture［J］. Construction and Building Materials，1993，7（1）：3-7.

［30］ Manjit，S.，Mridul，G.，Verma，C. L.，Handa，S. K.，Rakesh，K. An improved processfor the purification of phosphogypsum［J］. Construction and Building Materials，1996，10（8）：597-600.

［31］ Manjit，S.. Treating waste phosphogypsum for cement and plaster manufacture［J］. Cement and Concrete Research，2002，32（7），1033-1038.

［32］ Seishi Goto，Kiyoshi Akazawa，Masaki Daimon. Solubility of silica-alumina gels in different pH solutions Discussion on the hydration of slags and fly ashes in cement［J］. Cement and Concrete Research，1992，22（6）：1216-1223.

［33］ I. Odler，and J. Colán-Subauste. Investigations on cement expansion associated with ettringite formation［J］. Cement and Concrete Research，1999，29（5），731-735.

［34］ Cecilie Evju，and Staffan Hansen. The kinetics of ettringite formation and dilatation in a blended cement with β-hemihydrate and anhydrite as calcium sulfate［J］. Cement and Concrete Research，2005，35（12）：2310-2321.

［35］ A. Gruskovnjak，B. Lothenbach，F. Winnefeld，etl. Hydration mechanisms of super sulphated slag cement［J］. Cement and Concrete Rearch，2008，38（7）：983-992.

［36］ Kamile Tosun. Effect of SO_3 content and fineness on the rate of delayed ettringite formation in heat cured Portland cement mortars［J］. Cement and Concrete Composites，2006，28（9）：761-772.

［37］ Sadananda Sahu，Niels Thaulow. Delayed ettringite formation in Swedish concrete railroad ties［J］. Cement and Concrete Research，2004，34（9）：1675-1681.

［38］ X. Brunetaud，L. Divet，D. Damidot. Impact of unrestrained Delayed Ettringite Formation-induced expansion on concrete mechanical properties［J］. Cement and Concrete Research，2008，38（11）：1343-1348.

［39］ H. Lee，R. D. Cody，A. M. Cody，P. G. Spry. The formation and role of ettringite in Iowa highway concrete deterioration［J］. Cement and Concrete Research，2005，35（2）：332-343.

［40］ Y. Shao，C. J. Lynsdale，C. D. Lawrence，J. H. Sharp. Deterioration of heat-cured mortars due to the combined effect of delayed ettringite formation and freeze/thaw cycles［J］. Cement and Concrete Research，1997，27（11）：1761-1771.

［41］ H. F. W. Taylor，C. Famy，K. L. Scrivener. Delayed ettringite formation［J］. Cement and Concrete Research，2001，31（5）：683-693.

［42］ M. D. Cohen. Theories of expansion in sulfoaluminate-type expansive cements：Schools of thought［J］. Cement and Concrete Research，1983，13：809-818.

［43］ S. Diamond. Delayed ettringite formation—processes and problems. Cem. Concr. Compos，1996，18：205-215.

［44］P. K. Mehta，Mechanism of expansion associated with ettringite formation. Cem. Concr. Res，1973，3：1-6.

［45］Sujin Song，Hamlin M. Jennings. Pore solution chemistry of alkali-activated ground granulated blast-furnace slag［J］. Cement and Concrete Research，1999，29（2）：159-170.

［46］H. Y. Ghorab, E. A. Kishar, S. H. abou Elfetouh. Stdies on the stability of the calcium slfoaluminate hydrates. Part II：Effect of alite，lime，and monocarboaluminate hydrate［J］. Coment and Concrete Research，1998，28（1）：53-61.

［47］林宗寿. 水泥工艺学，2 版［M］. 武汉：武汉理工大学出版社，2017.

［48］Ei-ichi Tazawa，Shingo Miyazawa and Tetsurou Kasai. Chemical shrinkage and autogenous shrinkage of hydration cement paste［J］. Cement and Concrete Research，1995，25（2）.

［49］赵明辉. 浅析混凝土碳化机理及其碳化因素［J］. 吉林水利，2004，（8）：17-18.

［50］朱茂根，田芝龙，李建民. 混凝土碳化机理及处理措施［J］. 江苏水利，2001（5）：25.

［51］王博，杨玉法，刘长利. 混凝土碳化机理及其影响因素［J］. 水利水电技术，1995（11）：22-25.

［52］殷小川. 过硫磷石膏矿渣水泥组成及性能的研究［D］. 武汉：武汉理工大学，2011.

［53］王可良，刘玲. 聚羧酸减水剂官能团及分子结构影响水泥初期水化浆体温升的研究［J］. 硅酸盐通报，2008（4）：415-418.

［54］吴中伟，廉慧珍. 高性能混凝土［M］. 北京：中国铁道出版社，1999.

［55］全国生コンクリート工業組合連合会. 高流動（自己充填）コンクリート製造マニュアル. 1998.

［56］韩国轩. 颗粒及粉状工业固废在堆石混凝土中的利用研究［D］. 北京：清华大学，2016.

［57］金峰，等. 堆石混凝土的工程应用［J］. 大坝技术及长效性能国际研讨会，2011：5.

［58］安雪晖，金峰，石建军. 自密实混凝土充填堆石体试验研究［J］. 混凝土，2005（1）：3-6，42.

7 过硫脱硫石膏矿渣水泥

　　"矿渣硫酸盐水泥及其制备方法"的专利说明书中介绍[1]：矿渣硫酸盐水泥，其特征在于它由矿渣、石膏、石灰石和外加剂原料混合而成。所述的石膏为磷石膏、脱硫石膏、氟石膏、天然的硬石膏或天然的二水石膏，主要成分为硫酸钙（$CaSO_4$）。所述的外加剂为：硅酸盐水泥熟料、石灰、钢渣、氢氧化钙、强碱、强碱盐中的任意一种或任意两种以上（含两种）的混合，任意两种以上混合时为任意配比。各原料所占质量百分数最佳为：矿渣 30%～50%，石膏 30%～55%，石灰石 4%～20%，外加剂 1%～6%。

　　本书 6.1.1 章节已将矿渣硫酸盐水泥定义为过硫石膏矿渣水泥，并根据所用石膏种类的不同分为：过硫石膏矿渣水泥、过硫磷石膏矿渣水泥、过硫脱硫石膏矿渣水泥、过硫氟石膏矿渣水泥等品种。在上一章节中，已经对过硫磷石膏矿渣水泥作了详细的介绍和研究，虽然脱硫石膏主要成分与磷石膏相同，均为 $CaSO_4 \cdot 2H_2O$，矿渣硫酸盐水泥专利说明书中也有使用脱硫石膏的实例，但脱硫石膏与磷石膏相比，所含的杂质还是有所不同，对水泥性能的影响也可能会有所差异。因此有必要进一步对过硫脱硫石膏矿渣水泥进行深入的研究。

7.1 脱硫石膏及其应用概况

　　脱硫石膏又称排烟脱硫石膏或 FGD 石膏（Flue Gas Desulphurization Gypsum，简称 FGD），是指对含硫燃料（煤、油等）燃烧后产生的烟气进行脱硫净化处理而得到的产物。主要是火力发电厂、炼油厂等处理烟气中的 SO_2 后生成的工业副产物。主要成分是二水硫酸钙（$CaSO_4 \cdot 2H_2O$），产量庞大，仅 2014 年一年全国脱硫石膏产量达 7519 万 t。

　　脱硫石膏作为一种固体废物，会占用土地，使得土地不能作为其他的用途。脱硫石膏中含有一定量的重金属和有害物质，如不加以处理，可能随着雨水的冲刷进入底层，污染土地，甚至污染地下水，危害人体健康和破坏生态平衡，影响生存环境[3]。

7.1.1 国外脱硫石膏的综合利用情况

　　目前，欧美等发达国家已形成较为完善的脱硫石膏的研究、开发和应用体系。日本脱硫石膏利用率接近 100%；德国是脱硫石膏开发和应用最发达的国家，脱硫石膏利用率已达 100%，几乎所有的石膏建材企业均以脱硫石膏为原料；美国脱硫石膏年产量约 1200 万 t，综合利用率为 75%。美国脱硫石膏主要用于波特兰水泥、建筑石膏、各种石膏板，特别是纸面石膏板的首选原料。

　　近年来，美国新建的石膏板厂多位于发电厂附近，以电厂脱硫石膏为原材料。欧洲脱硫石膏主要来自以硬煤、褐煤为燃料的火电厂，最主要的应用领域是石膏墙板生产，约占脱硫石膏利用总量的 2/3。德国脱硫石膏主要在建筑工业领域应用，约占需求量的 50%，估计将来会 100%取代天然石膏用于生产墙板和水泥。日本脱硫石膏产品主要包括石膏墙板、建筑水泥、工艺水泥、粘结剂和石膏天花板等。另外，日本将脱硫石膏、粉煤灰和少量石灰混合而形成烟灰材料，作为路基、路面下基层及平整土地所需的材料[3]。

7.1.2　国内脱硫石膏应用现状

自 20 世纪 90 年代以来，中国相继建设了多条脱硫石膏综合利用生产线。随着国家对环境保护要求越来越重视，电厂安装脱硫设施以及烟气进行脱硫的比例逐步提高，烟气脱硫副产品脱硫石膏产量大幅增加，对脱硫石膏综合利用技术也逐步成熟。国内脱硫石膏主要用于制造建材：

（1）水泥缓凝剂：脱硫石膏可替代天然石膏加工成水泥缓凝剂，用于水泥制造。在缺乏天然石膏资源的地区，脱硫石膏已成为水泥缓凝剂的重要原材料，具有良好的综合利用价值。

（2）建筑石膏及石膏制品：建筑石膏及石膏制品是脱硫石膏的深加工产品。

脱硫石膏经处理后可加工成建筑石膏，并进一步制造纸面石膏板、石膏砌块、装饰石膏天花板、石膏纸质纤维板、石膏木质纤维板、粉刷石膏、嵌缝石膏、填充石膏等石膏制品，是重要的新型建筑材料。

根据中国循环经济协会的统计，2006 年至 2014 年中国脱硫石膏综合利用途径中，将脱硫石膏用于水泥缓凝剂生产的用量约占脱硫石膏综合利用量的 70%，用于建筑石膏及石膏制品的用量约占脱硫石膏综合利用量的 30%。

7.1.3　研究目的与意义

水泥作为国民经济建设的基础性原料，不仅消耗了大量优质资源，而且其高能耗也是生产者所无法回避的问题。2016 年我国的水泥年产量已经达到 24.03 亿 t，水泥生产过程中会产生大量的二氧化碳，其排放量仅在电力和钢铁生产之后，占据 20%左右，是温室效应的重要源头之一[4]。减少水泥生产中优质原料的使用，降低水泥生产的能源消耗，提高免煅烧水泥的产量也是当下热议的课题。

到目前为止，脱硫石膏只是小掺量地应用于水泥的生产中，起到调节凝结时间的作用，也有将脱硫石膏应用于建筑石膏板的生产中，但都产生了较高的二次能源消耗，也由于脱硫过程的不稳定性，造成脱硫石膏中杂质较多，未氧化完的亚硫酸钙增加了其作为石膏板的不稳定性，燃煤烟气颗粒的混入使脱硫石膏呈现灰褐色，加大了使用的难度，从而使其质量和价格都失去了与天然石膏竞争的优势。还有将脱硫石膏应用于矿山填充和公路路基材料中，但均未形成一定规模。此外，由脱硫石膏制作的石膏板、石膏砌块、粉刷石膏及高强石膏等产品，还是属于气硬性材料，由于 $CaSO_4 \cdot 2H_2O$ 晶体易溶于水，故脱硫石膏制品硬化后在潮湿环境中，晶体间的粘结力减弱，导致强度降低。

为了完善过硫石膏矿渣水泥系列的研究，本章以脱硫石膏替代磷石膏制备过硫脱硫石膏矿渣水泥。不仅可以消耗大量的脱硫石膏，而且可以取代部分硅酸盐水泥，减少能源消耗，缓解环境压力，对于解决脱硫石膏的堆积和环境污染问题都具有重要的意义。研究生方周[2]，参考过硫磷石膏矿渣水泥的研究成果，负责对过硫脱硫石膏矿渣水泥进行了系统的研究，证明用脱硫石膏取代磷石膏制备过硫脱硫石膏矿渣水泥，两者在适宜组成配比、水泥性能以及水化硬化机理等方面，都极为相似。

7.2 原料与试验方法

7.2.1 原料

脱硫石膏取自中国葛洲坝集团水泥有限公司汉川分公司,主要成分为二水石膏,有明显的杂质,呈现土灰色泥状固体,自由水含量在15％左右,化学成分见表7-1。

将脱硫石膏置于55℃的烘箱中烘干后,测定密度为2.39g/cm³,比表面积为201m²/kg。然后单独在 ϕ 500mm×500mm试验小磨中分别粉磨5min、15min、30min、40min,比表面积分别为301m²/kg、480m²/kg、660m²/kg、778m²/kg,备用。

脱硫石膏XRD分析结果如图7-1所示,SEM分析如图7-2所示。将原状脱硫石膏用激光粒度仪分析颗粒直径分布,结果如图7-3所示。

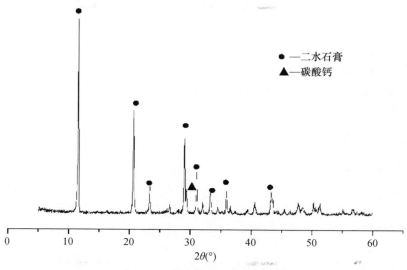

● —二水石膏
▲ —碳酸钙

图 7-1 脱硫石膏的 XRD 分析

由图7-1可知,脱硫石膏的主要矿物成分为二水石膏,还有很少量的碳酸钙,其他矿物含量较少。从图7-2可看出,脱硫石膏为典型的菱形纤维状结构颗粒,颗粒的尺寸 $10\sim50\mu m$ 之间。从图7-3脱硫石膏的粒度分布可以看出,粒度变化范围在 $1\sim100\mu m$ 之间,$d(0.1)=2.44\mu m$,$d(0.5)=9.94\mu m$,$d(0.9)=37.89\mu m$。

本章所使用原料的化学成分见表7-1,硅酸盐熟料的物理力学性能见表7-2。

图 7-2 脱硫石膏的 SEM 照片

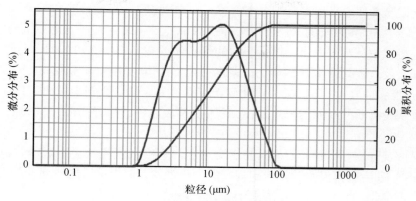

图 7-3 脱硫石膏的粒度分布图

表 7-1 原料的化学成分（wt/%）

原料	产地	烧失量	SiO$_2$	Al$_2$O$_3$	Fe$_2$O$_3$	CaO	MgO	SO$_3$	合计
脱硫石膏	湖北汉川	19.58	8.11	4.66	1.44	30.13	0.46	34.44	98.82
矿渣	湖北武汉	−0.17	33.97	17.03	2.13	36.09	8.17	0.20	97.42
熟料	湖北咸宁	0.21	22.30	5.04	3.36	65.60	2.32	0.50	99.33
钢渣	湖北武汉	6.05	16.63	7.00	18.90	38.50	9.42	0.12	96.62
石灰石	湖北黄石	40.91	4.10	1.24	0.30	51.36	0.72	—	98.63
硫铝酸盐水泥	市购	5.19	8.66	19.45	3.91	43.57	1.65	15.30	97.73

表 7-2 水泥熟料的物理力学性能

标准稠度（%）	初凝（min）	终凝（min）	安定性	3d（MPa）		7d（MPa）		28d（MPa）	
				抗折	抗压	抗折	抗压	抗折	抗压
26.9	121	158	合格	6.3	35.4	7.0	44.8	9.5	53.3

7.2.2 试验方法

（1）密度：按照 GB/T 280—2014《水泥的密度测定方法》进行。

（2）比表面积：按照 GB/T 8047—2008《水泥的比表面积测定方法（勃氏法）》进行。

（3）标准稠度和凝结时间：按照 GB/T 1346—2011 有关《水泥标准稠度用水量、凝结时间、安定性检验方法》进行。

（4）水泥胶砂强度：按照 GB/T 17671—1999 有关《水泥胶砂强度检验方法（ISO 法）》进行。对于凝结时间较短的试块，在标准养护箱中养护 1d 之后脱模即放在 20℃水中养护；凝结时间较长的试块，1d 不能脱模，需在养护箱中养护 2d 后脱模再放入 20℃水中养护，到了规定龄期测定抗折和抗压强度。

（5）水泥胶砂流动度：按照 GB/T 2419—2005《水泥胶砂流动度测定方法》进行。

（6）水泥石 pH 值：水泥净浆试块养护到规定的水化龄期，先破碎，然后在玛瑙研钵研磨，再过 0.08mm 的筛。将试样粉末和蒸馏水按 1:1（质量比）的比例混合，充分搅拌后放置 30min，然后用布氏漏斗抽滤，滤液用精密 pH 计测定其 pH 值。

（7）抗碳化性能：参照 GB 50082—2009《普通混凝土长期性能和耐久性能试验方法标

准》中的碳化试验方法，采用 GB/T 17671—1999《水泥胶砂强度检验方法》（ISO 法）制备 40mm×40mm×160mm 砂浆试样，于标准养护箱中养护 48h 后脱模。然后置于 20℃的水中养护 26d 后，将试块从水中取出，擦干表面的水后，放在 60℃烘箱中烘干 48h。试块六面全部不用蜡封直接放入碳化箱中开始碳化。碳化箱中 CO_2 浓度控制在 20％±3％，温度控制在 20℃±1℃，湿度控制在 70％±5％。碳化到相应龄期后，从碳化箱中取出试样，测定其抗折强度，然后在试块折断的断面均匀涂上 1％的酚酞溶液显色，静置 5min 后用游标卡尺测定各个面的碳化深度。

（8）试样微观分析：将过硫脱硫石膏矿渣水泥以标准稠度用水量制成净浆试块，置于标准养护箱中养护 1d 后脱模浸水养护，到规定的水化龄期，取出试块的一部分敲成小块，用无水乙醇浸泡终止水化，然后进行 X 射线衍射分析或进行 SEM 分析。

7.3 过硫脱硫石膏矿渣水泥组分优化

7.3.1 矿渣掺量的影响

将脱硫石膏于 55℃的烘箱中烘干后，测定密度为 2.39g/cm³，单独在 ϕ 500mm×500mm 试验小磨中分别粉磨 30min，测定比表面积为 660m²/kg；矿渣在 105℃烘箱中烘干后，测定密度为 2.87g/cm³，单独在 ϕ 500mm×500mm 试验小磨中分别粉磨 90min，测定其比表面积为 480m²/kg；将水泥熟料，每磨 5kg，单独在试验小磨中粉磨 50min，测定比表面积为 480m²/kg。

固定水泥熟料用量 6％，研究矿渣掺量对过硫脱硫石膏矿渣水泥性能的影响，结果如表 7-3、图 7-4 和图 7-5 所示。

表 7-3 矿渣掺量对过硫脱硫石膏矿渣水泥性能的影响

编号	组成（％）			标准稠度（％）	安定性	凝结时间（h：min）		3d 强度（MPa）		7d 强度（MPa）		28d 强度（MPa）	
	脱硫石膏	矿渣	水泥熟料			初凝	终凝	抗折	抗压	抗折	抗压	抗折	抗压
A1	64	30	6	28.0	合格	11：14	13：37	4.1	15.3	5.9	21.1	7.7	24.3
A2	58	36	6	28.0	合格	10：58	13：24	4.7	17.7	6.3	22.3	8.1	29.4
A3	52	42	6	27.9	合格	10：51	13：09	5.2	20.1	6.8	24.8	8.4	33.7
A4	46	48	6	27.9	合格	10：46	12：44	6.0	22.5	7.7	26.0	9.3	34.6
A5	40	54	6	27.7	合格	10：27	12：17	6.9	24.3	8.2	27.3	9.3	35.3
A6	34	60	6	27.6	合格	10：11	11：54	7.0	25.0	8.3	28.7	9.3	36.1

由图 7-4 可见，当固定熟料掺量为 6％时，矿渣掺量从 30％增加至 60％的过程中，过硫脱硫石膏矿渣水泥的各龄期强度都呈现增长趋势。当矿渣掺量为 30％时，3d 抗折和抗压强度分别为 4.1MPa 和 15.3MPa，28d 可达 7.7MPa 和 24.3MPa，28d 抗折和抗压强度分别增加了将近 87.8％及 58.8％；当矿渣掺量达到 60％时，3d 抗折和抗压强度分别为 7.0MPa 和 25.0MPa，28d 后可达 9.3MPa 和 36.1MPa，28d 抗折和抗压强度分别增加了将近 32.8％及 44.4％。就是说，在本研究范围内，过硫脱硫石膏矿渣水泥随着矿渣掺量的增加及脱硫石膏

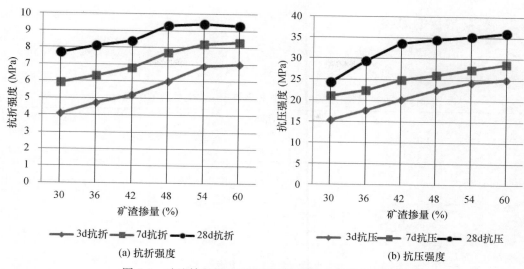

图 7-4　矿渣掺量对过硫脱硫石膏矿渣水泥强度的影响

掺量的减少，各龄期强度均显著增加。但，当矿渣掺量大于 48％后，各龄期的强度增长幅度显著下降。考虑矿渣的价格及有效利用脱硫石膏，过硫脱硫石膏矿渣水泥中的矿渣掺量48％、脱硫石膏掺量 46％左右为佳。

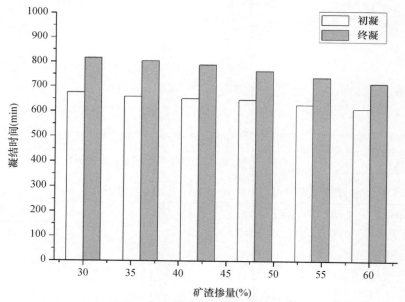

图 7-5　矿渣掺量对过硫脱硫石膏矿渣水泥凝结时间的影响

由图 7-5 可见，当熟料掺量为 6％时，矿渣掺量从 30％增加至 60％，过硫脱硫石膏矿渣水泥的凝结时间呈现小幅度缩短的趋势。当矿渣掺量为 30％时，初凝时间为 674min，终凝时间为 817min；掺量为 60％时，初凝时间为 611min，终凝时间为 714min。后者相对于前者初凝时间缩短了 63min，终凝时间缩短了 103min。

由上可见，矿渣掺量对过硫脱硫石膏矿渣水泥强度及凝结时间的影响规律，与过硫磷石膏矿渣水泥相似。

7.3.2　熟料掺量的影响

采用 7.3.1 节的原料，固定脱硫石膏掺量为 45%，研究熟料掺量对过硫脱硫石膏矿渣水泥性能的影响，试验结果如表 7-4、图 7-6 和图 7-7 所示。

表 7-4　熟料掺量对过硫脱硫石膏矿渣水泥性能的影响

| 编号 | 组成（%） | | | 标准稠度（%） | 安定性 | 凝结时间（h：min） | | 3d 强度（MPa） | | 7d 强度（MPa） | | 28d 强度（MPa） | |
	脱硫石膏	矿渣	水泥熟料			初凝	终凝	抗折	抗压	抗折	抗压	抗折	抗压
C0	45	54	1	27.3	合格	11：25	16：15	4.2	14.3	6.0	36.2	7.0	46.9
C1	45	53	2	27.4	合格	10：54	13：02	5.3	20.5	6.6	36.6	8.3	48.7
C2	45	51	4	27.6	合格	10：42	12：45	7.1	23.4	10.5	30.5	11.1	36.4
C3	45	49	6	27.9	合格	10：45	12：38	6.0	22.3	9.0	24.1	9.3	30.9
C4	45	47	8	28.0	合格	10：54	13：15	5.4	21.3	6.9	24.5	8.1	30.9
C5	45	45	10	28.1	合格	10：47	12：55	4.8	16.8	6.9	25.2	8.4	32.5

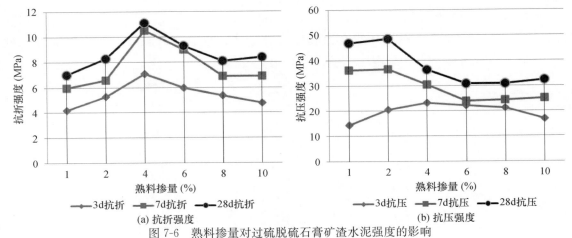

(a) 抗折强度　　　　　　　　　(b) 抗压强度

图 7-6　熟料掺量对过硫脱硫石膏矿渣水泥强度的影响

由图 7-6 可见，在固定脱硫石膏掺量 45% 的条件下，过硫脱硫石膏矿渣水泥试样的强度随熟料掺量的变化规律与过硫磷石膏矿渣水泥相似。过硫脱硫石膏矿渣水泥 3d、7d、28d 抗折强度都是随着熟料掺量的增加出现先增加后减小的趋势，并且均在水泥熟料掺量 4% 时，具有最高的 3d、7d、28d 抗折强度值，分别为 7.1MPa、10.5MPa 和 11.1MPa。试样 3d 抗压强度在熟料掺量为 4% 时达到最大值，继续增加熟料掺量，水泥抗压强度下降。7d 和 28d 抗压强度在熟料掺量为 2%

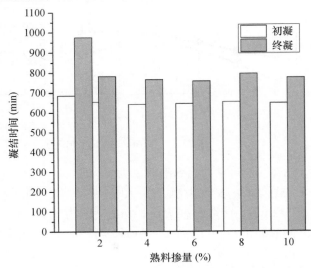

图 7-7　熟料掺量对过硫脱硫石膏矿渣水泥凝结时间的影响

时达到最大值，继续增加熟料掺量，抗压强度快速下降。

熟料掺量较少时，体系的碱度偏低，早期水化产物过少，造成早期强度偏低。而熟料掺量较多时，早期水化产物多，早期强度高，但后期由于钙矾石含量的持续增长，造成膨胀而产生大量裂纹，结构受到破坏，所以强度增长缓慢，甚至崩溃出现安定性不良现象。

当脱硫石膏掺量为45%时，熟料掺量从1%增加至10%，过硫脱硫石膏矿渣水泥的凝结时间整体呈现缩短的趋势。当熟料掺量为1%时，初凝时间为685min，终凝时间为975min；掺量为10%时，初凝时间为647min，终凝时间为775min。后者相对于前者初凝时间缩短了38min，终凝时间缩短了200min。随着熟料掺量的增加，初凝时间和终凝时间均有所缩短，这是由于体系的碱度较高，促进了水化反应，从而缩短了凝结时间。但熟料掺量超过2%后，继续增加熟料掺量对过硫脱硫石膏矿渣水泥凝结时间的影响不是很明显。

7.3.3 钢渣掺量的影响

本试验中脱硫石膏比表面积为660m²/kg，矿渣比表面积为480m²/kg，钢渣比表面积为480m²/kg。固定脱硫石膏掺量为45%，研究钢渣掺量对过硫脱硫石膏矿渣水泥性能的影响。试验结果如表7-5、图7-8和图7-9所示。

表 7-5　钢渣掺量对过硫脱硫石膏矿渣水泥性能的影响

| 编号 | 组成（%） | | | 标准稠度（%） | 安定性 | 凝结时间（h∶min） | | 3d强度（MPa） | | 7d强度（MPa） | | 28d强度（MPa） | |
	脱硫石膏	矿渣	钢渣			初凝	终凝	抗折	抗压	抗折	抗压	抗折	抗压
E1	45	53	2	27.4	合格	6∶16	7∶43	1.4	4.0	5.7	26.2	7.5	49.1
E2	45	51	4	27.5	合格	7∶53	9∶18	2.9	9.9	7.1	31.3	8.1	49.4
E3	45	49	6	27.6	合格	8∶16	10∶25	4.3	13.8	8.2	34.5	8.7	52.2
E4	45	47	8	27.6	合格	8∶40	10∶43	4.4	15.8	8.7	36.1	9.4	50.7
E5	45	45	10	27.6	合格	9∶33	11∶25	4.5	15.7	8.7	30.6	9.5	44.8
E6	45	43	12	27.6	合格	10∶54	12∶34	4.3	14.3	7.8	24.4	9.7	33.8

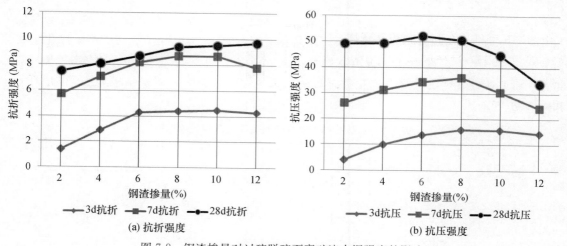

(a) 抗折强度

(b) 抗压强度

图 7-8　钢渣掺量对过硫脱硫石膏矿渣水泥强度的影响

由图7-8可见，钢渣掺量从2%增加至12%的过程中，3d抗折强度随钢渣掺量的增加，明显增加，而钢渣掺量超过6％后这种增长幅度逐渐变缓，在4.4MPa左右。28d抗折强度整体呈现增长的趋势，钢渣含量超过8％后，增长幅度变缓，在9.5MPa左右。3d抗压强度随钢渣掺量的增加而增加，钢渣掺量超过8％后这种增长幅度也开始变缓，甚至有所降低，在15MPa左右。28d抗压强度在钢渣掺量低于6％时呈现增长的趋势，钢渣含量超过6％后，强度开始降低，在50MPa左右。钢渣掺量一旦超过8％，28d抗压强度开始显著降低。因此，在本研究范围内，钢渣的最佳掺量应为8％。

钢渣掺量低于8％时，水泥石碱性不够，造成早期水化产物少，早期强度低；当钢渣掺量超过8％时，碱度较高，早期强度高，但后期由于碱度持续偏高，造成钙矾石膨胀而使宏观强度下降。

由图7-9可见，钢渣掺量对过硫脱硫石膏矿渣水泥凝结时间有明显的影响，初凝时间和终凝时间与钢渣掺量基本呈现正比关系。当钢渣掺量为2％时，初凝时间为376min，终凝时间为463min；当钢渣掺量达到12％时，初凝时间为654min，相比于2％钢渣掺量延长了278min，终凝时间为754min，延长了291min。

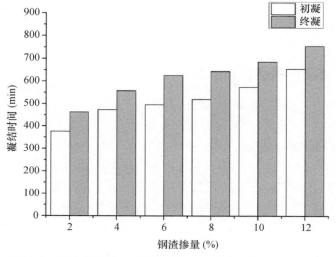

图7-9 钢渣掺量对过硫脱硫石膏矿渣水泥凝结时间的影响

7.3.4 亚硫酸钙掺量的影响

脱硫石膏在形成过程中经常会由于氧化不完全，生成亚硫酸钙中间产物，由于亚硫酸钙难溶于水，对过硫脱硫石膏矿渣水泥的作用情况尚不了解，而所取的脱硫石膏经XRD分析未检测出有亚硫酸钙的存在，因此有必要添加亚硫酸钙（采用化学试剂）来研究其影响规律。本试验中脱硫石膏比表面积为660m²/kg，矿渣比表面积为480m²/kg，熟料比表面积为480m²/kg，亚硫酸钙采用化学纯化学试剂。固定脱硫石膏和亚硫酸钙总掺量为45％，固定熟料掺量为2％，固定矿渣掺量为53％，研究亚硫酸钙掺量对过硫脱硫石膏矿渣水泥性能的影响。试验结果如表7-6、图7-10和图7-11所示。

表7-6 石灰石对过硫脱硫石膏矿渣水泥性能影响

编号	组成（％）				标准稠度（％）	安定性	凝结时间（h：min）		3d强度（MPa）		7d强度（MPa）		28d强度（MPa）	
	脱硫石膏	亚硫酸钙	矿渣	熟料			初凝	终凝	抗折	抗压	抗折	抗压	抗折	抗压
K1	43	2	53	2	25.6	合格	6：16	9：32	3.0	11.8	8.0	35.2	8.2	48.1
K2	40	5	53	2	25.6	合格	6：05	9：14	2.9	11.9	7.8	35.1	8.3	49.1
K3	38	7	53	2	25.8	合格	5：53	10：02	3.1	12.3	8.1	36.0	8.4	48.9
K4	36	9	53	2	26.0	合格	5：40	9：46	2.7	11.0	7.9	34.5	8.7	49.9

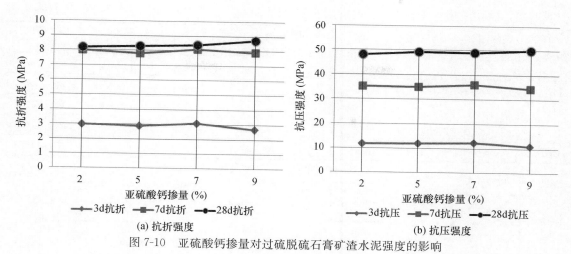

图 7-10　亚硫酸钙掺量对过硫脱硫石膏矿渣水泥强度的影响

由图 7-10 可见，在熟料掺量固定为 2%，矿渣掺量固定为 53%，亚硫酸钙掺量从 2% 变化至 9% 时，过硫脱硫石膏矿渣水泥各龄期的抗折强度和抗压强度均变化不大。说明，脱硫石膏中亚硫酸钙含量高低对过硫脱硫石膏矿渣水泥强度的影响不大。

由图 7-11 可见，随着亚硫酸钙掺量的增加，过硫脱硫石膏矿渣水泥初凝时间有所缩短，但终凝时间却变化不大。

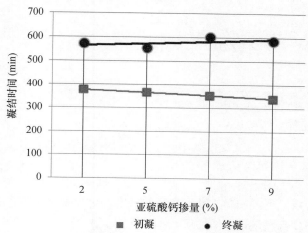

图 7-11　亚硫酸钙掺量对过硫脱硫石膏矿渣水泥凝结时间的影响

7.3.5　NaOH 掺量的影响

过硫石膏矿渣水泥中最常用的碱性激发剂为熟料和钢渣，由于水泥熟料和钢渣本身含有硅酸三钙、硅酸二钙等矿物相，加水后，形成一定量的水化产物的同时，液相中的钙离子浓度和胶凝材料体系的碱度都迅速上升，对矿渣的水解及宏观强度的形成都有不同程度的促进作用。而氢氧化钠作为碱性激发剂，可以显著缩短过硫磷石膏矿渣水泥的凝结时间，因此，有必要单独探讨采用氢氧化钠作为碱性激发剂对过硫脱硫石膏矿渣水泥的影响规律。

试验中脱硫石膏比表面积为 660m²/kg，矿渣比表面积为 480m²/kg，NaOH 采用化学纯化学试剂。固定脱硫石膏掺量 45%，研究 NaOH 掺量对过硫脱硫石膏矿渣水泥性能的影响，试验结果如表 7-7、图 7-12 和图 7-13 所示。

表 7-7　氢氧化钠掺量对过硫脱硫石膏矿渣水泥性能的影响

编号	组成（%）			标准稠度（%）	安定性	凝结时间（h：min）		3d 强度（MPa）		7d 强度（MPa）		28d 强度（MPa）	
	脱硫石膏	矿渣	氢氧化钠			初凝	终凝	抗折	抗压	抗折	抗压	抗折	抗压
H1	45	54	0.2	26.0	合格	10：14	11：40	2.7	9.4	5.5	25.8	7.9	46.9
H2	45	54	0.5	26.0	合格	8：36	9：23	4.2	14.2	7.2	29.7	8.3	46.3

续表

编号	组成（%）			标准稠度（%）	安定性	凝结时间（h：min）		3d强度（MPa）		7d强度（MPa）		28d强度（MPa）	
	脱硫石膏	矿渣	氢氧化钠			初凝	终凝	抗折	抗压	抗折	抗压	抗折	抗压
H3	45	54	1	26.0	合格	5：54	7：06	5.4	18.5	8.5	30.8	7.3	44.4
H4	45	53	2	24.6	不合	5：10	6：02	4.6	10.5	5.6	11.9	5.0	17.5
H5	45	52	3	23.4	不合	4：17	5：24	3.4	8.8	3.9	10.9	4.2	14.8
H6	45	51	4	22.0	不合	3：28	4：42	2.1	7.3	3.8	10.9	4.5	15.6

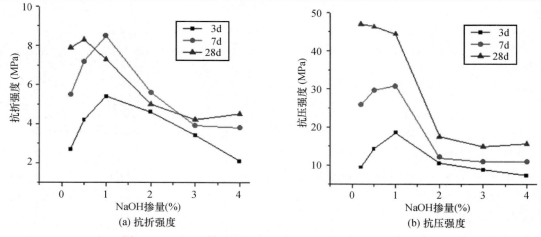

(a) 抗折强度 　　　　(b) 抗压强度

图 7-12　NaOH 掺量对过硫脱硫石膏矿渣水泥强度的影响

由图 7-12 可见，NaOH 作为碱性激发剂和水泥熟料、钢渣具有大致类似的规律，但由于同等质量下，NaOH 具有更高的碱度，对胶凝材料体系的强度影响也更为明显。3d、7d、28d 抗折强度都是呈现先增加后减小的规律。在 NaOH 掺量为 1％时，抗折强度达到最高，3d 抗折强度为 5.4MPa，28d 抗折强度为 8.5MPa。3d 和 7d 抗压强度随着 NaOH 掺量增加呈现先增加后减小的趋势，当掺量为 1％时，均有最大值，分别为 18.5MPa 和 30.8MPa。28d 后期抗压强度随着氢氧化钠掺量的提高而下降，当 NaOH 掺量大于 1％后，28d 抗压强度快速下降。

由图 7-13 可见，随着 NaOH 掺量的增加，凝结时间呈现大幅度缩短的趋势，当 NaOH 掺量为 0.2％时，初凝时间为 614min，终凝时间为 700min；当 NaOH 掺量为 4％时，初凝时间为 208min，终凝时间为 282min。相比前者，初凝时间缩短了 406min，终凝时间缩短了 418min。这也说明，氢氧化钠对凝结时间的促进作用很明显，含量较高的氢氧化钠可以迅速促凝过硫脱硫石膏矿渣水泥，这是由于 NaOH 的碱度极高，掺入后使矿渣迅速水解快速生成钙矾石和 C-S-H 凝胶等水化产物，使过硫脱硫石膏矿渣水泥

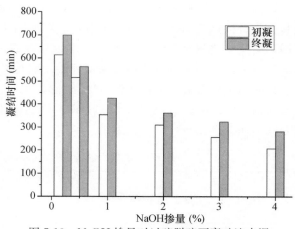

图 7-13　NaOH 掺量对过硫脱硫石膏矿渣水泥凝结时间的影响

很快凝结，但这也同时造成体系的不稳定性增加，经安定性测试结果表明，NaOH 掺量超过 1％后，安定性检测均不合格。

综合以上试验结果，NaOH 适宜掺量应为 0.5％～1.0％为佳。

7.3.6　硫铝酸盐水泥掺量的影响

过硫石膏矿渣水泥的凝结硬化慢、早期强度低是其主要缺点之一。前面试验已经证明用硫铝酸盐水泥可以提高过硫磷石膏矿渣水泥的早期强度，大幅度缩短凝结时间。同样，硫铝酸盐水泥也可以大幅度缩短过硫脱硫石膏矿渣水泥的凝结时间。

试验中脱硫石膏比表面积为 660m²/kg，矿渣比表面积为 480m²/kg，固定脱硫石膏掺量 45％和硫铝酸盐水泥掺量 6％，变化熟料和钢渣掺量，按表 7-8 的配比配制成过硫脱硫石膏矿渣水泥，研究硫铝酸盐水泥掺量对过硫脱硫石膏矿渣水泥性能的影响，试验结果如表 7-8、图 7-14 和图 7-15 所示。

表 7-8　硫铝酸盐水泥对过硫脱硫石膏矿渣水泥性能的影响

编号	配比（%）					标准稠度（%）	安定性	凝结时间（h：min）		3d 强度（MPa）		7d 强度（MPa）		28d 强度（MPa）	
	脱硫石膏	矿渣	熟料	钢渣	硫铝酸盐水泥			初凝	终凝	抗折	抗压	抗折	抗压	抗折	抗压
M1	45	48	1	—	6	25.6	合格	2：19	3：07	0.4	0.5	1.1	2.9	7.6	53.7
M2	45	47	2	—	6	25.7	合格	2：14	3：03	0.7	1.1	1.6	5.1	8.2	53.1
M3	45	45	4	—	6	25.8	合格	1：58	2：53	6.8	15.8	9.2	22.5	9.3	36.6
M4	45	43	6	—	6	25.8	合格	1：45	2：56	6.3	15.4	7.7	16.4	9.2	21.4
M5	45	41	8	—	6	26.0	合格	1：37	3：03	5.6	18.4	6.1	19.2	9.2	26.3
M6	45	39	10	—	6	26.0	合格	1：39	2：48	4.7	17.4	5.1	18.7	7.0	27.6
N1	45	47	—	2	6	25.8	合格	2：09	3：14	0.3	0.3	1.4	2.5	6.5	51.7
N2	45	45	—	4	6	25.4	合格	2：31	3：28	0.6	0.9	2.0	4.2	8.1	53.1
N3	45	43	—	6	6	25.6	合格	2：12	3：08	1.1	2.0	2.3	5.3	7.4	51.4
N4	45	41	—	8	6	25.4	合格	2：23	3：15	2.0	6.3	4.7	20.7	8.4	50.0
N5	45	39	—	10	6	25.4	合格	2：07	3：26	4.0	11.7	6.7	22.4	8.8	36.6
N6	45	37	—	12	6	26.6	合格	2：37	3：54	4.8	11.8	6.1	19.6	8.1	30.6

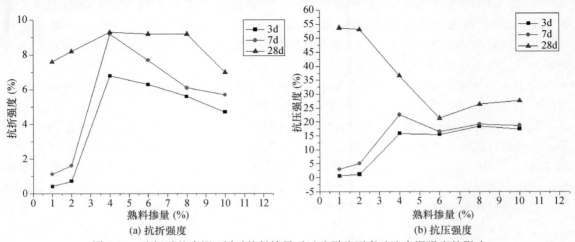

(a) 抗折强度　　　　　　(b) 抗压强度

图 7-14　硫铝酸盐水泥 6％时熟料掺量对过硫脱硫石膏矿渣水泥强度的影响

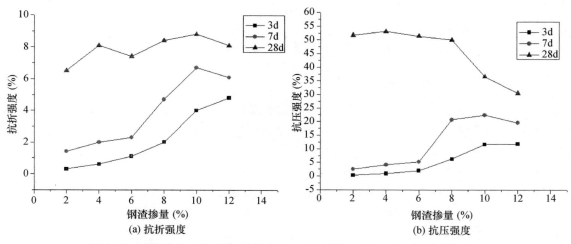

图 7-15　硫铝酸盐水泥 6％时钢渣掺量对过硫脱硫石膏矿渣水泥强度的影响

由图 7-14 可见，在固定脱硫石膏掺量 45％和硫铝酸盐水泥掺量 6％的条件下，随着水泥熟料掺量的增加，过硫脱硫石膏矿渣水泥抗折强度呈现先增大后减小的趋势，且熟料掺量为 4％时 3d、7d、28d 抗折强度达到最大值，分别为 6.8MPa、9.2MPa、9.3MPa；同样，3d、7d 抗压强度呈现先增大后减小的趋势，熟料掺量为 1％和 2％时的抗压强度均在 5MPa 以内，但掺量达到 4％时，3d 和 7d 抗压强度分别可达 15.8MPa 和 22.5MPa，超过 4％以后抗压强度均下降，而 28d 抗压强度在熟料掺量为 1％和 2％时 28d 抗压强度高达 55MPa 左右，而随着熟料掺量的增加，28d 抗压强度开始明显降低，熟料掺量为 4％时强度为 36.6MPa，而熟料含量一旦超过 6％，强度只有最高值的 50％左右。因此，适应的熟料掺量应在 2％～4％之间。

由图 7-15 可见，随着钢渣掺量的增加，抗折强度整体呈现增大的趋势，且钢渣掺量为 12％时，3d 抗折强度达到最大值 4.8MPa；钢渣掺量为 10％时，7d 和 28d 抗折强度分别达到最大值 6.7MPa 和 8.8MPa。试样 3d 抗压强度随钢渣掺量增加而增加，钢渣掺量 12％时达到最大值 11.8MPa；7d 抗压强度则呈现先增大后减小的趋势，钢渣掺量为 10％时达到最大值 22.4MPa；而 28d 抗压强度在钢渣掺量 2％到 8％之间时，均在 50MPa 左右，随着钢渣掺量的增加，28d 抗压强度开始明显下降，钢渣掺量为 10％时强度只有 36.6MPa，而掺量达到 12％，则仅有 30.6MPa。因此，当硫铝酸盐水泥掺量为 6％时，过硫脱硫石膏矿渣水泥适宜的钢渣掺量应为 6％～8％。

由图 7-16 可见，掺入 6％的硫铝酸盐水泥后，过硫脱硫石膏矿渣水泥的初凝时间和终凝时间均明显缩短，初凝时间基本在 2h 左右，终凝时间在 3h 左右。说明，硫铝酸盐水泥的加入，起到了很好的促凝效果。水泥熟料掺入量的多少对凝结时间的缩短所起的作用则并不显著，只是稍有缩短。掺入 6％硫铝酸盐水泥后，钢渣掺量从 2％变化至 12％，初凝时间均在 2h 左右，终凝时间在 3：30 左右，比没掺硫铝酸盐水泥的过硫脱硫石膏矿渣水泥的凝结时间显著缩短。另外，可以看出，钢渣的掺量变化没有显著影响过硫脱硫石膏矿渣水泥的凝结时间，对凝结时间起调整作用的主要是硫铝酸盐水泥。

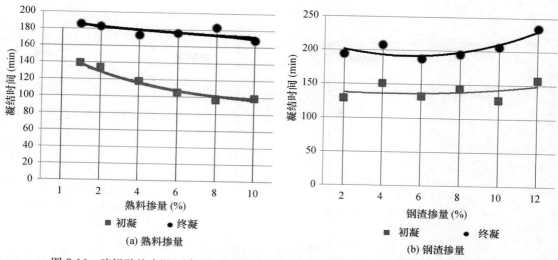

图 7-16 硫铝酸盐水泥 6%时熟料和钢渣掺量对过硫脱硫石膏矿渣水泥凝结时间的影响

7.4 过硫脱硫石膏矿渣水泥的制备

过硫脱硫石膏矿渣水泥制备方法与过硫磷石膏矿渣水泥完全一样，既可以将脱硫石膏烘干后粉磨成细粉，然后与矿渣粉、熟料粉（或硅酸盐水泥）等混合制成过硫脱硫石膏矿渣水泥，也可以将脱硫石膏磨制成浆，然后与矿渣粉、熟料粉（或硅酸盐水泥）、砂、石等直接配制成过硫脱硫石膏矿渣水泥混凝土。所有的配合比、生产工艺过程及工艺控制参数都基本相同，以下挑选几个主要工艺参数进行验证试验。

7.4.1 脱硫石膏粉磨细度的影响

将脱硫石膏置于 60℃烘箱中烘干后，在 $\phi 500mm \times 500mm$ 的小磨内，每磨 5kg，分别单独粉磨 5min、15min、30min、40min，测定比表面积为 301m²/kg、480m²/kg、660m²/kg、778m²/kg。矿渣单独粉磨至比表面积为 480m²/kg，熟料单独粉磨至比表面积为 480m²/kg。按表 7-9 所示的配合比，配制成过硫脱硫石膏矿渣水泥后，进行水泥性能检验，结果如表 7-9 和图 7-17 所示。

表 7-9 脱硫石膏粉磨细度对过硫脱硫石膏矿渣水泥强度的影响

编号	脱硫石膏比表面积（m²/kg）	配比（%）			3d 强度（MPa）		7d 强度（MPa）		28d 强度（MPa）	
		脱硫石膏	矿渣	熟料	抗折	抗压	抗折	抗压	抗折	抗压
C1	301	45	53	2	5.8	17.2	9.2	31.8	9.7	43.1
C2	480	45	53	2	6.0	19.8	9.8	34.5	10.5	47.6
C3	660	45	53	2	6.2	21.0	10.1	36.6	11.1	48.7
C4	778	45	53	2	6.0	16.3	8.6	30.1	9.2	43.5

由图 7-17 可见，与磷石膏粉磨比表面积对过硫磷石膏矿渣水泥强度的影响规律相同，随着脱硫石膏粉磨比表面积的增加，过硫脱硫石膏矿渣水泥各龄期的强度均显著增加，当脱硫

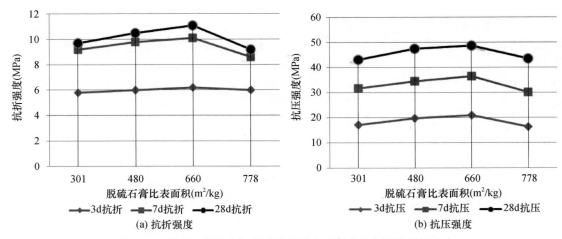

图 7-17　脱硫石膏粉磨细度对过硫脱硫石膏矿渣水泥强度的影响

石膏的比表面积达到 $660m^2/kg$ 时，过硫脱硫石膏矿渣水泥各龄期强度均达到最大值，继续提高脱硫石膏的比表面积，过硫脱硫石膏矿渣水泥各龄期强度反而下降。

7.4.2　脱硫石膏干湿磨工艺对比

脱硫石膏通常含有一定量的自由水，把脱硫石膏烘干粉磨成干粉，然后与矿渣粉及熟料粉配制成过硫脱硫石膏矿渣水泥粉体，使用时再加水配制成过硫脱硫石膏矿渣水泥混凝土。这其中的烘干过程无疑要消耗一定量的能量，如果直接将湿状脱硫石膏加入一定量的水磨制成脱硫石膏浆体，再将浆体配合其他粉料，配制成过硫脱硫石膏矿渣水泥混凝土，无疑省去了烘干过程。这湿磨工艺也是过硫磷石膏矿渣水泥混凝土的通常做法。因此，有必要研究脱硫石膏干磨与湿磨工艺对过硫脱硫石膏矿渣水泥性能的影响。

将含水的原状脱硫石膏（干基）1.5kg，外加 70% 的水（包括脱硫石膏中的自由水），在陶瓷球混料机中粉磨 25min。取少量脱硫石膏浆体经 60℃ 烘干处理后，压成粉末，测定其比表面积为 $350m^2/kg$。将脱硫石膏于 60℃ 下烘干后，每磨 5kg，在 $\phi 500mm \times 500mm$ 小磨中粉磨 6min，测定比表面积为 $345m^2/kg$。矿渣和熟料分别粉磨至比表面积为 $480m^2/kg$ 左右。按表 7-10 的配比配制成过硫脱硫石膏矿渣水泥，进行水泥强度检验，结果如表 7-10 和图 7-18 所示。

表 7-10　脱硫石膏干湿法粉磨工艺对过硫脱硫石膏矿渣水泥强度的影响

编号	脱硫石膏粉磨工艺	配比（%）			3d 强度（MPa）		7d 强度（MPa）		28d 强度（MPa）	
		脱硫石膏	矿渣	熟料	抗折	抗压	抗折	抗压	抗折	抗压
SC1	湿磨	45	53	2	5.9	18.0	9.1	39.0	11.1	54.4
SC2	干磨	45	53	2	5.9	17.9	9.0	32.5	9.9	44.3

由图 7-18 可见，当湿磨和干磨脱硫石膏比表面积相差不大时，在过硫脱硫石膏矿渣水泥的干基配比完全相同条件下，两种脱硫石膏所配制的过硫脱硫石膏矿渣水泥强度，3d 强度和7d 强度相差不大，但湿磨的过硫脱硫石膏矿渣水泥 28d 强度明显高于干磨的过硫脱硫石膏矿渣水泥。这主要是由于湿磨有利于脱硫石膏的粒度均匀化，没有特别大的颗粒，有利于水泥石中水化产物对石膏的包裹，因此强度得以提高。

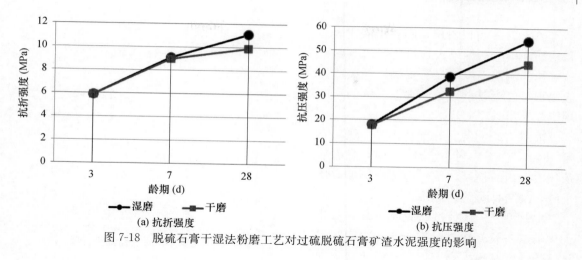

图 7-18 脱硫石膏干湿法粉磨工艺对过硫脱硫石膏矿渣水泥强度的影响

7.4.3 矿渣粉磨细度的影响

将武汉钢铁有限公司的矿渣 110℃ 烘干后，每磨 5kg，分别置于 ϕ 500mm×500mm 试验小磨中粉磨 60min、70min、90min 和 120min，分别得到 401m²/kg、503m²/kg、589m²/kg 和 643m²/kg 比表面积的矿渣粉。脱硫石膏 60℃ 烘干后粉磨至比表面积为 660m²/kg，熟料破碎后粉磨至比表面积为 480m²/kg。用不同比表面积的矿渣粉，按照脱硫石膏 45%、矿渣 53%、熟料 2% 的固定比例配制成过硫脱硫石膏矿渣水泥，测定各试样的标准稠度、凝结时间、安定性和水泥胶砂强度，结果如表 7-11、图 7-19 和图 7-20 所示。

表 7-11 矿渣比表面积对过硫脱硫石膏矿渣水泥性能的影响

编号	矿渣比表面积（m²/kg）	标准稠度（%）	安定性	凝结时间（h：min）		3d 强度（MPa）		7d 强度（MPa）		28d 强度（MPa）	
				初凝	终凝	抗折	抗压	抗折	抗压	抗折	抗压
K1	401	27.8	合格	10：43	13：33	4.3	17.2	5.6	28.9	8.9	43.2
K2	503	27.2	合格	9：54	13：08	5.4	20.7	6.7	36.2	9.8	49.3
K3	589	26.8	合格	9：12	12：49	5.9	23.2	7.1	39.5	10.7	53.4
K4	643	26.7	合格	8：04	12：05	6.2	24.1	7.5	41.4	11.2	55.2

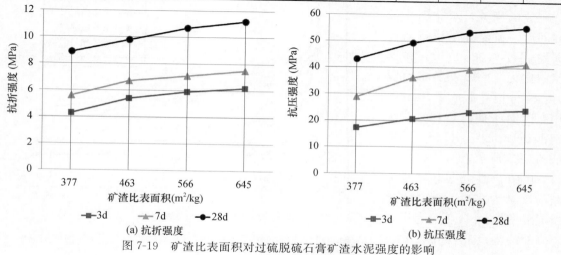

图 7-19 矿渣比表面积对过硫脱硫石膏矿渣水泥强度的影响

由图 7-19 可以看出，随着矿渣比表面积增加，矿渣活性增大，过硫脱硫石膏矿渣水泥各龄期强度均显著提高，与矿渣比表面积对过硫磷石膏矿渣水泥强度的影响规律极为相似。

由图 7-20 可见，在配比固定为脱硫石膏 45%，矿渣 53%，熟料 2%时，随着矿渣比表面积的提高，试样的标准稠度有所下降，凝结时间显著缩短。

由此可见，作为过硫脱硫石膏矿渣水泥中的主要胶凝物质，矿渣的比表面积对试样的强度有很大影响，提高矿渣比表面积，加快了矿渣的水化速度，试样的各龄

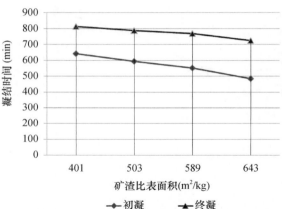

图 7-20　矿渣比表面积对过硫脱硫石膏矿渣水泥凝结时间的影响

期强度都有显著提高，凝结时间也会有所缩短。但在实际生产过程中，矿渣粉磨比表面积超过 400m²/kg 后，粉磨电耗将显著增加，因此适宜的矿渣比表面积应为 400～450m²/kg。

7.5　过硫脱硫石膏矿渣水泥的水化硬化

以上试验已充分证明，过硫脱硫石膏矿渣水泥无论是水泥组分配比，还是各影响因素对水泥性能的影响规律，均与过硫磷石膏矿渣水泥相似。所不同的是过硫磷石膏矿渣水泥是以磷石膏为主要原料，而过硫脱硫石膏矿渣水泥是以脱硫石膏为主要原料，但由于磷石膏和脱硫石膏的主要成分均为 $CaSO_4 \cdot 2H_2O$，在本质上也没有多大差别，所以过硫脱硫石膏矿渣水泥的水化硬化过程自然与过硫磷石膏矿渣水泥相似。

7.5.1　硬化水泥浆体的 pH 值

7.5.1.1　熟料掺量对过硫脱硫石膏矿渣水泥浆体 pH 值的影响

将表 7-4 中的 C1～C5 试样制成的净浆，水化至不同时间后，破碎并用玛瑙研钵研磨后过 0.08mm 筛，按照水固比为 1 ∶ 10 与蒸馏水混合，充分搅拌后放置 15min，用布氏漏斗抽滤后，滤液用精密 pH 计测定 pH 值，结果如图 7-21 所示。

由图 7-21 可见，不论熟料的掺量为多少，随着水化龄期的增长，pH 值都是呈现下降的趋势，在 7d 的水化龄

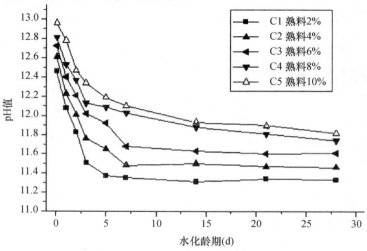

图 7-21　熟料掺量对过硫脱硫石膏矿渣水泥浆体 pH 值的影响

期内，pH 值的下降较快，而在 7d 以后，pH 值变化缓慢，下降幅度较小。熟料含量越高，过硫脱硫石膏矿渣水泥浆体的 pH 值越高。

7.5.1.2 钢渣掺量对过硫脱硫石膏矿渣水泥浆体 pH 值的影响

将表 7-5 中的 E1～E6 试样制成的净浆，水化至不同时间后，破碎并用玛瑙研钵研磨后过 0.08mm 筛，按照水固比为 1：10 与蒸馏水混合，充分搅拌后放置 15min，用布氏漏斗抽滤后，滤液用精密 pH 计测定 pH 值，结果如图 7-22 所示。

由图 7-22 可见，钢渣与熟料相似，随着水化龄期的增长，过硫脱硫石膏矿渣水泥浆体的 pH 值都是呈现下降的趋势。同样 7d 水化龄期内，pH 值下降较快，7d 以后的龄期，pH 值变化平缓，下降幅度很小。但不同于掺熟料的过硫脱硫石膏矿渣水泥浆体的是，掺钢渣的过硫脱硫石膏矿渣水泥浆体的初始碱度较高，可以达到 13.2 左右，而掺熟料的过硫脱硫石膏矿渣水泥浆体则在 12.8 左右变化。但掺钢渣的过硫脱硫石膏矿渣水泥从水

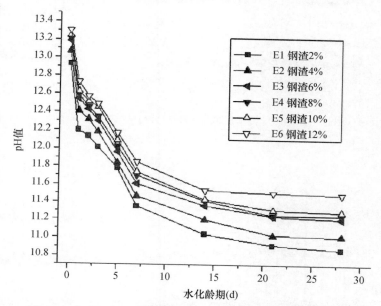

图 7-22 钢渣掺量对过硫脱硫石膏矿渣水泥浆体 pH 值的影响

化开始后，pH 值下降速度更快，平均下降速度高于掺熟料的过硫脱硫石膏矿渣水泥浆体。并且在 28d 水化龄期后，掺钢渣的过硫脱硫石膏矿渣水泥浆体 pH 值要比同等熟料掺量的过硫脱硫石膏矿渣水泥浆体小。

7.5.2 水化产物的 XRD 和 SEM 分析

将表 7-4 中的 C1、C3 和 C5 试样，按标准稠度用水量制成水泥净浆，置于 20℃的养护箱中养护 24h 后再浸水养护。在不同龄期取出小块，用无水乙醇浸泡终止水化后于 35℃下烘干 1h，进行 XRD 和 SEM 分析，结果如图 7-23～图 7-28 所示。

由图 7-23～图 7-24 可见，过硫脱硫石膏矿渣水泥水化产物中的主要结晶矿物为钙矾石和剩余的二水石膏。水化 3d 的钙矾石衍射峰强度和 28d 的强度相比，28d 强度略有上升，这也说明，钙矾石在早期的水化过程中就已大量生成，后期过程中还会持续增加，但速率较为缓慢。28d 剩余二水石膏的衍射峰强度有所下降，这也进一步说明在过硫脱硫石膏矿渣水泥水化过程中，不断消耗二水石膏来形成钙矾石结晶产物。熟料掺量从 2% 变化至 10%，钙矾石的 3d 和 28d 衍射峰强度无太大差异。

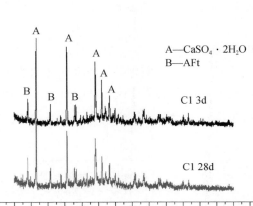

图 7-23　C1 试样水化 3d、28d 的 XRD 分析

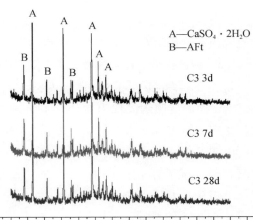

图 7-24　C3 试样水化 3d、7d、28d 的 XRD 分析

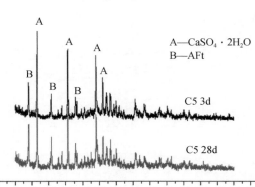

图 7-25　C5 试样水化 3d、28d 的 XRD 分析

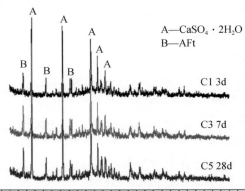

图 7-26　C1、C3、C5 试样水化 3d 的 XRD 图谱对比

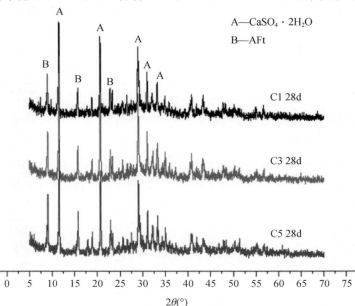

图 7-27　C1、C3、C5 试样水化 28d 的 XRD 图谱对比

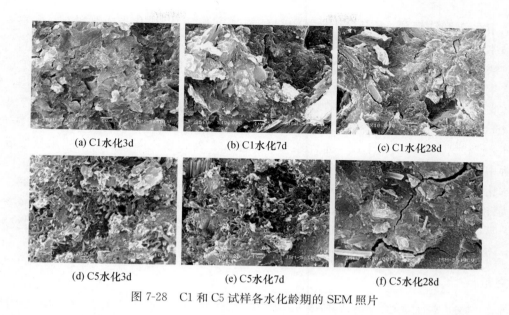

(a) C1水化3d　　(b) C1水化7d　　(c) C1水化28d

(d) C5水化3d　　(e) C5水化7d　　(f) C5水化28d

图 7-28　C1 和 C5 试样各水化龄期的 SEM 照片

由图 7-26 和图 7-27 可见，试样 C1、C3、C5 水化 3d 和水化 28d 的衍射图谱对比中进一步发现，熟料掺量为 2% 的 C1 试样和熟料掺量为 10% 的 C5 试样的 3d 早期钙矾石衍射峰强度相差并不明显，其中，熟料掺量 10% 的 C5 试样衍射峰值强度略高，钙矾石含量稍高于 C1 试样。这也说明，在一定范围内，提高熟料掺量有利于促进钙矾石的生成。在 28d 后期衍射图谱中，试样 C1、C3、C5 的钙矾石衍射峰开始有了明显差异，试样 C1 的强度最低，C5 的强度最高。这也说明，熟料掺量较高的 C5 试样，由于活性氧化钙含量较多，使钙矾石在水化后期还能持续性增长，含量逐渐增多，造成最终 28d 衍射峰值强度很高，但也会由于钙矾石膨胀引起水泥石出现裂缝，如图 7-28（f）所示，也使水泥 28d 强度下降。

由图 7-28 可见，试样 C1 的致密度要高于试样 C5，水化 28d 后两个试样均还有较多剩余的二水石膏，被水化硅酸钙和钙矾石紧密包裹。试样水化 3d 时，在脱硫石膏颗粒表面生成大量的针状钙矾石，钙矾石晶体相互交织、搭接，将原本分散的水泥颗粒及水化产物连接起来，在空间中形成骨架。少量箔片状 C-S-H 凝胶填充于钙矾石孔隙中。但是由于水化产物的生成量较少，整个空间仍有较多的孔洞存在，浆体密实度还比较差。从而导致水泥石结构比较疏松，强度较低。随着龄期的延长，水化反应不断进行，生成了越来越多的水化产物，各种水化产物逐渐填满原来由水占据的空间，构成一个结构越来越致密的硬化水泥浆体，使强度不断增长。由图 7-28 两个试样水化 28d 的 SEM 图像可以看出，单独的颗粒已经很难被发现，水化产物已基本胶结在一起。未反应的磷石膏断面呈纤维状解理，周围被各种致密的水化产物所包裹，起着微集料填充作用。同时也可以看到，由于生成 AFt 时产生体积膨胀，在致密的水泥石内部出现了少量微裂缝，因此钙矾石的形成和浆体结构的致密化过程必须协调，否则过量的钙矾石会导致强度降低。

7.5.3　过硫脱硫石膏矿渣水泥的水化硬化过程

以上试验证明，过硫脱硫石膏矿渣水泥的水化产物及水化硬化过程与过硫磷石膏矿渣水泥一样。过硫脱硫石膏矿渣水泥加水搅拌后，脱硫石膏立即从表面开始溶解，使液相中的 Ca^{2+} 离子和 SO_4^{2-} 浓度不断上升，很快达到饱和；同时，熟料（或钢渣）也开始水化，熟料

中的铝相 C_3A 和铁相 C_4AF 与溶于液相中的 Ca^{2+} 离子和 SO_4^{2-} 水化形成钙矾石，熟料中 C_3S 和 C_2S 水化形成 C-S-H 凝胶并放出 Ca^{2+} 离子，掺有钢渣时钢渣也发生水解放出 Ca^{2+} 离子；此时，液相的碱度不断上升，液相的 pH 很快达到 12.0 以上，为矿渣的水解创造了条件；早期的水化产物主要是在界面上或液相中形成钙矾石和 C-S-H 凝胶，起到骨架连接作用，使水泥浆体失去流动性，产生凝结。随着水化龄期延长，水化继续进行，矿渣在 Ca^{2+} 离子和 SO_4^{2-} 的双重激发作用下，开始水解，形成 C-S-H 凝胶和钙矾石；随着矿渣的不断水化，C-S-H 凝胶和钙矾石的不断生成，水泥浆体不断密实，使强度不断提高，矿渣水化形成钙矾石过程中消耗了部分 Ca^{2+} 离子，体系中的 Ca^{2+} 浓度不断下降，液相中的 pH 也开始下降，进入了水化后期；水化后期所形成的钙矾石的形貌与水化初期所形成的钙矾石明显不同，前者主要为针状，后者由于是低碱度条件下形成的，所以结晶较为细小，并与 C-S-H 凝胶交织在一起，从而使水泥石越来越密实，强度不断提高；剩余的脱硫石膏被厚厚的水化产物层严密包裹，不再继续溶解，从而使过硫脱硫石膏矿渣水泥具有了很好的水硬性。

参考文献

[1] 林宗寿，黄赟，等. 矿渣硫酸盐水泥及其制备方法：中国，200810197319.2 [P]. 武汉理工大学、武汉亿胜科技有限公司.

[2] 方周. 过硫脱硫石膏矿渣水泥性能研究 [D]. 武汉：武汉理工大学，2014.

[3] 洪燕. 我国脱硫石膏综合利用分析及建议 [J]. 中国资源综合利用，2013 (9)：42-43.

[4] 蒋明麟. 水泥工业能耗现状与节能途径 [J]. 新世纪水泥导报，2007 (5)：1-5.

8 石灰石石膏矿渣水泥

我国是世界上石灰岩矿资源最丰富的国家之一，除上海、香港、澳门外，在各省、直辖市、自治区均有分布。据原国家建材局地质中心统计，全国石灰岩分布面积达 43.8 万平方千米（未包括西藏和台湾），约占国土面积的 1/20，但其中能供做水泥原料的石灰岩资源量约占总资源量的 1/4～1/3[1]。大部分石灰石矿山品位低，杂质含量高，而无法用于水泥生产。如果能有效利用这些分布面广、价格低廉、运输方便、资源有保障的低品位石灰石，对提高资源利用率以及保护生态环境等方面，将起到巨大的作用。

根据第 2 章的"矿渣基生态水泥水化硬化模型"，在过硫石膏矿渣水泥研发成功的基础上，作者想到以低品位石灰石替代过硫石膏矿渣水泥中过剩的石膏，以制备石灰石石膏矿渣水泥。

凡以石灰石、适量石膏、矿渣和碱性激发剂为主要成分，加入适量水后可形成塑性浆体，既能在空气中硬化又能在水中硬化，硬化后的水化产物中含有大量未化合的石灰石，并能将砂、石等材料牢固地胶结在一起的细粉状水硬性胶凝材料，称为石灰石石膏矿渣水泥（Limestone Gypsum Slag Cement）。其中石膏可使用天然石膏或磷石膏、脱硫石膏、氟石膏等工业副产石膏，掺量以水泥中的 SO_3 含量计应 $\geqslant 4.00\%$ 且 $\leqslant 7.50\%$。碱性激发剂可采用熟料和钢渣中的一种或两种组合。

石灰石石膏矿渣水泥中可以不使用熟料或者掺加极少量的熟料，可充分利用高镁、高硅等低品位石灰石，生产成本低，是一种环保性能良好的矿渣基生态水泥。石灰石石膏矿渣水泥的性能与过硫磷石膏矿渣水泥相似，除可以应用于非承重混凝土制品、泡沫混凝土及制品外，也有望应用于道路工程、水下及海水工程、大体积混凝土、堆石混凝土、钢管混凝土及矿山尾砂胶结固化等领域。有关石灰石石膏矿渣水泥的应用还有待于进一步的研究开发。

8.1 原料与试验方法

8.1.1 原料

本章所使用原料的化学成分见表 8-1。

表 8-1 原料的化学成分 （wt%）

原料	产地	烧失量	SiO_2	Al_2O_3	Fe_2O_3	CaO	MgO	SO_3	合计
矿渣	湖北武汉	−0.17	33.97	17.03	2.13	36.09	8.17	0.20	97.42
矿渣	湖北大冶	−0.24	37.53	17.11	1.18	34.35	7.87	0.24	98.04
熟料	湖北咸宁	0.21	22.30	5.04	3.36	65.60	2.32	0.50	99.33
钢渣	湖北武汉	6.05	16.63	7.00	18.90	38.50	9.42	0.12	96.62

原料	产地	烧失量	SiO₂	Al₂O₃	Fe₂O₃	CaO	MgO	SO₃	合计
石灰石	湖北黄石	40.91	4.10	1.24	0.30	51.36	0.72	—	98.63
高硅石灰石	湖北黄石	37.20	10.53	3.25	1.15	45.20	1.63	0.17	99.13
高镁石灰石	湖北黄石	40.86	6.02	1.01	0.47	45.43	5.42	—	99.21
硬石膏	武汉梅山	3.97	1.06	0.21	0.12	41.56	1.36	51.45	99.73
二水石膏	湖北应城	22.69	5.32	1.65	0.56	30.21	2.57	35.50	98.50

(表头化学式应为 SiO_2、Al_2O_3、Fe_2O_3、CaO、MgO、SO_3)

8.1.2 试验方法

（1）密度：按照 GB/T 208—2014《水泥密度测定方法》进行。

（2）比表面积：按照 GB/T 8074—2008《水泥比表面积测定方法（勃氏法）》进行。

（3）标准稠度和凝结时间：按照 GB/T 1346—2011《水泥标准稠度用水量、凝结时间、安定性检验方法》进行。

（4）水泥安定性试验：本试验中采用了两种检验安定性的方法，即沸煮法和冷浸法。沸煮法按照 GB/T 1346—2011《水泥标准稠度用水量、凝结时间、安定性检验方法》进行。冷浸法则是把净浆雷氏夹不经过煮沸，直接放入 20℃水中静置 28d 测量前后两次指针尖端距离的差值，以此来评判安定性是否合格。两种方法的不同之处在于沸煮法是为了检验游离氧化钙是否造成膨胀破坏。而后者是为了避免在煮沸过程中水化硫铝酸钙的分解，以检验因生成水化硫铝酸钙膨胀而引起的安定性问题。

（5）水泥胶砂强度：按照 GB/T 17671—1999《水泥胶砂强度检验方法（ISO 法）》进行。

（6）水泥胶砂流动度：按照 GB/T 2419—2005《水泥胶砂流动度测定方法》进行。

（7）水泥胶砂干缩性能：按 JC/T 603—2004《水泥胶砂干缩试验方法》标准进行。

（8）抗碳化性能：参照 GB 50082—2009《普通混凝土长期性能和耐久性能试验方法标准》中的碳化试验方法，采用 GB/T 17671—1999《水泥胶砂强度检验方法》（ISO 法）制备 40mm×40mm×160mm 砂浆试样，于标准养护箱中养护 24h 后脱模。然后置于 20℃的水中养护 26d 后，将试块从水中取出，擦干表面的水后，放在 60℃烘箱中烘干 48h。试块六面全部不用蜡封直接放入碳化箱中开始碳化。碳化箱中 CO_2 浓度控制在 20%±3%，温度控制在 20℃±1℃，湿度控制在 70%±5%。碳化到相应龄期后，从碳化箱中取出试样，测定其抗折强度，然后在试块折断的断面均匀涂上 1%的酚酞溶液显色，静置 5min 后用游标卡尺测定各个面的碳化深度。

（9）试样微观分析：将石灰石石膏矿渣水泥以标准稠度用水量制成净浆试块，置于标准养护箱中养护 1d 后脱模浸水养护，到规定的水化龄期，取出试块的一部分敲成小块，用无水乙醇浸泡终止水化，然后进行 X 射线衍射分析或进行 SEM 分析。

8.2　石灰石石膏矿渣水泥组分优化

8.2.1　石膏掺量的影响

8.2.1.1　二水石膏掺量的影响

将表 8-1 中的二水石膏破碎后，单独在 ϕ 500mm×500mm 试验小磨中粉磨至比表面积为

457.2m²/kg；湖北武汉矿渣在 105℃烘箱中烘干后，单独在 φ500mm×500mm 试验小磨中粉磨至比表面积为 435.3m²/kg；钢渣破碎后，单独在 φ500mm×500mm 试验小磨中粉磨至比表面积为 432.3m²/kg。石灰石破碎后，单独在 φ500mm×500mm 试验小磨中粉磨至比表面积为 512.5m²/kg。

固定钢渣掺量8%，矿渣掺量33%，研究石膏掺量对石灰石石膏矿渣水泥性能的影响，结果如表 8-2、图 8-1 和图 8-2 所示。

表 8-2　二水石膏掺量对石灰石石膏矿渣水泥性能的影响

编号	水泥组成（%）				SO₃（%）	安定性	标准稠度（%）	初凝（h：min）	终凝（h：min）	3d（MPa）		7d（MPa）		28d（MPa）	
	钢渣	二水石膏	石灰石	矿渣						抗折	抗压	抗折	抗压	抗折	抗压
B1	8	8	51	33	2.92	合格	26.4	4：25	5：00	2.8	8.6	3.8	12.8	6.1	25.1
B2	8	10	49	33	3.63	合格	26.2	4：30	5：05	3.0	9.1	4.2	15.1	6.3	29.2
B3	8	12	47	33	4.34	合格	26.0	4：00	5：40	2.9	9.0	4.4	18.4	6.8	35.8
B4	8	15	44	33	5.40	合格	25.8	4：10	5：55	2.9	9.1	4.6	19.4	7.0	40.8
B5	8	18	41	33	6.47	合格	25.6	5：25	6：15	3.0	9.5	4.9	22.2	7.3	48.5
B6	8	21	38	33	7.53	合格	25.4	5：30	6：05	3.0	9.8	4.6	19.7	7.3	45.0

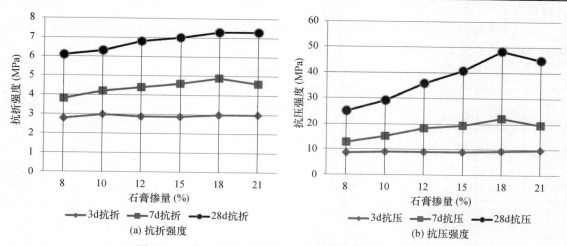

图 8-1　二水石膏掺量对石灰石石膏矿渣水泥强度的影响

由图 8-1 可见，石灰石石膏矿渣水泥随着二水石膏掺量的增加，3d 抗折及抗压强度，分别从二水石膏掺量8%时的2.8MPa 和8.6MPa，逐渐增加到二水石膏掺量21%时的3.0MPa 和9.8MPa，增加幅度为7.1%和14.0%。对 7d 强度而言，抗折及抗压强度，分别从石膏掺量为8%时的3.8MPa 和12.8MPa，逐渐增加到二水石膏掺量18%时的4.9MPa 和22.2MPa，增加幅度为28.9%和73.4%，强度增加幅度较3d强度明显增大，而当二水石膏掺量继续增加到21%时，抗折及抗压强度又下降到4.6MPa 和19.7MPa。28d 强度和 7d 强度发展规律相似，只是28d抗压强度的增加幅度更大。因此，石灰石石膏矿渣水泥中二水石膏的最佳掺量应以18%左右为佳，对应水泥中 SO₃ 含量应为6.47%左右。

由表 8-2 可见，石灰石石膏矿渣水泥标准稠度用水量，随二水石膏掺量的增加，石灰石掺量的减少而减少。也就是说二水石膏掺量的增加有利于减少水泥标准稠度用水量。

由图 8-2 可见，石灰石石膏矿渣水泥的凝结时间随石膏掺量的增加，而有所延长。虽然随二水石膏掺量的增加，石灰石石膏矿渣水泥标准稠度用水量有所减少，有利于缩短水泥凝结时间，但由于二水石膏掺量增加，水泥浆体中的硫酸根离子浓度逐渐增加，对水泥的缓凝作用也在增强，综合结果使水泥凝结时间呈现延长趋势。

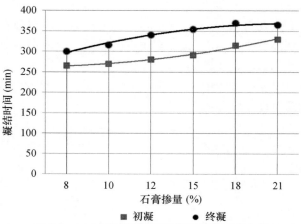

图 8-2　二水石膏掺量对石灰石石膏矿渣水泥凝结时间的影响

8.2.1.2　硬石膏掺量的影响

将表 8-1 中的硬石膏破碎后，单独在 ϕ 500mm×500mm 试验小磨中粉磨至比表面积为 479.4m²/kg；湖北武汉矿渣在 105℃烘箱中烘干后，单独在 ϕ 500mm×500mm 试验小磨中粉磨至比表面积为 539.2m²/kg；将钢渣破碎后，单独在 ϕ 500mm×500mm 试验小磨中粉磨至比表面积为 586.2m²/kg。将石灰石破碎后，单独在 ϕ 500mm×500mm 试验小磨中粉磨至比表面积为 786.2m²/kg。

固定钢渣掺量 9%，矿渣掺量 40%，研究硬石膏掺量对石灰石石膏矿渣水泥性能的影响，结果如表 8-3 和图 8-3 所示。

表 8-3　硬石膏掺量对石灰石石膏矿渣水泥性能的影响

编号	水泥组成（%）				SO_3（%）	3d（MPa）		7d（MPa）		28d（MPa）	
	钢渣	硬石膏	石灰石	矿渣		抗折	抗压	抗折	抗压	抗折	抗压
B10	9	9	42	40	4.72	3.3	14.8	5.1	23.1	8.1	39.6
B11	9	10	41	40	5.24	3.5	15.2	5.3	25.2	8.2	41.1
B12	9	11	40	40	5.75	3.6	15.3	5.7	26.2	8.7	43.7
B13	9	12	39	40	6.26	4.1	15.9	5.9	28.0	9.2	45.4
B14	9	13	38	40	6.78	4.3	16.2	6.4	28.3	9.6	46.0
B15	9	14	37	40	7.29	4.2	15.7	6.3	26.6	9.4	44.8
B16	9	15	36	40	7.81	3.9	14.1	6.0	25.1	9.2	43.8
B17	9	16	35	40	8.32	3.8	13.6	6.0	24.2	9.2	41.8
B18	9	17	34	40	8.84	3.7	13.0	5.9	23.9	9.1	41.1

由图 8-3 可见，石灰石石膏矿渣水泥随着硬石膏掺量的增加，各龄期的抗折及抗压强度都是先增加，然后再下降。在硬石膏掺量为 13% 时，各龄期抗折和抗压强度均达到了最大值，此时石灰石石膏矿渣水泥中的 SO_3 含量为 6.78%。对比表 8-2 中石灰石石膏矿渣水泥中二水石膏的最佳掺量所对应 SO_3 含量为 6.47%。因此，可以认为无论是掺二水石膏，还是掺硬石膏，石灰石石膏矿渣水泥中最佳的 SO_3 含量应为 6.5% 左右。

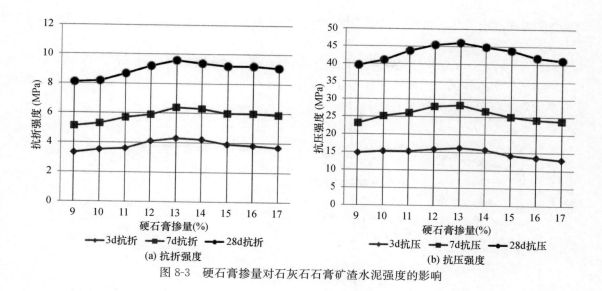

图 8-3　硬石膏掺量对石灰石石膏矿渣水泥强度的影响

8.2.2　钢渣掺量的影响

将表 8-1 中的硬石膏破碎后，单独在 ϕ 500mm×500mm 试验小磨中粉磨至比表面积为 479.4m²/kg；湖北武汉矿渣在 105℃烘箱中烘干后，单独在 ϕ 500mm×500mm 试验小磨中粉磨至比表面积为 489.3m²/kg；将钢渣破碎后，单独在 ϕ 500mm×500mm 试验小磨中粉磨至比表面积为 512.5m²/kg。将石灰石破碎后，单独在 ϕ 500mm×500mm 试验小磨中粉磨至比表面积为 786.2m²/kg。

固定硬石膏掺量 13%，矿渣掺量 40%，研究钢渣掺量对石灰石石膏矿渣水泥性能的影响，结果如表 8-4、图 8-4 和图 8-5 所示。

表 8-4　钢渣掺量对石灰石石膏矿渣水泥性能的影响

编号	水泥组成（%）				SO₃（%）	冷浸法安定性（mm）	标准稠度（%）	初凝（h：min）	终凝（h：min）	3d（MPa）		7d（MPa）		28d（MPa）	
	钢渣	硬石膏	石灰石	矿渣						抗折	抗压	抗折	抗压	抗折	抗压
E12	4	13	42	40	5.74	0.5	26.2	2：09	3：25	2.3	7.5	4.5	21.4	6.6	43.1
E13	5	13	42	40	5.75	1.5	26.4	1：56	3：11	2.7	8.8	4.9	22.5	7.2	43.7
E14	6	13	41	40	5.75	0.0	26.4	2：57	4：18	3.2	11.0	5.1	24.0	7.4	43.8
E15	7	13	40	40	5.75	1.0	26.0	3：03	4：26	3.7	12.2	5.9	24.0	8.0	43.5
E16	8	13	39	40	5.75	1.0	26.0	2：51	3：53	3.9	13.4	5.8	25.6	7.8	42.6
E17	9	13	38	40	5.75	1.0	26.0	2：52	3：50	4.0	13.9	5.8	25.7	7.5	42.3

由图 8-4 可见，石灰石石膏矿渣水泥随着钢渣掺量的增加，3d、7d 的抗折及抗压强度，均不断增长。28d 抗折强度以钢渣掺量为 7% 时最高，达到 8.0MPa，继续增加钢渣掺量，28d 抗折强度稍有下降。28d 抗压强度相差不大，当钢渣掺量大于 7% 以后，28d 抗压强度开始稍有下降。综合考虑，石灰石石膏矿渣水泥中的钢渣掺量宜控制在 6%～9% 之间为佳。

由表 8-4 可见，石灰石石膏矿渣水泥标准稠度用水量，随钢渣掺量的增加，石灰石掺量的减少而几乎没有变化。也就是说钢渣掺量的增加对石灰石石膏矿渣水泥标准稠度用水量影响不大。

由图 8-5 可见,当钢渣掺量从 4% 增加到 7% 时,石灰石石膏矿渣水泥的凝结时间有所延长。继续增加钢渣掺量,石灰石石膏矿渣水泥凝结时间又有所缩短,也就是说,石灰石石膏矿渣水泥凝结时间在钢渣掺量 7% 时最长。

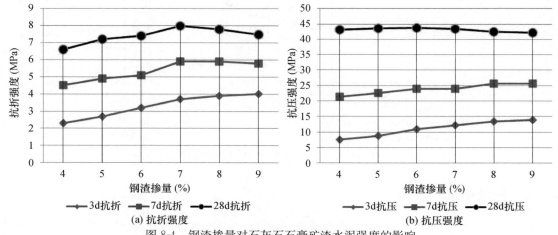

(a) 抗折强度   (b) 抗压强度

图 8-4　钢渣掺量对石灰石石膏矿渣水泥强度的影响

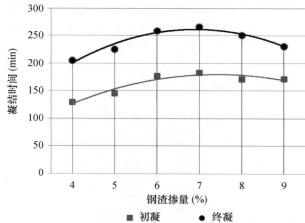

图 8-5　钢渣掺量对石灰石石膏矿渣水泥凝结时间的影响

8.2.3　矿渣掺量的影响

将表 8-1 中的硬石膏破碎后,单独在 ϕ 500mm×500mm 试验小磨中粉磨至比表面积为 479.4m²/kg;湖北武汉矿渣在 105℃ 烘箱中烘干后,单独在 ϕ 500mm×500mm 试验小磨中粉磨至比表面积为 489.3m²/kg;将钢渣破碎后,单独在 ϕ 500mm×500mm 试验小磨中粉磨至比表面积为 512.5m²/kg。将石灰石破碎后,单独在 ϕ 500mm×500mm 试验小磨中粉磨至比表面积为 786.2m²/kg。

固定硬石膏掺量 13%,钢渣掺量 9%,研究矿渣掺量对石灰石石膏矿渣水泥性能的影响,结果如表 8-5、图 8-6 和图 8-7 所示。

表 8-5 矿渣掺量对石灰石石膏矿渣水泥性能的影响

编号	水泥组成（%）				SO₃（%）	冷浸法安定性（mm）	标准稠度（%）	初凝（h：min）	终凝（h：min）	3d（MPa）		7d（MPa）		28d（MPa）	
	钢渣	硬石膏	石灰石	矿渣						抗折	抗压	抗折	抗压	抗折	抗压
E33	9	13	43	35	5.74	1.5	26.5	2：48	3：45	3.6	14.1	4.6	21.2	8.1	38.1
E34	9	13	38	40	5.75	1.3	26.1	2：52	3：50	3.5	15.8	5.1	23.4	8.3	41.6
E35	9	13	33	45	5.76	1.0	26.2	2：58	3：55	3.9	15.6	5.3	23.8	8.2	42.3
E36	9	13	28	50	5.77	0.9	26.1	3：10	4：05	4.0	16.7	5.4	26.5	8.8	43.8
E37	9	13	23	55	5.78	0.6	25.9	3：18	4：10	4.2	16.4	5.9	27.3	9.3	44.6
E38	9	13	18	60	5.79	0.7	25.8	3：30	4：18	4.3	17.6	6.2	28.2	9.2	46.1
E39	9	13	13	65	5.80	0.5	25.7	3：35	4：25	4.7	18.1	6.5	28.5	9.2	46.8
E40	9	13	8	70	5.81	0.8	25.8	3：40	4：30	4.4	18.2	6.6	28.3	9.8	46.3

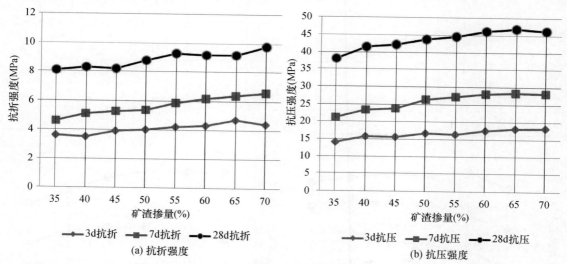

（a）抗折强度　　　　　　　　　（b）抗压强度

图 8-6 矿渣掺量对石灰石石膏矿渣水泥强度的影响

　　由图 8-6 可见，石灰石石膏矿渣水泥随着矿渣掺量的增加，各龄期的抗折及抗压强度，均呈现不断增长的趋势，但矿渣掺量达到 60%（石灰石掺量 20%）后，继续增加矿渣掺量，石灰石石膏矿渣水泥的抗压强度几乎不再增长。由于矿渣的价格较高，为了降低石灰石石膏矿渣水泥成本，矿渣掺量不宜超过 60%，通常以 40% 左右为佳。

　　由图 8-7 可见，当矿渣掺量从 35% 增加到 70% 时，石灰石石膏矿渣水泥的凝结时间有所延长。

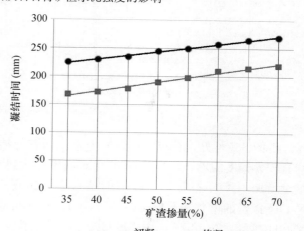

图 8-7 矿渣掺量对石灰石石膏矿渣水泥凝结时间的影响

8.2.4　NaOH 掺量的影响

　　将表 8-1 中的硬石膏破碎后，单独在 φ500mm×500mm 试验小磨中粉磨至比表面积为479.4m²/kg；湖北武汉矿渣在 105℃烘箱中烘干后，单独在 φ500mm×500mm 试验小磨中粉磨至比表面积为 489.3m²/kg；将钢渣破碎后，单独在 φ500mm×500mm 试验小磨中粉磨至比表面积为 512.5m²/kg。将石灰石破碎后，单独在 φ500mm×500mm 试验小磨中粉磨至比表面积为 786.2m²/kg。NaOH 采用化学纯化学试剂。

　　固定石灰石石膏矿渣水泥配比不变，改变外掺的氢氧化钠掺量，研究外掺的 NaOH 掺量对石灰石石膏矿渣水泥性能的影响，结果如表 8-6、图 8-8 和图 8-9 所示。

表 8-6　外掺 NaOH 对石灰石石膏矿渣水泥性能的影响

编号	水泥组成（%）					SO₃（%）	冷浸法安定性（mm）	标准稠度（%）	初凝（h：min）	终凝（h：min）	3d（MPa）		7d（MPa）		28d（MPa）	
	钢渣	硬石膏	石灰石	矿渣	NaOH						抗折	抗压	抗折	抗压	抗折	抗压
E22	5	13	42	40	0	5.75	1.5	26.4	1：56	3：11	2.7	8.8	4.9	22.5	7.2	43.7
E23	5	13	42	40	0.2	5.75	0	26.2	2：23	3：23	3.5	12.4	5.6	23.2	8.2	44.3
E24	5	13	42	40	0.4	5.75	0	26.4	2：29	3：59	3.9	14.2	6.3	26.2	7.9	44.6
E25	5	13	42	40	0.6	5.75	1.0	26.4	2：39	4：30	4.1	15.0	6.2	26.1	8.0	42.1
E26	5	13	42	40	0.8	5.75	0	26.4	2：36	4：25	4.6	15.2	6.6	25.4	7.8	37.9
E27	5	13	42	40	1.0	5.75	1.0	26.2	2：35	4：24	4.5	13.8	6.1	20.2	7.5	33.4

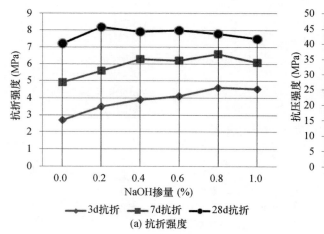

(a) 抗折强度

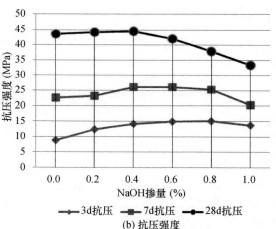

(b) 抗压强度

图 8-8　外掺 NaOH 对石灰石石膏矿渣水泥强度的影响

　　由图 8-8 可见，石灰石石膏矿渣水泥随着外掺 NaOH 掺量的增加，各龄期的抗折强度，均有较大幅度的增长，当外掺 NaOH 的掺量达到 0.8% 时，各龄期的抗折强度达到最大值，继续增加 NaOH 掺量，各龄期的抗折强度出现下降趋势。3d 和 7d 抗压强度随着外掺的NaOH 掺量的增加有所增加，当 NaOH 掺量在 0.4%～0.6% 时，呈现最大值，继续增加NaOH 掺量，3d 和 7d 抗压强度呈现下降的趋势。外掺 NaOH 对 28d 抗压强度没有太大的增强作用，相反 NaOH 掺量超过 0.4% 后，28d 抗压强度显著下降。

由图 8-9 可见，外掺 NaOH 会使石灰石石膏矿渣水泥的凝结时间有所延长，但外掺的 NaOH 掺量达到 0.6％后，再增加 NaOH 的掺量，石灰石石膏矿渣水泥的凝结时间几乎不再变化。

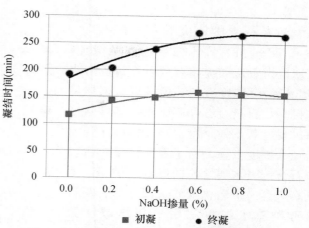

图 8-9　外掺 NaOH 对石灰石石膏矿渣水泥凝结时间的影响

8.2.5　石灰掺量的影响

将表 8-1 中的硬石膏破碎后，单独在 ϕ 500mm×500mm 试验小磨中粉磨至比表面积为 479.4m²/kg；湖北武汉矿渣在 105℃ 烘箱中烘干后，单独在 ϕ 500mm×500mm 试验小磨中粉磨至比表面积为 489.3m²/kg；将钢渣破碎后，单独在 ϕ 500mm×500mm 试验小磨中粉磨至比表面积为 512.5m²/kg。将石灰石破碎后，单独在 ϕ 500mm×500mm 试验小磨中粉磨至比表面积为 786.2m²/kg。石灰是将石灰石粉置于 950℃ 的高温炉中煅烧 60min 后得到。

固定矿渣掺量 40％，硬石膏掺量 13％不变，不掺钢渣，改变石灰掺量，研究石灰掺量对石灰石石膏矿渣水泥性能的影响，结果如表 8-7、图 8-10 和图 8-11 所示。

表 8-7　石灰掺量对石灰石石膏矿渣水泥性能的影响

编号	水泥组成（％）				SO₃（％）	冷浸法安定性（mm）	标准稠度（％）	初凝（h：min）	终凝（h：min）	3d（MPa）		7d（MPa）		28d（MPa）	
	石灰	硬石膏	石灰石	矿渣						抗折	抗压	抗折	抗压	抗折	抗压
E28	1	13	46	40	5.75	0.5	27.2	3：26	4：31	4.1	12.6	6.4	18.5	8.5	42.7
E29	2	13	45	40	5.75	0.5	27.8	3：14	4：20	5.2	14.7	6.6	18.6	8.4	37.7
E30	3	13	44	40	5.75	2.5	28.2	3：02	4：08	5.8	15.5	6.7	18.9	8.0	31.1
E31	4	13	43	40	5.75	2.5	28.6	3：15	4：21	5.6	15.9	7.0	20.0	8.1	27.6
E32	5	13	42	40	5.75	4.5	29.0	3：45	4：52	5.6	15.8	7.3	21.2	7.8	26.4

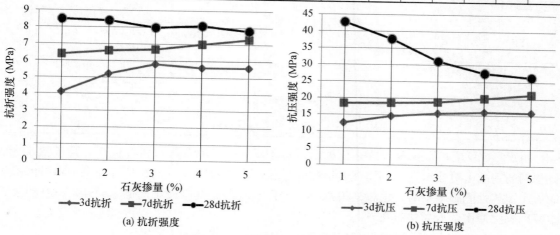

(a) 抗折强度　　　　　　　　　　　(b) 抗压强度

图 8-10　石灰掺量对石灰石石膏矿渣水泥强度的影响

由图 8-10 可见，石灰石石膏矿渣水泥随着石灰掺量从 1％增加到 5％，3d 和 7d 抗折、抗压强度均有所增加，也就是说石灰对提高石灰石石膏矿渣水泥 3d 和 7d 强度有利。但随着石灰掺量的提高，石灰石石膏矿渣水泥 28d 强度却出现显著下降，特别是 28d 抗压强度出现大幅度下降。由于石灰掺量对石灰石石膏矿渣水泥性能的影响很敏感，而且石灰容易被碳化变质，因此，石灰石石膏矿渣水泥不宜用石灰作碱性激发剂。

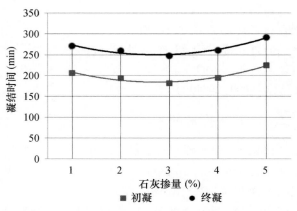

图 8-11　石灰掺量对石灰石石膏矿渣水泥凝结时间的影响

由图 8-11 可见，随着石灰掺量的提高，石灰石石膏矿渣水泥的凝结时间先缩短后再延长，在石灰掺量 3％时，凝结时间最短，但总体上变化不是很大。

8.2.6　石灰石品位的影响

将表 8-1 中的硬石膏破碎后，单独在 $\phi 500mm \times 500mm$ 试验小磨中粉磨至比表面积为 $479.4m^2/kg$；湖北武汉矿渣在 105℃烘箱中烘干后，单独在 $\phi 500mm \times 500mm$ 试验小磨中粉磨至比表面积为 $489.3m^2/kg$；将钢渣破碎后，单独在 $\phi 500mm \times 500mm$ 试验小磨中粉磨至比表面积为 $512.5m^2/kg$。将石灰石破碎后，单独在 $\phi 500mm \times 500mm$ 试验小磨中粉磨至比表面积为 $786.2m^2/kg$。将高硅石灰石破碎后，单独在 $\phi 500mm \times 500mm$ 试验小磨中粉磨至比表面积为 $753.4m^2/kg$。将高镁石灰石破碎后，单独在 $\phi 500mm \times 500mm$ 试验小磨中粉磨至比表面积为 $774.7m^2/kg$。

在石灰石石膏矿渣水泥配比相同的情况下，对石灰石品位高低对石灰石石膏矿渣水泥性能的影响，结果见表 8-8。

表 8-8　石灰石品位对石灰石石膏矿渣水泥性能的影响

编号	水泥组成（％）						冷浸法安定性（mm）	标准稠度（％）	初凝（h：min）	终凝（h：min）	3d（MPa）		7d（MPa）		28d（MPa）	
	钢渣	硬石膏	石灰石	高硅石灰石	高镁石灰石	矿渣					抗折	抗压	抗折	抗压	抗折	抗压
D1	9	13	38	—	—	40	1.3	26.1	2：52	3：50	3.5	15.8	5.1	23.4	8.3	41.6
D2	9	13	—	38	—	40	1.3	26.3	2：58	4：05	3.4	15.6	5.2	23.6	8.5	41.9
D3	9	13	—	—	38	40	1.0	26.2	2：55	4：03	3.6	15.7	5.3	23.8	8.2	41.8

由表 8-8 可见，石灰石、高硅石灰石、高镁石灰石三种石灰石在石灰石石膏矿渣水泥配比相同的情况下对比试验，其物理力学性能相差不大。说明，石灰石品位高低对石灰石石膏矿渣水泥的性能影响不大，也就是说石灰石石膏矿渣水泥可以使用高硅、高镁等通用硅酸盐水泥厂无法使用的低品位石灰石。

8.3 原料粉磨细度对石灰石石膏矿渣水泥性能的影响

石灰石石膏矿渣水泥通常采用分别粉磨或石灰石和石膏混合粉磨，矿渣和钢渣单独分别粉磨工艺。为了研究各原料粉磨细度对石灰石石膏矿渣水泥性能的影响，将表 8-1 的原料分别粉磨不同的时间，每种原料分别得到 4 种不同的比表面积。

矿渣粉：将湖北武汉矿渣烘干后，每磨 5kg，单独在 ϕ 500mm×500mm 小磨内粉磨不同的时间，得到四种比表面积为 398m²/kg、438m²/kg、497m²/kg、567m²/kg。

钢渣粉：将湖北武汉钢渣破碎烘干后，每磨 5kg，单独在 ϕ 500mm×500mm 小磨内粉磨不同的时间，得到四种比表面积为 406m²/kg、464m²/kg、494m²/kg、547m²/kg。

石灰石粉：将湖北黄石石灰石破碎后，每磨 5kg，单独在 ϕ 500mm×500mm 小磨内粉磨不同的时间，得到四种比表面积为 523m²/kg、606m²/kg、693m²/kg、769m²/kg。

硬石膏粉：将武汉梅山硬石膏破碎后，每磨 5kg，单独在 ϕ 500mm×500mm 小磨内粉磨不同的时间，得到四种比表面积为 526m²/kg、628m²/kg、693m²/kg、791m²/kg。

8.3.1 矿渣粉细度的影响

取比表面积为 464m²/kg 的钢渣粉，比表面积为 628m²/kg 的硬石膏粉，比表面积为 606m²/kg 的石灰石粉，按矿渣粉 40%，硬石膏粉 13%，石灰石粉 38%，钢渣粉 9% 的配比配制成石灰石石膏矿渣水泥，然后进行性能检验，结果如表 8-9、图 8-12 和图 8-13 所示。

表 8-9　矿渣粉比表面积对石灰石石膏矿渣水泥性能的影响

编号	矿渣比表面积 (m²/kg)	标准稠度 (%)	初凝 (min)	终凝 (min)	冷浸法安定性 (mm)	3d (MPa) 抗折	3d (MPa) 抗压	7d (MPa) 抗折	7d (MPa) 抗压	28d (MPa) 抗折	28d (MPa) 抗压
X1	398	26.0	317	373	1.5	3.5	11.3	5.3	17.3	7.4	33.0
X2	438	26.1	245	310	1.5	3.9	12.2	5.9	18.6	8.2	35.2
X3	497	26.0	200	260	1.0	4.2	14.4	6.3	21.0	8.8	38.5
X4	567	26.1	172	230	1.3	4.4	15.2	6.6	22.4	9.2	40.8

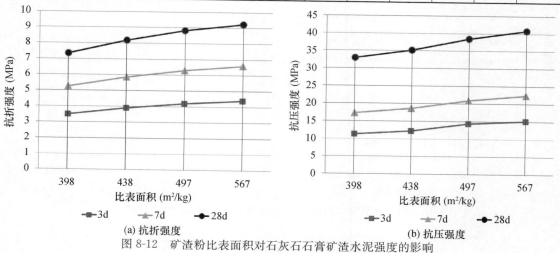

(a) 抗折强度　　　　　　　　　　(b) 抗压强度

图 8-12　矿渣粉比表面积对石灰石石膏矿渣水泥强度的影响

由图 8-12 可见，石灰石石膏矿渣水泥各龄期的强度随矿渣粉比表面积的增加而增加。由图 8-13 可见，石灰石石膏矿渣水泥的凝结时间随矿渣粉比表面积的增加而显著缩短。由于提高矿渣粉比表面积会显著增加粉磨电耗，综合以上试验结果，矿渣粉比表面积宜控制在 $450m^2/kg$ 左右。

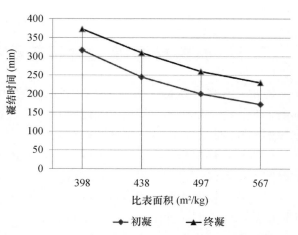

图 8-13　矿渣粉比表面积对石灰石石膏矿渣水泥凝结时间的影响

8.3.2　钢渣粉细度的影响

取比表面积为 $438m^2/kg$ 的矿渣粉，比表面积为 $628m^2/kg$ 的石膏粉，比表面积为 $606m^2/kg$ 的石灰石粉，按矿渣粉 40%，硬石膏粉 13%，石灰石粉 38%，钢渣粉 9% 的配比配制成石灰石石膏矿渣水泥，然后进行性能检验，结果如表 8-10、图 8-14 和图 8-15 所示。

表 8-10　钢渣粉比表面积对石灰石石膏矿渣水泥性能的影响

编号	钢渣比表面积 （m^2/kg）	标准稠度 （%）	初凝 （min）	终凝 （min）	冷浸法安定性 （mm）	3d（MPa）		7d（MPa）		28d（MPa）	
						抗折	抗压	抗折	抗压	抗折	抗压
X5	406	26.1	260	328	1.4	3.9	11.6	5.5	18.0	8.1	34.2
X6	464	26.1	245	310	1.5	3.9	12.2	5.9	18.6	8.2	35.2
X7	494	26.2	255	305	1.2	4.0	12.6	6.2	19.4	8.3	36.1
X8	547	26.9	247	295	1.4	4.2	13.0	6.6	19.6	8.4	36.4

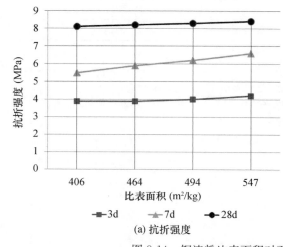

(a) 抗折强度

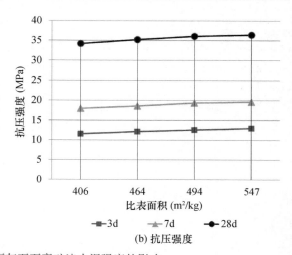

(b) 抗压强度

图 8-14　钢渣粉比表面积对石灰石石膏矿渣水泥强度的影响

由图 8-14 可见，随着钢渣粉比表面积的提高，石灰石石膏矿渣水泥各龄期的抗折和抗压强度均稍有增加，但增长幅度不大。

由图 8-15 可见，钢渣粉比表面积大小对石灰石石膏矿渣水泥的凝结时间影响不是很大，随着钢渣粉比表面积的提高，石灰石石膏矿渣水泥的初凝和终凝时间均有所缩短，但缩短的幅度不大。

综合以上试验结果，为了节省钢渣的粉磨电耗，钢渣粉比表面积宜控制在 $400 \sim 450 \mathrm{m}^2 / \mathrm{kg}$ 之间。

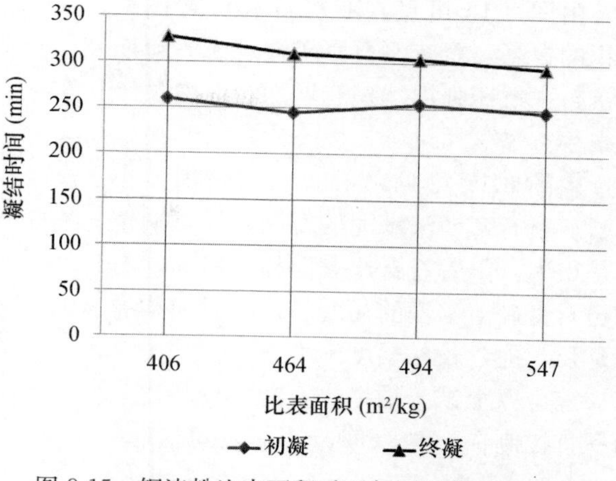

图 8-15　钢渣粉比表面积对石灰石石膏矿渣水泥凝结时间的影响

8.3.3　石膏细度的影响

取比表面积为 $438 \mathrm{m}^2 / \mathrm{kg}$ 的矿渣粉，比表面积为 $464 \mathrm{m}^2 / \mathrm{kg}$ 的钢渣粉，比表面积为 $606 \mathrm{m}^2 / \mathrm{kg}$ 的石灰石粉，按矿渣粉 40%，硬石膏粉 13%，石灰石粉 38%，钢渣粉 9% 的配比配制成石灰石石膏矿渣水泥，然后进行性能检验，结果如表 8-11、图 8-16 和图 8-17 所示。

表 8-11　石膏比表面积对石灰石石膏矿渣水泥性能的影响

编号	硬石膏比表面积（m²/kg）	标准稠度（%）	初凝（min）	终凝（min）	冷浸法安定性（mm）	3d（MPa）		7d（MPa）		28d（MPa）	
						抗折	抗压	抗折	抗压	抗折	抗压
X9	526	26.0	240	305	1.2	3.8	12.0	5.6	18.5	8.2	35.2
X10	628	26.2	245	310	1.3	3.9	12.2	5.9	18.6	8.2	35.2
X11	693	26.3	255	312	1.2	3.9	12.5	5.8	20.1	8.6	36.2
X12	791	26.4	260	320	1.4	4.0	12.8	5.9	21.8	8.8	36.7

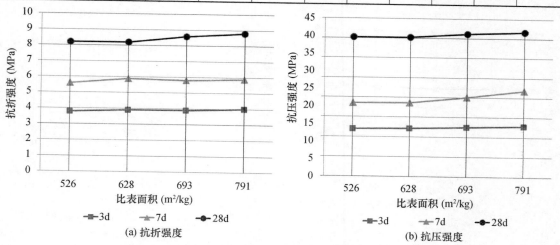

(a) 抗折强度

(b) 抗压强度

图 8-16　石膏比表面积对石灰石石膏矿渣水泥强度的影响

由图 8-16 可见，随着石膏粉磨比表面积的提高，石灰石石膏矿渣水泥各龄期的抗折和抗压强度均稍有增加，但增长幅度很小。

由图 8-17 可见，石膏比表面积大小对石灰石石膏矿渣水泥的凝结时间影响也不是很大，随着石膏比表面积的提高，石灰石石膏矿渣水泥的初凝和终凝时间均有所延长，但延长的幅度不大。

综合以上试验结果，石膏的粉磨比表面积宜控制在 $500 \sim 550 m^2/kg$ 之间。

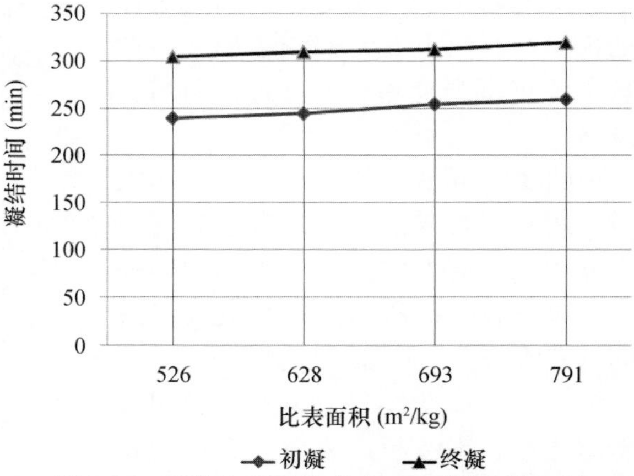

图 8-17 石膏比表面积对石灰石石膏矿渣水泥凝结时间的影响

8.3.4 石灰石细度的影响

取比表面积为 $438m^2/kg$ 的矿渣粉，比表面积为 $464m^2/kg$ 的钢渣粉，比表面积为 $628m^2/kg$ 的硬石膏粉，按矿渣粉 40%，硬石膏粉 13%，石灰石粉 38%，钢渣粉 9% 的配比配制成石灰石石膏矿渣水泥，然后进行性能检验，结果如表 8-12、图 8-18 和图 8-19 所示。

表 8-12 石灰石比表面积对石灰石石膏矿渣水泥性能的影响

编号	石灰石比表面积（m^2/kg）	标准稠度（%）	初凝（min）	终凝（min）	冷浸法安定性（mm）	3d（MPa）		7d（MPa）		28d（MPa）	
						抗折	抗压	抗折	抗压	抗折	抗压
X13	523	26.1	52	320	1.5	4.0	11.9	5.8	17.5	8.0	32.6
X14	606	26.2	245	310	1.4	3.9	12.2	5.9	18.6	8.2	35.2
X15	693	26.2	235	300	1.4	4.1	12.7	6.0	19.0	8.3	36.1
X16	769	26.4	225	285	1.3	4.0	13.2	6.1	20.1	8.4	38.1

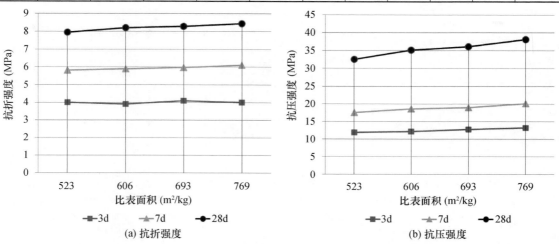

(a) 抗折强度

(b) 抗压强度

图 8-18 石灰石比表面积对石灰石石膏矿渣水泥强度的影响

由图 8-18 可见，随着石灰石粉磨比表面积的提高，石灰石石膏矿渣水泥各龄期的抗折和抗压强度均有所增加。

由图 8-19 可见，石灰石比表面积大小对石灰石石膏矿渣水泥的凝结时间有所影响，随着石灰石比表面积的提高，石灰石石膏矿渣水泥的初凝和终凝时间均有所缩短。

综合以上试验结果，石灰石的粉磨比表面积宜控制在 $600\sim650\text{m}^2/\text{kg}$ 之间。

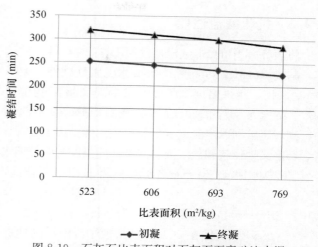

图 8-19　石灰石比表面积对石灰石石膏矿渣水泥凝结时间的影响

8.4　石灰石石膏矿渣水泥的性能

8.4.1　常规物理力学性能

将表 8-1 中的石灰石和硬石膏破碎后，按石灰石：硬石膏＝38：13 的比例，每磨 5kg，混合在 ϕ 500mm×500mm 试验小磨中粉磨 20min，测定密度为 2.76g/cm^3，测定比表面积为 $611\text{m}^2/\text{kg}$。将湖北武汉矿渣在 105℃烘箱中烘干后，单独在 ϕ 500mm×500mm 试验小磨中粉磨至比表面积为 $461.2\text{m}^2/\text{kg}$；将钢渣破碎后，单独在 ϕ 500mm×500mm 试验小磨中粉磨至比表面积为 $432.1\text{m}^2/\text{kg}$。

按表 8-13 的配比配制成石灰石石膏矿渣水泥后，进行各种性能检验。为了对比，在市场上购买了一袋 P·S·A32.5 矿渣硅酸盐水泥，同时一起进行试验，结果见表 8-13。

表 8-13　石灰石石膏矿渣水泥常规物理力学性能

编号	水泥组成（%）				标准稠度（%）	初凝（min）	终凝（min）	沸煮安定性	冷浸安定性	起砂量（kg/m²）		开裂度（mm）	3d（MPa）		28d（MPa）		180d（MPa）		365d（MPa）	
	矿渣	钢渣	石灰石	硬石膏						脱水	浸水		抗折	抗压	抗折	抗压	抗折	抗压	抗折	抗压
S1	40	9	38	13	25.3	278	350	合格	合格	3.82	2.13	2.3	6.0	15.0	8.2	36.6	8.9	46.7	9.3	48.3
PS	P·S·A 32.5 水泥				27.6	235	355	合格	合格	0.35	0.37	1.6	4.3	17.4	7.6	37.2	8.3	45.3	8.7	46.9

由表 8-13 可见，与矿渣硅酸盐水泥相比，石灰石石膏矿渣水泥的标准稠度较小，初凝时间较长，终凝时间相差不大；水泥安定性均合格；水泥脱水起砂量和浸水起砂量，石灰石石膏矿渣水泥均显著大于矿渣硅酸盐水泥，说明石灰石石膏矿渣水泥抗起砂性能较差；水泥开裂度，石灰石石膏矿渣水泥稍大于矿渣硅酸盐水泥，但两者相差不大；水泥胶砂强度，总体上两者相差不大，石灰石石膏矿渣水泥早期抗压强度稍低，但后期抗压强度稍高；石灰石石膏矿渣水泥各龄期的抗折强度，均比矿渣硅酸盐水泥稍高些。两种水泥的长期强度均较高，养护 1 年的强度显著大于 28d 的强度，说明长期强度增长率较大。

8.4.2 抗硫酸盐性能

将表 8-13 中的 S1 试样，参照 GB/T 17671—1999《水泥胶砂强度检验方法（ISO 法）》标准，制成 40mm×40mm×160mm 水泥胶砂试件，在温度 20℃、相对湿度 92％的养护箱中养护 24h 后脱模，浸入温度 20℃的水中标养 28d 后测定原始强度。然后分成两批，分别浸入温度 20℃、浓度为 3％的 Na_2SO_4 溶液密封养护箱中（溶液每两个月更换一次）和温度 20℃的水中养护，到规定龄期取出测定抗折及抗压强度。为了表征水泥抗硫酸盐性能，引入抗蚀系数 SRC 的概念，定义为经硫酸盐溶液浸泡试样的强度与同龄期水中养护试样的强度之比。同时，将市购的 P·Ⅰ硅酸盐水泥与石灰石石膏矿渣水泥同时进行对比试验，结果如表8-14和图 8-20 所示。

$$SRC = F_s/F_w \qquad (8-1)$$

式中　SRC——抗蚀系数；

　　　F_s——试件在 20℃侵蚀溶液中浸泡后的抗折强度，MPa；

　　　F_w——试件在 20℃清水中养护同龄期的抗折强度，MPa。

表 8-14　石灰石石膏矿渣水泥和硅酸盐水泥抗硫酸盐浸蚀对比试验

编号	养护溶液	28d 原始强度（MPa）		30d（MPa）		60d（MPa）		90d（MPa）		180d（MPa）		270d（MPa）	
		抗折	抗压	抗折	抗压	抗折	抗压	抗折	抗压	抗折	抗压	抗折	抗压
S1	3％的 Na_2SO_4	8.2	36.6	10.4	38.2	10.2	39.0	10.1	41.0	10.1	41.3	9.8	40.9
	水	8.2	36.6	8.8	41.8	9.0	43.4	9.2	45.3	9.2	47.1	9.3	48.1
	SRC 抗蚀系数	—	—	1.18		1.17		1.10		1.10		1.05	
P	3％的 Na_2SO_4	9.2	52.1	10.5	58.7	10.1	59.5	10.2	61.8	10.1	53.9	9.0	43.2
	水	9.2	52.1	9.6	58.4	9.6	60.3	9.6	61.4	10.8	62.4	11.2	63.6
	SRC 抗蚀系数	—	—	1.09		1.05		1.00		0.94		0.80	

注：P 试样为市购的 P·Ⅰ 52.5 硅酸盐水泥。

由表 8-14 可见，石灰石石膏矿渣水泥在水中长期养护，其强度随养护龄期的增加而显著提高，而在 3％Na_2SO_4 溶液中养护 6 个月也还未发现其强度下降的趋势，并随着在硫酸盐中浸泡时间的延长，各龄期强度均出现增长的现象。1 年以内各龄期的抗蚀系数均大于 1，说明石灰石石膏矿渣水泥具有很好的抗硫酸盐性能。P·Ⅰ 52.5 硅酸盐水泥在水中长期养护时，水泥石强度也可以持续增长，但是在硫酸盐溶液中浸泡 90d 后，强度即开始下降。继续浸泡硫酸盐溶液，其抗蚀系数出现快速下降的趋势。

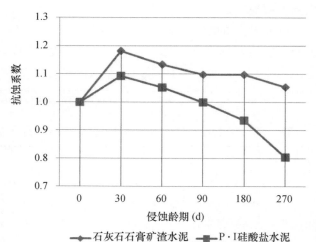

图 8-20　石灰石石膏矿渣水泥与硅酸盐水泥抗蚀系数对比

由图 8-20 可见，石灰石石膏矿渣水泥的抗蚀系数显著大于 P·Ⅰ 52.5 硅酸盐水泥，说明石灰石石膏矿渣水泥的抗硫酸盐性能优于 P·Ⅰ 52.5 硅酸盐水泥。

8.4.3 水泥胶砂干缩性能试验

将表 8-13 的两个水泥试样，按 JC/T 603—2004《水泥胶砂干缩试验方法》进行水泥胶砂干缩性能试验。胶砂试件胶砂比 1∶2，加水量按胶砂流动度达到 130~140mm 控制。试件成型采用三联试模，试件尺寸为 25mm×25mm×280mm。试件成型后放入温度为（20±3）℃，相对湿度为 90% 的养护箱中养护 24h 脱模，然后置于 20℃ 水中养护 2d。取出试件，将试件表面擦拭干净并测量初始长度。然后移入恒温恒湿控制箱中养护，温度控制在（20±3）℃，湿度控制在 50%。从测量原始长度时算起，在规定的龄期取出测量试件的长度，并计算试件的收缩率，结果见表 8-15。

表 8-15　石灰石石膏矿渣水泥和矿渣硅酸盐水泥收缩率对比试验

水泥品种	收缩率（%）					
	3d	7d	14d	28d	60d	90d
石灰石石膏矿渣水泥	0.04	0.04	0.05	0.06	0.10	0.11
P·S·A 32.5 矿渣硅酸盐水泥	0.06	0.09	0.11	0.12	0.12	0.12

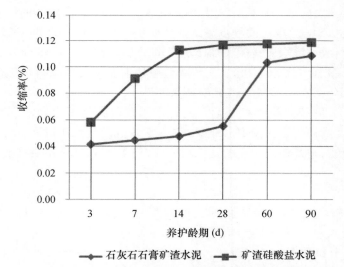

图 8-21　石灰石石膏矿渣水泥与矿渣硅酸盐水泥收缩率对比

由图 8-21 可见，养护 28d 龄期之前，石灰石石膏矿渣水泥的收缩率显著小于矿渣硅酸盐水泥，28d 以后，石灰石石膏矿渣水泥收缩率逐渐增大，到达 90d 后收缩率接近矿渣硅酸盐水泥。而矿渣硅酸盐水泥早期收缩率大，并且收缩率增长很快，养护 14d 就基本上接近最大值，但继续养护收缩率变化不大。

8.4.4 抗冻性能

将表 8-13 两个水泥试样，按 GB/T 17671—1999《水泥胶砂强度试验方法》（ISO 法），成型一批 40mm×40mm×160mm 胶砂试件，20℃ 水中标准养护 28d 后，分为两组。一组继续在 20℃ 水中标准养护至 53d 后取出破型检测强度，作强度对比用。另一组进行冻融试验，采用慢冻法。将养护了 28d 的试体从水中取出，用布擦去表面的水，称重。然后放入冰箱冷冻室中，试块之间要有间距，应架空。冷冻室温度控制在－20～－15℃，早晨放入冰箱，冷冻12h 后取出放入 20℃的温水中解冻12h，每天冻融循环 1 次，共冻融 25 次后取出称重并计算失重率，测定强度。结果见表 8-16。

表 8-16　石灰石石膏矿渣水泥与矿渣硅酸盐水泥抗冻性能对比

编号	试块	原重（g）	冻后重（g）	失重率（%）	平均（%）	标准养护 53d 强度		标养 28d 冻融 25 次后强度		抗压强度损失率（%）
						抗折（MPa）	抗压（MPa）	抗折（MPa）	抗压（MPa）	
S1	1	580.6	588.2	－1.31	－1.35	8.3	38.9	2.1	23.9	38.56
	2	586.3	594.5	－1.40						
	3	583.2	591.1	－1.35						
PS	1	584.3	588.4	－0.70	－0.62	8.1	40.2	2.3	26.6	33.83
	2	582.0	585.4	－0.58						
	3	580.1	583.5	－0.59						

两种水泥经过 25 次冻融循环后，试块外观完整，看不出任何破坏的痕迹，但外观体积比冻融前有所变大。由表 8-16 可见两种水泥试块的质量都增加了，说明在试块内部已产生了部分裂缝，水分进入造成了试块质量的增加。从失重率大小来看，S1 试样（石灰石石膏矿渣水泥）的增重量比 PS 试样（P·S·A 32.5 矿渣硅酸盐水泥）大，说明石灰石石膏矿渣水泥试块内部的裂缝多于 P·S·A 32.5 矿渣硅酸盐水泥试块。

由表 8-16 可见，经 25 次冻融循环后，两种水泥试块的强度均大幅度下降，但石灰石石膏矿渣水泥试样强度的损失率大于 P·S·A 32.5 矿渣硅酸盐水泥试样。

综上所述，石灰石石膏矿渣水泥的抗冻性能比 P·S·A 32.5 矿渣硅酸盐水泥差。

8.4.5　抗碳化性能

将表 8-1 中的石灰石和硬石膏破碎后，按石灰石∶硬石膏＝31∶15 的比例，每磨 5kg，混合在 ϕ 500mm×500mm 试验小磨中粉磨 18min，测定比表面积为 596m²/kg。将湖北大冶矿渣在 105℃烘箱中烘干后，单独在 ϕ 500mm×500mm 试验小磨中粉磨至比表面积为 401.3m²/kg；将湖北武汉钢渣破碎后，单独在 ϕ 500mm×500mm 试验小磨中粉磨至比表面积为 414.5m²/kg。

按矿渣粉 45%，钢渣粉 9%，石灰石石膏粉 46%的配比配制成石灰石石膏矿渣水泥后，采用 40mm×40mm×160mm 试模成型，胶砂比为 1∶3。成型时每组试样加入不同含量的标准型聚羧酸减水剂，调整加水量使胶砂流动度在 180～190mm 之间，并记录加水量和计算出水灰比。试块成型 1d 后脱模，然后浸入 20℃水中标准养护至 3d 和 28d 检测强度，最后按 8.1.2 节的抗碳化性能试验方法进行抗碳化性能检验，结果见表 8-17。

由于湖北大冶矿渣的活性比湖北武汉矿渣差，同时矿渣粉磨比表面积又不高，所以配制的石灰石石膏矿渣水泥的强度较低。由表 8-17 可见，T1 试样的 28d 抗压强度仅为 22.4MPa，但通过添加聚羧酸减水剂，减少水灰比，胶砂强度显著提高。当水灰比从 0.43 降低到 0.26 时，石灰石石膏矿渣水泥 28d 抗压强度从 22.4MPa 提高到了 36.2MPa。

表 8-17　水灰比对石灰石石膏矿渣水泥抗碳化性能影响（MPa）

编号	母液（%）	加水量（mL）	胶砂流动度（mm）	水灰比	标养 3d		标养 28d		碳化 7d			碳化 14d			碳化 21d			碳化 28d		
					抗折（MPa）	抗压（MPa）	抗折（MPa）	抗压（MPa）	强度（MPa）		深（mm）	强度（MPa）		深（mm）	强度（MPa）		深（mm）	强度（MPa）		深（mm）
									抗折	抗压		抗折	抗压		抗折	抗压		抗折	抗压	
T1	0	194	183	0.43	5.8	14.2	7.8	22.4	3.0	20.8	12.7	3.7	20.7	≥20	4.3	21.9	>20	4.8	23.4	>20
T2	0.2	164	186	0.36	7.0	19.0	8.2	29.2	4.0	27.5	10.0	5.2	25.6	18.5	6.3	28.7	≥20	7.1	32.7	>20
T3	0.4	137	182	0.30	7.9	21.0	8.9	32.9	4.4	33.1	8.2	6.0	33.3	13.4	7.6	34.2	17.0	8.9	37.5	≥20
T4	0.6	119	181	0.26	7.7	25.0	8.6	36.2	4.3	37.5	6.7	5.6	38.4	11.2	6.8	39.3	15.0	7.8	39.7	17.0

注：母液为标准型聚羧酸减水剂。

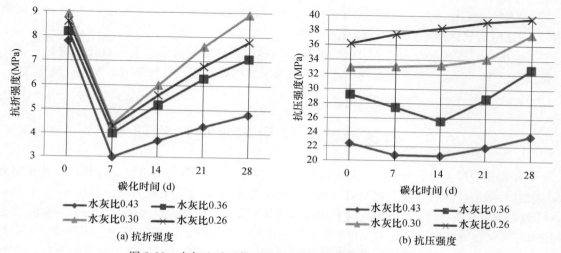

图 8-22　水灰比对石灰石石膏矿渣水泥抗碳化性能的影响

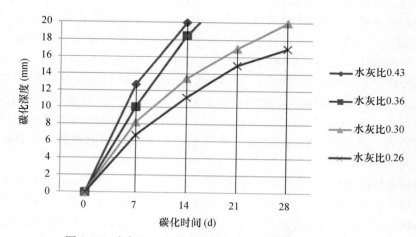

图 8-23　水灰比对石灰石石膏矿渣水泥碳化深度的影响

由图 8-22 可见，石灰石石膏矿渣水泥碳化 7d 龄期时，抗折强度最低，继续碳化，试样的抗折强度又显著提高。碳化后抗折强度大小与试样的水灰比有关，水灰比为 0.43 时，碳化 7d 龄期的抗折强度最低，继续碳化时抗折强度的恢复也最小。当水灰比为 0.30 时，碳化 7d

龄期的抗折强度最高，继续碳化时抗折强度的恢复也最快，甚至碳化 28d 的抗折强度达到了碳化前的水平，同为 8.9MPa。

由图 8-22 抗压强度与碳化时间的关系可见，试样碳化后的抗压强度变化规律受水灰比的影响极大，水灰比为 0.43 和 0.36 的两个试样，碳化到 14d 时，抗压强度达到最低，明显低于碳化前的抗压强度。而水灰比为 0.30 的试样，碳化 7d 和 14d 时，抗压强度可基本上保持不变，继续碳化到 21d 时，抗压强度就有所上升，继续碳化到 28d 时，抗压强度显著提高。水灰比为 0.26 的试样，随着碳化的进行，抗压强度逐渐提高。

由图 8-23 可见，石灰石石膏矿渣水泥试样的碳化深度受水灰比的影响极大，水灰比为 0.43 的试样，碳化速度很快，碳化 14d 时，碳化深度已经 ≥20mm，整个试块已经完全碳化。水灰比为 0.36 的试样，碳化 14d 时，碳化深度已经达到 18.5mm，接近完全碳化。水灰比为 0.30 的试样，碳化 28d 时，碳化深度达到 20mm，刚好完全碳化。而水灰比为 0.26 时，碳化 28d，碳化深度只达到 17.0mm，碳化速度最慢。

综上所述，石灰石石膏矿渣水泥的抗碳化性能比矿渣硅酸盐水泥差，碳化速度快，碳化后强度会下降。但通过添加聚羧酸减水剂，可以显著提高石灰石石膏矿渣水泥的抗碳化性能。

8.5 石灰石水化作用与水化产物研究

近年来国内外大量研究表明，石灰石在水泥中并不完全是简单的惰性混合料，它具有加速效应和活性效应，同时石灰石也具有可观的形态效应和优异的微集料效应。早在 1938 年 Bessey[2] 就提出石灰石可以在水泥水化过程中参与化学反应生成水化碳铝酸钙。后来许多学者[3-6]也都证实了 $CaCO_3$ 存在于 C_3A、C_4AF 水泥的浆体中时，有水化碳铝酸钙形成，从而改善了水泥的物理和机械性能。无石膏时，石灰石与 C_3A 在水化起始时即反应形成水化碳铝酸钙，在有石膏存在时，石灰石的作用首先是加速了 C_3A 与石膏作用，生成钙矾石晶体，并使石膏提前耗尽，在钙矾石向单硫型水化硫铝酸钙转变的同时，水化碳铝酸钙明显生成，并逐渐增多。

G. Kakali 等人[3]研究了 C_3A 单矿物分别掺 0%、10%、20% 和 35% 石灰石粉不同龄期下的水化产物，研究表明，石灰石粉延缓钙矾石（AFt）向单硫型硫铝酸钙（AFm）的转变，同时生成单碳型水化碳铝酸钙（$3CaO \cdot Al_2O_3 \cdot CaCO_3 \cdot 12H_2O$）以取代单硫型水化硫铝酸钙。和单硫型水化硫铝酸钙相比，单碳型水化碳铝酸钙具有更大的不溶性，易于稳定存在。

G. Goshet 等人[7]发现石灰石可以和铝酸钙，特别是与富含 C_3A 的水泥的铝酸盐反应，生成水化碳铝酸钙。水化碳铝酸钙在结构及性能上类似于水化硫铝酸钙，它们以单碳型或三碳型存在。

石灰石作为硅酸盐类水泥的混合材已获得了广泛推广应用。石灰石在硅酸盐类水泥浆体中能参与化学反应，生成早强矿物水化碳铝酸钙，促进水泥早期强度的发展；同时石灰石细粉在液相中起"晶核"作用，导致水化浆体致密化而促进强度的发展，这种惰性或低活性的微细集料对硅酸盐类水泥浆体强度的贡献，往往能赶上甚至超过一些具有火山灰性的活性混合材[8-12]。

8.5.1 水化碳铝酸钙

在石灰石石膏矿渣水泥水化反应过程中，是否存在水化碳铝酸钙？由于水化碳铝酸钙和水化硫铝酸钙的衍射峰十分相近，为了证明石灰石石膏矿渣水泥水化过程中可以形成水化碳铝酸钙，将表 8-1 中的石灰石和武汉矿渣，分别粉磨至比表面积分别为 $658m^2/kg$ 和 $529m^2/kg$，按表 8-18 的配比配制成不加石膏的试样进行试验。观察在无石膏的情况下，运用 XRD 和 SEM 分析是否有类似钙矾石之类的水化产物。

表 8-18　石灰石矿渣混合试样的配比和性能

编号	石膏 (%)	石灰石 (%)	矿渣 (%)	钢渣 (%)	标准稠度 (%)	初凝 (h：min)	终凝 (h：min)	7d (MPa)		28d (MPa)	
								抗折	抗压	抗折	抗压
Q1	0	40	60	0	28.4	1：29	4：32	3.8	14.2	5.7	17.4

将表 8-18 中的 Q1 试样按标准稠度加水搅拌均匀，密闭养护至规定龄期，进行 XRD 和 SEM 分析，结果如图 8-24～图 8-27 所示。

由图 8-24～图 8-26 可见，Q1 试样水化产物的 XRD 衍射图谱中，除了有大量 $CaCO_3$ 存在外，还可勉强看出类似钙矾石晶体的存在，由于 Q1 配比中不掺石膏，没有硫，只有石灰石和矿渣两种物质进行水化反应，不可能生成钙矾石。所以我们可以得出：水化产物中除了大量未反应完的碳酸钙以外，还有少量的水化碳铝酸钙存在。但从衍射峰强度可以看出，其生成量是相当少的。也就是说，绝大部分石灰石是不参与进行水化反应的，只有相当少的部分石灰石生成了水化碳铝酸钙。

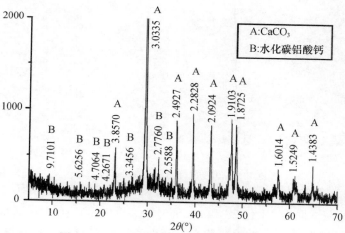

图 8-24　Q1 试样水化 3d 的 XRD 分析图谱

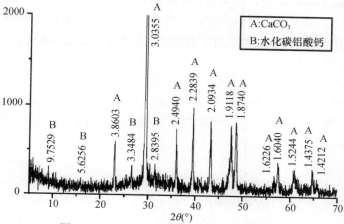

图 8-25　Q1 试样水化 7d 的 XRD 分析图谱

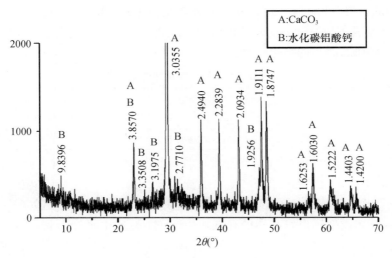

图 8-26 Q1 试样水化 28d 的 XRD 分析图谱

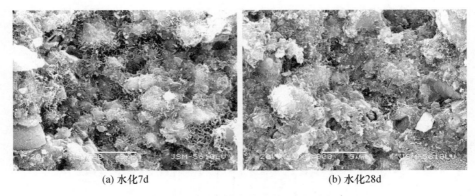

(a) 水化7d   (b) 水化28d

图 8-27 Q1 试样水化后的 SEM 分析

　　由图 8-27 可见，试样 Q1 水化 7d 和 28d 的水化产物中都含有大量未水化完的石灰石。水化 7d 时，大量网络状的 C-S-H 凝胶覆盖在石灰石表面，将石灰石颗粒联结成一个整体，期间也含有少量针状的碳铝酸钙晶体与 C-S-H 交织在一起，结构疏松，孔隙率较大。水化 28d 后孔隙率大幅度下降，致密度得到了提高。大量 C-S-H 内部水化产物充填在孔隙之中，但在孔隙中还可见到网络状的 C-S-H 凝胶和少量针状的碳铝酸钙晶体交织在一起，形成一个比较致密的整体。

8.5.2　石灰石和石英水化活性对比试验

　　众所周知，矿渣硅酸盐水泥中掺有少量石灰石，可以缩短水泥的凝结时间，提高早期强度。由表 8-5 可见，在石膏和钢渣掺量不变的条件下，提高石灰石掺量，降低矿渣掺量，石灰石石膏矿渣水泥的凝结时间显著缩短。因此，有理由认为石灰石应该具有一定的水化效应和水化加速效应。

为了进一步证实石灰石在石灰石石膏矿渣水泥中具有水化作用，将表 8-1 中的硬石膏破碎后，单独在 $\phi 500mm \times 500mm$ 试验小磨中粉磨至比表面积为 $479.4m^2/kg$；湖北武汉矿渣在 $105℃$ 烘箱中烘干后，单独在 $\phi 500mm \times 500mm$ 试验小磨中粉磨至比表面积为 $489.3m^2/kg$；将钢渣破碎后，单独在 $\phi 500mm \times 500mm$ 试验小磨中粉磨至比表面积为 $512.5m^2/kg$。将化学纯试剂石英砂用振动磨粉磨至比表面积为 $975m^2/kg$，石灰石用振动磨粉磨至比表面积为 $954m^2/kg$。

按表 8-19 的配比配制成几种试样，按 0.30 的水灰比加水搅拌成净浆后，用 $20mm \times 20mm \times 20mm$ 试模成型。在温度 $20℃$、相对湿度 95% 下养护 24h 脱模，再浸入 $20℃$ 水中养护到规定龄期。到达规定龄期后取出试样测定强度，并取 20g 试体放入玛瑙研钵中研细后，加入 30mL 蒸馏水搅拌并过滤，用 PHS-25 型 pH 值精密测定仪测定滤液的 pH 值。试验结果如表 8-19 和图 8-28、图 8-29 所示。

表 8-19 石灰石与石英水化活性对比试验结果

编号	配比（%）					抗压强度（MPa）				pH 值				
	硬石膏	矿渣	钢渣	石英	石灰石	1d	3d	7d	28d	12h	1d	3d	7d	28d
Y1	8	32	10	50	0	0.0	4.8	11.5	20.3	12.52	12.51	11.91	11.77	11.65
Y2	8	32	10	35	15	1.5	8.5	18.5	25.0	12.51	12.36	11.84	11.66	11.58
Y3	8	32	10	15	35	2.8	13.0	23.0	26.5	12.41	11.89	11.67	11.57	11.54
Y4	8	32	10	0	50	10.5	15.8	25.8	25.8	12.11	11.67	11.56	11.46	11.45

由表 8-19 和图 8-28 可见，随着石灰石掺量的增加，石英掺量的减少，水泥净浆强度逐渐增加，特别对于早期水泥强度更是如此。如 1d 抗压强度未掺加石英而含 50% 石灰石的 Y4 试样的强度为 10.5MPa，用 35% 石灰石取代部分石英的 Y3 试样为 2.8MPa，取代量只有 15% 的 Y2 试样仅 1.5MPa，而未用石灰石取代石英而含 50% 石英的 Y1 试样还未硬化。同样 3d 抗压强度也呈现出随石灰石掺量的增加，石英掺量的减少而增加，Y1、Y2、Y3、Y4 分别为 4.8MPa、8.5MPa、13.0MPa 和 15.8MPa。显然随石灰石掺量的增加，水泥早期强度显著增加。而随着水化龄期的继续增加，所有水泥试样的强度均呈现一定程度的增加趋势，但后期 28d 的水泥抗压强度，则随石灰石掺量的增加，强度增进率逐渐变小。对于石灰石全部取代石英的 Y4 试样，7d 到 28d 的抗压强度几乎不再增加。这也表明石灰石对水泥早期强度有十分明显的促进作用，而对于水泥后期强度则有一定的抑制作用。

因此充分证明，石灰石石膏矿渣水泥中，石灰石并非惰性物质，其具有水化活性，且早期水化活性远大于石英粉。

由表 8-19 和图 8-29 可见，没掺石灰石的 Y1 试样，12h 及 1d 的 pH 值基本和刚拌水时浆体的 pH 值一样，只是水化 3d 后才开始有所降低。而随着石灰石掺量的提高，水泥浆体的 pH 值均开始明显降低，并且 pH 值随着石灰石取代量的增加，下降幅度增大。说明石灰石的加入，可加速水泥浆体中 OH^- 离子的吸收，促使水泥浆体 pH 值的降低，这也说明了石灰石具有一定的水化活性，可以促进水泥早期的水化。

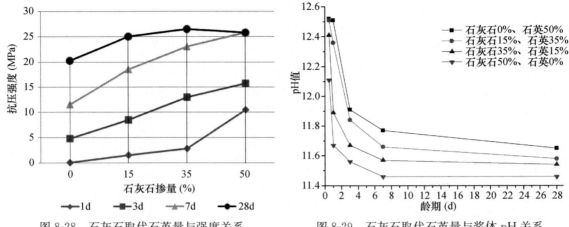

图 8-28　石灰石取代石英量与强度关系　　　图 8-29　石灰石取代石英量与浆体 pH 关系

为了进一步验证以上试验的可靠性，用振动磨将化学纯试剂石英砂磨细至比表面积为 $665m^2/kg$，石灰石比表面积为 $659m^2/kg$，其他原料不变，进行了一组水泥胶砂强度对比试样，并测定了水化凝结时间，结果见表 8-20。

表 8-20　掺磨细化学纯石英砂胶砂强度试验

编号	硬石膏（%）	石灰石（%）	石英砂（%）	矿渣（%）	钢渣（%）	标准稠度（%）	初凝（h∶min）	终凝（h∶min）	3d（MPa）		7d（MPa）		28d（MPa）	
									抗折	抗压	抗折	抗压	抗折	抗压
Y10	8	50	0	32	10	26.2	4∶30	5∶05	3.0	9.1	4.2	12.6	6.3	24.4
Y11	8	0	50	32	10	29.6	15∶20	17∶24	2.0	6.8	3.3	10.2	5.4	25.7

由表 8-20 可见，掺加 50％石灰石的试样 3d 抗压强度为掺加 50％纯石英的试样 3d 抗压强度的 133％，抗折强度为 150％；7d 抗压强度则为 123％，抗折强度为 127％；而 28d 抗压强度变为后者的 94.9％，抗折强度为 116％。结果说明石灰石混合材早期水化活性明显高于石英粉，而对于后期水泥强度的发展有一定的抑制作用。

8.5.3　XRD 和 SEM 分析

对 Y1 和 Y4 两试样，进行了 X 衍射分析及 SEM 分析研究，结果如图 8-30～图 8-33 所示。

由图 8-30 可见，Y1 试样中除了石英（nm）（4.2466、3.3360、2.4519、2.278、2.2329、2.124、1.9779、1.815、1.6699、1.4519、1.3814、1.3718）的衍射峰外，只有钙矾石的衍射峰（nm）（9.6467、5.5903、4.6866、3.8637、3.49856、2.7606、2.5573、2.5559、2.2036），且各水化龄期试样的钙矾石衍射主峰强度基本上没有变化。而且，各水化龄期试样中也不存在石膏的衍射峰，说明石膏在水化 3d 就已经被消耗完。也没有发现除钙矾石外的其他水化产物的衍射峰。表明掺加石英的试样在水化 3d 后，石膏已全部与矿渣中的活性 Al_2O_3 和 CaO 反应生成了钙矾石。早期钙矾石与 C-S-H 凝胶相互交叉连接使水泥硬化，而后期主要由矿渣继续水化不断生成的 C-S-H 凝胶填充到水泥空隙中，使水泥石强度得到持续增长。

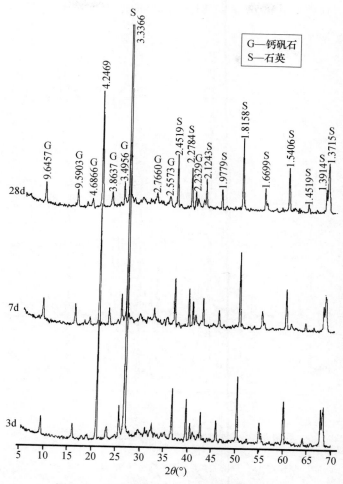

图 8-30　Y1 试样不同水化龄期的 XRD 图谱

由图 8-31 可见，除了 $CaCO_3$ 的衍射峰（nm）（3.8603、3.0335、2.8501、2.4914、2.2828、1.9233、1.9111、1.8733、1.6206、1.6025、1.5244、1.5079、1.4379、1.4169）外，还有钙矾石的衍射峰（nm）（9.7529、5.6185、4.7064、3.8603、3.4983、2.7667、2.6728、2.2088）。而对水化 3d 的试样，石膏衍射峰也已经消失，说明对于掺加石灰石的水泥水化 3d 时，石膏也已经全部被消耗完。水化 7d 及 28d 试样中，出现了与石膏衍射主峰相同的单碳型碳铝酸钙的衍射峰 7.6356nm，以及单碳型碳铝酸钙的其他衍射峰 2.8864nm。说明石灰石的加入在早期促进了钙矾石及 C-S-H 凝胶的生成，这些早期大量生成的钙矾石和 C-S-H 凝胶相互交织在一起，并填充在未水化的石灰石颗粒之间，使水泥石结构更加紧密，强度远高于掺加石英的 Y1 试样。到了水化后期，可能生成的水化碳铝酸钙晶体对硬化的浆体造成了一定的膨胀破坏作用，因此造成掺石灰石的 Y4 试样后期强度的增长率低于掺石英的 Y1 试样。

由图 8-32 和图 8-33 可见，Y1 试样水化 7d 和 28d 的水泥石中存在钙矾石晶体，在石英及水泥空隙中填充着大量的 C-S-H 凝胶。而 Y4 试样水化 3d 的 SEM 图像中可见石灰石颗粒空隙中生长出了大量类似钙矾石的针状晶体，在这些水化产物之间或石灰石颗粒表面还填充着大量的 C-S-H 凝胶。随着水化的进一步进行，试样的空隙率不断减少，水泥石也不断得到密实。

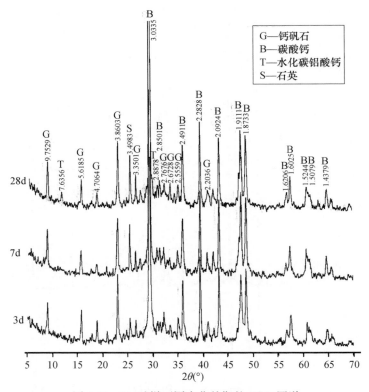

图 8-31　Y4 试样不同水化龄期的 XRD 图谱

(a) 水化7d　　　　　(b) 水化28d　　　　　(c) 水化28d

图 8-32　Y1 试样水化各龄期的 SEM 照片

(a) 水化7d　　　　　(b) 水化28d　　　　　(c) 水化28d

图 8-33　Y4 试样水化各龄期的 SEM 照片

8.6　石灰石石膏矿渣水泥的水化硬化

　　以上试验可知：石灰石石膏矿渣水泥在组分上与过硫磷石膏矿渣水泥相差不大，只是用部分石灰石替代过剩的磷石膏作为填充材料，而开发的一种生态水泥。因此，石灰石石膏矿渣水泥的水化硬化机理及水化产物也应该与过硫磷石膏矿渣水泥相似。以下对石灰石石膏矿渣水泥的水化产物、水化过程和水化硬化机理进行研究。

8.6.1　水化产物的 XRD 和 SEM 分析

　　将表 8-2 中 B2、B5、B6 三个试样以标准稠度用水量制成净浆试块，置于标准养护箱中养护 1d 后脱模浸水养护，到规定的水化龄期，取出试块的一部分敲成小块，用无水乙醇浸泡终止水化，然后进行 X 射线衍射分析和 SEM 分析，结果如图 8-34～图 8-37 所示。

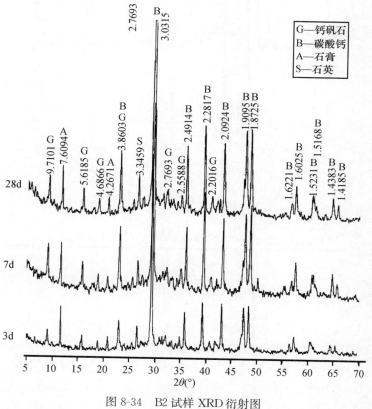

图 8-34　B2 试样 XRD 衍射图

　　由图 8-34～图 8-36 可见，B2、B4 和 B6 试样水化 3d 即开始出现钙矾石晶体的衍射峰 nm（9.7745、5.6256、4.98、4.6768、3.87、3.47、2.77），而未见三碳型及单碳型水化碳铝酸钙衍射峰 nm（9.4、5.43、3.79、3.37 及 7.5537、3.7768、2.8524、2.7234）。同时三个试样 XRD 图中均发现有未水化完全的石膏衍射峰 nm（7.558、4.265、3.7880、3.057）的存在，说明石膏没有完全被消耗完，还有少量石膏剩余。以及十分明显的碳酸钙衍射峰 nm

（3.0335、3.85、2.83、2.459、2.285、2.095、1.913、1.875、1.604、1.524、1.44）的存在。各试样中的石膏衍射峰高度B6＞B4＞B2，说明石膏掺量越多，其衍射峰高度越高。随着水化龄期的增加，石膏衍射峰高度逐渐下降，钙矾石衍射峰高度逐渐增加，说明石膏在不断被反应化合成钙矾石。三个试样中均含有一定量的石英晶体，是由石膏和石灰石带入，并不参与水化反应，随着水化龄期的增加，其衍射峰高度并不下降。

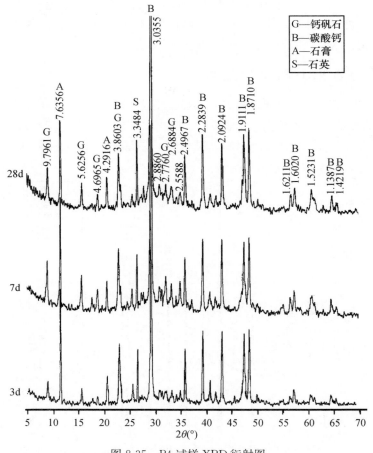

图 8-35　B4 试样 XRD 衍射图

　　因此可见，石灰石石膏矿渣水泥石中的结晶相为钙矾石、碳酸钙、石英和石膏。

　　由图 8-37 可见，B4 试样水化 3d 时，生成了大量钙矾石和 C-S-H 凝胶，将石灰石颗粒包裹，并形成了空间网络结构，具备了一定的强度，只是还有大量孔洞，结构并不致密。随后 7d 时，主要水化产物为团絮状 C-S-H 凝胶，以及少量针状钙矾石晶体，水泥石中还有少量空隙，大量的水化产物已将石灰石颗粒包裹严密。水化 28d 时，水化产物 C-S-H 凝胶量显著增加，C-S-H 凝胶和钙矾石等水化产物相互交织、填充形成了较为完整的网络结构，水泥石中的空隙逐渐被新生成的水化产物不断填充，使水泥硬化浆体更加密实，同时未水化的石灰石颗粒被水化产物严密包裹并充当骨架，使水泥石结构更加致密，强度显著提高。

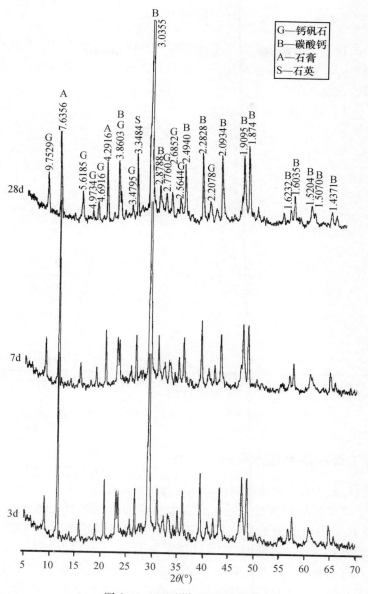

图 8-36　B6 试样 XRD 衍射图

(a) 水化 3d　　　　　(b) 水化 7d　　　　　(c) 水化 28d

图 8-37　B4 试样水化产物的 SEM 照片

8.6.2　石灰石石膏矿渣水泥水化产物热分析

将水化 7d 的 B4 试样进行热分析，结果如图 8-38 所示。其中 98.7℃的吸热峰是钙矾石和石膏脱水产生的吸热峰，此时的质量变化是－7.50%。763.8℃的吸热峰是碳酸钙分解形成的吸热峰，此时质量变化是－21.97%。

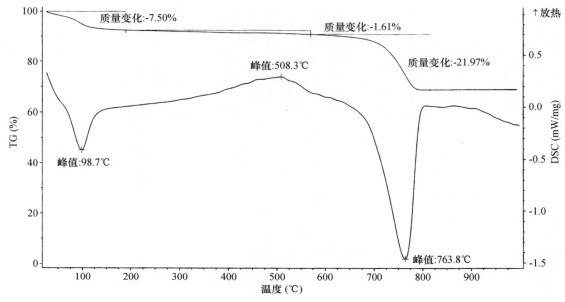

图 8-38　B4 试样水化 7d 水泥浆体的热分析图谱

8.6.3　石灰石石膏矿渣水泥水化硬化过程

综合以上分析，石灰石石膏矿渣水泥的水化过程可总结如下：

石灰石石膏矿渣水泥加水搅拌后，石膏立即从表面开始溶解，使液相中的 Ca^{2+} 离子和 SO_4^{2-} 浓度不断上升，很快达到饱和；同时，钢渣（或熟料）也开始水化或水解，并放出 Ca^{2+} 离子；此时，液相的碱度不断上升，pH 值很快达到 12.0 以上，为矿渣的水解创造了条件；早期的水化产物主要是在石灰石颗粒表面或液相中形成钙矾石和 C-S-H 凝胶，起到骨架连接作用，使水泥浆体失去流动性，产生凝结。随着水化龄期延长，水化继续进行，矿渣在 Ca^{2+} 离子和 SO_4^{2-} 的双重激发作用下，开始水解，形成 C-S-H 凝胶和钙矾石；随着矿渣的不断水化，C-S-H 凝胶和钙矾石的不断生成，水泥浆体不断密实，使强度不断提高，矿渣水化形成钙矾石过程中消耗了部分 Ca^{2+} 离子，体系中的 Ca^{2+} 浓度不断下降，液相中的 pH 也开始下降，进入了水化后期；水化后期所形成的钙矾石的形貌与水化初期所形成的钙矾石明显不同，前者主要为针状，后者由于是低碱度条件下形成的，所以结晶较为细小，并与 C-S-H 凝胶交织在一起，从而使水泥石越来越密实，强度不断提高；剩余的少量石膏和石灰石颗粒被厚厚的水化产物层严密包裹，起到骨架充填作用，从而使石灰石石膏矿渣水泥具备了较高的强度。

参考文献

[1] 陈栋. 浅谈石灰石资源的研究现状及其发展前景 [J]. 科技资讯，2011 (9)：96-97.

[2] G. E. Bessey. Procd. Symp. Chem. Cements, Stock-holm, 1938：186.

[3] G. Kakali, S. Tsivilis, E. Aggeli, M. Bati. H · Hydration products of C_3A, C_3S and Portland cement in the presence of $CaCO_3$ [J]. Cement and Concrete Res, 2000, 30：1073-1077.

[4] R. F. Feldmen, J. J. Bcaudoin. Microstructure and strength of hydrated cement [J]. Cement and Concrete Res, 1976, 6 (3)：389.

[5] H. J. Kuzel, H. Pöllmann. Hydration of C_3A in the presence of $Ca(OH)_2$, $CaSO_4 \cdot 2H_2O$ and $CaCO_3$ [J]. Cement and Concrete Res, 1991, 21 (5)：885-889.

[6] K. Ingram, M. Poslusny, K. Daugherty, D. Rowe, Carboaluminate reactions as influenced by limestone additions, in：P. Kligger, D. Hooton (Eds.), ASTM Spec Tech Publ Vol. 1064, American Society for Testing and Materials, Philadelphia, 1990：14-23.

[7] G. Goshet, F. Sorrentino, Limestone Filled Cements：Properties and Use, Lafarge Coppee Research, France, 1993.

[8] 王新频，王小琼. 石灰石掺量、熟料 C_3S 含量和细度对水泥性能的影响 [J]. 水泥工程，2003 (1)：26-30.

[9] 杨华山，方坤河，涂胜金，杨惠芬. 石灰石粉在水泥基材料中的作用及其机理 [J]. 混凝土，2006 (6)：32.

[10] Moir G. Minor additional constituents：Permitted types and benefits. In：Dhir RK, Jones MR, editors. Impact of ENV 197 on concrete construction. London：E & FN Spon；1994：37-55.

[11] Opoczky L. Grinding technical questions of producing composite cements. Int J Min Process 1996, 44：395-404.

[12] T. sivilis S, Voglis N, Photou J. A study on the intergrinding of clinker and limestone. Min Eng, 1999, 12 (7)：837-840.

[13] 武秋月. 新型矿渣碳酸盐水泥的开发研究 [D]. 武汉：武汉理工大学，2009.

[14] 赵前. 新型石灰石矿渣水泥的开发研究 [D]. 武汉：武汉理工大学，2009.

9 废弃混凝土再生水泥

9.1 概　　述

9.1.1　研究目的与意义

当前我国正处于城镇化、工业化快速发展阶段，基础设施和房地产等各类建筑项目遍地开花，随处可见。这些项目既对 GDP 作出了贡献，也产生了大量废弃物，成为制约城市有序发展的障碍。根据中科院的研究报告显示，我国每年产生的建筑垃圾 24 亿 t 左右，占城市垃圾总量的 40%。建筑垃圾数量持续增长是我国城市化进程中的一个伴生问题[1]。而且各种自然灾害，如洪水、地震和各种人类战争也会产生很多废弃混凝土，以 2008 年 5 月 12 日四川汶川地震为例，在地震中房屋、道路被破坏，产生了约 5 亿 t 的建筑垃圾。我国解放初期所浇筑的水泥混凝土结构，到现在大部分已进入老化毁坏阶段，并且随着建筑业的发展，以后所产生的废弃混凝土将越来越多。西安建筑科技大学[2]用"建筑面积估算法"和"灰色预测模型"对我国未来建筑垃圾产量进行了预测，结果表明到 2030 年我国建筑垃圾产生量将达到每年 73 亿 t。

如此大量的废弃混凝土和建筑垃圾我们将如何处理呢？如果按传统的处理方式将其直接运往郊外或乡村，采用填埋或露天随意堆放的方式处理，不仅会占用大量土地和空间，还会耗费大量的建筑经费如征用土地费、垃圾清理运输费等。同时在清理、运输、堆放的过程中也会产生大量的粉尘、飞灰、沙粒，污染环境，严重破坏生态环境。因此，研究废弃混凝土的再生利用不仅具有重要的社会效益和环境效益，还能变废为宝，更加充分合理地利用自然资源。把废弃混凝土作为生态水泥的一个组分，充分回收利用，不仅可以节省其运输处理费用，减少堆积面积和对土地的污染和浪费，还可以节约石灰石、黏土等资源，具有很大的环境效益和社会效益，对于国家的可持续发展有非常重大的意义。

9.1.2　废弃混凝土应用途径

废弃混凝土的排放和堆积，不但占用大量土地和空间，而且造成了严重的环境污染和社会问题，破坏了生态环境。因此废弃混凝土的资源化利用，一直是国内外学者的研究热点，主要集中在以下几个方面。

9.1.2.1　再生混凝土

开采天然集料对自然环境造成严重的破坏，落后的废弃混凝土处理方法将造成资源的巨大浪费。再生混凝土技术不仅可以解决混凝土的处理问题，而且还能节省天然砂石，同时带来经济效益、社会效益和环保效益，是实现建筑资源材料可持续发展的主要措施之一。许多国家都相继对其进行了研究，并取得了巨大的成果。

第二次世界大战后，再生混凝土技术成为世界各国共同关心的课题，是国内外工程界和学术界关注的热点和前沿问题之一，并已成功召开了数次国际会议。国际材料与结构研究及测试试验联合会（RILEM）早在 1976 年就成立了混凝土拆除和再生利用委员会，并于 1982 年在哥本哈根召开了一个主题为废弃混凝土作为再生集料生产再生混凝土的会议。1992 年在巴西召开的联合国环境开发会议上，各国专家将地球环境问题摆到了一个很高的位置，并且将再生建材放到了重要的研究课题之列。对于建筑垃圾的管理和处理，发达国家多实行建筑垃圾源头消减的策略，即：在建筑垃圾形成前，通过科学管理和有效的控制措施将其减量化[3]；对于现有的建筑垃圾则采取分离、焚烧等措施，使其能再生利用[4]。

国外对废弃混凝土的再生利用的研究不仅与各国环境保护意识有关，还与这些国家的天然集料贮量息息有关。推动其再生集料和再生混凝土应用的最大动力是其天然集料的缺乏。由于日本、荷兰、丹麦等国家国土面积小，资源缺乏，因而十分重视从废弃混凝土中回收利用再生集料。美国、澳大利亚、德国等国家从事再生混凝土的研究主要是着重环保角度。

日本由于国土面积小，资源相对匮乏，故日本十分重视将废弃混凝土作为再生资源利用的开发研究。日本政府早在 1997 年就制定了《再生集料和再生混凝土使用规范》，并在各地建立再生加工厂，处理废弃混凝土，生产再生水泥和再生集料，其最大生产规模可达到100t/h。同时，日本还制定了《资源重新利用促进法》，强制规定将建筑施工过程产生建筑垃圾送往"再生资源化设施"进行处理。日本工业协会还制定了行业标准，对再生集料的质量标准及管理方法进行了规范，并大规模生产应用再生混凝土。根据日本建设省的统计，1995 年废弃混凝土资源再利用率为 65%，占全国商品混凝土总量的十分之一，到 2000 年其废弃混凝土的再生利用率已达到 90%[5]。此外，日本还对再生混凝土的强度、配合比、耐久性等性能进行了研究[6]。

荷兰与日本情况一样，由于其本国面积小，缺乏天然集料资源，故使其成为最早研究废弃混凝土再生利用的国家之一。荷兰早在 20 世纪 80 年代就制定了有关制备再生混凝土的规范，该规范主要是针对利用再生集料制备钢筋混凝土、素混凝土、预应力钢筋混凝土，并指出当集料中再生集料的质量含量不超过 20%，再生混凝土的设计和制备方法就可以按照普通天然集料混凝土的方法进行[7]。

美国政府制定的《超级基金法》规定[8]："任何生产有工业废弃物的企业，必须自行妥善处理，不得擅自随意倾卸"。从 1982 年开始，美国 ASTMC-33-82《混凝土集料》在粗集料中包含了破碎的水硬性水泥混凝土。美国军队工程师协会也大约在同一时期在有关规范和指南中鼓励使用再生混凝土集料。在美国交通建设中再生混凝土已被普遍使用。据美国联邦公路局统计，再生集料现已在美国超过 20 个州的公路建设中广泛应用，主要是将再生集料应用于底基层和基层，其中有 15 个州已经制定了相关的规范，已确保再生集料的合理利用。在美国密歇根州于 20 世纪 80 年代用废弃混凝土再生集料修建了几条高速公路，其研究表明，用再生集料修建的公路比用天然集料修建的公路的路面收缩大，路面损坏速度也比预期要高。堪萨斯州交通厅也对再生集料做了研究，表明用废弃混凝土再生集料修建水泥公路路面面层或基层是可行的[9]。

德国钢筋混凝土委员会也对再生混凝土的使用做出了规范，在 1998 年的《在凝土中使用再生集料的应用指南》中要求，用再生集料配制的再生混凝土必须要符合用天然集料配制的混凝土的国家标准。德国第一个用再生混凝土建造的六层办公小楼位于德国达姆施塔特市，它成为了德国废弃混凝土再生利用的标志性建筑。从 20 世纪 80 年代末澳大利亚的悉尼和墨尔本等城市就开始利用再生混凝土了。估计悉尼每年再生利用的废弃混凝土约有 40 万 t，而墨尔本也与悉尼相差不多，有 35 万 t 左右。

再生混凝土的利用也存在一些问题。资料[10-12]表明，由于再生集料的表面粘附有硬化水泥浆体，使得再生集料相比于普通集料普遍存在着吸水率大、孔隙率高、强度低等缺陷，配制的再生集料混凝土也往往强度等级偏低、工作性能较差、收缩大，再生集料掺入量不高。由于一般废弃混凝土需要经过清洗、破碎、分级和按一定比例相互配合后才能得到再生集料，因此单纯就成本而言，再生集料混凝土的成本会高于天然集料混凝土。

我国关于废弃混凝土的再生利用的研究起步较晚，主要是一些科研单位和知名高校做了一些试验和探索，都只是处于理论研究阶段，没有完善的技术和国家标准。但是随着近年来，全球资源减缩和由建筑垃圾所带来的社会问题、经济问题和环境问题的日益严重，节能和资源的再生利用也越来越得到我国政府的重视，国家对建筑垃圾的再生利用也是大力提倡和支持的。我国于 1997 年正式在科技成果推广项目中加入了"建筑废渣综合利用"一项，又于2005 年 6 月 1 日颁布了《城市建筑垃圾管理规定》，按此法要求建筑垃圾处理要实行减量化、无害化、资源化，要秉承谁制造谁负责的态度，从源头上削减建筑垃圾。

我国对建筑垃圾的再生利用还处于初级阶段，但我们可以借鉴一些西方发达国家的研究成果，应坚持 3R（Reduce、Reuse、Recycle）原则，把从建筑中产生的建筑垃圾再回到建筑中去，保证城市建设的可持续发展。再生混凝土的研究在中国虽然起步较晚，但已成为混凝土研究领域中的热点，并取得了相当大的研究成果。国内研究表明，由于使用废弃混凝土再生集料的再生水泥与使用天然砂石的普通混凝土在配合比、原材料以及用水量养护制度等施工工艺方面存在着巨大的差别，故现行的适合普通混凝土的国家标准、行业规范以及以往施工经验都不能再适用于再生混凝土的制备。其次，由于地域和文化的原因，我国的水泥厂出产的水泥和矿山开采的集料与其他国家所使用的水泥、集料在化学成分和使用性能方面也存在着巨大的差别，故不能将其他国家的再生混凝土标准直接拿来使用，事实也证明了这点。最后，由于废弃混凝土的使用年限、施工环境不同，再生集料也同样具有变异性和复杂性等特点，在中国各个城市各个地区所生产的再生集料也有着各自的特点，其性能相差很大。

9.1.2.2 再生胶凝材料

废弃混凝土中除了粗集料和细集料外，还含有未水化的水泥颗粒和其他一些辅助胶凝材料所生产的水化产物。水泥中的这些硬化水泥浆体有着二次水化的能力，故废弃混凝土有着潜在的作为再生胶凝材料的能力。利用废弃混凝土生产再生胶凝材料的研究是近年来废弃混凝土再生利用的又一新热点。

武汉理工大学的胡曙光等[13]，通过 300℃风力急速冷却的方式将废弃混凝土中的硬化水泥浆体分离出来，然后将其分别在 400℃、650℃、900℃高温下煅烧一定时间，使其具有再次水化能力并制成再生胶凝材料。试验结果表明，通过低温煅烧，可以使从废弃混凝土中分离出来的水泥石粉末具有胶凝性，其水化活性与煅烧的温度有关，在 650℃煅烧时其水化活性最高。他们[14]还对废弃混凝土中分离的砂浆进行了研究，将从废弃混凝土中分离出来的砂浆经过粉磨，再配以一定比例的石灰和水，将其进行蒸压处理，做成钙硅制品。研究表明，该制品的用水量对其物理力学性能和外观有着显著的影响，当用水量过多时，蒸压制品的强度显著下降，同时制品内部的水分蒸发膨胀使制品开裂。制品中的钙硅比也与蒸压制品的物理力学性能有很大的关系，在该制品中水热反应的主要产物是 α-C_2SH 和半结晶的 C-S-H（B）等物相。

孟姗姗等[15]将废弃混凝土分别在 350℃和 500℃时的热处理，然后在球磨机中粉磨 5min，和直接加入表面活性剂 TEA 在试验球磨机中粉磨 10min 三种处理方式，使废弃混凝土中的集料与基质胶凝组分分离开来，最后将分离出的基质胶凝组分按照不同配合比掺入水泥熟料中粉磨不同时间，测试所得水泥的性能。试验结果表明，水泥基质胶凝组分的易磨性要高于硅酸盐水泥熟料，其具有不错的胶凝能力，可以充当水泥混合材，随着水泥基质胶凝组分的掺量的增加，水泥的标准稠度用水量增加，凝结时间延长，强度降低。

万惠文等[16]利用废弃混凝土取代水泥生产过程中的石灰石质原料，煅烧水泥熟料。试验结果表明，利用废弃混凝土作为水泥原料代替石灰石可以生产出 28d 强度达到 47MPa 的水泥熟料，但随着废弃混凝土掺量的增加，水泥的性能是逐渐降低的，废弃混凝土最佳的石灰石取代率为 60%，此时熟料中的 A 矿和 B 矿发育得很好，其晶体的尺寸很小，轮廓也很清晰。

吴静[17]等将硬化水泥浆体和细集料从废弃混凝土中分离出来，然后用试验球磨机粉磨40min 后，分别在不同温度下煅烧 2h，制成再生水泥混合材，在水泥中掺加不同比例的再生水泥混合材，制成净浆试块，测定其 3d、7d 的抗压强度，试验结果表明废弃混凝土中的砂浆具有潜在的水硬性，通过粉磨和热处理可提高其活性，650℃是最佳的煅烧温度，此时的再生料水化活性最高，可用作高活性的水泥混合材，当在水泥中其掺量不超过 20% 时水泥的强度不会明显降低。

唐日新等[18]将废弃混凝土中的基质胶凝组分从废弃混凝土中分离出来，然后用其部分替代煅烧水泥熟料的石灰石质原料，进行水泥煅烧试验。试验结果表明：与采用常规原料煅烧制备的水泥熟料试样相比，掺加有基质胶凝组分的生料易烧性稍差，煅烧出来的水泥熟料的物理力学性能也比普通熟料差一些，其强度的降低与基质胶凝组分的掺量成正比，但二者无明显差异，其熟料的晶体结构及物理性能与普通水泥熟料相近。在熟料煅烧过程中，废弃混凝土中的基质胶凝组分中的水化产物会在较低温度下发生脱水反应，其脱水相的结构缺陷较多，处于热力学介稳状态，因而具有很高的反应活性，可以降低固相反应的问题，提高固相反应的速率。

柯昌君[19]选用以花岗岩为集料的使用龄期在两年以上的废弃混凝土，将其破碎粉磨后，进行蒸压处理，研究了水泥石对废弃混凝土蒸压试样强度的影响。试验结果表明，在 185℃的蒸压条件下，水泥石的存在显著提高了蒸压试样的强度。当水泥石的掺量不大于 12.5% 时，废弃混凝土蒸压试样的强度是随着水泥石的掺量的增加而逐渐增强的，而当水泥石的掺量大于 12.5%时，蒸压试样的强度随着水泥石掺量的增加没有显著的变化，而我国普通混凝土的水泥用量如果按水化水泥量计算是不超过 12.5% 的，故废弃混凝土蒸压试样的强度受水泥石的影响较小。

9.1.3　废弃混凝土再生水泥的定义

鉴于我国目前废弃混凝土已大量堆积，给生态环境造成严重破坏的现状，加快废弃混凝土资源化利用的任务已迫在眉睫。

所谓废弃混凝土再生水泥，就是以废弃混凝土为主要组分的水硬性胶凝材料。

由于废弃混凝土的组分复杂，不同的废弃混凝土所含的碱性物质，如未水化的熟料、氢氧化钙等的含量相差很大。可根据废弃混凝土所含碱性物质的高低，分为低碱性废弃混凝土和高碱性废弃混凝土。根据第 2 章的"矿渣基生态水泥水化硬化模型"，可分别用于制备废弃混凝土石膏矿渣水泥和废弃混凝土钢渣矿渣水泥。

9.1.3.1　废弃混凝土石膏矿渣水泥的定义

凡以废弃混凝土、适量石膏、矿渣和碱性激发剂为主要成分，加入适量水后可形成塑性浆体，既能在空气中硬化又能在水中硬化，硬化后的水化产物中含有大量未化合的废弃混凝土组分，并能将砂、石等材料牢固地胶结在一起的细粉状水硬性胶凝材料，称为废弃混凝土石膏矿渣水泥（waste concrete gypsum slag cement）。其中，石膏可使用天然石膏或磷石膏、脱硫石膏、氟石膏等工业副产石膏，掺量以水泥中的 SO_3 含量计应≥4.00％且≤7.50％。碱性激发剂可采用熟料和钢渣中的一种或两种组合。

9.1.3.2 废弃混凝土钢渣矿渣水泥的定义

凡由废弃混凝土、钢渣、矿渣和少量石膏磨细制成的水硬性胶凝材料，称为废弃混凝土钢渣矿渣水泥（waste concrete steel and iron slag cement）。其中，石膏可使用天然石膏或磷石膏、脱硫石膏、氟石膏等工业副产石膏，掺量以水泥中的 SO_3 质量百分含量计应不大于4.0％。

废弃混凝土石膏矿渣水泥和废弃混凝土钢渣矿渣水泥，均可以不使用熟料或者掺加极少量的熟料，可充分利用废弃混凝土等建筑垃圾，生产成本低，是节能环保性能优异的矿渣基生态水泥。

废弃混凝土石膏矿渣水泥的性能与过硫磷石膏矿渣水泥相似，除可以应用于非承重混凝土制品、泡沫混凝土及制品外，也有望应用于道路工程、水下及海水工程、大体积混凝土、堆石混凝土、钢管混凝土及矿山尾砂胶结固化等领域。有关废弃混凝土石膏矿渣水泥的应用还有待于进一步的研究开发。

废弃混凝土钢渣矿渣水泥性能与石灰石钢渣矿渣水泥相似，适用于工业与民用建筑的砌筑砂浆，内墙抹面砂浆及基础垫层等，也可以用于生产砌块及瓦等。一般不用于配制混凝土，但通过试验，允许用于低强度等级混凝土，但不得用于钢筋混凝土等承重结构。

9.2 原材料与试验方法

9.2.1 原材料

建筑垃圾成分较复杂，有砖石碎块、钢筋混凝土、铁件、木料、塑料、纸板、电缆和泥沙等多种成分，其中砖石砌体碎块、混凝土碎块占大多数，也是生产废弃混凝土石膏矿渣水泥的材料。生产厂家首先要有一套分选、破碎、筛分、洁净的处理方法，将铁件、木料、塑料、纸板、电缆和泥土等杂质分离出去，其次是将剩下的砖石砌体碎块、混凝土碎块等材料，粉磨成细粉以便用于废弃混凝土石膏矿渣水泥的生产。

试验室中的废弃混凝土来源单一，质量相对均匀，而在实际生产中的废弃混凝土由于其来源不同，成分各异，品质很不均匀，对废弃混凝土石膏矿渣水泥的质量有着很大的影响，因此必须加强均化处理。

水泥混凝土的凝结硬化是一个非常缓慢的过程，水泥的水化程度在28d时也只有60％左右。国内外一些资料表明，混凝土经过20年以后，其水泥的水化过程还没有完全结束，还有促使混凝土硬化的活性成分存在。

吴中伟等[20]研究表明：当水泥的水灰比在0.35的时候，水泥浆体固体组分在理论上（无水分损失）含有16.2％的未水化水泥。在实际施工过程下，施工条件远不及试验室，未水化水泥的含量还更高。在强度等级很高的混凝土水泥石当中，未水化水泥的含量甚至超过30％。这部分未水化水泥颗粒具有二次水化的能力，仍具有胶凝性。大量研究结果显示：水化硅酸钙的脱水相仍然具有水化胶凝能力。例如，Kurdowski等[21]将 $Ca(OH)_2$、无定形硅制得的水化硅酸钙在低温下煅烧后得到的贝利特仍具有较强的胶凝能力。Guerrero等[22]在水热条件下用 CaO 与粉煤灰反应，制备出水化铝酸钙和水化硅酸钙，然后将反应产物在700～900℃煅烧，制备出具有胶凝能力的水泥即粉煤灰-贝利特水泥。杨南如等[23]和高琼英等[24]利用工业废渣（粉煤灰、煤矸石等）与 CaO 等物质进行了水热处理，制备出水化硅酸钙，然后对其进行脱水处理，对其脱水相的研究也表明水化硅酸钙脱水相具有一定的胶凝能力。而由于钙矾石、单硫型硫铝酸钙等铝相物质脱水后生成 $C_{12}A_7$ 等物质，它们也仍然具有再次水化能力[25]。上述研究结果表明：废弃混凝土中的硬化水泥浆体及其脱水相仍然具有二次水化的能力。

由于大多数水泥混凝土是以石灰石为集料，故将废弃混凝土破碎粉磨后，其主要组分为石灰石、水化硅酸钙 C-S-H，水化铝酸钙、钙矾石、氢氧化钙等水化产物，还含有少量未水化的水泥颗粒和粉磨过程中产生的脱水相等，完全可以替代过硫石膏矿渣水泥中过剩的石膏，以制备废弃混凝土石膏矿渣水泥。

本章所使用原料的化学成分见表9-1。

表 9-1　原料的化学成分（%）

名称	产地	烧失量	SiO$_2$	Al$_2$O$_3$	Fe$_2$O$_3$	CaO	MgO	SO$_3$	合计
熟料	湖北咸宁	0.21	22.30	5.04	3.36	65.60	2.32	0.50	99.33
石灰石	湖北黄石	40.91	4.10	1.24	0.30	51.36	0.72	—	98.63
石膏	云南宜良	16.16	3.08	0.75	0.45	33.11	5.00	39.97	98.52
脱硫石膏	上海热电厂	3.49	3.45	3.33	3.51	41.33	2.25	41.10	98.46
钢渣 A	上海宝山	4.19	12.97	7.46	22.48	39.08	5.93	0.21	92.11
钢渣 B	江西九江	0.71	19.48	2.67	16.76	47.55	7.58	0.27	95.02
矿渣粉	上海宝山	3.06	33.10	14.48	0.72	35.86	7.42	0.35	94.64
混凝土 A	四川汶川	39.87	6.06	1.45	0.45	47.65	2.52	0.73	98.73
混凝土 B	武汉理工大学	25.52	33.00	3.63	1.13	26.9	7.70	0.12	98.00

9.2.2　试验方法

（1）密度：按照 GB/T 208—2014《水泥密度测定方法》进行。

（2）比表面积：按照 GB/T 8074—2008《水泥比表面积测定方法（勃氏法）》进行。

（3）标准稠度和凝结时间：按照 GB/T 1346—2011《水泥标准稠度用水量、凝结时间、安定性检验方法》进行。

（4）水泥安定性试验：按照 GB/T 1346—2011《水泥标准稠度用水量、凝结时间、安定性检验方法》进行。

（5）游离氧化钙的测定：按照 GB/T 176—2017《水泥化学分析方法》进行。

（6）水泥胶砂强度：按照 GB/T 17671—1999《水泥胶砂强度检验方法（ISO 法）》进行。

（7）水泥胶砂流动度：按照 GB/T 2419—2005《水泥胶砂流动度测定方法》进行。

（8）抗碳化性能：参照 GB 50082—2009《普通混凝土长期性能和耐久性能试验方法标准》中的碳化试验方法，采用 GB/T 17671—1999《水泥胶砂强度检验方法》（ISO 法）制备 40mm×40mm×160mm 砂浆试样，于标准养护箱中养护48h后脱模。然后置于 20℃的水中养护26d后，将试块从水中取出，擦干表面的水后，放在 60℃烘箱中烘干48h。试块六面全部不用蜡封直接放入碳化箱中开始碳化。碳化箱中 CO$_2$ 浓度控制在 20%±3%，温度控制在

20℃±1℃，湿度控制在 70％±5％。碳化到相应龄期后，从碳化箱中取出试样，测定其抗折强度，然后在试块折断的断面均匀涂上 1％的酚酞溶液显色，静置 5min 后用游标卡尺测定各个面的碳化深度。

（9）试样微观分析：将废弃混凝土石膏矿渣水泥以标准稠度用水量制成净浆试块，置于标准养护箱中养护 1d 后脱模浸水养护，到规定的水化龄期，取出试块的一部分敲成小块，用无水乙醇浸泡终止水化，然后进行 X 射线衍射分析或进行 SEM 分析。

9.3　废弃混凝土石膏矿渣水泥的组分优化

为了研究废弃混凝土石膏矿渣水泥的适宜配比，将表 9-1 的原料分别粉磨后，配制成废弃混凝土石膏矿渣水泥，然后进行各种性能检验。

钢渣 A：将表 9-1 的钢渣 A 破碎烘干后，每磨 5kg，在 ϕ 500mm×500mm 小磨内粉磨 30min，测定比表面积为 340.2m^2/kg。

脱硫石膏：将表 9-1 的脱硫石膏在 80℃温度下烘干后，每磨 5kg，在 ϕ 500mm×500mm 小磨内粉磨 5min，测定比表面积为 358.3m^2/kg。

矿渣：直接使用上海宝钢的立磨矿渣粉，密度为 2.90g/cm^3，比表面积为 460.5m^2/kg。

混凝土 A：将表 9-1 的四川汶川废弃混凝土破碎后，每磨 5kg，在 ϕ 500mm×500mm 小磨内粉磨 30min，测定密度为 2.72g/cm^3，测定比表面积为 711.4m^2/kg。

9.3.1　钢渣掺量的影响

将以上分别单独粉磨的原料，按表 9-2 的配比配制成废弃混凝土石膏矿渣水泥，用混料机混合均匀后，进行性能检验。在测定胶砂强度时，由于试样在标准养护箱内养护 24h 脱模困难，因此所有试样都在标准养护箱中养护到 48h 后脱模，试块脱模后立刻浸水养护。待养护到达规定的龄期后，测定 3d、7d、28d 抗折强度和抗压强度。检测结果如表 9-2 和图 9-1、图 9-2 所示。

由表 9-2 和图 9-2 可见，A1 试样由于没加钢渣，水泥凝结时间特别长，初凝时间都超过了24h。随着钢渣掺量的增加，废弃混凝土石膏矿渣水泥的初凝时间与终凝时间都是先减小后增加，钢渣掺量在 4％时的初凝时间最短，钢渣掺量在 6％时的终凝时间最短，但二者相差不大。

表 9-2　钢渣掺量对废弃混凝土石膏矿渣水泥性能影响

编号	矿渣（％）	钢渣 A（％）	混凝土 A（％）	脱硫石膏（％）	标准稠度（％）	初凝（min）	终凝（min）	安定性	3d（MPa）		7d（MPa）		28d（MPa）	
									抗折	抗压	抗折	抗压	抗折	抗压
A1	32	0	60	8	24.3	—	—	合格	0.0	0.0	2.4	7.8	6.0	23.6
A2	32	2	58	8	24.5	425	682	合格	1.9	6.4	4.3	14.7	6.7	25.8
A3	32	4	56	8	24.5	405	570	合格	3.5	11.4	5.4	17.8	7.2	26.8
A4	32	6	54	8	24.4	397	565	合格	4.0	12.3	6.2	18.7	7.9	27.2
A5	32	8	52	8	24.3	565	725	合格	4.4	13.1	6.8	19.2	8.4	27.8
A6	32	10	50	8	24.0	650	825	合格	4.7	10.1	6.6	15.2	8.0	23.7

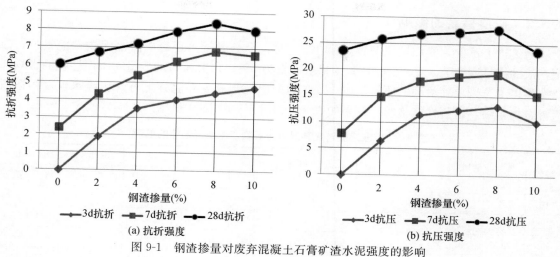

图 9-1 钢渣掺量对废弃混凝土石膏矿渣水泥强度的影响

由图 9-1 可见，钢渣掺量从 0％增长到 10％时，3d 抗折强度逐步增加，7d 和 28d 抗折强度先增加后降低，在钢渣掺量为 8％时，达到最大值。随着钢渣掺量的增加，废弃混凝土石膏矿渣水泥 3d、7d、28d 的抗压强度都是先逐步增加后再降低，在钢渣掺量为 8％时达到最大值。钢渣掺量的增加对 3d、7d 抗压强度的提高幅度很大，而对 28d 抗压强度提高幅度不是很明显。当钢渣掺量为 0％时，3d 没有强度，7d 抗压强度也只有不到 8.0MPa，而钢渣掺量 8％时，其 3d、7d 抗压强度分别有 13.1MPa、19.2MPa。

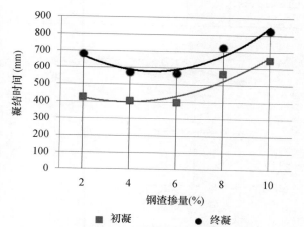

图 9-2 钢渣掺量对废弃混凝土石膏矿渣水泥凝结时间的影响

由此可见，在废弃混凝土石膏矿渣水泥中，钢渣掺量对水泥的早期强度有比较明显的影响，对后期强度影响不大。在矿渣粉和脱硫石膏的掺量不变的情况下，随着水泥中钢渣掺量的增加，废弃混凝土石膏矿渣水泥强度是逐渐增强的。当钢渣掺量超过 8％以后，废弃混凝土石膏矿渣水泥强度则开始降低，说明对于废弃混凝土石膏矿渣水泥而言，存在一个最佳的钢渣配比，在本试验的条件下钢渣的最佳掺量应为 8％。

在废弃混凝土石膏矿渣水泥中，水泥强度的发挥主要依赖于矿渣的掺量和水化活性，而矿渣的水化受到浆体 pH 值的影响很大，在该体系中，钢渣主要作用是作为碱性激发剂。加水搅拌后，钢渣中所含的 CaO 和 $Ca(OH)_2$ 迅速溶于水，使溶液的 pH 值升高，为矿渣的水化提供一个良好的碱性环境，使矿渣在石膏的作用下，迅速水化生成钙矾石、水化碳铝酸钙和 C-S-H 凝胶等水化产物。钢渣掺量的提高，有利于水化过程液相的 pH 值的提高和 Ca^{2+} 浓度的增加，加快了矿渣的水化，更容易形成钙矾石，使水泥的早期强度得到提高。但在水化后期，水泥液相中过高的碱度和钙离子浓度，使水化产生的钙矾石晶体颗粒粗大，不利于浆体结构致密度的提高，使后期强度降低。当钢渣掺量过高时，水泥水化后期继续形成钙矾石，产生膨胀应力，使水泥强度降低[26]。故体系中，作为碱性激发剂的钢渣的掺量必须适量。

9.3.2 矿渣掺量的影响

通过以上试验，我们发现钢渣掺量在8％时，废弃混凝土石膏矿渣水泥的性能最佳，故把钢渣的掺量固定为8％，脱硫石膏的掺量固定为8％，研究矿渣的掺量对水泥性能的影响。

将以上分别单独粉磨的原料，按表9-3的配比配制成废弃混凝土石膏矿渣水泥，用混料机混合均匀后，进行性能检验，结果如表9-3和图9-3～图9-4所示。

表9-3 矿渣掺量对废弃混凝土石膏矿渣水泥性能的影响

编号	矿渣（％）	钢渣A（％）	混凝土A（％）	脱硫石膏（％）	标准稠度（％）	初凝（min）	终凝（min）	安定性	3d（MPa）		7d（MPa）		28d（MPa）	
									抗折	抗压	抗折	抗压	抗折	抗压
B1	28	8	56	8	24.5	585	815	合格	4.3	11.7	6.5	17.3	7.5	25.8
B2	32	8	52	8	24.3	565	725	合格	4.4	13.1	6.8	19.2	8.4	27.8
B3	36	8	48	8	25.0	545	706	合格	4.5	12.6	7.0	19.0	8.4	28.2
B4	40	8	44	8	25.1	524	687	合格	5.2	13.6	7.1	19.9	8.7	30.3
B5	44	8	40	8	25.8	500	661	合格	5.3	14.0	7.7	20.4	8.8	31.3

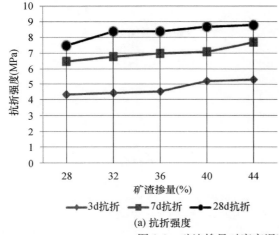

(a) 抗折强度

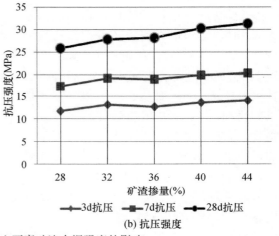

(b) 抗压强度

图9-3 矿渣掺量对废弃混凝土石膏矿渣水泥强度的影响

由表9-3和图9-4可见，当钢渣掺量为8％，脱硫石膏掺量为8％，矿渣掺量由28％提高到44％，废弃混凝土A掺量从56％减少到40％时，废弃混凝土石膏矿渣水泥的标准稠度用水量逐渐增加，但增加幅度不大，初凝时间和终凝时间都有所缩短。

由图9-3可见，随着矿渣掺量的增加，废弃混凝土石膏矿渣水泥的3d、7d、28d抗折强度和抗压强度都是逐渐增加的。矿渣作为废弃混凝土石膏矿渣水泥的主要胶凝成分，对废弃混凝土石膏矿渣水泥28d

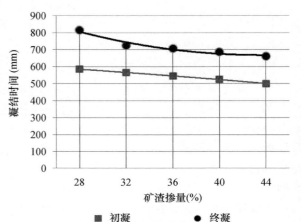

图9-4 矿渣掺量对废弃混凝土石膏矿渣水泥凝结时间的影响

强度影响很大，当矿渣掺量达到 28％时，废弃混凝土石膏矿渣水泥的 28d 抗压强度可超过 25MPa，当矿渣掺量达到 40％时，其 28d 抗压强度可超过 30MPa。

9.3.3 石膏掺量的影响

将以上分别单独粉磨的原料，按表 9-4 的配比配制成废弃混凝土石膏矿渣水泥，用混料机混合均匀后，进行性能检验，结果如表 9-4 和图 9-5～图 9-6 所示。

表 9-4　石膏掺量对废弃混凝土石膏矿渣水泥性能的影响

编号	矿渣 (%)	钢渣 A (%)	混凝土 A (%)	脱硫石膏 (%)	水泥 SO_3 (%)	标准稠度 (%)	初凝 (min)	终凝 (min)	安定性	3d (MPa) 抗折	3d (MPa) 抗压	7d (MPa) 抗折	7d (MPa) 抗压	28d (MPa) 抗折	28d (MPa) 抗压
C1	32	8	54	6	2.99	24.5	585	815	合格	4.0	8.7	5.9	13.7	7.7	20.2
C2	32	8	52	8	3.80	24.3	565	725	合格	4.4	13.1	6.8	19.2	8.4	27.8
C3	32	8	50	10	4.60	24.3	545	706	合格	4.4	10.9	6.9	21.1	9.0	32.2
C4	32	8	48	12	5.41	24.5	524	687	合格	4.4	10.9	6.9	21.8	9.4	38.4
C5	32	8	46	14	6.22	24.5	500	661	合格	4.4	10.9	5.9	22.1	9.1	37.0

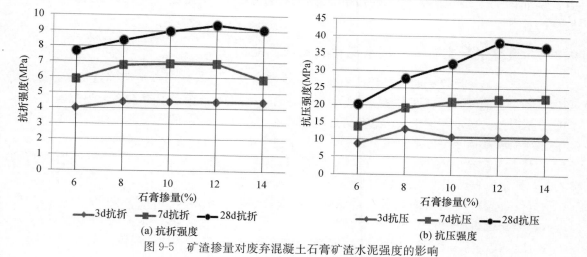

(a) 抗折强度

(b) 抗压强度

图 9-5　矿渣掺量对废弃混凝土石膏矿渣水泥强度的影响

由表 9-4 和图 9-6 可见，当钢渣掺量为 8％，矿渣掺量为 32％，脱硫石膏掺量由 6％提高到 14％，废弃混凝土 A 掺量从 54％减少到 46％时，废弃混凝土石膏矿渣水泥的标准稠度用水量基本维持不变，初凝时间和终凝时间明显缩短。说明脱硫石膏掺量的增加，促进了废弃混凝土石膏矿渣水泥早期钙矾石的形成，从而使水泥的凝结时间缩短。

由图 9-5 可见，当钢渣和矿渣掺量固定不变时，随着脱硫石膏掺量的增加，各龄期的抗折强度呈先上升后下降

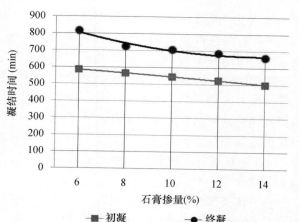

图 9-6　石膏掺量对废弃混凝土石膏矿渣水泥凝结时间的影响

的趋势。脱硫石膏掺量从 6% 上升到 8% 时，水泥的 3d、7d 抗折强度上升的幅度较大；脱硫石膏掺量从 8% 上升到 14% 的过程中，水泥的抗折强度变化幅度不大。其 28d 抗折强度随着脱硫石膏掺量的增加是呈先上升后下降的趋势。当脱硫石膏掺量不超过 12% 时，其抗折强度逐步上升，当脱硫石膏掺量超过 12% 后，其抗折强度明显下降。随着脱硫石膏掺量的增加，水泥的抗压强度也是呈先上升后降低的趋势。当脱硫石膏掺量超过 8% 后，水泥的 3d、7d 抗压强度变化不大，说明脱硫石膏的掺量对水泥的早期强度影响不大。水泥的 28d 抗压强度随着脱硫石膏掺量的提高而显著上升，从 20MPa 上升到 38MPa，上升幅度特别显著。但石膏掺量也不是越多越好，当石膏掺量超过 12% 以后，其抗压强度又会下降。因此，废弃混凝土石膏矿渣水泥的最佳石膏掺量应为 12%，所对应的水泥中的 SO_3 含量为 5.41%。

废弃混凝土石膏矿渣水泥的主要水化产物是钙矾石和 C-S-H 凝胶，钙矾石和 C-S-H 的生成量决定了废弃混凝土石膏矿渣水泥强度的大小。石膏是形成钙矾石的主要反应物之一，石膏掺量的增加有利于形成更多的钙矾石，使其强度增加，但石膏掺量过多时，它会在水泥水化后期继续形成钙矾石，使早期硬化的水泥浆体产生膨胀应力，从而削弱了水泥的强度，使废弃混凝土石膏矿渣水泥强度下降，因此石膏有一个最佳的掺量。

9.3.4 废弃混凝土石膏矿渣水泥耗酸量与性能的关系

前面试验已经反复证明，过硫磷石膏矿渣水泥和石灰石石膏矿渣水泥等石膏矿渣水泥，必须具有一定的碱度，碱度太高或太低，都对水泥性能不利。由于废弃混凝土组分复杂，不同废弃混凝土的碱度相差很大，这势必影响到废弃混凝土石膏矿渣水泥的性能。为了研究废弃混凝土石膏矿渣水泥的适宜碱度范围，采用表 9-1 中的原料，进行如下试验。

钢渣 B：将表 9-1 的钢渣 B 破碎烘干后，每磨 5kg，在 $\phi 500mm \times 500mm$ 小磨内粉磨 30min，测定比表面积为 334.4m²/kg。

石膏：将表 9-1 的云南宜良石膏破碎后，每磨 5kg，在 $\phi 500mm \times 500mm$ 小磨内粉磨 10min，测定比表面积为 451.0m²/kg。

矿渣：直接使用上海宝钢的立磨矿渣粉，密度为 2.90g/cm³，比表面积为 460.5m²/kg。

混凝土 B：将表 9-1 的武汉理工大学的废弃混凝土 B 破碎后，每磨 5kg，在 $\phi 500mm \times 500mm$ 小磨内粉磨 30min，测定密度为 2.67g/cm³，测定比表面积为 591.3m²/kg。

石灰石：将表 9-1 的石灰石破碎后，每磨 5kg，在 $\phi 500mm \times 500mm$ 小磨内粉磨 10min，测定比表面积为 511.0m²/kg。

耗柠檬酸量测定：用分析纯化学试剂配制一个 0.1mol/L 柠檬酸标准溶液。准确称取 1g 试样，放入三角瓶中，加入蒸馏水，用酚酞作指示剂，然后用柠檬酸标准溶液滴定至无色，根据所耗柠檬酸标准溶液的毫升数计算试样的耗柠檬酸量，单位为 mol/kg。

将废弃混凝土 A 和废弃混凝土 B 进行耗柠檬酸量测定，得到废弃混凝土 A 的耗柠檬酸量为 0，而废弃混凝土 B 的耗柠檬酸量为 0.4819mol/kg，可见，废弃混凝土 B 的碱度比废弃混凝土 A 高。

将上述原料按表 9-5 的配比配制成废弃混凝土石膏矿渣水泥，进行耗柠檬酸量和胶砂强度试验，结果如表 9-5 和图 9-7 所示。

表 9-5　废弃混凝土石膏矿渣水泥耗柠檬酸量与强度的关系

编号	矿渣 (%)	钢渣 B (%)	混凝土 A (%)	石膏 (%)	耗酸量 (mol/kg)	3d（MPa）		7d（MPa）		28d（MPa）	
						抗折	抗压	抗折	抗压	抗折	抗压
Y1	32	0	56	12	0.000	0.0	0.0	0.0	0.0	4.9	26.1
Y2	32	2	54	12	0.044	2.4	9.1	3.9	17.6	6.6	28.4
Y3	32	4	52	12	0.084	4.5	15.0	5.1	20.3	7.4	30.3
Y4	32	6	50	12	0.148	4.2	15.6	4.9	18.8	6.9	28.1

由表 9-5 和图 9-7 可见，钢渣 B 是高碱度原料，随着钢渣 B 掺量的提高，废弃混凝土石膏矿渣水泥的耗柠檬酸量成比例增加。当废弃混凝土石膏矿渣水泥的耗柠檬酸量为 0.084mol/kg（钢渣 B 掺量为 4%）时，废弃混凝土石膏矿渣水泥各龄期强度达到最大值。因此，废弃混凝土石膏矿渣水泥适宜的耗柠檬酸量为 0.084mol/kg 左右。

由于武汉理工大学的废弃混凝土（混凝土 B）碱度很高，用之配料制备废弃混凝土石膏矿渣水泥时，即使不掺钢渣，所制备的废弃混凝土石膏矿渣水泥的耗柠檬酸量也超过了 0.084mol/kg。为了进一步研究废弃混凝土石膏矿渣水泥的适宜耗柠檬酸量，采用石灰石和钢渣 B 搭配，以调整废弃混凝土石膏矿渣水泥的耗柠檬酸量。废弃混凝土石膏矿渣水泥的配比和试验结果，如表 9-6 和图 9-8 及图 9-9 所示。

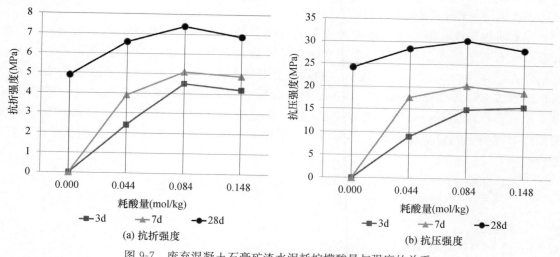

图 9-7　废弃混凝土石膏矿渣水泥耗柠檬酸量与强度的关系

表 9-6　废弃混凝土石膏矿渣水泥耗柠檬酸量与强度的关系

编号	矿渣 (%)	钢渣 B (%)	混凝土 B (%)	石灰石 (%)	石膏 (%)	耗酸量 (mol/kg)	3d（MPa）		7d（MPa）		28d（MPa）	
							抗折	抗压	抗折	抗压	抗折	抗压
Y5	32	0	11	45	12	0.054	3.9	14.5	5.6	19.8	8.7	28.4
Y6	32	0	16	40	12	0.078	4.2	15.3	6.0	21.6	9.0	30.5
Y7	32	0	21	35	12	0.102	4.1	15.0	5.9	20.4	8.7	29.2
Y8	32	0	26	30	12	0.126	4.1	14.8	5.7	19.9	8.5	28.9
Y9	32	0	31	25	12	0.151	4.2	13.8	5.8	18.4	8.1	26.8

编号	矿渣 （%）	钢渣 B （%）	混凝土 B （%）	石灰石 （%）	石膏 （%）	耗酸量 （mol/kg）	3d（MPa）		7d（MPa）		28d（MPa）	
							抗折	抗压	抗折	抗压	抗折	抗压
Y10	32	0	36	20	12	0.175	4.1	13.2	5.7	16.9	7.8	25.6
Y11	32	0	41	15	12	0.192	4.0	11.6	5.4	15.9	7.2	24.4
Y12	32	0	46	10	12	0.221	3.8	10.9	5.0	14.5	6.8	22.2
Y13	32	0	51	5	12	0.243	3.4	10.1	4.8	13.4	6.2	21.2
Y14	32	0	56	0	12	0.278	3.2	9.7	4.5	12.3	6.0	19.4
Y15	32	2	54	0	12	0.304	2.8	8.8	4.0	11.8	5.8	18.3
Y16	32	4	52	0	12	0.339	2.4	7.9	3.8	11.1	5.7	18.1

由图 9-8 可见，废弃混凝土石膏矿渣水泥耗柠檬酸量对水泥抗折强度有较大的影响，水泥耗柠檬酸量为 0.078mol/kg 左右时，水泥的各龄期抗折强度均达到最高值，随着水泥耗柠檬酸量的提高，水泥各龄期的抗折强度均逐渐下降。由图 9-9 可见，废弃混凝土石膏矿渣水泥的各龄期抗压强度也表现出相同的规律，在水泥耗柠檬酸量为 0.078mol/kg 左右时，废弃混凝土石膏矿渣水泥的各龄期抗压强度达到最大值，继续提高水泥耗柠檬酸量，水泥各龄期抗压强度也均呈现下降趋势。

综上所述，废弃混凝土的碱度对废弃混凝土石膏矿渣水泥的强度有着很大的影响，废弃混凝土石膏矿渣水泥的碱度可以用水泥耗柠檬酸量来表示，废弃混凝土石膏矿渣水泥适宜的耗柠檬酸量为 0.08mol/kg 左右。如果废弃混凝土的碱度较高，用之配制废弃混凝土石膏矿渣水泥时，即使不掺钢渣，都有可能造成废弃混凝土石膏矿渣水泥的耗柠檬酸量过高，使废弃混凝土石膏矿渣水泥的强度下降。也就是说，碱度太高的废弃混凝土无法单独配制废弃混凝土石膏矿渣水泥，必须与其他低碱度原料（如低碱度废弃混凝土或石灰石）混合使用。

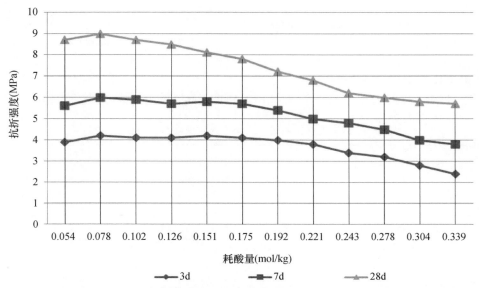

图 9-8　废弃混凝土石膏矿渣水泥耗柠檬酸量与抗折强度的关系

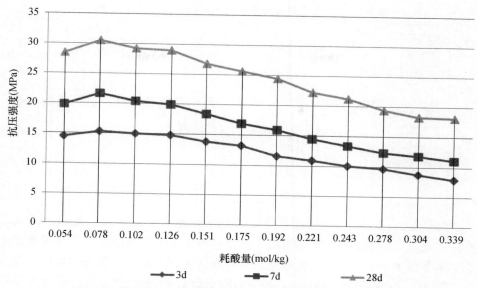

图 9-9　废弃混凝土石膏矿渣水泥耗柠檬酸量与抗压强度的关系

9.4　废弃混凝土钢渣矿渣水泥的组分优化

上节试验说明了高碱度的废弃混凝土，由于会使废弃混凝土石膏矿渣水泥的碱度过高，必须与其他低碱度的原料混合后，才可以用于配制废弃混凝土石膏矿渣水泥。但由于石灰石钢渣矿渣水泥的碱度较高，所以可以用高碱度的废弃混凝土生产废弃混凝土钢渣矿渣水泥。

废弃混凝土钢渣矿渣水泥组分和性能与石灰石钢渣矿渣水泥相似，实际上是用废弃混凝土替代石灰石钢渣矿渣水泥中的石灰石而得到的一种环保型生态水泥。

为了研究废弃混凝土钢渣矿渣水泥的适宜配比，将表 9-1 的原料分别粉磨后，配制成废弃混凝土钢渣矿渣水泥，并进行各种性能试验。

钢渣 B：将表 9-1 的钢渣 B 破碎烘干后，每磨 5kg，在 ϕ 500mm×500mm 小磨内粉磨 30min，测定比表面积为 334.4m²/kg。

石膏：将表 9-1 的云南宜良石膏破碎后，每磨 5kg，在 ϕ 500mm×500mm 小磨内粉磨 10min，测定比表面积为 451.0m²/kg。

矿渣：直接使用上海宝钢的立磨矿渣粉，密度为 2.90g/cm³，比表面积为 460.5m²/kg。

混凝土 B：将表 9-1 的武汉理工大学的废弃混凝土 B 破碎后，每磨 5kg，在 ϕ500mm×500mm 小磨内粉磨 30min，测定密度为 2.67g/cm³，测定比表面积为 591.3m²/kg。

熟料：将表 9-1 中的熟料破碎后过 3mm 筛，然后放入 ϕ 500mm×500mm 小磨内单独粉磨 40min，测定比表面积为 320.1m²/kg。

9.4.1　石膏掺量的影响

将上述原料按表 9-7 的配比配制成废弃混凝土钢渣矿渣水泥，进行水泥性能检验，结果如表 9-7 和图 9-10 所示。

表 9-7　石膏掺量对废弃混凝土钢渣矿渣水泥性能的影响

编号	矿渣 (%)	钢渣 B (%)	混凝土 B (%)	石膏 (%)	水泥 SO₃ (%)	标准稠度 (%)	初凝 (min)	终凝 (min)	安定性	3d (MPa)		7d (MPa)		28d (MPa)	
										抗折	抗压	抗折	抗压	抗折	抗压
D1	32	32	32	4	1.84	24.4	286	383	合格	2.2	5.5	4.7	11.8	8.5	23.1
D2	32	31	31	6	2.63	24.6	275	384	合格	2.4	6.2	5.7	13.5	8.7	23.9
D3	32	30	30	8	3.43	24.7	254	378	合格	2.7	7.1	6.2	14.8	8.5	23.0
D4	32	29	29	10	4.22	24.4	253	374	合格	2.7	7.8	6.0	13.1	7.8	21.1
D5	32	28	28	12	5.02	24.5	264	376	合格	1.9	5.3	5.1	12.0	6.8	19.7
D6	32	27	27	14	5.81	24.7	261	379	合格	0.6	1.1	3.4	7.8	5.8	16.1

由图 9-10 可见，石膏掺量对废弃混凝土钢渣矿渣水泥各龄期强度均有显著的影响。在矿渣掺量 32% 不变的条件下，增加石膏掺量，同时降低废弃混凝土和钢渣的掺量。当石膏掺量在 10%（水泥 SO₃ 含量为 4.22%）时，废弃混凝土钢渣矿渣水泥的 3d 抗折和抗压强度达到最大值；当石膏掺量在 8%（水泥 SO₃ 含量为 3.43%）时，废弃混凝土钢渣矿渣水泥的 7d 抗折和抗压强度达到最大值；当石膏掺量在 6%（水泥 SO₃ 含量为 2.63%）时，废弃混凝土钢渣矿渣水泥的 28d 抗折和抗压强度达到最大值。

由表 9-7 可见，石膏掺量对废弃混凝土钢渣矿渣水泥的凝结时间影响不大，石膏掺量为 8%～10% 时，试样的凝结时间稍短些。

综合考虑，废弃混凝土钢渣矿渣水泥的适宜石膏掺量应为 6%～8%，水泥中 SO₃ 含量应为 3.0% 左右。

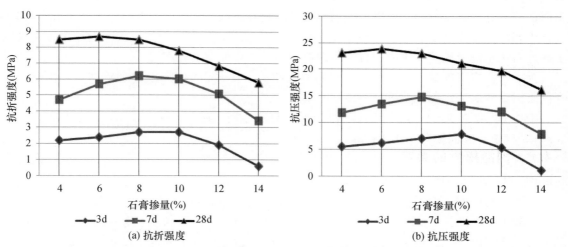

图 9-10　石膏掺量对废弃混凝土钢渣矿渣水泥强度的影响

9.4.2　矿渣掺量的影响

将上述原料按表 9-8 的配比配制成废弃混凝土钢渣矿渣水泥，进行水泥性能检验，结果如表 9-8 和图 9-11 所示。

表 9-8 矿渣掺量对废弃混凝土钢渣矿渣水泥性能的影响

编号	矿渣 (%)	钢渣B (%)	混凝土 B (%)	石膏 (%)	标准稠度 (%)	初凝 (min)	终凝 (min)	安定性	3d (MPa)		7d (MPa)		28d (MPa)	
									抗折	抗压	抗折	抗压	抗折	抗压
D7	24	34	34	8	24.4	257	373	合格	2.0	4.5	4.9	10.9	7.6	18.6
D8	28	32	32	8	24.6	255	377	合格	2.3	5.4	5.2	12.4	8.0	21.3
D9	32	30	30	8	24.7	254	378	合格	2.7	7.1	6.2	14.8	8.5	23.0
D10	36	28	28	8	25.6	264	379	合格	3.0	7.4	6.5	15.3	8.7	23.9
D11	40	26	26	8	26.0	260	380	合格	3.2	7.8	6.7	16.1	8.8	24.5
D12	44	24	24	8	26.0	252	374	合格	3.4	8.3	6.9	16.4	8.9	25.7

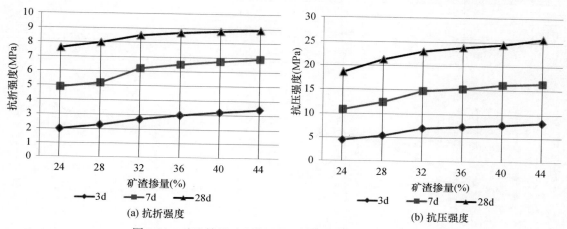

图 9-11 矿渣掺量对废弃混凝土钢渣矿渣水泥强度的影响

由图 9-11 可见，随着矿渣掺量增加，废弃混凝土钢渣矿渣水泥的各龄期抗折和抗压强度均呈现增长趋势。但矿渣掺量在 32% 以前，废弃混凝土钢渣矿渣水泥各龄期强度随矿渣掺量增加而增长的幅度较大，当矿渣掺量大于 32% 后，各龄期强度的增长幅度明显变小。矿渣是废弃混凝土钢渣矿渣水泥中的主要强度组分，提高矿渣掺量对提高废弃混凝土钢渣矿渣水泥的强度有利，但矿渣价格较高，所以适宜的矿渣掺量应在 32%～40% 之间。

由表 9-8 可见，在试验的范围内，矿渣掺量对废弃混凝土钢渣矿渣水泥凝结时间的影响不大。

9.4.3 钢渣掺量的影响

将上述原料按表 9-9 的配比配制成废弃混凝土钢渣矿渣水泥，进行水泥性能检验，结果如表 9-9 和图 9-12 及图 9-13 所示。

表 9-9 钢渣掺量对废弃混凝土钢渣矿渣水泥性能的影响

编号	熟料 (%)	矿渣 (%)	钢渣 B (%)	混凝土 B (%)	石膏 (%)	标准稠度 (%)	初凝 (min)	终凝 (min)	安定性	3d (MPa)		7d (MPa)		28d (MPa)		碳化 7d (MPa)	
										抗折	抗压	抗折	抗压	抗折	抗压	抗折	抗压
D13	5	32	0	55	8	25.5	186	277	合格	4.0	9.1	5.9	12.9	8.4	19.6	2.7	15.2
D14	5	32	5	50	8	25.3	190	293	合格	4.0	9.3	6.0	14.4	8.6	21.2	3.0	16.8
D15	5	32	10	45	8	24.9	196	305	合格	3.8	9.4	6.1	14.8	8.7	22.4	3.6	18.9

续表

编号	熟料（%）	矿渣（%）	钢渣B（%）	混凝土B（%）	石膏（%）	标准稠度（%）	初凝（min）	终凝（min）	安定性	3d（MPa）		7d（MPa）		28d（MPa）		碳化7d（MPa）	
										抗折	抗压	抗折	抗压	抗折	抗压	抗折	抗压
D16	5	32	15	40	8	24.5	245	375	合格	3.6	9.5	6.2	15.6	8.6	23.1	4.2	20.9
D17	5	32	20	35	8	24.3	255	360	合格	3.7	10.0	6.5	16.9	8.9	24.8	4.7	22.7
D18	5	32	25	30	8	24.3	255	405	合格	3.5	9.5	6.2	16.5	8.6	24.7	5.3	24.0
D19	5	32	30	25	8	24.2	233	337	合格	3.4	9.3	6.1	16.3	8.8	24.6	5.8	25.1
D20	5	32	35	20	8	24.1	263	384	合格	3.2	8.6	5.9	16.1	8.4	24.9	6.2	26.7
D21	5	32	40	15	8	24.1	254	393	合格	2.8	7.9	5.4	14.8	8.1	25.5	6.7	27.6
D22	5	32	45	10	8	24.0	276	302	合格	2.7	7.4	5.1	15.1	7.9	25.3	7.0	29.3
D23	5	32	50	5	8	23.9	246	290	合格	2.4	6.9	4.5	14.1	7.2	25.1	6.7	29.9
D24	5	32	55	0	8	23.9	196	340	合格	2.1	5.3	3.9	11.0	5.7	22.2	6.1	27.1

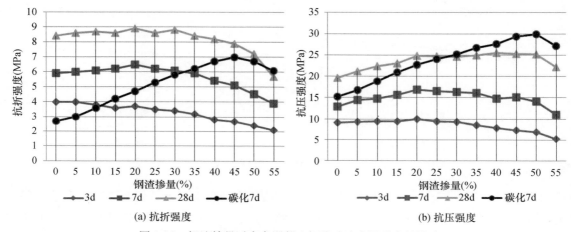

(a) 抗折强度　　　　　　　　　　(b) 抗压强度

图 9-12　钢渣掺量对废弃混凝土钢渣矿渣水泥强度的影响

由图 9-12 可见，在熟料掺量 5％、矿渣掺量 32％、石膏掺量 8％不变的条件下，钢渣掺量从 0 增加到 30％，同时废弃混凝土掺量从 55％减少到 25％时，废弃混凝土钢渣矿渣水泥各龄期的抗折强度基本维持不变。但当钢渣掺量大于 30％以后，废弃混凝土钢渣矿渣水泥各龄期的抗折强度显著下降。

对废弃混凝土钢渣矿渣水泥抗压强度而言，当钢渣掺量从 0 增加到 30％时，3d 抗压强度基本维持不变，7d 和 28d 抗压强度显著上升。当钢渣掺量从 30％增加到 50％时，废弃混凝土钢渣矿渣水泥

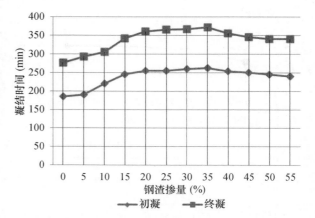

图 9-13　钢渣掺量对废弃混凝土钢渣矿渣水泥凝结时间的影响

3d 抗压强度有所下降，7d 和 28d 抗压强度基本维持不变。当钢渣掺量大于 50％时，废弃混凝土钢渣矿渣水泥各龄期的抗压强度均显著下降。

提高废弃混凝土钢渣矿渣水泥中的钢渣掺量，可显著改善废弃混凝土钢渣矿渣水泥的抗碳化性能。当钢渣掺量大于 30％后，废弃混凝土钢渣矿渣水泥碳化 7d 的抗压强度超过了碳化前的 28d 抗压强度，并随着钢渣掺量的进一步增加，7d 碳化强度继续提高。当钢渣掺量大于 50％后，废弃混凝土钢渣矿渣水泥的 7d 碳化强度开始下降。

由图 9-13 可见，钢渣掺量对废弃混凝土钢渣矿渣水泥的凝结时间有一定的影响，当钢渣掺量从 0 增加到 20％，相应的废弃混凝土从 55％下降到 35％时，废弃混凝土钢渣矿渣水泥的初凝和终凝时间均明显变长，继续增加钢渣掺量，废弃混凝土钢渣矿渣水泥的凝结时间变化不大。

9.4.4　熟料掺量的影响

将上述原料按表 9-10 的配比配制成废弃混凝土钢渣矿渣水泥，进行水泥性能检验，结果如表 9-10 和图 9-14 及图 9-15 所示。

表 9-10　熟料掺量对废弃混凝土钢渣矿渣水泥性能的影响

编号	熟料 (%)	矿渣 (%)	钢渣 B (%)	混凝土 B (%)	石膏 (%)	标准稠度 (%)	初凝 (min)	终凝 (min)	安定性	3d (MPa) 抗折	3d (MPa) 抗压	7d (MPa) 抗折	7d (MPa) 抗压	28d (MPa) 抗折	28d (MPa) 抗压	碳化 7d (MPa) 抗折	碳化 7d (MPa) 抗压
D25	5	32	8	47	8	25.8	225	455	合格	3.7	9.6	6.1	17.9	8.1	24.4	3.0	22.7
D26	10	32	8	42	8	25.7	205	425	合格	4.4	11.9	6.5	20.4	8.4	25.5	3.8	25.5
D27	15	32	8	37	8	25.9	185	406	合格	4.9	13.3	7.0	22.2	8.7	27.7	4.0	28.3
D28	20	32	8	32	8	25.8	175	387	合格	4.7	13.3	7.2	22.9	9.2	28.5	4.0	31.1

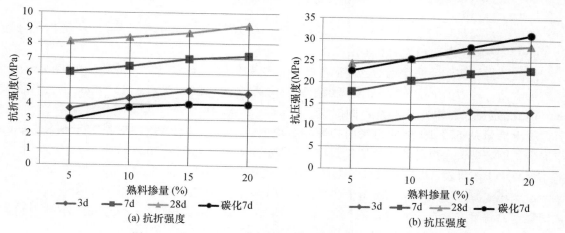

图 9-14　熟料掺量对废弃混凝土钢渣矿渣水泥强度的影响

由图 9-14 可见，在矿渣掺量 32％、钢渣掺量 8％、石膏掺量 8％不变的条件下，熟料掺量从 5％增加到 15％，同时废弃混凝土掺量从 47％减少到 32％时，废弃混凝土钢渣矿渣水泥各龄期的抗折和抗压强度都显著提高；当熟料掺量超过 15％以后，废弃混凝土钢渣矿渣水泥 3d 抗折和抗压强度基本维持不变，7d 和 28d 抗折和抗压强度稍有增长。

提高废弃混凝土钢渣矿渣水泥中的熟料掺量,可显著改善废弃混凝土钢渣矿渣水泥的抗碳化性能。当熟料掺量大于10%后,废弃混凝土钢渣矿渣水泥碳化7d的抗压强度超过了碳化前的28d抗压强度,并随着熟料掺量的进一步增加,7d碳化抗压强度继续提高,而7d碳化抗折强度则变化不大。

由图9-15可见,熟料掺量对废弃混凝土钢渣矿渣水泥的凝结时间有较大的影响,当熟料掺量从5%增加到20%,相应的废弃混凝土从47%下降到32%时,废弃混凝土钢渣矿渣水泥的初凝和终凝时间均明显缩短。

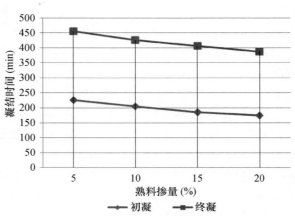

图 9-15 熟料掺量对废弃混凝土钢渣矿渣水泥
凝结时间的影响

由以上试验结果可知,废弃混凝土钢渣矿渣水泥中掺入少量熟料,可显著提高水泥强度和缩短水泥的凝结时间,但熟料价格较高,综合考虑熟料掺量应在10%~15%之间。

9.5 废弃混凝土再生水泥的性能

9.5.1 常规性能

选用以上已分别单独粉磨的原料,配制成废弃混凝土再生水泥后进行常规性能检验,具体所用的原料如下:

熟料:将表9-1中的熟料破碎后过3mm筛,然后放入 ϕ 500mm×500mm 小磨内单独粉磨40min,测定比表面积为320.1m²/kg。

矿渣:直接使用上海宝钢的立磨矿渣粉,密度为2.90g/cm³,比表面积为460.5m²/kg。

钢渣A:将表9-1的钢渣A破碎烘干后,每磨5kg,在 ϕ 500mm×500mm 小磨内粉磨30min,测定比表面积为340.2m²/kg。

混凝土A:将表9-1的四川汶川的废弃混凝土破碎后,每磨5kg,在 ϕ 500mm×500mm 小磨内粉磨30min,测定密度为2.72g/cm³,测定比表面积为711.4m²/kg。

混凝土B:将表9-1的武汉理工大学的废弃混凝土B破碎后,每磨5kg,在 ϕ 500mm×500mm 小磨内粉磨30min,测定密度为2.67g/cm³,测定比表面积为591.3m²/kg。

石膏:将表9-1的云南宜良石膏破碎后,每磨5kg,在 ϕ 500mm×500mm 小磨内粉磨10min,测定比表面积为451.0m²/kg。

将以上已磨的原料,按表9-11的配比配制成两个废弃混凝土再生水泥试样,E1为废弃混凝土钢渣矿渣水泥,E2为废弃混凝土石膏矿渣水泥,然后进行各种性能检验,并与市场上购买的 P·S·A 32.5 矿渣硅酸盐水泥进行对比,结果见表9-11。

表 9-11　废弃混凝土再生水泥的常规物理力学性能

编号	熟料 (%)	矿渣 (%)	钢渣 A (%)	混凝土 A (%)	混凝土 B (%)	石膏 (%)	水泥 SO₃ (%)	标准稠度 (%)	初凝 (min)	终凝 (min)	安定性	3d (MPa)		28d (MPa)		180d (MPa)		365d (MPa)	
												抗折	抗压	抗折	抗压	抗折	抗压	抗折	抗压
E1	5	32	20	—	35	8	3.42	24.4	260	375	合格	3.8	10.5	9.0	25.7	9.4	34.8	9.7	36.9
E2	—	32	8	48	—	12	5.28	24.6	510	650	合格	4.5	11.2	9.2	38.6	9.4	47.8	9.9	49.7
PS	P. S. A 32.5 水泥						3.10	27.6	235	355	合格	4.3	17.4	7.6	37.2	8.3	45.3	8.7	46.9

由表 9-11 可见，废弃混凝土钢渣矿渣水泥（E1）与矿渣硅酸盐水泥（PS）相比，废弃混凝土钢渣矿渣水泥的标准稠度较小，初凝和终凝时间稍长；水泥安定性均合格；废弃混凝土钢渣矿渣水泥各龄期抗压强度均低于 P. S. A 32.5 矿渣硅酸盐水泥；但废弃混凝土钢渣矿渣水泥除 3d 抗折强度外，其他各龄期的抗折强度均比矿渣硅酸盐水泥高。两种水泥的长期强度均能不断增长，养护 1 年的强度显著大于 28d 的强度，说明长期强度增长率较大。

废弃混凝土石膏矿渣水泥（E2）与矿渣硅酸盐水泥（PS）相比，废弃混凝土石膏矿渣水泥的标准稠度较小，但初凝和终凝时间比矿渣硅酸盐水泥长很多；水泥安定性均合格；水泥胶砂强度，总体上两者相差不大，废弃混凝土石膏矿渣水泥早期抗压强度稍低，但后期抗压强度稍高；废弃混凝土石膏矿渣水泥各龄期的抗折强度，均比矿渣硅酸盐水泥高。两种水泥的长期强度均较高，养护 1 年的强度均显著大于 28d 的强度，说明长期强度增长率均较大。

9.5.2　抗起砂性能

随着城市化建设的迅猛发展，人们的生活质量有了大幅度的提高，住户和业主对房屋工程质量的要求也越来越高，但有一些工程的水泥地面在投入使用不久后，就出现建筑物的楼面与地面空鼓、起砂、裂纹、脱皮等现象。不少水泥地面使用频繁后，由于起砂严重，不久就变得凹凸不平，表面粗糙，严重影响使用与美观。因此，水泥的抗起砂性能也是一种十分重要的性能。

将表 9-11 中的三个水泥试样，按附录 1 "水泥抗起砂性能检验方法"进行脱水和浸水起砂量检测，所得结果见表 9-12。

表 9-12　废弃混凝土再生水泥的抗起砂性能

编号	熟料 (%)	矿渣 (%)	钢渣 A (%)	混凝土 A (%)	混凝土 B (%)	石膏 (%)	起砂量（kg/m²）	
							脱水	浸水
E1	5	32	20	—	35	8	0.62	0.44
E2	—	32	8	48		12	3.82	2.13
PS	P・S・A 32.5 水泥						0.35	0.37

由表 9-12 可以看出，P・S・A32.5 矿渣硅酸盐水泥试样（PS）的脱水起砂量和浸水起砂量与废弃混凝土钢渣矿渣水泥（E1）相差不大，虽然废弃混凝土钢渣矿渣水泥（E1）的强度比矿渣硅酸盐水泥（PS）强度小很多，但两者的抗起砂性能却相差不是很大，废弃混凝土钢渣矿渣水泥的起砂量稍大于矿渣硅酸盐水泥。废弃混凝土石膏矿渣水泥（E2）与矿渣硅酸盐水泥（PS）相比，虽然两者强度相差不大，但废弃混凝土石膏矿渣水泥（E2）的脱水起砂量和浸水起砂量均比矿渣硅酸盐水泥大得多，说明废弃混凝土石膏矿渣水泥的抗起砂性能较差。

　　废弃混凝土钢渣矿渣水泥的脱水起砂量和浸水起砂量与废弃混凝土石膏矿渣水泥相比，前者小得多，说明废弃混凝土钢渣矿渣水泥的抗起砂性能比废弃混凝土石膏矿渣水泥好。

9.5.3　抗碳化性能

　　由于废弃混凝土再生水泥相对于硅酸盐类水泥而言，废弃混凝土再生水泥的碱度较低，水化产物中没有 $Ca(OH)_2$，或含量很少，对 CO_2 的消耗能力很弱，因此往往抗碳化性能均较差。

　　将表 9-11 中的三个水泥试样，进行碳化试验，所得结果见表 9-13。

表 9-13　废弃混凝土再生水泥的抗碳化性能

编号	熟料 (%)	矿渣 (%)	钢渣 A (%)	混凝土 A (%)	混凝土 B (%)	石膏 (%)	28d (MPa)		碳化 7d			碳化 14d			碳化 28d		
									强度 (MPa)		深 (mm)	强度 (MPa)		深 (mm)	强度 (MPa)		深 (mm)
							抗折	抗压	抗折	抗压		抗折	抗压		抗折	抗压	
E1	5	32	20	—	35	8	9.0	25.7	4.8	23.6	9.3	5.4	25.6	13.3	5.7	27.1	19.7
E2	—	32	8	48	—	12	9.2	38.6	3.7	25.5	9.8	4.8	26.2	16.5	4.9	27.4	>20
PS	P.S.A 32.5 水泥						7.6	37.2	4.9	34.9	6.2	5.6	38.8	9.0	6.4	40.3	10.0

　　由表 9-13 可见，三个试样的碳化深度均随碳化龄期的延长逐渐增大，但废弃混凝土石膏矿渣水泥试样（E2）各龄期的碳化深度均明显高于矿渣硅酸盐水泥试样（PS）。碳化 7d 时，矿渣硅酸盐水泥碳化深度仅为 6.2mm，而废弃混凝土石膏矿渣水泥达到了 9.8mm；碳化 14d 时，矿渣硅酸盐水泥碳化深度仅为 9.0mm，而废弃混凝土石膏矿渣水泥达到了 16.5mm；碳化 28d 时，废弃混凝土石膏矿渣水泥试块已经完全碳化，而矿渣硅酸盐水泥碳化深度仅为 10.0mm。

　　废弃混凝土钢渣矿渣水泥试样（E1）的碳化深度与废弃混凝土石膏矿渣水泥试样（E2）相比，废弃混凝土钢渣矿渣水泥的碳化深度较小，但与矿渣硅酸盐水泥相比，其碳化深度也大得多，也属于碳化速度较快的水泥。

　　就三个试样碳化后的强度变化而言，碳化后的抗折强度通常都是下降的，包括矿渣硅酸盐水泥试样（PS）也是如此。但矿渣硅酸盐水泥碳化后的抗折强度下降最少，废弃混凝土石膏矿渣水泥（E2）碳化后抗折强度下降最多。三个试样都是在碳化 7d 时，抗折强度最低，继续碳化，抗折强度有所恢复。碳化后抗压强度也是在碳化 7d 时最低，继续碳化，抗压强度也有所恢复。

　　矿渣硅酸盐水泥试样（PS）碳化后的抗压强度，在碳化 7d 龄期时稍有下降，继续碳化，抗压强度明显增长，往往高于碳化前的 28d 抗压强度。废弃混凝土钢渣矿渣水泥试样（E1）碳化后的抗压强度，同样在碳化 7d 时有所下降，但继续碳化，抗压强度也会恢复到碳化前的 28d 抗压强度值，但增长幅度不大。而废弃混凝土石膏矿渣水泥试样（E2）碳化后的抗压强度，在碳化 7d 时就大幅度下降，继续碳化，抗压强度虽然有所恢复，但碳化到 28d 时，其抗压强度通常比碳化前的 28d 抗压强度值，有较大的下降。

　　废弃混凝土石膏矿渣水泥的性能与过硫磷石膏矿渣水泥相似，欲提高其抗碳化性能，宜采用减水剂降低水泥的水灰比，增加水泥石的致密度。

9.6 废弃混凝土再生水泥的水化硬化

以上通过对废弃混凝土再生水泥组分优化的研究，已经初步掌握了废弃混凝土再生水泥组分与性能之间的基本关系。为探究废弃混凝土再生水泥组分、性能与结构之间的内在关系，还有必要进一步研究其水化、硬化机理，以及它们与水泥物理力学性能之间的关系。本章节通过对废弃混凝土再生水泥的 XRD 和 SEM 分析，对废弃混凝土再生水泥的水化、硬化过程进行研究和探讨。

9.6.1 废弃混凝土石膏矿渣水泥的水化硬化过程

将表 9-11 中的废弃混凝土石膏矿渣水泥 E2 试样，按标准稠度加水，在净浆搅拌机中搅拌均匀后，于 20℃温度下密封养护到各规定的龄期时，取出一小块，用无水乙醇溶液浸泡 24h 终止水化，然后在 35℃的烘箱中烘干 4h，将其中一部分净浆试块用玛瑙研钵磨细后进行 XRD 测定，另一部分块状净浆进行 SEM 测定。结果如图 9-16 和图 9-17 所示。

由图 9-16 可以看出，废弃混凝土石膏矿渣水泥水化后的主要矿物是钙矾石（AFt）、水化剩余的石膏以及随废弃混凝土带入的方解石和石英。从钙矾石的主峰和水化龄期的关系可以看出，在试样水化 3d 时，已经反应生成了大量的钙矾石。在水化龄期从 3d 增加到 7d 的过程中，钙矾石的衍射峰的强度有所增加，但增加幅度不大。当水化到 28d 时，钙矾石的衍射峰强度还是有所增强，这说明钙矾石还在持续缓慢生成。

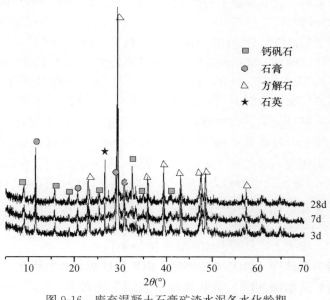

图 9-16 废弃混凝土石膏矿渣水泥各水化龄期的 XRD 图谱

在废弃混凝土石膏矿渣水泥试样水化龄期从 3d 增长到 28d 的过程中，石膏的衍射峰是逐渐降低的，这表明石膏在水化反应过程中，其含量是逐渐降低的。但在水化 28d 龄期的 XRD 衍射图谱中仍可看到石膏的存在，说明废弃混凝土石膏矿渣水泥水化到 28d 后还有部分石膏剩余，没有反应完全。

由图 9-17 可见，在废弃混凝土石膏矿渣水泥水化 3d 的 SEM 照片中，可见到大量针状的钙矾石和少量锡箔状的 C-S-H 凝胶相互胶结在一起，并将废弃混凝土颗粒连结在一起，构成了硬化浆体的基本骨架结构。随着水化龄期的延长和水化反应的进行，废弃混凝土石膏矿渣水泥中的矿渣不断水解和水化，反应生成了越来越多的水化产物，水化龄期到达 28d 时，钙矾石和 C-S-H 凝胶依旧是水泥硬化浆体中的主要水化产物，在颗粒状的废弃混凝土之间填充着大量的水化产物，孔隙率大幅下降，结构变得更加致密。此时针状的钙矾石已经很难发现，在水泥水化产物中钙矾石所占的比例有所下降，C-S-H 凝胶所占的比例显著上升，水化产物将反应剩余的废弃混凝土颗粒包裹在其中，充当结构骨架，形成一个致密的整体，从而使水泥石强度得到不断的提高。

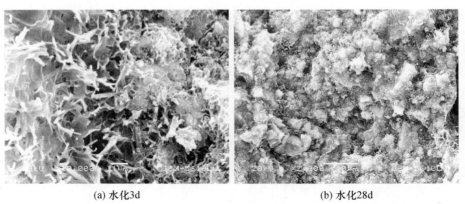

(a) 水化3d   (b) 水化28d

图 9-17　废弃混凝土石膏矿渣水泥各水化龄期的 SEM 照片

综合废弃混凝土石膏矿渣水泥试样各龄期的 XRD 和 SEM 分析可知，废弃混凝土石膏矿渣水泥的水化过程可以总结如下：当废弃混凝土石膏矿渣水泥与水拌合后，水泥中钢渣和废弃混凝土的活性组分迅速溶解或水解。废弃混凝土中未水化的熟料颗粒与水拌合后，迅速水化形成水化硅酸钙、水化铝酸钙、水化铁铝酸钙、水化硫铝酸钙等水化产物，同时与钢渣一起生成大量的 Ca^{2+} 离子和 OH^- 离子，使水泥浆体的 pH 值迅速升高，提供了矿渣水化所需的碱度环境。矿渣颗粒在适宜的碱度环境下开始水解和水化，溶液中开始反应生产钙矾石结晶，并且不断长大，同时矿渣也水化形成大量的 C-S-H 凝胶。随着矿渣水化程度的加深，反应时间的延长，反应生产的产物越来越多，大量钙矾石和 C-S-H 凝胶相互胶结在一起，使水泥浆体变得密实，水泥强度不断得到提高。反应剩余的废弃混凝土颗粒（主要组分为石灰石和石英等），被水化产物包裹在其中，起到骨架作用，形成了一个密实的整体，使水泥浆体硬化。

9.6.2　废弃混凝土钢渣矿渣水泥的水化硬化过程

将表 9-10 中废弃混凝土钢渣矿渣水泥的 D27 试样（配比：熟料 15％、矿渣 32％、钢渣 B8％、废弃混凝土 B37％、石膏 8％），按标准稠度加水，在净浆搅拌机中搅拌均匀后，于20℃温度下密封养护到各规定的龄期时，取出一小块，用无水乙醇溶液浸泡 24h 终止水化，然后在 35℃的烘箱中烘干 4h，将其中一部分净浆试块用玛瑙研钵磨细后进行 XRD 测定，另一部分块状净浆进行 SEM 测定。结果如图 9-18 和图 9-19 所示。

由图 9-18 可见，废弃混凝土钢渣矿渣水泥的水化产物的结晶相主要是钙矾

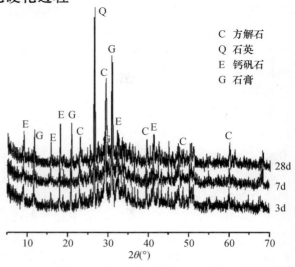

C	方解石
Q	石英
E	钙矾石
G	石膏

图 9-18　废弃混凝土钢渣矿渣水泥各水化龄期的 XRD 图谱

(a) 水化 3d   (b) 水化 28d

图 9-19 废弃混凝土钢渣矿渣水泥各水化龄期的 SEM 照片

石，水泥浆体中还有反应剩余的石膏，以及废弃混凝土带入的方解石和石英。对比试样 3d、7d、28d 的钙矾石衍射峰强度，可以看出随着水化龄期的延长，钙矾石衍射峰强度是逐渐升高的，说明随着水化的进行，浆体中形成了越来越多的钙矾石。在各水化龄期的 XRD 的图谱中没有见到 $Ca(OH)_2$ 的衍射峰，说明硅酸盐水泥熟料和钢渣在水化过程中生成的 Ca^{2+} 离子、OH^- 离子并没有形成 $Ca(OH)_2$ 晶体。石膏的衍射峰强度随着水化反应的进行而降低，说明随着水化龄期的延长，水化反应的进行，浆体中石膏的含量是逐渐降低的，但水化到 28d 还有石膏衍射峰的存在，说明水泥石中还有少量剩余的石膏。

由图 9-19 可见，试样水化到 3d 时，在废弃混凝土颗粒的表面形成了大量针状的钙矾石，C-S-H 凝胶数量较少，浆体的孔隙率很大，结构不够致密。随着水化龄期的延长，当浆体水化到 28d 时，水泥浆体中除了少量的针状钙矾石外，大多数细小的钙矾石都与锡箔状的 C-S-H 凝胶相互胶结在一起，形成了非常致密的硬化水泥浆体结构，反应剩余的废弃混凝土颗粒被包裹在水化产物中，它们的界面非常牢固，构成了稳定的空间网络结构。

综上所述，废弃混凝土钢渣矿渣水泥的水化过程如下：当废弃混凝土钢渣矿渣水泥与水拌合后，硅酸盐水泥熟料（包括废弃混凝土中的熟料颗粒）首先水解和水化，形成大量的 C-S-H 凝胶和 $Ca(OH)_2$，以及水化铁铝酸钙、水化铝酸钙、水化硫铝酸钙等水化产物。同时，钢渣也开始水解或水化，进一步增加了水泥浆体中的 Ca^{2+} 离子和 OH^- 离子浓度，为矿渣的水化提供了碱性环境。随着水泥熟料和钢渣的水化反应的进行，针柱状的钙矾石和锡箔状的 C-S-H 凝胶不断形成。随着水化龄期的延长和水化反应的进行，矿渣在 $Ca(OH)_2$ 所提供的碱性环境中水解并开始水化，形成了大量的钙矾石和 C-S-H 凝胶。这些水化产物将大量剩余的废弃混凝土颗粒（石英和石灰石等）连结在一起，形成了一个以废弃混凝土颗粒为骨架的空间网络结构。随着水化的进一步进行，孔隙率逐渐下降，结构不断致密，水泥石强度不断得到提高。

参考文献

[1] 韦尧. 建筑垃圾处置的现状及存在的问题 [J]. 中国建材报，2016.

[2] 张小娟. 国内城市建筑垃圾资源化研究分析 [D]. 西安：西安建筑科技大学，2013.

[3] Shayan, A. Validity of Accelerated Moortar Bar Test Methods for Slowly Reactive Aggregates-Comparison of Test Results with Field Evidence [J]. Concrete in Ausrislia. June-Aug, 2001：24-26.

[4] Di Niro, G. Dolara, E. Properties of Hardened RAC for structual Purposes. Sustainable Construction. Use of Recycled

Concrete Aggregate [C]．R. K. Dhir，N. A. Henderson，and M. C，Limbachiy eds. Thomsa Telford，London，1998：177-187.

[5] 冯乃谦．实用混凝土大全 [M]．北京：科学出版社，2001.

[6] 阿部道彦．建筑副产品的有效利用 [J]．土木施工（日），1995，13：20-23.

[7] RCS. J. Study on recycled aggregate and recyded aggregateconcrete [J]．Conerete Journal，1978（16）：18-31.

[8] Nixon P. J. Recycled concrete as agregate for concrete review and srructure [J]．1978，11（6），371-378.

[9] Hansen，T. C. Recycled aggregate and recycled aggregate concrete [J]．Material and Structures，1986，19（5）：201-246.

[10] Shane M Palmquist. Compressive behavior of concrete with recycled aggregates [D]．Boston：Tufts University，2003.

[11] Nagatakia S，Gokceb A，Saekic T，et al. Freezing and thawing resistance of air-entrained concrete incorporating recycled coarse aggregate：the role of air content in demolished concrete [J]．Cem Concr Res，2004，34（5）：799-806.

[12] Amnon Katz. Properties of concrete made with recycled aggregate from partially hydrated old concrete [J]．Cem Concr Res，2003，33（5）：703-711.

[13] 胡曙光，何永佳．利用废弃混凝土制备再生胶凝材料 [J]．硅酸盐学报，2007（5）.

[14] 胡曙光，何永佳．利用废弃混凝土制备钙硅制品的试验研究 [J]．武汉理工大学学报，2006（3）.

[15] 孟姗姗，陶珍东，郑少华，赵庆阳．废弃混凝土中基质胶凝组分作水泥混合材料的研究 [J]．山东建材，2006（2）.

[16] 万惠文，钟祥凰，水中和．利用废弃混凝土生产绿色水泥的研究 [J]．国外建材科技，2005，26（2）：1-3.

[17] 吴静，丁庆军，何永佳，吕林女，胡曙光．利用废弃混凝土制备高活性水泥混合材的研究 [J]．水泥工程，2006（2）.

[18] 唐日新，陶珍东，姚景相，周义．用废弃混凝土中的基质胶凝组分作原料煅烧水泥熟料的研究 [J]．检测技术与应用，2006（5）.

[19] 柯昌君．水泥石对废混凝土蒸压试样强度的影响 [J]．检测技术与应用，2007（2）.

[20] 吴中伟，廉慧珍．高性能混凝土 [M]．北京：中国铁道出版社，1999：51-52.

[21] Kurdowski W，Duszak S，Trybalska B. Belite produced by means of low-temperature synthesis [J]．Cem Concr Res，1997，27（1）：51-62.

[22] Guerrero A，Gonais，Macmas A，et al. Effect of the starting fly ash on the microstructure and mechanical properties of fly ash-belite cement mortars [J]．Cem Concr Res，2000，30（4）：553-559.

[23] 高琼英，潘国耀．活化煤矸石浆体脱水及其脱水相再水化研究 [J]．硅酸盐学报，1991，19（4）：312-317.

[24] 杨南如，钟白茜．活性 β-C_2S 的研究 [J]．硅酸盐学报，1982，10（2）：161-166.

[25] 潘国耀，毛若卿，张惠玲．低硫型水化硫铝酸钙（AFm）脱水相及其水化特性研究 [J]．武汉工业大学学报，1997，19（3）：28-30.

[26] 林宗寿，黄赟．磷石膏基免煅烧水泥的开发研究 [J]．武汉理工大学学报，2009，31（4）：53-62.

10 矿山充填材料

采矿工业在索取资源的同时，形成大量的采空区。采空区的失稳塌陷或崩塌，使大量的土地和植被遭受破坏，甚至造成安全事故。同时采矿产生的大量尾矿砂，颗粒极细，成分波动大，难以利用。这些得不到利用的尾矿砂堆积成尾矿山，不仅是资源的极大浪费，而且对环境造成了极大的污染。用充填法开采矿床，是保护地表不发生塌陷，实现采矿工业与环境协调发展最可靠的技术支持。而将廉价的矿山废料尾矿砂大量应用于矿山充填，不但提供了矿山充填材料的原料，还解决了矿山工业废料污染环境和占用耕地的问题，具有十分重大的意义。

但是，目前绝大部分矿山充填采矿法使用的充填胶结剂仍然为硅酸盐类水泥，或者是在水泥的基础上适当添加粉煤灰、赤泥、石灰或者化学外加剂，这无疑增加了采矿充填成本，适用于矿山充填特点的高强、高效、低成本的专用矿山充填胶结剂还不多见。

2013年5月，作者运用矿渣基生态水泥的水化硬化模型，于云南昆钢工业废渣利用开发有限公司生产成功了石膏矿渣胶结剂，并与云南玉溪大红山铁矿尾矿砂，配制成功了全尾矿砂矿山充填材料。经过实际工程充填对比试验，证明了石膏矿渣胶结剂性能好于P·O 42.5普通硅酸盐水泥。说明，过硫磷石膏矿渣水泥适应于充当尾矿砂胶结剂，不仅可大幅度降低矿山的充填成本，还可充分利用各种工业废渣，保护生态环境。

10.1 概　　论

10.1.1 尾矿砂的资源利用现状

所谓尾矿，是选矿厂在特定的经济技术条件下，将矿石磨细、选取"有用组分"后排放的废弃物，也就是矿石选出精矿后剩余的固体废物。其中含有一定数量的有用金属和矿物，可视为一种"复合"的硅酸盐、碳酸盐等矿物材料，并具有粒度细、数量大、成本低、可利用率大的特点[1]。据不完全统计，我国目前金属矿山堆积的尾矿在40亿t以上[2]。目前，尾矿的利用率很低，大部分尾矿作为固体废料排入河沟或抛置于矿山附近有堤坝的尾矿库中，这对环境造成很大的污染。因此，尾矿具有二次资源与环境污染的双重特性。

目前，尾矿经回收有用矿物后，国内外各行业研究机构和研究人员主要将尾矿资源化综合利用集中在以下几个方面：利用尾矿筑路，制备建筑材料，作采空区填料，作为硅铝质、硅钙质、钙镁质等主要非金属矿用于生产高新制品等。

陆在平[3]以包钢稀选尾矿为主要原料，采用熔融法和烧结法制备出了性能优良的尾矿微晶玻璃，其中尾矿最高利用量可达70wt%。所制得微晶玻璃的性能指标为：抗压强度大于480MPa，维氏硬度1085.6HV；吸水性为0.03%；耐酸性为0.186g/（m² · h）。

张国强[4]经试验研究表明，黄金尾矿配以石灰石经粉磨、煅烧（1350℃）可烧成富含 C_2S 的高贝利特水泥熟料，且矿物结晶良好，矿物含量较多，形状较规则。黄金尾矿经烘干、粉磨可直接作为混合材加以利用，在硅酸盐水泥中掺加 15％黄金尾矿渣粉可制备 32.5R 等级普通硅酸盐水泥；黄金尾矿经高温煅烧（1000～1200℃）后，其活性得到提高，在制备 32.5R 等级火山灰水泥时的掺量可达 30％；黄金尾矿渣粉与矿渣粉混合配制成复合型混合材，可进一步提高硅酸盐水泥中混合材的掺量，掺量增大到 40％仍可满足生产 32.5R 等级复合水泥的要求。

赵云良等[5]利用鄂西低硅赤铁矿尾矿及当地石灰石资源并掺入适量黄砂为原料制备出了蒸压砖。在赤铁矿尾矿质量分数为 70％，石灰质量分数为 15％，黄砂质量分数为 15％，采用二次搅拌工艺，成型压力为 20MPa，蒸汽压力为 1.2MPa，蒸压时间为 6h 条件下制备的蒸压砖，其抗压强度为 21.20MPa，抗折强度为 4.21MPa，15 次冻融后抗压强度为 18.36MPa，质量损失为 0.72％，达到 GB 11945—1999《蒸压灰砂砖》规定的 MU20 级的要求。

目前国内外对尾矿的综合利用还停留在少量的尾矿利用上，尚无法实现大幅度减少或免除尾矿的排放。

10.1.2　矿山充填材料的研究现状

矿山充填技术是为了满足采矿工业的需要发展起来的一种技术。早期的充填是从矿工排弃地下废料开始的，那时并不是矿山计划开采的一部分，有计划地进行矿山充填并有记载，是近百年之内的事。然而，真正在矿山充填方面取得较大的进展，在国外是近 60 年以来、国内则是近 40 年以来的事[6]。在充填材料方面取得突出成就，是利用工业废料替代水泥作为胶凝剂。炉渣、粉煤灰部分取代水泥已被国内外矿山广泛接受，最新的充填材料成就是完全取代水泥胶结剂的替代材料，主要包括赤泥胶结剂、高水固化胶结剂和矿渣胶结剂等[7]。

周爱民等[8]分析了赤泥的潜在活性特点，通过添加活性激化剂活化赤泥，可获得满足矿山充填要求的赤泥胶结剂。试验研究结果表明，赤泥的矿山充填特性远优于普通硅酸盐水泥。42.5 等级硅酸盐水泥与全尾矿按 1∶4 混合的胶结充填材料试块 28d 单轴抗压强度为 0.93MPa，高效赤泥胶结剂与全尾矿在 1∶4 条件下的混合料试块 28d 的单轴抗压强度为 2.5MPa，是前者的 2.7 倍。

王立宁等[9]经研究得到了以粉煤灰为主要组分的胶结充填材料，其强度和工作性能都满足矿山开采充填的使用要求。粉煤灰胶结充填材料的强度主要由以未反应的粉煤灰微粒为骨架，团簇状和无定形丝状凝胶类物质充填到骨架中，片状氢氧化钙和丝状物彼此交叉搭接，使得整个体系具有一定强度。

尹裕[10]开展了以高炉水淬渣为主要原料的胶凝材料试验研究，包括充填集料物理性能测定和新型胶结充填材料配比试验。开发的新型胶凝材料具有成本低、强度高、比尾砂胶结性能好等特点，可大幅度降低充填成本。该胶结充填材料可用于粒级较小的全尾砂胶结充填。经与普通硅酸盐水泥对比试验，研发的新型胶结材料比全尾砂配比的胶结强度比普通硅酸盐水泥高 5 倍之多。

HUANG Xuquan 等[11]试验研究了氟石膏基尾矿胶结充填材料及其性能，结果表明以 40％掺量的氟石膏、25％～50％的高炉矿渣、10％～35％的水泥熟料，外加 1％的激发剂可制得性能良好的氟石膏基尾矿充填胶结剂，微观分析表明充填材料的胶结性能与水化产生的钙矾石含量有关。

本技术是根据矿渣基生态水泥的水化硬化模型,重新调整配比,研发出适用于矿山充填的新型充填材料,并以全尾砂为充填集料应用于矿山充填。一则可以拓宽矿渣基生态水泥的应用范围,大量消纳磷石膏等固体废弃物;二则可以得到一种适合于矿山充填的新型充填材料,以取代硅酸盐水泥,降低充填成本;三则解决了矿山工业废料造成环境污染和占用耕地的问题。

10.2 原材料与试验方法

10.2.1 原材料及其性质

10.2.1.1 尾矿砂矿物组成

铜矿尾砂,取自安徽省铜陵化工集团,其化学成分见表 10-1。

表 10-1 原料的化学成分 (%)

原料	产地	烧失量	SiO_2	Al_2O_3	Fe_2O_3	CaO	MgO	SO_3	MnO	TiO_2	合计
铜矿尾砂	安徽铜陵	3.03	37.96	7.18	17.24	28.22	1.72	2.66	—	0.45	98.46
硫铁矿尾砂	安徽铜陵	12.70	28.68	12.03	21.17	8.26	1.60	12.90	—	0.31	97.65
铁矿尾砂	云南大红山	8.66	48.26	10.56	14.68	6.41	3.98	0.39	0.01	1.50	94.45
矿渣	武汉武钢	−0.17	33.97	17.03	2.13	36.09	8.17	0.33	0.33	0.82	98.57
矿渣	云南昆钢	−0.28	33.48	10.71	0.66	36.82	9.02	2.00	0.62	4.85	97.88
钢渣	武汉武钢	3.05	16.63	7.00	18.90	38.50	9.42	0.12	3.94	0.95	98.51
钢渣	云南昆钢	2.57	17.26	3.63	20.29	40.59	5.72	2.72	1.02	2.29	96.09
磷石膏	安徽铜陵	20.38	7.20	0.79	0.38	28.75	0.12	40.55	0.04	0.38	98.59
石膏	云南昆明	25.16	0.79	0.24	0.12	33.61	2.52	37.18	—	0.04	99.66
熟料	湖北咸宁	0.21	22.30	5.04	3.36	65.60	2.32	0.50	0.06	0.34	99.73
熟料	云南昆明	0.50	22.16	5.16	3.23	65.08	1.38	0.70	0.01	0.77	98.99
石灰石	云南昆明	41.71	2.04	0.16	0.19	54.28	1.20	0.30	—	—	99.88

铜矿尾砂的 XRD 分析结果,如图 10-1 所示。可见,铜矿尾砂主要矿物为石英 (SiO_2)、方解石 ($CaCO_3$) 和钙铁榴石 $[Ca_3Fe_2(SiO_4)_3]$,其中钙铁榴石的 XRD 衍射峰旁有很多的叠峰,那是铝取代部分铁固溶形成的钙铝榴石 ($Ca_3Al_{1.332}Fe_{0.668}Si_3O_{12}$)。

硫铁矿尾砂,取自安徽省铜陵化工集团,其化学成分见表 10-1。硫铁矿尾砂的 XRD 分析结果如图 10-2 所示,可见其主要矿物为 α-石英 (SiO_2)、黄铁矿 (FeS_2)、方解石($CaCO_3$)、镁钙质菱铁矿 $[Ca_{0.1}Mg_{0.33}Fe_{0.57}(CO_3)]$ 和少部分硫铁矿在潮湿环境下被氧化生成的氢氧化铁 $[Fe(OH)_3]$,反应方程式为:

$$3FeS_2 + 8H_2O + 11O_2 =\!=\!= FeSO_4 + 5H_2SO_4 + 2Fe(OH)_3$$

用 pH 计测定硫铁矿尾矿砂的滤液,pH 值为 6.93,将其在潮湿环境下露天放置一个月后,测定其滤液 pH 值为 6.35,说明该反应会使硫铁矿尾砂呈弱酸性。

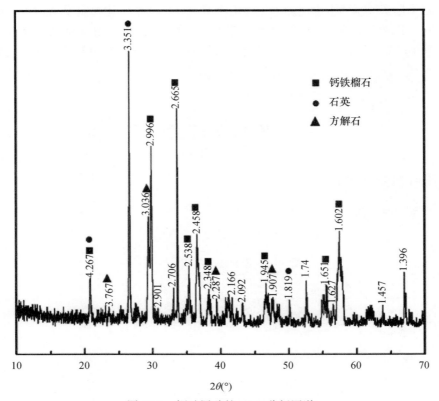

图 10-1　铜矿尾砂的 XRD 分析图谱

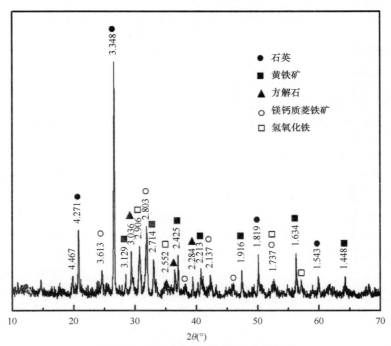

图 10-2　硫铁矿尾砂的 XRD 分析图谱

10. 2. 1. 2 尾矿砂粒径分布

铜矿尾砂，取自安徽省铜陵化工集团，其粒径分布情况如图 10-3 所示，可见，铜矿全尾砂的 $d_{10}=30.18\mu m$，$d_{50}=84.69\mu m$，$d_{90}=172.80\mu m$，加权均值粒径 $d_p=94.30\mu m$。

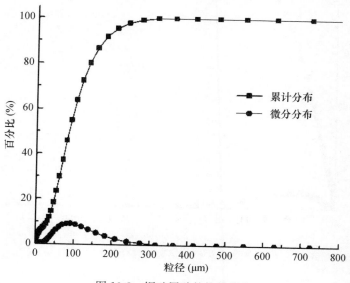

图 10-3　铜矿尾砂的粒径分布

硫铁矿尾砂，取自安徽省铜陵化工集团，其粒径分布情况如图 10-4 所示。可见，硫铁矿全尾砂的 $d_{10}=1.90\mu m$，$d_{50}=48.00\mu m$，$d_{90}=330.91\mu m$，加权均值粒径 $d_p=114.19\mu m$。

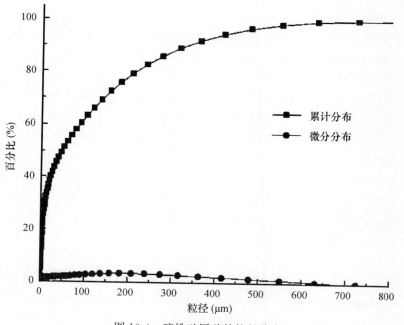

图 10-4　硫铁矿尾砂的粒径分布

铁矿尾砂，取自云南大红山铁矿，其粒径分布如图 10-5 所示。全尾砂 $d_{10}=9.48\mu m$，$d_{50}=67.67\mu m$，$d_{90}=193.24\mu m$，加权均值粒径 $d_p=88.79\mu m$。

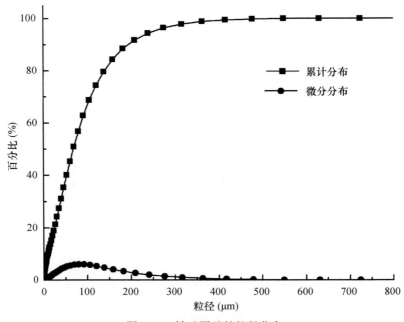

图 10-5　铁矿尾砂的粒径分布

10. 2. 1. 3　原料的化学成分

本章所使用原料的化学成分见表 10-1 所示。

10. 2. 2　主要试验方法

（1）流动度的测定

参照 GB/T 8077—2012《混凝土外加剂匀质性试验方法》，采用"微型坍落度仪法"测定料浆的流动度。试验所需使用的仪器为截锥圆模（上口直径 36mm，下口直径 60mm，高度为 60mm，内壁光滑无接缝的金属制品）以及表面光洁的平板玻璃。将玻璃板放置在水平位置，用湿布均匀擦拭玻璃板、截锥圆模、搅拌器及搅拌锅，使其表面湿润；将拌好的浆料迅速注入截锥圆模内，用刮刀刮平，将截锥圆模按垂直方向提起，同时开启秒表计时，任料浆在玻璃板上流动，至少 30s，用直尺量取流淌部分互相垂直的两个方向的最大直径，取平均值作为料浆的流动度。

（2）脱水率的测定

脱水率为料浆沉缩至最大浓度后，表面自由水体积与料浆原体积的百分比。将一定体积的试样注入量筒内，记录体积为 V，放置一定时间使其充分沉淀。测量表面的水层体积 v，$v/V \times 100\%$ 即料浆的脱水率值。

（3）力学性能的测定

按配比将各原料加水搅拌 5min 后制成料浆，测定流动度后，将一定流动度的料浆注入 40mm×40mm×160mm 的三联试模（试模四周底部涂抹凡士林以防止漏浆）中，用挂刀刮平表面，放入养护箱内（温度为 20℃，相对湿度为 90%），养护 3d 脱模（3d 无法脱模时则养护至 7d 脱模）。脱模后放入 20℃水浴中继续养护至 28d，然后分别测定各养护龄期的强度。

（4）收缩率的测定

将一定流动度的料浆注入 70mm×70mm×70mm 试模成型后，刮平表面，放入标准养护箱（温度为 20℃，相对湿度为 90％）内养护至一定龄期后测定其收缩高度，以收缩高度与试样原高度的百分比值为试样相应龄期的收缩率。

（5）凝结时间

按照 JGJ/T 70—2009《建筑砂浆基本性能试验方法标准》中的水泥砂浆凝结时间测定方法进行。

（6）孔溶液的 pH 值

将规定水化龄期的浆体试样破碎，用玛瑙研钵研磨，过 0.08mm 筛，按照水固比 1∶5 与蒸馏水混合，充分搅拌后放置 15min，用布氏漏斗抽滤后，滤液用精密 pH 计测定 pH 值。

（7）微观研究方法

①X 射线衍射分析（XRD）采用日本 RIGAKU 公司生产的 D/MAX-RB 型转靶 X 射线衍射仪进行测定，该仪器最大功率为 12kW，稳定度优于 1％，测角精度 $\Delta 2\theta \leqslant \pm 0.02°$。

②扫描电子显微分析（SEM）采用日本电子株式会社生产的 JSM-5610LV 型扫描电子显微镜进行测定。该仪器的参数为：高真空模式分辨率为 3.0nm，低真空模式分辨率为 4.0nm，放大倍数 18X～300000X，加速电压 0.5～30kV，低真空度 1～270Pa。

③激光粒度分布采用英国马尔文仪器有限公司生产的 Mastersizer2000 型激光粒度分析仪进行测定。该仪器的主要技术指标：粒度范围 0.02～2000μm，灵敏度 0.2％遮光度，准确性为误差小于 ±1％（NIST 标准粒子，D50），重复性为偏差小于 ±1％（NIST 标准粒子，D50），采样速率达 1000 次/s，光源为 632.8nm He-Ne 激光器附以 466nm 固体蓝光光源。

10.3　磷石膏矿山充填材料

所谓矿山充填材料，是矿山采用充填采矿法时，用于充填矿山采空区的材料。磷石膏矿山充填材料，就是以磷石膏和矿渣为主要组分的矿山充填材料。

矿山充填材料，应具备以下几个基本性能：

（1）矿山充填材料制成的料浆，应具有良好的流动性能。当料浆的流动度值达到 200mm 以上时认为该料浆可以达到自流充填的要求[12]。

（2）矿山充填材料应有一定的强度要求，不同的矿山对充填材料的单轴抗压强度要求不同，一般充填材料硬化后抗压强度达到 2.0MPa 以上时，可满足大部分矿山的强度要求。

（3）矿山充填材料应尽可能利用固体废弃物，生产成本较低。

（4）矿山充填材料的凝结时间不可太长。

10.3.1　磷石膏矿山充填材料组分优化

应用过硫磷石膏矿渣水泥的研究成果，调整配比配制一种适用于矿山充填的磷石膏矿山充填材料。其基本组分为磷石膏、矿渣和少量碱性激发剂。碱性激发剂可使用钢渣或水泥熟料，同时尽可能加大磷石膏的掺量，使磷石膏得到最大化的资源化利用并达到降低充填材料成本的目的。

10.3.1.1　钢渣掺量的影响

将表 10-1 中的钢渣，在 110℃烘箱中烘干，破碎后通过 2.5mm 筛，置于 ϕ 500mm× 500mm 试验小磨中粉磨至比表面积为 456m²/kg。

将表 10-1 中的矿渣，在 110℃烘箱中烘干后，置于 ϕ 500mm×500mm 试验小磨中粉磨至

比表面积为 $506m^2/kg$。

将表 10-1 中的磷石膏，测出自由水含量，按磷石膏：钢渣粉：矿渣粉＝45：2：0.7 的干基配比，每 1.5kg 干基物料外加 1.05kg 水（含磷石膏中的自由水），在陶瓷球混料机中混合粉磨 25min 后取出，称为改性磷石膏浆。测定 0.08mm 筛筛余为 1.1%，测定 pH＝9.52，陈化 8h 以上后再搅拌均匀使用。

将以上原料，按表 10-2 的配比配制成磷石膏矿山充填材料，以研究钢渣掺量对充填材料性能的影响。

将表 10-2 中的各试样，按流动度为 200mm 时的加水量加水搅拌制成浆料。各试样干基总质量为 1000g，测定料浆的流动度、凝结时间和收缩率，并记录各试样实际加水量。由于各组试样 3d 都无法脱模，因此带模养护 7d，测定各试样的 7d 和 28d 的强度值，试验结果如表 10-2 和图 10-6～图 10-9 所示。

表 10-2　钢渣掺量对磷石膏矿山充填材料性能的影响

编号	配比（%）				加水量（g）	流动度（mm）	脱水率（%）	凝结时间（h）	抗压强度（MPa）		收缩率（%）	
	改性磷石膏浆	矿渣	钢渣	母液					7d	28d	7d	28d
A1	68	25	7	0.2	476	205	4.5	120	0.9	20.6	4.7	6.0
A2	67	25	8	0.2	469	200	3.0	98	2.9	22.4	4.0	4.0
A3	66	25	9	0.2	462	202	2.0	82	2.8	25.2	3.7	2.7
A4	65	25	10	0.2	454	203	1.8	72	4.3	25.5	3.6	2.2
A5	64	25	11	0.2	448	204	1.8	65	4.4	28.8	3.6	2.0

注：表中配比为干基配比，母液为标准型聚羧酸减水剂。

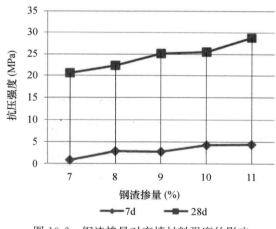

图 10-6　钢渣掺量对充填材料强度的影响

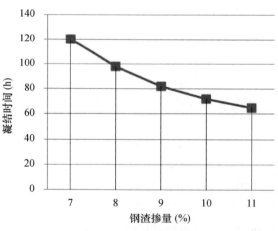

图 10-7　钢渣掺量对充填材料凝结时间的影响

由表 10-2 可知，各试样流动度都控制在 200mm 左右，A1～A5 试样矿渣粉掺量均为 25%，钢渣掺量从 7%～11% 逐次增加，改性磷石膏浆掺量从 68%～64% 依次减少，各试样均掺有 0.2% 的标准型聚羧酸减水剂，随着钢渣掺量的增加，改性磷石膏浆掺量的减少，需水量逐渐变小，但变化幅度不大。

由于体系中改性磷石膏浆始终过量，试样强度的变化主要是由钢渣掺量的变化引起的，其相应龄期的抗压强度变化情况如图 10-6 所示。可见，试样的 7d 和 28d 强度均随钢渣掺量的增加而增大。当钢渣掺量较小时，试样的 7d 强度较低，不到 1.0MPa，从 7% 到 8% 时，试样 7d 强度明显增加，达到 3MPa 左右，这说明钢渣掺量对充填材料早期强度影响显著。钢渣掺量增加到 10％以后，7d 强度增幅开始趋于平缓，钢渣掺量从 8％～11％，试样的 7d 强度可达到 3～4MPa，28d 强度可达到 20MPa 以上。由此可见，钢渣掺量对充填材料的强度，特别是早期强度有较大影响，钢渣掺量越高，充填材料的早期强度越大。当矿渣掺量为 25％时，为满足磷石膏矿山充填材料强度要求，钢渣掺量宜大于 8％。

在磷石膏矿山充填材料体系中，强度的发展主要靠矿渣的水解和水化，钢渣作为碱性激发剂为体系提供一定的碱度和 Ca^{2+} 浓度，加快矿渣的水解和水化速度。因此，当钢渣掺量较低时，早期体系碱度不够，矿渣水化速度慢，体系的水化产物很少，试样强度低；当钢渣达到一定量时，加快了矿渣的水化，使试样的早期强度提高。

凝结时间是充填材料的一项重要指标，直接关系到矿山充填后采矿的工作效率。由于磷石膏中存在一些具有缓凝作用的磷、氟和有机物等有害杂质，对充填材料的凝结时间影响很大，虽然试验对磷石膏进行了改性处理，但大掺量的磷石膏仍然对试样凝结时间有较大影响。图 10-7 是矿渣粉掺量为 25％时，不同钢渣掺量对充填材料凝结时间的影响情况。可见，随着钢渣掺量的增加，改性磷石膏浆掺量的减少，充填材料的凝结时间大幅度缩短。凝结时间变化曲线呈微向下凹形，这说明随着钢渣掺量的持续增加，充填材料的凝结时间缩短幅度有所下降。钢渣掺量为 7％时，充填材料需要 120h 左右方能凝结，当钢渣掺量增加到 11％时，充填材料 70h 左右可以凝结。

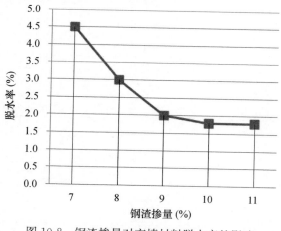

图 10-8　钢渣掺量对充填材料脱水率的影响

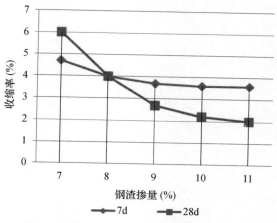

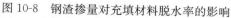

图 10-9　钢渣掺量对充填材料收缩率的影响

由图 10-8 可见，钢渣掺量对磷石膏矿山充填材料浆体的脱水率有较大的影响，当钢渣掺量从 7％增加到 9％时，充填材料浆的脱水率快速下降。当钢渣掺量大于 9％后，充填材料浆的脱水率基本上不再变化。

由图 10-9 可见，钢渣掺量对充填材料浆硬化后的收缩率也有较大的影响，当钢渣掺量从 7％增加到 9％时，硬化浆体 7d 和 28d 的收缩率均快速减少，但当钢渣掺量大于 9％后，硬化浆体 7d 和 28d 的收缩率的变化幅度就不再显著。当钢渣掺量小于 8％时，硬化浆体的 28d 收缩率大于 7d 收缩率，也就是说硬化浆体 7d 后还继续收缩。当钢渣掺量大于 8％时，硬化浆体的 28d 收缩率小于 7d 收缩率，也就是说硬化浆体 7d 后不再收缩，而且开始有所膨胀，从而造成 28d 收缩率变小。

由此可见，钢渣掺量不仅对充填材料的强度有较大影响，对缩短充填材料的凝结时间、脱水率和收缩率也有很大影响，但钢渣掺量增加到一定量以后，影响的程度会有所下降。

10.3.1.2 矿渣掺量的影响

将以上已磨好的原料,按表 10-3 的配比配制成磷石膏矿山充填材料,以研究矿渣掺量对充填材料性能的影响。结果如表 10-3 和图 10-10～图 10-13 所示。

如表 10-3 可见,A6～A10 试样钢渣掺量均为 9％,矿渣掺量从 10％依次增加到 35％,改性磷石膏浆掺量从 81％逐渐降低到 56％,各配比试样流动度都控制在 200mm 左右,随着矿渣粉掺量的增加,改性磷石膏浆掺量的减少,试样的需水量明显减小。

由图 10-10 可见,当矿渣掺量从 10％增加到 20％时,对试样 7d 强度影响不大,但 7d 强度均不到 1.0MPa,说明矿渣掺量少,改性磷石膏浆掺量较高时,试样产生的水化产物很少,强度很低;当矿渣粉掺量从 20％到 30％,7d 强度增加明显,之后增幅又开始趋于平缓。当矿渣掺量为 25％,改性磷石膏浆掺量为 66％时,试样 7d 强度可达到 3.0MPa 左右。试样 28d 强度随矿渣掺量增加明显增强,矿渣掺量从 10％增加到 30％,试样的 28d 强度呈直线增加,超过 30％,则增幅不明显。由此可见,矿渣掺量对该充填材料的早期和后期强度均有很大影响。当钢渣掺量为 9％时,为满足矿山充填强度要求,矿渣掺量需达到 25％左右。

表 10-3　矿渣掺量对磷石膏矿山充填材料性能的影响

编号	配比（%）				加水量（g）	流动度（mm）	脱水率（%）	凝结时间（h）	抗压强度（MPa）		收缩率（%）	
	改性磷石膏浆	矿渣	钢渣	母液					7d	28d	7d	28d
A6	81	10	9	0.2	567	203	3.0	130	0.3	5.6	6.9	6.3
A7	76	15	9	0.2	532	200	2.5	104	0.5	11.9	6.4	5.8
A8	71	20	9	0.2	500	201	2.3	85	0.6	16.7	5.8	5.2
A9	66	25	9	0.2	462	202	2.1	74	2.8	25.2	5.2	4.3
A10	61	30	9	0.2	447	205	2.0	62	4.3	32.9	4.8	4.0
A11	56	35	9	0.2	442	206	2.0	58	4.6	34.7	4.2	3.6

注:表中配比为干基配比,母液为标准型聚羧酸减水剂。

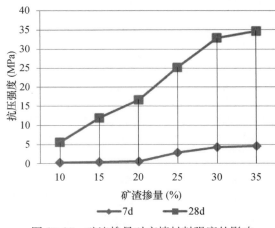

图 10-10　矿渣掺量对充填材料强度的影响

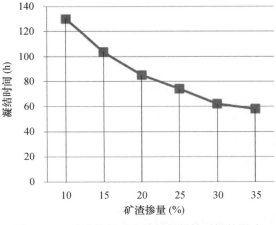

图 10-11　矿渣掺量对充填材料凝结时间的影响

由图 10-11 可见,矿渣掺量对磷石膏矿山充填材料的凝结时间有显著的影响。在钢渣掺量为 9％,矿渣掺量为 10％到 20％时,随着矿渣掺量的增加,充填材料凝结时间急剧缩短,矿渣掺量每增加 5％,充填材料的凝结时间可缩短 20h 左右;当矿渣掺量达到 20％以后,曲线变化斜率变低,说明此时凝结时间的缩短幅度不如之前大,但依然比较显著。当矿渣掺量超过30％时，充填材料凝结时间的变化幅度已不再显著。矿渣掺量为10％时，充填材料需要130h左右凝结，当矿渣掺量增加到30％以后，充填材料60h左右可以凝结。

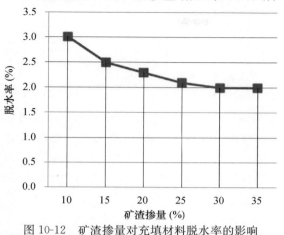

图 10-12　矿渣掺量对充填材料脱水率的影响

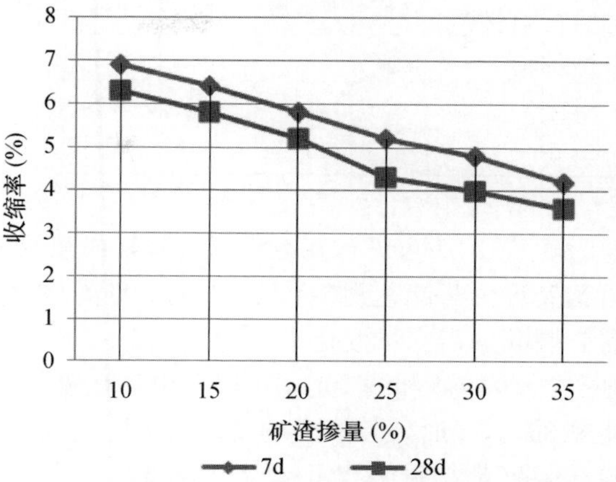

图 10-13　矿渣掺量对充填材料收缩率的影响

由图 10-12 可见，矿渣掺量对磷石膏矿山充填材料浆体的脱水率有所影响，当矿渣掺量从10％增加到25％时，充填材料浆的脱水率快速下降。当矿渣掺量大于25％后，充填材料浆的脱水率基本上不再变化。

由图 10-13 可见，矿渣掺量对充填材料浆硬化后的收缩率也有较大的影响，随着矿渣掺量的增加，硬化浆体 7d 和 28d 的收缩率均显著减少。由于钢渣掺量为9％，掺量较高，因此硬化浆体 28d 的收缩率小于 7d 的收缩率。也就是说硬化浆体 7d 后不再收缩，而且开始有所膨胀，从而造成 28d 收缩率变小。

10.3.1.3　适宜的钢渣矿渣质量比

从表 10-2 可以看出，当钢渣掺量达到8％，矿渣掺量达到25％，改性磷石膏浆掺量为67％时，充填材料的 7d 强度大于 2.0MPa，可满足矿山充填的强度要求。再提高改性磷石膏浆掺量，降低矿渣或钢渣的掺量时，试样的 7d 强度将大幅下降，小于 2.0MPa，因此，我们认为改性磷石膏浆的掺量不应超过 67％。以下试验就在改性磷石膏浆掺量为 67％的情况下，进一步探讨钢渣和矿渣掺量的最佳比例，以优化磷石膏矿山充填材料的组分。

将上述已磨的原材料，按表 10-4 的配比加水搅拌制成浆料，各配比干基总质量为 1000g，测定料浆的流动度，并记录各试样实际加水量。由于试样 3d 仍然无法脱模，因此带模养护 7d 后，测定试样的 7d 和 28d 抗压强度值，各试样干基配比和流动度测定结果，见表 10-4，各试样的 7d 和 28d 抗压强度如图 10-14 所示。

表 10-4　钢渣矿渣质量比对磷石膏充填材料性能的影响

编号	配比（wt％）				钢渣矿渣质量比	加水量（mL）	流动度（mm）	7d 强度（MPa）	28d 强度（MPa）
	改性磷石膏浆	矿渣粉	钢渣	母液					
B1	67	25	8	0.2	0.32	469	201	2.9	22.4
B2	67	24	9	0.2	0.38	469	205	3.3	25.2
B3	67	23	10	0.2	0.43	469	202	3.7	26.0
B4	67	22	11	0.2	0.50	469	207	4.4	22.8
B5	67	21	12	0.2	0.57	469	208	4.9	20.7

续表

编号	配比（wt%）				钢渣矿渣质量比	加水量（mL）	流动度（mm）	7d强度（MPa）	28d强度（MPa）
	改性磷石膏浆	矿渣粉	钢渣	母液					
B6	67	20	13	0.2	0.65	469	203	5.4	17.8
B7	67	19	14	0.2	0.74	469	206	4.1	16.2
B8	67	18	15	0.2	0.83	469	210	3.3	15.6

注：表中配比为干基配比，母液为标准型聚羧酸减水剂。

由表 10-4 可见，在改性磷石膏浆掺量为 67% 的情况下，实际加水量为 469mL 时，各试样流动度值都能达到 200mm 以上，且流动度值变化较小，这说明小幅度调整矿渣和钢渣的掺量，料浆的需水量变化不大。

由表 10-4 和图 10-14 可以看出，在改性磷石膏浆掺量为 67% 时，钢渣矿渣质量比从 0.32 增加到 0.83 时，各试样的 7d 和 28d 抗压强度都超过 2.0MPa，且均有较大强度富余。随着钢渣矿渣比的增加，试样 7d 抗压强度先增大后减小，当钢渣矿渣比为 0.65 时，7d 抗压强度达到最高，达到了 5.4MPa；试样 28d 抗压强度也是先增大后减小，当钢渣矿渣比为 0.43 时，28d 抗压强度达到最高的 26.0MPa。从矿山的生产周期考虑，通常要求充填材料的 7d 抗压强度要大于 2.0MPa，因此以试样 7d 抗压强度作为充填材料组分优化的考量标准。不难得出，钢渣矿渣质量比宜为 0.65。

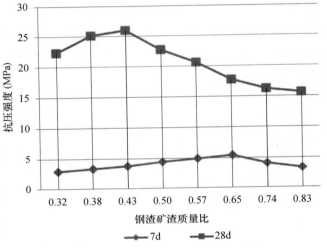

图 10-14　钢渣矿渣质量比对磷石膏矿山充填材料强度的影响

10.3.1.4　熟料掺量的影响

磷石膏矿山充填材料中掺入少量熟料，可显著改善充填材料的凝结时间和早期强度。将表 10-1 中熟料破碎后，按熟料 50%，矿渣 50% 的比例，混合粉磨成熟料矿渣粉，测定比表面积为 508m²/kg。另将矿渣烘干后单独粉磨，测定比表面积为 448m²/kg。取以上的改性磷石膏浆，按表 10-5 的配比配制成磷石膏充填材料试样。各试样干基总质量为 1000g，测定料浆的流动度、凝结时间，并记录各试样实际加水量。由于各试样 3d 都无法脱模，因此带模养护至 7d，测定各试样的 7d 和 28d 抗压强度值。分析熟料和改性磷石膏浆掺量对充填材料性能的影响，试验结果如表 10-5 和图 10-15 和图 10-16 所示。

表 10-5　熟料掺量对磷石膏充填材料性能的影响

编号	配比（%）				实际组成（%）			加水量（mL）	流动度（mm）	凝结时间（h）	7d强度（MPa）	28d强度（MPa）
	改性磷石膏浆	矿渣粉	熟料矿渣粉	母液	改性磷石膏浆	矿渣	熟料					
E1	69	25	6	0.2	69	28	3	483	223	67	5.2	23.7
E2	67	25	8	0.2	67	29	4	489	220	72	11.3	32.7

续表

编号	配比（%）				实际组成（%）			加水量（mL）	流动度（mm）	凝结时间（h）	7d强度（MPa）	28d强度（MPa）
	改性磷石膏浆	矿渣粉	熟料矿渣粉	母液	改性磷石膏浆	矿渣	熟料					
E3	65	25	10	0.2	65	30	5	480	225	66	15.3	38.0
E4	63	25	12	0.2	63	31	6	491	210	67	15.1	28.4
E5	61	25	14	0.2	61	32	7	500	215	62	18.2	20.9
F1	80	10	10	0.2	80	15	5	580	215	66	4.0	11.9
F2	82	8	10	0.2	82	13	5	584	210	68	3.6	9.1
F3	84	6	10	0.2	84	11	5	588	213	73	3.1	6.5
F4	86	4	10	0.2	86	9	5	602	220	75	2.3	5.2
F5	88	2	10	0.2	88	7	5	616	222	78	1.3	3.8

注：表中配比为干基配比，母液为标准型聚羧酸减水剂。

由表 10-5 可见，所有试样的流动度均达到了要求，熟料掺量的变化，对试样加水量和流动度的影响不大。增加改性磷石膏浆的掺量，在试样流动度相差不大的条件下，试样加水量有所上升。当熟料掺量从 3% 增加到 7% 时，磷石膏矿山充填材料的凝结时间变化不大。增加改性磷石膏浆的掺量，充填材料的凝结时间有所延长。

由图 10-15 可见，随着熟料掺量的增加，试样的 7d 强度先是显著增加，当熟料掺量达到 5% 以后，增加幅度变缓。试样 28d 强度随熟料掺量的增加先变大后减小，当熟料掺量为 5% 时，达到最大值。因此，磷石膏矿山充填材料中熟料的适宜掺量应为 5%。

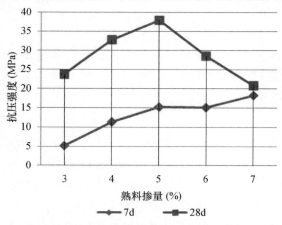

图 10-15　熟料掺量对充填材料强度的影响

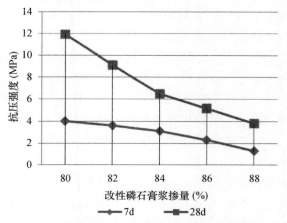

图 10-16　改性磷石膏浆掺量对充填材料强度的影响

由图 10-16 可见，随着改性磷石膏浆掺量的增加，试样 7d 和 28d 抗压强度都持续下降。当改性磷石膏浆掺量从 80% 增加到 88% 时，试样 7d 抗压强度从 4.0MPa 降低到 1.3MPa，28d 抗压强度从 11.9MPa 降低到 3.8MPa。当改性磷石膏浆掺量为 86% 时，试样 7d 抗压强度为 2.3MPa，28d 抗压强度为 5.4MPa，可以满足矿山充填强度的要求。因此，可以认为在熟料掺量 5% 的条件下，磷石膏矿山充填材料的适宜改性磷石膏浆掺量应为 86%。

10.3.1.5　外加剂的影响

将 67% 的改性磷石膏浆（干基）、20% 的矿渣粉和 13% 的钢渣粉，配制成磷石膏矿山充填材料，然后掺入不同比例的标准型聚羧酸减水剂，研究减水剂及其掺量对不同质量浓度下充填材料流动度和脱水率的影响。结果如图 10-17 和图 10-18 所示。

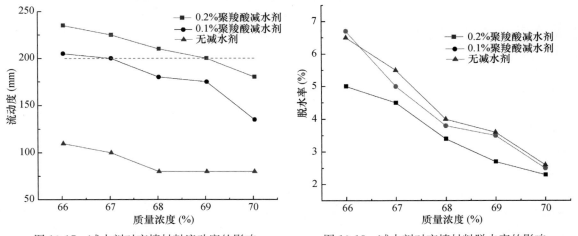

图 10-17　减水剂对充填材料流动度的影响　　　图 10-18　减水剂对充填材料脱水率的影响

由图 10-17 可见，各试样流动度都随质量浓度的提高变小，充填材料添加标准型聚羧酸减水剂后流动性得到大大改善，减水剂掺量越多，料浆的流动性越好。各试样的脱水率也随质量浓度的提高而变小，添加标准型聚羧酸减水剂后脱水率有所降低。聚羧酸减水剂掺量较高的试样，脱水率较低。不加减水剂的试样，质量浓度为 66％时，料浆流动度仅达 110mm，此时料浆的脱水率达到 6.5％；添加 0.1％的聚羧酸减水剂的试样，质量浓度为 67％时，流动度可达到 200mm，此时脱水率为 5.0％；添加 0.2％的聚羧酸减水剂的试样，当质量浓度不大于 69％时，料浆的流动度都可达到 200mm，且脱水率相对较小，当质量浓度为 66％时，料浆的脱水率为 5.0％。

由此可见，标准型聚羧酸减水剂能大大改善磷石膏矿山充填材料的流动性能，并使料浆的脱水率有所降低，聚羧酸减水剂掺量为 0.2％时，效果较明显，因此，该充填材料应当添加 0.2％的标准型聚羧酸减水剂，且质量浓度控制在 66％～69％之间为宜。

10.3.1.6　矿渣比表面积的影响

在矿渣硅酸盐水泥生产过程中，人们常常通过细磨矿渣的方法来提高水泥的强度。通过细磨矿渣可以显著提高矿渣的活性，加快矿渣水泥的水化反应速度，并且还可以改善硬化水泥浆体的孔结构，从而达到提高矿渣水泥强度的目的。但细磨矿渣工艺却也提高了水泥的粉磨电耗和生产成本，实际生产中往往需要在产品性能与制造成本之间找到一个平衡点。

磷石膏矿山充填材料的主要原材料包括改性磷石膏浆、矿渣粉和钢渣粉。改性磷石膏浆采用的是湿磨制浆的方法，且磷石膏易磨性好，其细度大小对电耗影响不大。而钢渣在体系中掺量较小，其主要作用是增加体系的碱度，其细度对充填材料的强度影响也不大。矿渣粉的比表面积对充填材料的性能影响较大，而且矿渣易磨性差，粉磨电耗高，且其掺量在充填材料体系中达到了 20％，因此，为了能得到性能好、生产成本低的充填材料，矿渣的比表面积应控制在适当的范围。

将表 10-1 的矿渣烘干后，每磨 5kg，在 ϕ 500mm×500mm 试验小磨中粉磨不同的时间，得到不同比表面积的矿渣粉。将不同比表面积的矿渣粉按：改性磷石膏浆 67％（干基），矿渣 20％，钢渣 13％，标准型聚羧酸减水剂 0.2％的配比配制成充填材料。加水量 469mL（含改性磷石膏浆中的水），在搅拌机中混合搅拌 5min 制成料浆，测定试样流动度、凝结时间、各龄期抗压强度和收缩率。结果如表 10-6 和图 10-18～图 10-21 所示。

表 10-6 矿渣比表面积对磷石膏矿山充填材料性能的影响

编号	矿渣粉磨时间（min）	矿渣比表面积（m²/kg）	加水量（mL）	流动度（mm）	凝结时间（h）	抗压强度（MPa）		收缩率（%）	
						7d	28d	7d	28d
C1	60	405	469	225	90	0.4	14.4	4.0	4.8
C2	70	445	469	210	86	2.3	16.1	2.6	2.2
C3	80	501	469	203	75	5.1	18.2	2.4	2.6
C4	90	557	469	191	73	6.6	20.3	2.1	2.1
C5	100	601	469	182	66	9.3	24.8	3.3	2.7

由图 10-19 和图 10-20 可见，在磷石膏矿山充填材料配比和加水量不变的条件下，试样的流动度随矿渣粉比表面积的增大而变小，这说明充填材料浆需水量将随矿渣粉粉磨比表面积的增大而变大。还可以看出，充填材料浆的凝结时间随矿渣粉比表面积的增大有所缩短。

由图 10-21 可见，随着矿渣粉比表面积的提高，充填材料硬化浆体的收缩率有所降低。当矿渣粉比表面积由 405m²/kg 提高到 501m²/kg 时，充填材料硬化浆体的收缩率下降幅度比较大；而当矿渣粉比表面积大于 501m²/kg 后，充填材料硬化浆体的收缩率的下降幅度显著变小。

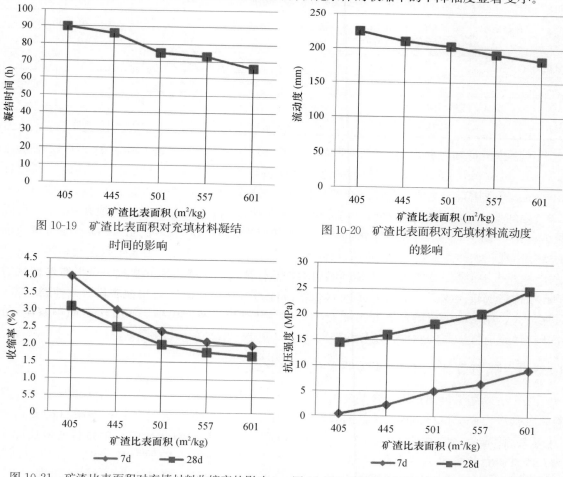

图 10-19 矿渣比表面积对充填材料凝结
时间的影响

图 10-20 矿渣比表面积对充填材料流动度
的影响

图 10-21 矿渣比表面积对充填材料收缩率的影响

图 10-22 矿渣比表面积对充填材料强度的影响

由图 10-22 可见，在改性磷石膏浆 67%（干基），矿渣 20%，钢渣 13%，标准型聚羧酸减水剂 0.2% 的配比不变的条件下，充填材料 7d 和 28d 抗压强度均随矿渣粉比表面积的增大而显著增强。矿渣粉的比表面积从 405m²/kg 增大到 601m²/kg，试样 7d 强度从 0.4MPa 增加到 9.3MPa，28d 强度从 14.4MPa 增加到 24.8MPa。当矿渣粉比表面积为 445m²/kg 时，试样的 7d 强度可达到 2.0MPa 以上，满足矿山充填强度要求。因此该充填材料适宜的矿渣粉比表面积应为 450m²/kg 左右。

10.3.2 磷石膏矿山充填材料适宜配比和性能

由以上试验结果可以知道，以钢渣作为碱性激发剂的磷石膏矿山充填材料的最佳配比为：改性磷石膏浆 67%（干基），矿渣粉 20%，钢渣粉 13%，标准型聚羧酸减水剂 0.2%，充填材料浆的质量浓度在 66%～69% 之间。

将表 10-1 中武钢矿渣烘干后，单独粉磨至比表面积为 446m²/kg，使用武钢钢渣和铜陵磷石膏，将制成的改性磷石膏浆和其他各原料，按上面的配比混合搅拌制成充填材料浆，分别测定充填材料的料浆密度、流动度、脱水率、凝结时间、7d 和 28d 抗压强度及收缩率，测定结果见表 10-7。

表 10-7　磷石膏矿山充填材料的最佳配比和性能

编号	质量浓度（%）	料浆密度（g/cm³）	流动度（mm）	脱水率（%）	凝结时间（h）	抗压强度（MPa）		收缩率（%）	
						7d	28d	7d	28d
D1	69	1.84	200	2.5	85	2.4	17.7	1.7	1.4
D2	68	1.82	209	3.3	96	2.3	18.0	1.8	1.6
D3	67	1.82	222	4.3	101	2.5	16.8	2.1	1.6
D4	66	1.81	235	5.0	104	2.3	17.5	2.8	2.2

由表 10-7 可知，充填材料浆的质量浓度为 69%～66% 时，该充填材料的料浆密度在 1.84～1.81g/cm³ 之间；该充填材料的流动性能较好，在该质量浓度区间内流动度值都超过 200mm，可选用自流充填工艺；该充填材料的脱水率随质量浓度的降低而增大，在 2.5%～5.0% 之间变化；质量浓度较小时，该充填材料的凝结时间会有所延长，一般在 4d 左右可以凝结；在 66%～69% 的质量浓度区间内，该充填材料的 7d 和 28d 抗压强度都不随质量浓度的变化出现较大的差异，可能的原因是该充填材料凝结时间较长，在试样尚未凝结时，多余的水分会因为料浆的凝聚性收缩而析出，因此在一定范围内增加部分水，不会对试样硬化后的孔结构造成较大改变。该充填材料 7d 强度超过 2.0MPa，满足矿山充填的强度要求，28d 强度较高，用于矿山充填有很大的富余；该充填材料的收缩率较小，一般在 3.0% 以内，且由于该体系有微膨胀的效果，硬化浆体的 28d 收缩率一般小于 7d 的收缩率。

10.3.3 磷石膏矿山充填材料的水化硬化机理

以上试验结果可知：磷石膏基矿山充填材料可以分为无熟料磷石膏矿山充填材料和少熟料磷石膏矿山充填材料两种。无熟料磷石膏矿山充填材料的最佳配比为：改性磷石膏浆 67%（干基），矿渣 20%，钢渣 13%（表 10-4 中的 B6）。少熟料磷石膏矿山充填材料的最佳配比为：改性磷石膏浆 86%（干基），矿渣 9%，熟料 5%（表 10-5 中的 F4）。因此，分别对 B6 试样和 F4 水化试样，进行 XRD 分析和 SEM 分析，以探讨该充填材料的水化硬化机理。

10.3.3.1　无熟料磷石膏矿山充填材料的水化过程

图 10-23 是 B6 试样水化 7d 和 28d 后水化产物的 XRD 分析结果。可见，水化产物主要是钙矾石和反应剩余的二水石膏。随着水化的进行，28d 的钙矾石衍射峰高度比 7d 高，二水石膏衍射峰高度 28d 低于 7d，说明随着水化的进行，体系中磷石膏在不断消耗，水化产物钙矾石在不断生成。

图 10-24 是无熟料磷石膏矿山充填材料（B6 试样）水化 7d 和 28d 的 SEM 分析结果，与 XRD 结果相对应，可知水化产物主要是钙矾石和 C-S-H 凝胶。试样水化到 7d 时，在磷石膏表面产生大量的针棒状钙矾石和少量的

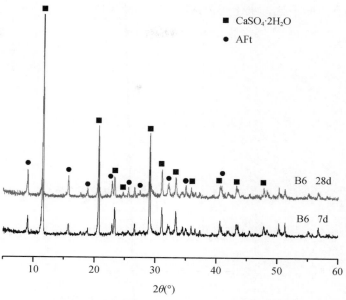

图 10-23　无熟料磷石膏矿山充填材料水化产物的 XRD 分析图谱

锡箔状 C-S-H 凝胶，钙矾石和 C-S-H 相互交织，将反应剩余的磷石膏连接在一起，形成了早期的硬化浆体空间网络结构。此时，浆体中有大量的空隙未被填充，结构相对疏松，因此强度较低。随着水化龄期的延长，矿渣不断水解和水化，到 28d 时，水化产物仍然是钙矾石和 C-S-H，但此时晶体尺寸和硬化浆体形貌有了明显的变化。针状的钙矾石晶体在变粗，变为短柱状或颗粒状，而大量的絮状 C-S-H 的形成并填充在空隙中，使浆体密实度显著提升，强度明显增加。由于浆体的强度主要由矿渣水化生产的 C-S-H 和钙矾石提供，而钢渣可以提供 Ca^{2+} 和矿渣水化所需要的碱度，因此体系的强度随矿渣和钢渣掺量的增加而增加。此外，浆体水化 28d 之后钙矾石的持续形成，也是造成体系 28d 收缩率变小，出现微膨胀现象的原因所在。

(a) 水化 7d　　　　　　　　　　　　(b) 水化 28d

图 10-24　无熟料磷石膏矿山充填材料水化产物的 SEM 照片

10.3.3.2　少熟料磷石膏矿山充填材料的水化过程

图 10-25 是少熟料磷石膏矿山充填材料 F4 试样 7d 和 28d 水化龄期的水化产物 XRD 分析结果。由图可见，水化产物主要是钙矾石和反应剩余的二水石膏。随着水化的进行，28d 的

钙矾石衍射峰高度相比 7d 高度有所增强，二水石膏衍射峰高度有所降低，说明体系中的磷石膏在不断消耗，水化产物钙矾石在不断生成。

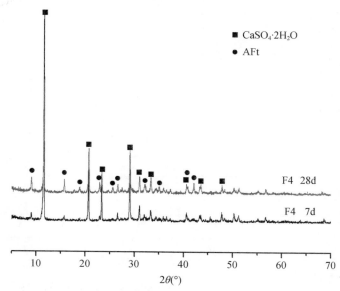

图 10-25 无熟料磷石膏矿山充填材料水化产物的 XRD 分析图谱

(a) 水化 7d (b) 水化 28d

图 10-26 无熟料磷石膏矿山充填材料水化产物的 SEM 照片

图 10-26 是少熟料磷石膏矿山充填材料 F4 试样水化 7d 和 28d 的 SEM 分析结果，与 XRD 结果相对应，水化产物主要是钙矾石和 C-S-H 凝胶。试样水化到 7d 时，在磷石膏表面和空隙间产生了大量的针棒状钙矾石和少量的锡箔状 C-S-H 凝胶，钙矾石和 C-S-H 相互交织，将反应剩余的磷石膏连接在一起形成一个空间网络结构。由于体系中磷石膏掺量很大，在图中可以看到反应剩余的大块的石膏存在，这些剩余的石膏起到集料充填的作用。此时，硬化浆体中还存在有大量的空隙未被填充，结构相对疏松，因此强度较低。随着水化龄期的延长，矿渣不断水解和水化，到 28d 时，水化产物仍然是钙矾石和 C-S-H，但此时结晶相和凝胶相的比例以及结晶体尺寸和硬化浆体形貌有了明显的变化，针状钙矾石结晶相变少，变为短柱状或颗粒状。C-S-H 胶凝相大幅度增加，大量絮状 C-S-H 形成并填充在空隙中，使浆体密实度显著提升，强度明显增加。由于反应剩余了大量的石膏，体系的结构主要是剩余的大量石膏作为主体起集料充填作用，水化产物在石膏的表面和周围将其胶结包裹，形成了较为致密的空间网络结构。

10.4　磷石膏硫铁矿全尾砂充填材料

上一章节主要是利用过硫磷石膏矿渣水泥的基本原理，将磷石膏作为一种尾矿来配制矿山充填材料，主要目的是为了大量处置磷石膏固体废弃物。实际上大部分矿山均有自己的尾矿砂，也希望用自己的尾矿砂配制矿山充填材料。但是，尾矿砂的种类和性质相差很大，特别是尾矿砂的酸碱度对过硫磷石膏矿渣水泥的性能影响很大。因此，有必要研究以过硫磷石膏矿渣水泥为胶结剂，以矿山的尾矿砂为集料，所配制的矿山充填材料的适宜配比和性能。

本章节旨在以过硫磷石膏矿渣水泥为胶结剂，以硫铁矿全尾矿砂为集料，配制磷石膏硫铁矿全尾矿砂充填材料。通过调整过硫磷石膏矿渣水泥的配比，以流动性、强度和凝结时间作为主要考量指标，在满足矿山充填材料性能要求的同时，充分利用固体废弃物，尽可能地降低充填材料的生产成本。

10.4.1　充填材料的流动度

将表 10-1 中的武汉钢铁有限公司的矿渣烘干后，单独粉磨至比表面积为 445m²/kg；将华新水泥股份公司咸宁分公司生产的硅酸盐水泥熟料破碎后，单独粉磨至比表面积为 448m²/kg；将武汉钢铁有限公司的钢渣破碎并烘干后，单独粉磨至比表面积为 405m²/kg；将安徽铜陵化工有限公司的磷石膏与钢渣粉和矿渣粉，按磷石膏∶钢渣∶矿渣＝45∶2∶1 的比例，制成改性磷石膏浆并搅拌均匀。

将改性磷石膏浆 48％（干基）、矿渣粉 48％、熟料粉 4％，配制成过硫磷石膏矿渣水泥，以 1∶4 的胶砂比（干基）与硫铁矿全尾矿砂共同混合，按不同的质量浓度加水搅拌 5min 制成料浆，进行流动度测试试验。各试样的干基总质量为 1400g，其中一组试样添加 0.2％的标准型聚羧酸减水剂，另一组不加任何外加剂。

各试样不同质量浓度的流动度试验结果，如图 10-27 所示，各试样不同质量浓度下的脱水率测定结果，如图 10-28 所示。

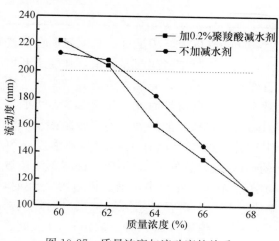

图 10-27　质量浓度与流动度的关系

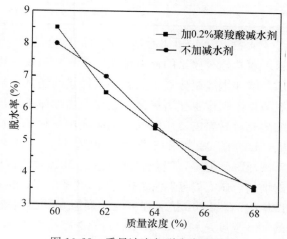

图 10-28　质量浓度与脱水率的关系

由图 10-27 可见，两组试样的流动度值都随质量浓度的增大而减小，且当试样质量浓度为 64%～68% 时，两组试样流动度都在 200mm 以下。当质量浓度降低为 62%，流动度可以达到 200mm。添加和不添加聚羧酸减水剂，对试样的流动度影响不大，这说明聚羧酸减水剂对该充填材料的流动性没有改善效果。

由图 10-28 可见，两组试样的脱水率均随质量浓度的减小而变大，当质量浓度为 62% 时，试样脱水率在 7% 左右。添加和不添加聚羧酸减水剂，对试样的脱水率影响也不大，这说明聚羧酸减水剂对该充填材料的脱水率也没有改善效果。

10.4.2 胶结剂的配比与强度

以同样的原材料，按表 10-8 所示的配比，配制成磷石膏硫铁矿全尾矿砂充填材料试样。将各试样加水搅拌 5min 后制成料浆，测定流动度后，将一定流动度的料浆注入 40mm×40mm×160mm 的三联试模（试模四周底部涂抹凡士林以防止漏浆）中，刮平表面，在温度 20℃、相对湿度 90% 条件下养护 3d 脱模（3d 无法脱模时则养护至 7d 脱模）。脱模后放入 20℃ 水中继续养护，然后分别测定各养护龄期的强度。各试样的测定结果，见表 10-8。

表 10-8 过硫磷石膏矿渣水泥配比对充填材料性能的影响

编号	胶砂比	胶结剂配比（wt%）				硫铁矿尾砂（g）	质量浓度（%）	流动度（mm）	凝结时间（h）	7d 强度（MPa）	28d 强度（MPa）
		磷石膏浆	矿渣粉	熟料粉	钢渣粉						
H1	1:4	48	48	4	0	1120	62	223	180	0.13	0.62
H2	1:4	46	48	6	0	1120	62	220	120	0.35	1.02
H3	1:4	44	48	8	0	1120	62	235	78	0.71	1.76
H4	1:4	42	48	10	0	1120	62	210	65	1.20	2.78
H5	1:4	40	48	12	0	1120	62	212	50	1.65	3.56
H6	1:4	38	48	4	10	1120	62	218	76	0.78	1.64
H7	1:4	33	48	4	15	1120	62	220	66	1.08	2.36
H8	1:4	28	48	4	20	1120	62	214	60	1.55	3.56
H9	1:4	23	48	4	25	1120	62	225	52	2.25	3.90
H10	1:4	18	48	4	30	1120	62	222	48	2.11	3.69

从表 10-8 中可以看出，各组试样流动度均达到 200mm 以上，满足自流充填流动性的要求。随着熟料掺量的逐渐增加，磷石膏掺量的减少，试样的凝结时间明显缩短，强度不断增加。增加钢渣组分后，随着钢渣掺量的增加，磷石膏掺量的减少，充填材料的凝结时间也明显缩短，强度也显著提高。这说明增加体系碱度对充填材料的凝结时间有显著影响，可明显缩短充填材料的凝结时间，提高充填材料的强度。随着熟料掺量的增加，磷石膏浆掺量的降低，试样的 7d 和 28d 强度大幅度上升。当熟料掺量达到 10% 时，试样的 28d 强度达到 2.78MPa，但是，当熟料掺量达到 12% 时，试样的 7d 强度仍然低于 2.0MPa。随着钢渣掺量的增加，磷石膏浆掺量的降低，试样的 7d 和 28d 强度先增大后减小，钢渣掺量为 25% 时，试样的 7d 和 28d 抗压强度均达到最大。当钢渣掺量为 15%，磷石膏浆掺量为 33% 时，试样的 28d 强度达到 2.36MPa；当钢渣掺量为 25%，磷石膏浆掺量为 23% 时，试样的 7d 强度达到 2.25MPa，此时，再继续增加钢渣掺量，降低磷石膏掺量，强度将出现下降。

由此可见，通过增加熟料掺量或添加足够量的钢渣来提高体系的碱度，可以实现充填材料强度的提高，且适宜的钢渣掺量可以使得该充填材料 7d 强度达到 2.0MPa，因此，试样 H9 的配比最为适宜。

10.4.3 与传统水泥胶结剂的对比

在相同的试验条件下，以 H9 试样的过硫磷石膏矿渣水泥配比作为胶结剂，与 P・C 32.5R 复合硅酸盐水泥作为胶结剂的试样进行性能对比试验。各试样的流动度、脱水率、凝结时间、强度和收缩率测定结果，见表 10-9。

表 10-9　两类水泥胶结剂的性能对比试验

编号	胶砂比	胶结剂种类	硫铁矿尾砂（g）	质量浓度（%）	流动度（mm）	脱水率（%）	凝结时间（h）	7d强度（MPa）	28d强度（MPa）	收缩率（%）	
										7d	28d
I1	1:4	H9	1120	62	205	5.0	52	2.25	3.96	5.3	4.4
I2	1:4	H9	1120	60	215	7.8	55	1.90	3.68	7.2	7.0
I3	1:4	PC 32.5R	1120	62	206	5.5	50	1.88	4.27	5.5	5.6
I4	1:4	PC 32.5R	1120	60	214	7.5	54	1.71	3.67	7.6	7.7

由表 10-9 可见，各组试样的流动度值都在 200mm 以上，满足自流充填流动性要求。对于同一种胶结剂，质量浓度小时，试样的脱水率和收缩率都变大，凝结时间稍有延长。在同一质量浓度下，过硫磷石膏矿渣水泥（H9）配制的充填材料和 PC 32.5R 复合硅酸盐水泥配制的充填材料相比，脱水率、凝结时间和收缩率都相近，由此可以说明，过硫磷石膏矿渣水泥与 PC 32.5R 复合硅酸盐水泥所配制的充填材料的性能基本相当，可以用过硫磷石膏矿渣水泥替代 PC 32.5R 复合硅酸盐水泥用于硫铁矿尾砂的胶结充填。

10.4.4 XRD 和 SEM 分析

对 H9 充填材料的 7d 和 28d 龄期的试样，进行 X 射线衍射分析和扫描电镜分析，以探讨该充填材料的胶结机理。

图 10-29 是 H9 配比充填材料 7d 和 28d 龄期试样的 XRD 图谱与硫铁矿尾砂的 XRD 图谱对比情况，由硫铁矿尾砂的 XRD 分析结果可知，其主要矿物为石英（SiO_2）、黄铁矿（FeS_2）、方解石（$CaCO_3$）、镁钙质菱铁矿 $[Ca_{0.1}Mg_{0.33}Fe_{0.57}(CO_3)]$ 和少部分硫铁矿在潮湿环境下被氧化生成的氢氧化铁 $[Fe(OH)_3]$。由 H9 配比充填材料 7d 和 28d 养护

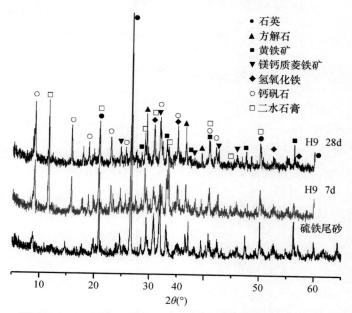

图 10-29　H9 配比充填材料 7d 和 28d 龄期试样的 XRD 图谱

龄期试样的 XRD 分析结果可以看出，其矿物主要是硫铁矿尾砂中的矿物成分和充填材料胶结剂水化生成的钙矾石和反应剩余的二水石膏。对比三个 XRD 图谱的衍射峰可以发现，硫铁矿

尾矿中的黄铁矿的衍射峰相对减弱，而氢氧化铁衍射峰相对增强，这说明硫铁矿尾砂虽并未参与体系水化反应，但硫铁矿尾砂中的黄铁矿被氧化出现了物质成分含量的相对波动，而充填材料体系中主要是矿渣在石膏激发和碱性环境作用下水化产生钙矾石和 C-S-H 凝胶。从试样 7d 和 28d 的 XRD 分析结果可以看出，充填材料养护到 7d 时，已经生成较多的钙矾石，石膏剩余也较多，而养护到 28d 时，钙矾石峰继续增强，而石膏峰则相应较低。

H9 配比充填材料试样 7d 和 28d 的 SEM 图谱，如图 10-30 所示。与 XRD 分析结果相对应，试样水化产生的水化产物主要是针棒状钙矾石和絮状的 C-S-H 凝胶以及反应剩余的少量二水石膏，原料中的尾矿砂只作为集料起充填的作用。充填材料试样反应到 7d 时，试样水化生成针棒状钙矾石和少量絮状 C-S-H 凝胶，这些水化产物主要集中在尾矿砂的表面和尾矿砂之间的空隙处，将尾砂胶结在一起，使充填材料具有一定的密实度，达到胶结的效果。试样水化到 28d 时，水化产生更多的钙矾石和 C-S-H 凝结，钙矾石仍然以针棒状为主，它们开始相互交错搭接，将尾砂胶结得更好，使充填材料更加密实，于是有了更高的强度，但从整体来看，体系中还有不少的孔隙存在，因此充填材料的强度不高。

(a) 7d   (b) 28d

图 10-30　H9 配比充填材料试样水化各龄期的 SEM 照片

10.4.5　孔溶液的 pH 值

为了进一步探讨该充填材料的胶结机理以及钢渣掺量对该充填材料水化过程的影响，用 pH 计分别对 H1、H7、H8、H9 和 H10 充填材料试样在不同水化龄期的孔溶液的 pH 值进行了测定，测定结果如图 10-31 所示。

由图 10-31 可以看出，不掺钢渣时，试样拌合后的 pH 值很低，1d 左右达到最高，仅为 10.0 左右，随着水化龄期的延长，pH 值开始下降，7d 以后基本稳定在 pH 值 9.3 左右。当钢渣掺量达到 15% 时，相比不掺

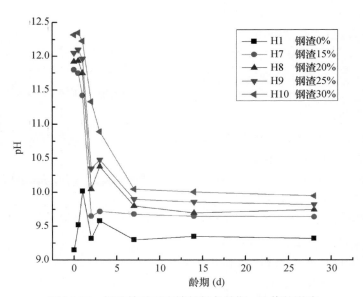

图 10-31　钢渣掺量对充填材料各龄期 pH 值的影响

钢渣的试样其拌合后的 pH 值出现跳跃性的增长,接近 12.0,此时继续增加钢渣掺量,可使试样拌合后 pH 值有小幅度提高,但影响不大。各试样随着水化的进行,各自的 pH 值都在 7d 左右开始稳定,钢渣掺量越高,达到稳定时的 pH 值越高。

该充填材料的强度发展,主要靠胶结剂中矿渣组分的水化产生水化产物对尾矿砂进行胶结包裹,而胶结剂中矿渣组分水化速度的快慢,与充填材料中液相的 pH 值有很大关系,pH 值越高,越有利于矿渣的解聚和溶解,矿渣水化速度也越快[13]。

由图 10-31 中各试样孔溶液 pH 值的测定结果可以看出,随着钢渣掺量的增加,体系水化过程中的 pH 值也不断提高,因此增加钢渣掺量使充填材料的强度增加,尤其是充填材料体系中的硫铁矿尾砂会被氧化而产生酸性物质,使体系的 pH 值更低,因此钢渣掺量的提高对充填材料强度发展的作用显得更为明显。但充填材料的强度并不是随钢渣掺量的增加一直增加,当钢渣掺量超过 25% 时,充填材料强度出现下降。由此可见,充填材料的强度不仅与胶结剂中矿渣组分的水化速度有关,而且与水化产物形貌及硬化浆体的微观结构有关。

综上所述,对 H9 配比充填材料的 XRD 和 SEM 分析结果以及各配比充填材料试样孔溶液的 pH 值测定分析,可以将该充填材料的胶结机理和钢渣掺量对该充填材料的影响规律总结如下:各组分原料与水混合搅拌后,充填材料中的熟料与钢渣提供矿渣水化所需的碱度和钙离子浓度,使矿渣水化产生 C-S-H,并在石膏存在的情况下反应产生钙矾石,在尾砂周围形成的 C-S-H 凝胶和钙矾石相互搭接交错,将尾砂胶结在一起,同时填充体系中的空隙,使充填材料密实硬化产生强度,达到胶结的效果。随着钢渣掺量的增加,充填材料体系中液相的 pH 值不断提高,这加快了胶结剂中矿渣的水化,使体系产生更多的水化产物将尾砂胶结得更好,体系的结构更加密实。但超出限度地增加钢渣掺量,则会影响水化产物的形貌以及水化产物中结晶相和胶凝相的比例,使硬化浆体的微观结构发生变化,致密度反而降低,对充填材料的强度发展不利。由试验结果可知,该充填材料的最佳钢渣掺量应控制在 25% 为宜。

10.5　磷石膏铜矿全尾砂充填材料

本章节旨在以过硫磷石膏矿渣水泥为胶结剂,以铜矿全尾矿砂为集料,配制磷石膏铜矿全尾砂充填材料。通过调整过硫磷石膏矿渣水泥的配比,以流动性、强度和凝结时间作为主要考量指标,在满足矿山充填材料性能要求的同时,充分利用固体废弃物,尽可能地降低充填材料的生产成本。

10.5.1　胶结剂配比与性能

使用表 10-1 的原料,按表 10-10 所示的配比,配制过硫磷石膏矿渣水泥,并分别以 1:4 的胶砂比与安徽铜陵铜矿尾砂制成胶结料,进行各种性能试验,结果见表 10-10。

表 10-10　过硫磷石膏矿渣水泥配比与胶结料的性能

编号	胶砂比	胶结剂配比(%)				铜矿尾砂(g)	质量浓度(%)	流动度(mm)	凝结时间(h)	强度(MPa)		
		磷石膏浆	矿渣粉	熟料粉	钢渣粉					3d	7d	28d
J1	1:4	48	48	4	0	1120	72	223	15.9	1.3	3.8	5.9
J2	1:4	46	48	6	0	1120	72	224	15.6	1.9	4.4	7.0

续表

编号	胶砂比	胶结剂配比（%）				铜矿尾砂（g）	质量浓度（%）	流动度（mm）	凝结时间（h）	强度（MPa）		
		磷石膏浆	矿渣粉	熟料粉	钢渣粉					3d	7d	28d
J3	1∶4	44	48	8	0	1120	72	240	15.5	2.4	4.6	6.5
J4	1∶4	42	48	10	0	1120	72	223	15.0	2.7	5.5	7.5
J5	1∶4	40	48	12	0	1120	72	225	14.8	2.6	4.2	5.3
J6	1∶4	38	48	4	10	1120	72	228	15.8	1.8	4.0	6.9
J7	1∶4	33	48	4	15	1120	72	230	15.5	1.8	4.1	6.5
J8	1∶4	28	48	4	20	1120	72	215	15.3	2.5	5.2	8.1
J9	1∶4	23	48	4	25	1120	72	217	15.3	1.6	3.3	5.1
J10	1∶4	42	48	0	10	1120	72	222	16.3	0.3	2.6	6.1
J11	1∶4	37	48	0	15	1120	72	213	16.0	0.6	3.2	6.9
J12	1∶4	32	48	0	20	1120	72	218	15.7	0.7	4.3	7.0
J13	1∶4	27	48	0	25	1120	72	217	15.5	0.9	5.0	7.7
J14	1∶4	22	48	0	30	1120	72	220	15.5	1.0	4.8	5.3

由表 10-10 可见，当质量浓度为 72% 时，各试样的流动度都在 200mm 以上，满足自流充填的流动性要求，且各试样的流动度值相差不大，说明熟料和钢渣掺量的变化，试样的需水量变化不大。

10.5.2　熟料掺量对充填材料性能的影响

对比表 10-10 中的 J1～J5 各试样的性能，分析熟料掺量对该充填材料性能的影响。各试样的 3d、7d 和 28d 抗压强度测定结果，如图 10-32 所示。可见，随着熟料掺量的增加，磷石膏掺量的减少，充填材料试样的 3d 强度先增加后增幅趋于平缓，7d 和 28d 强度先增加后下降，强度最高试样的熟料掺量为 10%。各充填材料试样的 7d 和 28d 强度都远远超过 2.0MPa。熟料掺量为 4% 时，充填材料试样的 7d 强度达到 3.8MPa，大于 2.0MPa，满足矿山充填强度要求。

J1～J5 组各配比试样的凝结时间变化曲线如图 10-33 所示。可见，随着熟料掺量的增加，磷石膏掺量的减少，各充填材料试样的凝结时间有所缩短，但缩短幅度不大。各试样在 15～16h 之间均可凝结，当熟料掺量为 4% 时，充填材料试样的凝结时间为 15.9h。

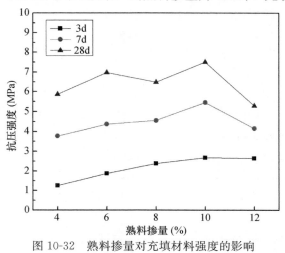

图 10-32　熟料掺量对充填材料强度的影响

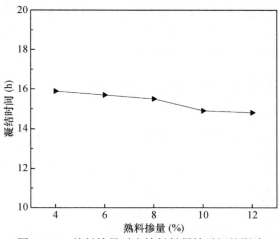

图 10-33　熟料掺量对充填材料凝结时间的影响

10.5.3 钢渣掺量对充填材料性能的影响

对比表 10-10 中的 J1、J6～J9 试样的性能，分析当熟料掺量为 4% 时，钢渣掺量对充填材料强度的影响，各试样的 3d、7d 和 28d 强度变化情况如图 10-34 所示。可见，当熟料掺量为 4% 时，随着钢渣掺量的增加，磷石膏掺量的相应减少，各试样的 3d、7d 和 28d 强度均是先增大后减小。钢渣掺量为 20% 时，试样各养护龄期强度最高。各试样的 7d 和 28d 强度都远远超过 2.0MPa。

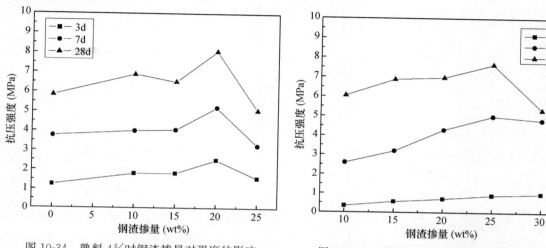

图 10-34　熟料 4% 时钢渣掺量对强度的影响　　　　图 10-35　无熟料时钢渣掺量对强度的影响

对比 J10～J14 各试样的性能，分析当不掺熟料组分时，钢渣掺量对充填材料强度的影响，各试样的 3d、7d 和 28d 强度如图 10-35 所示。可见，不掺熟料时，随着钢渣掺量的增加，磷石膏掺量的相应减少，试样的 3d 强度持续增加，但增加幅度不大，且当钢渣掺量超过 25% 后，增幅更为平缓；试样的 7d 和 28d 强度均随钢渣掺量的增加先升高后降低，钢渣掺量为 25% 时，强度最大。不掺熟料时，各试样的 7d 强度仍然远远超过 2.0MPa。也就是说，钢渣掺量在 10%～30% 范围内，胶结剂的强度均能满足矿山充填材料的要求。各地可根据当地的固体废弃物情况，决定胶结剂的配比。

10.5.4 质量浓度对流动度和脱水率的影响

料浆的流动度和脱水率是充填材料重要的工作特性指标，料浆的质量浓度在很大程度上影响了充填材料的这些工作特性。试样 J3 和 J8 的 7d 强度皆远大于 2.0MPa，满足矿山充填强度要求，但试样 J8 熟料掺量更低，成本较低，因此进行 J8 试样的流动度和脱水试验，以确定该充填材料的质量浓度范围。

图 10-36 是不同质量浓度下 J8 配比的过硫磷石膏矿渣水泥，在胶砂比分别为 1∶4、1∶6 和 1∶8 时，充填材料的流动度值。可见，随着料浆质量浓度的增大，充填材料的流动度值显著降低，不同胶砂比下充填材料的流动度随质量浓度变化的趋势基本一致，且不同胶砂比时，在同一质量浓度下该充填材料的流动度相差不大，当质量浓度小于 72% 时，充填材料的流动度大于 200mm，可自流充填。

图 10-37 是不同质量浓度下 J8 配比的过硫磷石膏矿渣水泥在胶砂比分别为 1∶4、1∶6 和 1∶8 的脱水率值。可见，随着料浆质量浓度的增大，充填材料的脱水率明显缩小，不同胶

砂比下充填材料的脱水率随质量浓度变化的趋势也基本一致，当质量浓度为72％时，充填材料的脱水率在12％～13％之间。由于充填材料中尾矿砂掺量较高，除料浆质量浓度之外，充填材料的流动度和脱水率与尾矿砂的粒径分布有很大关系，这是导致该充填材料脱水率较大的另一重要原因。

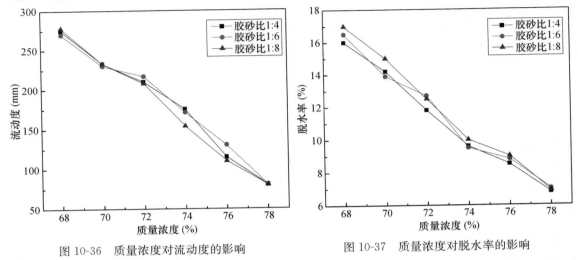

图 10-36 质量浓度对流动度的影响   图 10-37 质量浓度对脱水率的影响

为使充填材料具有较好的工作特性，其质量浓度应该小于72％，使其流动度值达到200mm以上，方便施工，但其质量浓度也不宜过小，否则充填材料的强度会下降，质量浓度控制范围在68％～72％之间较为适宜。

10.5.5 胶砂比与质量浓度对强度与收缩率的影响

在充填材料体系中，尾矿砂的比例很大，由于其颗粒极细，其掺量对充填材料的强度、收缩率等性能有很大的影响。同时，为满足充填材料充填时的流动性要求，充填材料的加水量很大，加水量的多少对充填材料硬化后的试块结构和孔结构有很大影响，所以也在很大程度上影响着充填材料的强度和收缩率。因此，有必要研究胶砂比与质量浓度对充填材料强度与收缩率的影响。

将J8试样，分别在1∶4、1∶6和1∶8的胶砂比和质量浓度分别为68％、70％和72％的情况下进行试验，分析不同胶砂比、不同质量浓度对充填材料强度和收缩率的影响，以相同的原材料、相同的试验方法进行试验，各充填材料的3d、7d和28d的强度和收缩率见表10-11。

表 10-11 胶砂比和质量浓度对强度和收缩率的影响

编号	胶砂比	质量浓度（％）	抗压强度（MPa）			收缩率（％）		
			3d	7d	28d	3d	7d	28d
K1	1∶4	72	2.50	5.21	8.07	8.8	8.6	8.4
K2	1∶4	70	1.96	3.75	6.49	12.2	11.5	11.4
K3	1∶4	68	1.68	3.50	5.85	15.0	14.8	14.7
K4	1∶6	72	1.20	3.01	6.09	10.5	10.4	10.4
K5	1∶6	70	1.15	1.78	4.23	13.4	12.9	12.7

续表

编号	胶砂比	质量浓度（%）	抗压强度（MPa）			收缩率（%）		
			3d	7d	28d	3d	7d	28d
K6	1：6	68	1.06	1.52	3.83	15.8	15.2	15.1
K7	1：8	72	0.86	2.17	4.15	11.6	11.0	11.0
K8	1：8	70	0.90	1.36	3.60	13.0	12.5	12.5
K9	1：8	68	0.87	1.32	3.59	16.7	16.2	16.1

由表 10-11 可见，在相同胶砂比的情况下，充填材料的 3d、7d 和 28d 强度均随质量浓度的下降而有所降低。在相同质量浓度的情况下，充填材料的 3d、7d 和 28d 强度也随尾矿砂掺量的升高而降低。

从 K1～K3 试样结果可以看出，当胶砂比为 1：4 时，质量浓度从 72% 降到 68%，试样的 7d 强度从 5.21MPa 降到 3.5MPa；从 K4～K6 组可以看出，当胶砂比为 1：6 时，试样的 7d 强度从 3.01MPa 降低到 1.52MPa；从 K7～K9 组可以看出，当胶砂比为 1：8 时，试样的 7d 强度从 2.17MPa 降低到 1.32MPa。

由此可见，胶砂比和质量浓度都对充填材料的强度有很大的影响，当胶砂比为 1：4 时，质量浓度为 72%、70% 和 68%，充填材料的 7d 强度都高于 2.0MPa；质量浓度为 72% 时，胶砂比为 1：4、1：6 和 1：8，充填材料的 7d 强度都高于 2.0MPa，满足矿山充填强度要求。

在相同胶砂比的情况下，充填材料的 3d、7d 和 28d 收缩率均随质量浓度的降低而变大。在相同质量浓度的情况下，充填材料各龄期的收缩率也均随尾砂掺量的增加而变大。我们知道，充填材料浆的收缩主要是由于含水量大，随着料浆固体颗粒的沉降而逐步密实，加上水泥水化，多余的一部分水析出，充填材料逐渐凝聚，产生的凝聚性的收缩。

10.5.6 与传统水泥胶结剂的对比

用 P·C 32.5R 复合硅酸盐水泥，分别在 1：4、1：6 和 1：8 的胶砂比，72% 的质量浓度情况下，与铜矿全尾砂混合搅拌制成充填材料。然后与试样 J8 在相同胶砂比和质量浓度下进行强度对比试验，各试样在 3d、7d 和 28d 的强度对比情况如图 10-38 所示。

可见，在相同胶砂比下，磷石膏铜矿全尾砂充填材料的各龄期强度，比 P·C 32.5R 复合硅酸盐水泥配制的充填材料都要高。在胶砂比为 1：4 时，前者比后者的 3d、7d 和 28d 强度分别高出 92%、50% 和 50%；在胶砂比为 1：6 时，前者比后者的 3d、7d 和 28d 强度分别高出 40%、57% 和 17%；在胶砂比为 1：8 时，前者比后者的 3d、7d 和 28d 强度分别高出 51%、84% 和

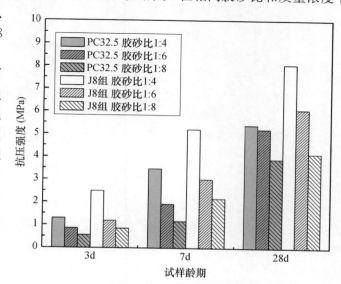

图 10-38 两类水泥所配的充填材料强度对比

6%。结合表 10-11，显然磷石膏铜矿全尾砂充填材料与 P·C 32.5R 复合硅酸盐水泥配制成的充填材料相比，可适用更广的胶砂比，性能更为优越。

10.5.7 充填材料的胶结机理分析

将试样 J8 的 7d 和 28d 龄期水化样进行 X 射线衍射和扫描电镜分析，结果如图 10-39 所示。可见，铜矿尾砂的主要矿物为石英（SiO_2）、方解石（$CaCO_3$）和钙铁榴石 $[Ca_3Fe_2(SiO_4)_3]$。试样 J8 的 7d 和 28d 水化样，也都有石英、方解石和钙铁榴石，且各矿物组分衍射峰都较强，此外，还有水化产生的钙矾石和反应剩余的二水石膏。这说明铜矿尾砂并未参与体系水化反应，充填材料体系中主要是矿渣在石膏激发和碱性环境作用下水化产生钙矾

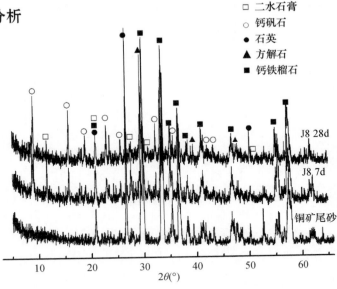

图 10-39　试样 J8 的 7d 和 28d 水化样的 XRD 图谱

石和 C-S-H 凝胶。从试样 7d 和 28d 的 XRD 分析结果可以看出，充填材料养护到 7d 时，产生的钙矾石较少，石膏剩余较多，而养护到 28d 时则相反，此时钙矾石峰较强，而石膏峰较低。

试样 J8 的 7d 和 28d 水化样的 SEM 图谱，如图 10-40 所示，与 XRD 分析结果相对应，试样水化产生的水化产物主要是针棒状钙矾石和絮状的 C-S-H 凝胶以及反应剩余的少量二水石膏，原料中的尾矿砂只作为集料起填充的作用。

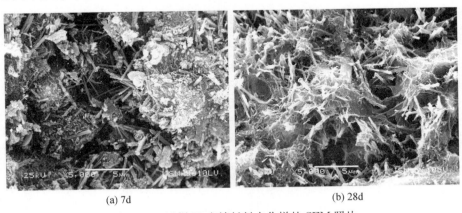

(a) 7d　　　　　　　　　　　(b) 28d

图 10-40　试样 J8 充填材料水化样的 SEM 照片

由图 10-40 可见，试样 J8 水化到 7d 时，在尾砂表面产生的部分絮状 C-S-H 凝结与空隙处产生的针棒状钙矾石相互搭接，将尾砂胶结在一起，使充填材料具有一定的密实度，达到胶结的效果。水化到 28d 时，水化产生更多的钙矾石和 C-S-H 凝结，它们相互交错搭接，形成一张张网将尾砂胶结包裹，并填充尾砂之间的空隙，将尾砂胶结得更好，使充填材料更加密实，于是有了更高的强度。

　　综合上述，可以将充填材料的胶结机理总结如下：各组分原料与水混合搅拌后，充填材料中的熟料与钢渣提供矿渣水化所需的碱度和钙离子浓度，使矿渣水化产生 C-S-H，并在石膏存在的情况下反应产生钙矾石，在尾砂周围形成的 C-S-H 凝胶和钙矾石相互搭接交错，将尾砂胶结在一起，同时填充体系中的空隙，使充填材料密实硬化产生强度，达到胶结的效果。

10.6　石膏矿渣胶结剂

　　以上所介绍的几种矿山充填材料，均是以过硫磷石膏矿渣水泥为胶结剂而配制的矿山充填材料。主要是为了充分利用磷石膏、降低充填材料的生产成本。因此，这几种充填材料的配比中，磷石膏含量都是过剩的，也就是说有相当一部分的磷石膏是以惰性的集料存在于充填材料中，并没有参与化学反应。但是，所配制的矿山充填材料的强度等性能，已优于 P·C 32.5R 复合硅酸盐水泥所配制的矿山充填材料，因此已可以满足大部分矿山的要求。

　　但是，2013 年 5 月，作者应云南昆钢工业废渣利用开发有限公司的要求，为云南大红山铁矿生产矿山充填胶结剂。大红山铁矿地处云南省玉溪市新平县境内，距离云南昆钢工业废渣利用开发有限公司 236.7km，距离很远，运输成本很高。由于该铁矿尾砂颗粒较细，如图 10-5 所示，全尾砂 $d_{10}=9.48\mu m$，$d_{50}=67.67\mu m$，$d_{90}=193.24\mu m$，加权均值粒径 $d_p=88.79\mu m$。该矿山试用过 P·O 42.5 普通硅酸盐水泥作为胶结剂，但感觉不太理想，为此进行招标，要求进行现场充填及性能对比，性能优异者中标。

　　昆明钢铁集团有限公司的 5 号和 6 号高炉原本使用澳大利亚的铁矿，矿渣活性原本比较高。但后来改用国产铁矿后，由于矿渣中的 MnO 和 TiO_2 含量比较高，矿渣的质量系数大幅度下降。由表 10-1 可以计算出，武汉钢铁公司的矿渣质量系数为 1.75，而昆明钢铁公司矿渣的质量系数为 1.45。也就是说，昆明钢铁公司的矿渣活性较低。

　　因此，为了提高产品的竞争力，应该尽可能降低胶结剂中的无用组分，以提高胶结剂的性能，减少胶结剂的用量，以便与 P·O 42.5 普通硅酸盐水泥竞争，克服距离远、运输成本高的不利条件。将表 10-1 中的原料，按如下方法粉磨后，配制石膏矿渣胶结剂。

　　熟料粉：将表 10-1 中的云南昆明熟料 95%，昆钢矿渣 5%，混合在云南昆钢工业废渣利用开发有限公司的 $\phi 4.2m \times 13m$ 闭路熟料磨内粉磨，测定密度为 $3.16g/cm^3$，测定比表面积为 $362m^2/kg$。

　　矿渣粉：将表 10-1 中的昆钢矿渣烘干后，单独在云南昆钢工业废渣利用开发有限公司的 $\phi 4.2m \times 13.5m$ 开路矿渣磨内粉磨，测定密度为 $2.97g/cm^3$，测定比表面积为 $465m^2/kg$。

　　钢渣粉：将表 10-1 中的昆钢钢渣，单独在云南昆钢工业废渣利用开发有限公司的 $\phi 4.2m \times 13m$ 闭路熟料磨内粉磨，测定密度为 $3.29g/cm^3$，测定比表面积 $469m^2/kg$。

　　石膏粉：将表 10-1 中的石膏破碎后，单独在云南昆钢工业废渣利用开发有限公司的 HRM2400X 石膏立磨内粉磨，测定密度为 $2.38g/cm^3$，测定比表面积 $327m^2/kg$。

　　石灰石粉：将表 10-1 中的石灰石破碎后，每磨 5Kg，单独在试验室 $\phi 500mm \times 500mm$ 的小磨内粉磨 20min，测定密度为 $2.68g/cm^3$，测定比表面积 $653m^2/kg$。

　　铁矿尾砂：取自云南大红山铁矿，测定含水率为 14.4%。

　　用以上原料进行如下试验。

10.6.1 熟料掺量的影响

将上述已磨的原料，按表 10-12 的配合比配制成石膏矿渣胶结剂，然后与铁矿全尾矿砂，按 1:6 的质量比（干基）混合配制成矿山充填材料，进行强度试验，结果如表 10-12 和图 10-41 所示。

表 10-12　熟料掺量对石膏矿渣胶结剂强度的影响

编号	胶砂比	矿渣（%）	钢渣（%）	熟料（%）	石膏（%）	铁尾砂（g）	质量浓度（%）	流动度（mm）	7d 抗压强度（MPa）
K30	1:6	57	20	8	15	600	70	223	0.81
K31	1:6	54	20	11	15	600	70	218	0.69
K32	1:6	51	20	14	15	600	70	213	0.60
K33	1:6	48	20	17	15	600	70	229	0.60

由表 10-12 和图 10-41 可见，在钢渣掺量 20%、石膏掺量 15% 不变的情况下，增加熟料掺量，同时降低矿渣掺量，充填材料的 7d 抗压强度有所下降。说明，石膏矿渣胶结剂中应有足够量的矿渣，在钢渣掺量 20% 的条件下，即使用熟料取代矿渣，也不利于充填材料强度的提高。

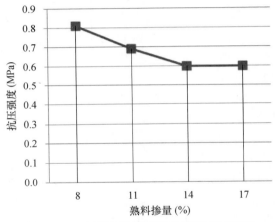

图 10-41　充填材料 7d 强度与胶结剂中熟料掺量的关系

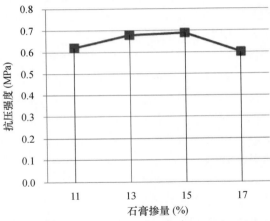

图 10-42　充填材料 7d 强度与胶结剂中石膏掺量的关系

10.6.2 石膏掺量的影响

将上述已磨的原料，按表 10-13 的配合比配制成石膏矿渣胶结剂，然后与铁矿全尾矿砂，按 1:6 的质量比（干基）混合配制成矿山充填材料，进行强度试验，结果如表 10-13 和图 10-42 所示。

表 10-13　石膏掺量对石膏矿渣胶结剂强度的影响

编号	胶砂比	矿渣（%）	钢渣（%）	熟料（%）	石膏（%）	铁尾砂（g）	质量浓度（%）	流动度（mm）	7d 抗压强度（MPa）
K34	1:6	58	20	11	11	600	70	239	0.62
K35	1:6	56	20	11	13	600	70	239	0.68
K36	1:6	54	20	11	15	600	70	218	0.69
K37	1:6	52	20	11	17	600	70	218	0.60

由表 10-13 和图 10-42 可见，在熟料掺量 11%、钢渣掺量 20%不变的情况下，石膏掺量从 11%增加到 17%的过程中，充填材料的 7d 抗压强度先上升然后再下降，在石膏掺量为 15%时达到最高。说明，石膏矿渣胶结剂中石膏的最佳掺量为 15%左右，对应石膏胶结剂中的 SO_3 含量为 7.28%左右。

10.6.3 石灰石掺量的影响

将上述已磨的原料，按表 10-14 的配合比配制成石膏矿渣胶结剂，然后与铁矿全尾矿砂，按 1:6 的质量比（干基）混合配制成矿山充填材料，进行强度试验，结果如表 10-14 和图 10-43 所示。

表 10-14　石灰石掺量对石膏矿渣胶结剂强度的影响

编号	胶砂比	矿渣（%）	钢渣（%）	熟料（%）	石膏（%）	石灰石（%）	铁尾砂（g）	质量浓度（%）	流动度（mm）	7d 抗压强度（MPa）
K38	1:6	54	20	11	15	0	600	70	218	0.69
K39	1:6	49	20	11	15	5	600	70	232	0.62
K40	1:6	44	20	11	15	10	600	70	230	0.49
K41	1:6	39	20	11	15	15	600	70	223	0.29

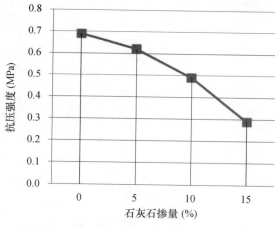 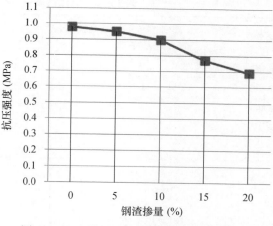

图 10-43　充填材料 7d 强度与胶结剂中石灰石掺量的关系

图 10-44　充填材料 7d 强度与胶结剂中钢渣掺量的关系

由表 10-14 和图 10-43 可见，在熟料掺量 11%、钢渣掺量 20%、石膏掺量 15%不变的情况下，石灰石掺量从 0%增加到 15%的过程中，充填材料的 7d 抗压强度快速下降。说明，石膏矿渣胶结剂中用石灰石取代矿渣时，矿山充填材料的 7d 抗压强度会显著下降，石膏矿渣胶结剂中以不掺石灰石为佳。

10.6.4 钢渣掺量的影响

将上述已磨的原料，按表 10-15 的配合比配制成石膏矿渣胶结剂，然后与铁矿全尾矿砂，按 1:6 的质量比（干基）混合配制成矿山充填材料，进行强度试验，结果如表 10-15 和图 10-44 所示。

表 10-15 钢渣掺量对石膏矿渣胶结剂强度的影响

编号	胶砂比	矿渣（%）	钢渣（%）	熟料（%）	石膏（%）	铁尾砂（g）	质量浓度（%）	流动度（mm）	7d 抗压强度（MPa）
K42	1:6	74	0	11	15	600	70	218	0.98
K43	1:6	69	5	11	15	600	70	217	0.95
K44	1:6	64	10	11	15	600	70	219	0.90
K45	1:6	59	15	11	15	600	70	218	0.77
K46	1:6	54	20	11	15	600	70	218	0.69

由表 10-15 和图 10-44 可见，在熟料掺量 11%、石膏掺量 15% 不变的情况下，当钢渣掺量从 0% 增加到 10% 时，充填材料的 7d 抗压强度有所下降，但下降幅度不显著。当钢渣掺量大于 10% 后，充填材料的 7d 抗压强度将快速下降。说明，当石膏矿渣胶结剂中熟料掺量达到 11% 时，也可以不掺钢渣。

10.6.5 早强剂掺量的影响

将上述已磨的原料，按表 10-16 的配合比配制成石膏矿渣胶结剂，然后与铁矿全尾矿砂，按 1:6 的质量比（干基）混合配制成矿山充填材料，以市购的工业用氯化钠作为早强剂，进行强度试验，结果如表 10-16 和图 10-45 及图 10-46 所示。

表 10-16 氯化钠掺量对石膏矿渣胶结剂强度的影响

编号	胶砂比	矿渣（%）	熟料（%）	石膏（%）	NaCl（%）	铁尾砂（g）	质量浓度（%）	流动度（mm）	凝结时间（h:min）	脱水率（%）	抗压强度（MPa）	
											3d	7d
K47	1:6	75.0	10	15	0	600	72	175	13:45	8.8	0.2	1.2
K48	1:6	74.5	10	15	0.5	600	72	171	13:25	8.7	0.5	1.8
K49	1:6	74.0	10	15	1.0	600	72	169	12:55	8.6	0.8	2.3
K50	1:6	73.5	10	15	1.5	600	72	170	12:15	8.5	1.1	2.7
K51	1:6	73.0	10	15	2.0	600	72	169	10:15	8.5	0.9	2.6

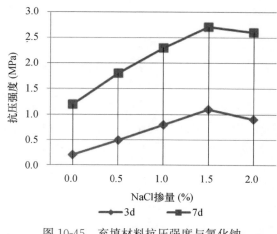

图 10-45 充填材料抗压强度与氯化钠
掺量的关系

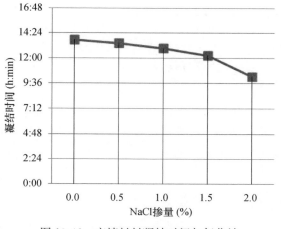

图 10-46 充填材料凝结时间与氯化钠
掺量的关系

由表 10-16 可见，掺加氯化钠早强剂对充填材料的流动度和脱水率的影响不大。

由图 10-45 可见，在熟料掺量 10%、石膏掺量 15% 不变的情况下，增加氯化钠的掺量，充填材料的 3d 和 7d 抗压强度显著提高。当氯化钠掺量达到 1.5% 时，充填材料的 3d 和 7d 抗压强度均达到最大值，继续增加氯化钠掺量，3d 和 7d 抗压强度还稍有下降。因此，可以认为氯化钠的适宜掺量以 1.5% 左右为佳。

由图 10-46 可见，在熟料掺量 10%、石膏掺量 15% 不变的情况下，增加氯化钠的掺量，充填材料的凝结时间显著缩短。说明，氯化钠可以有效缩短石膏矿渣胶结剂的凝结时间。

10.6.6 石膏矿渣胶结剂生产与使用情况

10.6.6.1 石膏矿渣胶结剂的生产

石膏矿渣胶结剂的生产，由于熟料掺量少，矿渣掺量多，宜采用优化粉磨工艺为佳。首先将矿渣烘干，然后与破碎了的熟料按一定比例配料后，一起在球磨机中混合粉磨成熟料矿渣粉，入熟料矿渣粉库。石膏单独粉磨成石膏粉，入石膏粉库。早强剂工业盐（NaCl）外购进厂后入专门的小料仓。各库底的喂料秤将熟料矿渣粉、石膏粉和工业盐，按一定的比例配料后，进入混料机混合均匀即为石膏矿渣胶结剂成品，最后送入石膏矿渣胶结剂库（水泥库）储存并散装出厂。具体的生产工艺和磨机改造及磨机操作等工艺过程，可参阅第 4.8 节"矿渣少熟料水泥生产工艺"的内容。

石膏矿渣胶结剂也可使用立磨生产，但由于矿渣不预先烘干，水分较大，不宜与熟料一起混合粉磨，所以宜采用分别粉磨工艺。将熟料、矿渣、石膏分别粉磨后，再与早强剂工业盐一起按一定比例配制成石膏矿渣胶结剂。

2013 年 5 月 29 日，开始在云南昆钢工业废渣利用开发有限公司生产石膏矿渣胶结剂。

矿渣使用云南昆钢 6 号高炉矿渣，矿渣烘干采用 $\phi 3.6m \times 28m$ 回转式烘干机，控制矿渣出烘干机水分 $\leqslant 1.5\%$。熟料外购，进厂后经破碎机破碎后入熟料库备用。

将破碎后的熟料和烘干后的矿渣，按矿渣：熟料＝75：10 的比例配料后，入 $\phi 4.2m \times 14.5m$ 球磨机混合粉磨成矿渣熟料粉，矿渣熟料粉出磨比表面积控制在 $430 \sim 480m^2/kg$，然后入矿渣熟料粉库备用。

石膏外购进厂经破碎后入石膏原料库，然后单独在 HRM2400X 立式磨中粉磨成石膏粉，控制出磨石膏粉的比表面积在 $320 \sim 350m^2/kg$，然后入石膏粉库备用。

在矿渣熟料粉库、石膏粉库底的配料秤旁边设置了一个小料仓并配有计量秤，用于早强剂工业盐的配料。早强剂工业盐外购进厂后入此配料仓。

各库底配料秤按矿渣熟料粉 83.5%、石膏粉 15.0%、早强剂工业盐 1.5% 的比例配制成石膏矿渣胶结剂，由空气输送斜槽送入混料机混合均匀后输送到石膏矿渣胶结剂库（水泥库）储存，并经散装出厂。

所生产的石膏矿渣胶结剂，在入石膏矿渣胶结剂库时，取样进行性能检验。同时取资阳西南水泥厂生产的 P·O 42.5 普通硅酸盐水泥作对比试验。检验结果见表 10-17 和表 10-18。

表 10-17 石膏矿渣胶结剂与 P·O 42.5 普通硅酸盐水泥性能对比

编号	胶砂比	矿渣（%）	熟料（%）	石膏（%）	NaCl（%）	铁尾砂（g）	质量浓度（%）	流动度（mm）	凝结时间（h：min）	脱水率（%）	抗压强度（MPa） 3d	抗压强度（MPa） 7d
K52	1：6	73.5	10.0	15.0	1.5	600	72	168	12：10	8.3	1.2	2.8
K53	1：6	P·O 42.5 普通硅酸盐水泥				600	72	162	6：50	8.0	1.2	1.9

表 10-18 资阳西南水泥厂生产的 P·O 42.5 普通硅酸盐水泥性能

编号	标准稠度（%）	初凝（h：min）	终凝（h：min）	安定性	抗折强度（MPa）			抗压强度（MPa）		
					3d	7d	28d	3d	7d	28d
PO	27.2	2：16	3：20	合格	6.3	8.2	9.3	30.0	39.8	53.5

由表 10-17 和表 10-18 可见，资阳西南水泥厂生产的 P·O 42.5 普通硅酸盐水泥强度高、性能好，属于优质水泥。但与石膏矿渣胶结剂相比，在胶砂比同为 1：6，质量浓度同为 72% 的条件下，P·O 42.5 普通硅酸盐水泥所配制的充填材料的凝结时间较短，脱水率稍低。充填材料的 3d 抗压强度，两者相差不大，但 7d 抗压强度石膏矿渣胶结剂远大于 P·O 42.5 普通硅酸盐水泥。说明，石膏矿渣胶结剂更适合用于矿山的充填，在相同条件下，7d 抗压强度更高。

值得注意的是，在石膏矿渣胶结剂生产过程中，要特别注意石膏矿渣胶结剂的水分含量和温度高低。由于石膏矿渣胶结剂中含有工业盐作为早强剂，而且石膏含量较高，如果水分太大或者温度过高（温度过高石膏会脱水产生水分），石膏矿渣胶结剂就很容易在库内或运输途中结团、结粒，从而影响产品质量。严重时还会结库，造成库内堵塞不下料。在散装车内黏附在车内壁上，风吹不动，卸料卸不干净，卸料很困难。

水分主要来自矿渣，或者矿渣熟料磨的磨内喷水时产生的蒸汽被带入库内冷凝产生的水。由于石膏磨往往没带烘干，石膏露天堆放时下雨也会造成石膏粉的水分过大。所以，在生产中应设置石膏堆棚，防止石膏水分过大。矿渣应烘干，入磨矿渣的水分不可过大（≤1.5%）。适当控制矿渣熟料磨的磨内喷水量，防止出磨矿渣熟料粉含水量过高。由于矿渣熟料磨内要控制物料的流速，风量不可随意调整，所以矿渣熟料磨的磨尾应设置冷风阀门。掺入冷风加强对出磨的矿渣熟料粉冷却的同时，还可及时排走水蒸气，以避免水蒸气进入石膏矿渣胶结剂库内。在空气输送斜槽、成品库等设备上，也可加强排风，在排出水蒸气的同时，也可降低石膏矿渣胶结剂的温度。

为了防止库内的石膏矿渣胶结剂结拱、堵塞，应采用机械倒库的方式，使库内的石膏矿渣胶结剂在不停地慢速流动，也可有效避免库内结拱和堵塞。

10.6.6.2 石膏矿渣胶结剂的使用情况

云南玉溪大红山铁矿，需要将铁矿尾矿砂回填坑道。2013 年 6 月 1 日，开始使用云南昆钢工业废渣利用开发有限公司生产的石膏矿渣胶结剂，配制充填材料充填坑道。每个工作层高 3～4m，底层全部采用铁尾砂，面层 50cm 厚采用石膏矿渣胶结剂与尾矿砂配制的充填材料，并配有 6mm 钢筋。充填材料采用 1：6 胶砂比（干基），同时使用 P·O 42.5 普通硅酸盐水泥进行对比试验。铁矿尾矿砂经过图 10-47 所示的浓缩沉降塔浓缩后，输送到如图 10-48 所示的 GNDJB-2400 型高浓度矿浆搅拌槽，同时石膏矿渣胶结剂按比例计量后也输送入该搅拌槽，进行充填材料浆体的搅拌，搅拌均匀后充填材料浆体自流到矿井坑道进行充填作业。

经测定，充填坑道气温为 31.3℃，充填材料拌合物温度为 37.3℃。充填 3d 后钻取样品测试，石膏矿渣胶结剂所配制的充填材料的抗压强度为 1.3MPa，对比所用的 P·O 42.5 普通硅酸盐水泥所配制的充填材料无强度。充填 7d 后再次钻取样品测试，石膏矿渣胶结剂所配制的充填材料的抗压强度为 3.5MPa，对比所用的 P·O 42.5 普通硅酸盐水泥所配制的充填材料为 2.7MPa。证明，石膏矿渣胶结剂不仅可以满足矿山充填的要求，而且性能优于 P·O 42.5 普通硅酸盐水泥。

图 10-47　尾矿砂浓缩和充填材料搅拌楼

图 10-48　矿山充填材料浆搅拌槽

参考文献

[1] 张锦瑞，等. 金属矿山尾矿综合利用与资源化 [M]. 北京：冶金工业出版社，2002：20-26.
[2] 张铁志，等. 加筋铁尾矿用于道路基层的试验研究 [J]. 辽宁科技大学学报，2010 (1)：14-16.
[3] 陆在平. 利用包钢稀选尾矿制取微晶玻璃的研究 [D]. 呼和浩特：内蒙古科技大学，2007.
[4] 张国强. 黄金尾矿在水泥中的资源化利用研究 [D]. 苏州：苏州大学，2009.
[5] 赵云良，张一敏，陈铁军. 采用低硅赤铁矿尾矿制备蒸压砖 [J]. 中南大学学报（自然科学版），44 (5)：1760-1765.
[6] 周爱民. 矿山废料胶结充填 [M]. 北京：冶金工业出版社，2007：53-59.
[7] 周爱民. 中国充填技术概述 [C]. 第八届国际充填采矿会议论文集. 2004：1-7.
[8] 周爱民，姚中亮. 赤泥胶结充填材料特性研究 [C]. 第八届国际充填采矿会议论文集. 2004：153-157.
[9] 王立宁，张闯. 粉煤灰全尾砂胶结充填材料研究 [J]. 粉煤灰的综合利用，2011 (5)：34-36.
[10] 尹裕. 矿山新型胶结充填材料的试验研究 [J]. 现代矿业，2011 (8)：29-31.
[11] HUANG Xuquan，ZHOU Min，HOU Haobo. et. Properties and Mechanism of Mine Tailings Solidified and Filled with Fluorgypsum-based Binder Material [J]. Journal of Wuhan University of Technology-Mater，2012 (6)：465-470.
[12] 杨新亚，王锦华. 硬石膏基地面自流平材料研究 [J]. 国外建材科技，2006，27 (1)：10-12.
[13] Seishi Goto，Kiyoshi Akazawa，Masaki Daimon. Solubility of silica-alumina gels in different pH solutions Discussion on the hydration of slags and fly ashes in cement [J]. Cement and Concrete Research，1992，22 (6)：1216-1223.

附录 1

WGD-I 型水泥抗裂抗起砂性能测定仪
使用手册

1. 主要部件介绍

1.1 冲砂仪

冲砂仪如附图 1-1 所示,主要部件包括:底座①、砂盒②、定位环③、试件挂板④、出砂嘴⑤、砂嘴压环⑥、固定出砂口⑦、砂桶⑧、立柱⑨、挂架⑩、法兰⑪。

冲砂仪用于加砂的部分包括:立柱上部用螺钉固定着的砂桶、砂桶下端的固定出砂口、固定出砂口内部低端的出砂嘴以及外部用于固定出砂嘴的砂嘴压环。其中,出砂嘴形状为扁平的椭圆。

冲砂仪用于放置试块的部分包括:立柱下部用螺钉固定着的挂架、可在挂架上移动的上面带有定位环的试件挂板、与定位环配套的检测试模。

在挂架上可来回移动的上面带有定位环的试件挂板处于中间位置时,试件挂板两侧距离挂架相应一侧的距离都是 18mm;当试件挂板处于挂架中间位置时,砂桶、固定出砂口、出砂嘴、砂嘴压环、试件挂板、挂架以及定位环的中心都处于同一平面内。

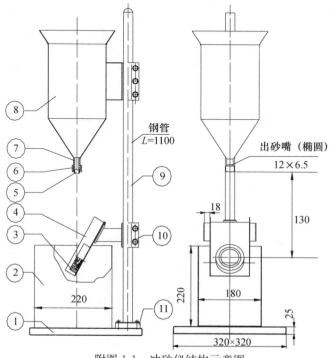

附图 1-1 冲砂仪结构示意图

1.2　起砂试模

水泥抗起砂性能检测装置所用的试模如附图 1-2 所示，分为试模和浸水盖两个部分。在进行水泥浸水起砂量检测时，需要加上浸水盖；进行水泥脱水起砂量检测时，只要用试模即可。

试模外部轮廓为圆形，外径为 62mm，高度为 15mm；试模中部为深度 13mm 的凹槽，凹槽上大下小，边缘倾斜，上端直径为 53mm，下端直径为 49mm。一组试模共 6 个，并配有一个试模架。

试模架与试模配套，便于水泥胶砂试块的成型。成型时，将装有水泥胶砂试样的试模放入试模架中，然后置于跳桌上跳动成型。试模架如附图 1-3 所示。

当进行水泥浸水起砂量检验时，试模成型并刮平后，盖上 5mm 厚的浸水盖（接触一面涂上凡士林，防漏水），然后慢慢注入 5mL 温度为（20±2）℃的水（用一张浸过水的小纸条靠在水泥砂浆表面，让水顺着纸条慢慢流到模具内），置于已升温至 40℃ 的恒温真空干燥箱中按规定的程序进行养护。

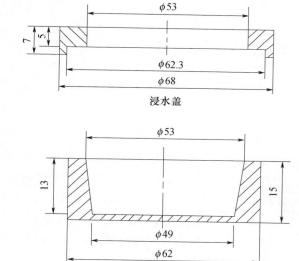

附图 1-2　水泥抗起砂性能检测装置所用的
试模和浸水盖

附图 1-3　试模与试模架

1.3　抗裂试模

水泥抗裂试验用试模的外形如附图 1-4 所示。抗裂试模采用四联模具，每条均为哑铃形，有效长度为 220mm，最大宽度为 50mm，最窄宽度为 6mm，深度为 10mm，具体尺寸如附图 1-5 所示。

附图 1-4　水泥抗裂试验用试模

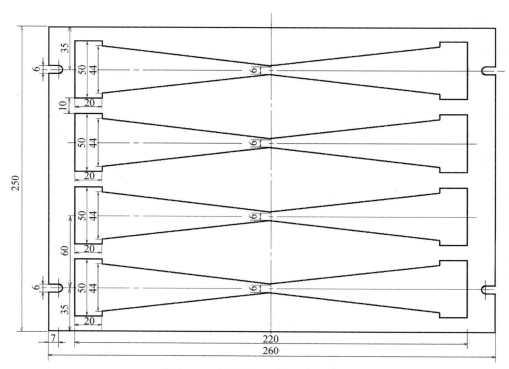

附图 1-5　水泥抗裂试验用试模的尺寸

1.4　恒温真空干燥箱

由于水泥砂浆或混凝土表面的起砂量及水泥的可裂度大小均受养护时的水分蒸发强度影响很大。因此，起砂、抗裂试块的养护温度、湿度与其检测结果直接相关。为了能够对比不同水泥之间的抗起砂和抗裂性能的优劣，必须提供一个相同的养护条件。经反复研究和试验，确定采用恒温真空干燥箱进行养护，如附图 1-6 所示。恒温真空干燥箱内有一块恒温铝板，可以自动将温度控制在规定的范围内，出厂时已调节准确，使用时不必调整。同时，还可与真空泵和控制器连接，按要求控制箱内的气压。

附图 1-6　恒温真空干燥箱

附图 1-7　控制器

1.5　控制器

为了能够准确控制养护气压、养护时间和压力变化曲线等，提高水泥起砂量和可裂度检测结果的重复性，减少检测误差，专门设计了一个电子控制设备，做成控制器，如附图 1-7 所示。

2. 控制器电气连接方法

如附图 1-8 所示，测定仪控制器使用前，应将压力传感器电缆插到控制器压力端口；电磁阀电缆和真空泵电缆分别插到控制器的电磁阀和真空泵插座上。最后，给真空干燥试验箱和控制器接上电源。

真空干燥试验箱电源：220V，50Hz，0.4kW。

真空泵：220V，50Hz，0.25kW。

控制器电源：220V50Hz；保险：5A。

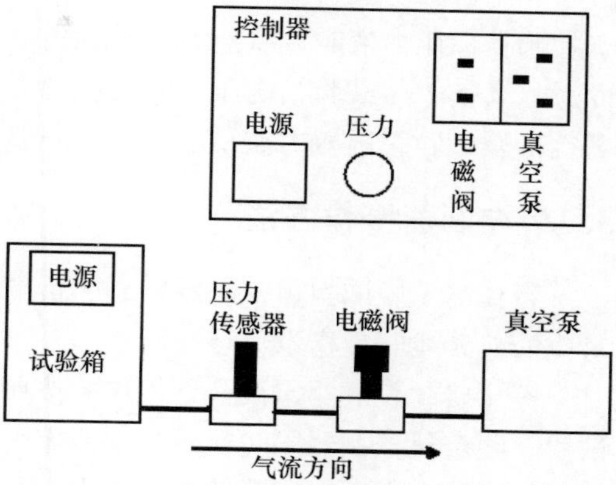

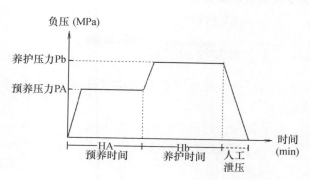

附图 1-8　测定仪控制器电气连接方法示意图

3. 控制器操作说明

3.1　控制器面板

控制器面板左边显示当前仪器运行状态，包括：起砂测定指示、开裂测定指示、仪器测定运行指示、预养指示和养护指示。

控制器面板上方为真空干燥试验箱内压力数值，显示范围 0 到 −1.00，单位 100kPa。试验测定运行时间，显示范围 0 到 3998min，其中预养时间最大为 1999min，养护时间最大为 1999min。

控制器面板下方为操作按键。操作按键有十个，包括测定参数设置按键和仪器测定按键。

参数设置键：移位、减小、增大、设置、存储和返回。

仪器测定按键：启动、停止、起砂、开裂。

3.2　控制器参数设置方法

如附图 1-9 所示，起砂、开裂试验测定过程中压力参数介绍如下。

测定仪设置参数包含：起砂测定预养时间（HA）、起砂测定养护时间（Hb）、开裂测定预养时间（HC）、开裂测定养护时间（Hd）、起砂测定预养压力（PA）、起砂测定养护压力（Pb）、开裂测定预养压力（PC）、开裂测定养护压力（Pd）、起砂测定压力控制回差（PE）和开裂测定压力控制回差（PF）。

附图 1-9　起砂、开裂试验过程养护压力的变化曲线

在测定仪停止测定状态时，按【设置】键，仪器显示起砂测定预养时间，如需设置参数可通过【移位】、【减小】、【增大】键修改参数值，修改完毕后按【存储】键保存参数值并返

回到仪器测定待机状态。继续按【设置】键，仪器依次显示如上所述的测定仪参数，如需修改参数可按同样方法操作。按【返回】键则参数设置不保存并退出参数设置功能，返回到仪器测定待机状态。测定仪运行指示灯亮时不能进入参数设置功能。

压力回差参数可设置范围−0.01 到−0.09（单位 100kPa），当真空干燥试验箱内压力值大于控制目标，压力值超过压力回差值时，真空泵开启工作；当真空干燥试验箱内压力值小于控制目标压力值时，真空泵停止工作。压力回差参数设置越大，则真空泵开启频率越小，同时，真空干燥试验箱内压力波动值增大；压力回差参数设置越小，则真空泵开启频率越大，真空干燥试验箱内压力波动值减小。一般可设为−0.03 到−0.05。

3.3 控制器操作方法

当真空干燥试验箱中测定样品准备就绪后，按【起砂】或【开裂】键选择试验测定种类，对应的起砂或开裂指示灯点亮。

按【启动】键测定仪开始工作并按照设定的预养时间、压力，养护时间、压力进行测定试验。测定仪控制器同时显示当前测定时间及真空干燥试验箱内的压力。试验结束后，控制器停止控制真空干燥试验箱内的压力，显示终点的测定时间并闪烁。

按【返回】键可使测定仪返回到测定待机状态，此时可进行新的测定试验。

用户打开真空干燥试验箱上的放气阀使真空干燥试验箱内负压释放完毕后，可取出试验样品。用户需关闭放气阀，以备下次测定试验。

3.4 控制器使用注意事项

（1）测定仪控制器压力显示−1.27 时，压力变送器连接电缆断线、电缆线未插好，变送器损坏。

（2）预养压力设定值必须低于养护压力设定值，否则无法完成测定试验。

（3）真空泵如果频繁启停，则需增大回差压力设定值，这样可以延长真空泵使用寿命。

（4）定期维护真空泵，注意清洁，加润滑油。

（5）定期维护真空干燥试验箱，保持清洁，如箱内灰尘进入抽真空管道，则可能损坏电磁阀、压力变送器和真空泵。

4. 水泥起砂量试验方法

4.1 适宜水灰比的确定

适宜水灰比是水泥胶砂流动度在（140±5）mm 范围内的水灰比，可由以下试验方法确定：

称取待测定的水泥 150g、水 180g、砂 900g（水灰比 1.2，胶砂比 1∶6；成型用砂为用 0.65mm 孔径筛筛出的粒径小于 0.65mm 的筛下部分的标准砂），倒入行星式水泥胶砂搅拌机里自动搅拌均匀。然后参照 GB/T 2419—2005《水泥胶砂流动度测定方法》进行水泥胶砂流动度的测定，如果此时的胶砂流动度在（140±5）mm 之内，则水灰比 1.2 即为适宜水灰比。如果此时胶砂流动度不在（140±5）mm 范围之内，需增减少量水量重新进行胶砂流动度测定，反复试验，直至水泥胶砂流动度在（140±5）mm 范围内，此时的水灰比即确定为适宜水灰比。

4.2　试块成型

（1）称取待测定的水泥 150g，按适宜水灰比计算并量取温度为（20±2）℃的水、砂 900g（粒径小于 0.65mm 的标准砂），倒入行星式水泥胶砂搅拌机里自动搅拌均匀。注意试验前应将水泥、水、砂及搅拌设备放置在试验室内恒温至（20±2）℃，试验室相对湿度应大于 50%。

（2）首先将试模架固定在水泥胶砂流动度试验用的跳桌上，并安好试模，如附图 1-3 所示。起砂试验用水泥砂浆搅拌均匀后，注入试模中，每次成型 6 个试模，然后将电动跳桌上下振动 25 次，表面刮平后，将底部和周围擦拭干净。注意成型前，应将模具预先放置在真空干燥箱中恒温至（40±1）℃。

4.3　试块养护

4.3.1　水泥脱水起砂量试块的养护

所谓水泥脱水起砂量是指水泥砂浆试块在干燥养护条件下所测得的起砂量。

将成型后的带模试块放在恒温真空干燥箱中进行养护，恒温真空干燥箱养护温度设定为 40℃，试块放入恒温真空干燥箱内开始计时。首先在预养压力 −0.03MPa 下养护 4.5h（预养时间），然后抽真空至真空表读数达到 −0.04MPa（养护压力），养护 16h（养护时间）。养护结束后，仪器会自动卸压并冷却至室温。取出带模试块，擦去试模外侧粘附的水泥胶砂，称取每个带模试块的初始质量，然后进行冲砂检测。

4.3.2　水泥浸水起砂量试块的养护

所谓水泥浸水起砂量是指水泥砂浆试块在水膜养护条件下所测得的起砂量。

试模成型并刮平后，盖上 5mm 厚的试模盖（接触一面涂上凡士林，防漏水），然后慢慢注入 5mL 温度为（20±2）℃的水（用一张浸过水的小纸条靠在水泥砂浆表面，让水顺着纸条慢慢流到模具内），置于已升温至 40℃ 的恒温真空干燥箱中。恒温真空干燥箱养护温度设定为 40℃，试块放入恒温真空干燥箱内开始计时。预养气压为常压，养护气压为 −0.06MPa，预养时间为 12h，养护时间为 11h。养护结束后，自动卸压并冷却至室温，取出带模试块，擦去试模外侧粘附的水泥胶砂，称取每个带模试块的初始质量，然后进行冲砂检测。

4.4　试块冲砂

（1）将单个带模试块放入冲砂仪中（附图 1-10），用手指堵住出砂嘴，将 500g 砂（所用的砂为：1.25mm 和 2mm 孔径的筛筛出的粒径范围在 1.25～2mm 的 ISO 标准砂）倒入砂桶，放开出砂嘴，利用从出砂嘴自由下落的砂对水泥胶砂试块的表面进行冲刷。在保证试块在定位环中位置不变的情况下，依次将试件挂板移动到挂架中间和两端，在每个试块上并排的三个位置分别冲刷 1 次。

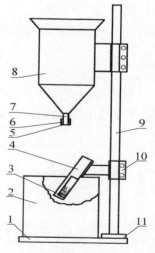

附图 1-10　冲砂仪示意图
1—底座；2—砂盒；
3—定位环；4—试件挂板；
5—出砂嘴；6—砂嘴压环；
7—固定出砂口；8—砂桶；
9—立柱；10—挂架；
11—法兰

（2）称取冲砂后试块的质量，计算出冲砂前后试块的质量差 ΔM_i（单位：g）。

（3）重复上述（1）和（2）试验过程 6 次，计算出每个试块的质量差 ΔM_1、ΔM_2、ΔM_3、ΔM_4、ΔM_5、ΔM_6。

4.5 起砂量计算

数据处理时，去除 ΔM_1、ΔM_2、ΔM_3、ΔM_4、ΔM_5、ΔM_6 中的最大值和最小值，计算出剩余 4 个质量差的平均值 $\overline{\Delta M}$（单位：g）。然后，$\overline{\Delta M}$ 除以试块表面面积，即可得该水泥试样的起砂量（单位：kg/m^2），脱水起砂量和浸水起砂量的计算方法相同。

起砂量计算公式如下：

$$起砂量 = \frac{\overline{\Delta M}}{\Delta S} = \frac{\overline{\Delta M}}{\pi\left(\frac{\alpha}{2}\right)^2} = \frac{\overline{\Delta M}}{\pi\left(\frac{53}{2}\right)^2} \times 10^3 = 0.45\overline{\Delta M} \ （kg/m^2）$$

5. 水泥抗裂性能测定方法

5.1 水泥加水量测定

称取水泥试样 600g，采用水泥净浆流动度法（参见 JC/T 1083—2008《水泥与减水剂相容性试验方法》），控制流动度（100±5）mm 时的加水量。所用圆模的上口直径 36mm，下口直径 60mm，高度 60mm。

5.2 水泥浆体搅拌

试验前，应将水泥、搅拌用水、搅拌锅放置在（20±2）℃、相对湿度不小于 50% 的试验室中，使试验用材料和设备与试验室温度一致。

采用 JC/T 729—2005《水泥净浆搅拌机》中规定的搅拌锅，将 600g 水泥和适量水（控制流动度（100±5）mm 时的加水量）加入锅中，按 JC/T 729—2005 的搅拌程序搅拌均匀。

5.3 成型

采用抗裂四联模具，如附图 1-4 所示，在模具底面贴上一层光面玻璃贴膜纸，模具内侧涂上新鲜机油，试验前预先将其放在真空干燥箱中恒温至（40±1）℃。成型时，每个试样成型一板，每板四条。将搅拌均匀的水泥净浆倒入试模中，然后置于测定水泥胶砂流动度用的电动跳桌上振动 25 次，用钢直尺沿试块纵向刮除多余的水泥浆体两遍。

5.4 养护

将真空干燥箱的恒温板提前预热到（40±1）℃，并擦干箱内的积水，然后将成型后的带模试块放在真空养护箱中的恒温板上进行养护。在养护气压－0.04MPa 和养护温度 40℃条件下，养护 21h（即设定预养时间为 0，预养气压为－0.04MPa，养护温度为 40℃，养护气压为－0.04MPa，养护时间为 21h），养护结束后，仪器会自动关闭冷却。将试块取出，冷却至室温后测定开裂度。

5.5 开裂度测量

将中间已开裂的试块尽量往两边拉开，用游标卡尺直接测量裂缝的宽度，即为开裂度，单位为 mm。

附录 2

中华人民共和国建材行业标准
《制品用过硫磷石膏矿渣水泥混凝土》
（JC/T 2391—2017）

1. 范围

本标准规定了制品用过硫磷石膏矿渣水泥混凝土的术语和定义、材料、分类、要求、试验方法、检验规则。

本标准适用于路缘石、路面砖、植草砖、六菱砖等非承重素混凝土制品用过硫磷石膏矿渣水泥混凝土。

2. 规范性引用文件

下列文件中对于本文件的应用是必不可少的。凡是注日期的引用文件，仅注日期的版本适用于本文件。凡是不注日期的引用文件，其最新版本（包括所有的修改单）适用于本文件。

GB 175 通用硅酸盐水泥

GB/T 176—1996 水泥化学分析方法

GB/T 6005 试验筛　金属丝编织网、穿孔板和电成型薄板　筛孔的基本尺寸

GB 8076 混凝土外加剂

GB/T 17671 水泥胶砂强度检验方法（ISO 法）

GB/T 18046 用于水泥和混凝土中的粒化高炉矿渣粉

GB/T 20491 用于水泥和混凝土中的钢渣粉

GB/T 23456 磷石膏

GB/T 50080 普通混凝土拌和物性能试验方法标准

GB/T 50081 普通混凝土力学性能试验方法标准

JGJ 52 普通混凝土用砂石质量及检验方法标准

JGJ 55 普通混凝土配合比设计规程

JGJ 63 混凝土用水标准

3. 术语和定义

下列术语和定义适用于本文件。

3.1　过硫磷石膏矿渣水泥浆　excess-sulfate phosphogypsum slag cement slurry

以磷石膏、矿渣为主体，掺加部分钢渣或（及）通用硅酸盐制成的水硬性胶凝材料浆体，即为过硫磷石膏矿渣水泥浆（简称 PSC 浆）。

3.2　过硫磷石膏矿渣水泥混凝土 excess-sulfate phosphogypsum slag concrete

以过硫磷石膏矿渣水泥浆作为胶凝材料，砂、石作为集料，与水、外加剂按适当比例配

合、拌制成拌合物，经一定时间硬化而成的复合材料，即为过硫磷石膏矿渣水泥混凝土。

4. 材料

4.1 磷石膏

符合 GB/T 23456 规定的一级磷石膏，并且水溶性五氧化二磷（P_2O_5）质量分数不大于 0.30%。

4.2 钢渣粉

符合 GB/T 20491 的规定。

4.3 矿渣粉

符合 GB/T 18046 中 S95 级及以上矿渣粉规定。

4.4 通用硅酸盐水泥

符合 GB 175 的规定。

4.5 减水剂

符合 GB 8076 规定的聚羧酸高性能减水剂标准型。

4.6 砂

符合 JGJ 52 的规定。

4.7 石

符合 JGJ 52 的规定。

4.8 水

符合 JGJ 63 的规定。

5. 分类

制品用过硫磷石膏矿渣水泥混凝土分为 C25、C30、C35、C40 四类。

6. 要求

6.1 凝结时间

制品用过硫磷石膏矿渣水泥混凝土的初凝时间应不小于 4h，终凝时间应不大于 24h。

6.2 强度

制品用过硫磷石膏矿渣水泥混凝土 7d 和 28d 龄期的立方体抗压强度标准值满足表 1 要求。

表1　制品用过硫磷石膏矿渣水泥混凝土 7d 和 28d 龄期抗压强度指标　　　单位为 MPa

类别	抗压强度	
	7d	28d
C25	≥6	≥25
C30	≥10	≥30
C35	≥14	≥35
C40	≥18	≥40

6.3　安定性

用强度增长率表征安定性。强度增长率不小于 30%。

6.4　PSC 浆滤液耗酸量

PSC 浆滤液耗酸量应为 (0.21±0.03) mmol/g。

7. 试验方法

7.1　试样的制备

7.1.1　在试验室制备混凝土拌和物时，试验室的温度应保持在 (20±5)℃，所用材料的温度应与试验室温度保持一致。

注：需要模拟制品成型条件下所用的混凝土时，所用原材料的温度宜与现场保持一致。

7.1.2　试验室拌和混凝土时，材料用量以质量计。集料称量具分度值不大于 1%；水、水泥浆、掺合料、减水剂质量具分度值不大于 0.5%。

7.1.3　混凝土拌和物的制备应符合 JGJ 55 中的有关规定。

7.1.4　混凝土拌和物性能试验宜在取样后 15min 内开始进行。

7.2　凝结时间

按 GB/T 50080 进行，试验时应调整单位用水量使混凝土拌和物的维勃稠度达到 6s～12s，如对工作性能有特殊要求，单位用水量应由供需双方商定。

7.3　强度

按 GB/T 50081 进行，试验时应调整单位用水量使混凝土拌和物的维勃稠度达到 6s～12s，如对工作性能有特殊要求，单位用水量应由供需双方商定。

7.4　安定性

以强度增长率表征，按式 (1) 计算。

$$R = \frac{S_7 - S_3}{S_7} \times 100\% \tag{1}$$

式中　R——强度增长率，%；

　　　S_3——3d 抗压强度，MPa；

　　　S_7——7d 抗压强度，MPa；

7.5　PSC 浆滤液耗酸量

按附录 A 进行。

8. 检验规则

8.1　取样

8.1.1　同一组预拌混凝土的取样应从同一盘混凝土或同一车混凝土中取样。取样量应多于试验所需量的 1.5 倍，且宜不小于 20L。

8.1.2　预拌混凝土的取样应具有代表性，宜采用多次取样的方法。一般在同一盘混凝土或同一车混凝土中的约 1/4 处、1/2 处和 3/4 处之间分别取样，从第一次取样到最后一次取样不宜超过 15min，然后人工搅拌均匀。

8.2　过硫磷石膏矿渣水泥混凝土出厂

过硫磷石膏矿渣水泥混凝土经出厂检验合格后方可出厂。

8.3　检验项目

8.3.1　出厂检验

出厂检验项目包括 6.1、6.2 中的 7d 抗压强度、6.3、6.4 条。

8.3.2　型式检验

型式检验为第 6 章全部内容。有下列情况之一者，应进行型式检验：

a）新投产时；

b）原材料有较大改变时；

c）生产工艺有较大改变时；

d）产品长期停产后，恢复生产时。

8.4　判定规则

8.4.1　检验结果符合本标准 6.1、6.2、6.3、6.4 条技术要求为合格品。

8.4.2　检验结果不符合本标准 6.1、6.2、6.3、6.4 条中任何一项技术要求为不合格品。

8.5　检验报告

检验报告内容应包括本标准规定的各项技术要求及试验结果、原材料名称和掺加量。当用户需要出厂检验报告时，生产者应在混凝土拌和物发出之日起 7d 内寄发除 28d 强度以外的各项试验结果。28d 强度检验数值，应在混凝土拌和物发出之日起 40d 内补报。

附录 A

（规范性附录）
PSC 浆滤液耗酸量试验方法

A.1 方法提要

测定过硫磷石膏矿渣水泥混凝土的砂石含水率及细粉含量，并用方孔筛分离出过硫磷石膏矿渣水泥混凝土中的 PSC 细砂浆；利用已知浓度的盐酸标准溶液滴定 PSC 细砂浆的滤液，以甲基红指示剂出现红色作为终点，通过盐酸标准溶液的消耗量计算过硫磷石膏矿渣水泥混凝土的 PSC 浆滤液耗酸量。

A.2 试剂和材料

A.2.1 盐酸（HCl）

1.18g/cm³～1.19 g/cm³，质量分数 36%～38%。

A.2.2 盐酸标准溶液（0.1 mol/L）

将 8.5mL 盐酸（A.2.1）加水稀释至 1L，摇匀；浓度及滴定度的标定符合 GB/T 176—1996 的规定。

A.2.3 甲基红指示剂溶液（2g/L）

将 0.2g 甲基红溶于 100mL 乙醇中。

A.2.4 乙醇或无水乙醇

乙醇的体积分数 95%，无水乙醇的体积分数不低于 99.5%。

A.3 仪器与设备

A.3.1 天平

分度值不大于 0.001g。

A.3.2 干燥箱

量程不小于 200℃，控制精度不大于 5℃。

A.3.3 0.3mm 方孔筛

符合 GB/T6005 的要求。

A.3.4 玻璃砂芯漏斗

直径 50mm，型号 G4（平均孔径 4μm～7μm）。

A.3.5 滤纸

中速定性滤纸。

A.3.6 抽滤装置

真空泵（单级旋片式真空泵，极限真空不小于 0.5mAar），抽漏瓶，布氏漏斗。

A. 3. 7 磁力搅拌器

带有塑料壳的搅拌子，具有调速和加热功能。

A. 3. 8 玻璃容量皿

滴定管，容量瓶，移游管。

A. 4 试验室

试验室温度和湿度符合 GB/T 17671 要求。

A. 5 砂石含水率测定

按过硫磷石膏矿渣水泥混凝土中砂子和石子的比例，将砂石配合后称取 1kg 试样，置于 105℃烘箱中烘干至恒重，按公式（A. 1）计算砂石含水率 w_{H_2O}

$$w_{H_2O} = (m_1 - m_2) \times 100/m_1 \tag{A. 1}$$

式中　w_{H_2O}——砂石含水率，%；

　　　m_1——砂石的初始质量，g；

　　　m_2——恒重后砂石质量，g。

A. 6 砂石细粉含量测定

所谓砂石细粉含量是指砂子和石子中含有可通过 0. 3mm 筛的细颗粒的质量百分含量。按过硫磷石膏矿渣水泥混凝土中砂子和石子的比例，将砂石配合后称取 300g 试样（m_1），置于容器中加入适量水搅拌，然后用 0. 3mm 筛过筛，过筛过程中砂石可用清水洗涤 2 次。将过筛得到的溶液用中速定性滤纸过滤，连同滤纸置于 60℃烘箱中烘干至恒重并称量（扣除滤纸质量）即为细粉量 m_2，按公式（A. 2）计算砂石细粉含量。

$$w_f = \frac{100 \times m_1}{m_2 (100 - w_{H_2O})} \times 100\% \tag{A. 2}$$

式中　w_f——砂石细粉含量，%；

　　　w_{H_2O}——砂石含水率，%；

　　　m_1——砂石的质量，g；

　　　m_2——细粉的质量，g。

A. 7 PSC 细砂浆提取和含固量测定方法

A. 7. 1 滤液制备方法

称取 400g 混凝土拌合物放在容器中，人工剔除大颗粒石子，加入 500mL 自来水搅拌均匀，沉淀后将溶液用真空抽滤瓶抽滤（抽滤漏斗中垫中速定性滤纸），滤液储存备用。

A. 7. 2 PSC 细砂浆提取方法

含有细砂的 PSC 浆称为 PSC 细砂浆。称取 200g 混凝土拌合物放在容器中，人工剔除大颗粒石子，加 250mL 滤液（A. 8. 1），然后用 0. 3mm 标准筛过筛，再用少量滤液（A. 8. 1）将砂石冲洗干净。将筛选出来的水泥细砂浆体用真空抽滤瓶抽滤［抽滤布氏漏斗中垫中速定性滤纸（A. 3. 5）］。将滤泥搅拌均匀，即为 PSC 细砂浆。

A. 7. 3 PSC 细砂浆含固量测定方法

称取 PSC 细砂浆 10g（精确至 0. 01g）（m_5）置于 200mL 烧杯中，加入 15mL 无水乙醇

搅拌后，用中速定性滤纸过滤，再用少量无水乙醇冲洗两遍。连同滤纸一起放入 40℃ 的烘干箱中烘干至恒量，并称量得质量 m_6（扣除滤纸质量）。按式 B.3 计算 PSC 细砂浆的含固量 w_g。

$$w_g = \frac{m_6}{m_5} \times 100\%$$ （A.3）

式中 w_g——PSC 细砂浆的含固量，%；

m_5——称取的 PSC 细砂浆试样的质量，g；

m_6——烘干恒重后试样的质量，g。

A.7.4 PSC 细砂浆滤液耗酸量测定方法

称取 6.5g 已知含固量 w_g 的 PSC 细砂浆，放在用蒸馏水洗过的 250mL 容量瓶中，加入（20±1）℃的蒸馏水至刻度，放入磁粒搅拌子，塞上瓶盖，置于磁力搅拌机上，快速搅拌10min 后，将溶液用真空抽滤瓶抽滤（抽滤漏斗中垫中速定性滤纸）。用移液管精确吸取50mL 滤液，加 4~6 滴甲基红指示剂，然后用已知浓度 C（0.1097mol/L）的盐酸标准溶液滴定，出现红色为终点，盐酸标准溶液的消耗毫升数为 V。按公式（A.4）计算 PSC 细砂浆滤液耗酸量 n_x。

$$n_x = \frac{500CV}{mw_g}$$ （A.4）

式中 n_x——PSC 细砂浆滤液耗酸量，mmol/g；

C——盐酸标准溶液的浓度，mol/L；

V——滴定时盐酸标准溶液的消耗毫升数，mL；

m——称取的 PSC 细砂浆试样质量，g。

A.7.5 混凝土中 PSC 浆滤液耗酸量计算

过硫磷石膏矿渣水泥混凝土中 PSC 浆滤液耗酸量按公式（A.5）计算：

$$n_s = \left(1 + \frac{aw_f}{100b}\right)n_x$$ （A.5）

式中 n_s——PSC 滤液耗酸量，mmol/g；

n_x——PSC 细砂浆滤液耗酸量，mmol/g；

a——1 立方米过硫磷石膏矿渣水泥混凝土中的砂、石配合量（可采用设计配比），kg；

b——1 立方米过硫磷石膏矿渣水泥混凝土中的 PSC 配合量（可采用设计配比），kg。

w_f——砂石细粉含量，%。